Die Wicklungen elektrischer Maschinen

Von

Heinrich Sequenz

Dipl.-Ing., Dr. techn., Dr.-Ing., Dr. phil.
o. Professor a. D. und Privatdozent der Technischen Hochschule in Wien
korresp. Mitglied der Österreichischen Akademie der Wissenschaften

In vier Bänden

Zweiter Band

Wenderwicklungen

Mit 423 Textabbildungen

Springer-Verlag Wien GmbH
1952

Copyright 1952 Springer-Verlag Wien
Ursprünglich erschienen bei Springer-Verlag in Vienna 1952

ISBN 978-3-7091-3232-6   ISBN 978-3-7091-3231-9 (eBook)
DOI 10.1007/978-3-7091-3231-9

Vorwort

Wenn im Vorwort zum ersten Bande gesagt wurde, daß das Gebiet der Wicklungen elektrischer Maschinen ausgereift ist und daß es hier Herbst geworden ist, so trifft dies besonders bei den Stromwenderwicklungen zu. Eine Schau in dieses Gebiet ähnelt einem klaren Oktobertag in den Bergen, wenn sich die letzten Morgennebel gehoben haben. Das gelbe, rote, braune Laub leuchtet vor den dunkeln Nadelwäldern. Dahinter wuchten fahle Felsen. Und in den blauen Himmel zeichnen die fernsten Berge ihre Linien.

Während der Abfassung dieses Bandes drängte sich mir mehr und mehr die Einsicht auf, daß das Wort „Stromwenderwicklung" schleppend ist und sich besser durch „Wenderwicklung" ersetzen läßt. Mit diesem neuen Wort lassen sich auch die Stromwendermaschinen besser benennen: Wechselstrom- und Drehstrom-Wendermaschinen. Inzwischen habe ich die „Wenderwicklungen" und „Wendermaschinen" auch schon im anderen Schrifttum gefunden, so daß anzunehmen ist, daß sich diese Namen einbürgern werden.

In einem Buche, das einen Gesamtüberblick über die Wenderwicklungen geben soll, dürfen natürlich auch ältere Ausführungen nicht fehlen, besonders wenn in ihnen geistreiche Erfindungsgedanken stecken. Es ist schon öfters vorgekommen, daß solche vergessene Schöpfungen eines Tages in der gleichen oder in einer abgeänderten Form wieder erfunden wurden. Wieviel Entwicklungsarbeit hätte erspart werden können, wenn ein Sammelwerk darauf hingewiesen hätte.

Im Abschnitte über Ankerwicklungen und Stromwendung mußte darauf verzichtet werden, zu schildern, wie man Ankerwicklungen in ihrem Verhalten während der Stromwendung untersucht. Diese Betrachtungen findet man ja z. B. in den Büchern von *L. Dreyfus* über die Stromwendung großer Gleichstrommaschinen, von *R. Richter* über Elektrische Maschinen, erster Band, von *A. Mauduit* und *C. Lamboeuf* über *La Dynamo*, u. s. w., so daß eine Wiederholung nur eine unnütze Erweiterung dieses Bandes dargestellt hätte.

Die Hinweise auf die Abschnitte des ersten Bandes der Wicklungen elektrischer Maschinen, also auf die Wechselstrom-Ankerwicklungen, erfolgt durch ein den Abschnittsbezeichnungen vorausgesetztes W.

Ich bin Herrn *Otto Lange* zu großem Danke verpflichtet für die Sorgfalt, die er meinem Werke angedeihen ließ. Weiters schulde ich Dank den

Herstellerfirmen für die Überlassung der Abbildungen ausgeführter Wenderwicklungen: AEG, Alsthom, Ansaldo-San Giorgio, ASEA, Brown Boveri, ELIN, Garbe, Lahmeyer & Co., Maschinenfabrik Oerlikon, Siemens-Schuckert, Westinghouse. Und schließlich muß ich mich noch bei allen jenen Fachgenossen bedanken, die mich durch ihren Rat und ihre Auskünfte unterstützt haben.

Hoffentlich wird dieser zweite Band ebenso freundlich aufgenommen werden wie der erste.

Wien, im Frühling 1952.

H. Sequenz

Inhaltsverzeichnis

III. Symmetriebedingungen für Stromwenderwicklungen. Ausgleichsverbindungen und selbstausgleichende Stromwenderwicklungen

IV. Mit Wechselstrom gespeiste, angezapfte und aufgeschnittene Stromwenderwicklungen

V. Ankerwicklungen und Stromwendung

Formelzeichen

Für die Augenblickswerte der elektrischen Größen werden kleine, für die Effektivwerte große und für komplexe Größen (Zeiger) deutsche (Fraktur) Buchstaben verwendet. Bei magnetischen Größen bedeuten große Buchstaben die Höchstwerte.

$$A, a$$

a = ganze Zahl

a = Nutbreite

a = Paarzahl der parallelen Zweige einer Wenderwicklung; $2\,a$ = Zahl der parallelen Zweige einer Ankerwicklung

a_s = Leiterbreite

$$B, b$$

b = ganze Zahl

b = Bürstenbreite

b_{wz} = Breite der Wendezone

$$C, c$$

c = ganze Zahl

$$D, d$$

D = Ankerdurchmesser

D_k = Stromwenderdurchmesser

d = ganze Zahl

d = gesamte Dicke der Isolationsschichten zwischen den Teilleitern eines unterteilten Ankerstabes

$$E, e$$

E_1 = Spannung einer Spule

E_u = Gesamtspannung eines Teilvieleckes mit u Spannungszeigern, E_b = resultierende Spannung aus b hintereinandergeschalteten Teilvielecken, E_c = resultierende Spannung aus c hintereinandergeschalteten Spulen, E_g = resultierende Spannung aus g hintereinandergeschalteten Spulen

E_d = Spannung der Drehung

E_D = Drehfeldspannung, Spannung zwischen benachbarten Stegen einer offenen Wenderwicklung, E_{D1} = Drehfeld-Grundwellenspannung, E_{Do} = Drehfeld-Oberwellenspannung

E_w = Stromwendespannung

E_t = Spannung der Transformation in den kurzgeschlossenen Spulen, Spannung der Ruhe

$E_{Spule\,H}$ = Spannung einer Spule einer m-gängigen Hauptwicklung, E_{Leiter} = Leiterspannung, E_{Steg} = Stegspannung

E_{kph} = Kompensationsspannung eines läufergespeisten, kompensierten Induktionsmotors, E_k = verkettete Kompensationsspannung

e = ganze Zahl

$$F, f$$

f = ganze Zahl

f = Frequenz, f_1 = Netzfrequenz, f_2 = Frequenz der Läuferströme, f_a = Umdrehungsfrequenz des Frequenzwandlerankers, f_B = Umdrehungsfrequenz der Bürsten eines Frequenzwandlers, f_{St} = Umdrehungsfrequenz des Ständers eines Frequenzwandlers

f = Feldschritt

$$G, g$$

g = ganze Zahl

g = größter gemeinsamer Teiler von Spulen- und Paarzahl der parallelen Ankerzweige, Zahl der Schließungen eines Spannungsvieleckes, Zahl der in sich geschlossenen Teilwicklungen einer Wenderwicklung; größter gemeinsamer Teiler von y und k; von Zeigersprungzahl z_s und Zahl $u\,t$ der Zeiger im Gesamtstrahl eines Spulensternes; von y und a bei Wellenwicklungen

g = Zahl von hintereinandergeschalteten Spulen

$$H, h$$

h_s = Leiterhöhe; Gesamthöhe eines unterteilten Stabes, einschließlich der Isolierschichten

$$J, i$$

J = Strom; $J_I, J_{II}, \ldots J_n$ = Bürstenströme; $J_{I\,II}, J_{II\,III}, \ldots J_{(n-1)n}, J_{nI}$ = Ströme in den Ankerabteilungen

i = Breite des Isolationssteges bei einem Stromwender

$$K, k$$

k = Spulenzahl einer Wenderwicklung; k_K, k_{K}' = Zahl der Spulen zwischen benachbarten Wenderstegen; k_{Kw} = Zahl der wirksamen Spulen zwischen benachbarten Wenderstegen; k_p = Zahl der Ankerspulen je Pol eines Frequenzwandlers nach *Leblanc*

k = Widerstandsverhältnis einer Wenderwicklung, k_N = des in Nuten gebetteten Wicklungsteiles, k_s = der Querverbindungen, k_{Np} = für die p-te Leiterlage innerhalb der Nut

$$L, l$$

l = Ankerlänge

l_s = mittlere Länge einer Querverbindung

$$M, m$$

m = ganze Zahl

m = Phasen- und Strangzahl; m_v = Strangzahl einer Kurzschlußwicklung zur Unterdrückung einer Drehfeld-Oberwelle v-ter Ordnung

m = Gangzahl einer mehrgängigen Wicklung

m = Zahl der in einer Nut übereinander angeordneten Leiterlagen

$$N, n$$

N = Nutenzahl

$n, n', n'', n''', \ldots$ = ganze Zahlen

n, n_1, n_2 = ganze Zahlen zur Kennzeichnung der Wicklungsarten

n = Zahl der in einer Leiterlage nebeneinander liegenden Leiter

n = Zahl der Teilleiter eines unterteilten Ankerstabes

n = Drehzahl; n_1 = Ständerdrehfelddrehzahl, synchrone Drehzahl; n_B = Drehzahl der Bürsten eines Frequenzwandlers, n_{St} = Drehzahl des Ständers eines Frequenzwandlers

$$P, \; p$$

p = Polpaarzahl; $2\,p$ = Polzahl; p_w = Polpaarzahl der Ständer- und Ankerwicklung eines Frequenzwandlers nach *Leblanc* oder *Boucherot*, p_k = des Stromwenders, p_A = des Vordermotors

p = Leiterlage (p = 1, 2, 3, ... m)

$$Q, \; q$$

Q_{WG} = Stromwärmeleistung bei Gleichstrom, Q_W = bei Wechselstrom (Gesamtstromwärme), Q_{WZ1}, Q_{WZ2}, Q_{WZ3} ... = zusätzliche Stromwärmen der 1., 2., 3., ... Leiterlage

q = ganze Zahl

$$R, \; r$$

R = Halbmesser

R_g = Gleichwiderstand, R_w = Wirkwiderstand

r = ganze Zahl

$$S, \; s$$

s = Schlüpfung

$$T, \; t$$

T = Wellendauer, T_1 = halbe Grundperiode des Wechselstromes, T_k = Kurzschlußdauer einer Leiterlage

t = größter gemeinsamer Teiler der Nuten- und Polpaarzahl, t_2 = der doppelten Nutenzahl und Polpaarzahl

t_N = Nutteilung

t_k = Stegteilung, Stromwenderteilung

$$U, \; u$$

u = Zahl der in einer Nutenschichte nebeneinander liegenden Spulenseiten, $2\,u$ = Zahl der Spulenseiten in einer Nut, Zahl der Froschbeinspulenseiten in einer Nut, u_k = Zahl der kurzen Spulen einer Spulengruppe von u in einer Nutenschichte nebeneinander liegenden Spulen, u_l = Zahl der langen Spulen

$$V, \; v$$

v, v', v_1 = ganze Zahl

v = Verhältnis der Polpaarzahl des Stromwenders eines *Leblanc*schen Frequenzwandlers zur Polpaarzahl der Ankerwicklung

v_k = Umfangsgeschwindigkeit des Stromwenders

$$W, \; w$$

W, W_1, W_2 = Spulenweite

w = Windungszahl einer Ankerspule, w_K = Zahl der Windungen zwischen benachbarten Stromwenderstegen

$$X, \; x$$

x, x' = ganze Zahl

$$Y, y$$

y, y', y'', y''', y^{IV} = Wicklungsschritt; y_1, y_2 = der beiden Wicklungen einer selbstausgleichenden Wenderwicklung; y_s = der Schleifenwicklung einer selbstausgleichenden Wicklung; y_w = der Wellenwicklung einer selbstausgleichenden Wicklung

y_1, y_1', y_1'' = erster Teilschritt

y_2, y_2', y_2'' = zweiter Teilschritt, Schaltschritt

y_n = Nutenschritt; y_n', y_n'' = bei Treppenwicklungen; $y_{n1}', y_{n2}', y_{n1}'', y_{n2}''$ = bei zweigängigen, zweifach geschlossenen Schleifen-Treppenwicklungen; y_{n1}, y_{n2} = der beiden Wicklungen einer selbstausgleichenden Wenderwicklung; y_{n1}', y_{n2}' = einer Froschbeinwicklung mit Anschluß der Spulenköpfe an den Wender; y_{nH} = einer Hauptwicklung; y_{nh} = einer Hilfswicklung ·

y_t = Teilvieleckschritt

y_v = Verbindungsschritt der Ausgleichsverbindungen

y_a = Schritt zwischen zwei Anzapfpunkten einer Wenderwicklung, gezählt in Spulen; y_{as} = gezählt in Spulenseiten

y_s, y_{s1}, y_{s2} = Schritt zwischen zwei Schnittpunkten einer Wenderwicklung, gezählt in Spulen

$$Z, z$$

Z_a = Zahl der Ausgleichsverbindungen

z = Zahl

z = Zahl der Ankerleiter am Ankerumfang

z_g = Gesamtstrahlensprungzahl; z_s = Zeigersprungzahl

$$A, a$$

a = Winkel

a = Phasenwinkel zwischen benachbarten Ankernuten; a_ν = für eine Welle ν-ter Ordnung des Feldes;

a = Phasenwinkel zwischen benachbarten Teilspulengruppen einer Treppenwicklung

a = Bürstenverschiebungswinkel

$a_{1,1+y}, a_{1,1+2y}, a_{1,1+3y}, \cdots a_{1,1+iy}, \cdots a_{1,1+(g-1)y}$ = Phasenwinkel zwischen der 1. und 2. Spule, der 1. und 3. Spule, der 1. und 4. Spule, ... der 1. und $(i+1)$-ten Spule, ... der 1. und g-ten Spule

a' = Winkel zwischen ungleichphasigen Zeigern oder Gesamtstrahlen im Spulenstern

$$B, \beta$$

β = Winkel

β' = Phasenwinkel zwischen zwei im Teilvieleck eines Spannungsvieleckes aufeinanderfolgender Zeiger

β = Anfangsglied einer arithmetischen Reihe

$$\Gamma, \gamma$$

γ = Winkel

γ = Winkel der Verkürzung der Spulenweite

γ = Phasenwinkel zwischen benachbarten Zeigern eines Umganges eines Spannungsvieleckes einer Zweischichtwicklung mit $u = 1$

γ = Phasenwinkel zwischen den Gesamtspannungszeigern E_b und E_c

$$\varDelta, \ \delta$$

δ = Phasenwinkel, den der Endzeiger eines Teilvieleckes eines Spannungsvieleckes mit dem Anfangszeiger des nächsten Teilvieleckes einschließt.

$$E, \ \varepsilon$$

ε = Spannungsschwankung bei Gleichstromerzeugern in Hundertteilen des Mittelwertes

$$\varTheta, \ \vartheta$$

ϑ = Verhältnis der Kurzschlußdauer T_k einer Leiterlage zur halben Grundperiode T_1 des Wechselstromes

$$K, \ \varkappa$$

$\varkappa$ = ganze Zahl

$$\varLambda, \ \lambda$$

λ = Verhältnis zwischen den Leiterlängen außerhalb der Nut zu denen innerhalb der Nut

$$N, \ \nu$$

ν = Ordnungszahl der Einzelwellen

$$\varXi, \ \xi$$

ξ = ganze Zahl

ξ = Wicklungsfaktor; ξ_u = eines Teilvieleckes; ξ_b = für b hintereinandergeschaltete Teilvielecke; ξ_c = für c hintereinandergeschaltete Spulen; ξ_ν = für ein Feld ν-ter Ordnung; ξ_{III} = eines Stranges einer dreifach aufgeschnittenen Wenderwicklung; ξ_{VI} = eines Stranges einer sechsfach aufgeschnittenen Wenderwicklung

ξ = reduzierte Leiterhöhe; ξ' nach Gl. (162); $\varphi(\xi')$ nach Gl. (163)

$$P, \ \varrho$$

ϱ = Zahl der blinden Spulen in einer Wellenwicklung

ϱ = spezifischer elektrischer Widerstand

$$T, \ \tau$$

τ = Polteilung

$$\varPhi, \ \varphi$$

$\varPhi_1$ = Induktionsfluß der Grundwelle (des Drehfeldes)

φ = Phasenverschiebungswinkel; $\cos \varphi$ = Leistungsfaktor

φ = Winkel

$$\varPsi, \ \psi$$

ψ = Winkel

I. Grundaufgabe der Auslegung einer Stromwenderwicklung

A. Grundsätzliche Wirkungsweise eines Stromwenders

Wozu ein Stromwender z. B. *bei einer Gleichstrommaschine* dient, soll als bekannt vorausgesetzt werden. Wir erinnern an Hand der Abb. 1 und 2 noch einmal daran, daß der Vorgang der Erzeugung einer Wechselspannung nach Abb. 1 und einer Gleichspannung nach Abb. 2 der gleiche ist. Nur die Abnahme der Spannung ist verschieden: sie erfolgt bei einer Wechselstrommaschine nach Abb. 1 über *Schleifringe*, bei einer Gleichstrom-

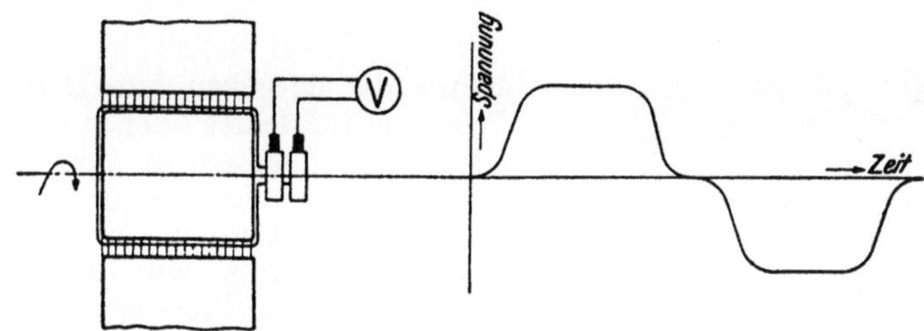

Abb. 1. Erzeugung einer Wechselspannung durch einen im Felde eines Magneten umlaufenden Anker mit einer Windung, deren Spannung von den Schleifringen durch Bürsten abgenommen wird

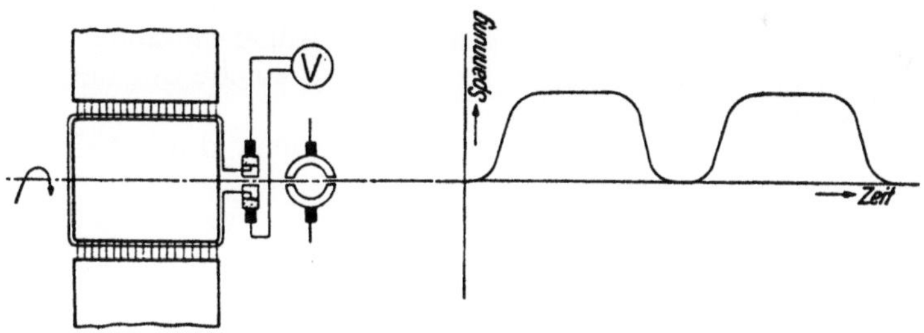

Abb. 2. Erzeugung einer Gleichspannung durch einen im Felde eines Magneten umlaufenden Anker mit einer Windung, deren Spannung von einem zweiteiligen Stromwender durch Bürsten abgenommen wird. (Der zweiteilige Stromwender ist im Längs- und Querschnitt dargestellt.)

maschine nach Abb. 2 über einen *Stromwender* oder *Wender*. An den Schleifringbürsten ändert sich nämlich die Polarität, wenn die angeschlossene Ankerspule von einem Pol zum anderen wechselt, während die Polarität an den Stromwenderbürsten in diesem Falle die gleiche bleibt, weil mit dem Polwechsel der Spule auch die damit verbundenen Segmente unter den Bürsten wechseln, so daß im äußeren Stromkreis eine Gleichspannung auftritt.

Wir ersetzen nun das ruhende Magnetsystem der Gleichstrommaschine durch ein Drehfeld, indem wir im Ständer einer Maschine eine m-strangige Wicklung für $2\,p$ Pole unterbringen und mit m-Phasenstrom speisen (Abb. 3). Auf den Stromwender eines für $2\,p$ Pole gewickelten Ankers legen wir $p\,m$ Bürsten in gleichen Abständen voneinander und treiben den Anker entweder im Umlaufsinn des Ständerdrehfeldes oder ihm entgegen mit einer Drehzahl n an. In den Ankerleitern werden dann Spannungen induziert, deren Frequenz

$$f_2 = (n_1 \pm n)\,p \tag{1}$$

ist, je nachdem ob der Anker im Sinne des Ständerdrehfeldes (Minuszeichen) oder im Gegensinn (Pluszeichen) umläuft. Die Welle dieser Spannungen läuft nun gegenüber dem Anker mit der Drehzahl $(n_1 \pm n)$ um, gegenüber den feststehenden Bürsten auf dem Stromwender aber mit der Drehzahl

$$(n_1 \pm n) \mp n = n_1, \tag{2}$$

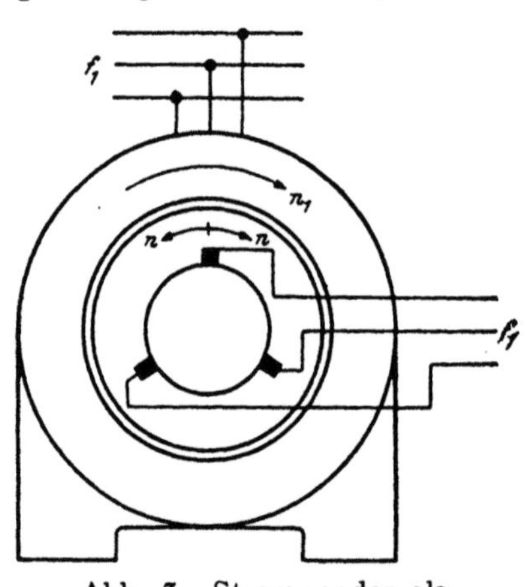

Abb. 3. Stromwender als Frequenzwandler

da der Anker selbst eine Drehzahl n entweder entgegen dem Drehsinne des Ständerdrehfeldes oder in seinem Sinne hat. Somit haben die Spannungen an den Bürsten die Frequenz $f_1 = n_1\,p$, also die Frequenz des Netzes. Aus der Gl. (2) erhalten wir durch Multiplikation mit der Polpaarzahl p die Frequenzgleichung:

$$f_2 \mp n\,p = f_1. \tag{3}$$

Der Stromwender wandelt also die in der Ankerwicklung induzierten Spannungen und Ströme mit der Frequenz f_2 in solche mit der Frequenz f_1 um; er wirkt als *Frequenzwandler*.

Wenn man $f = n\,p$ als Umdrehungsfrequenz des Läufers einführt, so läßt sich Gl. (3) auch schreiben:

$$\boxed{f_1 = f_2 \mp f.} \tag{3 a}$$

B. Grundaufgabe der Auslegung einer Stromwenderwicklung

1. Belegung eines Nutenankers mit Spulen

Wir legen in die *N Nuten eines Ankers einer Gleichstrommaschine N Spulen gleicher Weite*, wie Abb. 4 eine darstellt, und zwar in der Art einer Zweischichtwicklung, bei der die eine Seite jeder Ankerspule am Grunde einer Nut ruht, während die andere gegen die Öffnung der entsprechenden anderen Nut liegt. Abb. 5 zeigt einen Anker, der auf diese Weise mit Spulen belegt wird. Die Enden der Spulen warten auf ihre Verbindung mit den *Stegen* oder *Lamellen* des *Stromwenders* oder *Kollektors* oder *Kommutators*. Die Ankerspulen können eine oder auch mehrere Windungen haben. In jeder Nut sind bei einer solchen Belegung mit Spulen zwei Spulenseiten übereinander eingebettet und jede Spulenseite umfaßt natürlich so viele Drähte als die Ankerspulen Windungen besitzen.

Entspricht die Weite der Ankerspulen einem Phasenwinkel von 180⁰, so sprechen wir die Spulen wie bei den Wechselstrom-Ankerwicklungen als *Durchmesserspulen* an, und weicht die Spulenweite von 180⁰ ab, so haben wir es mit *Sehnenspulen* zu tun.

2. Der Spulenstern

Wie bei der Besprechung der Wechselstrom-Ankerwicklungen nehmen wir an, daß die Normalkomponente der magnetischen Induktion am Ankerumfang sinusförmig verteilt ist, das heißt wir ersetzen die Feldkurve durch ihre Grundwelle. Dann können wir wie bei den Wechselstromwicklungen die Spannungen, die in den Spulen bei

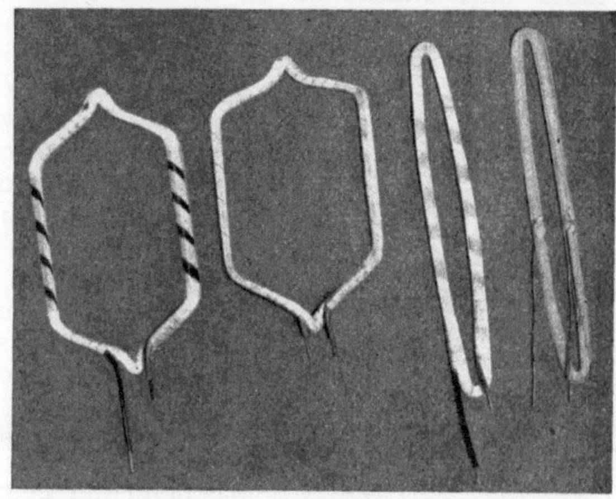

Abb. 4. Herstellungsstufen einer Spule mit mehreren Windungen für einen Anker mit gleicher Spulen- und Nutenzahl (Siemens-Schuckert, Wien)

der Drehung des Ankers induziert werden, durch Zeiger darstellen, die insgesamt einen Stern bilden, den *Spulenstern*.

Dieser Spulenstern setzt sich aus N/t ungleichphasigen Gesamtstrahlen zusammen, wenn t den größten Teiler darstellt, den die Nutenzahl N des Ankers und die Polpaarzahl p der Maschine gemeinsam haben. Die N/t ungleichphasigen Gesamtstrahlen sind um den Winkel

$$\alpha' = \frac{t}{N}\,360^0 \qquad (4)$$

gegeneinander verdreht. Jeder der N/t ungleichphasigen Gesamtstrahlen besteht aus t Zeigern, da je t Nuten gleichphasig sind. Dabei ist vorausgesetzt, daß die Spulenzahl gleich der Ankernutenzahl ist. Die Gesamtzahl der Zeiger des Spulensternes ist gleich der Spulenzahl N.

Um die N Zeiger des Spulensternes den N Spulen zuordnen zu können,

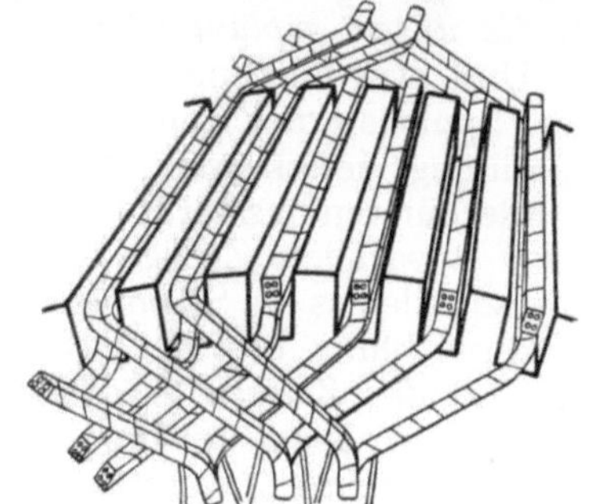

Abb. 5. Anker, zweischichtig mit Spulen belegt

müssen wir sowohl die Zeiger als auch die Spulen beziffern. Und zwar sollen die Spulen fortlaufend so beziffert werden, wie sie rechts oder links um den Anker herum aufeinanderfolgen. Dabei wählen wir am besten gleich die Bezifferung jener Nut als Spulenziffer, in der die oberschichtige Seite dieser Spule liegt. Eine beliebige Nut und mit ihr eine beliebige

Spule erhält die Ziffer 1. Ihr ordnen wir einen beliebigen Zeiger des Spulensternes zu. Der der Spule 2 entsprechende Zeiger 2 ist gegen den Zeiger 1 um den Winkel

$$a = \frac{p}{N} 360^0 = \frac{p}{t} a'$$

(5)

rechts- oder linksherum im Spulenstern verdreht. Ebenso ist der zur Spule 3 gehörige Zeiger 3 wieder um den Winkel a in der Phase gegen den Zeiger 2 verschoben, u. s. w. Auf diese Weise ordnen wir den N Spulen des Ankers die N Zeiger des Spulensternes zu. a ist der Phasenwinkel zwischen benachbarten Nuten des Ankers.

In Abb. 6 ist der Spulenstern für 23 Spulen gezeichnet, die in den $N = 23$ Nuten eines Ankers einer $2\,p = 4$-poligen Maschine liegen. Der Spulenstern setzt sich aus $N/t = 23$ Zeigern zusammen, da Nuten- und Polpaarzahl teilerfremd sind. Der für die Bezifferung der Zeiger maßgebende Winkel ist

$$a = \frac{p}{N} 360^0 = \frac{2}{23} 360^0 = 2\,a',$$

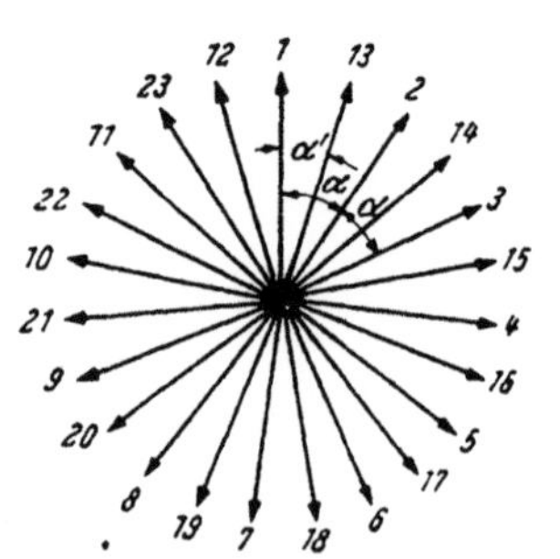

Abb. 6. Spulenstern einer Ankerwicklung mit 23 Spulen in $N = 23$ Nuten für $2\,p = 4$ Pole

das heißt der Zeiger 2 ist gegen den Zeiger 1 um $a = 2\,a'$ verdreht, ebenso Zeiger 3 gegen den Zeiger 2 u. s. w.

3. Schaltung der Spulen zur Stromwenderwicklung

Wir haben einen Anker mit N Nuten, in denen N Spulen liegen. Auf der gleichen Welle sitzt ein Stromwender mit einer Stegzahl, die gleich der Spulenzahl ist. *Was gibt uns einen Fingerzeig dafür, wie die Spulen zu einer Ankerwicklung zu schalten und wie sie an den Stromwender anzuschließen sind? Einzig und allein die gewünschte Zahl 2 a von parallelen Zweigen, in die unsere geplante Ankerwicklung sich aufspalten soll.*

Und zwar hilft uns jetzt das Spannungsvieleck, das wir aus den Zeigern des Spulensternes bilden können, weiter. Ein einmal umlaufendes Spannungsvieleck wird, wie wir noch sehen werden, durch die Stromwenderbürsten in zwei Hälften zerlegt, so daß die zugehörige Ankerwicklung $2\,a = 2$ parallele Zweige aufweist. Läuft ein Spannungsvieleck zweimal um, so teilen es die Stromwenderbürsten in vier Teile und die entsprechende Ankerwicklung besitzt $2\,a = 4$ parallele Ankerzweige. *Allgemein haben wir aus den Zeigern des Spulenspannungssternes ein Spannungsvieleck zu bilden, das a-mal umläuft, um aus ihm eine Ankerwicklung herzuleiten, die 2 a parallele Zweige hat.*

Wir beschränken uns zuerst einmal auf Wicklungen, die, wie schon einleitend bei der Grundaufgabe der Auslegung einer Stromwenderwicklung hervorgehoben wurde, *sich aus N Spulen in N Ankernuten aufbauen sollen, und bei denen außerdem die Nutenzahl N und die Polpaarzahl p teilerfremd sein sollen, so daß der Spulenstern aus N ungleichphasigen Zeigern besteht.*

Um nun die N Zeiger des Spulensternes zu einem einmal umlaufenden Spannungsvieleck zusammenzufügen, kann man die N Zeiger einfach so aneinanderreihen, wie sie rechtsherum oder linksherum im Spulenstern aufeinanderfolgen. So wie die Zeiger schalten wir die ihnen zugeordneten

Spulen hintereinander. Auf diese Weise entsteht eine Ankerwicklung mit $2\,a = 2$ parallelen Zweigen. Fügen wir stets Zeiger des Spulensternes zum Spannungsvieleck aneinander, zwischen denen je ein Zeiger ausbleibt, so ergibt sich ein zweimal umlaufendes Spannungsvieleck und die daraus abgeleitete Ankerwicklung bildet $2\,a = 4$ parallele Zweige. Eine Zusammensetzung jener Zeiger des Spulensternes zum Spannungsvieleck, zwischen denen je zwei Zeiger beim Durchwandern des Spulensternes rechtsherum oder linksherum ausgelassen werden, liefert ein dreimal umlaufendes Spannungsvieleck und die dazu gehörige Ankerwicklung weist $2\,a = 6$ parallele Zweige auf. Allgemein lautet die Regel; *um ein Spannungsvieleck mit a Umläufen zu erhalten, müssen jene Zeiger des Spulensternes aneinandergefügt werden, zwischen denen im Spulenstern je $(a-1)$ Zeiger liegen.* Die Aneinanderreihung der Zeiger kann so erfolgen, wie sie im Spulenstern rechts- oder linksherum aufeinanderfolgen. Wir nennen Wicklungen, die durch die Hintereinanderschaltung von Spulen entstehen, denen Zeiger entsprechen, die im Spulenstern rechtsherum aufeinanderfolgen, *rechtsgängige Wicklungen.* Mit *linksgängigen Wicklungen* haben wir zu tun, wenn sie aus Spulen in Reihenschaltung bestehen, die zu Zeigern gehören, die im Spulenstern beim Durchwandern linksherum angetroffen werden. Die links- und rechtsgängigen Wicklungen sind einander gleichwertig.

Man überzeugt sich leicht davon, daß sich ein a-mal umlaufendes Spannungsvieleck g-mal schließt, wenn g der größte gemeinsame Teiler von Nutenzahl N und Paarzahl a der parallelen Ankerzweige ist. Zum Beispiel sind bei einer Wicklung mit $N = 22$ Spulen und Nuten für $2\,a = 8$ Ankerzweige zum Spannungsvieleck die Zeiger 1, 5, 9, 13, 17, 21, 3, 7, 11, 15, 19 zusammenzufügen, die nach zwei Umläufen einen geschlossenen Zug bilden, da $19 + 4 = 23 - 22 = 1$ ist. Die Zeiger 2, 6, 10, 14, 18, 22, 4, 8, 12, 16, 20 geben abermals einen in sich geschlossenen Teil des gesamten Spannungsvieleckes mit zwei Umläufen. Somit schließt sich das Spannungsvieleck zweimal. Der größte gemeinsame Teiler der Nutenzahl $N = 22$ und der Paarzahl $a = 4$ der parallelen Ankerzweige ist $g = 2$. Bei diesem Beispiel sind mit 1, 2, 3, ... die z. B. rechtsherum aufeinanderfolgenden Zeiger des Spulensternes beziffert; und diese Ziffern geben nicht die Zuordnung der Zeiger zu den Spulen an, weil wir ja gar keine Polzahl für die Wicklung angenommen haben.

Wir werden nun die hier gewonnenen, allgemeinen Regeln für die Herleitung von Ankerwicklungen mit verschiedenen Zahlen $2\,a$ von parallelen Zweigen auf das Beispiel anwenden, für das in Abb. 6 der Spulenstern gezeichnet ist. Es betrifft einen Anker mit $N = 23$ Nuten, in denen zweischichtig 23 Spulen gleicher Weite liegen. Die Ankerwicklung ist mit einem Stromwender mit 23 Stegen zu verbinden. Die Maschine ist vierpolig.

a) Ankerwicklungen mit zwei parallelen Ankerzweigen

α) *Rechtsgängige Wicklungen*

Soll aus den 23 Spulen eine rechtsgängige Ankerwicklung mit $2\,a = 2$ parallelen Zweigen gebildet werden, so müssen wir sie so hintereinanderschalten, wie ihre zugehörigen Zeiger im Spulenstern rechtsherum aufeinanderfolgen und ein einmal umlaufendes Spannungsvieleck aufbauen.

Dieses einmal umlaufende Spannungsvieleck, das die 23 rechtsherum im Spulenstern der Abb. 6 nebeneinander liegenden Zeiger 1, 13, 2 ,14, 3, 15 u. s. w. bilden, ist in Abb. 7 gezeichnet.

Das Spannungsvieleck allein leistet bei den Stromwenderwicklungen noch nicht das, was wir von ihm verlangen können. Wir müssen es in Verbindung mit dem Stromwender bringen. Zu diesem Zwecke halten wir uns vor Augen, daß sich das Spannungsvieleck einer Wicklung stets auf ein Polpaar bezieht, während der Stromwender 2 p-polig ist. Aus diesem Grunde muß *der Stromwender im zweipoligen Bilde des Spannungsvieleckes p-mal umlaufen.*

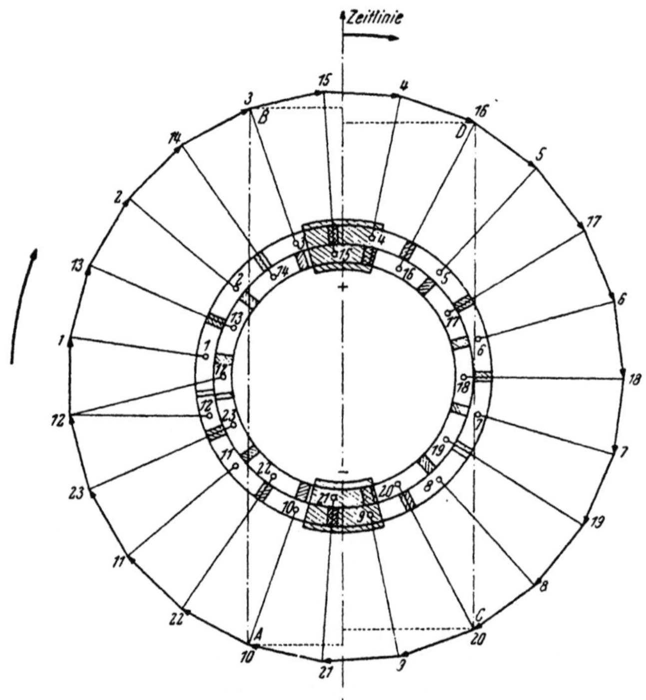

Abb. 7. Spannungsvieleck in Verbindung mit dem Stromwender einer rechtsgängigen Ankerwicklung mit 23 Spulen in 23 Nuten für 4 Pole und 2 parallele Zweige nach dem Spulenstern in Abb. 6

Da in unserem Beispiele 2 $p = 4$ ist, zeigt der Stromwender in Abb. 7 zwei Umläufe. Die Ecken des Spannungsvieleckes entsprechen den Stromwenderstegen. Nun ordnen wir die Bürsten in beliebiger Breite auf dem Stromwender in Abb. 7 an und damit ist die Wicklung vollständig ermittelt. Sie kann sofort in den Schaltplan in Abb. 8 übertragen werden. Wir zeichnen wieder, wie wir es bei den zweischichtigen Wechselstrom-Ankerwicklungen getan haben, die 23 Spulen, z. B. mit einer Spulenweite von 5 Nutteilungen nebeneinander auf und verbinden, so wie es das Spannungsvieleck in Abb. 7 vorschreibt, Spule 1 mit Spule 13, diese mit Spule 2, woran sich Spule 14 reiht u. s. w., und vergessen dabei nicht, diese Spulenverbindungen über je einen Stromwendersteg zu führen, wie das ja auch aus dem Spannungsvieleck mit dem Stromwender in Abb. 7 folgt. Auch die Lage der Bürsten auf dem Stromwender ergibt sich für jenen Augenblick, für den das Spannungsvieleck die in Abb. 7 gezeichnete Lage gegenüber der Zeitlinie einnimmt, unmittelbar aus Abb. 7.

Wir haben in Abb. 8 die Spulenweite mit 5 Nutteilungen angenommen. Beträgt diese Spulenweite allgemein soviel Nutteilungen als eine Polteilung umfaßt, so ist ihre Größe

$$y_1 = y_n = \frac{N}{2p} \qquad (6)$$

und die Spule ist als *Durchmesserspule* zu bezeichnen. Die Spulenweite nennt man den *ersten Teilschritt* y_1 oder den *Nutenschritt* y_n. Ist der erste Teilschritt oder Nutenschritt

$$y_1 = y_n \gtreqless \frac{N}{2p}, \qquad (7)$$

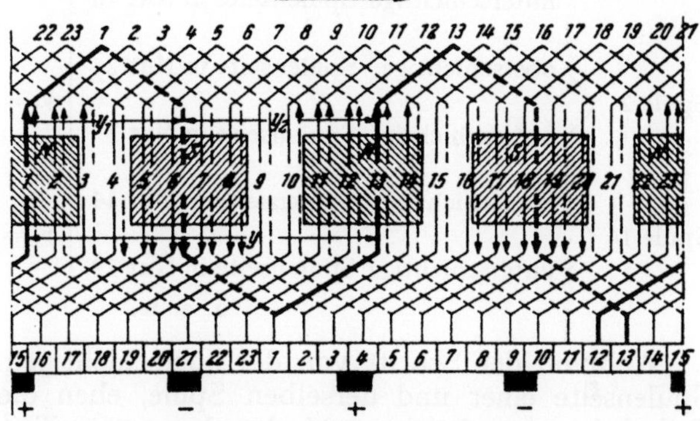

Abb. 8. Schaltplan einer rechtsgängigen, gekreuzten Wellenwicklung mit 23 Spulen in 23 Nuten für 4 Pole und 2 parallele Ankerzweige nach Abb. 7

so sind die Ankerspulen *Sehnenspulen*. Auf jeden Fall aber setzen wir hier voraus, daß $y_1 = y_n$ eine ganze Zahl ist. Welche Bedeutung eine gebrochene Zahl als erster Teilschritt oder Nutenschritt hat, werden wir später besprechen.

Aus dem Spannungsvieleck in Abb. 7 entnehmen wir auch, daß die Ankerwicklung tatsächlich so wie es gewünscht wurde, in zwei parallele Zweige zerfällt. Und zwar besteht der eine Ankerzweig aus den Spulen 22, 11, 23, 12, 1, 13, 2, 14, 3 und der zweite Zweig aus den Spulen 5, 17, 6, 18, 7, 19, 8, 20. Die Spannungen, die in dem durch die Lage des Spannungsvieleckes gegen die Zeitlinie festgehaltenen Augenblicke in den beiden Zweigen induziert werden, sind durch die Projektionen der Strecken $\overline{AB}$ und $\overline{CD}$ auf die Zeitlinie gegeben. Sie sind, wie wir sehen, in diesem Augenblicke ungleich groß. Dies bewirkt, daß in den beiden parallelgeschalteten Zweigen der Ankerwicklung ein Ausgleichsstrom fließen wird. Welche Bedingungen eine Ankerwicklung erfüllen muß, damit es nicht zu solchen Ausgleichsströmen kommt, werden wir später untersuchen.

Die positiven Bürsten schließen nach Abb. 7 in dem durch die Lage der Zeitlinie zum Spannungsvieleck gekennzeichneten Augenblicke die Spulen 15, 4, 16, kurz, während die negativen Bürsten die Spulen 9, 21, 10 kurzschließen. Dabei ist zu beachten, daß nur jene Spulen als kurzgeschlossen anzusehen sind, deren Zeiger-Anfänge und -Enden zu Stegen führen, die von gleichnamigen Bürsten überdeckt sind.

Wie sich aus Abb. 7 ergibt, sind die Spulen in der Reihenfolge 1, 13, 2, 14, 3, 15, 4, 16, 5, 17, 6, 18, 7, 19, 8, 20, 9, 21, 10, 22, 11, 23, 12 zur Ankerwicklung hintereinandergeschaltet.

Aus Abb. 7 können wir folgenden Schaltplan für die Wicklung ablesen:

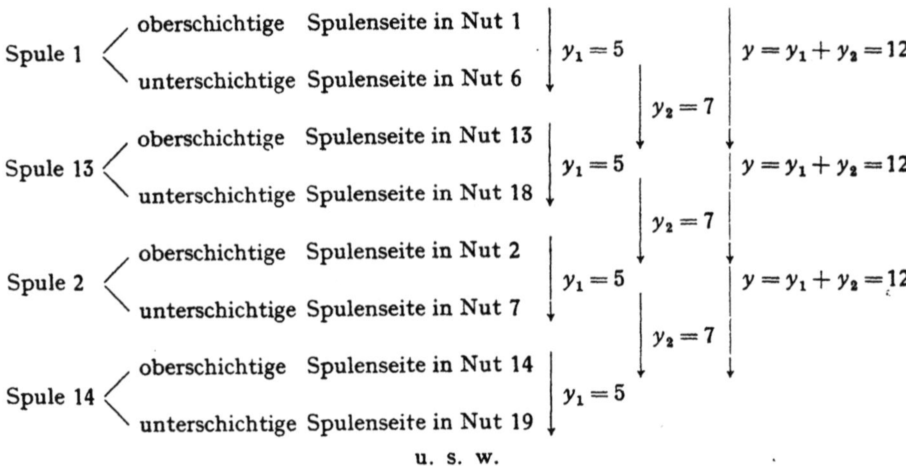

Während der Schritt von der oberschichtigen zu der unterschichtigen Spulenseite einer und derselben Spule, eben die Spulenweite, der erste Teilschritt $y_1 = 5$ ist, verbindet der *zweite Teilschritt* $y_2 = 7$ das Ende oder die unterschichtige Spulenseite einer Spule mit dem Anfang oder der oberschichtigen Spulenseite der mit ihr in Reihe geschalteten nächsten Spule. Man nennt den zweiten Teilschritt auch den *Schaltschritt*. Vom Anfang einer Spule oder z. B. von ihrer oberschichtigen Spulenseite bis zum Anfang oder bis zur oberschichtigen Spulenseite der mit ihr hintereinandergeschalteten nächsten Spule haben wir den resultierenden *Wicklungsschritt* $y = 12$ zurückzulegen. Dieser resultierende Wicklungsschritt ist bei der hier abgeleiteten Wicklung

$$\boxed{y = y_1 + y_2,} \tag{8}$$

wie man aus der vorstehenden Aufschreibung des Schaltplanes der Spulen entnehmen kann.

Rollen wir wieder den Ankermantel ab und breiten wir ihn in einer Ebene aus, so können wir in üblicher Weise den Schaltplan in das abgewickelte Bild eintragen, was in Abb. 8 geschehen ist. Die oberschichtigen Spulenseiten und die zu ihnen führenden Teile der Stirnverbindungen sind voll gezeichnet; die unterschichtigen Spulenseiten und die dazu gehörigen Teile der Stirnverbindungen sind gestrichelt ausgezogen. Weiters ist in der Zeichnung eine *Stabwicklung*, also eine Wicklung mit einer Windung je Spule angenommen. Die Teilschritte $y_1 = 5$ und $y_2 = 7$ sind hervorgehoben, ebenso auch der resultierende Wicklungsschritt y. Die Beziehung (8) finden wir in der Zeichnung bestätigt. Die Wicklung schreitet wellenartig um den Anker herum fort: wir haben sie als *Wellenwicklung* zu bezeichnen. Gehen wir z. B. vom Stromwendersteg 12 aus und wandern wir auf den stark ausgezogenen Spulen in Abb. 8 einmal um den Ankerumfang herum, so gelangen wir zum Stromwendersteg 13, der bei unserer Bezifferung *rechts* vom Steg 12 liegt. Die Wicklungswellen schieben sich also nach rechts hin auf dem Anker weiter: die Wellenwicklung ist *rechtsgängig*. Außerdem kreuzen sich Anfang und Ende des betrachteten Wellenzuges: Die Wicklung ist *gekreuzt*.

Die durch das Spannungsvieleck in Abb. 7 gegebene und in Abb. 8 dargestellte Wicklung ist somit eine *rechtsgängige, gekreuzte Wellenwicklung mit 2 a = 2 parallelen Ankerzweigen*.

In Abb. 9 haben wir die in Abb. 8 gezeichnete Wicklung noch einmal wiedergegeben, um die von den gleichnamigen Bürsten kurzgeschlossenen Spulen durch starkes Nachziehen hervorheben zu können. Man überzeugt sich in Abb. 8 oder 9 auch leicht davon, daß sich an den beiden parallelen Zweigen dieser Wicklung nichts ändert, wenn man das ungleichnamige Bürstenpaar auf den Stegen 9, 10 und 15, 16 wegläßt. Nur die Zahl der von den Bürsten kurzgeschlossenen Spulen wird geringer. Denn die auf den Stegen 20 und 21 sitzende negative Bürste schließt jetzt bloß die Spulen 9 und 21 kurz, während die Spule 10 aus dem Kurzschluß tritt. Die positive Bürste auf den Stromwenderstegen 3 und 4 bildet einen Kurzschluß für die Spulen 4 und 15 aus; doch die Spule 16 nimmt am Aufbau der Zweigspannung teil.

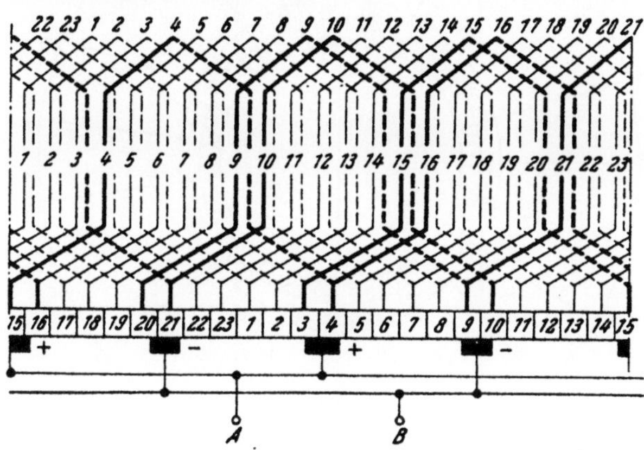

Abb. 9. Kurzschlußkreise der rechtsgängigen, gekreuzten Wellenwicklung mit 23 Spulen in 23 Nuten für 4 Pole und 2 parallele Ankerzweige in Abb. 8

Über die Polarität der Bürsten in Abb. 7 des Spannungsvieleckes kann man von vornherein nichts aussagen, da jeder Bezug auf die Magnetpole fehlt. Wir haben deshalb in Abb. 8 die Magnetpole gezeichnet und eine Drehrichtung des Ankers angenommen. Jetzt ist es möglich, z. B. nach der rechten Hand-Regel in den Stäben der Wicklung die Richtung der induzierten Spannungen anzugeben und mit ihrer Hilfe die Polarität der Bürsten zu ermitteln. Dies ist in Abb. 8 geschehen.

β) Linksgängige Wicklungen

Anstatt die Zeiger des Spulensternes in Abb. 6 so zu einem einmal umlaufenden Spannungsvieleck aneinanderzufügen, wie sie rechtsherum im Spulenstern aufeinanderfolgen, kann man sie auch in jener Reihenfolge zu einem Spannungsvieleck mit einem Umlauf zusammensetzen, wie sie linksherum im Spulenstern benachbart sind. Das Spannungsvieleck nimmt dann die in Abb. 10 gezeichnete Gestalt an. An den Zeiger 1 reiht sich der Zeiger 12, an diesen der Zeiger 23, an diesen der Zeiger 11 u. s. w. Dieses Spannungsvieleck ist das Spiegelbild jenes in Abb. 7.

Wir können auch in diesem Spannungsvieleck die von den gleichnamigen Bürsten kurzgeschlossenen Ankerspulen feststellen, die Augenblickswerte der Spannungen in den beiden parallelen Zweigen der Ankerwicklung ermitteln u. s. w.

Die Art der Wicklung ergibt sich ebenfalls unmittelbar aus dem Spannungsvieleck, wenn wir z. B. wieder eine Spulenweite von $y_1 = 5$ Nutteilungen voraussetzen. Und zwar können wir folgenden Schaltplan an Hand des Spannungsvieleckes in Abb. 10 anschreiben:

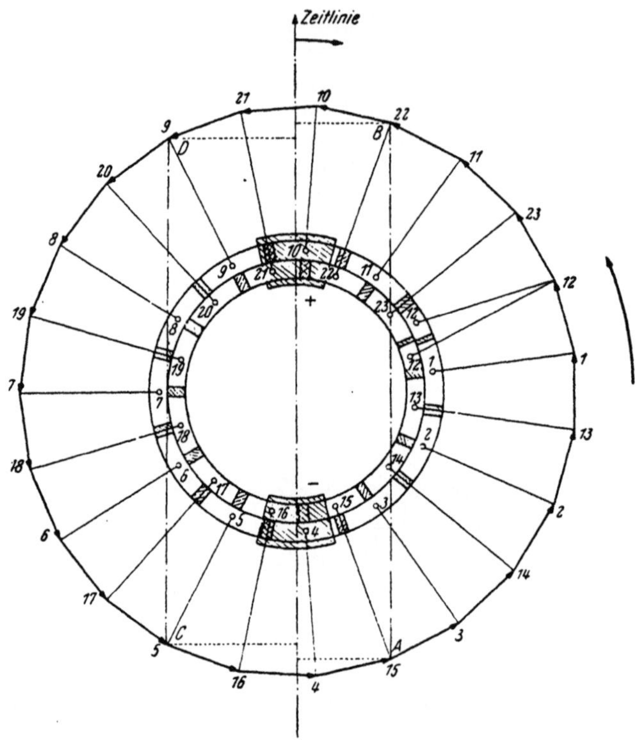

Abb. 10. Spannungsvieleck in Verbindung mit dem Stromwender einer linksgängigen Ankerwicklung mit 23 Spulen in 23 Nuten für 4 Pole und 2 parallele Zweige nach dem Spulenstern in Abb. 6

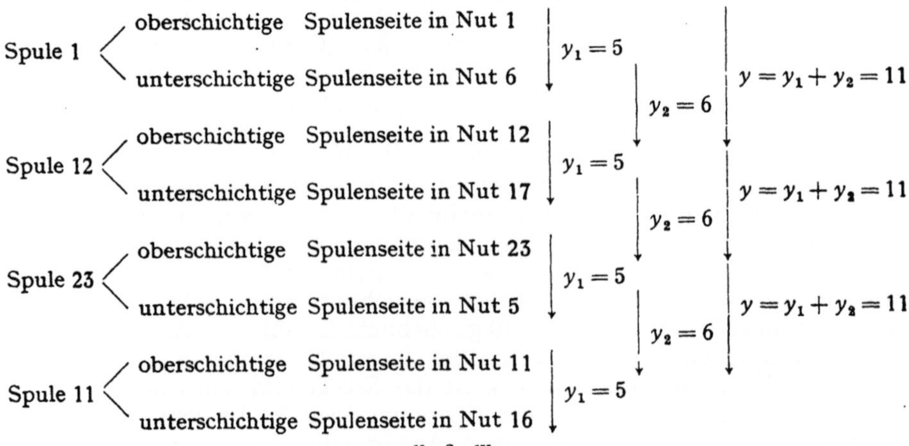

Spule 1 — oberschichtige Spulenseite in Nut 1 / unterschichtige Spulenseite in Nut 6 $y_1 = 5$

$y_2 = 6$ $\quad y = y_1 + y_2 = 11$

Spule 12 — oberschichtige Spulenseite in Nut 12 / unterschichtige Spulenseite in Nut 17 $y_1 = 5$

$y_2 = 6$ $\quad y = y_1 + y_2 = 11$

Spule 23 — oberschichtige Spulenseite in Nut 23 / unterschichtige Spulenseite in Nut 5 $y_1 = 5$

$y_2 = 6$ $\quad y = y_1 + y_2 = 11$

Spule 11 — oberschichtige Spulenseite in Nut 11 / unterschichtige Spulenseite in Nut 16 $y_1 = 5$

u. s. w.

Der zweite Teilschritt oder Schaltschritt y_2 ist um eine Nutteilung kleiner als bei der in a) behandelten rechtsgängigen Wicklung und dasselbe gilt vom resultierenden Wicklungsschritt y. Die Beziehung (8) zwischen den Teilschritten y_1 und y_2 und dem resultierenden Wicklungsschritte y

$$y = y_1 + y_2 \tag{8}$$

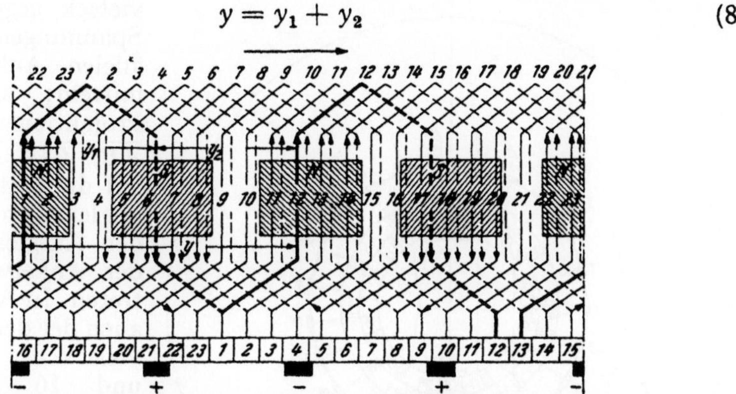

Abb. 11 Schaltplan einer linksgängigen, ungekreuzten Wellenwicklung mit 23 Spulen in 23 Nuten für 4 Pole und 2 parallele Zweige nach Abb. 10

besteht auch hier. Wenn diese Beziehung das Kennzeichen einer Wellenwicklung ist, so muß auch die neu gewonnene Wicklung eine Wellenwicklung sein. Das bestätigt Abb. 11, die die Übertragung der durch das Spannungsvieleck in Abb. 10 gefundenen Wicklung in den üblichen Schaltplan ist. Diese Wicklung ist *linksgängig*, denn gehen wir z. B. vom Stromwendersteg 13 aus und folgen auf dem stark ausgezogenen Wege der Wicklung einmal um den Anker herum, so enden wir beim Steg 12, der links vom Ausgangsstege 13 liegt. Anfang und Ende dieses soeben durchschrittenen Wicklungszuges überkreuzen sich nicht: Die Wicklung ist *ungekreuzt.*

Die Abb. 10 und 11 lehren uns, daß die Polarität der Bürsten bei dieser linksgängigen und ungekreuzten Wicklung die entgegengesetzte ist wie bei der rechtsgängigen und gekreuzten Wellenwicklung nach den Abb. 7 und 8.

Selbstverständlich kann man auch bei der linksgängigen Wicklung in Abb. 11 mit einem einzigen Paar ungleichnamiger Bürsten auf dem Stromwender auskommen. Die Bürstenbreite ist in allen Beispielen willkürlich gewählt.

b) Ankerwicklungen mit vier parallelen Ankerzweigen

α) *Rechtsgängige Wicklungen*

Haben wir die Aufgabe, aus den 23 Spulen in den 23 Nuten unseres Beispiels eine vierpolige Ankerwicklung mit $2\,a = 4$ parallelen Zweigen zu bilden, so fügen wir die Zeiger des Spulensternes in Abb. 6 so zu einem zweimal umlaufenden Spannungsvieleck zusammen, daß wir z. B. an den Zeiger 1 den Zeiger 2, an diesen den Zeiger 3 u. s. w. ansetzen. Auf diese Weise ist das Spannungsvieleck in Abb. 12 entstanden. Wir haben also Zeiger des Spulensternes zu einem Spannungsvieleck vereinigt, zwischen denen beim Durchlaufen des Spulensternes rechtsherum je ein Zeiger ausbleibt.

Das Spannungsvieleck in Abb. 12 ist wieder mit dem Stromwender verbunden, auf den wir Bürsten in beliebiger Breite setzen. Wir können dann für den Augenblick, der durch die Lage der Zeitlinie zum Spannungsvieleck gegeben ist, die Spannungen der vier parallelen Ankerzweige ermitteln: sie sind die Projektionen der Strecken $\overline{AB}$, $\overline{CD}$, $\overline{EF}$ und $\overline{GH}$ auf die Zeitlinie. Da sie ungleich groß sind, werden Ausgleichsströme in der Ankerwicklung auftreten. In Abb. 12 wurde auch der den Spannungsvielecken der Abb. 7 und 10 umschriebene Kreis eingezeichnet, um deutlich zu machen, daß die Ankerspannung bei der doppelten Zahl von parallelen Zweigen halb so groß ist wie bei zwei Zweigen.

Die Schaltung der Spulen lesen wir wieder unmittelbar aus dem Spannungsvieleck in Abb. 12 ab:

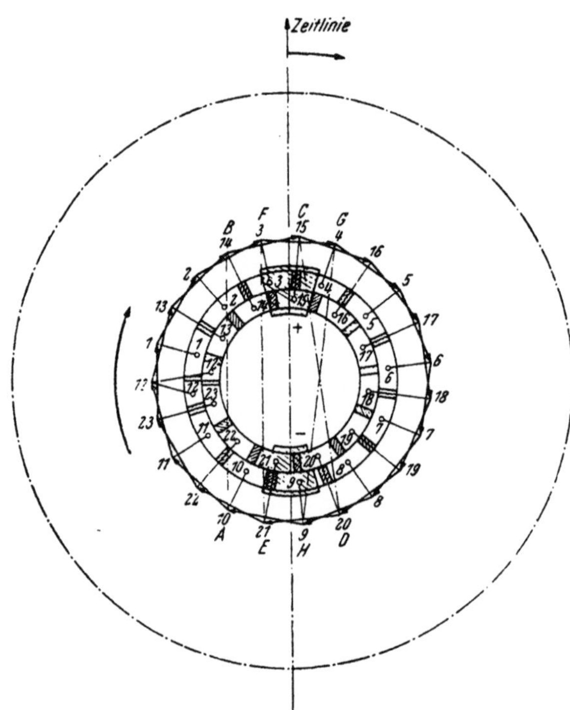

Abb. 12. Spannungsvieleck in Verbindung mit dem Stromwender einer rechtsgängigen Ankerwicklung mit 23 Spulen in 23 Nuten für 4 Pole und 4 parallele Zweige nach dem Spulenstern in Abb. 6

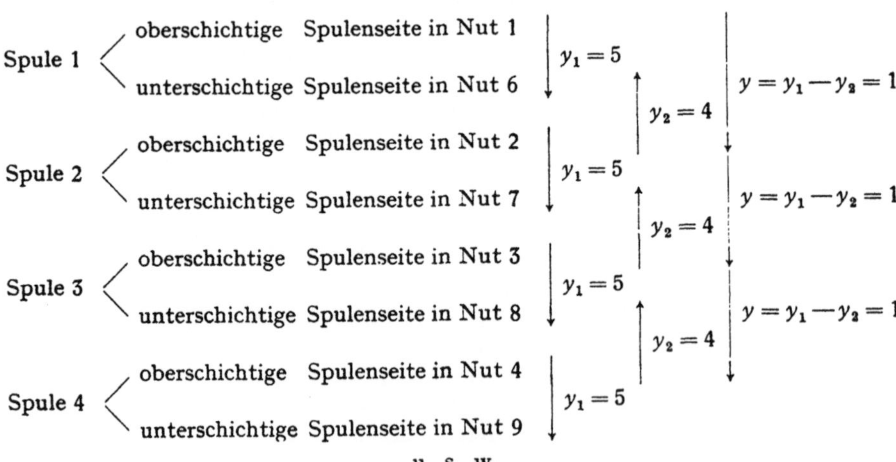

Spule 1 — oberschichtige Spulenseite in Nut 1 / unterschichtige Spulenseite in Nut 6 — $y_1 = 5$

Spule 2 — oberschichtige Spulenseite in Nut 2 / unterschichtige Spulenseite in Nut 7 — $y_1 = 5$

Spule 3 — oberschichtige Spulenseite in Nut 3 / unterschichtige Spulenseite in Nut 8 — $y_1 = 5$

Spule 4 — oberschichtige Spulenseite in Nut 4 / unterschichtige Spulenseite in Nut 9 — $y_1 = 5$

$y_2 = 4$, $\quad y = y_1 - y_2 = 1$

u. s. w.

Die Spulenweite oder der erste Teilschritt ist wieder mit $y_1 = 5$ angenommen. Das Schaltungsgesetz folgt aus dieser Aufschreibung:

$$\boxed{y = y_1 - y_2.}$$ (9)

Übertragen wir diese Schaltung in den in eine Ebene ausgebreiteten Ankermantel, so erhalten wir Abb. 13. Wir sehen, daß die Wicklung Schleifen bildet und nennen sie daher eine *Schleifenwicklung*. Die oben angeschriebene Beziehung (9) ist also maßgebend für eine Schleifenwicklung. Die Wicklung ist *rechtsgängig*, weil wir nach einem resultierenden Wicklungsschritte y zu einem Stege kommen, der rechts vom Ausgangsstege liegt. Die Enden einer solchen Schleifenwicklungsspule kreuzen sich nicht; wir haben es mit einer *ungekreuzten* Wicklung zu tun. Dies ist offenbar stets dann der Fall, wenn

$$y_1 > y_2$$ (10)

ist und der resultierende Wicklungsschritt y nach Gl. (9) positiv ist.

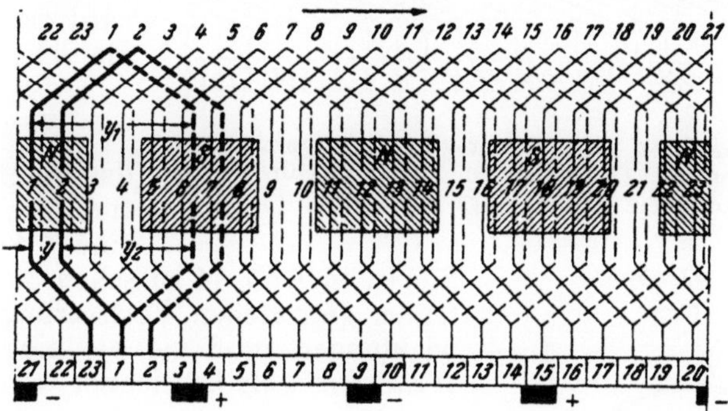

Abb. 13. Schaltplan einer rechtsgängigen, ungekreuzten Schleifenwicklung mit 23 Spulen in 23 Nuten für 4 Pole und 4 parallele Ankerzweige nach Abb. 12

Man muß aber gar nicht bei der Ableitung der Spulenschaltung aus dem Spannungsvieleck in Abb. 12 zu einer Schleifenwicklung gelangen, wie wir es vorhin gemacht haben. Man kann doch die Schaltung der Spulen auch nach folgendem Plane durchführen:

Spule 1 — oberschichtige Spulenseite in Nut 1 / unterschichtige Spulenseite in Nut 6 — $y_1 = 5$ — $y_2 = 19$ — $y = y_1 + y_2 = 24$

Spule 2 — oberschichtige Spulenseite in Nut 2 / unterschichtige Spulenseite in Nut 7 — $y_1 = 5$ — $y_2 = 19$ — $y = y_1 + y_2 = 24$

Spule 3 — oberschichtige Spulenseite in Nut 3 / unterschichtige Spulenseite in Nut 8 — $y_1 = 5$ — $y_2 = 19$ — $y = y_1 + y_2 = 24$

Spule 4 — oberschichtige Spulenseite in Nut 4 / unterschichtige Spulenseite in Nut 9 — $y_1 = 5$

u. s. w.

Wir gehen den Schaltschritt y_2 nicht wie früher z. B. von der oberschichtigen Spulenseite der Spule 2 in Nut 2 *zurück* zur unterschichtigen Spulenseite der Spule 1 in Nut 6 ($y_2 = -4$), sondern wir suchen die oberschichtige Spulenseite der Spule 2 in Nut 2 von der unterschichtigen Spulenseite der Spule 1 in Nut 6 dadurch zu erreichen, daß wir im selben Sinne wie y_1 *fortschreiten* (und nicht wie früher rückschreiten). Wir müssen dann einen Schaltschritt $y_2 = 19$ ausführen. Der resultierende Wicklungsschritt y wird dann $y = 24$, und die Schaltregel lautet:

$$y = y_1 + y_2,$$

das heißt, die so entstandene Wicklung ist eine *Wellenwicklung*.

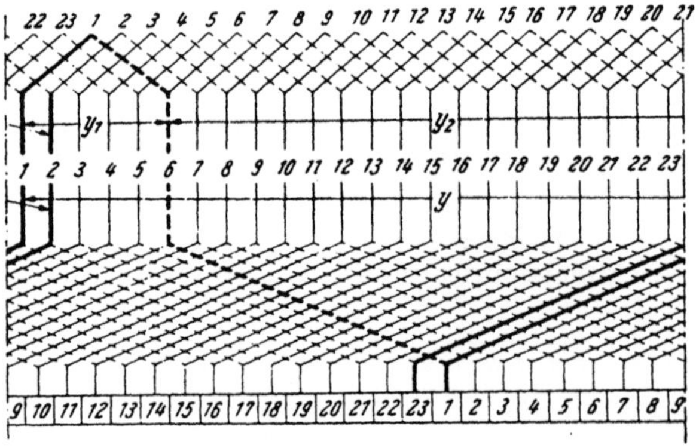

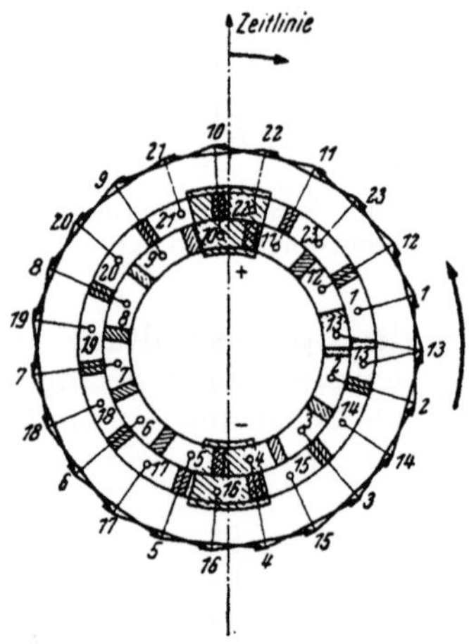

Abb. 14. Schaltplan einer rechtsgängigen, gekreuzten Wellenwicklung mit 23 Spulen in 23 Nuten für 4 Pole und 4 parallele Ankerzweige nach Abb. 12

Abb. 15. Spannungsvieleck in Verbindung mit dem Stromwender einer linksgängigen Ankerwicklung mit 23 Spulen in 23 Nuten für 4 Pole und 4 parallele Zweige nach dem Spulenstern in Abb. 6

Sie ist in Abb. 14 zu sehen. Nach der schon früher getroffenen Festsetzung für Wellenwicklungen muß sie als eine *rechtgängige Wellenwicklung* bezeichnet werden, weil wir nach einem ganzen Umgang um den Anker zu einem Stromwendersteg (z. B. 1 in Abb. 14) gelangen, der rechts vom Ausgangssteg (z. B. 23 in Abb. 14) liegt. Die Wicklung ist gekreuzt, wie man in Abb. 14 sieht, denn Anfang und Ende eines Umganges um den Anker kreuzen sich. Die Stromwenderverbindungen sind bei der Wicklung nach Abb. 14 weitaus länger als bei allen bisher besprochenen Ankerwicklungen und der Aufwand an Wicklungsbaustoff entsprechend größer.

In der Zeichnung in Abb. 14 haben wir die ober- und unterschichtigen Spulenseiten in einer Nut nicht mehr getrennt voneinander gezeichnet, sondern durch einen einzigen Strich angedeutet. Die Schaltung wird dadurch nicht unklarer, wenn jene Schaltverbindungen, die zu einer oberschichtigen Spulenseite führen, voll und jene, die zu einer unterschichtigen Spulenseite einer Nut gehören, gestrichelt gezeichnet werden. Pole und Bürsten sind in der Zeichnung nicht eingetragen.

β) *Linksgängige Wicklungen*

Eine Aneinanderreihung der Zeiger des Spulensternes in Abb. 6 in der Reihenfolge wie sie linksherum aufeinanderfolgen und so, daß stets zwischen zwei aneinander gefügten Zeigern ein Zeiger im Spulenstern ausbleibt, liefert das in Abb. 15 gezeichnete, zweimal umlaufende Spannungsvieleck, das eine Wicklung angibt, die $2\,a = 4$ parallele Zweige umfaßt.

Die Schaltung der Spulen kann entweder folgendermaßen ausgeführt werden:

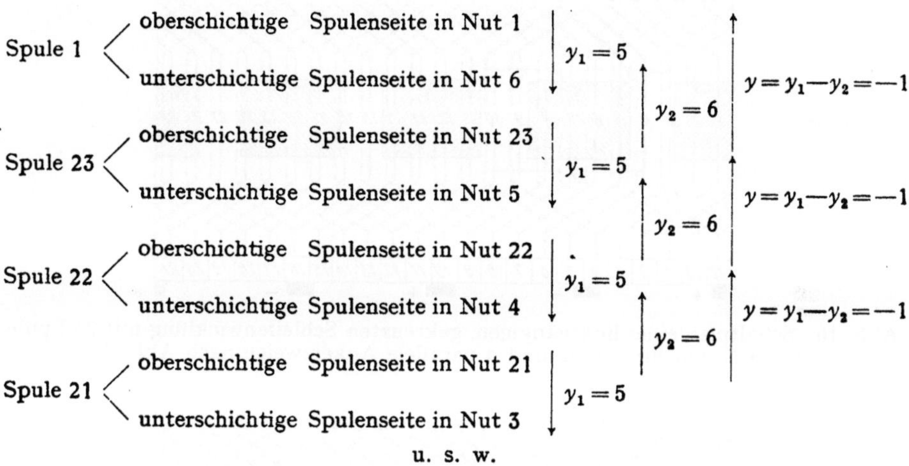

oder aber in der Weise:

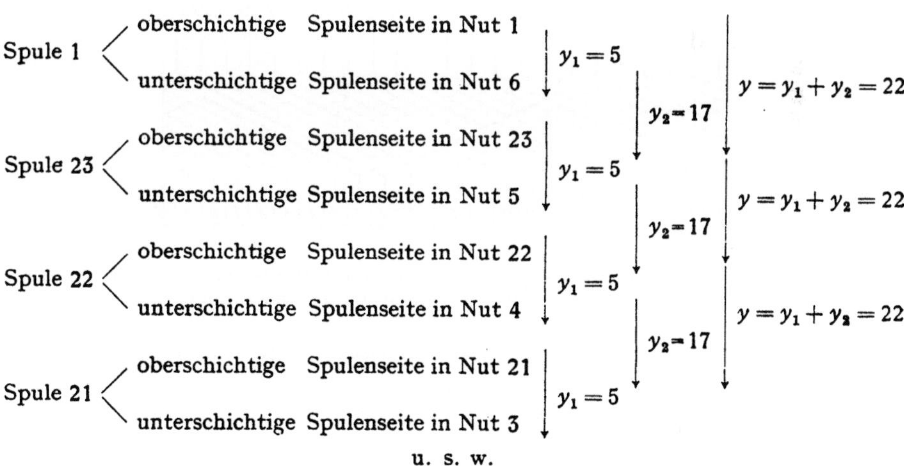

Die zuerst angeschriebene Schaltung ergibt eine Schleifenwicklung. Sie ist in Abb. 16 dargestellt. Wir haben sie als *linksgängige Schleifenwicklung* anzusprechen, da wir nach einem resultierenden Wicklungsschritte y zu einem Stege links vom Ausgangsstege kommen. Die Enden einer solchen Schleifenwicklungsspule kreuzen sich: die Wicklung ist *gekreuzt*. Aus der Aufschreibung des Schaltplanes und aus der Abb. 16

erkennen wir, daß bei dieser linksgängigen und gekreuzten Schleifenwicklung der zweite, in entgegengesetzter Richtung ausgeführte Teilschritt y_2 größer ist als der erste Teilschritt y_1:

$$y_2 > y_1 \tag{11}$$

und auf Grund der Schaltregel

$$y = y_1 - y_2 \tag{9}$$

der resultierende Schritt y negativ, nämlich $y = -1$ wird.

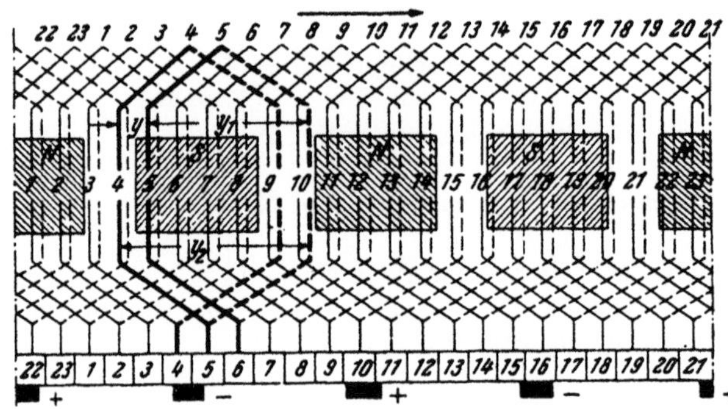

Abb. 16. Schaltplan einer linksgängigen, gekreuzten Schleifenwicklung mit 23 Spulen in 23 Nuten für 4 Pole und 4 parallele Ankerzweige nach Abb. 15

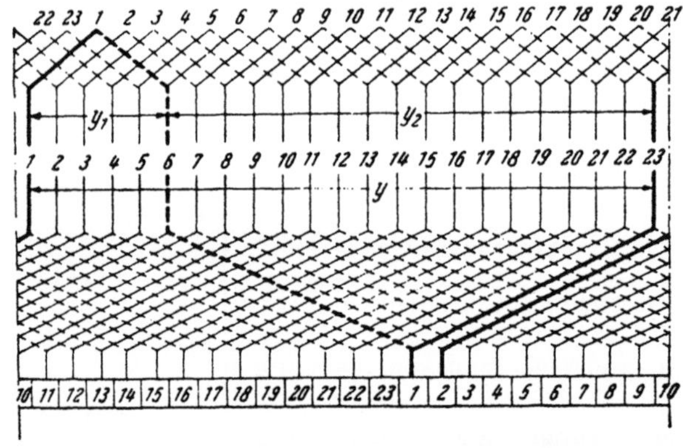

Abb. 17. Schaltplan einer linksgängigen, ungekreuzten Wellenwicklung mit 23 Spulen in 23 Nuten für 4 Pole und 4 parallele Ankerzweige nach Abb. 15

Der zweite vorhin angeschriebene Schaltplan gibt eine in Abb. 17 dargestellte *Wellenwicklung*, die *linksgängig* und *ungekreuzt* ist, und wieder lange Verbindungen der Ankerspulen zu den Stegen des Stromwenders benötigt.

c) Ankerwicklungen mit sechs parallelen Ankerzweigen

Schalten wir die 23 Spulen unseres Beispiels so hintereinander zur Ankerwicklung, daß ihnen Zeiger im Spulenstern entsprechen, zwischen denen rechtsherum oder linksherum im Stern zwei Zeiger ausbleiben, so entsteht eine Ankerwicklung mit $2\,a = 6$ parallelen Zweigen, weil das zugehörige Spannungsvieleck dreimal umläuft.

Die Schaltanordnung für diese neue Wicklung ist die folgende, wenn wir den Spulenstern rechtsherum durchlaufen:

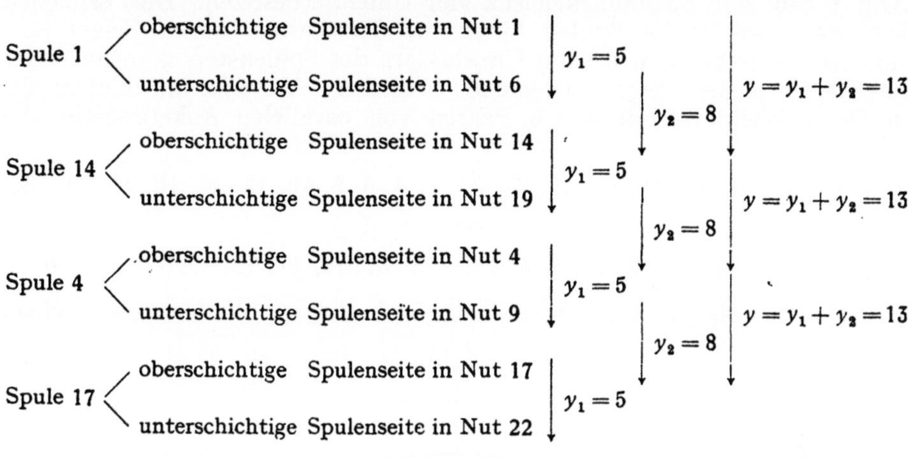

$$y_1 = 5 \qquad y_2 = 8 \qquad y = y_1 + y_2 = 13$$
$$y_1 = 5 \qquad y_2 = 8 \qquad y = y_1 + y_2 = 13$$
$$y_1 = 5 \qquad y_2 = 8 \qquad y = y_1 + y_2 = 13$$
$$y_1 = 5$$

u. s. w.

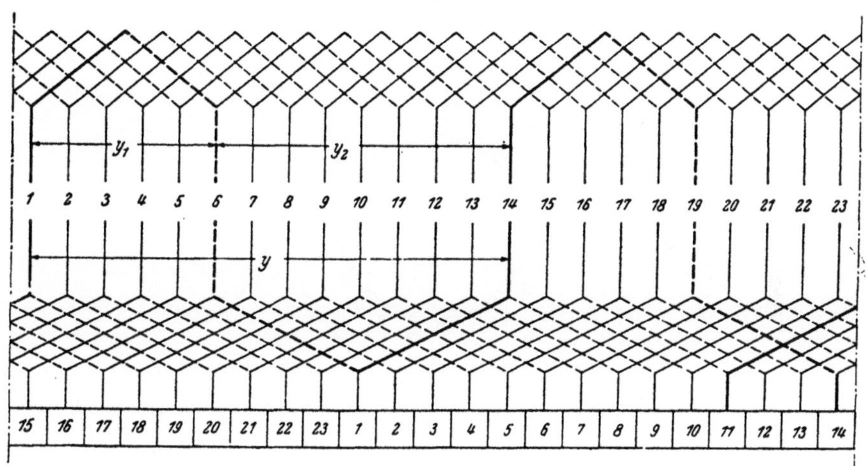

Abb. 18. Rechtsgängige, gekreuzte Wellenwicklung mit 23 Spulen in 23 Nuten für 4 Pole und 6 parallele Ankerzweige

Die Wicklung ist eine rechtsgängige, gekreuzte Wellenwicklung (Abb. 18). Das dreimal umlaufende Spannungsvieleck ist in Abb. 19 gezeichnet. Zum Vergleiche sind die den Spannungsvielecken der Ankerwicklungen mit zwei und vier parallelen Zweigen umschriebenen Kreise eingetragen, um einen Rückschluß auf die erzeugten Spannungen zu ermöglichen.

Die Hintereinanderschaltung der Spulen, denen Zeiger entsprechen, zwischen denen im linksherum durchwanderten Spulenstern zwei Zeiger ausbleiben, liefert eine linksgängige, ungekreuzte Wellenwicklung mit sechs parallelen Ankerzweigen, wie man sich leicht überzeugen kann.

d) Ankerwicklungen mit acht parallelen Ankerzweigen

In diesem Falle muß das durch die 23 Zeiger des Spulensternes in Abb. 6 gebildete Spannungsvieleck vier Umläufe besitzen. Dies erreichen wir, wenn wir solche Spulen hintereinanderschalten, denen Zeiger entsprechen, zwischen denen beim Umwandern des Spulensternes rechts- oder linksherum je drei Zeiger ausbleiben. Auf diese Weise ist die Spulenfolge in dieser Wicklung mit $a = 4$ Paaren von parallelen Ankerzweigen die folgende:

1, 3, 5, 7, 9, 11, 13, 15, 17, 19, 21, 23, 2, 4, 6, 8, 10, 12, 14, 16, 18, 20, 22,

oder

1, 22, 20, 18, 16, 14, 12, 10, 8, 6, 4, 2, 23, 21, 19, 17, 15, 13, 11, 9, 7, 5, 3,

je nachdem, ob wir eine rechts- oder linksgängige Wicklung wünschen.

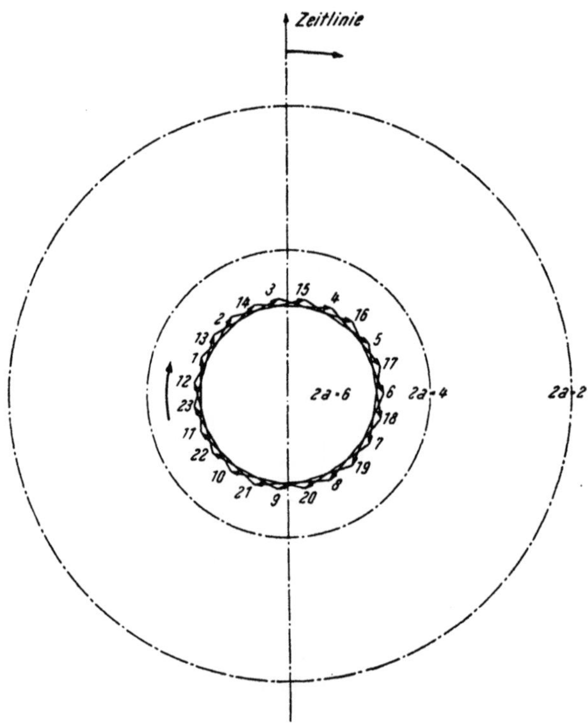

Abb. 19. Spannungsvieleck einer rechtsgängigen Ankerwicklung mit 23 Spulen in 23 Nuten für 4 Pole und 6 parallele Zweige nach dem Spulenstern in Abb. 6

Wir können nun die Verbindung dieser Spulen durch den Schaltschritt y_2 entweder in Form einer Schleifenwicklung ausführen oder in der Art einer Wellenwicklung.

a) *Schleifenwicklungen mit acht parallelen Ankerzweigen*

Die Anordnung der Schaltung für eine *rechtsgängige Schleifenwicklung* ist:

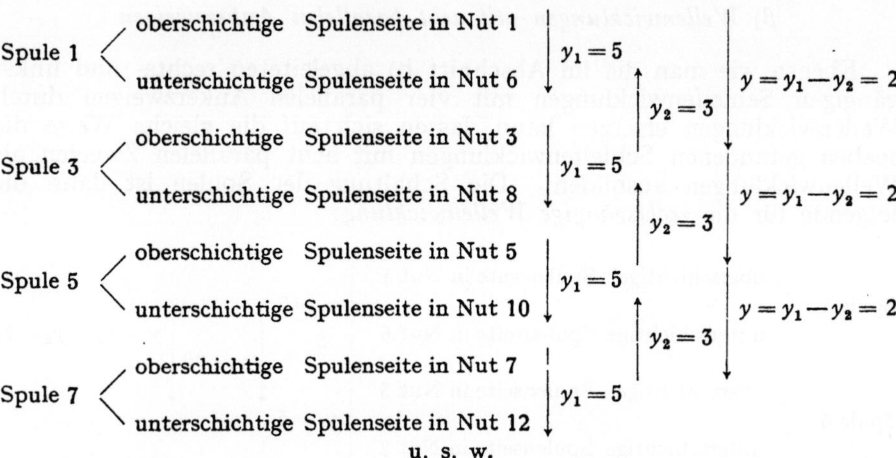

Diese Schleifenwicklung ist in Abb. 20 dargestellt. Sie ist rechtsgängig und ungekreuzt, weil $y_1 > y_2$ und der resultierende Wicklungsschritt y daher positiv ist.

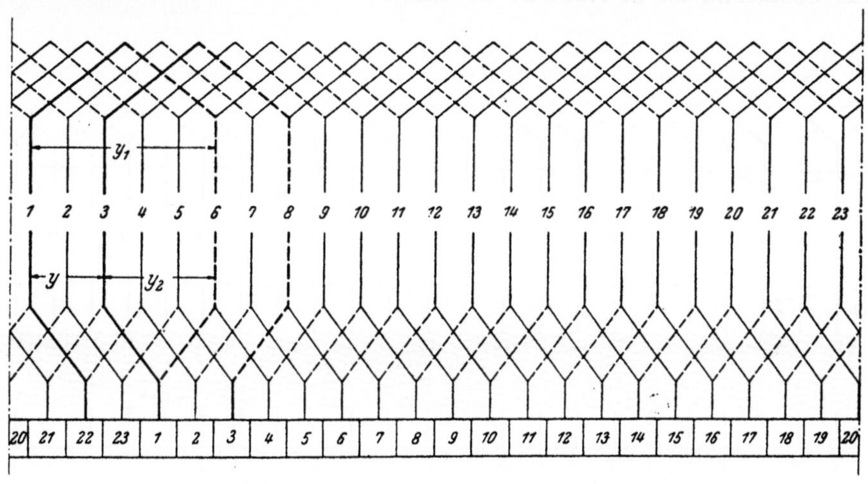

Abb. 20. Rechtsgängige, ungekreuzte Schleifenwicklung mit 23 Spulen in 23 Nuten für 4 Pole und 8 parallele Ankerzweige

Bei der *linksgängigen Wicklung* sind die Spulen 1, 22, 20, ... miteinander zu verbinden, wobei $y_2 > y_1$ wird und der resultierende Wicklungsschritt y den Wert — 2 annimmt, wie aus der folgenden Aufschreibung hervorgeht:

2*

β) *Wellenwicklungen mit acht parallelen Ankerzweigen*

Ebenso wie man die im Abschnitt b) abgeleiteten rechts- und linksgängigen Schleifenwicklungen mit vier parallelen Ankerzweigen durch Wellenwicklungen ersetzen kann, lassen sich auf die gleiche Weise die soeben gefundenen Schleifenwicklungen mit acht parallelen Zweigen als Wellenwicklungen ausbilden. Die Schaltung der Spulen ist dann die folgende für die *rechtsgängige Wellenwicklung*:

Spule 1 ⟨ oberschichtige Spulenseite in Nut 1
         ⟨ unterschichtige Spulenseite in Nut 6 $y_1 = 5$

Spule 3 ⟨ oberschichtige Spulenseite in Nut 3
         ⟨ unterschichtige Spulenseite in Nut 8 $y_1 = 5$

$y_2 = 20$ $y = y_1 + y_2 = 25$

u. s. w.

Das Schaltbild ist in Abb. 21 zu sehen.

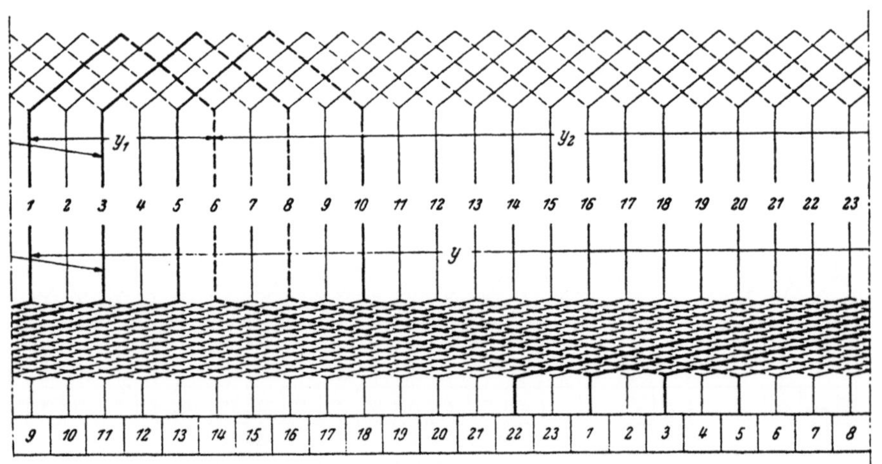

Abb. 21. Rechtsgängige, gekreuzte Wellenwicklung mit 23 Spulen in 23 Nuten für 4 Pole und 8 parallele Ankerzweige

Für die *linksgängige Wellenwicklung* gilt:

Spule 1 ⟨ oberschichtige Spulenseite in Nut 1
         ⟨ unterschichtige Spulenseite in Nut 6 $y_1 = 5$

Spule 22 ⟨ oberschichtige Spulenseite in Nut 22
          ⟨ unterschichtige Spulenseite in Nut 4 $y_1 = 5$

$y_2 = 16$ $y = y_1 + y_2 = 21$

u. s. w.

Selbstverständlich haben diese Wellenwicklungen nur einen theoretischen Wert, denn in Wirklichkeit wird man die langen Verbindungen zu den Stromwenderstegen vermeiden und die Schleifenwicklungen vorziehen.

4. Ableitung der Wicklungsformeln

a) Der allgemeine Spulenstern

Wir können auf die Ermittlung einer Stromwenderwicklung aus dem Spulenstern verzichten, wenn wir eine Formel für den resultierenden Wicklungsschritt y finden. Gegeben müssen sein: die Spulenzahl k der Ankerwicklung, die Zahl $2\,a$ der parallelen Ankerzweige und die Polzahl $2\,p$.

Bei der Ableitung der Formel für den resultierenden Wicklungsschritt beschränken wir uns wieder auf den bis jetzt stets vorausgesetzten Fall, daß die Spulenzahl k gleich der Nutenzahl N des Ankers ist:

$$k = N \tag{12}$$

und daß die Spulen- oder Nutenzahl und die Polpaarzahl p teilerfremd sind.

Der Spulenstern ist dann nichts anderes als der Spulenstern der zweischichtigen Wechselstrom-Ankerwicklungen. Wir können daher den allgemeinen Spulenstern einer Stromwenderwicklung nach dem, was in W III A 3 ausgeführt wurde, sofort zeichnen und beziffern[1].

Und zwar besteht der allgemeine Spulenstern einer Stromwenderwicklung mit gleicher Spulen- und Nutenzahl $(k = N)$ und teilerfremder Spulen- und Polpaarzahl $(t=1)$ aus $k = N$ Zeigern, die um den Winkel

$$\alpha' = \frac{1}{N}\,360^0 \tag{13}$$

gegeneinander verdreht sind (Abb. 22). Die Bezifferung der Zeiger folgt unmittelbar aus der Tafel 12 in W III A 3 (S. 103), wenn wir darin für $t = 1$ setzen.

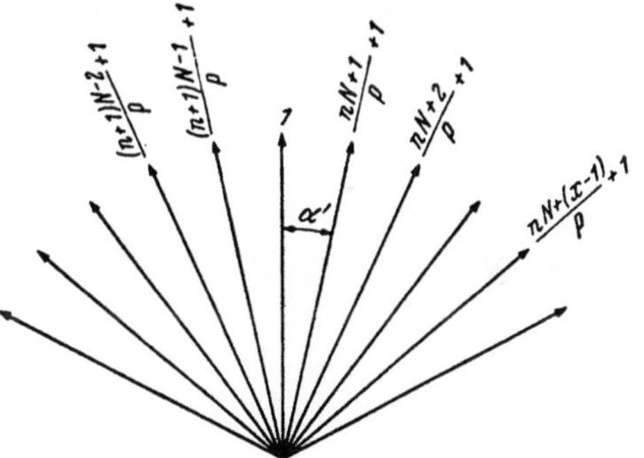

Abb. 22. Spulenstern einer Wenderwicklung mit gleicher Spulen- und Nutenzahl $(k = N)$ und teilerfremder Spulen- und Polpaarzahl $(t = 1)$

b) Schaltplan einer Wicklung mit $2\,a$ parallelen Ankerzweigen

Wenn wir eine Stromwenderwicklung mit $2\,a$ parallelen Ankerzweigen wünschen, haben wir solche Spulen aneinander zu reihen, die zu Zeigern im allgemeinen Spulenstern gehören, zwischen denen im Spulenstern stets $(a - 1)$ Zeiger liegen. Dann entsteht folgender Schaltplan:

---

[1] Alle Angaben, die sich auf den ersten Band der Wicklungen elektrischer Maschinen beziehen, haben vor den Abschnittsbezeichnungen ein W (Wechselstrom-Ankerwicklungen).

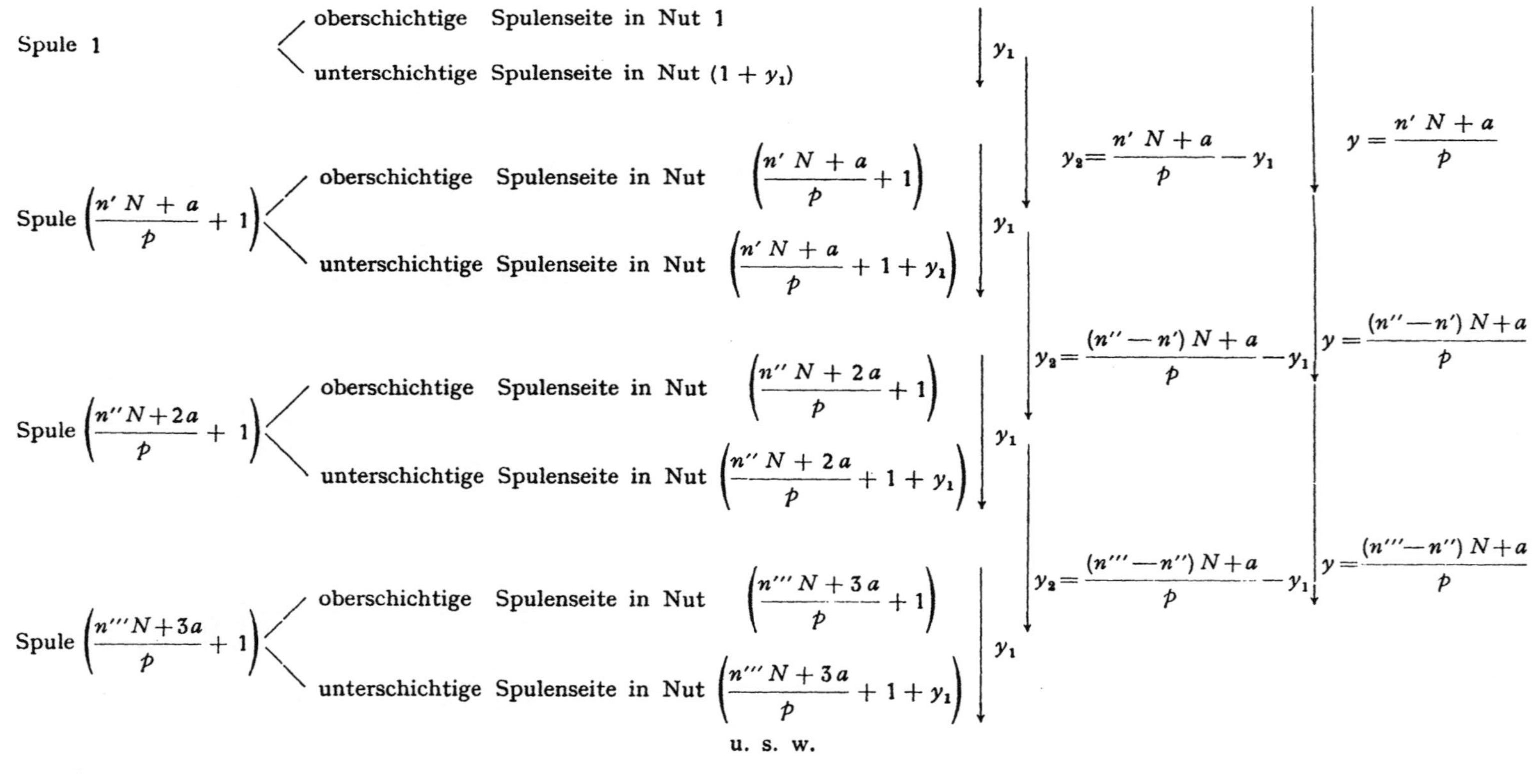

In dieser Zusammenstellung bedeuten n', n'', n''' u. s. w. und damit auch $(n'' - n')$, $(n''' - n'')$ u. s. w. solche ganze Zahlen einschließlich Null, die die Quotienten, in denen sie vorkommen, zu ganzen Zahlen machen.

Der vorstehende Schaltplan gilt für *rechtsgängige* Ankerwicklungen, da die Zeiger zum Spannungsvieleck der Wicklung so aneinander gefügt werden, wie sie rechtsherum im Spulenstern aufeinanderfolgen.

Für *linksgängige* Wicklungen und Aneinanderreihung der Zeiger, wie sie linksherum im Spulenstern benachbart sind, gilt:

Spule 1
- oberschichtige Spulenseite in Nut 1
- unterschichtige Spulenseite in Nut $(1 + y_1)$

$\Big\downarrow y_1$

Spule $\left[\dfrac{(n' + 1) N - a}{p} + 1\right]$
- oberschichtige Spulenseite in Nut $\left[\dfrac{(n' + 1) N - a}{p} + 1\right]$
- unterschichtige Spulenseite in Nut $\left[\dfrac{(n' + 1) N - a}{p} + 1 + y_1\right]$

$y_1 \quad y_2 = \dfrac{(n' + 1) N - a}{p} - y_1 \qquad y = \dfrac{(n' + 1) N - a}{p}$

Spule $\left[\dfrac{(n'' + 1) N - 2a}{p} + 1\right]$
- oberschichtige Spulenseite in Nut $\left[\dfrac{(n'' + 1) N - 2a}{p} + 1\right]$
- unterschichtige Spulenseite in Nut $\left[\dfrac{(n'' + 1) N - 2a}{p} + 1 + y_1\right]$

$y_1 \quad y_2 = \dfrac{(n'' - n') N - a}{p} - y_1 \qquad y = \dfrac{(n'' - n') N - a}{p}$

Spule $\left[\dfrac{(n''' + 1) N - 3a}{p} + 1\right]$
- oberschichtige Spulenseite in Nut $\left[\dfrac{(n''' + 1) N - 3a}{p} + 1\right]$
- unterschichtige Spulenseite in Nut $\left[\dfrac{(n''' + 1) N - 3a}{p} + 1 + y_1\right]$

$y_1 \quad y_2 = \dfrac{(n''' - n'') N - a}{p} - y_1 \qquad y = \dfrac{(n''' - n'') N - a}{p}$

u. s. w.

c) Formel für den resultierenden Wicklungsschritt

Aus den vorhin aufgeschriebenen Schaltplänen folgt, daß sich allgemein für den resultierenden Wicklungsschritt die Formel ergibt

$$y = \frac{n\,k \pm a}{p}, \tag{14}$$

wenn wir statt der Nutenzahl N die Spulenzahl k setzen. Das Pluszeichen gilt für rechtsgängige, das Minuszeichen für linksgängige Wicklungen. n ist jene positive, ganze Zahl einschließlich Null, die y zu einer ganzen Zahl macht.

d) Schleifenwicklungen und Wellenwicklungen

Den ersten Teilschritt y_1, der der Spulenweite entspricht, haben wir aus der Beziehung

$$y_1 \gtreqless \frac{N}{2\,p} \tag{15}$$

gewonnen. Den Zusammenhang zwischen dem resultierenden Wicklungsschritt y, dem ersten Teilschritt y_1 und dem Schaltschritt y_2 liefert die Gleichung

$$y = y_1 \pm y_2, \tag{16}$$

wo das Pluszeichen für Wellen- und das Minuszeichen für Schleifenwicklungen einzusetzen ist.

Aus Gl. (16) folgt, daß wir es mit einer *Schleifenwicklung* zu tun haben, wenn die Spulenweite y_1 größer als der Wicklungsschritt y ist. Bei einer *Wellenwicklung* aber ist $y_1 < y$.

Wenn die Paarzahl a der parallelen Ankerzweige durch die Polpaarzahl p ganzzahlig teilbar ist, kann für n in Formel (14) Null gesetzt werden. Der resultierende Wicklungsschritt y ist dann

$$y = \pm \frac{a}{p}. \tag{17}$$

Das ist im allgemeinen eine kleine Zahl und daher in den allermeisten Fällen kleiner als die Spulenweite y_1, so daß obige Formel (17) geradezu zur kennzeichnenden Formel für *Schleifenwicklungen* geworden ist. Doch sind auch Schleifenwicklungen mit einem resultierenden Wicklungsschritte nach Gl. (14) und einem $n > 0$ möglich, wenn nur $y_1 > y$ ist. Wir werden einen solchen Fall noch kennenlernen.

e) Nachrechnung der Beispiele

In den bisher vorgetragenen Beispielen war die Spulen- und Nutenzahl $N = k = 23$, die Polzahl $2\,p = 4$ und die Spulenweite $y_1 = 5$.

Für $2\,a = 2$ parallele Ankerzweige liefert die Formel (14) für den resultierenden Wicklungsschritt den Wert

$$y = \frac{n\,23 \pm 1}{2} = 12 \text{ oder } 11,$$

je nachdem ob es sich um eine rechts- oder linksgängige Wicklung handelt. Diese Wicklungen sind Wellenwicklungen, da $y > y_1$ ist.

Mit $2\,a = 4$ parallelen Zweigen können wir die Ankerwicklung mit dem resultierenden Wicklungsschritte

$$y = \frac{n\,23 \pm 2}{2} = 1 \ \text{oder} \ {-}1$$

ausführen, wenn wir für $n = 0$ setzen, oder mit

$$y = \frac{n\,23 \pm 2}{2} = 24 \ \text{oder} \ 22,$$

wenn für $n = 2$ gewählt wird. Im ersten Falle ($n = 0$) erhielten wir rechts- und linksgängige Schleifenwicklungen ($y_1 > y$); im zweiten Falle rechts- und linksgängige Wellenwicklungen ($y > y_1$).

Rechts- und linksgängige Wellenwicklungen leiten sich auch für $2\,a = 6$ parallele Zweige ab, da

$$y = \frac{n\,23 \pm 3}{2} = 13 \ \text{oder} \ 10 \ (n = 1)$$

und $y > y_1$ ist.

Mit $2\,a = 8$ parallelen Zweigen kann die Stromwenderwicklung unseres Beispiels entweder als Schleifenwicklung mit den resultierenden Wicklungsschritten

$$y = \frac{n\,23 \pm 4}{2} = 2 \ \text{oder} \ {-}\, 2 \ (n = 0)$$

ausgebildet werden oder als Wellenwicklung mit

$$y = \frac{n\,23 \pm 4}{2} = 25 \ \text{oder} \ 21 \ (n = 2).$$

Man nennt eine Schleifenwicklung mit ebenso vielen Ankerzweigpaaren als Polpaaren ($a = p$) eine *einfache* oder *eingängige Schleifenwicklung* und eine Schleifenwicklung mit $a = m\,p$ Ankerzweigpaaren eine *mehrfache, m-fache* oder *m-gängige Schleifenwicklung*. Mitunter bezeichnet man die Schleifenwicklungen auch als *Parallelwicklungen*.

Die Wellenwicklung mit $a = 1$ Ankerzweigpaar heißt *einfache* oder *eingängige Wellenwicklung, Reihenwicklung* oder *Serienwicklung*. Für die Wellenwicklungen mit $2\,a = 2\,m$ parallelen Ankerzweigen hat man die Namen *mehrfache, mehrgängige, m-gängige Wellenwicklung* oder *Reihenparallelwicklungen* geprägt.

Für die Wahl der Wicklung ist bei einer gegebenen Polzahl die Zahl der parallelen Ankerzweige maßgebend, also Strom und Spannung. Verhältnismäßig hohe Spannungen bei kleinen Stromstärken weisen auf eine kleine Zahl paralleler Ankerzweige hin, verhältnismäßig niedrige Spannungen und große Stromstärken erfordern viele Ankerzweige.

5. Einfach und mehrfach geschlossene Stromwenderwicklungen

Wir haben schon im Abschnitt I B 3 darauf hingewiesen, daß ein a-mal umlaufendes Spannungsvieleck sich g-mal schließt, wenn die Spulenzahl k und die Paarzahl a der parallelen Ankerzweige einen größten gemeinsamen Teiler g haben. Diesen g in sich geschlossenen Teil-Spannungsvielecken entsprechen g in sich geschlossene Teilwicklungen.

Nach Formel 14 ist ein Teiler g der Spulenzahl k und der Ankerzweigpaarzahl a auch ein Teiler des resultierenden Wicklungsschrittes y. Somit kann man auch sagen:

Eine Stromwenderwicklung zerfällt in g in sich geschlossene Teilwicklungen, wenn der resultierende Wicklungsschritt y und die Spulenzahl k den gemeinsamen Teiler g haben. In diesem Falle kann der resultierende Wicklungsschritt y/g je k/g Spulen g-mal zu einer eigenen Wicklung verbinden.

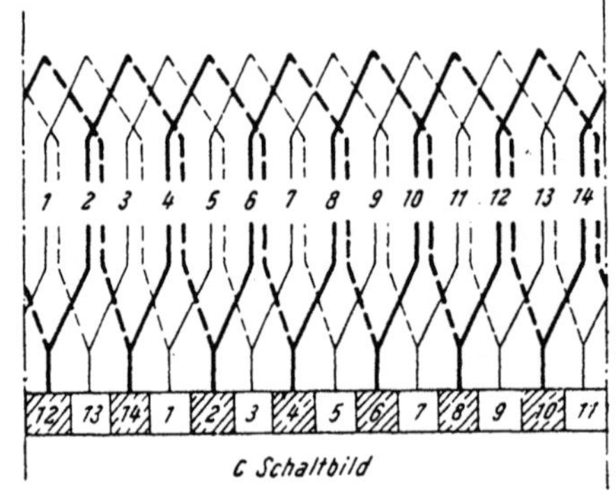

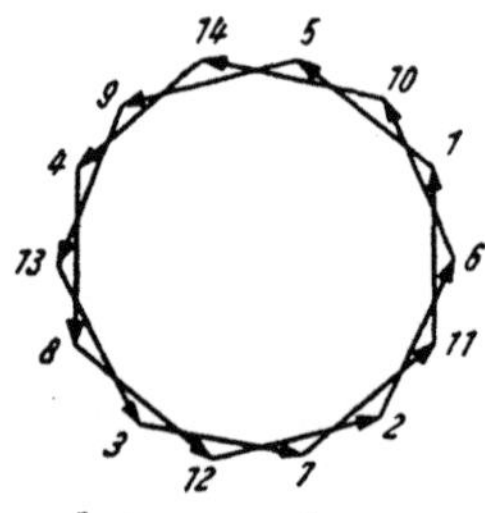

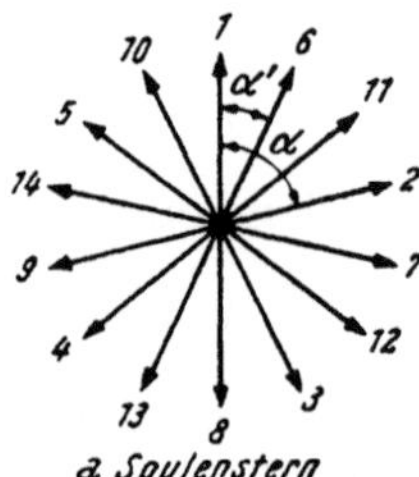

Abb. 23. Zweifach geschlossene, linksgängige Wellenwicklung mit 14 Spulen in 14 Nuten für 6 Pole und 4 parallele Ankerzweige

Zum Beispiel besteht die Wellenwicklung mit $k = 14$ Spulen in $N = 14$ Nuten für $2\,p = 6$ Pole und $2\,a = 4$ parallele Ankerzweige in Abb. 23 c aus zwei getrennten Wicklungen, weil die Spulenzahl $k = 14$ und der resultierende Wicklungsschritt

$$y = \frac{n \cdot 14 \pm 2}{3} = 4 \quad (n = 1)$$

für eine linksgängige Wicklung den gemeinsamen Teiler $g = 2$ haben. In Abb. 23 sind die beiden Teilwicklungen durch verschiedene Strichstärken gekennzeichnet. Zählen wir die $g - 1 = 1$ Spulen, die zu den $g - 1 = 1$ anderen Teilwicklungen gehören, zwischen den Spulen der einen Teilwicklung nicht mit, so verbindet der Wicklungsschritt $y/g = 2$ die $k/g = 7$ Spulen zu einer geschlossenen Wicklung. Dabei müssen die zu einer Teilwicklung gehörigen Spulenseiten durchaus nicht in einer Nut liegen wie in Abb. 23. Man braucht nur die Spulenweite in Abb. 23 von $y_1 = 2$ auf $y_1 = 3$ erweitern und sieht sofort, daß dann in einer Nut Spulenseiten verschiedener Teilwicklungen eingebettet sind.

In Abb. 23 b ist das der mehrfach geschlossenen Wicklung entsprechende mehrfach geschlossene Spannungsvieleck gezeichnet.

Schrifttum

Arnold, E. und *la Cour, J. L.:* Die Gleichstrommaschine. Ihre Theorie, Untersuchung, Konstruktion, Berechnung und Arbeitsweise. 3. Aufl. Erster Band: Theorie und Untersuchung. 1919. Zweiter Band: Konstruktion, Berechnung und Arbeitsweise. 1927. Berlin: Julius Springer.

Bödefeld, Th. und *Sequenz, H.:* Elektrische Maschinen. 4. Aufl. Wien: Springer-Verlag, 1949.

Heiles, F.: Wicklungen elektrischer Maschinen und ihre Herstellung. Berlin: Julius Springer, 1936.

Marec, E.: Les enroulements industriels des machines à courant continu et à courants alternatifs. Théorie et pratique. Troisième Edition. Paris: Gauthier-Villars, 1949.

Richter, R.: Ankerwicklungen für Gleich- und Wechselstrommaschinen. Berlin: Julius Springer, 1920. — Elektrische Maschinen. Erster Band: Allgemeine Berechnungselemente, Die Gleichstrommaschinen. Berlin: Julius Springer, 1924.

Sequenz, H.: Versuch einer allgemeinen Theorie der Gleichstrom-Ankerwicklungen. Arch. Elektrotechn. 27 (1933), S. 709. — Eine neue Ableitung der Gleichstrom-Ankerwicklungen. Elektrotechn. u. Masch.-Bau 51 (1933), S. 469. — Neue Wellenwicklungen. Elektrotechn. u. Masch.-Bau 52 (1934), S. 273. — Das Spannungsvieleck von Stromwenderwicklungen. Elektrotechn. u. Masch.-Bau 61 (1943), S. 259.

II. Stromwenderwicklungen mit in Nuten zusammengedrängten Spulen

A. Wicklungseinheiten

Bei den bisher besprochenen Stromwenderwicklungen liegen bloß zwei Spulenseiten in jeder Nut übereinander, wie Abb. 24 zeigt, und die Spulenzahl k der Ankerwicklung ist gleich der Nutenzahl N.

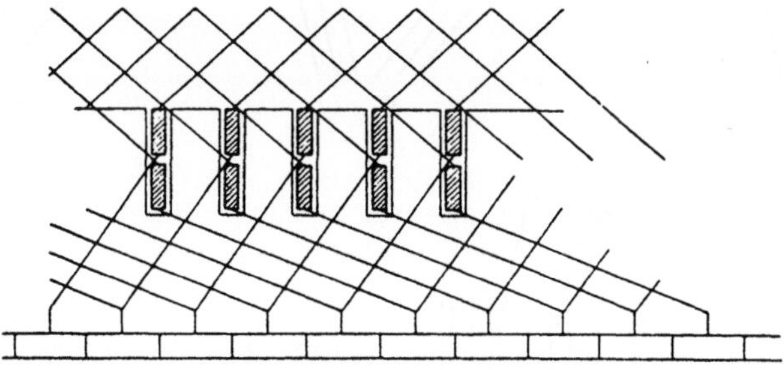

Abb. 24. Wicklung mit zwei Spulenseiten in jeder Nut (Spulenzahl = Nutenzahl)

Man kann nun, ohne daß an der Schaltanordnung der Wicklung etwas geändert wird, die Ankerspulen in den Nuten mehr zusammendrängen, so daß jetzt nicht nur zwei, sondern allgemein $2\,u$ Spulenseiten in einer Nut eingebettet sind. Und zwar sind diese $2\,u$ Spulenseiten wieder in zwei Schichten, einer Oberschichte und einer Unterschichte angeordnet, derart daß in einer Schichte u Spulenseiten nebeneinander liegen. Abb. 25 stellt eine solche Zweischichtwicklung mit $2\,u = 6$ Spulenseiten in einer Nut dar. In diesem Falle ist die Zahl der Spulen

$$k = u\,N. \tag{18}$$

1. Ungeteilte Wicklungen und Treppenwicklungen

Beim Zusammendrängen der Spulen in den Nuten sind zwei Ausführungen möglich.

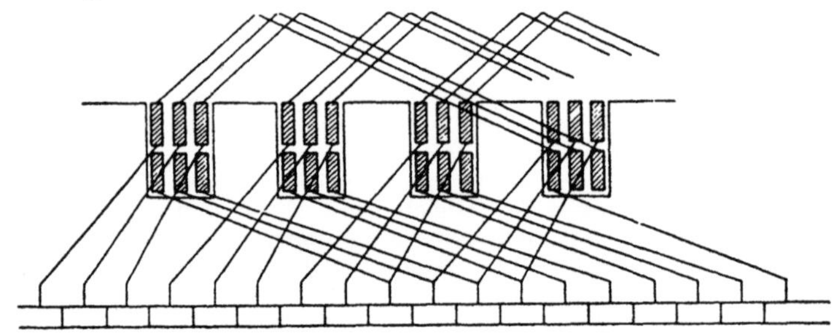

Abb. 25. Zweischichtwicklung mit sechs Spulenseiten in einer Nut

a) Ungeteilte Wicklungen

Liegen die oberschichtigen Spulenseiten der zu einer Spulengruppe
zusammengedrängten u Spulen in einer einzigen Nut nebeneinander und
auch ihre unterschichtigen Spulenseiten in der um den Nutenschritt oder
die Spulenweite entfernten Nut ebenfalls nebeneinander, so ergibt sich die
Abb. 26 a. Hier haben alle Spulen die gleiche Weite. Diese *gewöhnlichen,*

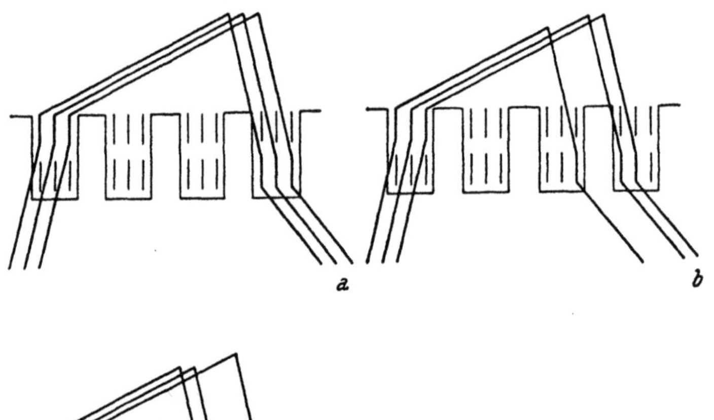

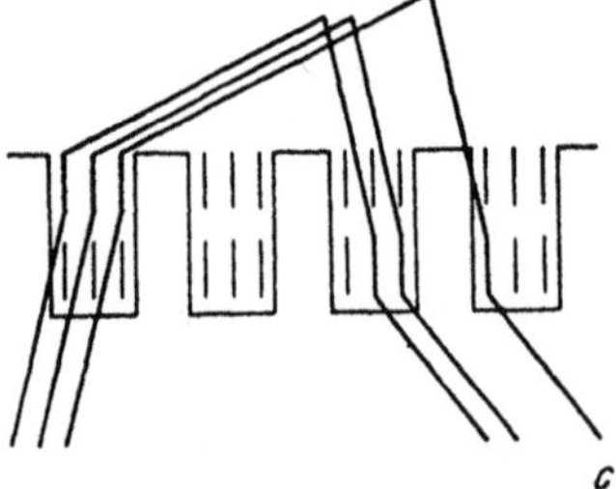

Abb. 26. Zweischichtwicklung
mit sechs Spulenseiten in einer
Nut. *a)* ungeteilte, ungestufte
Wicklung, *b)* und *c)* Treppenwicklung

ungeteilten oder *ungestuften* Wicklungen haben den Vorteil, daß alle Spulen
mit den gleichen Vorrichtungen hergestellt werden können, da sie alle die
gleiche Form haben. Diese u nebeneinander liegenden Spulen bilden eine
Wicklungseinheit oder ein *Wicklungselement.* Eine solche Wicklungseinheit kann als Ganzes gegen das Eisen in der Nut isoliert werden. Abb. 27
zeigt eine Wicklungseinheit mit einer Windung je Spule und $u = 3$ nebeneinander liegenden Spulen.

Weitere *Stabwicklungen* mit $w = 1$ und $u > 1$ sehen wir in den Abb. 28...33. Und zwar stellt Abb. 28 das Einlegen einer eingängigen Wellenwicklung (Reihenwicklung) mit $u = 4$ in einer Nutenschichte nebeneinander liegenden Stäben dar. Der Anker gehört zu einem sechspoligen Drehstrom-Kommutator-Spinnmotor mit 7,5 kW für 1300... 550 U/min

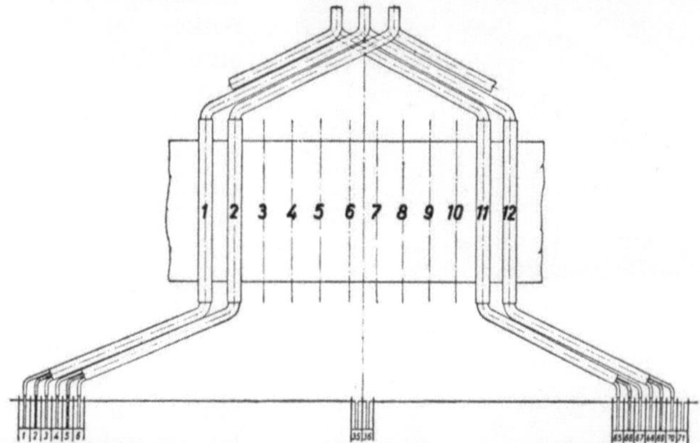

Abb. 27. Wicklungseinheiten der Stabwicklung eines Gleichstrom-Triebwagenmotors mit $u = 3$ in einer Nut nebeneinander liegenden Stäben (Elin)

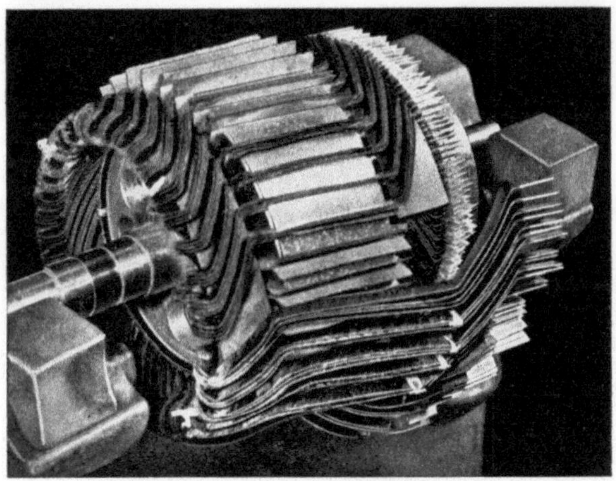

Abb. 28. Einlegen einer Wellen-Stabwicklung mit 2 × 4 Leiter je Nut und 148 Spulen in 37 Nuten (AEG, Berlin)

und hat 37 Nuten. Der Stromwender besitzt 148 Stege. Die Abb. 29 *a* und *b* zeigen einen kleinen, halb fertigen Stabanker für 110 V und die zugehörigen Spulen in verschiedenen Fertigungszuständen. Wellenwicklungsstäbe für Gleichstrom-Bahnmotoren finden wir in Abb. 30. Die Wicklungseinheit mit der kleinen Spulenweite besteht aus fünf in der Nut nebeneinander liegenden Stäben; jene mit der großen Spulenweite gehört zu einem Anker mit 2 × 6 Leitern in jeder Nut, die in vier Schichten eingebettet sind, so daß je drei Stäbe nebeneinander liegen. Über Vierschichtwicklungen wird später noch gesprochen werden. Der Anker eines Straßenbahnmotors für 600 V, 132 A, 810 U/min, 70 kW in Abb. 31 wird mit einer Stabwicklung belegt. In Abb. 32 liegen neben dem teilweise bewickelten Anker Einheiten einer Stabwicklung mit $u = 3$ in der Nut nebeneinander eingebetteten Wellenwicklungsspulen. Der fertige Anker in Abb. 33 a trägt eine Stab-Wellenwicklung mit fünf in einer Nut nebeneinander liegenden Leitern. Eine Schleifenwicklung mit $u = 3$ Leitern erhält der Anker des in Abb. 33 b dargestellten Zwischenbürstengenerators (Metageneratots) für 55 kW und 200 A bei 1470 U/min, der mit einem Induktionsmotor einen Umformersatz bildet für die Speisung von Hilfsmaschinen auf dem Deck von Kriegsschiffen.

Bei allen diesen Stabwicklungen werden *fertig geformte Spulen*, wie Abb. 34 eine in der ersten Herstellungsstufe und fertig zeigt, in die Ankernuten gelegt. Man kann aber auch nur den *einzelnen Spulenseiten* oder *Stäben* vor dem Einlegen die gewünschte Form geben. In Abb. 35 ist dies z. B. mit den Stäben für die Ankerwicklung eines Bahnmotors geschehen. Der Leiter in der Mitte ist eine Ausgleichsverbindung, auf die wir noch zurückkommen werden. Blanke Stäbe zum Anker eines Lokomotivmotors sehen wir in Abb. 36. In Abb. 37 ist der Anker eines Umkehrwalzmotors mit Stäben einer Wellenwicklung teilweise belegt. Die Enden der beiden Stäbe, die eine Ankerspule bilden, werden durch eine Zwinge miteinander verbunden und verlötet.

In Abb. 38 erkennt man die Lötzwinge 1, die hier aus verzinntem Kupferdraht hergestellt ist, ein Füllstück 2 und

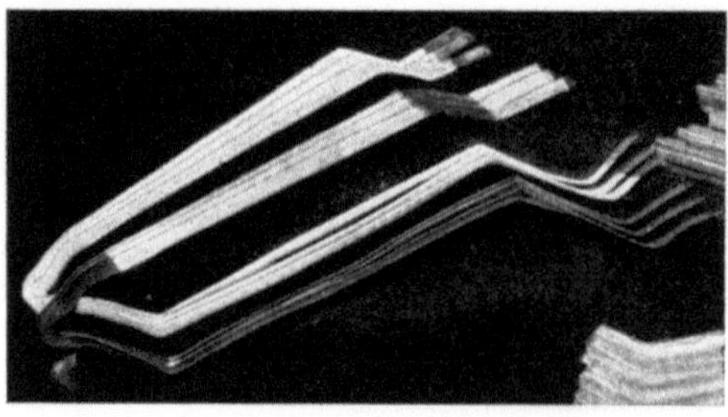

a

b

Abb. 29. Stabanker für 110 V (Garbe, Lahmeyer & Co.). *a*) Spulen in verschiedenen Fertigungszuständen, *b*) halb fertiger Anker

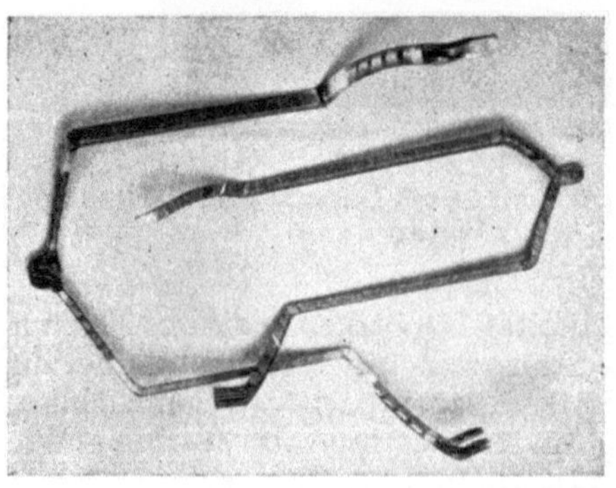

Abb. 30. Wicklungseinheiten von Wellen-Stabwicklungen für Bahnmotoren (Siemens-Schuckert, Berlin)

die Keile 3. In der Abb. 39 sind die Lötzwingen an der Ankerwicklung des Walzwerksmotors für 1280 V und 4600/13 200 A deutlich sichtbar.

Die Herstellung von Wicklungseinheiten mit mehreren nebeneinander in der Nut angeordneten Spulen, die *mehr als eine Windung* besitzen, zeigt Abb. 40. In Abb. 41 *a* und *b* wird anschaulich gemacht, wie Anker mit solchen Spulen bewickelt werden. Von den beiden Schablonenspulen in Abb. 42 bezeichnet man die linke als Doppelkopfspule und die rechte als Normalspule. Eine Wicklungseinheit in der ersten Herstellungsstufe und

Abb. 31. Bewicklung des Ankers eines Straßenbahnmotors mit einer Stabwicklung
(Siemens-Schuckert, Berlin)

Abb. 32. Wicklungseinheiten einer Wellen-Stabwicklung mit $u = 3$ in der Nut nebeneinander eingebetteten Stäben und teilweise bewickelter Anker (Elin)

in fertigem Zustande sehen wir in Abb. 43. In Abb. 44 ist die Ankerwicklung zur Hälfte an die Stege des Stromwenders gelötet. Um eine Runddrahtträufelwicklung handelt es sich bei dem Erregeranker auf der Welle eines 100 kVA-Generators für 1000 U/min in Abb. 45. Schließlich zeigen die Abb. 46 *a* und *b* die Bewicklung des Ankers eines Triebmotors mit Wicklungseinheiten mit $u > 1$ und $w > 1$.

Den Schaltplan einer ungeteilten, gewöhnlichen Stromwenderwicklung mit $u = 3$ nebeneinander liegenden Spulen sieht man in Abb. 47. Unter der Spulenbezifferung ist die Bezifferung der Nuten eingetragen. Es handelt sich hier um eine rechtsgängige, ungekreuzte Schleifenwicklung mit

36 Spulen in 12 Nuten für 4 Pole und 4 parallele Ankerzweige. Wir erkennen, daß sich an der Schaltungsart bei solchen Wicklungen mit zusammengedrängten Spulen gegenüber jener bei Wicklungen mit gleicher Spulen- und Nutenzahl nichts ändert.

Abb. 33 *a*. Anker eines Bahnmotors mit einer Wellen-Stabwicklung (Westinghouse)

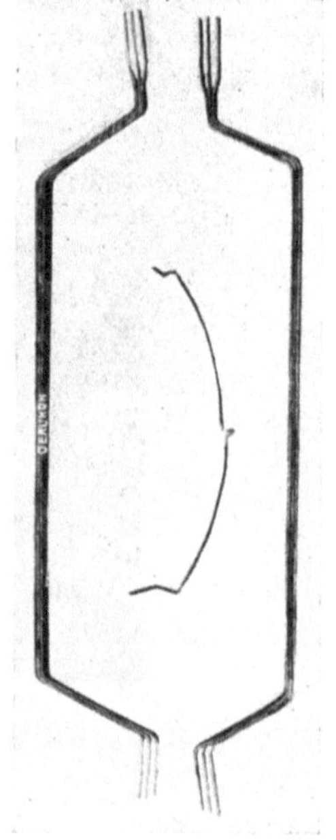

Abb. 33 *b*. Läufer von Umformersätzen, die aus Drehstrom-Induktionsmotoren und Zwischenbürstengeneratoren bestehen, für Kriegsschiffe (Ansaldo — San Giorgio)

Abb. 34. Spulen für Wellen-Stabwicklungen; erste Herstellungsstufe und fertige Spulen (Maschinenfabrik Oerlikon)

Abb. 35. Stäbe für die Ankerwicklung eines Bahnmotors (Maschinenfabrik Oerlikon)

Wir haben nur zu beachten, daß wir die Wicklungsschritte y_1, y_2 und y nach Spulen zählen, etwa nach den oberschichtigen Spulenseiten der Spulen, und daß hier der erste Teilschritt y_1 nicht mehr mit dem Nutenschritt y_n übereinstimmt. Der erste Teilschritt y_1 gibt die Spulenweite,

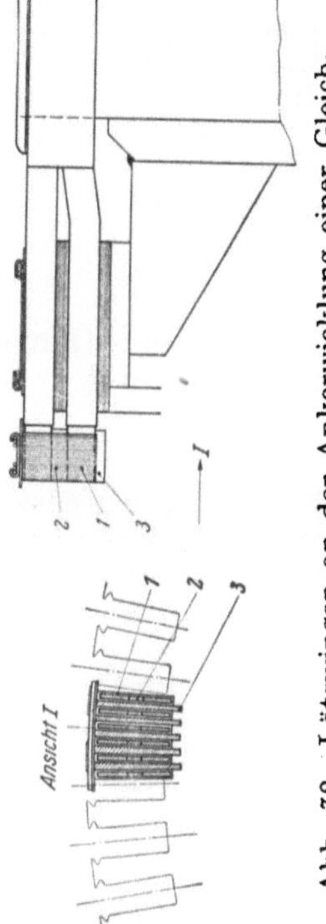

Abb. 38. Lötzwingen an der Ankerwicklung einer Gleichstrommaschine (Elin)

Abb. 39. Anker eines Walzwerksmotors für 1280 V und 4600/13 200 A (Alsthom)

Abb. 36. Blanke Stäbe für den Anker eines Lokomotivmotors (Elin)

Abb. 37. Einlegen einer Wellenwicklung in den Anker eines Umkehrwalzmotors (Siemens-Schuckert, Berlin)

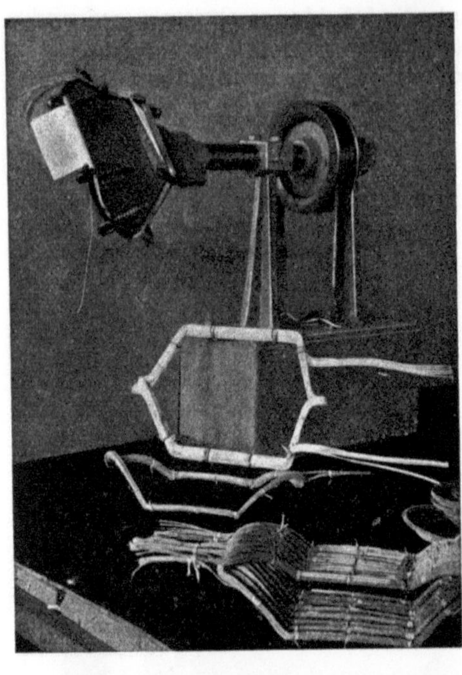

gezählt nach Spulen (oder oberschichtigen Spulenseiten), an; der Nutenschritt y_n das gleiche, aber gezählt nach Nutteilungen. Mithin muß

$$y_n = \frac{y_1}{u} \qquad (19)$$

sein. Im Beispiel der Abb. 47 sind die Wicklungsschritte $y_1 = 9$, $y_2 = 8$ und $y = +1$. Der Nutenschritt ist

$$y_n = \frac{N}{2\,p} = \frac{12}{4} = 3 = \frac{y_1}{u} = \frac{9}{3}.$$

Die Wicklung ist mit Durchmesserspulen ausgeführt.

Abb. 40. Herstellung von Spulen mit mehr als einer Windung für die Anker von Gleichstrommaschinen (Alsthom)

a

Abb. 41. Belegung von Ankern mit Spulen

a) Anker der Haupterregermaschine eines vertikalen Wasserkraftgenerators für 27,5 MVA; 8,9/10,8 kV; 50 Hz und 214 U/min (Ansaldo — San Giorgio)

b) Anker einer Gleichstrommaschine in verschiedenen Herstellungsstufen (Alsthom)

b

Man kann im Schaltplan einer Wicklung mit $u > 1$ die in einer Nut eingebetteten $2\,u$ Spulenseiten auch durch einen einzigen Strich andeuten, wie es in Abb. 48 geschehen ist. Hier ist eine linksgängige, ungekreuzte Wellenwicklung mit 36 Spulen in 12 Nuten für 4 Pole und 4 parallele Zweige gezeichnet, bei der alle $2\,u = 6$ Spulenseiten einer Nut durch einen einzigen Strich dargestellt sind, der nur die Bezifferung der oberschichtigen Spulenseiten als Spulenziffern trägt. Der resultierende Wicklungsschritt ist

$$y = \frac{n\,36 - 2}{2} = 17\ (n = 1).$$

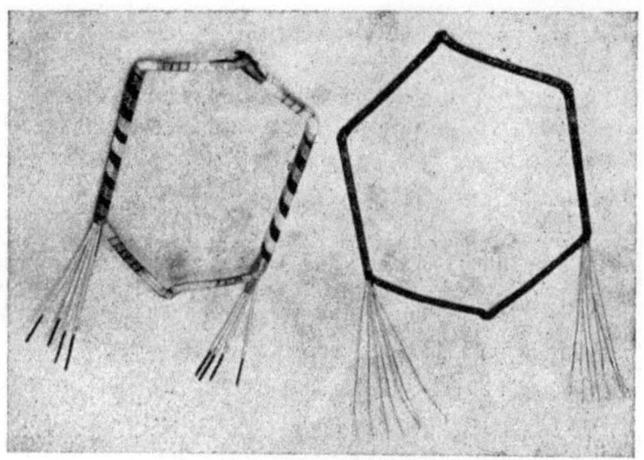

Abb. 42. Doppelkopf- und Normalspule (Siemens-Schuckert, Berlin)

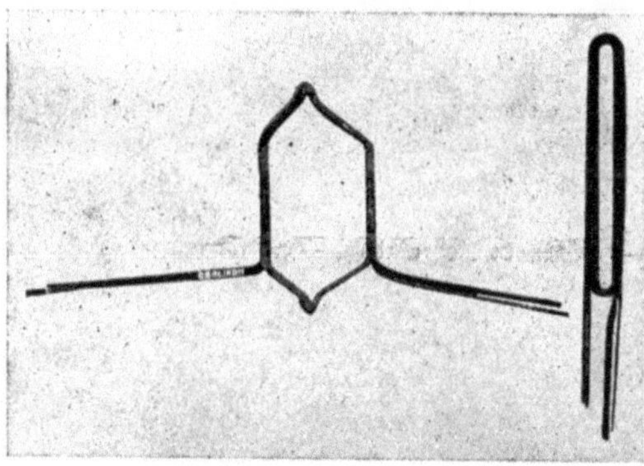

Abb. 43. Wicklungseinheit mit drei Spulen; erste und letzte Herstellungsstufe
(Maschinenfabrik Oerlikon)

Der erste Teilschritt ist $y_1 = 9$, der zweite Teilschritt $y_2 = y - y_1 = 17 - 9 = 8$. Der Nutenschritt beträgt

$$y_n = \frac{y_1}{u} = \frac{N}{2\,p} = 3$$

und ist für alle Spulen gleich groß.

Eine gewöhnliche Schleifenwicklung mit $u = 2$ in einer Nut nebeneinander liegenden Spulenseiten zeigt Abb. 49. Die Wicklung besitzt 28 Spulen in 14 Nuten und ist für 4 Pole und 4 parallele Ankerzweige ausgelegt. Die Wicklungsschritte sind $y_1 = 6$, $y_2 = 5$, $y = +1$; und der Nutenschritt beträgt

$$y_n = \frac{y_1}{u} = 3.$$

Hier sind die Spulenseiten so eingezeichnet, wie sie in den Nuten wirklich liegen.

Nun noch ein paar Worte über die Leiter in den Nuten solcher zusammengedrängter Spulen. In jeder Nut liegen also $2\,u$ Seiten von Spulen mit je w Windungen. Somit ist die Gesamtleiterzahl in einer Nut $2\,u\,w$.

In Abb. 50 sehen wir die Nut des Ankers eines Gleichstrom-Triebwagenmotors. Die Ankerwicklung ist eine Stabwicklung ($w = 1$) mit $k = 135$ Spulen in

Abb. 44. Ankerwicklung, zur Hälfte an den Stromwender gelötet (Maschinenfabrik Oerlikon)

45 Nuten, so daß in jeder Nut 3 Spulenseiten nebeneinander liegen. Die Wicklungseinheit selbst zeigt Abb. 27.

Abb. 45. Runddrahtträufelwicklung im Anker einer Erregermaschine auf der Welle eines 100 kVA-Generators für 1000 U/min (Garbe, Lahmeyer & Co.)

Eine zweischichtige Ankerwicklung mit $u = 5$ Spulenseiten in einer Nutenschichte und $w = 2$ Windungen je Spule ist in Abb. 51 dargestellt. Sie gehört zu einem Gleichstrom-Bahnmotor für 56 PS Stundenleistung, 550 V, 86 A und 720 U/min. Die Wellenwicklung umfaßt 185 Spulen, die in 37 Nuten untergebracht sind. In jeder Nut liegen insgesamt 2 (Schichtenzahl) × 5 (Zahl der in einer Nutschichte nebeneinander einge-

betteten Leiter) × 2 (Zahl der Windungen je Spule), das sind 20 Leiter
(Abb. 52). Die Ober- und Unterschichte sind hier durch eine Mica-Zwischen-
lage voneinander isoliert.

Anker mit kleinem Durchmesser erhalten oft Nuten nach Abb. 53.
Hier sind nicht mehr die Flanken der Nuten, sondern jene der Zähne

a

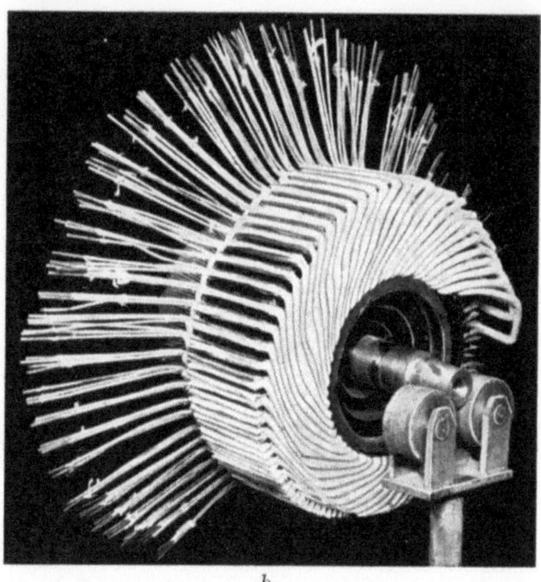

b

Abb. 46 *a* und *b*. Bewickelung des Gleichstromankers für einen Triebmotor der
elektrischen Bahn Mixnitz—St. Erhard (75 PS, 750 V, 81,5 A, 545 U/min, Siemens-
Schuckert Wien)

parallel. Die Drähte der zwei Schichten sind durch einen Streifen z. B. aus
Preßspan getrennt. Sie sind in jeder Schichte auch nicht mehr nach
Spulenseiten angeordnet, sondern liegen wirr durcheinander.

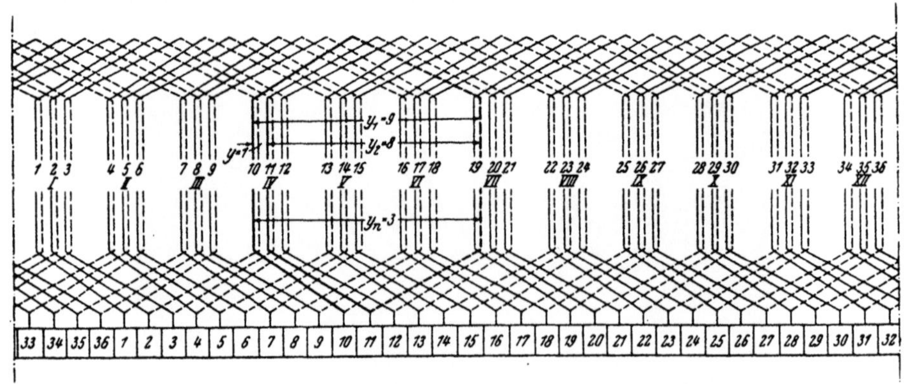

Abb. 47. Rechtsgängige, ungekreuzte, ungestufte Schleifenwicklung mit 36 Spulen
in 12 Nuten für 4 Pole und 4 parallele Ankerzweige

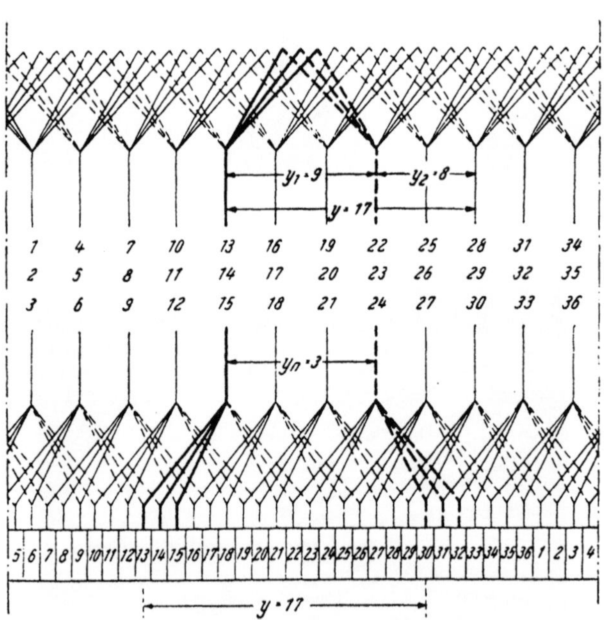

Abb. 48. Linksgängige, ungekreuzte, ungestufte Wellenwicklung mit 36 Spulen in
12 Nuten für 4 Pole und 4 parallele Zweige

b) Treppenwicklungen

Liegen bei einer Stromwenderwicklung die oberschichtigen Spulenseiten einer aus u Spulen bestehenden Spulengruppe in einer Nut nebeneinander, die unterschichtigen Spulenseiten aber in zwei ·verschiedenen
Nuten wie in Abb. 26 b und c, so spricht man von *Treppenwicklungen*.
Sie werden verwendet, um eine günstigere Stromwendung zu gewähr-

leisten oder um geringere Stromwendungsschwankungen der Spannung zu erzielen.

Die Abb. 54, 55 und 56 zeigen solche Treppenwicklungen. Wir entnehmen diesen Beispielen, daß der erste Teilschritt y_1 bei jeder Treppenwicklung derselbe bleibt, daß der Nutenschritt jedoch wechselt. Und zwar hat

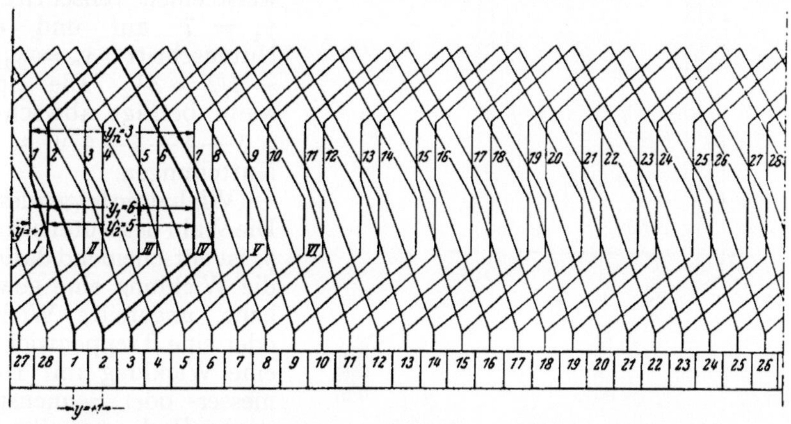

Abb. 49. Rechtsgängige, ungekreuzte, ungestufte Schleifenwicklung mit 28 Spulen in 14 Nuten für 4 Pole und 4 parallele Zweige

ein Teil der u Spulen einer Spulengruppe eine Spulenweite, die um eine Nutteilung größer ist als die Spulenweite des anderen Teiles. Die Wicklung setzt sich also aus kurzen und langen Spulen zusammen. Der Nutenschritt

$$y_n = \frac{y_1}{u} = \text{gebrochene Zahl.} \qquad (20)$$

Die tatsächlich ausgeführten Nutenschritte y_n' und y_n'' sind gleich der nächst kleineren und der nächst größeren ganzen Zahl von $y_n = y_1/u$.

Zum Beispiel ist bei der vierpoligen, rechtsgängigen, ungekreuzten Schleifenwicklung mit 4 parallelen Ankerzweigen in Abb. 54 der erste Teilschritt $y_1 = 10$ und der Nutenschritt $y_n = y_1/u = 10/3 = 3^1/_3$. Die in Wirklichkeit gewählten Nutenschritte sind $y_n' = 3$ und $y_n'' = 4$ in der Reihenfolge

$$3 - 3 - 4 - 3 - 3 - 4 \text{ u. s. w.}$$

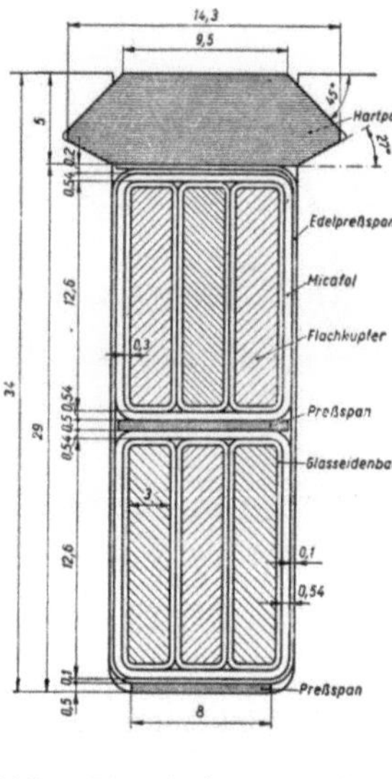

Abb. 50. Ankernut der in Abb. 27 angedeuteten Wicklung: $w = 1$, $u = 3$ (Elin)

Die in Abb. 55 dargestellte vierpolige, linksgängige Wellenwicklung mit vier parallelen Zweigen und $u = 3$ hat als ersten Teilschritt $y_1 = 8$ und als Nutenschritt $y_n = y_1/u = 8/3 = 2^2/_3$. Der Nutenschritt der kurzen Spule ist $y_n' = 2$ und der der langen Spule $y_n'' = 3$. Sie wechseln in der Reihenfolge

$$2 - 3 - 3 - 2 - 3 - 3 \text{ u. s. w.}$$

miteinander ab. Die Treppen-Schleifenwicklung mit 42 Spulen in 21 Nuten ($u = 2$) für 6 Pole und 12 parallele Zweige in Abb. 56 weist einen Teilschritt von $y_1 = 7$ auf und einen Nutenschritt $y_n = y_1/u = = 7/2 = 3\frac{1}{2}$. Die Spulen weite beträgt abwechselnd $3 - 4 - 3 - 4$ u. s. w. Nutteilungen.

Wir halten folgendes fest. Die Wahl des Nutenschrittes y_n ist entscheidend dafür, ob die Wicklung eine gewöhnliche, ungeteilte Wicklung oder eine Treppenwicklung, eine Wicklung mit Durchmesser- oder Sehnenspulen wird. Und zwar gilt:

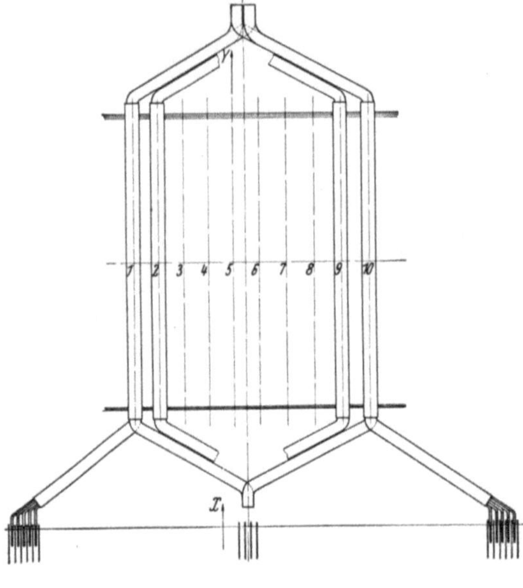

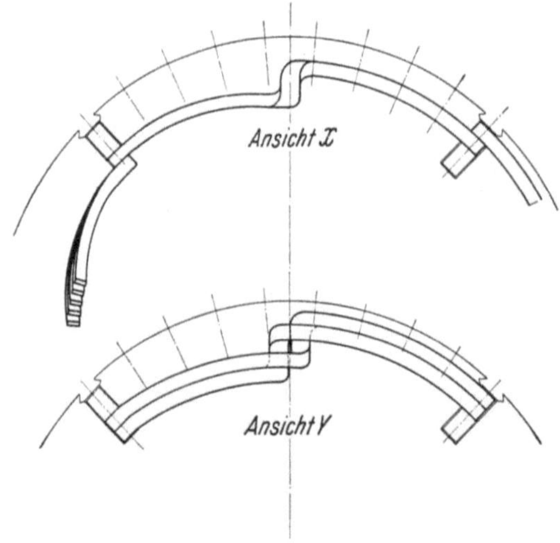

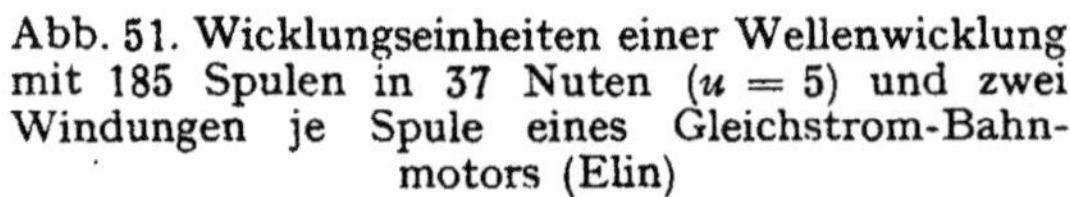

Abb. 51. Wicklungseinheiten einer Wellenwicklung mit 185 Spulen in 37 Nuten ($u = 5$) und zwei Windungen je Spule eines Gleichstrom-Bahnmotors (Elin)

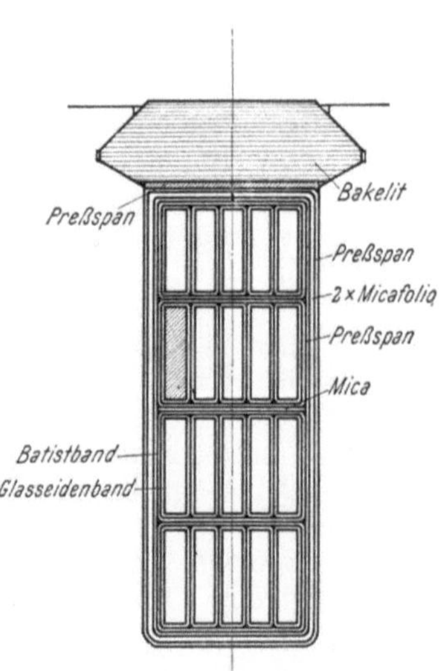

Abb. 52. Ankernut der Wicklung in Abb. 51

$$y_n = \text{ganze Zahl} \ldots \text{gewöhnliche, ungeteilte Wicklung} \begin{cases} y_n = \dfrac{N}{2p} \ldots \text{Durchmesserspulen} \\ y_n \lessgtr \dfrac{N}{2p} \ldots \text{Sehnenspulen} \end{cases}$$

$$y_n = \text{gebrochene Zahl} = \text{ganze Zahl} + \frac{m}{u} \ (m = \text{ganze Zahl}) \ldots \text{Treppenwicklung}$$

Verschiedene Ausführungen von Treppenwicklungen sollen die nächsten Abbildungen zeigen. In Abb. 57 liegt neben einem Stabbündel einer ungestuften Schleifenwicklung eine Treppenwicklungsspuleneinheit. Für einen Bahnmotor gehört die Wicklungseinheit einer Schleifen-Treppenwicklung in Abb. 58. Rechts davon befinden sich die Ausgleichsleitungen. Die Anordnung einer Treppenwicklung für den Gleichstrommaschinenanker einer Diesellokomotive der Österreichischen Bundesbahnen ist in Abb. 59 gezeichnet. Abb. 60 ist die Aufnahme von drei Wicklungseinheiten zu einem achtpoligen Walzenzugsmotor mit 440 kW Dauerlast und 880 kW Stoßbelastung bei 375/750 U/min und 560 V. Der Anker trägt in 86 Nuten 258 Spulen. Die Spulen bilden eine einfach gestufte, zweigängige Wellenwicklung mit 2×3 Leitern je Nut. Davon gehören 2×2 Leiter zu kurzen gerollten Spulen und 2×1 Leiter zu langen Spulen mit offenen, durch Löthülsen verbundenen Wicklungs-

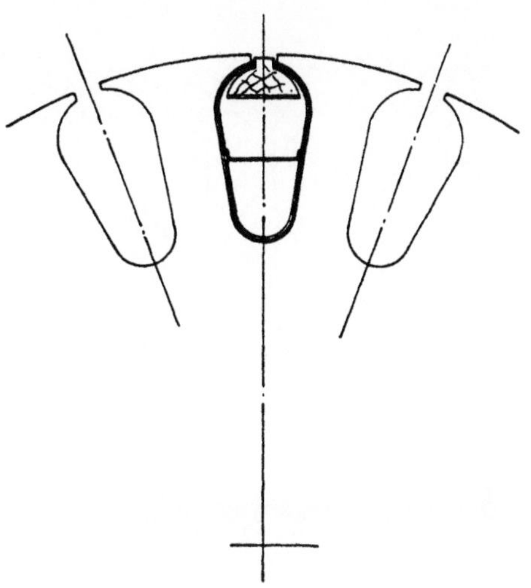

Abb. 53. Nuten in Ankern mit kleinem Durchmesser (Brown Boveri, Wien)

enden. Den Plan dieser Wicklung deutet Abb. 61 a an, während in Abb. 61 b die Spulen gezeichnet sind. Sehr gut sieht man in Abb. 62 eine Schleifen-Treppenwicklung mit $u = 4$ in einer Nutenschichte nebeneinander

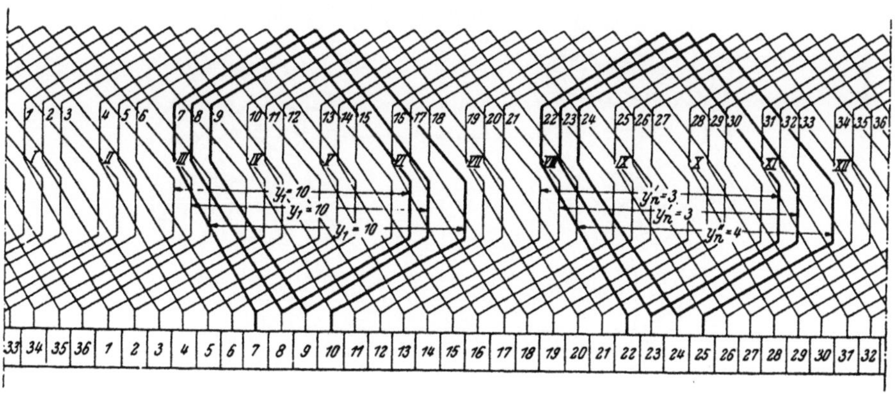

Abb. 54. Rechtsgängige, ungekreuzte Schleifen-Treppenwicklung mit 36 Spulen in 12 Nuten für 4 Pole und 4 parallele Zweige

liegenden Spulenseiten. Drei Spulen haben den kurzen Nutenschritt $y_n = 16$ und sind gerollt; die lange Spule mit dem Nutenschritt $y_n = 17$ hat offene Enden, die durch Löthülsen verbunden werden. Der Anker ist noch nicht bandagiert. In 99 Nuten sind 396 Spulen eingebettet. Die Maschine ist ein sechspoliger Gleichstrom-Fördermotor mit 500 kW dauernd und 1100 kW stoßweise bei 557 U/min und 650 V.

Die ASEA verwendet im allgemeinen statt der gewöhnlichen Treppenwicklung die in Abb. 63 *a* und *b* dargestellte *Dreinutwicklung*. Die oberschichtigen Spulenseiten einer aus zwei langen und einer kurzen Spule bestehenden Wicklungseinheit liegen, wie man sieht, in zwei benachbarten

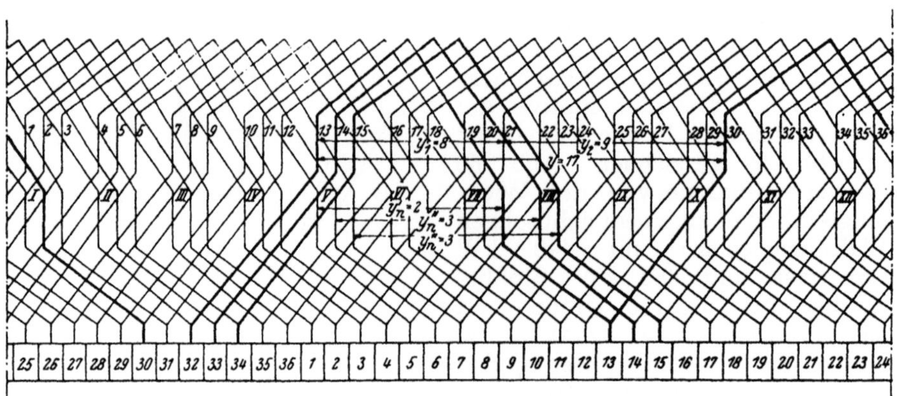

Abb. 55. Linksgängige, ungekreuzte Wellen-Treppenwicklung mit 36 Spulen in 12 Nuten für 4 Pole und 4 parallele Zweige

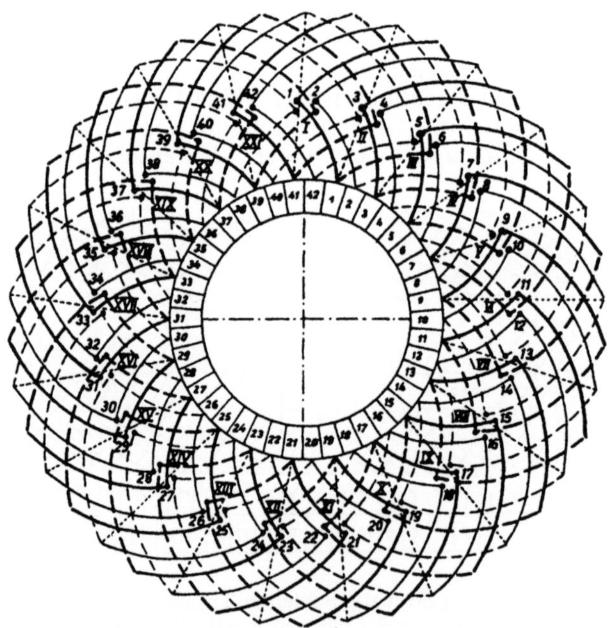

Abb. 56. Rechtsgängige, ungekreuzte, zweifach geschlossene Schleifen-Treppenwicklung mit 42 Spulen in 21 Nuten für 6 Pole und 12 parallele Zweige

Nuten, während die unterschichtigen Spulenseiten in einer einzigen Nut eingebettet sind. Nur sind die Spulenseiten zum Unterschied von der Treppenwicklung nicht nebeneinander sondern übereinander angeordnet; und zwar umfaßt in diesem Beispiel jede Nutenschichte drei übereinander liegende Stäbe. Abb. 63 c zeigt eine Einheit einer solchen Dreinutwicklung. Der Füllfaktor der Nuten ist bei Dreinutenspulen besser als bei Treppenwicklungen.

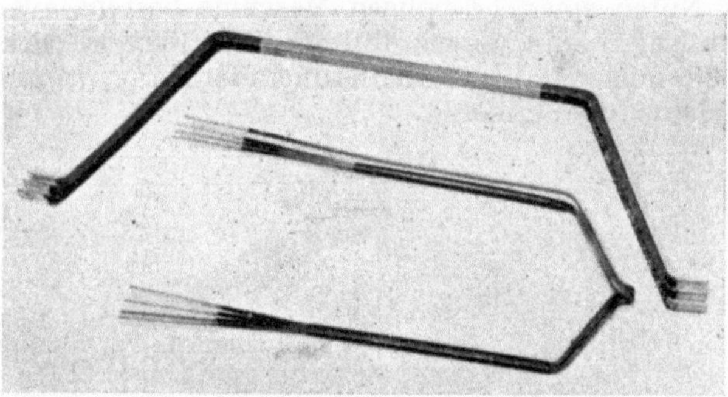

Abb. 57. Stabbündel einer Schleifenwicklung und Treppenspuleneinheit einer Schleifenwicklung (Siemens-Schuckert, Berlin)

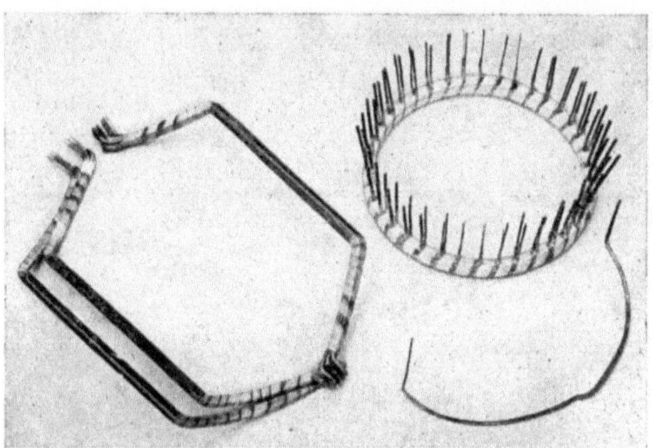

Abb. 58. Wicklungseinheit einer Schleifen-Treppenwicklung mit Ausgleichsleitungen für Bahnmotoren (Siemens-Schuckert, Berlin)

2. Zeichnerische Darstellung der Wicklung

In Abb. 64 links sehen wir die Stromwenderseite einer Stromwenderwicklung und rechts die gebräuchliche Darstellung einer Ankerwicklung in der Zeichnung. Wir erkennen, daß diese Darstellungsweise nach den Regeln der darstellenden Geometrie falsch ist. Aber sie wird allgemein verwendet.

Die Eisenlänge des Ankers ist mit A bezeichnet; B und C sind die Ausladungen der Wicklung auf der Antriebseite und auf der Stromwenderseite. M sind die Bandagen und L der Preßspan unter den Bandagen. D stellt die Isolation des Wicklungsträgers dar. F sind Zwischenstreifen. G deutet die Nutenisolation an. H sind Spulenkopfeinlagen, J Deckstreifen, K Schaltdrahtunterlagen und P die Nutenkeile.

Zum Vergleich bringt Abb. 65 eine aufgeschnittene Gleichstrommaschine.

B. Der allgemeine Spulenstern einer Stromwender-
wicklung mit Spulen gleicher Weite

Der Spulenstern einer Stromwenderwicklung mit k Spulen gleicher Weite in N Nuten einer $2\,p$-poligen Maschine besteht aus N/t ungleichphasigen Strahlen, wenn t den größten Teiler darstellt, den die Nutenzahl N und die Polpaarzahl p gemeinsam haben. Die N/t ungleichphasigen Strahlen sind um den Winkel

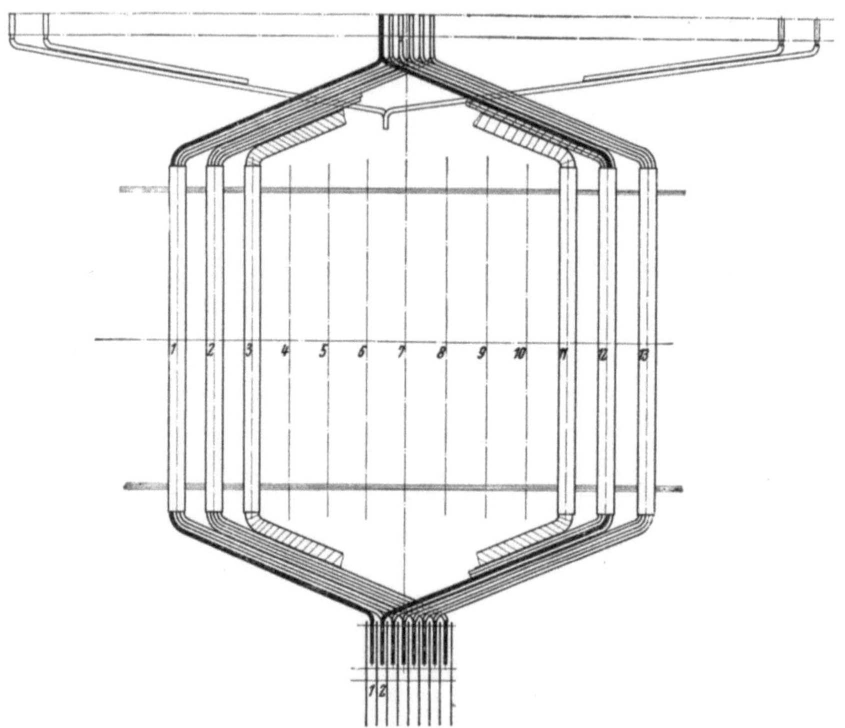

Abb. 59. Schleifen-Treppenwicklung mit 276 Spulen in 69 Nuten mit Ausgleichsverbindungen einer Gleichstrommaschine für eine Diesellokomotive. Nutenschritt $y_n = 11\,\tfrac{1}{2}$ (Elin)

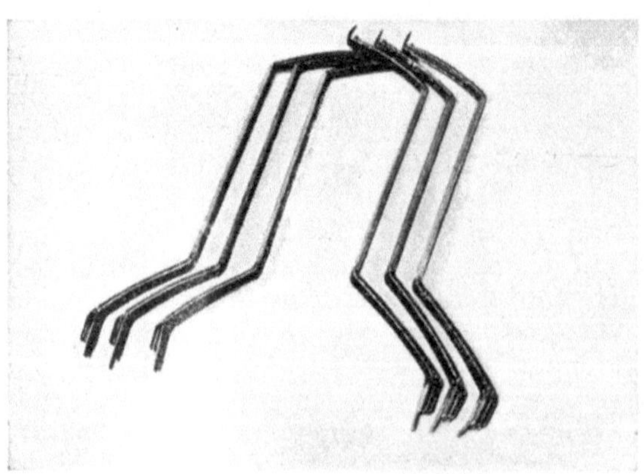

Abb. 60. Wicklungseinheiten einer zweigängigen Wellen-Treppenwicklung für den Anker eines Gleichstrom-Walzenzugsmotors mit 440/880 kW bei 375/750 U/min (AEG, Berlin)

$$a' = \frac{t}{N}\,360^0 \tag{4}$$

gegeneinander verdreht (Abb. 66).

Jeder der N/t ungleichphasigen Gesamtstrahlen I, II, III, ... x, ... $(N/t - I)$, N/t setzt sich aus

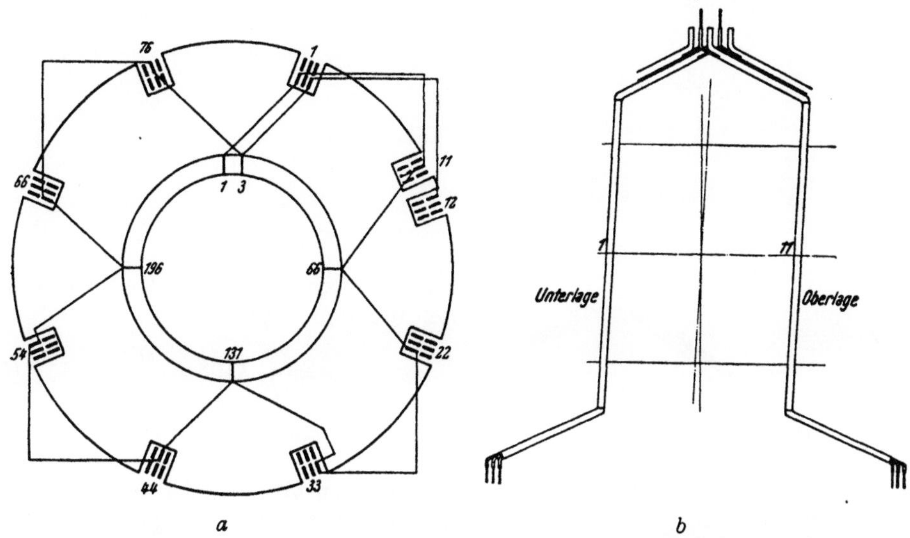

Abb. 61. Zweigängige Wellen-Treppenwicklung mit 258 Spulen in 86 Nuten für 8 Pole. Zwei kurze Spulen und eine lange (AEG, Berlin)

a) Plan der Wicklung   b) Wicklungseinheiten

gleichphasigen Zeigern zusammen, da einerseits je t Nuten gleichphasig sind, und andererseits in jeder Nut u Spulen mit ihren oberschichtigen Spulenseiten nebeneinander liegen, so daß diese u Spulenspannungen gleiche Phase haben. Wir betrachten hier nämlich nur Stromwenderwicklungen mit Spulen gleicher Weite, schließen also die Treppenwicklungen aus. Die Gesamtzahl der Zeiger des Spulensternes ist somit

Abb. 62. Anker für einen Gleichstrom-Fördermotor mit 500/1100 kW bei 557 U/min und 650 V (AEG, Berlin)

$$u\,t \cdot \frac{N}{t} = u\,N = k,$$

gleich der Gesamtzahl der Spulen am Ankerumfang.

Nun wählen wir einen beliebigen der N/t ungleichphasigen Gesamt-strahlen des Spulensternes und beziffern die ersten u der $u\,t$ gleichphasigen Zeiger vom Sternmittelpunkt aus mit

$$1, 2, 3, \ldots u.$$

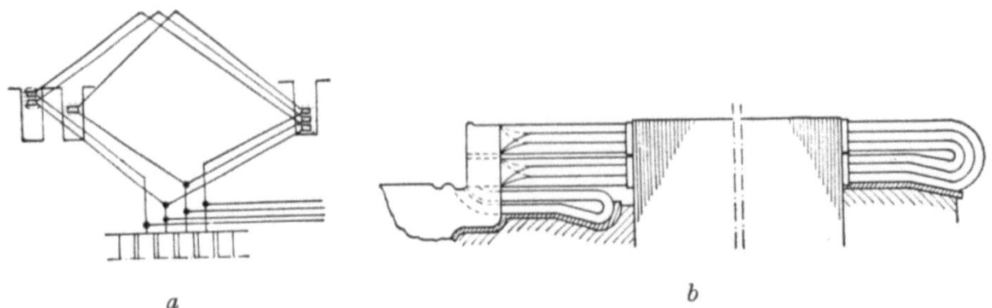

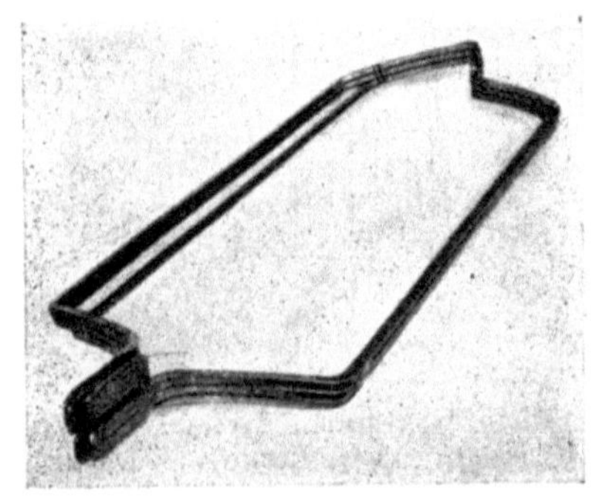

c

Abb. 63. Dreinutwicklung (ASEA).
a) und *b*) Grundsätzliche Anordnung,
c) Wicklungseinheit

Hierauf suchen wir jenen Gesamtstrahl, der um den Winkel

$$a = \frac{p}{N}\,360^0 = \frac{p}{t}\,a' \qquad (5)$$

gegen den soeben bezifferten Gesamt-strahl rechts- oder linksherum im Spulenstern verdreht ist, und beziffern die ersten u seiner $u\,t$ gleichphasigen Zeiger vom Sternmittelpunkt nach außen mit

$$(u+1), \qquad (u+2), \qquad (u+3), \ldots 2u$$

und so weiter.

Nach diesen Vorschriften ist der Spulenstern einer Stromwenderwick-

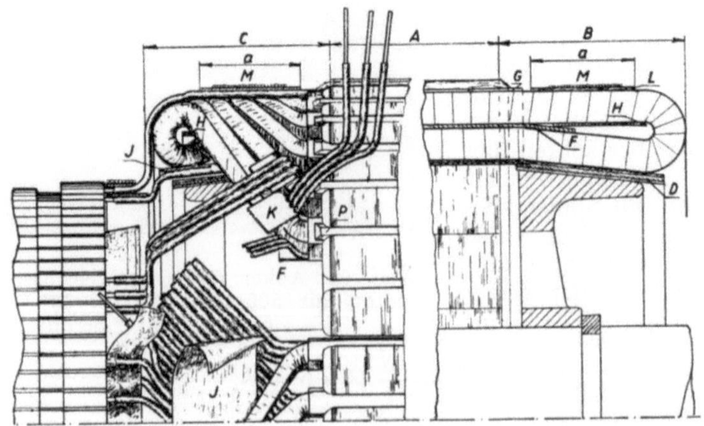

Abb. 64. Zeichnerische Darstellung einer Stromwenderwicklung

lung mit $k = 200$ Spulen in $N = 100$ Nuten einer $2\,p = 12$-poligen Maschine in Abb. 67 gezeichnet und beziffert worden. Die Nutenzahl und die Polpaarzahl haben den Teiler $t = 2$ gemeinsam. Der Spulenstern besteht daher aus $N/t = 50$ ungleichphasigen Gesamtstrahlen, die um den Winkel $a' = (t/N)\,360^\circ = (1/50)\,360^\circ$ gegeneinander verdreht sind. Jeder Gesamtstrahl umfaßt $u\,t = 2 \cdot 2 = 4$ gleichphasige Zeiger, denn die Zahl

Abb. 65. Aufgeschnittene Gleichstrommaschine (Maschinenfabrik Oerlikon)

der in einer Nut nebeneinander liegenden Spulenseiten ist hier $u = k/N = 200/100 = 2$. Wir haben in Abb. 67 in den Gesamtstrahlen 1 bis 50 nicht die vier gleichphasigen Zeiger eingezeichnet und jeden dieser Zeiger gesondert beziffert, sondern wir deuten die Tatsache, daß jeder Gesamtstrahl aus vier gleichphasigen Zeigern mit eigener Bezifferung sich zusammensetzt, dadurch an, daß wir den Gesamtstrahl mit den Ziffern seiner vier Zeiger beschriften. Wir schreiben nun zum Gesamtstrahl 1

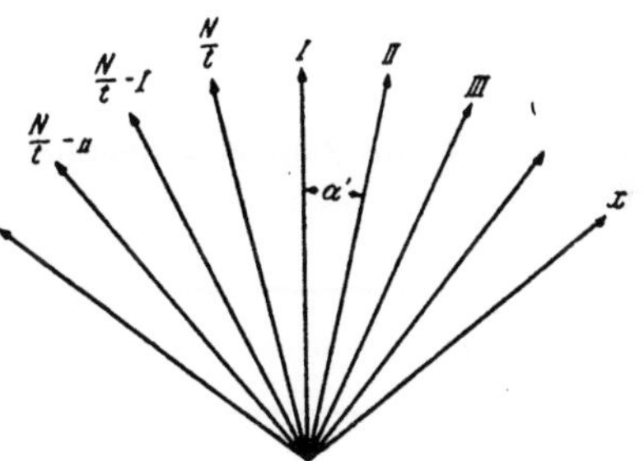

Abb. 66. Allgemeiner Spulenstern einer Wenderwicklung mit N Nuten

die Ziffern 1, 2; zu dem um den Winkel $a = (p/t)\,a' = (6/2)\,a' = 3\,a'$ rechtsherum dagegen verdrehten Gesamtstrahl 4 die Ziffern 3, 4; zum Gesamtstrahl 7, der um a gegen den Gesamtstrahl 4 verdreht ist, die Ziffern 5, 6 u. s. w. Auf diese Weise wandern wir mit unserer Bezifferung dreimal um den Spulenstern rechts herum. Dann aber gelangen wir, beim Beginn des vierten Umganges, zum Ausgangsstrahl 1, der also die weitere Bezifferung 101, 102 erhält, da ja $t = 2$ Nuten gleichphasig sind. Schließlich trägt jeder Gesamtstrahl des Spulensternes vier Bezifferungen, entsprechend den vier gleichphasigen Zeigern, aus denen er sich zusammensetzt.

In Anlehnung an die Tab. 12 in W III A 3 und Abb. 22 können wir für die Bezifferung der Strahlen des allgemeinen Spulensternes in Abb. 66 folgende Tabelle aufstellen:

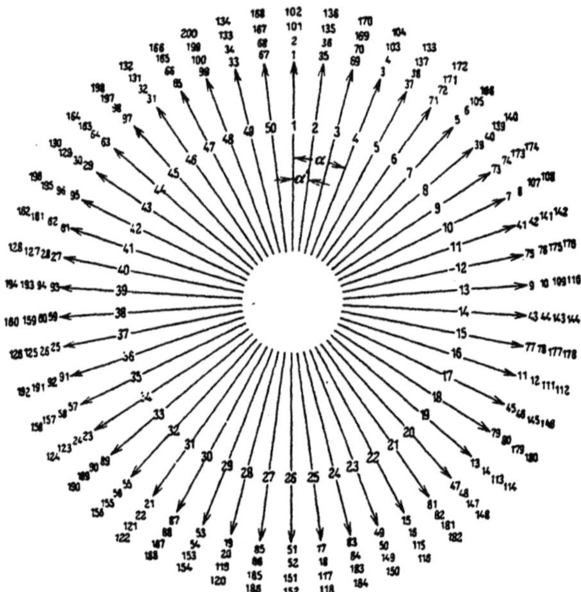

Abb. 67. Spulenstern einer Wicklung mit 200 Spulen in 100 Nuten für 12 Pole

Tabelle 1. *Bezifferung der Strahlen des allgemeinen Spulensternes in Abb. 66*

(n = jene ganze Zahl einschließlich Null, die den Wert $\dfrac{n\,N + (x-1)\,t}{p}$ zu einer ganzen Zahl macht)

Strahl	Bezifferung der $u\,t$ Zeiger
I	$1, 2, 3, \ldots u$ $\left(u\dfrac{N}{t}+1\right),\ \left(u\dfrac{N}{t}+2\right),\ \left(u\dfrac{N}{t}+3\right),\ \ldots\left(u\dfrac{N}{t}+u\right),$ $\left(2\,u\dfrac{N}{t}+1\right),\ \left(2\,u\dfrac{N}{t}+2\right),\ \left(2\,u\dfrac{N}{t}+3\right),\ \ldots\left(2\,u\dfrac{N}{t}+u\right)$ $\vdots$ $(t-1)\,u\dfrac{N}{t}+1,\ \ (t-1)\,u\dfrac{N}{t}+2,\ \ (t-1)\,u\dfrac{N}{t}+3,\ \ldots\ (t-1)\,u\dfrac{N}{t}+u$

Strahl	Bezifferung der $u\,t$ Zeiger
II	$$\frac{nN+t}{p}u+1,\quad \frac{nN+t}{p}u+2,\quad\ldots\quad \frac{nN+t}{p}u+u$$ $$u\frac{N}{t}+\frac{nN+t}{p}u+1,\quad u\frac{N}{t}+\frac{nN+t}{p}u+2,\quad\ldots\quad u\frac{N}{t}+\frac{nN+t}{p}u+u$$ $$2u\frac{N}{t}+\frac{nN+t}{p}u+1,\quad 2u\frac{N}{t}+\frac{nN+t}{p}u+2,\quad\ldots\quad 2u\frac{N}{t}+\frac{nN+t}{p}u+u$$ $$\vdots$$ $$(t-1)u\frac{N}{t}+\frac{nN+t}{p}u+1,\quad (t-1)u\frac{N}{t}+\frac{nN+t}{p}u+2,\quad\ldots$$ $$\ldots (t-1)u\frac{N}{t}+\frac{nN+t}{p}u+u$$
III	$$\frac{nN+2t}{p}u+1,\quad \frac{nN+2t}{p}u+2,\quad\ldots\quad \frac{nN+2t}{p}u+u$$ $$u\frac{N}{t}+\frac{nN+2t}{p}u+1,\quad u\frac{N}{t}+\frac{nN+2t}{p}u+2,\quad\ldots\quad u\frac{N}{t}+\frac{nN+2t}{p}u+u$$ $$2u\frac{N}{t}+\frac{nN+2t}{p}u+1,\quad 2u\frac{N}{t}+\frac{nN+2t}{p}u+2,\quad\ldots 2u\frac{N}{t}+\frac{nN+2t}{p}u+u$$ $$\vdots$$ $$(t-1)u\frac{N}{t}+\frac{nN+2t}{p}u+1,\quad (t-1)u\frac{N}{t}+\frac{nN+2t}{p}u+2,\quad\ldots$$ $$\ldots (t-1)u\frac{N}{t}+\frac{nN+2t}{p}u+u$$
x	$$\frac{nN+(x-1)t}{p}u+1,\quad \frac{nN+(x-1)t}{p}u+2,\quad\ldots\quad \frac{nN+(x-1)t}{p}u+u$$ $$u\frac{N}{t}+\frac{nN+(x-1)t}{p}u+1,\quad u\frac{N}{t}+\frac{nN+(x-1)t}{p}u+2,\quad\ldots$$ $$\ldots u\frac{N}{t}+\frac{nN+(x-1)t}{p}u+u$$ $$2u\frac{N}{t}+\frac{nN+(x-1)t}{p}u+1,\quad 2u\frac{N}{t}+\frac{nN+(x-1)t}{p}u+2,\quad\ldots$$ $$\ldots 2u\frac{N}{t}+\frac{nN+(x-1)t}{p}u+u$$ $$\vdots$$ $$(t-1)u\frac{N}{t}+\frac{nN+(x-1)t}{p}u+1,\quad (t-1)u\frac{N}{t}+\frac{nN+(x-1)t}{p}u+2,\ldots$$ $$\ldots (t-1)u\frac{N}{t}+\frac{nN+(x-1)t}{p}u+u$$

Strahl	Bezifferung der $u\,t$ Zeiger
$\dfrac{N}{t} - I$	$\dfrac{(n+1)N-2t}{p}u + 1,\quad \dfrac{(n+1)N-2t}{p}u + 2,\ \ldots\ \dfrac{(n+1)N-2t}{p}u + u$ $u\dfrac{N}{t} + \dfrac{(n+1)N-2t}{p}u + 1,\quad u\dfrac{N}{t} + \dfrac{(n+1)N-2t}{p}u + 2,\ \ldots$ $\ldots\ u\dfrac{N}{t} + \dfrac{(n+1)N-2t}{p}u + u$ $2u\dfrac{N}{t} + \dfrac{(n+1)N-2t}{p}u + 1,\quad 2u\dfrac{N}{t} + \dfrac{(n+1)N-2t}{p}u + 2,\ \ldots$ $\ldots\ 2u\dfrac{N}{t} + \dfrac{(n+1)N-2t}{p}u + u$ $\vdots$ $(t-1)u\dfrac{N}{t} + \dfrac{(n+1)N-2t}{p}u + 1,\quad (t-1)u\dfrac{N}{t} + \dfrac{(n+1)N-2t}{p}u + 2,\ \ldots$ $\ldots\ (t-1)u\dfrac{N}{t} + \dfrac{(n+1)N-2t}{p}u + u$
$\dfrac{N}{t}$	$\dfrac{(n+1)N-t}{p}u + 1,\quad \dfrac{(n+1)N-t}{p}u + 2,\ \ldots\ \dfrac{(n+1)N-t}{p}u + u$ $u\dfrac{N}{t} + \dfrac{(n+1)N-t}{p}u + 1,\quad u\dfrac{N}{t} + \dfrac{(n+1)N-t}{p}u + 2,\ \ldots$ $\ldots\ u\dfrac{N}{t} + \dfrac{(n+1)N-t}{p}u + u$ $2u\dfrac{N}{t} + \dfrac{(n+1)N-t}{p}u + 1,\quad 2u\dfrac{N}{t} + \dfrac{(n+1)N-t}{p}u + 2,\ \ldots$ $\ldots\ 2u\dfrac{N}{t} + \dfrac{(n+1)N-t}{p}u + u$ $\vdots$ $(t-1)u\dfrac{N}{t} + \dfrac{(n+1)N-t}{p}u + 1,\quad (t-1)u\dfrac{N}{t} + \dfrac{(n+1)N-t}{p}u + 2,\ \ldots$ $\ldots\ (t-1)u\dfrac{N}{t} + \dfrac{(n+1)N-t}{p}u + u$

Als Anwendungsbeispiel kann nach Tab. 1 der Spulenstern in Abb. 67 beziffert werden.

C. Spannungsvielecke

1. Aufbau der Spannungsvielecke

a) Zweischichtwicklungen mit zwei Spulenseiten je Nut ($u = 1$)

Für den Fall, daß die Zahl der Spulen gleich der der Nuten ist, daß also die Zahl der Spulenseiten in einer Nut $2\,u = 2$ ist, besteht das Spannungsvieleck einer Stromwenderwicklung aus k Zeigern, die gegeneinander um den Winkel

$$\gamma = \frac{2\,\pi\,a}{k} \tag{21}$$

in der Phase verschoben sind, da die a Umgänge des Spannungsvieleckes einem Winkel $2\,\pi\,a$ entsprechen, der von den k Zeigern durchlaufen wird.

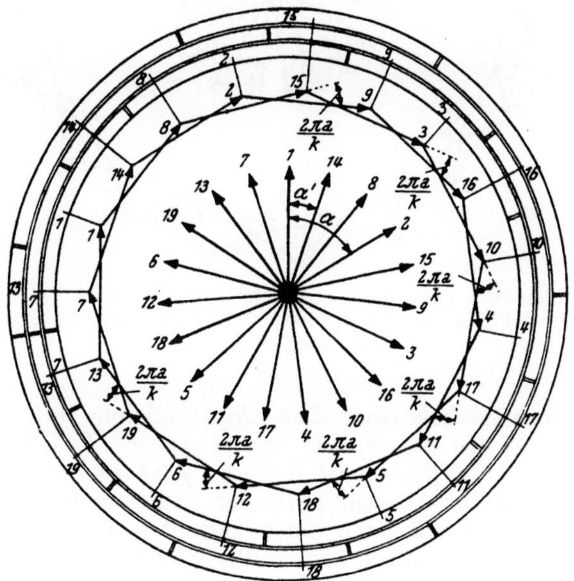

Abb. 68. Spulenstern und Spannungsvieleck in Verbindung mit dem Stromwender einer einfach geschlossenen, rechtsgängigen Wellenwicklung mit 19 Spulen in 19 Nuten für 6 Pole und 4 parallele Ankerzweige

In Abb. 68 ist ein solches Spannungsvieleck gezeichnet. Es gehört zu einer einfach geschlossenen, rechtsgängigen Wellenwicklung mit $k = 19$ Spulen in $N = 19$ Nuten für $2\,p = 6$ Pole und $2\,a = 4$ parallele Ankerzweige. Der Wicklungsschritt ist

$$y = \frac{n\,19 + 2}{3} = 7\ (n = 1).$$

Wie man sieht, besitzt ein derartiges Spannungsvieleck k gleichartige, nach außen gerichtete Ecken.

b) Zweischichtwicklungen mit mehr als zwei Spulenseiten je Nut ($u > 1$)

Wir beschränken uns hier bei den Zweischichtwicklungen mit mehr als zwei Spulenseiten in einer Nut auf den Fall, daß alle Spulen gleiche Weite haben, schließen also Treppenwicklungen aus.

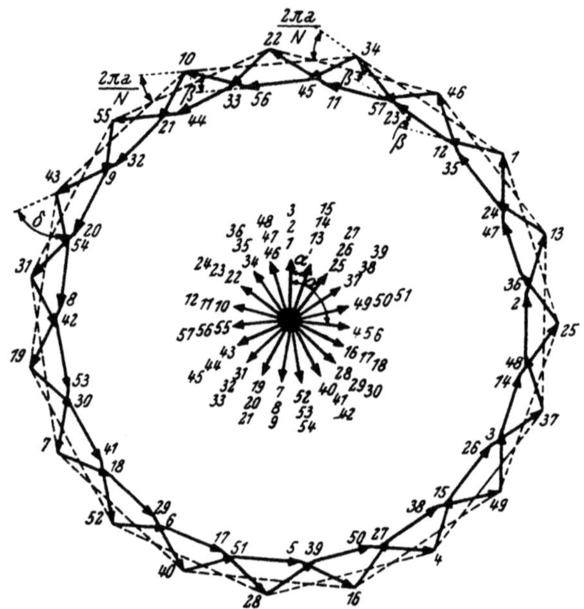

Abb. 69. Spulenstern und Spannungsvieleck einer einfach geschlossenen, linksgängigen Wellenwicklung mit 57 Spulen in 19 Nuten für 10 Pole und 4 parallele Ankerzweige ($y = 11$)

Das Spannungsvieleck einer Zweischichtwicklung mit 2 u Spulenseiten in jeder der N Nuten des Ankers besteht aus N Teilspannungsvielecken. Und jedes dieser Teilvielecke setzt sich aus u Spannungszeigern zusammen. Die Teilvielecke selbst können entweder gleichartige Ecken bilden, die nur nach außen oder nur nach innen gerichtet sind oder ungleichartige Ecken aufweisen, die zum Teil nach außen und teilweise nach innen ragen. Wir betrachten zuerst Spannungsvielecke mit Teilvielecken mit gleichartigen Ecken.

α) *Teilvielecke mit gleichartigen Ecken*

In den Abb. 69 und 70 sind Spannungsvielecke dargestellt, deren Teilvielecke gleichartige Ecken aufweisen. In Abb. 69 sind diese Ecken der Teilvielecke nur nach innen gerichtet; in Abb. 70 nach außen. Das Spannungsvieleck dieser Wicklungen setzt sich folgendermaßen zusammen. Die Zeiger der Gesamtspannungen der N Teilvielecke, die in den Abb. 69 und 70 gestrichelt gezeichnet sind, bilden für sich ein Vieleck mit gleichartigen, nur nach außen gerichteten Ecken. Diese Zeiger sind gegeneinander in der Phase um den Winkel $2\pi a/N$ verschoben. Das Vieleck der Gesamtspannungen der Teilspannungsvielecke ist das gleiche wie das vorhin behandelte Spannungsvieleck für Wicklungen, deren Nuten und Spulenzahlen einander gleich sind. Nur besteht es aus N Zeigern gegenüber den k Spannungszeigern der Wicklung mit $u = 1$. Über jedem der N Zeiger der Teilvieleck-Spannungen baut sich ein aus u Zeigern gebildetes Teilvieleck auf, das entweder nur nach außen oder nach innen gerichtete Ecken zeigt.

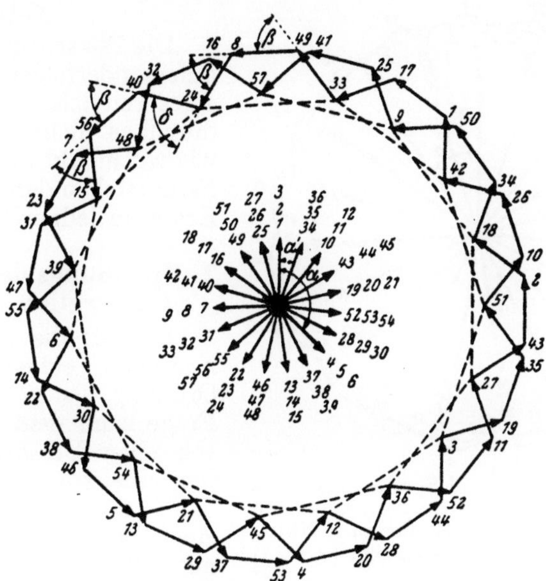

Abb. 70. Spulenstern und Spannungsvieleck einer einfach geschlossenen, linksgängigen Wellenwicklung mit 57 Spulen in 19 Nuten für 14 Pole und 4 parallele Zweige ($y = 16$)

Ob die Teilvielecke eines Spannungsvieleckes Ecken bilden, die nach außen oder innen weisen, hängt von dem Winkel δ ab, den der Endzeiger eines Teilvieleckes mit dem Anfangszeiger des nächsten Teilvieleckes einschließt. Bezeichnen wir den Phasenwinkel zweier im Teilvieleck aufeinanderfolgender Zeiger mit β (vgl. Abb. 69), so läßt sich die Ungleichung aufstellen

$$\delta \lesseqgtr (u - 1)\,\beta. \tag{22}$$

Ist $\delta > (u - 1)\,\beta$, so sind die $(u - 1)$ Ecken der einzelnen Teilvielecke nach innen gerichtet, wie man z. B. aus Abb. 69 entnehmen kann. Hier ist $\beta = \alpha'$ und $\delta = 4\,\alpha'$. Somit besteht die Ungleichung: $4\,\alpha' > 2\,\alpha'$, da $u = 3$ ist. Für den Fall aber, daß $\delta < (u - 1)\,\beta$ ist, ragen die $(u - 1)$ Ecken jedes Teilvieleckes nach außen. In Abb. 70 z. B. sind $u = 3$, $\beta = 3\,\alpha'$ und $\delta = 4\,\alpha'$. Es gilt: $4\,\alpha' < 6\,\alpha'$. Tatsächlich bildet jedes Teilvieleck $(u - 1) = 2$ nach außen gerichtete Ecken. Unter α' verstehen wir natürlich den Winkel, den zwei ungleichphasige Gesamtstrahlen im Spulenstern miteinander einschließen: $\alpha' = (t/N)\,360^\circ$.

Einen Sonderfall des Spannungsvieleckes bekommen wir, wenn der Phasenwinkel β zwischen den aufeinanderfolgenden Spannungszeigern der Teilvielecke Null wird. Wir haben es dann im allgemeinen mit Schleifenwicklungen zu tun. In Abb. 71 sehen wir das Spannungsvieleck einer $2\,p = 4$-poligen Schleifenwicklung mit $k = 57$ Spulen in $N = 19$ Nuten.

Die $u = 3$ Zeiger eines Teilvieleckes sind phasengleich. Daß dieser Sonderfall aber auch bei Wellenwicklungen eintreten kann, zeigt Abb. 72. Dies leuchtet ein, wenn man sich die Bezifferung des allgemeinen Spulensternes vor Augen hält.

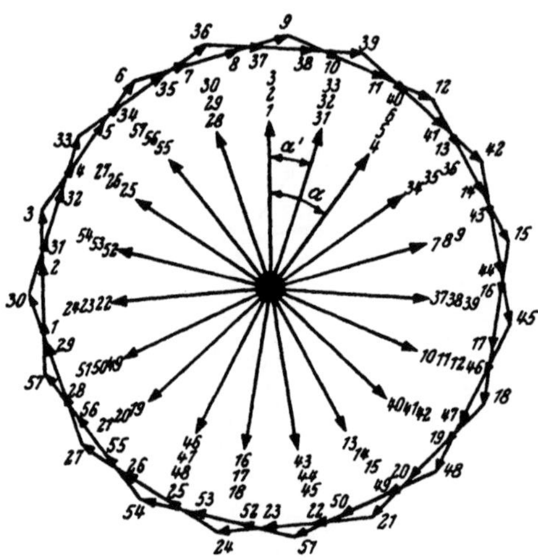

Abb. 71. Spulenstern und Spannungsvieleck einer einfach geschlossenen, rechtsgängigen Schleifenwicklung mit 57 Spulen in 19 Nuten für 4 Pole und 4 parallele Zweige ($y = 1$)

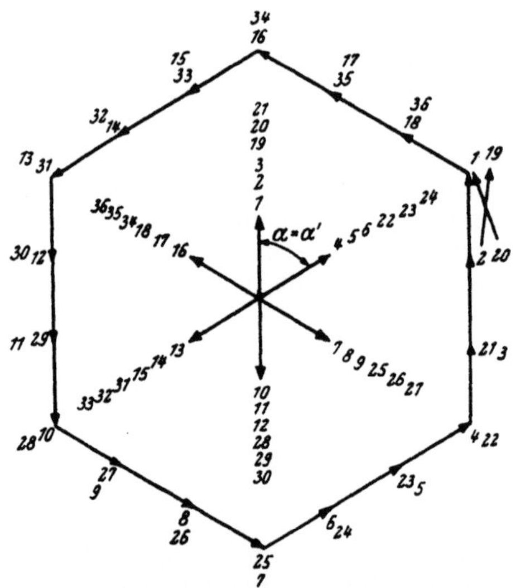

Abb. 72. Spulenstern und Spannungsvieleck einer einfach geschlossenen, linksgängigen Wellenwicklung mit 36 Spulen in 12 Nuten für 4 Pole und 4 parallele Zweige ($y = 17$)

β) *Teilvielecke mit ungleichartigen Ecken*

Die Phasenwinkel, die je zwei aufeinanderfolgende der u Zeiger eines Teilvieleckes bilden, müssen durchaus nicht alle gleich sein, wie wir in Abb. 73 sehen können. Es entstehen dann ungleichartige Ecken in jedem Teilvieleck.

2. Spannungsvielecke für die Oberwellen des Feldes

Enthält die Kurve des induzierenden Feldes Oberwellen v-ter Ordnung, so erhebt sich die Frage nach dem Spannungsvieleck einer Stromwenderwicklung für eine solche Oberwelle. In Abb. 74 *a* ist z. B. das Schaltbild einer Schleifenwicklung gezeichnet mit $k = 16$ Spulen in $N = 16$ Nuten für $2 p = 2$ Pole und $2 a = 2$ parallele Ankerzweige. Der Spulenstern dieser Wicklung ist in Abb. 74 *b* zu sehen; daraus abgeleitet ist das Spannungsvieleck. Die ungleichphasigen Zeiger des Spulensternes sind um $a' = (t/N)\, 360^0 = (1/16)\, 360^0$ gegeneinander in der Phase verdreht, wenn $t = 1$ den größten gemeinsamen Teiler zwischen Nuten- und Polpaarzahl bedeutet. Für die Bezifferung des Sternes ist der Phasenwinkel zwischen benachbarten Nuten

$$a = (p/N)\, 360^0 = (1/16) \cdot 360^0$$

maßgebend.

Dieser Phasenwinkel zwischen zwei benachbarten Nuten ist nun für eine Welle v-ter Ordnung des Feldes

$$a_v = v\, \frac{p}{N}\, 360^0 = v\, a. \qquad (23)$$

Für die Oberwelle dritter Ordnung ist somit $a_3 = 3\, a$. Der Spulenstern für diese Oberwelle trägt daher die in Abb. 74 *c* angeschriebene Bezifferung. Leiten wir daraus das Spannungsvieleck ab, so erhalten wir Abb. 74 *d*.

Da der Phasenwinkel zwischen benachbarten Nuten für ein Oberfeld v-ter Ordnung v-mal so groß ist wie der für das Grundfeld, so ist die *Zahl der Umläufe des Spannungsvieleckes für dieses Oberfeld v-ter Ordnung das v-fache der Zahl der Umgänge des Spannungsvieleckes für die Grundwelle des Feldes, also $v\,a$.* Das Spannungsvieleck für die Oberwelle dritter Ordnung läuft dreimal um im Gegensatz zum Spannungsvieleck für die Grundwelle, das nur einen Umgang hat.

Die Zahl der parallelgeschalteten Ankerzweige bleibt natürlich ungeändert $2\,a$ auch für ein Oberfeld v-ter Ordnung. In den Abb. 74 b und d bilden die Zeiger 11, 12, 13, 14, 15, 16 und 1 die Spannung des einen Ankerzweiges und die Zeiger 3, 4, 5, 6, 7, 8 und 9 die des anderen parallelen Zweiges. Die Spulen mit den Zeigern 2 und 10 sind von den beiden Bürsten kurzgeschlossen.

Die Abb. 75 a und b zeigen die Spannungsvielecke einer rechtsgängigen Wellenwicklung mit $k =$ $= 39$ Spulen in $N = 13$ Nuten für $2\,p = 4$ Pole und $2\,a = 2$ parallele Zweige. Der resultierende Wicklungsschritt ist

$$y = \frac{39 + 1}{2} = 20.$$

Die $N = 13$ Teilvielecke bilden für die Grundwelle

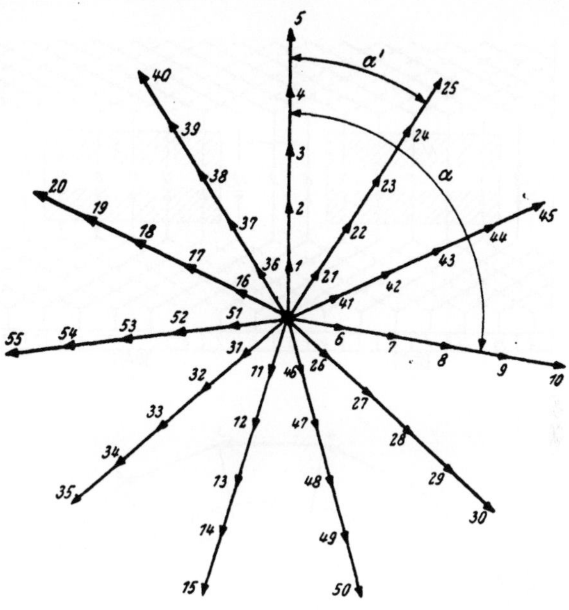

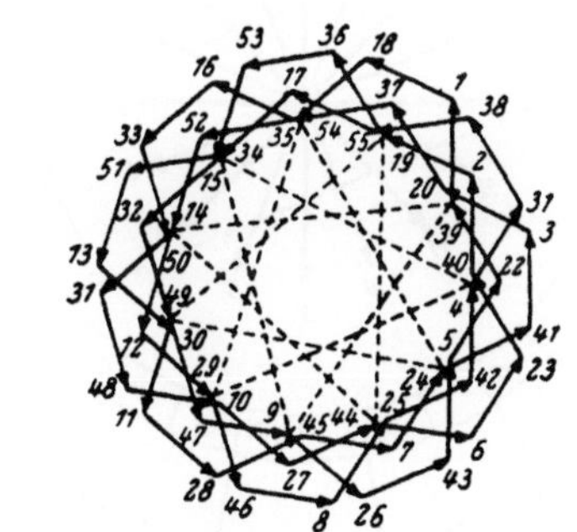

Abb. 73. Spulenstern und Spannungsvieleck einer einfach geschlossenen, linksgängigen Wellenwicklung mit 55 Spulen in 11 Nuten für 6 Pole und 8 parallele Zweige ($y = 17$)

des Feldes ein einmal umlaufendes 13-Eck. Die Zeiger der Gesamtspannungen jedes Teilvieleckes sind gegeneinander in der Phase um $2\,\pi\,a/N = 2\,\pi/13$ verschoben. Jedes Teilvieleck besteht aus $u = 3$ Zeigern, die einen Phasenwinkel $\beta = \alpha'$ miteinander einschließen. Für die Oberwelle $v = 3$-ter Ordnung macht das Spannungsvieleck $v\,a = 3$ Umgänge, wie in Abb. 75 b zu sehen ist. Die Zeiger jedes Teilvieleckes schließen einen Phasenwinkel $3\,\beta = 3\,\alpha'$ ein. Der Phasenwinkel der Zeiger der Gesamtspannungen der Teilvielecke gegeneinander ist $v\,\dfrac{2\,\pi\,a}{N} = 3\,\dfrac{2\,\pi}{13}$.

3. Spannungsvielecke mit sich deckenden Umgängen

Sollen sich die a Umgänge eines Spannungsvieleckes einer gewöhnlichen Stromwenderwicklung mit Spulen gleicher Weite decken, so muß nicht nur die Zahl der Seiten jedes Umganges k/a eine ganze Zahl sein, sondern es muß die Zahl der gleichartigen Teilvielecke, die aus je u Zeigern bestehen, in jedem Umgange eine ganze Zahl sein. Dies ergibt die Bedingung, daß

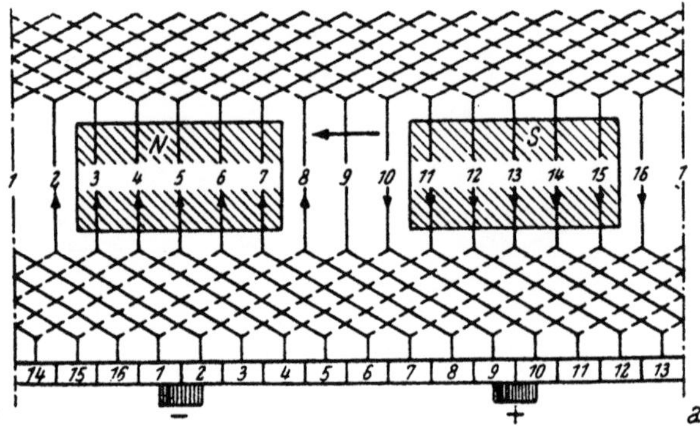

$$\frac{k}{a\,u} = \frac{N}{a} = \text{ganzzahlig} \qquad (24)$$

sein muß.

Weiters müssen so viele phasengleiche Spulenspannungen oder besser Gruppen von u Spulenspannungen vorhanden sein, als das Spannungsvieleck Umläufe hat, also a. Dies ist nur möglich, wenn die

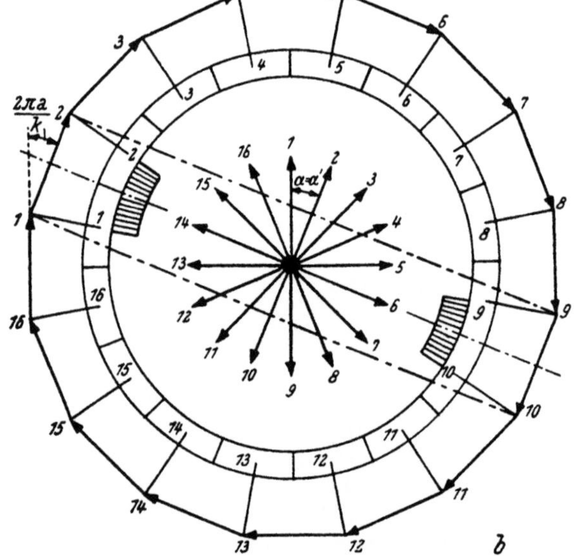

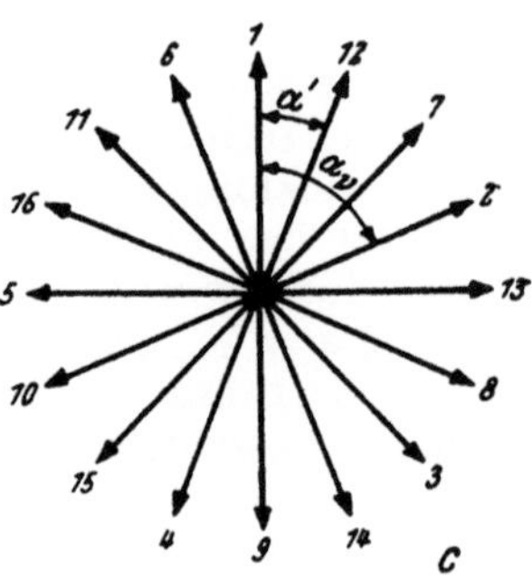

Abb. 74. Einfach geschlossene, rechtsgängige Schleifenwicklung mit 16 Spulen in 16 Nuten für 2 Pole und 2 parallele Zweige ($y = 1$) *a*) Schaltbild, *b*) Spulenstern und Spannungsvieleck in Verbindung mit dem Stromwender für die Grundwelle des Feldes, *c*) Spulenstern für die Oberwelle dritter Ordnung des Feldes,

Maschine mindestens $p = a$ Polpaare besitzt oder ein Vielfaches von a an Polpaaren aufweist. Diese Überlegung führt zur Bedingung, daß

$$\frac{p}{a} = \text{ganzzahlig} \qquad (25)$$

sein muß.

In Abb. 72 decken sich die $a = 2$ Umgänge des Spannungsvieleckes, weil sowohl $N/a = 12/2 = 6$ als auch $p/a = 2/2 = 1$ ganze Zahlen sind.

4. Regeln für das Spannungsvieleck von Stromwenderwicklungen

Nach allem, was wir bisher über die Spannungsvielecke von Stromwenderwicklungen mit Spulen gleicher Weite gehört haben, gelten folgende Regeln:

a) Die Zahl der Umläufe des Spannungsvieleckes ist gleich der halben Zahl a der nebeneinandergeschalteten Ankerzweige.

b) Die Zahl der Seiten des Spannungsvieleckes ist gleich der Zahl k der Spulen oder Stromwenderstege.

c) Die Zahl der Seiten eines Umlaufes ist k/a.

d) Sind N/a und p/a ganze Zahlen, dann decken sich die a Umläufe des Spannungsvieleckes. N bedeutet die Nutenzahl und p die Polpaarzahl.

e) Die Ecken des Spannungsvieleckes entsprechen den Stromwenderstegen.

f) Das Spannungsvieleck ist mit der Wicklung ein- und mehrfach geschlossen.

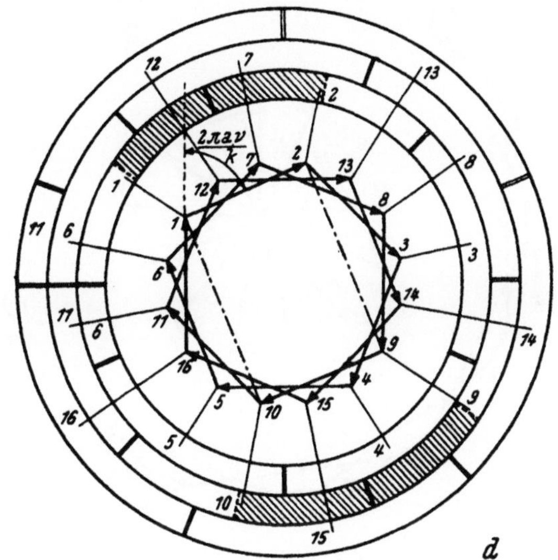

Abb. 74 d. Einfach geschlossene, rechtsgängige Schleifenwicklung mit 16 Spulen in 16 Nuten für 2 Pole und 2 parallele Zweige ($y = 1$) Spannungsvieleck in Verbindung mit dem Stromwender für die Oberwelle dritter Ordnung des Feldes

g) Das Spannungsvieleck einer Zweischichtwicklung mit bloß zwei Spulenseiten in einer Nut ($u = 1$) besitzt k gleichartige, nach außen gerichtete Ecken.

h) Bei Wicklungen mit mehr als zwei Spulenseiten je Nut ($u > 1$) besteht das Spannungsvieleck aus N Teilvielecken, von denen jedes sich aus u Zeigern zusammensetzt. Diese Teilvielecke können gleichartige Ecken bilden, die entweder nur nach außen oder nur nach innen gerichtet sind. Als Sonderfälle sind jene Wicklungen anzusprechen, bei denen im Spannungsvieleck die u Zeiger eines Teilvieleckes phasengleich sind. Schließlich gibt es noch Spannungsvielecke mit ungleichartigen Ecken in jedem Teilvieleck.

i) Für eine Oberwelle v-ter Ordnung des induzierenden Feldes ist die Zahl der Umgänge des Spannungsvieleckes das v-fache der Zahl der Umgänge des Spannungsvieleckes für die Grundwelle des Feldes, also $v\,a$. Die Zahl der parallelgeschalteten Ankerzweige bleibt ungeändert $2\,a$ auch für ein Oberfeld v-ter Ordnung.

5. Spannungsvieleck von Treppenwicklungen

a) Der Spulenstern von Treppenwicklungen

Bei der Aufstellung des Spulensternes einer Treppenwicklung sind folgende zwei Gesichtspunkte maßgebend. Erstens baut sich eine Treppenwicklung aus zwei Gruppen von Spulen, nämlich aus kurzen und langen Spulen auf, deren Weite um eine Nutteilung verschieden ist. Aus diesem Grunde sind auch die *Größen der Spannungen* in den Spulen ungleicher Weite im allgemeinen *verschieden*. Zweitens liegen die oberschichtigen Spulenseiten einer Spulengruppe von u Spulen wohl in einer Nut nebeneinander; die unterschichtigen Spulenseiten dieser Spulengruppe aber ruhen in benachbarten Nuten. Dies bedingt einen *Unterschied in der Phase der Spulenspannungen einer Spulengruppe*. Da diese Phase durch die Lage der Mittellinien der Spulen bestimmt wird, ist der Phasenunterschied der Spulenspannungen einer Spulengruppe so groß, als ½ Nutteilung entspricht.

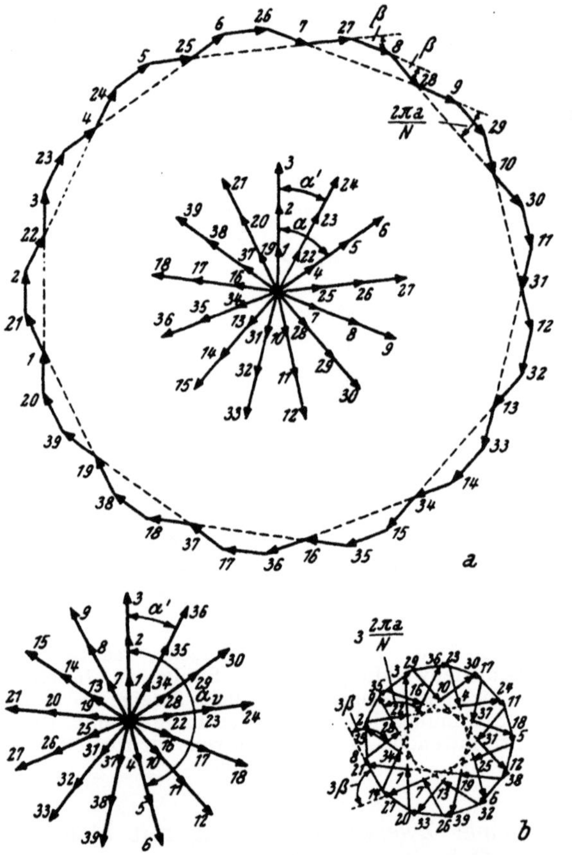

Der Spulenstern einer Treppenwicklung setzt sich aus $2N/t_2$ Strahlen zusammen, die um den Winkel

Abb. 75. Einfach geschlossene, rechtsgängige Wellenwicklung mit 39 Spulen in 13 Nuten für 4 Pole und 2 parallele Zweige ($y = 20$)
a) Spulenstern und Spannungsvieleck für die Grundwelle des Feldes, *b*) Spulenstern und Spannungsvieleck für die Oberwelle dritter Ordnung

$$\alpha' = \frac{t_2}{2\,N}\,360^0$$

(26)

gegeneinander verdreht sind. t_2 ist dabei der größte gemeinsame Teiler, den die doppelte Nutenzahl $2N$ und die Polpaarzahl p gemeinsam haben. Jede Spulengruppe von u in der Oberschichte einer Nut nebeneinander liegender Spulen umfaßt u_k kurze und u_l lange Spulen. Am Ankerumfang wechseln also immer Gruppen von u_k kurzen und u_l langen Spulen miteinander ab. Die Zahl dieser Teil-Spulen-Gruppen am ganzen Ankerumfang ist $2N$, also die doppelte Nutenzahl. Wir zeichnen nun die $2N/t_2$ ungleichphasigen Strahlen des Spulensternes auf, ohne noch auf die Zahl und Länge der Zeiger in jedem Strahle Rücksicht zu nehmen.

Die Bezifferung geht nun folgendermaßen vor sich. Wir wählen u_k Zeiger in einem beliebigen Strahl des Spulensternes und beziffern sie mit

$$1, 2, 3, \ldots u_k.$$

Gleichzeitig ordnen wir diesen Zeigern eine Länge zu, die der Spannung einer kurzen Spule entspricht. Nun gehen wir rechts- oder linksherum im Spulenstern um den Winkel

$$a = \frac{p}{2\,N}\,360^0 \qquad (27)$$

weiter, da ja a der Winkel zwischen benachbarten Teilspulengruppen ist, und schreiben zu den u_l Zeigern dieses Strahles die Bezifferung

$$(u_k + 1), \quad (u_k + 2),$$
$$(u_k + 3), \ldots (u_k + u_l = u).$$

Die Länge der Zeiger dieses Strahles muß der Spannung einer langen Spule entsprechen. Nun suchen wir wieder jenen Strahl, der gegen den soeben bezifferten um den Winkel a verdreht ist, machen die u_k

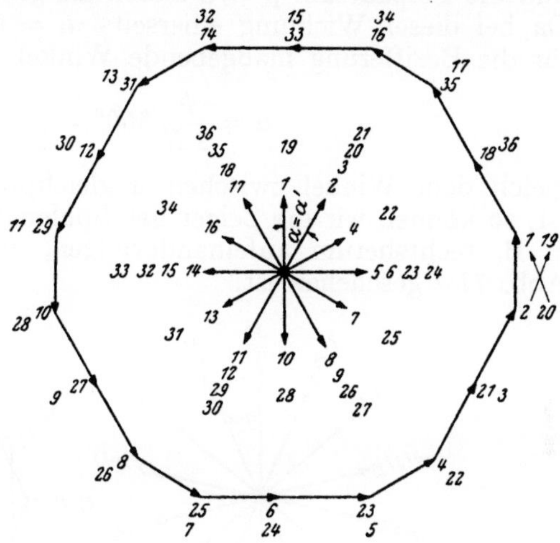

Abb. 76. Spulenstern und Spannungsvieleck der vierpoligen Wellen-Treppenwicklung mit 4 parallelen Zweigen in Abb. 55

Zeiger so lang als der Spannung einer kurzen Spule entspricht und geben ihnen die Bezifferungen

$$(u + 1), \quad (u + 2), \quad (u + 3) \ldots (u + u_k).$$

Der gegen diesen Strahl um a verschobene Strahl mit u_l langen Zeigern trägt die Bezifferung

$$(u + u_k + 1), \quad (u + u_k + 2), \quad (u + u_k + 3), \ldots (u + u_k + u_l = 2\,u),$$

u. s. w.

Bei der in Abb. 55 gezeichneten vierpoligen Treppen-Wellenwicklung mit vier parallelen Zweigen besteht die Gruppe von $u = 3$ Spulen aus $u_k = 1$ kurzen und aus $u_l = 2$ langen Spulen. Der Spulenstern in Abb. 76 setzt sich aus $2\,N/t_2 = 2 \cdot 12/2 = 12$ ungleichphasigen Strahlen zusammen, da der größte gemeinsame Teil der doppelten Nutenzahl $2\,N = 24$ und der Polpaarzahl $p = 2$ in diesem Falle $t_2 = 2$ ist. Ein willkürlich gewählter Strahl erhält als kurzer Zeiger die Bezifferung 1, denn $u_k = 1$. Da hier der Winkel

$$a = \frac{p}{2\,N}\,360^0 = \frac{2}{2 \cdot 12}\,360^0 = a',$$

also gleich dem Winkel zwischen benachbarten ungleichphasigen Strahlen ist, schreiben wir z. B. zum Nachbarstrahl rechtsherum als langem Zeiger die Zahlen $u_k + 1 = 1 + 1 = 2$ und $u_k + u_l = 1 + 2 = 3$. Der rechtsherum benachbarte Strahl ist wieder ein kurzer Zeiger und wir beschriften ihn mit $u + 1 = 3 + 1 = 4$ u. s. w. Das Verhältnis der Spannungen einer kurzen Spule zu der einer langen Spule ist $1/2\,\sqrt{3}$ oder 0,866.

Bei der Schleifen-Treppenwicklung in Abb. 56 sind die Spannungen der kurzen und langen Spulen gleich groß, weil die Weite der kurzen Spulen um ebenso viel von einer Polteilung verschieden ist wie die Weite der langen Spulen. Der Spulenstern in Abb. 77 a weist $2\,N/t_2 = 2 \cdot 21/3 = 14$ gleich lange ungleichphasige Strahlen auf. Die doppelte Nutenzahl $2\,N = 42$ und die Polpaarzahl $p = 3$ haben als größten gemeinsamen Teiler $t_2 = 3$. Da bei dieser Wicklung einerseits $u_k = u_l = 1$ ist, und andererseits der für die Bezifferung maßgebende Winkel

$$\alpha = \frac{p}{2\,N}\,360^0 = \frac{3}{2 \cdot 21}\,360^0 = \alpha'$$

gleich dem Winkel zwischen ungleichphasigen Strahlen im Spulenstern ist, so können wir die Zeiger des Spulensternes in der Reihenfolge, wie sie z. B. rechtsherum aufeinanderfolgen, fortlaufend beziffern, wie es in Abb. 77 a geschehen ist.

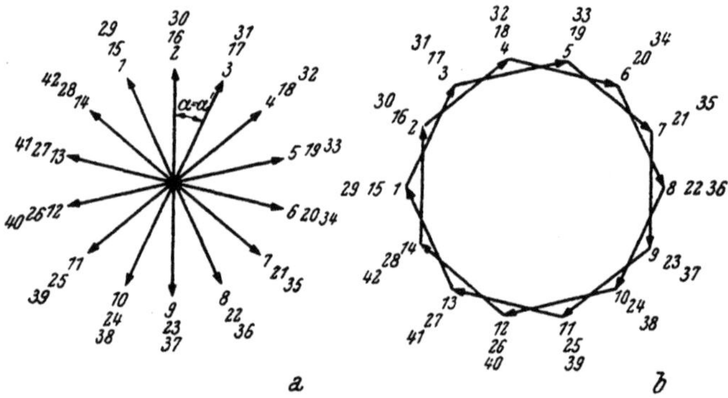

Abb. 77. Spulenstern und Spannungsvieleck der sechspoligen Schleifen-Treppenwicklung mit 12 parallelen Zweigen in Abb. 56

Während wir bei den beiden vorstehenden Beispielen mit einem einzigen Zeiger in jedem Strahle des Spulensternes und einer mehrfachen Bezifferung auskommen, ist dies z. B. bei dem Spulenstern einer Treppen-Wellenwicklung mit $k = 39$ Spulen in $N = 13$ Nuten für $2\,p = 4$ Pole und $2\,a = 2$ parallele Ankerzweige nicht mehr möglich. Hier ist $u = 3$, $u_k = 2$ und $u_l = 1$. Der resultierende Wicklungsschritt für eine linksgängige Wicklung ist

$$y = \frac{n\,k - a}{p} = \frac{n\,39 - 1}{2} = 19\,(n = 1),$$

der erste Teilschritt $y_1 = 10$, der Nutenschritt

$$y_n = \frac{y_1}{u} = \frac{10}{3} = 3\frac{1}{3},$$

also eine gebrochene Zahl. Der größte gemeinsame Teiler der doppelten Nutenzahl $2\,N = 26$ und der Polpaarzahl $p = 2$ ist $t_2 = 2$. Mithin umfaßt der Spulenstern in Abb. 78 insgesamt $2\,N/t_2 = 26/2 = 13$ ungleichphasige Gesamtstrahlen, die um den Winkel

$$\alpha' = \frac{t_2}{2\,N}\,360^0 = \frac{2}{26}\,360^0$$

gegeneinander verdreht sind. Wir beziffern im willkürlich gewählten ersten Gesamtstrahl $u_k = 2$ Zeiger mit 1 und 2. In dem um den Winkel

$$\alpha = \frac{p}{2\,N}\,360^0 = \frac{2}{26}\,360^0 = \alpha'$$

dagegen verschobenen, rechtsherum benachbarten Gesamtstrahl schreiben wir zum ersten Zeiger die Zahl 3. Dieser Zeiger gehört zu einer langen Spule; wir kennzeichnen dies dadurch, daß wir die Zahl 3 unterstreichen. Die Länge des Zeigers einer langen Spule ist das 0,942-fache der Länge des Zeigers einer kurzen Spule.

In Abb. 78 ist diese Verkürzung stark übertrieben gezeichnet. Wandern wir abermals um den Winkel $\alpha = \alpha'$ weiter, so können wir im nächsten Gesamtstrahl wieder zwei Zeiger von kurzen Spulen mit 4 und 5 bezeichnen u. s. w. Auf diese Weise entsteht der Spulenstern in Abb. 78, der $k = 39$ Zeiger aufweist.

b) Beispiele von Spannungsvielecken

Aus den Spulensternen lassen sich leicht die Spannungsvielecke ermitteln, wenn man die Zeiger jener Spulen aneinanderfügt, die durch den resultierenden Wicklungsschritt y miteinander verbunden sind.

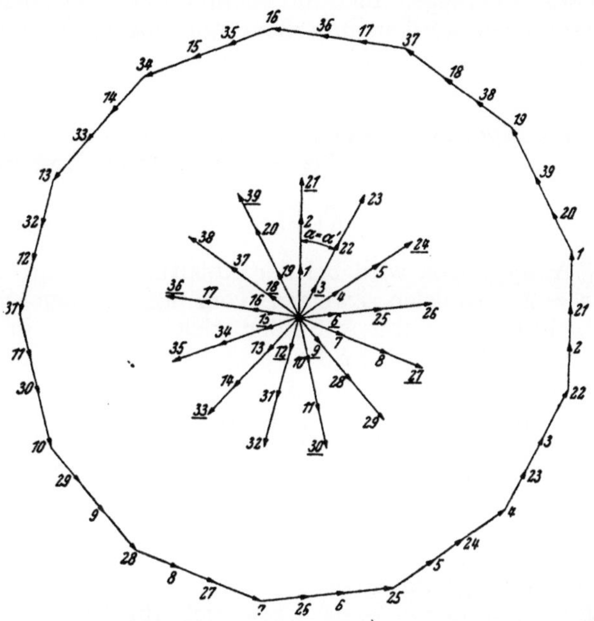

Abb. 78. Spulenstern und Spannungsvieleck einer Treppen-Wellenwicklung mit 39 Spulen in 13 Nuten für 4 Pole und 2 parallele Zweige ($u = 3$, $u_k = 2$, $u_l = 1$, $y = 19$)

Die Wellen-Treppenwicklung in Abb. 55 hat ein Spannungsvieleck, das aus dem Spulenstern in Abb. 76 abgeleitet wird. Der resultierende Wicklungsschritt ist $y = 17$. Zum Vergleich betrachte man das in Abb. 72 dargestellte Spannungsvieleck der in Abb. 48 gezeichneten Wellenwicklung mit Spulen gleicher Weite und mit derselben Spulen- und Nutenzahl, Polzahl, Zahl der parallelen Ankerzweige, und dem gleichen resultierenden Wicklungsschritte wie die Wellen-Treppenwicklung in Abb. 55. Die $a = 2$ Umläufe der beiden Spannungsvielecke decken sich, denn es sind $N/a = 12/2 = 6$ und $p/a = 2/2 = 1$ ganze Zahlen.

Das Spannungsvieleck der Treppen-Schleifenwicklung in Abb. 56 mit dem Spulensterne in Abb. 77 a zeigt Abb. 77 b.

Aus dem Spulenstern in Abb. 78 schließlich ergibt sich mit dem resultierenden Wicklungsschritte $y = 19$ das Spannungsvieleck der Treppen-Wellen-Wicklung.

D. Erweiterung der Theorie der Stromwenderwicklungen

Wir können nun die Grundzüge einer erweiterten allgemeinen Theorie der Stromwenderwicklungen vortragen. Um diese Theorie nicht gar zu verwickelt zu machen, beschränken wir uns auf *Stromwenderwicklungen mit nur zwei parallelen Ankerzweigen*, das sind also solche, die ein einmal umlaufendes Spannungsvieleck besitzen. Es sind dadurch die Wege gewiesen, die beschritten werden müßten, um zu einer Theorie der Stromwenderwicklungen auch mit mehr als zwei parallelen Zweigen zu gelangen. Besprochen werden außerdem nur ungestufte und keine Treppen-Wicklungen.

1. Grundgedanke bei der Ableitung von Stromwenderwicklungen mit $2\,a = 2$ parallelen Zweigen

a) Allgemeiner Grundgedanke

Ausgegangen wird bei der Ableitung von Stromwenderwicklungen mit $2\,a = 2$ parallelen Zweigen vom allgemeinen Spulenstern einer Zweischichtwicklung mit k Spulen gleicher Weite in N Nuten eines Ankers einer Maschine mit $2\,p$ Polen in Abb. 66. Dieser Spulenstern besteht aus N/t Gesamtstrahlen, wie wir schon wissen, und jeder Gesamtstrahl aus $u\,t$ Zeigern, so daß den Spulenstern insgesamt $N/t \cdot u\,t = k$ Zeiger bilden, die den k Ankerspulen zugeordnet sind. t ist der größte Teiler, den Nuten- und Polpaarzahl gemeinsam haben und u ist die Zahl der in einer Nut nebeneinander liegenden Spulenseiten. Die Zuordnung selbst erfolgt in der Weise, daß man die k Ankerspulen, so wie sie rechtsherum oder linksherum auf dem Anker liegen, fortlaufend beziffert und die zu ihnen gehörigen Zeiger im Spulenstern mit den gleichen Ziffern bezeichnet. Diese Bezifferung der k Zeiger ergibt sich aus Tabelle 1.

Soll aus den k Ankerspulen, deren Spannungen durch die k Zeiger des Spulensternes versinnbildlicht sind, eine Wicklung mit $2\,a = 2$ parallelen Zweigen gebildet werden, so läuft diese Forderung einfach darauf hinaus, aus den k Zeigern des Spulensternes ein einmal umlaufendes Spannungsvieleck zusammenzusetzen.

Um die vielen Lösungen, die hier möglich sind, zu ordnen, werden die *Zeigersprungzahl* z_z, die *Gesamtstrahlensprungzahl* z_g und der *Teilvieleckschritt* y_t eingeführt. Im allgemeinen werden nämlich die k Zeiger des Spulensternes zu N/t Teilvielecken aneinander gereiht, so daß ein solches Teilvieleck aus $u\,t$ Zeigern besteht. Beginnt man z. B. bei einem Zeiger eines beliebigen Gesamtstrahles des Spulensternes, der der innerste Zeiger dieses Gesamtstrahles gegen den Mittelpunkt des Sternes ist, so gibt die Gesamtstrahlensprungzahl z_g an, zu welchem Gesamtstrahl im Spulenstern von dem Gesamtstrahl mit dem Ausgangszeiger gesprungen werden muß, um den zweiten Zeiger zu finden, der an den Ausgangszeiger anzuhängen ist. Und die Zeigersprungzahl z_z schreibt vor, bis zu welchem Zeiger im neu ersprungenen Gesamtstrahl man fortschreiten muß, damit dieser zweite Zeiger erreicht wird. Auf die gleiche Weise findet man mit Hilfe der beiden Sprungzahlen z_g und z_z den dritten anzufügenden Zeiger u. s. w., bis schließlich $u\,t$ Zeiger zu einem Teilvieleck aneinandergereiht sind.

Die N/t Teilvielecke, die solcher Art entstehen, werden nach dem Teil-vieleckschritt y_t zum einmal umlaufenden Spannungsvieleck zusammen-gefügt.

b) Erläuterung des Grundgedankens an einem Beispiel

Betrachten wir z. B. den in Abb. 79 gezeichneten Spulenstern einer zweischichtigen Stromwenderwicklung mit $k = 150$ Spulen gleicher Weite in $N = 50$ Nuten für $2p = 12$ Pole, der sich aus den $N/t = 50/2 = 25$ Gesamtstrahlen I, II, III ... XXV zusammensetzt, da die Nuten- und

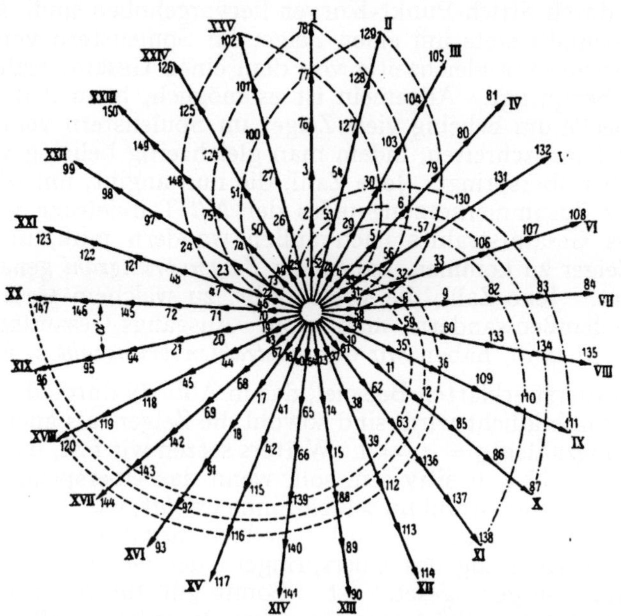

Abb. 79. Spulenstern einer Wenderwicklung mit 150 Spulen gleicher Weite in 50 Nuten für 12 Pole —————— für $z_z = 1$ und $z_g = \pm 1$, —·—·— für $z_z = 1$ und $z_g = 2$, ······ für $z_z = 1$ und $z_g = 3$

Polpaarzahl den Teiler $t = 2$ gemeinsam haben.   Jeder Gesamtstrahl umfaßt $u\,t = 3 \cdot 2 = 6$ Zeiger. Man kann nun, um $N/t = 25$ Teilvielecke zu erhalten, z. B. an den ersten, innersten Zeiger eines beliebigen Gesamt-strahles (Zeiger 70 im Gesamtstrahl XX) den zweiten Zeiger (nach außen gezählt) desjenigen Gesamtstrahles anfügen, der im Spulenstern dem zu-erst genannten Gesamtstrahl links oder rechts benachbart ist (Zeiger 47 im Gesamtstrahl XXI). An diesen Zeiger setzt man den dritten Zeiger des nächsten Gesamtstrahles an (Zeiger 24 im Gesamtstrahl XXII) u. s. w., bis man auf diese Weise $u\,t$ Zeiger aneinander gereiht hat. In Abb. 79 sind die Zeiger, die solcher Art je eines der N/t Teilvielecke aufbauen, durch gestrichelte Kurven verbunden. Die Aneinanderfügung der Zeiger kann, wie schon erwähnt wurde, entweder so erfolgen, daß man dabei den Spulenstern rechts- oder linksherum durchläuft (z. B. Teilvielecke 70—47——24—148—125—102, 46—23—75—124—101—78, 22—74—51—100——77—129 in Abb. 79 bei rechtsläufigem Zusammensetzen; oder Teil-

vielecke 55—5—30—127—77—102, 31—56—6—103—128—78, 7—32—
—57—79—104—129 bei linksläufigem Aneinanderreihen).

Bei dem soeben geschilderten Entstehen der N/t Teilvielecke schreitet
man immer um einen Zeiger vom Mittelpunkt des Spulensternes nach
außen weiter, indem man gleichzeitig von dem einen Gesamtstrahl zum
nächsten überspringt. Man kann aber auch vom innersten, ersten Zeiger
eines Gesamtstrahles z. B. zum zweiten Zeiger nicht des benachbarten,
sondern erst des zweitfolgenden Gesamtstrahles bei der Aneinanderfügung
kommen wollen u. s. w., wie es die Teilvielecke 49—2—30—130—83—111,
25—53—6—106—134—87, 1—29—57—82—110—138 in Abb. 79 andeuten, die durch Strich-Punkt-Kurven hervorgehoben sind. Hier wandert
man also ebenfalls stets um einen Zeiger im Spulenstern von innen nach
außen, während man gleichzeitig von dem einen Gesamtstrahl zum zweitfolgenden überspringt. Allgemein ist es möglich, beim Aufbau jedes der
N/t Teilvielecke um beliebig viele Zeiger im Spulenstern vom Mittelpunkt
nach außen fortzuschreiten, indem man gleichzeitig beliebig viele Gesamtstrahlen dabei überspringt. Jene Zahl, die nun angibt, um wieviele Zeiger
man bei der Zusammensetzung jedes der N/t Teilvielecke vom innersten
Zeiger eines Gesamtstrahles nach außen wandern muß, um zum anzufügenden Zeiger zu kommen, haben wir *Zeigersprungzahl* genannt und mit
z_z bezeichnet. Jene Zahl, die vorschreibt, zu welchem Gesamtstrahl bei
diesem Nachaußenwandern man vom Ausgangs-Gesamtstrahl gleichzeitig springen muß, haben wir *Gesamtstrahlensprungzahl z_g* geheißen.

Bei dem zuerst erklärten Beispiel, das in Abb. 79 durch die gestrichelten
Kurven versinnbildlicht wird, sind sowohl die Zeiger- als auch die Gesamtstrahlensprungzahlen $z_z = z_g = 1$. Weiters setzen wir fest, daß die Gesamtstrahlensprungzahl z_g positiv sein soll, wenn das Überspringen von einem
zum anderen Gesamtstrahl im selben Sinne erfolgt, wie die Bezifferung des
Spulensternes durchgeführt wurde, jedoch negativ genommen werden
soll, wenn die Richtung des Überspringens der Gesamtstrahlen dem Be-
zifferungssinne entgegengesetzt ist. Somit gilt für die nach rechts hin
zusammengesetzten Teilvielecke des ersten Beispiels (z. B. 70—47—24—
—148—125—102 u. s. w.) $z_z = 1$, $z_g = 1$; für die entgegen dem Be-
zifferungssinne des Spulensternes in Abb. 79 aneinandergereihten Zeiger
desselben Beispieles (z. B. 55—5—30—127—77—102 u. s. w.) $z_z = 1$,
$z_g = -1$.

Ist die Zeigersprungzahl z_z positiv, so baut sich jedes Teilvieleck aus
Zeigern von der Mitte des Spulensternes nach außen auf. Soll jedoch die
Zeigersprungzahl z_z negativ sein, so müssen wir ihr den entgegengesetzten
Aufbau jedes der N/t Teilvielecke zuordnen, das heißt, es muß sich an einen
Zeiger am Umfange des Spulensternes ein Zeiger, der weiter gegen die
Mitte des Spulensternes zu liegt, anschließen u. s. w. Der Aufbau der Teil-
vielecke erfolgt somit von außen nach dem Mittelpunkt des Spulensternes.
Zum Beispiel erhält man eine Wicklung nach Abb. 79 für $z_z = z_g = -1$,
wenn wir die nach rechts hin hohlen, gestrichelten Kurven in Abb. 79
nicht von innen nach außen, sondern von außen nach innen durchlaufen,
also z. B. in der Reihenfolge 129—77—100—51—74—22 u. s. w. Bei einer
Wicklung mit $z_z = -1$ und $z_g = 1$ erfolgt die Aneinanderfügung der
Zeiger von außen nach dem Sternmittelpunkt zu nach den nach links
hohlen, gestrichelten Kurven in Abb. 79 z. B. in der Reihenfolge
129—104—79—57—32—7 u. s. w.

Im zweiten Beispiel — Strich-Punkt-Kurven in Abb. 79 — sind nach diesen Festsetzungen $z_t = 1$, $z_g = 2$. Die Aneinanderreihung der Zeiger so wie sie durch die gepunkteten Kurven in Abb. 79 gezeigt ist, kann durch $z_t = 1$ und $z_g = 3$ vorgeschrieben werden.

Nun ist kurz beschrieben worden, wie die N/t Teilvielecke aufgebaut werden, aus denen das einmal umlaufende Spannungsvieleck gebildet werden soll. Die Zusammensetzung der N/t Teilvielecke zum Gesamtspannungsvieleck geschieht in der Weise, daß man die N/t Teilvielecke so wie sie rechts- oder linksherum im Spulenstern aufeinanderfolgen, aneinanderreiht. Der Schritt y_t von einem Teilvieleck zum nächsten ist immer Eins, und als positiv zu nehmen, wenn die Aneinanderfügung der N/t Teilvielecke im selben Sinne erfolgt wie die Bezifferung des Spulensternes; als negativ, wenn der Sinn der Aneinanderfügung der N/t Teilvielecke dem Bezifferungssinn des Spulensternes entgegengesetzt ist. Wir haben y_t den *Teilvieleckschritt* genannt; er ist also für Stromwenderwicklungen mit $2\,a = 2$ parallelen Ankerzweigen und einem einmal umlaufenden Spannungsvieleck stets $y_t = \pm\,1$.

Mithin kennzeichnen drei Größen den Aufbau einer Stromwenderwicklung mit $2\,a = 2$ parallelen Zweigen: Die Zeigersprungzahl z_t, die Gesamtstrahlensprungzahl z_g und der Teilvieleckschritt y_t.

c) Spannungsvielecke und Wicklungen

Noch klarer wird der Grundgedanke dieser Theorie, wenn wir aus dem Spulenstern in Abb. 79 mit Hilfe verschiedener Sprungzahlen z_t und z_g und an Hand des Teilvieleckschrittes $y_t = \pm\,1$ einige Möglichkeiten für das gesamte einmal umlaufende Spannungsvieleck ableiten. Die nachstehende Tabelle 2 zeigt Teile solcher Spannungsvielecke.

Die resultierenden Wicklungsschritte y für diese, in der Tabelle angegebenen Stromwenderwicklungen ergeben sich unmittelbar als die Differenz der Bezifferungszahlen zweier im Spannungsvieleck aufeinanderfolgenden Zeiger. Diese Wicklungsschritte y haben, wie wir sehen, durchaus nicht für eine Wicklung ein und denselben Wert und können sowohl positiv als auch negativ sein. Betrachten wir z. B. das Spannungsvieleck mit $z_t = -\,1$, $z_g = +\,1$ und $y_t = -\,1$ daraufhin, so ergeben sich hier nach Tab. 3 die resultierenden Wicklungsschritte $y = 50,\ 53,\ 71,\ -\,4,\ -\,22,\ -\,25$.

Die Spannungsvielecke, die auf die bisher geschilderte Weise entstanden sind, weisen nach außen und nach innen gerichtete Ecken auf.

2. Beispiele für $z_g > 0$ und $z_t = \pm\,1$

Daß die soeben besprochenen Wicklungen in Sonderfällen in gebräuchliche Wicklungen übergehen können, sollen die nächsten beiden Beispiele zeigen.

Hat man $k = 39$ gleich weite Ankerspulen in $N = 13$ Nuten einzubetten und zu einer Wicklung für $2\,p = 4$ Pole und $2\,a = 2$ parallele Ankerzweige zusammenzuschließen, so kann man zuerst den Spulenstern dieser Wicklung zeichnen, der aus $N/t = 13$ ungleichphasigen Gesamtstrahlen besteht, da die Nuten- und Polpaarzahl teilerfremd sind. Je $u = 3$ gleichphasige Zeiger bilden einen Gesamtstrahl. Die Bezifferung der $k = 39$ Zeiger des Spulensternes kann z. B. nach der Tab. 1 vorgenommen werden (Abb. 90).

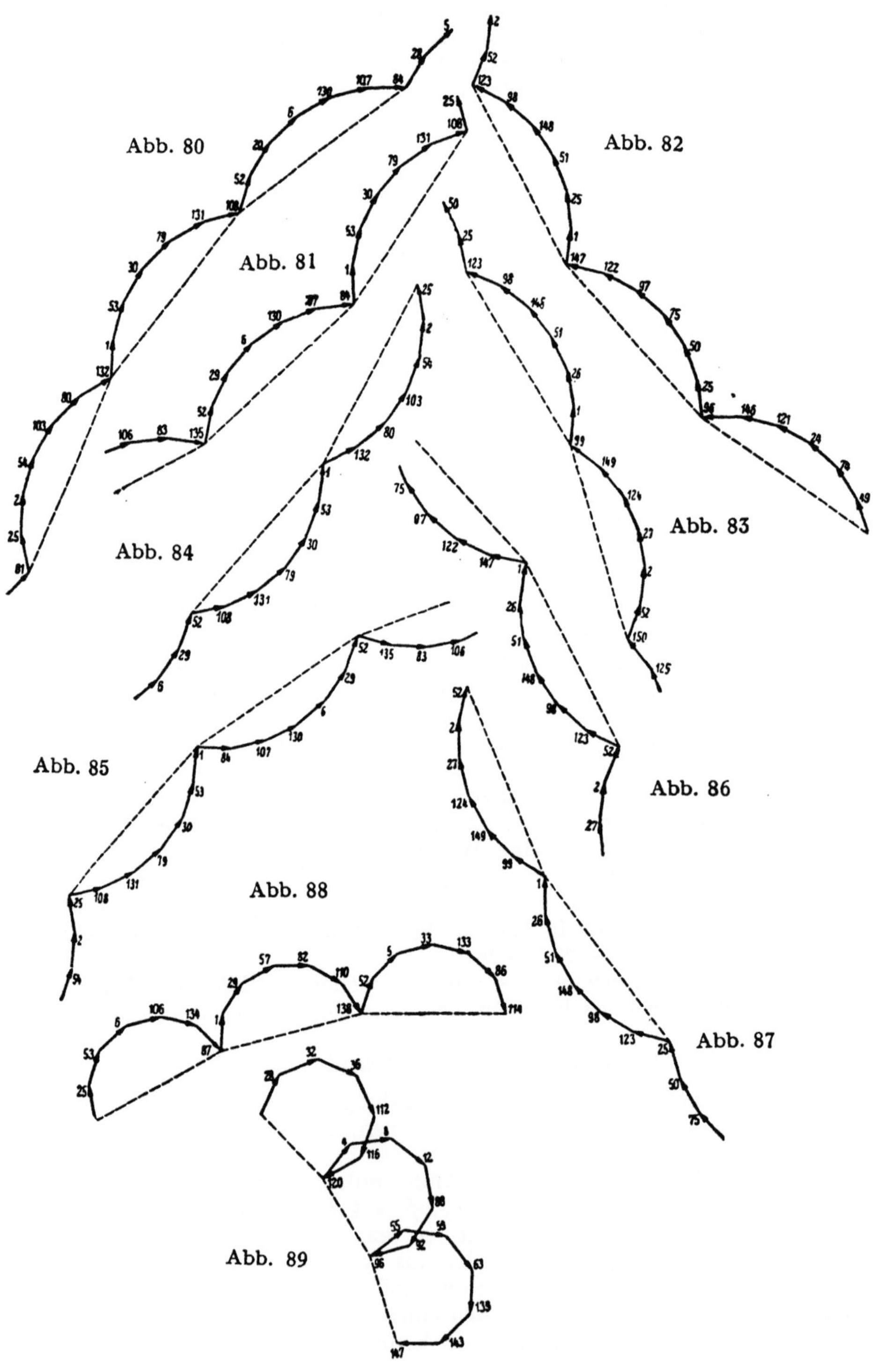

Abb. 80
Abb. 81
Abb. 82
Abb. 83
Abb. 84
Abb. 85
Abb. 86
Abb. 87
Abb. 88
Abb. 89

Tabelle 2. *Teile der Spannungsvielecke, die aus Abb. 79 mit verschiedenen z_z und z_g und $y_t = \pm 1$ abgeleitet sind (Abb. 80—89).*

Abb. 80: $z_z = + 1$, $z_g = + 1$, $y_t = + 1$ Abb. 85: $z_z = - 1$, $z_g = - 1$, $y_t = + 1$
Abb. 81: $z_z = + 1$, $z_g = + 1$, $y_t = - 1$ Abb. 86: $z_z = - 1$, $z_g = + 1$, $y_t = - 1$
Abb. 82: $z_z = + 1$, $z_g = - 1$, $y_t = + 1$ Abb. 87: $z_z = - 1$, $z_g = + 1$, $y_t = + 1$
Abb. 83: $z_z = + 1$, $z_g = - 1$, $y_t = - 1$ Abb. 88: $z_z = + 1$, $z_g = + 2$, $y_t = + 1$
Abb. 84: $z_z = - 1$, $z_g = - 1$, $y_t = - 1$ Abb. 89: $z_z = + 1$, $z_g = + 3$, $y_t = + 1$

Tabelle 3. *Resultierende Wicklungsschritte y der Stromwenderwicklung nach Abb. 79 mit $z_z = - 1$, $z_g = + 1$ und $y_t = - 1$*

Zeiger	y
123	
98	−25
148	50
51	53
26	−25
1	−25
147	− 4
122	−25
97	−25
75	−22
50	−25
25	−25
96	71
146	50
121	−25
24	53
74	50
⋮	⋮

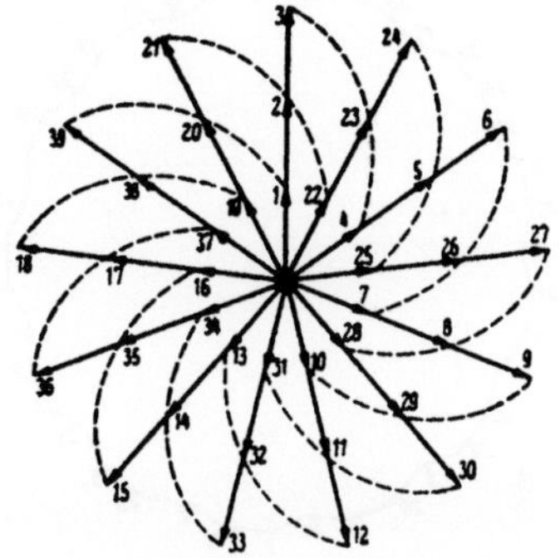

Abb. 90. Spulenstern einer Wenderwicklung mit 39 Spulen gleicher Weite in 13 Nuten für 4 Pole. Aufbau der Teilvielecke mit $z_z = 1$ und $z_g = - 1$

Die Teilvielecke, die sich mit der Zeigersprungzahl $z_z = + 1$ und mit der Gesamtstrahlensprungzahl $z_g = - 1$ ergeben, sind in Abb. 90 durch gestrichelte Kurven angedeutet. Setzt man diese $N/t = 13$ Teilvielecke mit dem Teilvieleckschritt $y_t = - 1$ aneinander, so entsteht das einmal umlaufende Spannungsvieleck in Abb. 91. Es gehört zu einer gewöhnlichen Wellenwicklung, deren Spulen durch den resultierenden Wicklungsschritt

$$y = \frac{n\,k - a}{p} = \frac{39 - 1}{2} = 19 \ (n = 1)$$

aneinandergereiht werden.

Für $z_z = - 1$, $z_g = + 1$ und $y_t = + 1$ ergibt sich das in Abb. 75 dargestellte Spannungsvieleck, das einer gewöhnlichen Wellenwicklung entspricht, deren Wicklungsschritt

$$y = \frac{n\,k + a}{p} = \frac{39 + 1}{2} = 20 \ (n = 1)$$

ist.

Für $k = 33$ Spulen gleicher Weite in $N = 11$ Nuten entsteht für $2\,p = 10$ Pole und $2\,a = 2$ parallele Zweige eine Wellenwicklung, wenn die Zeiger des Spulensternes in Abb. 92 mit der Zeigersprungzahl $z_z = 1$ und der Gesamtstrahlensprungzahl $z_g = - 2$ zu Teilvielecken vereinigt und diese durch den Teilvieleckschritt $y_t = -1$ aneinandergefügt werden. Der resultierende Wicklungsschritt ist durchgehend

$$y = \frac{n\,k - a}{p} = \frac{2 \cdot 33 - 1}{5} = 13 \; (n = 2).$$

Das Spannungsvieleck dieser Wicklung ist in Abb. 93 dargestellt.

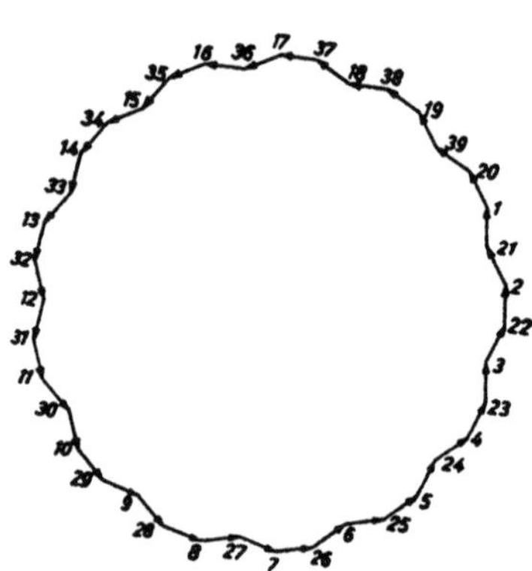

Abb. 91. Spannungsvieleck einer Wellenwicklung, abgeleitet aus dem Spulenstern in Abb. 90

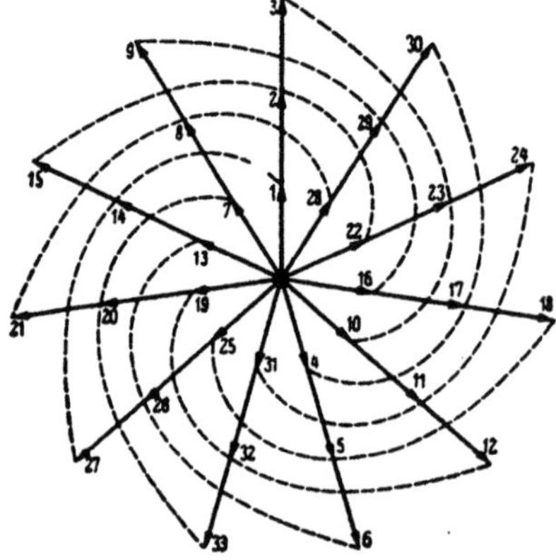

Abb. 92. Spulenstern einer Wicklung mit 33 Spulen gleicher Weite in 11 Nuten für 10 Pole. Aufbau der Teilvielecke mit $z_i = 1$ und $z_g = -2$

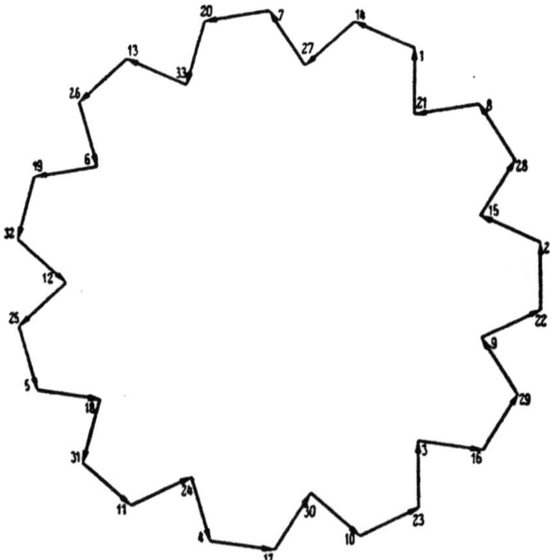

Abb. 93. Spannungsvieleck der nach Abb. 92 mit dem Teilvieleckschritte $y_t = -1$ entworfenen Wellenwicklung ($y = 13$)

3. Wicklungen mit $z_g = 0$

Auch für diese Aufgabe gibt es viele Lösungen, von denen aber nur zwei besprochen werden sollen.

a) Erste Lösung ($z_g = 0$, $z_s = 1$)

α) *Allgemeine Lösung*

Die einfachste Lösung dürfte sein, die N/t Gesamtstrahlen des allgemeinen Spulensternes, so wie sie rechtsherum oder linksherum im Spulenstern aufeinanderfolgen, zu einem Vieleck zusammenzusetzen. Die N/t Teilvielecke sind dann einfach die N/t Gesamtstrahlen des Spulensternes und mit den Sprungzahlen $z_g = 0$ und $z_s = 1$ gebildet. Der Teilvieleckschritt ist $y_t = +1$ oder -1, je nachdem die Aneinanderreihung der Teilvielecke im selben Sinne erfolgt wie die Bezifferung des Spulensternes oder entgegen diesem Sinne. Zu beachten ist dabei, daß jeder der N/t Gesamtstrahlen aus $u\,t$ Zeigern besteht und $u\,t$ gleichphasige Ankerspulen vertritt. Abb. 94 zeigt diese Aneinanderreihung. Die Art der entstandenen Wicklung läßt sich aus folgender Aufschreibung erkennen:

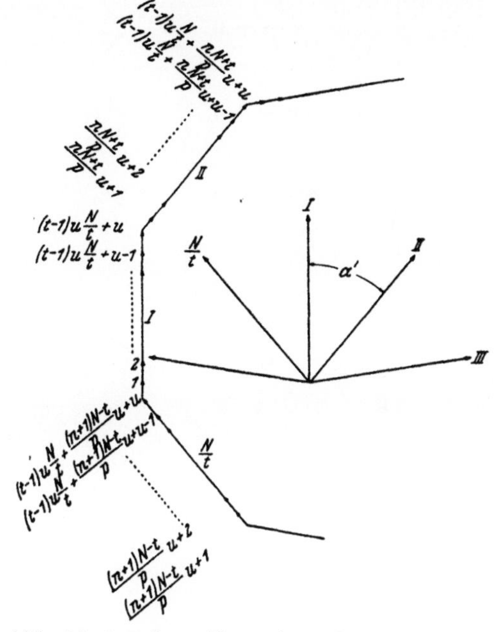

Abb. 94. Aus dem allgemeinen Spulenstern entwickeltes, einmal umlaufendes Spannungsvieleck

Tabelle 4. *Wicklungsschritte der durch die erste Lösung entstandenen Wicklung nach Abb. 94*

Strahl	Ankerspule	resultierender Wicklungsschritt y
	1	
		1
	2	
	⋮	⋮
I		1
	u	
		$u\dfrac{N}{t} + 1 - u$
	$u\dfrac{N}{t} + 1$	
		1
	$u\dfrac{N}{t} + 2$	⋮

Strahl	Ankerspule	resultierender Wicklungsschritt
	$\vdots$	
		1
	$u\,\dfrac{N}{t} + u$	
		$u\,\dfrac{N}{t} + 1 - u$
	$2\,u\,\dfrac{N}{t} + 1$	
		1
	$2\,u\,\dfrac{N}{t} + 2$	
		$\vdots$
	$\vdots$	
		1
I	$2\,u\,\dfrac{N}{t} + u$	
		$\vdots$
	$\vdots$	
		$u\,\dfrac{N}{t} + 1 - u$
	$(t-1)\,u\,\dfrac{N}{t} + 1$	
		1
	$(t-1)\,u\,\dfrac{N}{t} + 2$	
		$\vdots$
	$\vdots$	
		1
	$(t-1)\,u\,\dfrac{N}{t} + u$	
		$\dfrac{n\,N + t}{p}\,u + 1 - (t-1)\,u\,\dfrac{N}{t} - u$
	$\dfrac{n\,N + t}{p}\,u + 1$	
		1
	$\dfrac{n\,N + t}{p}\,u + 2$	
		$\vdots$
	$\vdots$	
		1
II	$\dfrac{n\,N + t}{p}\,u + u$	
		$u\,\dfrac{N}{t} + 1 - u$
	$u\,\dfrac{N}{t} + \dfrac{n\,N + t}{p}\,u + 1$	
		1
	$u\,\dfrac{N}{t} + \dfrac{n\,N + t}{p}\,u + 2$	
	$\vdots$	$\vdots$

$(u - 1)$ mal verbindet der Wicklungsschritt

$$y' = 1$$

die Ankerspulen 1, 2, ... u miteinander; der resultierende Wicklungsschritt

$$y'' = u\,\frac{N}{t} + 1 - u = u\left(\frac{N}{t} - 1\right) + 1$$

schließt daran die Ankerspule $(u\,N/t + 1)$, an die durch den Wicklungsschritt $y' = 1$ wieder die $(u - 1)$ Ankerspulen $(u\,N/t + 2) \ldots (u\,N/t + u)$ gereiht werden. Den Übergang von den Ankerspulen, die zum Gesamtstrahl I gehören, zu denen, die dem Strahl II entsprechen, besorgt der Wicklungsschritt

$$y''' = \frac{n\,N + t}{p}\,u + 1 - (t - 1)\,u\,\frac{N}{t} - u = y'' + \frac{n\,N + t}{p}\,u.$$

Je t Schleifenwicklungen, die aus je u hintereinandergeschalteten Ankerspulen bestehen, werden durch den Schritt y'' aneinandergereiht. Ein derartiger Wicklungszug entspricht einem der ungleichphasigen Gesamtstrahlen des allgemeinen Spulensternes. Die vollständige Ankerwicklung setzt sich aus N/t der soeben besprochenen Wicklungszüge zusammen. Der Schritt, der die einzelnen Wicklungszüge aneinanderreiht, ist y'''. Nachdem alle k Ankerspulen hintereinandergeschaltet sind, wird die Wicklung durch den Schritt

$$y^{IV} = 1 - \left[(t - 1)\,u\,\frac{N}{t} + \frac{(n + 1)\,N - t}{p}\,u + u\right] = y'' - \frac{(n + 1)\,N - t}{p}\,u$$

geschlossen

Bei der Herleitung der Formeln für die Schritte y''' und y^{IV} wurde angenommen, daß die N/t Gesamtstrahlen des Spulensternes so, wie sie rechtsherum im Spulenstern aufeinanderfolgen, zum Spannungsvieleck zusammengesetzt werden, also an den Strahl I der Strahl II, an diesen der Strahl III u. s. w. gefügt wird. Werden jedoch die N/t Gesamtstrahlen in der Reihenfolge links um den Spulenstern herum zum Spannungsvieleck vereinigt, so daß an den Strahl I der Strahl N/t, an diesen der Strahl $(N/t - 1)$ u. s. w. angesetzt wird, so ändern sich die Formeln für die Schritte y''' und y^{IV}. Diese Formeln lauten dann:

$$y''' = y'' + \frac{(n + 1)\,N - t}{p}\,u,$$

$$y^{IV} = y'' - \frac{n\,N + t}{p}\,u.$$

Hat die zu bewickelnde Maschine nur ein Polpaar $(p = 1)$, so muß auch $t = 1$ sein. Für diesen Sonderfall sind die Wicklungsschritte — eine rechtsgängige Wicklung vorausgesetzt, bei der die N/t Gesamtstrahlen des Spulensternes rechtsherum aneinandergereiht werden — $y' = y''' = y^{IV} = 1$, wie man sich leicht überzeugen kann; und der Wicklungsschritt y'' verliert hier, da $t = 1$ ist, seine Bedeutung. Somit entsteht aus der allgemeinen rechtsgängigen Wicklung nach der ersten Lösung für ein Polpaar eine gewöhnliche rechtgängige Schleifenwicklung.

Sind Nuten- und Polpaarzahl teilerfremd ($t = 1$) und die Nuten- und Spulenzahlen gleich ($u = 1$), so verlieren die Schritte y' und y'' ihre Bedeutung und y''' und y^{IV} gehen über in die Schrittformel

$$y = \frac{n\,k \pm 1}{p}.$$

Die Wicklung ist dann eine gewöhnliche Wellenwicklung.

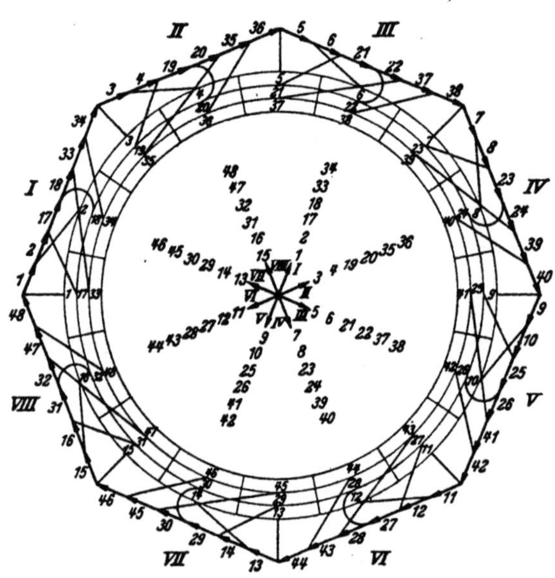

Abb. 95. Spulenstern und Spannungsvieleck in Verbindung mit dem Stromwender einer Wicklung mit 48 Spulen in 24 Nuten für 6 Pole

β) Beispiele

Ein Beispiel soll eine nach der ersten Lösung abgeleitete Wicklung vor Augen führen. In Abb. 95 ist der Spulenstern einer Stromwenderwicklung mit $k = 48$ Spulen für $2\,p = 6$ Pole gezeichnet, wenn die Spulen in $N = 24$ Nuten untergebracht sind, so daß die Spulenseitenzahl je Nut $2\,u = 4$ beträgt. Der größte gemeinsame Teiler von Nutenzahl und Polpaarzahl ist $t = 3$. Der Spulenstern besitzt $N/t = 8$ ungleichphasige Gesamtstrahlen, von denen jeder sich aus $u\,t = 6$ gleichphasigen Zeigern zusammensetzt. Die Bezifferung der Strahlen $I \ldots VIII$ ist nach Tab. 1 leicht anzugeben. Das ebenfalls in Abb. 95 dargestellte Spannungsvieleck ist durch Aneinanderreihung der acht ungleichphasigen Gesamtstrahlen, so wie sie im Spulenstern rechtsherum aufeinanderfolgen, gewonnen worden. Die Wicklung setzt sich aus $t \cdot N/t = N = 24$ Schleifenwicklungen zusammen, die aus je $u = 2$ Ankerspulen bestehen. In Abb. 96 sind ihre Verbindungen mit einfachen Strichen dünn gezeichnet. Der Schritt dieser Schleifenwicklungen ist $y' = 1$. Die $t = 3$ Schleifenwicklungen, die zu einem der acht ungleichphasigen Gesamtstrahlen des Spulensternes gehören, werden durch den Schritt $y'' = u\,(N/t - 1) + 1 = 15$ hintereinandergeschaltet, so daß $N/t = 8$ gleiche Wicklungszüge entstehen, die je $u\,t = 6$ Spulen umfassen. Die Schaltverbindungen, die die drei Schleifenwicklungen zu einem Wicklungszuge zusammenschließen, sind in Abb. 96 mit Doppellinien angedeutet. Insgesamt muß es $(t - 1)\,N/t = 16$ solcher Verbindungen geben. Weiter müssen die soeben besprochenen $N/t = 8$ Wicklungszüge durch den Schritt für eine rechtsgängige Wicklung

$$y''' = y'' + \frac{n\,N + t}{p}\,u = 17 \quad (n = 0)$$

aneinandergereiht werden. Diese $(N/t - 1) = 7$ Verbindungen sind in Abb. 96 stark gezeichnet. Und endlich wird die Wicklung durch den Schritt für eine rechtsgängige Wicklung

$$y^{IV} = y'' - \frac{(n+1)\,N - t}{p}\,u = 1 \quad (n = 0)$$

geschlossen. Diese Verbindung ist durch Dreifachlinien in Abb. 96 hervorgehoben. Die abgeleitete Wicklung ist mit Rücksicht auf die Schaltverbindungen unbefriedigend.

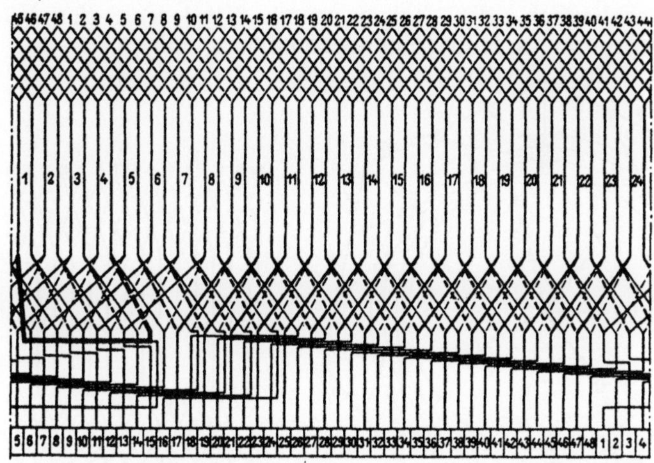

Abb. 96. Schaltbild der in Abb. 95 abgeleiteten Wicklung

Daß aber die erste Lösung auch brauchbare Wicklungen ergeben kann, soll folgendes Beispiel zeigen. Ein Anker mit 21 Nuten ist mit einer Wicklung mit 21 Spulen für 6 Pole zu versehen. Da mithin $u = 1$ ist, so gibt es keine Schleifenwicklungen, sondern die künstlich geschlossene Wicklung setzt sich aus $N/t = 21/3 = 7$ Wellenwicklungszügen mit dem Schritte $y'' = u\,(N/t - 1) + 1 = 7$ in Wellenwicklungsart mit dem Schritte

$$y''' = y'' + \frac{n\,N + t}{p}\,u = 8 \quad (n = 0)$$

zusammen. Der Schritt, der die Wicklung künstlich schließt, ist

$$y^{IV} = y'' - \frac{(n+1)\,N - t}{p}\,u = 2 \quad (n = 0).$$

In Abb. 97 sind der Spulenstern und das Spannungsvieleck in Verbindung mit dem Stromwender für diese Wicklung gezeichnet und in Abb. 98 ist das Wicklungsbild dargestellt.

Die Abb. 97 und 98 gelten für eine rechtsgängige Wicklung. Die Schritte y''' und y^{IV} für eine linksgängige Wicklung wären folgende:

$$y''' = y'' + \frac{(n+1)\,N - t}{p}\,u = 13 \quad (n = 0),$$

$$y^{IV} = y'' - \frac{n\,N + t}{p}\,u = 6 \quad (n = 0).$$

b) Zweite Lösung ($z_g = 0$, $z_z = u$)

α) Allgemeine Lösung

Das gleiche Spannungsvieleck wie bei der ersten Lösung entsteht, wenn die $u\,t$ gleichphasigen Zeiger der einzelnen Gesamtstrahlen so zusammengesetzt werden, daß z. B. an den Zeiger 1 des Gesamtstrahles I der Zeiger $(u\,N/t + 1)$, an diesen der Zeiger $(2\,u\,N/t + 1)$ u. s. w. und endlich $[(t-1)\,u\,N/t + 1]$ gefügt werden, an welchen sich der Zeiger 2 mit den folgenden Zeigern $(u\,N/t + 2)$, $(2\,u\,N/t + 2)$, ... $[(t-1)\,u\,N/t + 2]$ reiht, bis schließlich die Zeiger u, $(u\,N/t + u)$, $(2\,u\,N/t + u)$, ... $[(t-1)\,u\,N/t + u]$ in Hintereinanderschaltung folgen.

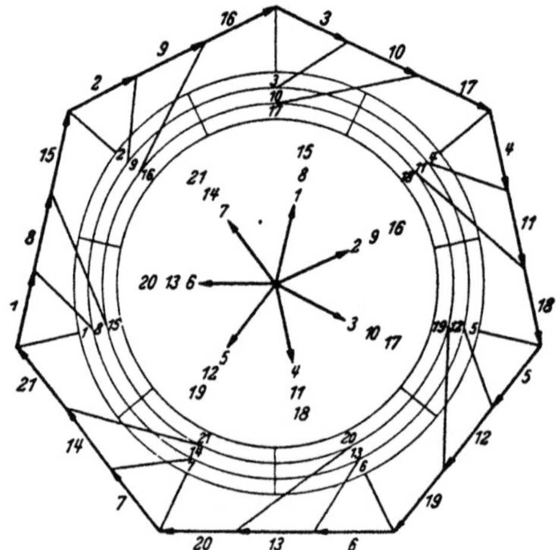

Abb. 97. Spulenstern und Spannungsvieleck in Verbindung mit dem Stromwender einer Wicklung mit 21 Spulen in 21 Nuten für 6 Pole

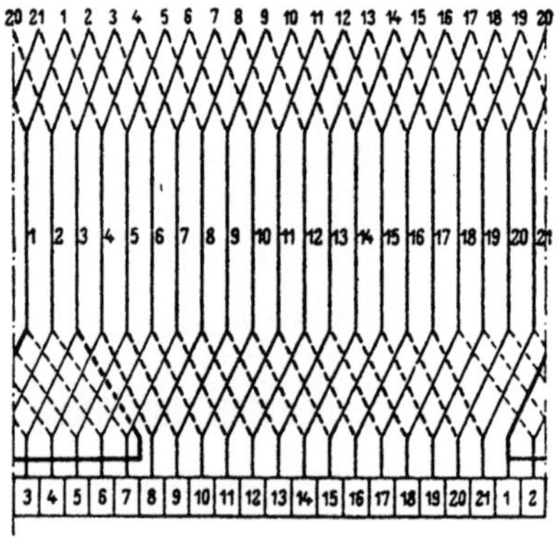

Abb. 98. Schaltbild der in Abb. 97 abgeleiteten Wicklung

Die $u\,t$ Ankerspulen jedes der N/t Wicklungszüge, die den N/t ungleichphasigen Gesamtstrahlen des Spulensternes entsprechen, werden bei dieser Lösung nicht mehr in Schleifen- und Wellenwicklungsschaltung wie in der ersten Lösung aneinandergereiht, was dort ungewöhnliche Verbindungen der Spulen mit den Stromwenderstegen notwendig machte. Bei der neuen Lösung werden je t Ankerspulen durch den Schritt

$$y' = u\,\frac{N}{t}$$

miteinander verbunden; und die u auf diese Weise möglichen Teilwicklungszüge werden durch den Schritt

$$y'' = u\,\frac{N}{t} + 1$$

zum Wicklungszug, der einem der N/t ungleichphasigen Gesamtstrahlen des Spulensternes entspricht, zusammengeschlossen. Der Übergang vom Wicklungszuge, der dem einen der N/t Gesamtstrahlen zugehört, zu dem, der dem benachbarten Gesamtstrahle entspricht, besorgt wie bei der ersten Lösung der Schritt

$$y''' = \frac{n\,N + t}{p}\,u + 1 - (t-1)\,u\,\frac{N}{t} - u = u\left(\frac{N}{t} - 1\right) + 1 + \frac{n\,N + t}{p}\,u,$$

während der Schritt

$$y^{IV} = 1 - \left[(t-1)\,u\,\frac{N}{t} + \frac{(n+1)\,N - t}{p}\,u + u\right] =$$

$$= u\left(\frac{N}{t} - 1\right) + 1 - \frac{(n+1)\,N - t}{p}\,u$$

die Wicklung schließt. n ist wie immer jene ganze Zahl einschließlich Null, die den Wert $\dfrac{n\,N + t}{p}$ oder $\dfrac{(n+1)\,N - t}{p}$ zu einer ganzen Zahl macht.

Bei der Aufstellung der Formeln für y''' und y^{IV} wurde vorausgesetzt, daß die N/t Gesamtstrahlen des Spulensternes so aneinandergefügt werden, wie sie rechtsherum im Spulenstern aufeinanderfolgen. Geschieht die Aneinanderreihung der Strahlen jedoch so, wie sie links um den Spulenstern herum aufeinanderfolgen, so gehen die Formeln für die Schritte y''' und y^{IV} über in

$$y''' = \frac{(n+1)\,N - t}{p}\,u + 1 - (t-1)\,u\,\frac{N}{t} - u = u\left(\frac{N}{t} - 1\right) + 1 + \frac{(n+1)\,N - t}{p}\,u$$

und

$$y^{IV} = 1 - \left[(t-1)\,u\,\frac{N}{t} + \frac{n\,N + t}{p}\,u + u\right] = u\left(\frac{N}{t} - 1\right) + 1 - \frac{n\,N + t}{p}\,u.$$

Bei dieser zweiten Lösung entstehen aus jedem der N/t Gesamtstrahlen u Teilwicklungszüge oder in eine Gerade gestreckte Teilvielecke. Insgesamt gibt es $u\,N/t$ solcher Teilwicklungszüge in der ganzen Wicklung oder $u\,N/t$ Teilvielecke im zugehörigen Spannungsvieleck. Wenn nämlich g der größte gemeinsame Teiler der Zeigersprungzahl z_t und der Zahl $u\,t$ der Zeiger in einem Gesamtstrahl des Spulensternes ist, lassen sich stets $g\,N/t$ Teilvielecke aus den k Zeigern des Spulensternes bilden, von denen jedes $u\,t/g$ Zeiger umfaßt. In unserem Falle ist die Zeigersprungzahl $z_t = u$ und daher $g = u$. Daher ergeben sich in der Summe $g\,N/t = u\,N/t$ Teilvielecke. Und wir halten fest, daß für jedes dieser Teilvielecke die Zeigersprungzahl $z_t = u$ ist.

Die Gesamtstrahlensprungzahl ist wie bei der ersten Lösung $z_g = 0$. Die Teilvielecke eines jeden Gesamtstrahles werden mit dem Teilvieleckschritt $y_t = 0$ aneinandergefügt, da sie ja alle aus ein und demselben Gesamtstrahl stammen. Die N/t Gruppen dieser u in eine Gerade gestreckten Teilvielecke reihen sich mit dem Schritte $y_t = \pm 1$ aneinander.

Die zweite Lösung der Aufgabe, die k Spulen des allgemeinen Spulensternes zu einer Wicklung mit $2\,a = 2$ parallelen Zweigen zu vereinigen, gibt, wenn $t > 1$ ist, eine künstlich geschlossene Wellenwicklung mit im allgemeinen drei voneinander verschiedenen resultierenden Wicklungsschritten.

Ist jedoch $t = 1$ und $u > 1$, so verliert der Schritt y' seine Bedeutung und die u Spulen, die den u Zeigern eines Gesamtstrahles entsprechen, werden durch den Wicklungsschritt $y'' = u\,N/t + 1 = k + 1 = 1$ in Schleifenwicklungsart miteinander verbunden. Auf diese Weise entstehen insgesamt N Schleifenwicklungszüge, die der Schritt y''' hintereinanderschaltet. Die Wicklung wird durch den Schritt y^{IV} geschlossen.

Für den Fall, daß $t = 1$ und $N = k$, mithin $u = 1$ ist, geht die zweite Lösung über in eine Wellenwicklung, da die Schritte y' und y'' bedeutungslos werden und die Schritte y''' und y^{IV} sich vereinfachen auf die Schrittformel:

$$y = \frac{n\,k \pm 1}{p}.$$

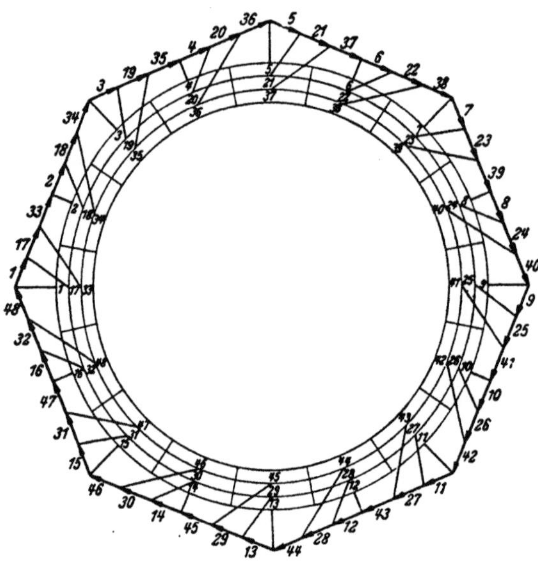

Abb. 99. Spannungsvieleck in Verbindung mit dem Stromwender einer Wicklung mit 48 Spulen in 24 Nuten für 6 Pole

β) Beispiele

Das Spannungsvieleck in Verbindung mit dem Stromwender der nach der zweiten Lösung entworfenen Wicklung des Beispiels der Abb. 95 ist in Abb. 99 wiedergegeben und in Abb. 100 ist das Wicklungsbild gezeichnet. Die Wicklung stellt eine künstlich geschlossene Wellenwicklung mit verschiedenen resultierenden Wicklungsschritten dar. Da im gewählten Beispiel der größte gemeinsame Teiler t von Nuten- und Polpaarzahl p ist, wird der Schritt y''' gleich dem Schritte y'', so daß in der Wicklung statt drei nur zwei voneinander verschiedene resultierende Wicklungsschritte benutzt werden.

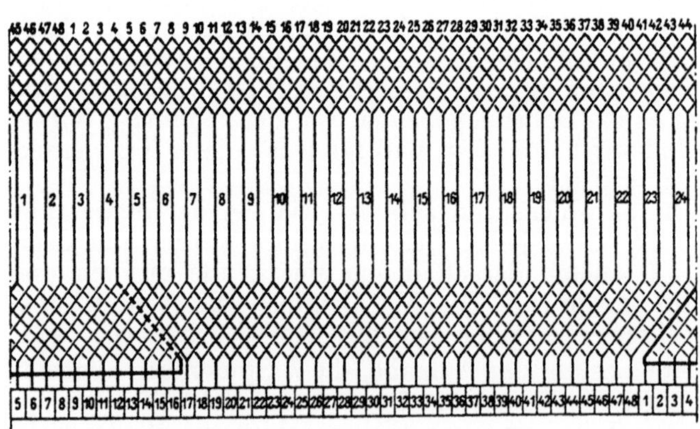

Abb. 100. Schaltbild der in Abb. 99 dargestellten Wicklung

In diesem Beispiel werden die $u = 2$ in eine Gerade gestreckten Teilvielecke, die aus je $t = 3$ Zeigern bestehen, mit dem Teilvieleckschritt $y_t = 0$ und die $N/t = 8$ Gruppen von je $u = 2$ Teilvielecken mit dem Schritt $y_t = +1$ aneinandergefügt.

In den Abb. 101 und 102 ist nach dem hier geschilderten Verfahren eine vierpolige Wicklung mit 20 Spulen in 10 Nuten für zwei parallele Zweige entworfen worden. Je $t = 2$ Spulen werden durch den Schritt $y' = u\,N/t = 2 \cdot 5 = 10$ miteinander verbunden; die $u = 2$ so entstandenen Teilwicklungszüge werden durch den Schritt $y'' = u\,N/t + 1 = 10 + 1 = 11$ zu einem Wicklungszuge zusammengeschlossen, der einem der $N/t = 5$ ungleichphasigen Gesamtstrahlen des Spulensternes entspricht. Der Schritt

$$y''' = u\left(\frac{N}{t} - 1\right) + 1 + \frac{n\,N + t}{p}\,u = 2\,(5 - 1) + 1 + \frac{n\,10 + 2}{2} \cdot 2 = 11\ (n = 0)$$

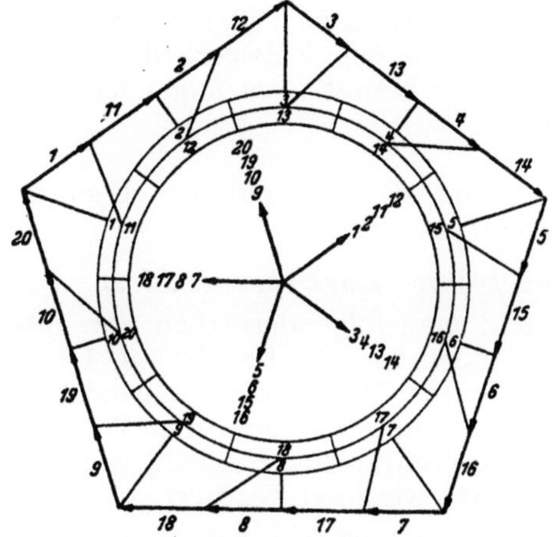

Abb. 101. Spulenstern und Spannungsvieleck in Verbindung mit dem Stromwender einer Wicklung mit 20 Spulen in 10 Nuten für 4 Pole

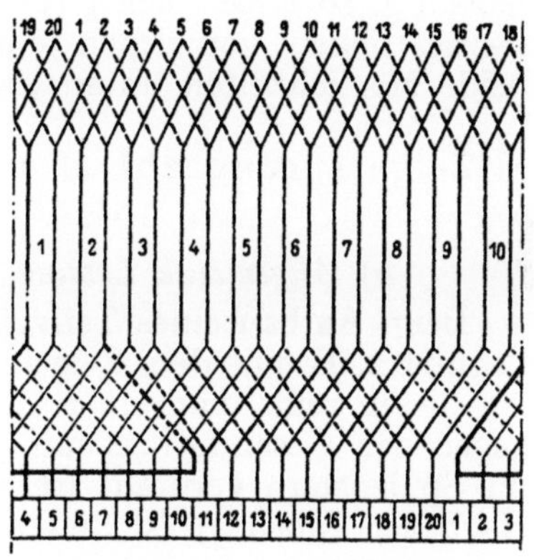

Abb. 102. Schaltbild der in Abb. 101 abgeleiteten Wicklung

verbindet die $N/t = 5$ Wicklungszüge, die zu den fünf Gesamtstrahlen des Spulensternes gehören, miteinander, wobei an eine Aneinanderreihung der Gesamtstrahlen zum Spannungsvieleck rechtsherum gedacht ist. Der Schritt

$$y^{IV} = u\left(\frac{N}{t} - 1\right) + 1 - \frac{(n + 1)\,N - t}{p}\,u = 2\,(5-1)+1- \frac{(n + 1)\,10 - 2}{2} \cdot 2 =$$
$$= 1\ (n = 0)$$

schließt endlich die Wicklung. Sie ist, wie wir sehen, eine künstlich geschlossene Wellenwicklung mit zwei resultierenden Wicklungsschritten $y' = 10$ und $y'' = y''' = 11$.

c) Andere Lösungen

Selbstverständlich können auch Lösungen mit anderen Zeigersprungzahlen und mit der Gesamtstrahlensprungzahl $z_g = 0$ brauchbare Wicklungen ergeben. Immer bauen sich Spannungsvielecke mit nur nach außen gerichteten Ecken auf, wenn die Gesamtstrahlensprungzahl $z_g = 0$ ist. Die Zeigersprungzahl kann sein:

$$u\,t > |z_s| \geqq 1.$$

4. Wicklungen mit $z_g > 1$ und $z_z > 1$

Während sich das Bildungsgesetz der Teilvielecke aus dem Spulenstern bisher zwanglos ergab, muß die Vorschrift, nach der die Zeiger im Spulenstern im allgemeinen Falle, das heißt für die Sprungzahlen z_z und z_g, die größer als 1 sind, zu Teilvielecken aneinandergereiht werden, erst hergeleitet werden.

Bevor die Formeln für diese Ableitung des Bildungsgesetzes der Teilvielecke aufgestellt werden können, müssen wir noch einmal eine Festsetzung hinsichtlich der Zeigersprungzahl z_z wiederholen. Diese Sprungzahl z_z darf mit der Zahl $u\,t$ der Zeiger in jedem Gesamtstrahl außer 1 keinen gemeinsamen Teiler haben, wenn man wieder nur insgesamt N/t Teilvielecke erhalten will. Ist der größte gemeinsame Teiler von z_z und $u\,t$ jedoch g, so lassen sich $g\,N/t$ Teilvielecke aus den k Zeigern des Spulensternes bilden, von denen jedes $u\,t/g$ Zeiger besitzt. Im folgenden sollen beide Möglichkeiten untersucht werden.

a) Zeigersprungzahl z_z und Zahl $u\,t$ der Zeiger im Gesamtstrahl sind teilerfremd

α) *Allgemeine Lösung für eine positive Zeigersprungzahl z_z*

Beim Aufbau eines Teilvieleckes geht man folgendermaßen vor. Man beginnt z. B. mit dem Zeiger, der im Spulenstern die Bezifferung 1 trägt. An diesen reiht man einen Zeiger, der einem Gesamtstrahl angehört, der gegen den Gesamtstrahl mit dem Zeiger 1 um so vielmal den Winkel α' im Spulenstern verdreht ist, als die Gesamtstrahlensprungzahl z_g angibt. Nach der Tabelle 1 ist dieser Gesamtstrahl wie folgt beziffert:

$$\frac{n\,N + z_g\,t}{p}\,u + 1,\quad \frac{n\,N + z_g\,t}{p}\,u + 2,\ \ldots\quad \frac{n\,N + z_g\,t}{p}\,u + u,$$

$$u\,\frac{N}{t} + \frac{n\,N + z_g\,t}{p}\,u + 1,\quad u\,\frac{N}{t} + \frac{n\,N + z_g\,t}{p}\,u + 2,\ \ldots\quad u\,\frac{N}{t} + \frac{n\,N + z_g\,t}{p}\,u + u,$$

$$2\,u\,\frac{N}{t} + \frac{n\,N + z_g\,t}{p}\,u + 1,\quad 2\,u\,\frac{N}{t} + \frac{n\,N + z_g\,t}{p}\,u + 2,\ \ldots\quad 2\,u\,\frac{N}{t} + \frac{n\,N + z_g\,t}{p}\,u + u$$

$$\vdots$$

$$(t-1)\,u\,\frac{N}{t} + \frac{n\,N + z_g\,t}{p}\,u + 1,\quad (t-1)\,u\,\frac{N}{t} + \frac{n\,N + z_g\,t}{p}\,u + 2,\ \ldots$$

$$\ldots\,(t-1)\,u\,\frac{N}{t} + \frac{n\,N + z_g\,t}{p}\,u + u.$$

Für den Fall, daß $t = 1$ ist, ergibt sich die Bezifferung jenes Zeigers dieses Gesamtstrahles $(1 + z_g)$, der an den Zeiger 1 angesetzt wird, aus

$$\frac{n\,N + z_g}{p}\,u + z_z + 1.$$

Dabei ist n jene ganze Zahl, einschließlich Null, die den Wert $\dfrac{n\,N + z_g}{p}$ zu einer ganzen Zahl einschließlich Null macht.

Ist jedoch $t > 1$, so muß man, um aus den $u\,t$ Zeigern des Gesamtstrahles $(1 + z_g)$ den an 1 anzufügenden Zeiger zu finden, errechnen:

$$\frac{z_z + 1}{u} = a + \frac{b}{u},$$

wobei $b \leqq u$ und $\neq 0$. Dann ergibt sich die Bezifferung des an 1 anzureihenden Zeigers aus

$$a\,u\,\frac{N}{t} + \frac{n\,N + z_g\,t}{p}\,u + b.$$

Die Bezifferung der weiteren Zeiger des begonnenen Teilvieleckes lautet *für den Fall, daß $t = 1$ ist*,

$$\frac{n\,N + 2\,z_g}{p}\,u + 2\,z_z + 1, \qquad \frac{n\,N + 3\,z_g}{p}\,u + 3\,z_z + 1, \ldots$$

$$\frac{n\,N + (u-1)\,z_g}{p}\,u + (u-1)\,z_z + 1.$$

Für $t > 1$ folgt die Bezifferung des dritten anzufügenden Zeigers aus

$$\frac{2\,z_z + 1}{u} = c + \frac{d}{u},$$

wobei $d \leqq u$ und $\neq 0$, zu

$$c\,u\,\frac{N}{t} + \frac{n\,N + 2\,z_g\,t}{p}\,u + d;$$

die Bezifferung des vierten Zeigers dieses Teilvieleckes aus

$$\frac{3\,z_z + 1}{u} = e + \frac{f}{u},$$

wobei $f \leqq u$ und $\neq 0$, zu

$$e\,u\,\frac{N}{t} + \frac{n\,N + 3\,z_g\,t}{p}\,u + f;$$

und schließlich die Bezifferung des letzten $u\,t$-ten Zeigers des gleichen Teilvieleckes aus

$$\frac{(u\,t - 1)\,z_z + 1}{u} = q + \frac{r}{u},$$

wobei $r \leqq u$ und $\neq 0$, zu

$$q\,u\,\frac{N}{t} + \frac{n\,N + (u\,t - 1)\,z_g\,t}{p}\,u + r.$$

β) Allgemeine Lösung für eine negative Zeigersprungzahl z_z

Für eine negative Zeigersprungzahl z_z, also für den Aufbau von Teilvielecken vom Außenrande des Spulensternes gegen die Mitte, ergeben sich für den Fall, daß *Nuten- und Polpaarzahl teilerfremd* sind und somit $t = 1$ ist, folgende Formeln.

Der äußerste Zeiger eines beliebigen x-ten Gesamtstrahles trägt die Bezifferung

$$\frac{n\,N + x - 1}{p}\,u + u.$$

Die Bezifferung der weiteren $(u - 1)$ Zeiger des zu bildenden Teilvieleckes lauten:

$$\frac{n\,N + x - 1 + z_g}{p}\,u + u + z_z, \qquad \frac{n\,N + x - 1 + 2\,z_g}{p}\,u + u + 2\,z_z,$$

$$\frac{n\,N + x - 1 + 3\,z_g}{p}\,u + u + 3\,z_z, \ldots \qquad \frac{n\,N + x - 1 + (u-1)\,z_g}{p}\,u + u + (u-1)\,z_z.$$

n ist wieder jene ganze Zahl einschließlich Null, die die Werte

$$\frac{n N + x - 1}{p}, \quad \frac{n N + x - 1 + z_g}{p}, \quad \frac{n N + x - 1 + 2 z_g}{p}, \ \ldots$$

$$\ldots \ \frac{n N + x - 1 + (u - 1) z_g}{p}$$

zu ganzen Zahlen einschließlich Null macht.

Ist aber der Teiler, den Nuten und Polpaarzahl gemeinsam haben, $t > 1$, so findet man die Bezifferungen der $u\,t$ Zeiger eines Teilvieleckes aus folgenden Formeln, wenn wieder mit dem äußersten Zeiger des x-ten Gesamtstrahles begonnen wird:

$$(t - 1)\,u\,\frac{N}{t} + \frac{n N + (x - 1)\,t}{p}\,u + u,$$

$$(t - 1 - a)\,u\,\frac{N}{t} + \frac{n N + (x - 1 + z_g)\,t}{p}\,u + u - b, \quad \text{wobei} \quad \frac{z_g}{u} = a + \frac{b}{u},$$

wenn $\qquad\qquad\qquad\qquad b < u,$

$$(t - 1 - c)\,u\,\frac{N}{t} + \frac{n N + (x - 1 + 2 z_g)\,t}{p}\,u + u - d, \quad \text{wobei} \quad \frac{2 z_s}{u} = c + \frac{d}{u},$$

wenn $\qquad\qquad\qquad\qquad d < u,$

$$\vdots$$

$$(t - 1 - q)\,u\,\frac{N}{t} + \frac{n N + [x - 1 + (u\,t - 1)\,z_g]\,t}{p}\,u + u - r,$$

wobei $\qquad\qquad \dfrac{(u\,t - 1)\,z_s}{u} = q + \dfrac{r}{u}, \quad \text{wenn} \quad r < u.$

γ) Beispiel

Ein Beispiel für den Fall, daß Nuten- und Polpaarzahl teilerfremd sind, ist die Stromwenderwicklung mit $k = 55$ Spulen in $N = 11$ Nuten für $2\,p = 6$ Pole, deren Spulenstern in Abb. 103 gezeichnet ist. Die Zahl der in einer Nut nebeneinander liegenden Spulenseiten ist $u = 5$.

Die $N = 11$ Teilvielecke mit der Zeigersprungzahl $z_s = 3$ und der Gesamtstrahlensprungzahl $z_g = -2$ bauen sich folgendermaßen auf: an den Zeiger 1 wird der Zeiger angefügt, dessen Bezifferung

$$\frac{n N + z_g}{p}\,u + z_s + 1 = \frac{n\,11 - 2}{3}\cdot 5 + 3 + 1 = 19 \quad (n = 1)$$

ist. An den Zeiger 19 wird der Zeiger mit der Bezifferung

$$\frac{n N + 2 z_g}{p}\,u + 2 z_s + 1 = \frac{n\,11 - 2\cdot 2}{3}\,5 + 2\cdot 3 + 1 = 37 \quad (n = 2)$$

angesetzt. An diesen schließt sich der Zeiger mit der Bezifferung

$$\frac{n N + 3 z_g}{p}\,u + 3 z_s + 1 = \frac{n\,11 - 3\cdot 2}{3}\,5 + 3\cdot 3 + 1 = 0$$

$$\text{oder} \quad 55 \quad (n = 0 \quad \text{oder} \quad n = 3)$$

an. Und den Abschluß des Teilvieleckes bildet der Zeiger, der die Bezifferung

$$\frac{n\,N + 4\,z_g}{p}\,u + 4\,z_s + 1 = \frac{n\,11 - 4\cdot 2}{3}\,5 + 4\cdot 3 + 1 = 18 \quad (n = 1)$$

trägt.

Damit ist das Gesetz, nach dem ein Teilvieleck gebildet wird, aufgestellt. In Abb. 103 sind die Zeiger 1—19—37—55—18, die ein Teilvieleck zusammensetzen, miteinander verbunden.

Reiht man die auf diese Weise gebildeten $N = 11$ Teilvielecke mit dem Teilvieleckschritt $y_t = -1$ aneinander, so entsteht das in Abb. 104 gezeichnete Spannungsvieleck.

Die Wicklung selbst ist eine gewöhnliche Wellenwicklung mit dem resultierenden Wicklungsschritte

$$y = \frac{n\,55 - 1}{3} = 18$$

$$(n = 1).$$

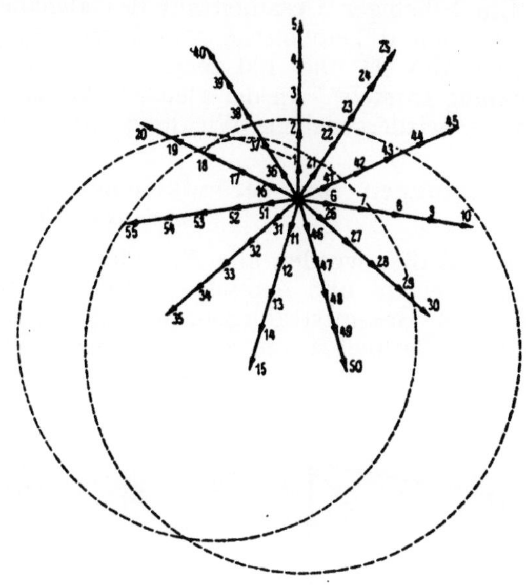

Abb. 103. Spulenstern einer Wicklung mit 55 Spulen in 11 Nuten für 6 Pole. Aufbau der Teilvielecke mit $z_s = 3$ und $z_g = -2$

b) Zeigersprungzahl z_s und Zahl $u\,t$ der Zeiger im Gesamtstrahl haben den Teiler g gemeinsam

Es wurde schon gesagt, daß sich $g\,N/t$ Teilvielecke aus den k Zeigern des Spulensternes zusammensetzen lassen, wenn der größte gemeinsame Teiler der Zeigersprungzahl z_s und der Zahl $u\,t$ der Zeiger im Gesamtstrahl die Zahl g ist.

Ein Beispiel dafür stellt die bei den Wicklungen mit $z_g = 0$ beschriebene zweite Lösung dar. Diese Wicklung baut sich mit der Zeiger-

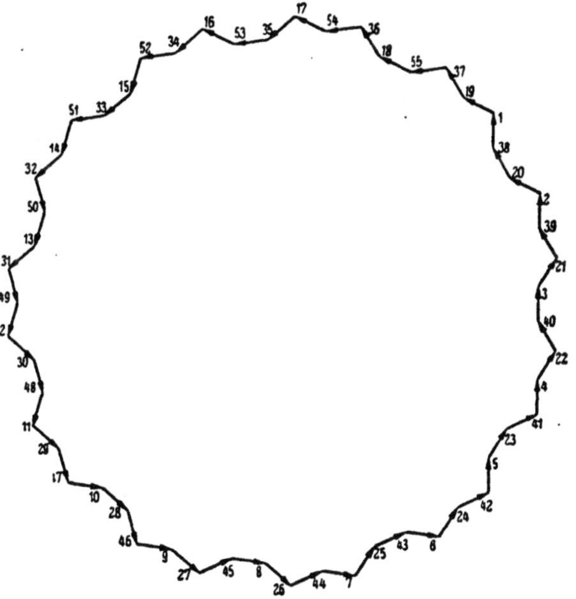

Abb. 104. Spannungsvieleck der nach Abb. 103 mit dem Teilvieleckschritte $y_t = -1$ entworfenen Wellenwicklung ($y = 18$)

sprungzahl $z_s = u$ und der Gesamtstrahlensprungzahl $z_g = 0$ auf. Der gemeinsame Teiler von z_s und $u\,t$ ist $g = u$. Daher ergeben sich insgesamt $g\,N/t = u\,N/t$ Teilvielecke.

Ein beliebiger Gesamtstrahl des allgemeinen Spulensternes liefert in diesem Falle u Teilvielecke, von denen jedes aus t Zeigern besteht.

Die Abb. 99 und 100 zeigen, wie auf diese Weise eine brauchbare Wicklung entsteht. In der gleichen Art läßt sich die durch die Abb. 101 und 102 wiedergegebene Wicklung entwerfen.

5. Wicklungen mit veränderlichen Zeiger- und Gesamtstrahlensprungzahlen

Bis hierher wurden alle N/t oder $g\,N/t$ Teilvielecke aus dem Spulenstern in einem und demselben Beispiele mit Hilfe der gleichen Zeiger- und auch Gesamtstrahlensprungzahl abgeleitet, das heißt für ein bestimmtes Beispiel waren z_s und z_g feste Werte. Man kann jedoch auch diese Einschränkung fallen lassen und bei der Bildung der Teilvielecke verschiedene Werte der Zeiger- und Gesamtstrahlensprungzahlen verwenden. Ein Beispiel soll diesen Fall erläutern.

In Abb. 105 ist der Spulenstern für eine zweischichtige Stromwenderwicklung mit $k = 28$ Spulen in $N = 14$ Nuten für $2\,p = 8$ Pole gezeichnet. Die Spulenseitenzahl in einer Nut ist $2\,u = 2\,k/N = 4$ und der größte Teiler, den Nuten- und Polpaarzahl gemeinsam haben, ist $t = 2$. In Abb. 105 ist die Bildung von Teilvielecken angedeutet, die sich mit einer Zeigersprungzahl $z_s = 1$ ergeben, wenn die Gesamtstrahlensprungzahl z_g nacheinander die Werte -1, $+1$ und -1 annimmt.

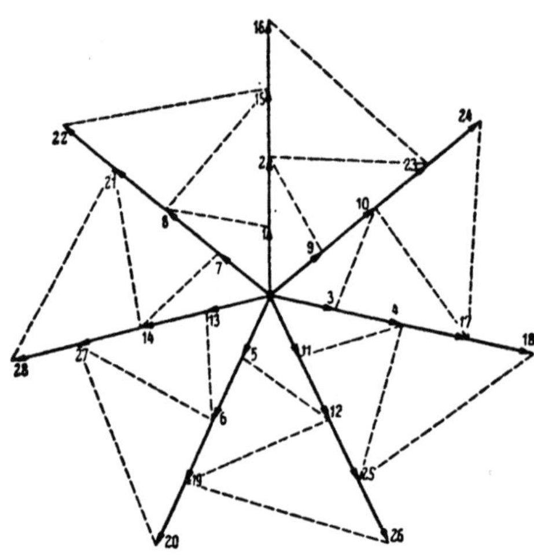

Abb. 105. Spulenstern einer Wicklung mit 28 Spulen in 14 Nuten für 8 Pole. Aufbau der Teilvielecke mit $z_s = 1$ und $z_g = -1$, $+1$ und -1

Tabelle 5. *Spulenfolge in den 7 Teilvielecken der Abb. 105 für* $z_s = +1$ *und* -1, *und* $z_g = +1$ *und* -1

Spulenfolge	z_s	z_g		
1— 8—15—22	$+1$	$-1,$	$+1,$	-1
16—23— 2— 9	-1	$+1,$	$-1,$	$+1$
3—10—17—24	$+1$	$-1,$	$+1,$	-1
18—25— 4—11	-1	$+1,$	$-1,$	$+1$
5—12—19—26	$+1$	$-1,$	$+1,$	-1
20—27— 6—13	-1	$+1,$	$-1,$	$+1$
7—14—21—28	$+1$	$-1,$	$+1,$	-1

Würde man die auf diese Weise entstandenen $N/t = 7$ Teilvielecke mit dem Teilvieleckschritt $y_t = + 1$ oder $- 1$ aneinanderfügen, so entstände eine Wicklung, die, wie man sich leicht überzeugen kann, unbrauchbar wäre.

Besser wird die Wicklung, wenn man auch die Zeigersprungzahl beim Aufbau der Teilvielecke abwechselnd die Werte $+ 1$ und $- 1$ annehmen läßt, so daß die sieben Teilvielecke die Spulen in der Reihenfolge enthalten, wie sie Tab. 5 angibt. Reiht man die Wicklungszüge, die diesen Teilvielecken entsprechen, durch den Teilvieleckschritt $y_t = - 1$ aneinander, so entsteht eine Wellenwicklung mit sieben künstlichen Schlüssen.

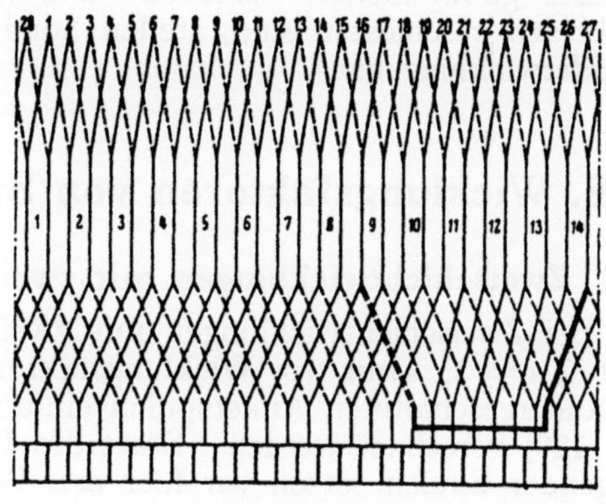

Abb. 106. Aus dem Spulenstern in Abb. 105 abgeleitete, künstlich geschlossene Wellenwicklung

Tabelle 6: *Zyklisch vertauschte Spulenfolge der Tab. 5*

Spulenfolge
22—1— 8—15
23—2— 9—16
24—3—10—17
25—4—11—18
26—5—12—19
27—6—13—20
28—7—14—21

Vertauscht man jedoch in jedem Teilvieleck die Spulen zyklisch miteinander, indem man abwechselnd mit der vierten oder zweiten Spule das Teilvieleck beginnt, so ergibt sich eine gewöhnliche, künstlich geschlossene Wellenwicklung, wie sie durch Abb. 106 dargestellt ist. Die Spulenfolge in den Teilvielecken ist aus Tab. 6 zu entnehmen.

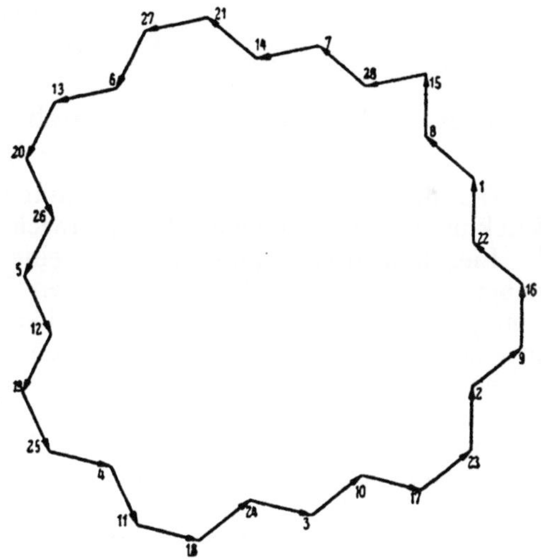

Abb. 107. Spannungsvieleck der nach Abb. 105 und nach Tabelle 6 entworfenen, künstlich geschlossenen Wellenwicklung in Abb. 106

Die Teilvielecke werden durch den Teilvieleckschritt $y_t = - 1$ aneinandergefügt. Abb. 107 zeigt das Spannungsvieleck dieser Wicklung.

6. Allgemeine Stromwenderwicklungen

Die hier vorgetragene Theorie lehrt, daß *die allgemeinste Stromwenderwicklung eine künstlich geschlossene Wicklung ist, deren Spulen sich sowohl in Wellen- als auch in Schleifenwicklungsart aneinanderreihen.*

Die gewöhnlichen Schleifen- und Wellenwicklungen, die ein- oder mehrfach geschlossen sind, stellen Sonderfälle dieser allgemeinen Stromwenderwicklung dar.

E. Wicklungsfaktoren von Stromwenderwicklungen

1. Zweischichtwicklungen mit zwei Spulenseiten je Nut ($u = 1$)

Bei Zweischichtwicklungen mit zwei Spulenseiten in einer Nut, also mit $2\,u = 2$, kann der Wicklungsfaktor für eine Gruppe von g hintereinandergeschalteten Ankerspulen einfach nach Gl. (76) in W III C 2 b (S. 129) berechnet werden. Statt des Phasenwinkels $f\,a$ zweier in Reihe liegender Spulen setzen wir hier den Winkel

$$\gamma = \frac{2\,\pi\,a}{k} \tag{21}$$

zwischen zwei aufeinanderfolgenden Zeigern des Spannungsvieleckes nach II C 1 a und erhalten für den Wicklungsfaktor

$$\xi = \frac{\sin g\,(\pi\,a/k)}{g \sin (\pi\,a/k)}. \tag{28}$$

2. Zweischichtwicklungen mit mehr als zwei Spulenseiten je Nut ($u > 1$)

Bei diesen Wicklungen beschränken wir uns auf die gewöhnlichen Wicklungen und schließen Treppenwicklungen aus.

Liegen mehrere Spulenseiten in einer Wicklungsschichte in einer Nut nebeneinander, dann können wir den Wicklungsfaktor für eine Gruppe von g hintereinandergeschalteten Ankerspulen im allgemeinen nicht mehr in einer einfachen Formel wie bei den Wicklungen mit nur zwei Spulenseiten je Nut anschreiben.

Wir rechnen in diesem Falle zuerst die Phasenwinkel aus, um die die g Spulen unserer Gruppe gegeneinander verschoben sind. Und zwar ist der Phasenverschiebungswinkel $a_{1,\,1+y}$ zwischen der ersten und der zweiten der g Spulen gleich dem Feldschritt f, um den die zweite Spule gegen die erste im Felde verschoben ist, ausgedrückt in Nutteilungen t_N, vervielfacht mit dem Phasenwinkel a, der einer Nutteilung entspricht:

$$f\,t_N = 2\,m\,\tau - \left[\frac{y}{u}\right]t_N = 2\,m\,\frac{N\,t_N}{2\,p} - \left[\frac{y}{u}\right]t_N$$

oder

$$f = \frac{m\,N}{p} - \left[\frac{y}{u}\right]. \tag{29}$$

Daraus ergibt sich

$$a_{1,\,1+y} = f\,a = \left(\frac{m\,N}{p} - \left[\frac{y}{u}\right]\right)a. \tag{30}$$

In diesen Formeln bedeuten: τ die Polteilung, die durch $N\,t_N/2\,p$ ersetzt werden kann, wenn wir unter N wieder die Nutenzahl verstehen; und $[y/u]$ die größte ganze Zahl in y/u. Weiters ist m jene ganze positive Zahl, einschließlich Null, die den Feldschritt f oder den Wert in der runden Klammer in Gl. (30) zu dem kleinstmöglichen positiven oder negativen Werte macht. Die „erste" Spule ist selbstverständlich willkürlich gewählt. Die „zweite" Spule folgt im resultierenden Wicklungsschritte y auf die „erste"; die „dritte" im Wicklungsschritte y auf die „zweite" u. s. w.

Führen wir für α, den Phasenwinkel, den zwei benachbarte Nuten des Ankers miteinander einschließen, den Wert

$$\alpha = \frac{p}{N}\,360^0 \tag{5}$$

ein, so erhalten wir

$$\alpha_{1,\,1+y} = \left(\frac{m\,N}{p} - \left[\frac{y}{u}\right]\right)\frac{p}{N}\,360^0. \tag{31}$$

Man kann aber auch den Winkel α' zwischen den aufeinanderfolgenden ungleichphasigen Gesamtstrahlen des Spulensternes in die Rechnung stellen; dann wird

$$\alpha_{1,\,1+y} = \left(\frac{m\,N}{p} - \left[\frac{y}{u}\right]\right)\frac{p}{t}\,\alpha'. \tag{32}$$

da

$$\alpha' = \frac{t}{N}\,360^0 \tag{4}$$

ist, wenn t der größte Teiler ist, den Nuten- und Polpaarzahl gemeinsam haben.

Der Phasenwinkel zwischen der ersten und dritten der g Spulen errechnet sich aus

$$\alpha_{1,\,1+2y} = \left(\frac{m\,N}{p} - \left[\frac{2\,y}{u}\right]\right)\frac{p}{N}\,360^0 \tag{33}$$

oder aus

$$\alpha_{1,\,1+2\,y} = \left(\frac{m\,N}{p} - \left[\frac{2\,y}{u}\right]\right)\frac{p}{t}\,\alpha'. \tag{34}$$

Der Phasenwinkel zwischen der ersten und vierten Spule ergibt sich zu

$$\alpha_{1,\,1+3\,y} = \left(\frac{m\,N}{p} - \left[\frac{3\,y}{u}\right]\right)\frac{p}{N}\,360^0 \tag{35}$$

oder zu

$$\alpha_{1,\,1+3\,y} = \left(\frac{m\,N}{p} - \left[\frac{3\,y}{u}\right]\right)\frac{p}{t}\,\alpha' \tag{36}$$

und so weiter. Schließlich bekommen wir für den Phasenwinkel zwischen der ersten und der g-ten Spule unserer Spulengruppe die Formeln:

$$\alpha_{1,\,1+(g-1)y} = \left(\frac{m\,N}{p} - \left[\frac{(g-1)\,y}{u}\right]\right)\frac{p}{N}\,360^0 \tag{37}$$

oder

$$\alpha_{1,\,1+(g-1)\,y} = \left(\frac{m\,N}{p} - \left[\frac{(g-1)\,y}{u}\right]\right)\frac{p}{t}\,\alpha'. \tag{38}$$

a) Phasenwinkel $a_{1,1+y}$ bis $a_{1,1+(g-1)y}$ bilden eine arithmetische Reihe

α) *Wicklungsfaktor*

Läßt sich aus den Phasenwinkeln $a_{1,1+y}$ bis $a_{1,1+(g-1)y}$ eine arithmetische Reihe bilden, so kann der Wicklungsfaktor für die g Spulen angegeben werden mit

$$\xi = \frac{\sin g\ \beta/2}{g \sin \beta/2}, \tag{39}$$

wenn mit β das Anfangsglied der arithmetischen Reihe bezeichnet wird. Dieses Anfangsglied muß natürlich nicht der Phasenwinkel $a_{1,1+y}$ sein.

β) *Beispiele*

Für die durch den Spulenstern in Abb. 92 und das Spannungsvieleck in Abb. 93 dargestellte linksgängige Wellenwicklung mit $k = 33$ Spulen in $N = 11$ Nuten für $2\,p = 10$ Pole ist die Zahl der in einer Nut nebeneinander liegenden Spulenseiten $u = 3$ und der größte gemeinsame Teiler von Nuten- und Polpaarzahl $t = 1$. Der resultierende Wicklungsschritt ist $y = 13$. Wir berechnen den Wicklungsfaktor für eine aus $g = 5$ in Reihe geschalteten Spulen bestehende Gruppe. Der Phasenwinkel der zweiten Spule gegen die erste ist

$$a_{1,14} = \left(\frac{m\ 11}{5} - \left[\frac{13}{3}\right]\right) 5\,a' = 2\,a' \qquad (m = 2);$$

jener zwischen der ersten und dritten Spule ist

$$a_{1,27} = \left(\frac{m\ 11}{5} - \left[\frac{2 \cdot 13}{3}\right]\right) 5\,a' = 4\,a' \qquad (m = 4);$$

die vierte Spule ist gegen die erste um

$$a_{1,7} = \left(\frac{m\ 11}{5} - \left[\frac{3 \cdot 13}{3}\right]\right) 5\,a' = a' \qquad (m = 6)$$

im Felde verschoben; und der Phasenwinkel der fünften Spule gegen die erste ist

$$a_{1,20} = \left(\frac{m\ 11}{5} - \left[\frac{4 \cdot 13}{3}\right]\right) 5\,a' = 3\,a' \qquad (m = 8).$$

Wie wir sehen, bilden die Winkel $a_{1,14}$ bis $a_{1,20}$ eine arithmetische Reihe

$$a_{1,7} = a', \qquad a_{1,14} = 2\,a', \qquad a_{1,20} = 3\,a', \qquad a_{1,27} = 4\,a'$$

mit dem Anfangsglied

$$\beta = a' = \frac{t}{N}\,360^0 = \frac{360^0}{11}.$$

Der Wicklungsfaktor kann daher nach Gl. (39) berechnet werden. Er ist $\xi = 0{,}706$. Ein Vergleich mit Abb. 92 zeigt die Richtigkeit des Ergebnisses. Zwischen den benachbarten Stromwenderstegen 1 und 2 zum Beispiel, denen die Eckpunkte 1 und 2 im Spannungsvieleck entsprechen, liegen die fünf Spulen 15, 28, 8, 21 und 1. Die Vektorsumme, das ist die Strecke $\overline{12}$, geteilt durch die algebraische Summe der fünf Zeiger, gibt ebenfalls den Wicklungsfaktor $\xi = 0{,}706$.

Die Abb. 103 und 104 zeigen den Spulenstern und das Spannungsvieleck einer linksgängigen Wellenwicklung mit $k = 55$ Spulen in $N = 11$ Nuten für $2\,p = 6$ Pole. Hier liegen $u = 5$ Spulenseiten in einer Nut nebeneinander. Der resultierende Wicklungsschritt ist $y = 18$. Nuten- und Polpaarzahl sind teilerfremd $(t = 1)$.   Um den Wicklungsfaktor einer Gruppe von $g = 3$ in Reihe geschalteten Spulen berechnen zu können, brauchen wir die Phasenwinkel $\alpha_{1,\,19}$ und $\alpha_{1,\,37}$. Diese sind:

$$\alpha_{1,\,19} = \left(\frac{m\,11}{3} - \left[\frac{18}{5}\right]\right) 3\,\alpha' = 2\,\alpha' \qquad (m = 1)$$

und

$$\alpha_{1,\,37} = \left(\frac{m\,11}{3} - \left[\frac{2\cdot 18}{5}\right]\right) 3\,\alpha' = \alpha' \qquad (m = 2).$$

Da diese eine arithmetische Reihe bilden, kann Formel (39) angewandt werden. Sie liefert für den Wicklungsfaktor den Wert $\xi = 0{,}89$, denn das Anfangsglied ist $\beta = \alpha' = \dfrac{t}{N}\,360^0 = \dfrac{360^0}{11}$.

b) Teilvielecke mit gleichen Phasenwinkeln

α) *Wicklungsfaktor*

In den meisten Fällen lassen sich bei Zweischichtwicklungen mit mehr als zwei Spulenseiten in einer Nut aus den Winkeln, um den die Zeiger der g Spulen in der Phase gegeneinander verschoben sind, keine arithmetischen Reihen bilden, so daß Formel (39) für den Wicklungsfaktor nicht verwendet werden kann.

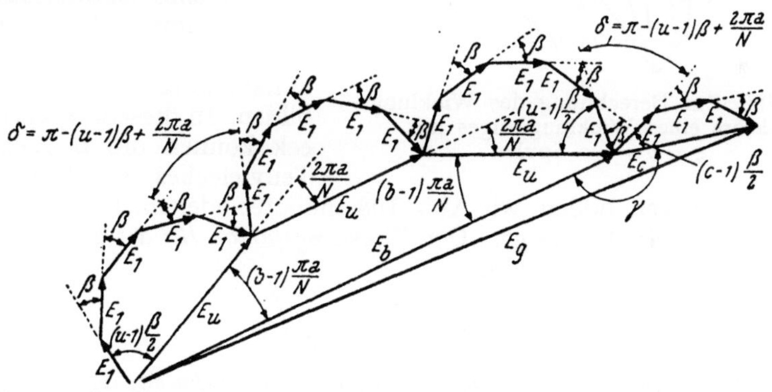

Abb. 108. Zur Berechnung des Wicklungsfaktors eines Wicklungszuges mit
$g = b\,u + c$ Spulen

Im allgemeinen besteht das Spannungsvieleck einer Zweischichtwicklung mit $2\,u$ Spulenseiten in einer Nut aus N Teilvielecken mit nach innen und nach außen gerichteten Ecken, die insgesamt a Umläufe bilden. Jedes der genannten Teilvielecke setzt sich aus u Spannungszeigern zusammen.

Wir beschränken uns vorerst auf den Fall, daß die Phasenwinkel zwischen je zwei aufeinanderfolgenden der u Zeiger eines der N Teilvielecke einander gleich sind, das heißt, daß also jedes Teilvieleck entweder nur nach außen oder nach innen gerichtete Ecken aufweist. Beispiele für solche Stromwenderwicklungen sind in den Abb. 69, 70, 71 und 72 zu sehen.

Für die Zahl g der hintereinandergeschalteten Spulen einer Spulengruppe schreiben wir:

$$g = b\,u + c, \tag{40}$$

wo b und c ganze Zahlen sind und $c < u$ ist.

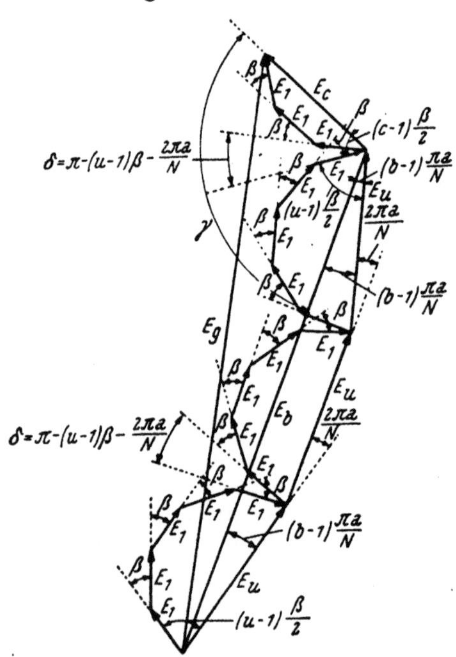

Abb. 109. Zur Berechnung des Wicklungsfaktors eines Wicklungszuges mit $g = b\,u + c$ Spulen

Um den Wicklungsfaktor einer Spulengruppe mit g Spulen zu finden, rechnen wir zuerst den Wicklungsfaktor eines Teilvieleckes mit u Zeigern aus (vgl. Abb. 108 und 109). Für den angenommenen Fall, daß die Phasenwinkel zwischen je zwei aufeinanderfolgenden der u Zeiger eines Teilvieleckes gleich sind, bekommen wir den *Wicklungsfaktor eines Teilvieleckes.*

$$\xi_u = \frac{\sin u\,\beta/2}{u\,\sin \beta/2}. \tag{41}$$

Nun reihen sich b solcher Teilvielecke aneinander. Der Phasenwinkel, um den die resultierenden Spannungszeiger dieser Teilvielecke gegeneinander verschoben sind, ist offenbar $2\pi a/N$, da insgesamt N Teilvielecke vorhanden sind und diese ein a-mal umlaufendes Spannungsvieleck bilden. In diesem Spannungsvieleck können die u Zeiger jedes Teilvieleckes $(u-1)$ nach außen

gerichtete Ecken bilden, wie Abb. 108 andeutet oder nach innen gerichtete Ecken, wie Abb. 109 zeigt. Der *Wicklungsfaktor für die b hintereinandergeschalteten Teilvielecke* wird

$$\xi_b = \frac{\sin b\,(\pi\,a/N)}{b\,\sin\,(\pi\,a/N)}. \tag{42}$$

Der *Wicklungsfaktor für die c restlichen Ankerspulen*, deren Spannungszeiger um β in der Phase gegeneinander verschoben sind, ist

$$\xi_c = \frac{\sin c\,\beta/2}{c\,\sin \beta/2}. \tag{43}$$

Die resultierende Spannung aus den b Teilvielecken mit je u Spannungszeigern ist

$$E_b = b\,\xi_b\,E_u,$$

wenn mit E_u die Gesamtspannung eines Teilvieleckes mit u Spannungszeigern bezeichnet wird. Für E_u können wir setzen

$$E_u = u\,\xi_u\,E_1,$$

wenn E_1 die Spannung einer Ankerspule darstellt. Somit ist die resultierende Spannung der b Teilvielecke

$$E_b = b\,u\,\xi_b\,\xi_u\,E_1. \tag{44}$$

Die resultierende Spannung aus den c restlichen Spannungszeigern läßt sich aus

$$E_c = c\,\xi_c\,E_1 \tag{45}$$

berechnen.

Die Vektorsumme aus allen g Spannungszeigern ist nun die vektorielle Summe aus E_b und E_c, die man nach dem Cosinussatz ermitteln kann, wenn der Phasenwinkel zwischen den Gesamtspannungszeigern E_b und E_c mit γ bekannt ist. Wir erhalten

$$E_g = \sqrt{E_b{}^2 + E_c{}^2 - 2\,E_b\,E_c\cos\gamma} \tag{46 a}$$

oder

$$E_g = E_1\sqrt{b^2\,u^2\,\xi_b{}^2\,\xi_u{}^2 + c^2\,\xi_c{}^2 - 2\,b\,u\,c\,\xi_b\,\xi_u\,\xi_c\cos\gamma}. \tag{46 b}$$

Der resultierende Wicklungsfaktor ξ für die g Spulen der betrachteten Spulengruppe ist schließlich

$$\xi = \frac{E_g}{g\,E_1} = \frac{1}{g}\sqrt{(b\,u\,\xi_b\,\xi_u)^2 + (c\,\xi_c)^2 - 2\,b\,u\,c\,\xi_b\,\xi_u\,\xi_c\cos\gamma} \tag{47 a}$$

oder

$$\xi = \frac{1}{g}\sqrt{\left(\frac{\sin u\dfrac{\beta}{2}\sin b\dfrac{\pi a}{N}}{\sin\dfrac{\beta}{2}\sin\dfrac{\pi a}{N}}\right)^2 + \left(\frac{\sin c\dfrac{\beta}{2}}{\sin\dfrac{\beta}{2}}\right)^2 - 2\,\frac{\sin u\dfrac{\beta}{2}\sin b\dfrac{\pi a}{N}\sin c\dfrac{\beta}{2}}{\sin\dfrac{\beta}{2}\sin\dfrac{\pi a}{N}\sin\dfrac{\beta}{2}}\cos\gamma} \tag{47 b}$$

oder

$$\xi = \frac{1}{g\sin\dfrac{\beta}{2}\sin\dfrac{\pi a}{N}}\sqrt{\sin^2 u\frac{\beta}{2}\sin^2 b\frac{\pi a}{N} + \sin^2 c\frac{\beta}{2}\sin^2\frac{\pi a}{N} - 2\sin u\frac{\beta}{2}\sin b\frac{\pi a}{N}\sin c\frac{\beta}{2}\sin\frac{\pi a}{N}\cos\gamma}. \tag{47 c}$$

Setzen wir für γ den Wert ein, der sich aus Abb. 108 und 109 ergibt, nämlich

$$\gamma = \pi + \frac{\beta}{2}(u - c) - \frac{\pi a}{N}(b + 1) \quad \text{(nach Abb. 108)}$$

oder

$$\gamma = \pi - \frac{\beta}{2}(u - c) - \frac{\pi a}{N}(b + 1) \quad \text{(nach Abb. 109),}$$

so stellt sich der Wicklungsfaktor in der Form dar

$$\xi = \frac{1}{g\sin\dfrac{\beta}{2}\sin\dfrac{\pi a}{N}}\sqrt{\sin^2 u\frac{\beta}{2}\sin^2 b\frac{\pi a}{N} + \sin^2 c\frac{\beta}{2}\sin^2\frac{\pi a}{N} + 2\sin u\frac{\beta}{2}\sin b\frac{\pi a}{N}\sin c\frac{\beta}{2}\sin\frac{\pi a}{N}\cos\left[(u - c)\frac{\beta}{2} - (b + 1)\frac{\pi a}{N}\right]}, \tag{48 a}$$

wenn der Fall der Abb. 108 vorliegt, wo die u Spannungszeiger jedes der N Teilvielecke $(u-1)$ nach außen gerichtete Ecken bilden oder in der Form

$$\xi = \frac{1}{g \sin \frac{\beta}{2} \sin \frac{\pi a}{N}} \sqrt{\sin^2 u \frac{\beta}{2} \sin^2 b \frac{\pi a}{N} + \sin^2 c \frac{\beta}{2} \sin^2 \frac{\pi a}{N} +}$$

$$+ 2 \sin u \frac{\beta}{2} \sin b \frac{\pi a}{N} \sin c \frac{\beta}{2} \sin \frac{\pi a}{N} \cos \left[(u-c) \frac{\beta}{2} + (b+1) \frac{\pi a}{N} \right], \quad (48\,\text{b})$$

wenn, wie in Abb. 109, die u Spannungszeiger jedes Teilvieleckes $(u-1)$ nach innen gerichtete Ecken bilden. Die Entscheidung, ob das eine oder das andere der Fall ist, liegt beim Winkel δ, das ist jener Phasenwinkel, den der Endzeiger eines aus u Spannungszeigern bestehenden Teilvieleckes mit dem Anfangszeiger des nächsten Teilvieleckes einschließt. Diesen Winkel δ entnimmt man entweder einem Spulenstern oder man berechnet ihn mit Hilfe der Gln. (31), (33), (35) und (37) oder (32), (34), (36) und (38). Zu beachten ist, daß für δ das Supplement des Winkels einzusetzen ist, der sich aus dem Spulenstern oder aus den genannten Gleichungen ergibt. Ist

$$\delta + (u-1)\,\beta > \pi, \quad (49)$$

so muß Gl. (48 a) für den Wicklungsfaktor verwendet werden; und ist

$$\delta + (u-1)\,\beta < \pi, \quad (50)$$

so kommt Gl. (48 b) in Frage. Für den Fall, daß $\beta = 0$ ist, führt dieses Verfahren zur Berechnung des Wicklungsfaktors zu keinem Ergebnis.

Die Formeln (48 a) und (48 b) für den Wicklungsfaktor gehen für den Fall, daß nur zwei Spulenseiten in jeder Nut liegen, also für $u = 1$, in Formel (28) über, da einerseits nach Gl. (40) $g = b$ und $c = 0$ sind und andererseits $N = k$ ist.

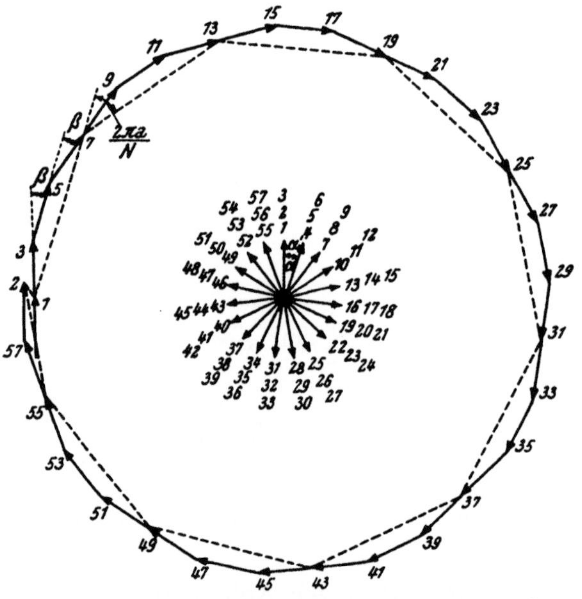

Abb. 110. Zweigängige, einfach geschlossene, rechtsgängige Schleifenwicklung mit 57 Spulen in 19 Nuten für zwei Pole und 4 parallele Zweige. Spulenstern und Spannungsvieleck von 29 Spulen zwischen den Wenderstegen 1 und 2

β) *Beispiele*

Im Beispiel der Abb. 69 soll $g = 26$ sein, so daß $b = 8$ und $c = 2$ sind, weil $u = 3$ ist. Weiters ist $\pi a/N = 2\,\pi/19 = a'$, während der Phasenwinkel zwischen je zwei der u Spannungszeiger eines Teilvieleckes sich aus den Formeln (32), (34), (36) und (38) zu

$$\beta = a' = \frac{t}{N}\,360^0 = \frac{360^0}{19}$$

ermitteln läßt:

$$a_{1,12} = \left(\frac{m\ 19}{5} - \left[\frac{11}{3}\right]\right)\frac{5}{1}\,a' = \left(\frac{m\ 19}{5} - 3\right)5\,a' = \frac{m\ 19 - 15}{5}\,5\,a' = \frac{4}{5}\,5\,a' = 4\,a' \quad (m=1)$$

$$a_{1,23} = \left(\frac{m\ 19}{5} - \left[\frac{22}{3}\right]\right)5\,a' = \left(\frac{m\ 19}{5} - 7\right)5\,a' = \frac{m\ 19 - 35}{5}\,5\,a' = \frac{3}{5}\,5\,a' = 3\,a' \quad (m=2)$$

$$a_{1,34} = \left(\frac{m\ 19}{5} - \left[\frac{33}{3}\right]\right)5\,a' = \left(\frac{m\ 19}{5} - 11\right)5\,a' = \frac{m\ 19 - 55}{5}\,5\,a' = \frac{2}{5}\,5\,a' = 2\,a' \quad (m=3)$$

$$a_{1,45} = \left(\frac{m\ 19}{5} - \left[\frac{44}{3}\right]\right)5\,a' = \left(\frac{m\ 19}{5} - 14\right)5\,a' = \frac{m\ 19 - 70}{5}\,5\,a' = \frac{6}{5}\,5\,a' = 6\,a' \quad (m=4)$$

$$\left.\begin{array}{l} \\ \\ \end{array}\right\}\beta = \alpha' \qquad \left.\begin{array}{l} \\ \\ \end{array}\right\}\beta = \alpha' \qquad \left.\begin{array}{l} \\ \\ \end{array}\right\}\pi - \delta = 4\,\alpha'$$

u. s. w.

Und zwar erkennt man aus vorstehenden Gleichungen, daß die Phasenwinkel zwischen dem Zeiger der mit 12 bezeichneten Ankerspule und jenem der Spule 23 und zwischen diesem und dem der Spule 34 einander gleich und daher $\beta = \alpha'$ sind. Der Phasenwinkel zwischen dem Zeiger der Spule 34 und jenem der Spule 45 ergibt sich zu $4\,\alpha'$. Das Supplement dieses Winkels ist dann $\delta = \pi - 4\,\alpha'$. Somit ist

$$\delta + (u-1)\,\beta = \pi - 4\,\alpha' + 2\,\alpha' = \pi - 2\,\alpha',$$

also kleiner als π. Daher ist Gl. (48 b) zu nehmen, die für den Wicklungsfaktor $\xi = = 0{,}0878$ gibt.

In der Tab. 7 sind die Wicklungsfaktoren zusammengestellt, die sich für g hintereinandergeschaltete Spulen von Stromwenderwicklungen ergeben, die $k = 57$ Spulen in $N = 19$ Nuten besitzen und $2\,a = 4$ parallele Ankerzweige bilden, wenn die Polzahlen $2\,p = 2$, 14, 22, 26 und 28 sind.

Die Abb. 110, 111, 112, 113 und 114 zeigen die Spulensterne der in Tab. 7 aufgeführten Wicklungen und die Spannungsvielecke der g hintereinandergeschalteten Spulen. In den Beispielen der Abb. 112 und 114 ist $\delta + (u-1)\,\beta < \pi$ und die $u = 3$ Zeiger jedes Teilvieleckes bilden $(u-1)$ nach innen gerichtete Ecken. In den Beispielen, die durch die Abb. 110, 111 und 113 dargestellt werden, ist $\delta + (u-1)\,\beta > \pi$, was nach außen gerichtete Ecken in jedem Teilvieleck bedingt.

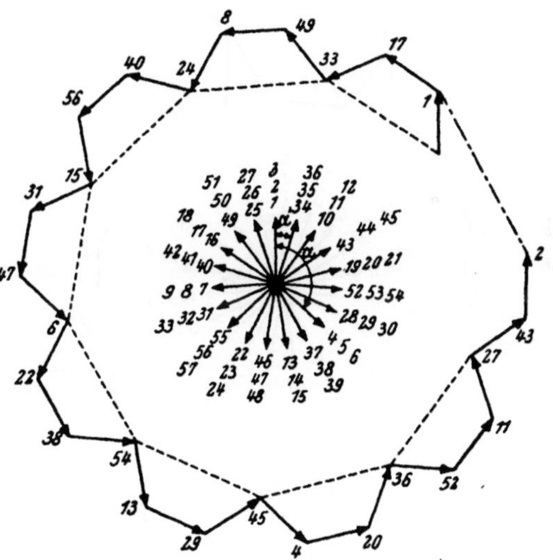

Abb. 111. Zweigängige, einfach geschlossene, linksgängige Wellenwicklung mit 57 Spulen in 19 Nuten für 14 Pole. Spulenstern und Spannungsvieleck von 25 Spulen zwischen den Wenderstegen 1 und 2

Tabelle 7. *Wicklungsfaktoren von g hintereinandergeschalteten Spulen einer Stromwenderwicklung mit k = 57 Spulen in N = 19 Nuten und 2 a = 4 parallelen Ankerzweigen bei den Polzahlen 2 p = 2, 14, 22, 26 und 28.*

$$N = 19, \quad u = 3, \quad k = 57, \quad 2\,a = 4.$$

$2p$	Wicklungsart	y	n	rechts- oder linksgängig	g	b	c	β	δ	ξ	Abb.
2	Schleifenwicklung	2	0	rechts	29	9	2	α'	π	0,0176	110
14	Wellenwicklung	16	2	links	25	8	1	$3\,\alpha'$	$\pi - 4\,\alpha'$	0,1123	111
22	Wellenwicklung	5	1	links	23	7	2	$3\,\alpha'$	$\pi - 8\,\alpha'$	0,1286	112
26	Wellenwicklung	13	3	links	22	7	1	$5\,\alpha'$	$\pi - 8\,\alpha'$	0,1167	113
28	Wellenwicklung	8	2	links	7	2	1	$4\,\alpha'$	$\pi - 10\,\alpha'$	0,321	114

$$y = \frac{n\,k \pm a}{p} = \frac{n\,57 \pm 2}{p}; \qquad g = b\,u + c.$$

Bei allen Beispielen der Tab. 7 liegen die *g* in Reihe geschalteten Ankerspulen zwischen je zwei benachbarten Stegen des Stromwenders, z. B. zwischen den Stegen 1 und 2 in den Abb. 110, 111, 112 und 113 und zwischen den Stegen 57 und 1 in Abb. 114. Die resultierende Spannung der Gruppe von *g* Spulen ist durch den Strich-Punkt-Strahl in den Spannungsvielecken dieser Abb. dargestellt.

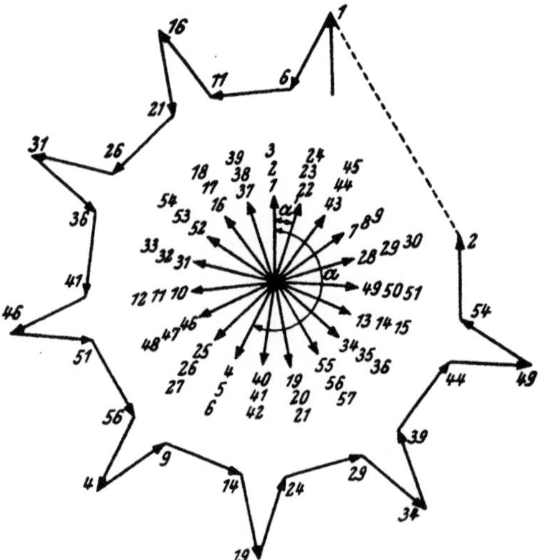

Abb. 112. Zweigängige, einfach geschlossene, linksgängige Wellenwicklung mit 57 Spulen in 19 Nuten für 22 Pole. Spulenstern und Spannungsvieleck von 23 Spulen zwischen den Wenderstegen 1 und 2

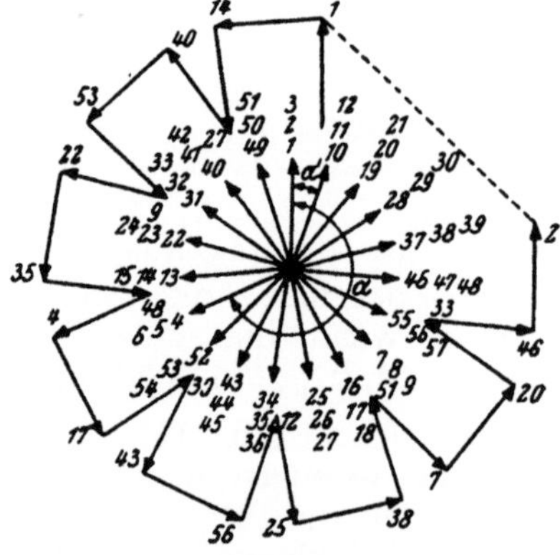

Abb. 113. Zweigängige, einfach geschlossene, linksgängige Wellenwicklung mit 57 Spulen in 19 Nuten für 26 Pole. Spulenstern und Spannungsvieleck von 22 Spulen zwischen den Wenderstegen 1 und 2

Der Wicklungsfaktor der betreffenden Spulengruppe ist dann auch das Verhältnis der Länge dieses Strahles der resultierenden Spannung zur *g*-fachen Länge eines Zeigers einer Spulenspannung.

c) Teilvielecke mit ungleichen Phasenwinkeln

Es muß nun durchaus nicht sein, daß die Phasenwinkel zwischen je zwei aufeinanderfolgenden der u Zeiger jedes der N Teilvielecke einander gleich sind. Man betrachte z. B. Abb. 115 a und b, die den Spulenstern und einen Teil des Spannungsvieleckes einer linksgängigen Wellenwicklung mit $k = 55$ Spulen in $N = 11$ Nuten für $2\,p = 6$ Pole und $2\,a = 8$ parallele Zweige darstellt. Die Phasenwinkel zwischen den einzelnen $u = 5$ Zeigern eines Teilvieleckes sind hier nicht mehr untereinander gleich und jedes der 11 Teilvielecke weist nach innen und nach außen gerichtete Ecken auf. In einem solchen Falle läßt sich natürlich die Formel (48 a) oder (48 b)

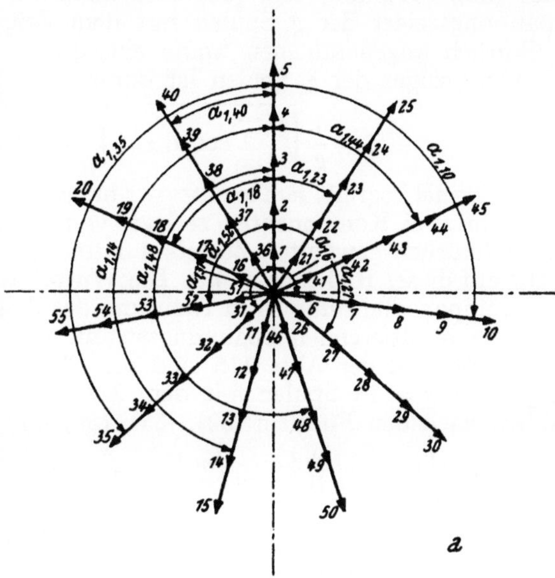

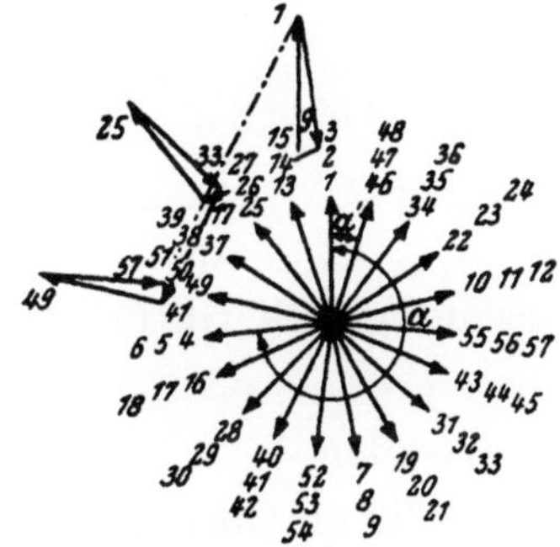

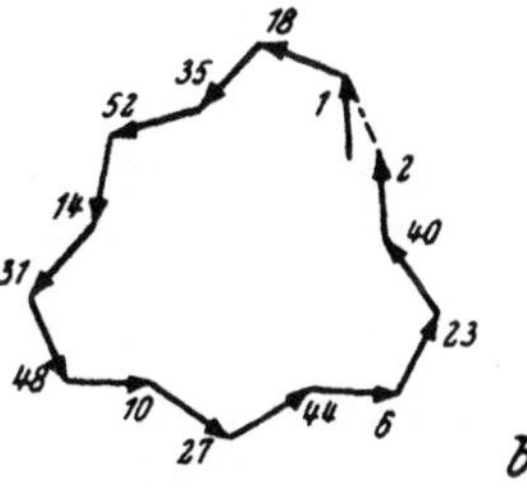

Abb. 114. Zweigängige, einfach geschlossene, linksgängige Wellenwicklung mit 57 Spulen in 19 Nuten für 28 Pole. Spulenstern und Spannungsvieleck von 7 Spulen zwischen den Wenderstegen 57 und 1

Abb. 115. Viergängige, einfach geschlossene, linksgängige Wellenwicklung mit 55 Spulen in 11 Nuten für 6 Pole. a) Spulenstern, b) Spannungsvieleck des Wicklungszuges der 13 Spulen zwischen den Wenderstegen 1 und 2

für den Wicklungsfaktor nicht mehr verwenden. Der resultierende Wicklungsschritt für diese Wicklung ist $y = \dfrac{55-4}{3} = 17$. Das Spannungsvieleck eines Wicklungszuges mit $g = 13$ hintereinandergeschalteten Spulen ist in Abb. 115 b aufgezeichnet. Der Wicklungsfaktor für diesen Wicklungszug ist das Verhältnis der Länge des Strahles $\overline{12}$ zum 13-fachen der Länge des Spannungszeigers einer Ankerspule; also nach der Zeichnung $\xi = 0{,}064$.

Man könnte auch für diesen allgemeinen Fall, daß die Phasenwinkel zwischen je zwei der u Zeiger jedes Teilvieleckes nicht gleich sind, Formeln für den Wicklungsfaktor herleiten, doch würde sich die Mühe kaum lohnen. Einfacher dürfte folgender Weg sein. Nach den Gl. (31), (33), (35) und (37) oder (32), (34), (36) und (38) berechnen wir die Phasenwinkel, die die Spannungszeiger der g Spulen mit dem Zeiger der mit 1 bezeichneten, willkürlich angenommenen Spule einschließt. Der Wicklungsfaktor des Wicklungszuges der g Spulen ist dann

$$\xi = \frac{1}{g} \sqrt{\left(\sum_{i=1}^{g-1} \cos \alpha_{1,\,1+iy}\right)^2 + \left(\sum_{i=1}^{g-1} \sin \alpha_{1,\,1+iy}\right)^2}. \tag{51}$$

Diese Formel begreift sich leicht: wir haben einfach jeden der g Spannungszeiger in zwei Komponenten zerlegt, von denen die eine in die Richtung des willkürlich gewählten Zeigers 1 fällt und von denen die zweite senkrecht auf dieser Richtung steht. Die Wurzel aus der Summe der Quadrate der Komponentensummen in Richtung des Zeigers 1 und senkrecht darauf gibt den resultierenden Spannungsstrahl.

Im Beispiel der Abb. 115 sind die Phasenwinkel, die die Spannungszeiger der $g = 13$ Spulen mit dem Zeiger der mit 1 bezeichneten Spule bilden, nach den Formeln (32), (34), (36) und (38) berechnet worden zu:

$$\alpha_{1,\,18} = \left(\frac{m\,11}{3} - \left[\frac{17}{5}\right]\right)\frac{3}{1}\,\alpha' = \left(\frac{m\,11}{3} - 3\right)3\,\alpha' = \frac{m\,11-9}{3}\,3\,\alpha' = 2\,\alpha' \quad (m = 1),$$

$$\alpha_{1,\,35} = \left(\frac{m\,11}{3} - \left[\frac{34}{5}\right]\right)3\,\alpha' = \left(\frac{m\,11}{3} - 6\right)3\,\alpha' = \frac{m\,11-18}{3}\,3\,\alpha' = 4\,\alpha' \quad (m = 2),$$

$$\alpha_{1,\,52} = \left(\frac{m\,11}{3} - \left[\frac{51}{5}\right]\right)3\,\alpha' = \left(\frac{m\,11}{3} - 10\right)3\,\alpha' = \frac{m\,11-30}{3}\,3\,\alpha' = 3\,\alpha' \quad (m = 3),$$

$$\alpha_{1,\,14} = 5\,\alpha', \quad \alpha_{1,\,31} = 4\,\alpha', \quad \alpha_{1,\,48} = 6\,\alpha', \quad \alpha_{1,\,10} = -3\,\alpha', \quad \alpha_{1,\,27} = -4\,\alpha',$$

$$\alpha_{1,\,41} = -2\,\alpha', \quad \alpha_{1,\,6} = -3\,\alpha', \quad \alpha_{1,\,23} = -\alpha', \quad \alpha_{1,\,40} = \alpha', \quad \alpha_{1,\,2} = 0.$$

Mit diesen Winkeln erhalten wir den Wicklungsfaktor nach Gl. (51) mit $\xi = 0{,}0637$.

3. Wicklungsfaktoren der Oberwellen

Mit Rücksicht auf das bei den Spannungsvielecken für die Oberwellen des Feldes in II C 2 Gesagte lassen sich die soeben abgeleiteten Wicklungsfaktoren von Stromwenderwicklungen auf ein Oberfeld v-ter Ordnung erweitern.

In der Formel (28) für den Wicklungsfaktor von Zweischichtwicklungen mit zwei Spulenseiten je Nut ($u = 1$) hat man $v\,a$ statt a zu setzen.

In den Formeln (48 a) und (48 b) für den Wicklungsfaktor von Stromwenderwicklungen mit mehr als zwei Spulenseiten je Nut ($u > 1$), bei denen die Phasenwinkel zwischen je zwei aufeinanderfolgenden der u Spannungszeiger jedes der N Teilvielecke einander gleich sind, sind die Winkel β durch $v\,\beta$ zu ersetzen und statt a wieder $v\,a$ zu schreiben. Die Phasenwinkel, die die g Spulen eines betrachteten Wicklungszuges miteinander einschließen und die in den Gl. (31), (33), (35) und (37), bzw. (32), (34), (36) und (38) angegeben sind, sind für eine Oberwelle v-ter Ordnung des Feldes mit v zu vervielfachen. Aus dem gleichen Grunde ist daher auch in der Formel (51) für den Wicklungsfaktor für Wicklungen mit Spannungsvielecken, deren Teilvielecke ungleiche Phasenwinkel aufweisen, das v-fache der Winkel $\alpha_{1,\,1+iy}$ für ein Oberfeld v-ter Ordnung einzusetzen.

4. Zusammenfassung

In nachstehender Tabelle sind die Wicklungsfaktoren zusammengestellt für die Wicklungszüge von Stromwenderwicklungen, die aus g hintereinandergeschalteten Spulen bestehen.

Tabelle 8. *Zusammenstellung der Formeln für die Berechnung der Wicklungsfaktoren eines Wicklungszuges einer Stromwenderwicklung, der aus g hintereinandergeschalteten Ankerspulen besteht.*

$u = 1$ $(k = N)$	$\xi_\nu = \dfrac{\sin \nu g\,(\pi a/k)}{g \sin \nu\,(\pi a/k)}$	
	$a_{1,1+y}$ bis $a_{1,1+(g-1)y}$ bilden eine arithmetische Reihe	$\xi_\nu = \dfrac{\sin \nu g\,\beta/2}{g \sin \nu\,\beta/2}$ $\beta =$ Anfangsglied der arithmetischen Reihe
$u > 1$ $(k = uN)$	Teilvielecke mit gleichen Phasenwinkeln	(siehe Formel unten)
	Teilvielecke mit ungleichen Phasenwinkeln	$\xi_\nu = \dfrac{1}{g}\sqrt{\left(\sum\limits_{i=1}^{g-1}\cos \nu\, a_{1,1+iy}\right)^2 + \left(\sum\limits_{i=1}^{g-1}\sin \nu\, a_{1,1+iy}\right)^2}$

Für *Teilvielecke mit gleichen Phasenwinkeln*:

$$\xi_\nu = \frac{1}{g \sin \nu\,\dfrac{\beta}{2}\,\sin \nu\,\dfrac{\pi a}{N}}\sqrt{\sin^2 \nu u\,\frac{\beta}{2}\,\sin^2 \nu b\,\frac{\pi a}{N} + }$$

$$\overline{+ \sin^2 \nu c\,\frac{\beta}{2}\,\sin^2 \nu\,\frac{\pi a}{N} + 2 \sin \nu u\,\frac{\beta}{2}\,\sin \nu b\,\frac{\pi a}{N}\,\cdot}$$

$$\cdot \sin \nu c\,\frac{\beta}{2}\,\sin \nu\,\frac{\pi a}{N}\,\cos\left[\nu\,(u-c)\,\frac{\beta}{2} \mp \nu\,(b+1)\,\frac{\pi a}{N}\right]$$

$$\begin{cases} -,\ \text{wenn } \delta + (u-1)\,\beta > \pi \\ +,\ \text{wenn } \delta + (u-1)\,\beta < \pi \end{cases}$$

$\beta =$ Phasenwinkel zwischen je zwei aufeinanderfolgenden der u Spannungszeiger eines Teilvieleckes

$$g = b\,u + c, \quad c < u$$

$\delta =$ Phasenwinkel des Endzeigers eines Teilvieleckes mit dem Anfangszeiger des nächsten Teilvieleckes

$$a_{1,1+iy} = \left(\frac{mN}{p} - \left[\frac{iy}{u}\right]\right)\frac{p}{N}\,360^0 = \left(\frac{mN}{p} - \left[\frac{iy}{u}\right]\right)\frac{p}{t}\,a'.$$

$m =$ ganze, positive Zahl, einschließlich Null, die den Wert in der runden Klammer zu dem kleinstmöglichen positiven oder negativen Wert macht.

$$y = \frac{nk \pm a}{p} = \frac{nNu \pm a}{p} = \text{resultierender Wicklungsschritt.}$$

$$a' = \frac{t}{N}\,360^0.$$

F. Zahl der Spulen zwischen benachbarten Stegen einer Stromwenderwicklung

1. Zahl der Ankerspulen zwischen benachbarten Stromwenderstegen

a) Ableitung der Formel für die Zahl der Spulen oder Windungen zwischen benachbarten Stromwenderstegen

Um von einem Stege des Stromwenders zum benachbarten links- oder rechtsherum zu gelangen, müssen wir x-mal den resultierenden Wicklungsschritt

$$y = \frac{n\,k \pm a}{p}$$

ausführen. Dabei haben wir insgesamt v-mal den Stromwender mit seinen k Stegen umwandert. Somit gilt die Gleichung

$$x\,y = v\,k \pm 1$$

oder

$$x\,\frac{n\,k \pm a}{p} = v\,k \pm 1.$$

Daraus folgt

$$x = \frac{v\,k \pm 1}{y} = \frac{(v\,k \pm 1)\,p}{n\,k \pm a}. \tag{52}$$

v ist dabei jene kleinste ganze positive Zahl einschließlich Null, die x zu einer ganzen positiven Zahl macht. Einem resultierenden Wicklungsschritte y entspricht eine Ankerspule mit $w = \frac{z}{2\,k}$ Windungen, wenn z die Zahl der Ankerleiter ist. Daher liegen zwischen zwei benachbarten Stegen des Stromwenders nach Gl. (52)

$$k_K = x = \frac{v\,k \pm 1}{y} = \frac{(v\,k \pm 1)\,p}{n\,k \pm a} \tag{53}$$

Spulen oder

$$w_K = x\,\frac{z}{2\,k} = \frac{v\,k \pm 1}{y}\,\frac{z}{2\,k} = \frac{(v\,k \pm 1)\,p}{n\,k \pm a}\,\frac{z}{2\,k} \tag{54}$$

Windungen.

Für eine Schleifenwicklung mit $n = 0$ und $a = p$ ergibt Formel (53), bzw. (54)

$$k_K = 1$$

Spule oder

$$w_K = \frac{z}{2\,k}$$

Windungen, da hier $v = 0$ gewählt werden muß.

Für eine Wellenwicklung mit $n = 1$ und $a = 1$ liefert Formel (53), bzw. (54)

$$k_K = p$$

Spulen oder

$$w_K = p\,\frac{z}{2\,k}$$

Windungen, wenn für $v = 1$ gesetzt wird.

b) Beispiele

Abb. 116 zeigt eine rechtsgängige Wellenwicklung mit $k = 18$ Spulen für $p = 3$ Polpaare und $2\,a = 6$ parallele Ankerzweige. Formel (53) liefert

$$k_K = \frac{v\,18 \pm 1}{7} = 5$$

Spulen, wenn man $v = 2$ setzt und das Minuszeichen im Zähler verwendet. Der resultierende Wicklungsschritt ist

$$y = \frac{1 \cdot 18 + 3}{3} = 7 \quad (n = 1).$$

In Abb. 116 sind die fünf Spulen zwischen den Stegen 18 und 1 stark ausgezogen.

Zwischen zwei benachbarten Stegen dieser Wicklung liegen also sowohl fünf Spulen als auch in Parallelschaltung dazu $k - 5 = 18 - 5 = 13$ Spulen. Diese letzte Zahl bekommen wir, wenn wir in Formel (53) statt des Minuszeichens das Pluszeichen benutzen:

$$k_K' = \frac{v'\,18 + 1}{7} = 13.$$

Hier ist für $v' = 5$ zu setzen. Der Zusammenhang zwischen v und v' ergibt sich aus

$$\frac{v\,k - 1}{y} + \frac{v'\,k + 1}{y} = k$$

zu

$$v + v' = y. \quad (55)$$

Dabei sind sowohl v als auch v' jene kleinsten positiven ganzen Zahlen einschließlich Null, die die betreffenden Quotienten zu ganzen positiven Zahlen machen.

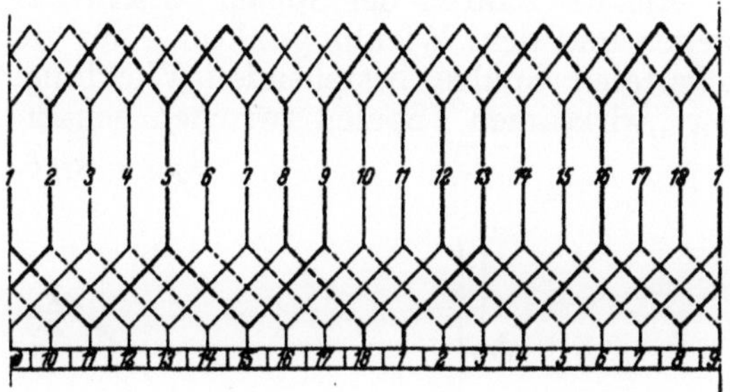

Abb. 116. Dreigängige, einfach geschlossene, rechtsgängige Wellenwicklung mit 18 Spulen in 18 Nuten für 6 Pole und 6 parallele Zweige

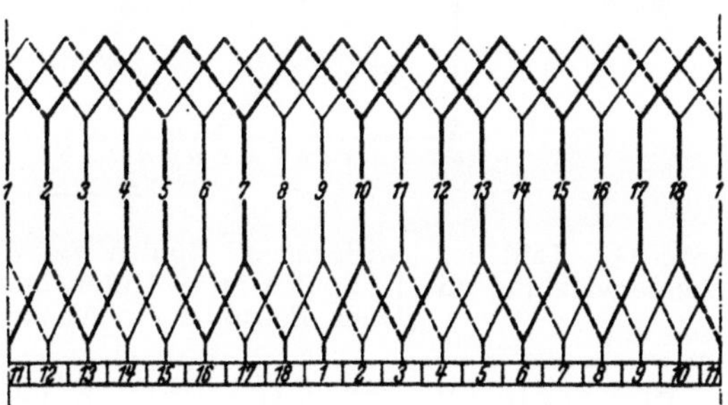

Abb. 117. Dreigängige, einfach geschlossene, linksgängige Wellenwicklung mit 18 Spulen in 18 Nuten für 6 Pole und 6 parallele Zweige

Für die linksgängige Wellenwicklung mit $k = 18$ Spulen für $p = 3$ Polpaare und $2\,a = 6$ parallele Zweige in Abb. 117 erhalten wir aus Formel (53)

$$k_K = \frac{v\,18 \pm 1}{5} = 7$$

Spulen zwischen benachbarten Stegen des Stromwenders, die in der Abb. 117 ebenfalls stark gezeichnet sind. Der resultierende Wicklungsschritt ist

$$y = \frac{1 \cdot 18 - 3}{3} = 5 \quad (n = 1).$$

Bei der Berechnung von k_K wurde $v = 2$ angenommen und das Minuszeichen im Zähler gesetzt. Mit $v' = 3$ und dem Pluszeichen errechnen sich 11 Spulen zwischen benachbarten Stegen. Wieder ist

$$v + v' = y = 5,$$

dem Wicklungsschritt gleich.

2. Zahl der „wirksamen" Spulen zwischen benachbarten Stromwenderstegen

a) Zahl k_{Kw} der „wirksamen" Spulen zwischen benachbarten Stromwenderstegen

Aus der Zahl k_K der Spulen zwischen zwei benachbarten Stromwenderstegen und dem Wicklungsfaktor ξ für den aus diesen hintereinandergeschalteten Spulen bestehenden Wicklungszug können wir die Zahl k_{Kw} der „wirksamen" Spulen zwischen benachbarten Stegen ermitteln:

$$k_{Kw} = k_K\,\xi. \tag{56}$$

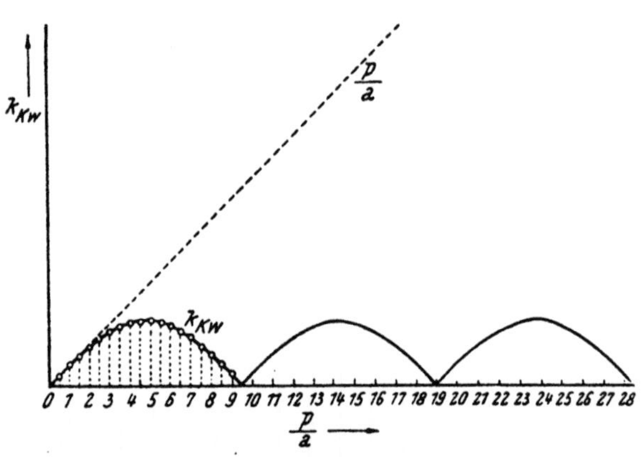

Abb. 118. Zahl der „wirksamen" Spulen k_{Kw} zwischen benachbarten Stegen einer Wenderwicklung mit 19 Spulen in 19 Nuten und 4 parallelen Zweigen bei verschiedenen Polzahlen, in Abhängigkeit von p/a

b) Vergleich der Zahl der „wirksamen" Spulen mit p/a

In den Büchern über elektrische Maschinen wird immer wieder geschrieben, daß die Zahl der „wirksamen" Spulen einer Stromwenderwicklung zwischen benachbarten Stegen des Stromwenders nach der Formel

$$k_{Kw} = \frac{p}{a}$$

berechnet werden kann. Es ist deshalb vielleicht angebracht, die wirkliche Zahl k_{Kw} der „wirksamen" Spulen mit dem bisher allgemein verwendeten Werte p/a zu vergleichen.

α) Zweischichtwicklungen mit zwei Spulenseiten in einer Nut (2 u = 2)

Berechnen wir für eine Stromwenderwicklung mit $k = N = 19$ Spulen und Nuten und $2\,a = 4$ parallelen Ankerzweigen bei verschiedenen Polzahlen $2\,p$ nach der Formel

$$y = \frac{n\,k \pm a}{p} = \frac{n\,19 \pm 2}{p}$$

die resultierenden Wicklungsschritte, nach der Gl. (53)

$$k_K = \frac{v\,k \pm 1}{y} = \frac{v\,19 \pm 1}{y}$$

die Zahl der Spulen zwischen zwei benachbarten Stegen des Stromwenders, und nach der Formel (28)

$$\xi = \frac{\sin k_K\,\pi\,a/k}{k_K \sin \pi\,a/k}$$

die Wicklungsfaktoren, so können die aus

$$k_{Kw} = \xi\,k_K$$

ermittelten „wirksamen" Spulen mit p/a verglichen werden. Und zwar erhalten wir Abb. 118, in der über p/a die Zahlen der „wirksamen" Spulen k_{Kw} aufgetragen sind. Man sieht hier deutlich, daß es einen einzigen Wert gibt, für den die wirkliche Zahl k_{Kw} der „wirksamen" Spulen mit der aus der bisher verwendeten Formel p/a errechneten Zahl zusammenfällt, nämlich den Wert $p/a = 1$: das heißt, also nur für den Fall, daß die Polzahl gleich der Zahl der parallelen Ankerzweige ist, ist die Zahl der „wirksamen" Spulen zwischen benachbarten Stegen des Stromwenders p/a. Die Formel (53) liefert für $a = p$ den Wert $k_K = 1$. Mit ihm wird auch die Zahl der „wirksamen" Spulen $k_{Kw} = 1$.

Für Werte von p/a, die in der Umgebung von 1 liegen, weichen die tatsächlichen Zahlen k_{Kw} der „wirksamen" Spulen von den nach der Formel p/a errechneten nicht viel ab, so daß für solche Werte der Näherungswert p/a verwendet werden kann.

Und zwar ist für Werte von p/a, die kleiner als 1 sind, die wirkliche Zahl der „wirksamen" Spulen größer als p/a und für Werte von p/a, die $p/a = 1$ übersteigen, kleiner als p/a.

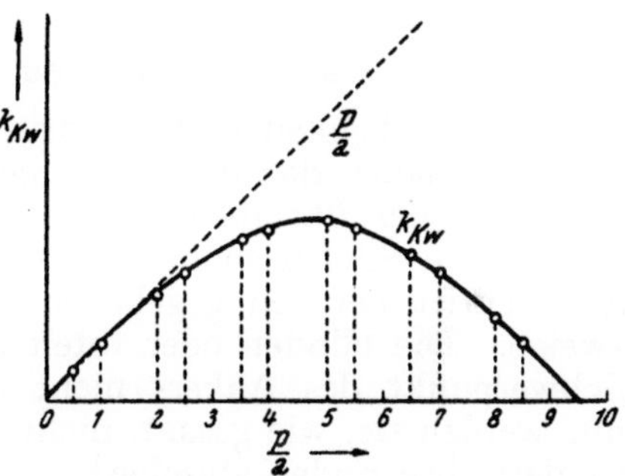

Abb. 119. Zahl der „wirksamen" Spulen k_{Kw} zwischen zwei benachbarten Stegen einer Wenderwicklung mit 57 Spulen in 19 Nuten und 4 parallelen Zweigen bei verschiedenen Polzahlen, in Abhängigkeit von p/a

β) Zweischichtwicklungen mit mehr als zwei Spulenseiten in einer Nut ($2\,u > 2$)

In Abb. 119 sind für Stromwenderwicklungen mit $k = 57$ Spulen in $N = 19$ Nuten, also mit $2\,u = 6$ Spulenseiten in einer Nut, für $2\,a = 4$ parallele Ankerzweige und verschiedene Polzahlen $2\,p$ die Zahlen der „wirksamen" Spulen in Abhängigkeit von p/a eingezeichnet. Wieder sieht man, daß p/a nur für den Wert 1 die wirkliche Zahl der „wirksamen" Spulen zwischen zwei benachbarten Stegen des Stromwenders angibt, und als Näherungswert nur für Werte von p/a gelten kann, die in der Umgebung von 1 liegen. Für p/a-Werte, die kleiner als 1 sind, liefert p/a zu kleine Werte für die Zahl der „wirksamen" Spulen, und für p/a-Werte über 1 gibt p/a zu große Werte für diese Zahl.

G. Wellenwicklungen mit toten Spulen, halbblinden Stegen und künstlichem Schluß

1. Die Ausführbarkeit von Wellenwicklungen

Wir haben gehört, daß wir es in den allermeisten Fällen mit Wellenwicklungen zu tun haben, wenn in der Formel für den resultierenden Wicklungsschritt

$$y = \frac{n\,k \pm a}{p} = \frac{n\,N\,u \pm a}{p} \tag{14}$$

$n \lesseqgtr 1$ ist. Für solche Wellenwicklungen müssen die Nutenzahl N, die Zahl u der in einer Nut nebeneinander liegenden Spulenseiten, die Paarzahl a der parallelgeschalteten Ankerzweige und die Polpaarzahl p nach der soeben hingeschriebenen Formel für ein ganzzahliges n, das größer als Null ist, einen ganzzahligen resultierenden Wicklungsschritt y geben. Das wird nicht immer der Fall sein. Oft vertragen sich die Bedingungen, die die Nutenzahlen und Spulenzahlen erfüllen sollen, nicht mit dem Gesetz der Wellenwicklung. Wie man sich in solchen Fällen hilft, soll nun beschrieben werden.

2. Blinde oder tote Spulen

a) Allgemeines über blinde Spulen

Eine Möglichkeit besteht darin, eine oder mehrere Spulen „blind" oder „tot" zu legen, das heißt, sie nicht an den Stromwender anzuschließen. Die Zahl der übrigbleibenden, wirksamen, an den Stromwender angeschlossenen Spulen genügt dann der Formel für den resultierenden Wicklungsschritt bei den gegebenen Zahlen der Pole und parallelen Ankerzweige. Die blinden oder toten Spulen verbleiben im Anker, damit der Schwerpunkt des Ankers nicht aus der Wellenmitte verschoben wird; nur werden sie, wie gesagt, nicht an die Stromwenderstege angeschlossen, sondern ihre Enden abisoliert.

b) Beispiele von Wellenwicklungen mit blinden Spulen

Soll z. B. eine vierpolige Wellenwicklung mit $2\,a = 2$ parallelen Zweigen entworfen werden, so müssen, wie man aus der Formel für den resultierenden Wicklungsschritt

$$y = \frac{n\,N\,u \pm 1}{2}$$

erkennt, n, N und u ungerade Zahlen sein. Eine Wellenwicklung mit z. B. $k = 20$ Spulen in $N = 20$ Nuten ($u = 1$) ist deshalb nicht ausführbar. Man kann nun eine Spule tot legen, so daß die Formel mit $k = 19$ Spulen erfüllt wird.

In Abb. 120 sind der Spulenstern für die 20 Ankerspulen gezeichnet und das Spannungsvieleck mit einem Umlauf daraus entwickelt worden, indem die $N/t = 20/2 = 10$ Gesamtstrahlen mit je $t = 2$ Spannungszeigern so aneinander gereiht sind, wie sie linksherum im Spulenstern aufeinander folgen. Die entstehende Wellenwicklung muß also linksgängig sein. Der größte Teiler von Nuten- und Polpaarzahl ist $t = 2$. Wir wählen eine Spulenweite von fünf Nutteilungen.

Jetzt können wir den Schaltplan dieser Wicklung, wenn wir die Spule 12 tot legen, anschreiben:

Tabelle 9. *Wicklungsschritte der Wicklung nach Abb. 120*

Spule	resultierender Wicklungsschritt y
1	10
10	9
20	10
9	9
19	10
8	9
18	10
7	9
17	10
6	9
16	10
5	9
15	10
4	9
14	10
3	9
13	10
2	9
11	9

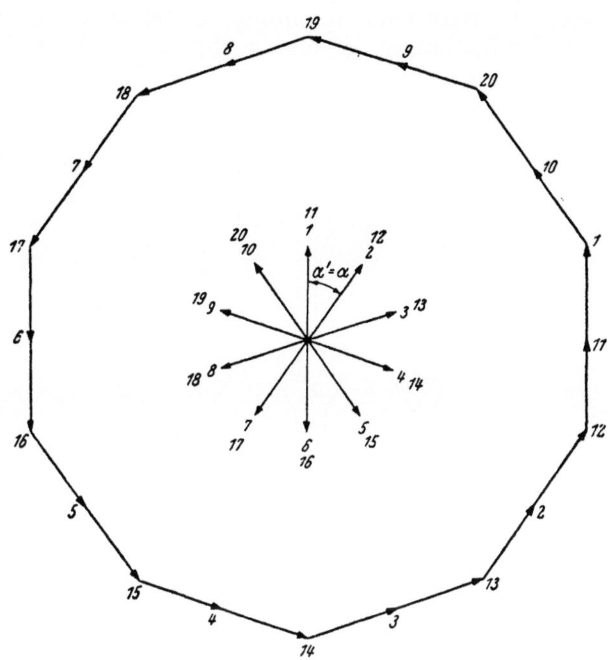

Abb. 120. Spulenstern und Spannungsvieleck einer linksgängigen Wellenwicklung mit 20 Spulen in 20 Nuten für 4 Pole und 2 parallele Zweige mit einer blinden Spule

Beim Entwurfe dieser Wicklung müssen wir also abwechselnd einen resultierenden Wicklungsschritt mit

$$y = \frac{19 - 1}{2} = 9$$

und einen mit

$$y' = \frac{19 - 1}{2} + 1 = 10$$

ausführen. Da alle Spulen gleiche Weite haben sollen, also der erste Teilschritt y_1 stets den gleichen Wert haben soll, müssen die zweiten Teilschritte y_2 verschieden groß sein. Mit $y_1 = 5$ erhalten wir $y_2 = 4$ und 5. Das Schaltbild dieser Wicklung ist in Abb. 121 zu sehen.

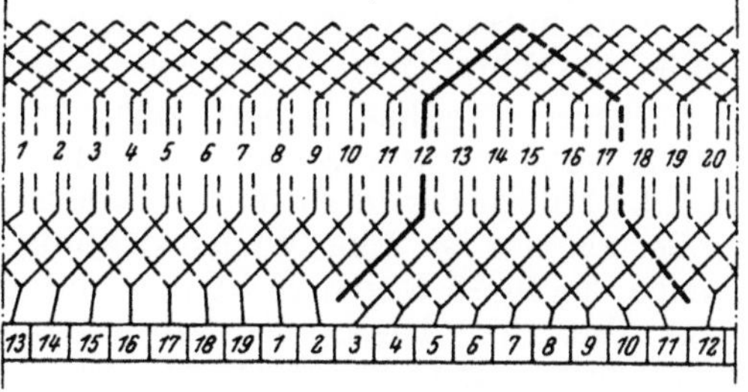

Abb. 121. Schaltbild einer linksgängigen Wellenwicklung für 4 Pole und 2 parallele Zweige mit 20 Spulen in 20 Nuten, von denen eine Spule tot gelegt ist

Schon aus diesem ersten Beispiele sind die Nachteile einer Wellenwicklung mit blinden Spulen ersichtlich. Das Spannungsvieleck schließt
sich für die an den Stromwender angeschlossenen Spulen nicht. Erst
wenn man den Zeiger der Spannung der blinden Spule (12 in Abb. 120)
dazufügt, bekommt man ein geschlossenes Spannungsvieleck. Die innere
Spannung der Wicklung wird also mit einer blinden Spule nicht Null;
sondern es tritt eine Spannung in der geschlossenen Wicklung auf, die
gleich der Spannung der blinden Spule ist. Diese innere Spannung ruft in

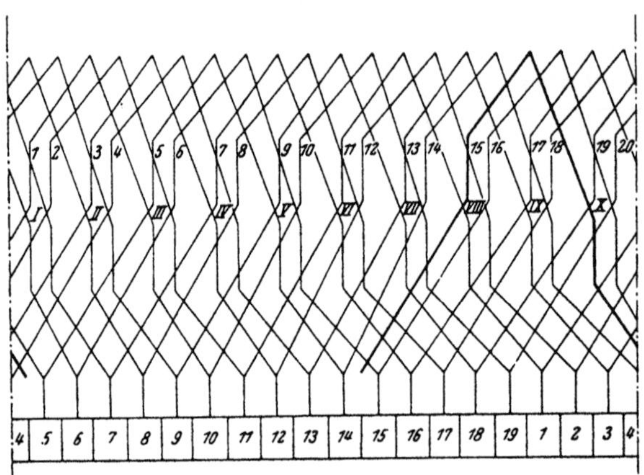

Abb. 122. Linksgängige Wellenwicklung für 4 Pole und 2 parallele Zweige mit
20 Spulen in 10 Nuten, von denen eine Spule tot gelegt ist

der Wicklung einen Wechselstrom als Ausgleichsstrom hervor, der die
in Reihe geschalteten Spulen durchfließt. Der durch diesen Strom in
jeder Spule erzeugte Spannungsverlust setzt sich mit der Spulenspannung
zu einer Gesamtspannung zusammen. Fügt man diese Gesamtspannungen
zu einem Vieleck aneinander, so schließt sich selbstverständlich dieses
neue Spannungsvieleck. Ein weiterer Nachteil einer Wellenwicklung mit
blinden Spulen ist, daß die Schaltenden der einzelnen Spulen verschieden
lang sein müssen, worauf man insbesondere bei Wicklungen aus Flachkupfer zu achten hat.

Selbstverständlich ändert sich am Entwurfe einer Wellenwicklung
nichts, wenn mehrere Spulen in einer Nut zusammengelegt werden; wenn
also die Zahl u der in einer Nut nebeneinander eingebetteten Spulenseiten
größer als eins ist. Eine Wellenwicklung für 4 Pole und 2 parallele Ankerzweige, die in 10 Nuten 20 Spulen umfaßt, von denen eine tot gelegt wird,
zeigt Abb. 122. Die Spulenweite ist $y_1 = 4$ und die resultierenden Wicklungsschritte sind abwechselnd $y = 9$ und 10.

Eine Treppen-Wellenwicklung mit einer blinden Spule ist in Abb. 123
zu sehen. Hier liegen in 16 Nuten 32 Spulen; es ist also $u = 2$. Von den
32 Spulen sind nur 31 an den Stromwender angeschlossen. Die Wicklung
ist für eine vierpolige Maschine bestimmt und soll in zwei parallele Zweige
zerfallen. Der resultierende Wicklungsschritt ist abwechselnd

$$y = \frac{n\,31 - 1}{2} = 15$$

und 16 für eine linksgängige Wicklung. Wir wählen $y_1 = 7$, so daß der Nutenschritt $y_n = y_1/u = 7/2 = 3\frac{1}{2}$ eine gebrochene Zahl wird, die Wicklung mithin als Treppenwicklung auszuführen ist. Der Schaltschritt ist abwechselnd $y_2 = y - y_1 = 15 - 7 = 8$ und 9.

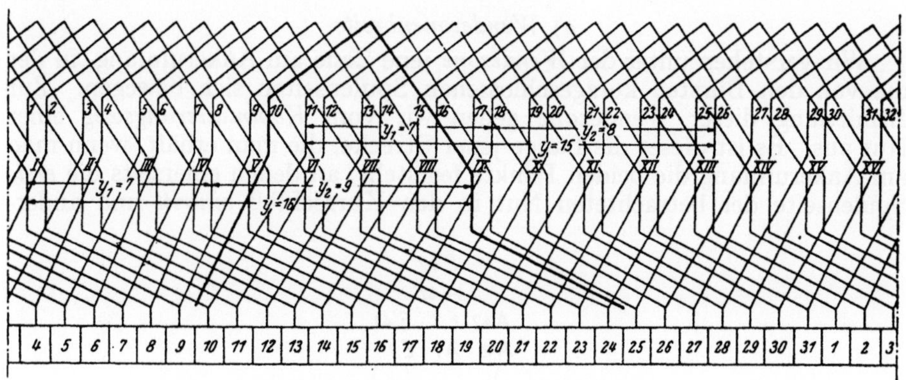

Abb. 123. Treppen-Wellenwicklung mit 32 Spulen in 16 Nuten für 4 Pole und 2 parallele Zweige; eine blinde Spule

c) Der Entwurf von Wellenwicklungen mit blinden Spulen

Wenn man bei der Austeilung der Wicklung, also beim Auszählen der resultierenden Wicklungsschritte y und der Schaltschritte y_2 die blinden Spulen mitzählt, so muß man y und y_2 immer dann um eins vergrößern, wenn durch den resultierenden Wicklungsschritt eine Oberschichte einer blinden Spule übersprungen wird.

Für Wellenwicklungen mit nur zwei parallelen Zweigen ($a = 1$) und einer blinden Spule lautet dann die Entwurfsvorschrift: der resultierende Wicklungsschritt ist abwechselnd ($p - 1$)-mal mit dem Werte

$$y = \frac{n\,k \mp 1}{p} \tag{57}$$

und einmal mit dem Werte

$$y' = y + 1 \tag{58}$$

auszuführen.

Es ist grundsätzlich auch möglich, die Vergrößerung des resultierenden Wicklungsschrittes beim Überspringen einer oberschichtigen Seite einer blinden Spule nicht durch Vergrößerung des Schaltschrittes y_2 um 1, sondern durch Verlängerung des ersten Teilschrittes y_1 um eins, also der Spulenweite, zu bewirken. Die Wicklung besteht aber dann aus Spulen verschiedener Weite.

d) Verteilung der blinden Spulen in der Wellenwicklung

Wenn eine Wellenwicklung mit k Spulen in N Nuten mit u in jeder Nut nebeneinander liegenden Spulenseiten eingebettet ist und ϱ Spulen nicht an den Stromwender angeschlossen werden, die Zahl aller Spulen am Ankerumfang also ($k + \varrho$) beträgt, so besteht die Beziehung

$$N = \frac{k + \varrho}{u}. \tag{59}$$

Es erhebt sich nun die Frage, wie dann die ϱ blinden Spulen in der Wellenwicklung verteilt werden sollen. Einen Anhaltspunkt für die Beantwortung dieser Frage kann z. B. die Berücksichtigung der *Breite der Wendezone* liefern.

a) *Wendezonenbreite*

Wir verstehen unter der *Wendezone* jene Zone am Ankerumfang, in der die von den Bürsten kurzgeschlossenen Spulenseiten sich bewegen. Zur Ermittlung dieser Wendezone gehen wir vom *Kommutierungsweg* einer Nut aus. Es ist dieser die Länge jener Strecke, die man erhält, wenn man am Ankerumfang die beiden Punkte feststellt, an denen einerseits die *erste* Spulenseite der betrachteten Nut in den Kurzschluß *eintritt* und ander-

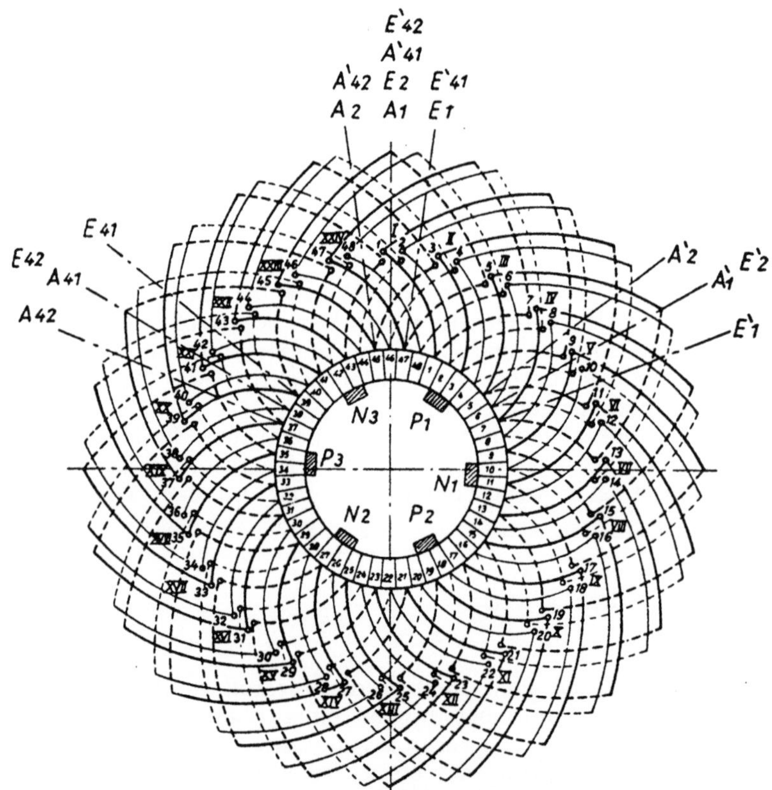

Abb. 124. Zweigängige, zweifach geschlossene Schleifenwicklung mit 48 Spulen in 24 Nuten für 6 Pole und 12 parallele Zweige ($y = 2$)

seits die *letzte* Spulenseite der gleichen Nut aus dem Kurzschluß *austritt*. Legt man nun relativ zu einem Wendepol die Kommutierungswege aller Nuten während einer Ankerumdrehung fest, so erhält man die äußersten Begrenzungen der *Wendezone* unter dem in Frage stehenden Wendepol.

Ein Beispiel soll klar machen, wie man in einem gegebenen Falle die Breite einer Wendezone zeichnerisch ermitteln kann. Abb. 124 stellt eine Schleifenwicklung mit 48 Spulen in 24 Nuten für 6 Pole und 12 parallele

Ankerzweige dar. Der resultierende Wicklungsschritt ist $y = 2$, der erste Teilschritt $y_1 = 8$ und der zweite Teilschritt $y_2 = 6$. Die Wicklung ist zweifach geschlossen. In dem Augenblicke, für den Abb. 124 gilt, tritt gerade die stark gezeichnete Spule 1, deren Oberschichte in Nut I liegt, in den Kurzschluß durch die Bürste P_1, wenn sich der Anker rechtsherum dreht. *Da sich nun eine in einer Nut eingebettete Spulenseite so verhält, als befinde sie sich auf einem glatten, ungenuteten Anker dort, wo die Mitte des Nutenschlitzes ist, müssen wir nicht die Lage der von den Bürsten kurzgeschlossenen Spulenseiten bestimmen, sondern die Lage der Mittellinien der Schlitze jener Nuten, in denen die Seiten der kurzgeschlossenen Spulen liegen.* Mithin geben die Mittellinien A_1 der Nut I und A_1' der Nut V für den betrachteten Augenblick jene Stellen im Raum an, wo der Kurzschluß der Spule 1 beginnt. Wie man in Abb. 124 sieht, endet dieser Kurzschluß, wenn sich der Stromwender mit der Ankerwicklung um eine Stegteilung nach rechts, im Uhrzeigersinn, gedreht hat. Die Mittellinien der Nutenschlitze nehmen dann die Lagen E_1 und E_1' ein. Nun zur Spule 2! In der in Abb. 124 gezeichneten Stellung des Stromwenders und der Ankerwicklung zu den Bürsten, verläßt gerade die Spule 2 den Bürstenkurzschluß. Folglich geben die Mittellinien der Nuten I und V das Ende des Kurzschlusses der Spule 2 an; wir schreiben daher zu diesen Mittellinien E_2 und E_2'. Die Spule 2 tritt in den Bürstenkurzschluß, wenn die rechte Kante des Steges 2 die linke Bürstenkante berührt, also eine Stegteilung *vor* dem Zeitpunkte, der in Abb. 124 festgehalten ist. Die Nutenschlitz-Mittellinien nehmen dann die Lagen A_2 und A_2' ein. Der Kurzschluß oder die Stromwendung der oberschichtigen Spulenseiten der Nut I erfolgt also in der Zone $A_2 - E_1$, und die Stromwendung der unterschichtigen Spulenseiten der Nut V in der Zone $A_2' - E_1'$.

Die unterschichtigen Spulenseiten der Nut I gehören zu den Spulen 41 und 42, deren oberschichtige Spulenseiten in Nut XXI eingebettet sind. Die Bürste N_3 beginnt im Augenblicke, für den Abb. 124 gezeichnet ist, die Spule 41 kurzzuschließen. Wir haben daher die Mittellinien der Nuten XXI und I mit A_{41} und A_{41}' zu bezeichnen. Dieser Kurzschluß der Spule 41 endet, wenn der Stromwender um den Steg 43 weitergerückt ist, so daß die Mittellinien der Nuten XXI und I die Lagen E_{41} und E_{41}' einnehmen. Die Spule 42 tritt in Abb. 124 soeben aus dem Bürstenkurzschluß; die Mittellinien der Nuten XXI und I sind daher auch mit E_{42} und E_{42}' zu beschriften. Begonnen hat der Kurzschluß der Spule in dem Augenblicke, in dem die rechte Kante des Steges 42 die linke Kante der Bürste N_3 berührt; das war eine Stegteilung vor der in Abb. 124 gezeichneten Stellung des Stromwenders zu den Bürsten. Die Mittellinien der Nuten XXI und I nahmen im Raume die Lagen A_{42} und A_{42}' ein. Wir sehen, daß die Wendezone der unterschichtigen Spulenseiten der Nut I die gleiche ist wie jene der oberschichtigen Spulenseiten. Mithin beträgt die gesamte Wendezone zwei Stegteilungen oder gemessen am Ankerumfang, eine Nutteilung; sie ist hier gleich der Bürstenbreite, die sich über zwei Stegteilungen erstreckt.

Die Breite der Wendezone soll möglichst gering sein. Denn, wenn die Maschine ohne Wendepole ausgeführt ist, so läßt sich bei einer schmalen Wendezone die Stromwendung durch Bürstenverschiebung leichter verbessern; besitzt jedoch die Maschine Wendepole, so bestimmt die Breite der Wendezone auch die Abmessungen der Wendepole.

Man kann die Breite b_{wz} der Wendezone nach folgender Formel berechnen:

$$b_{wz} = b\,\frac{D}{D_k} + \left(\left|\frac{N}{2\,p} - \frac{y_1}{u}\right| + 1 - \frac{a}{u\,p}\right) t_N. \tag{60}$$

b ist die Bürstenbreite, D der Ankerdurchmesser, D_k der Stromwenderdurchmesser, also $b\,D/D_k$ die auf den Ankerumfang bezogene Bürstenbreite. N bedeutet die Nutenzahl, $2\,p$ die Polzahl, y_1 den ersten Teilschritt, der durch die Zahl der am Ankerumfang nebeneinander liegenden Spulenseiten gemessen ist, und u die Zahl der in einer Schichte einer Nut nebeneinander eingebetteten Spulenseiten. a ist die Paarzahl der parallelen Ankerzweige und t_N die Nutteilung.

Im Beispiel der Abb. 124 sind $N = 24$, $2\,p = 6$, $2\,a = 12$, $y_1 = 8$ und $u = 2$. Nach der soeben angeschriebenen Formel wird damit die Wendezonenbreite $b_{wz} = b\,D/D_k$, also gleich der auf den Ankerumfang bezogenen Bürstenbreite, die sich hier über eine Nutteilung erstreckt.

Es läßt sich errechnen, wie die blinden Spulen in eine Wellenwicklung einzubetten sind, damit die kleinste Wendezone auftritt.

β) Regeln für die Verteilung der blinden Spulen

N/ϱ eine ganze Zahl

Ist die Nutenzahl N der Wellenwicklung durch die Zahl ϱ der blinden Spulen ganzzählig teilbar, so sind die Nuten, die zur Unterbringung je einer blinden Spulenoberseite bestimmt werden, um vollkommen gleiche (in Nutteilungen gemessene) Schritte N/ϱ voneinander entfernt.

N/ϱ keine ganze Zahl

Man erhält in diesem Fall die kleinste Wendezone, wenn die blinden Spulen nach der in nachstehender Tab. 10 niedergelegten Vorschrift eingebettet werden. Die Spalte 1 enthält die Zahl ϱ der blinden Spulen; in der Spalte 2 stehen die Nutenzahlen N, ausgedrückt in ganzen Vielfachen ($\varkappa$) der Zahl ϱ und einem Rest ξ ($N = \varkappa\varrho + \xi$). Die Spalten 3 und 4 enthalten die Vorschrift für die Unterbringung der blinden Spulen: und zwar enthält Spalte 3 die Nummern der Nuten, in denen in der Oberschichte je eine blinde Spule einzulegen ist, und in Spalte 4 stehen zwischen den Nummern je zweier Nuten mit blinden Spulen die Entfernung beider Nuten in Nutteilungen.

e) Nachteile der Wellenwicklungen mit blinden Spulen

Über die Nachteile der Wellenwicklungen mit blinden Spulen wurde schon gesprochen. Mit Rücksicht darauf, daß sich das Spannungsvieleck solcher Wicklungen nicht schließt, tritt in der Wicklung ein Ausgleichs-Wechselstrom auf. Weiters sind die Schaltenden bei Wicklungen mit Spulen gleicher Weite ungleich lang.

Tabelle 10. *Vorschrift für die Einbettung von ϱ blinden Spulen in eine Wellenwicklung mit $N = \varkappa\varrho + \xi$ Nuten, wenn N/ϱ keine ganze Zahl ist.*

1	2	3	4
Zahl der blinden Spulen ϱ	Zahl der Nuten $N = \varkappa\varrho + \xi$	Nuten mit je einer blinden Spule	Schritt zwischen Nuten mit blinden Spulen
2	$2\varkappa + 1$	(N) $\varkappa + 1$ N	$\varkappa + 1$ $\varkappa$
3	$3\varkappa + 1$	(N) $\varkappa + 1$ $2\varkappa + 1$ N	$\varkappa + 1$ $\varkappa$ $\varkappa$
3	$3\varkappa + 2$	(N) $\varkappa + 1$ $2\varkappa + 1$ N	$\varkappa + 1$ $\varkappa$ $\varkappa + 1$
4	$4\varkappa + 1$	(N) $\varkappa + 1$ $2\varkappa + 1$ $3\varkappa + 1$ N	$\varkappa + 1$ $\varkappa$ $\varkappa$ $\varkappa$
4	$4\varkappa + 2$	(N) $\varkappa + 1$ $2\varkappa + 1$ $3\varkappa + 2$ N	$\varkappa + 1$ $\varkappa$ $\varkappa + 1$ $\varkappa$
4	$4\varkappa + 3$	(N) $\varkappa + 1$ $2\varkappa + 2$ $3\varkappa + 3$ N	$\varkappa + 1$ $\varkappa + 1$ $\varkappa + 1$ $\varkappa$

3. Blinde Spulen und halbblinde Stromwenderstege oder Stegschluß

Wir beschränken uns auf Wellenwicklungen mit bloß zwei parallelen Ankerzweigen und mit *einer* tot gelegten Spule. Die Nutenzahl des Ankers würde eine Spulen- und Stegzahl verlangen, die um eine Spule oder einen Stromwendersteg jene Zahl der Spulen oder Stege überschreitet, die der Formel für den resultierenden Wicklungsschritt genügt.

Man kann diese überzählige Spule dazu benutzen, um den überflüssigen Stromwendersteg aus der Wicklung auszuschließen.

Dabei kann die überzählige Spule als „langer Schluß" oder als „kurzer Schluß" dienen,. wie in den Abb. 125 und 126 gezeigt wird.

Die Bezeichnung „halbblinder Steg" für den aus der Wicklung auszuschaltenden überzähligen Stromwendersteg folgt aus der Tatsache, daß mit diesem Steg nur *eine* Spule verbunden ist.

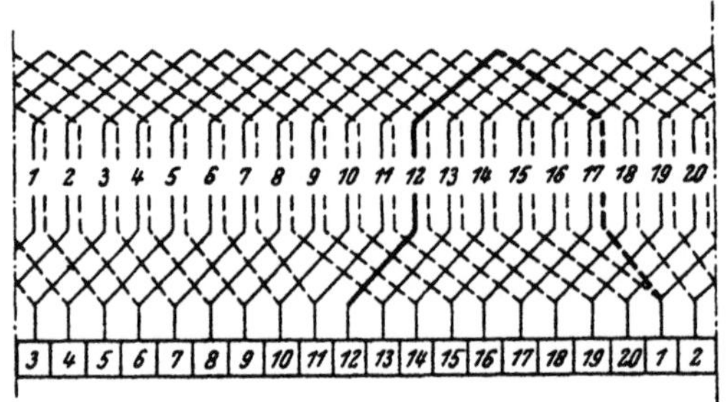

Abb. 125. Linksgängige Wellenwicklung mit 20 Spulen in 20 Nuten für 4 Pole und 2 parallele Zweige, ausgeführt mit einem halbblinden Steg und der überzähligen Spule als langem Schluß

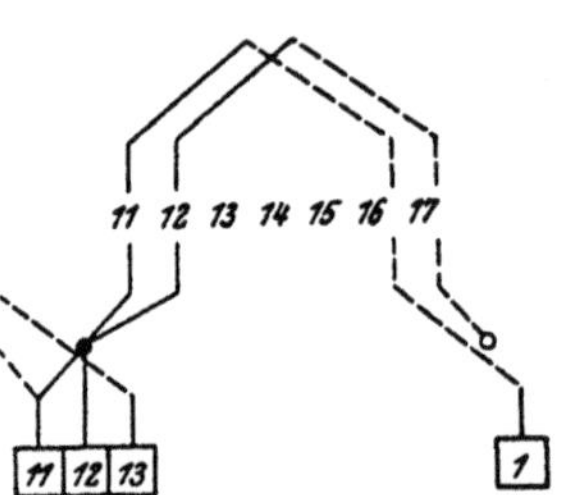

Abb. 126. Wellenwicklung nach Abb. 121, ausgeführt mit einem halbblinden Stege und kurzem Schluß

a) Halbblinder Steg und langer Schluß

In Abb. 125 ist die gleiche Wellenwicklung, die in Abb. 121 mit einer blinden Spule und 19 Stromwenderstegen ausgebildet wurde, mit einem halbblinden Steg und der überzähligen (zwölften) Spule als „langem Schluß" entworfen worden. Der Stromwender besitzt dann nicht mehr 19 Stege wie bei der Wellenwicklung mit einer blinden Spule, sondern deren zwanzig.

Der unterschichtige Leiter der überzähligen Spule 12 wird mit dem unterschichtigen Leiter der Spule 11 verbunden und zu demselben Stromwendersteg 1 geführt. Der oberschichtige Leiter der überzähligen Spule 12 wird zu dem auszuschließenden Stege 12 geleitet.

Der Spulenstern für diese Wicklung ist derselbe wie für die Wicklung mit der blinden Spule, da hier wie dort alle 20 Spulen, gleichmäßig verteilt, im Anker eingebettet sind. Als Spulenstern haben wir also den in Abb. 120 anzusehen.

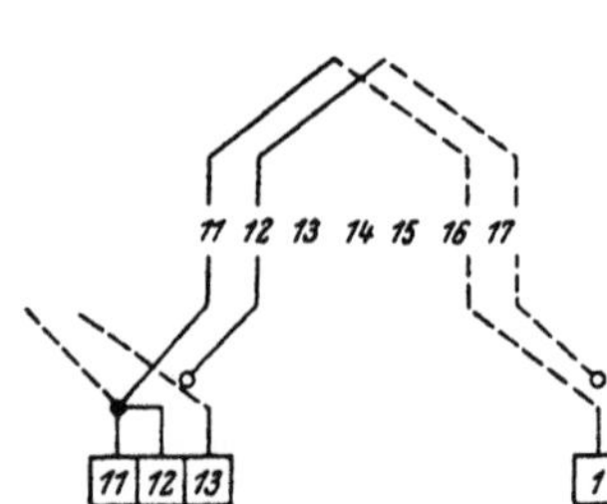

Abb. 127. Wellenwicklung nach Abb. 121, ausgeführt mit einer blinden Spule und Stegschluß

Leitet man aus diesem Spulenstern das Spannungsvieleck ab, so findet man wie bei der Wicklung mit einer tot gelegten Spule, daß sich das Vieleck nicht schließt, da die überzählige Spule nicht in den Wicklungszug eingeschaltet ist. In dieser Wicklung wird also ein Wechselstrom als Ausgleichsstrom fließen.

Wie aus Abb. 125 zu erkennen ist, dürfen die Schaltenden bei dieser Wicklung alle gleich lang sein, bis auf die Schaltenden der Unterschichten von y Spulen.

b) Halbblinder Steg und kurzer Schluß

Die Ausführung der Wicklung von früher nach der Art, wie sie Abb. 126 zeigt, kann man eine Wicklung mit „einem halbblinden Steg und kurzem Schluß" nennen.

c) Blinde Spule und Stegschluß

Eine weitere Möglichkeit, den überflüssigen Steg und die überzählige Spule auszuschließen, besteht darin, die überzählige Spule tot zu legen und den überflüssigen Steg mit dem benachbarten vorhergehenden Steg leitend zu verbinden, so daß diese zwei Stege als ein einziger aufzufassen sind. Diese Anordnung ist in Abb. 127 dargestellt.

Sowohl die Anordnung der Wellenwicklung mit einem halbblinden Steg und kurzem Schluß als auch die mit einer blinden Spule und Stegschluß haben mit der Wellenwicklung mit einem halbblinden Steg und langem Schluß gegen die gewöhnliche Ausführung der Wellenwicklungen mit einer blinden Spule den Vorteil, daß nur die Schaltenden der Unterschichten von y Spulen länger gemacht werden müssen.

4. Wellenwicklungen mit künstlichem Schluß

Aus der Theorie der Stromwenderwicklungen wissen wir, daß die künstlich geschlossenen Stromwenderwicklungen den allgemeinen Fall dieser Wicklungen darstellen und daß die Wicklungen ohne künstlichen Schluß Ausnahmsfälle sind. In der Praxis ist es gerade umgekehrt. Da hat man es in der Regel mit Stromwenderwicklungen zu tun, die sich selbst schließen und man nimmt zu den Wicklungen mit künstlichem Schluß nur Zuflucht, wenn die Nutenzahl N, die Spulenseitenzahl $2\,u$ in einer Nut, die Paarzahlen a und p der parallelen Zweige und der Pole mit der Formel für den resultierenden Wicklungsschritt

$$y = \frac{n\,N\,u \pm a}{p} \tag{14}$$

nicht in Einklang zu bringen sind, und man blinde Spulen in der Wicklung vermeiden will.

Wir haben solche künstlich geschlossene Stromwenderwicklungen, wie sie sich aus der Theorie ergeben, in den Beispielen der Abb. 98, 100, 102 und 106 kennengelernt. Das waren Wellenwicklungen mit verschiedenen resultierenden Wicklungsschritten und künstlichem Schluß für zwei parallele Ankerzweige. Wir werden im folgenden noch einmal einen kurzen Blick auf sie werfen und dann auch eine andere Möglichkeit des Entwurfes solcher Wicklungen erläutern. Und zwar sollen wie bei den Wellenwicklungen mit blinden Spulen nur Wicklungen mit zwei parallelen Zweigen betrachtet werden.

a) Entwurf von künstlich geschlossenen Wellenwicklungen nach der Theorie der Stromwenderwicklungen

α) Entwurf nach Formeln für Wicklungen mit $z_s = 0$ *und* $z_z = 1$ *(u = 1)*

Für Wicklungen mit zwei parallelen Zweigen und $u = 1$ in einer Schichte jeder Nut liegenden Spulenseite folgt aus der im Abschnitte II D 3 a vorgetragenen Lösung die Vorschrift für den Entwurf von Wellenwicklungen mit künstlichem Schluß: Nach je $(t-1)$ resultierenden Wicklungsschritten

$$y' = \frac{N}{t} \tag{61}$$

muß ein resultierender Wicklungsschritt der Größe

$$y'' = y' + \frac{n\,N + t}{p} \tag{62}$$

gemacht werden, wenn wir eine rechtsgängige Wicklung wünschen. Für eine linksgängige Wicklung ist dieser zweite Wicklungsschritt

$$y'' = y' + \frac{(n+1)\,N - t}{p}. \tag{62 a}$$

Der resultierende Wicklungsschritt, der die Wicklung künstlich schließt, ist für eine rechtsgängige Wicklung

$$y''' = y' - \frac{(n+1)\,N - t}{p} \tag{63}$$

und für eine linksgängige Wicklung

$$y''' = y' - \frac{n\,N + t}{p}. \tag{63 a}$$

In diesen Formeln bedeuten t den größten gemeinsamen Teiler von Nuten- und Polpaarzahl und n jene Zahl einschließlich Null, die

$$\frac{n\,N + t}{p}, \qquad \text{bzw.} \qquad \frac{(n+1)\,N - t}{p}$$

zu einer ganzen Zahl macht.

Im Beispiel der Abb. 98 sind: $k = N = 21$, $u = 1$, $2\,p = 6$, $2\,a = 2$ und $t = 3$. Damit ergeben die Formeln (61), (62) und (63) für eine rechtsgängige Wicklung die Werte

$$y' = \frac{N}{t} = \frac{21}{3} = 7,$$

$$y'' = y' + \frac{n\,N + t}{p} = 7 + \frac{n\,21 + 3}{3} = 8\;(n = 0),$$

$$y''' = y' - \frac{(n+1)\,N - t}{p} = 7 - \frac{(n+1)\,21 - 3}{3} = 7 - 6 = 1\;(n = 0).$$

Für die gleichen Verhältnisse würden die Wicklungsschritte für eine linksgängige Wicklung sein:

$$y' = \frac{N}{t} = 7,$$

$$y'' = y' + \frac{(n+1)\,N - t}{p} = 7 + \frac{(n+1)\,21 - 3}{3} = 7 + 6 = 13 \quad (n = 0),$$

$$y''' = y' - \frac{n\,N + t}{p} = 7 - \frac{n\,21 + 3}{3} = 7 - 1 = 6 \quad (n = 0).$$

β) Entwurf nach Formeln für Wicklungen mit $z_g = 0$ und $z_z = u$ $(u > 1)$

Die im Abschnitt II D 3 b besprochene Lösung liefert für Wellenwicklungen mit zwei parallelen Zweigen und u in einer Nutenschichte nebeneinander liegenden Spulenseiten folgende Formeln für die resultierenden Wicklungsschritte: je t Ankerspulen werden durch den Schritt

$$y' = u\,\frac{N}{t} \tag{64}$$

miteinander verbunden; dann folgt ein Schritt

$$y'' = u\,\frac{N}{t} + 1; \tag{65}$$

darauf sind wieder $(t - 1)$ Schritte mit y' auszuführen, die wieder von einem Schritt y'' abgelöst werden u. s. w.; bis insgesamt $(u\,t - 1)$ Schritte gegangen sind. Nach diesen $(u\,t - 1)$ Schritten muß ein Schritt

$$y''' = u\left(\frac{N}{t} - 1\right) + 1 + \frac{nN + t}{p}\,u \tag{66}$$

gemacht werden, auf den wieder $(t-1)$ Schritte mit y', ein Schritt mit y'', $(t-1)$ Schritte mit y', ein Schritt mit y'', $(t-1)$ Schritte mit y' u. s. w., das sind insgesamt $(u\,t-1)$ Schritte, folgen. Dann ist wieder ein Schritt mit y''' zu gehen, der von den geschilderten $(u\,t-1)$ Schritten gefolgt wird u. s. f. Endlich schließt dann der Schritt

$$y^{IV} = u\left(\frac{N}{t} - 1\right) + 1 - \frac{(n+1)\,N - t}{p}\,u \tag{67}$$

die Wicklung.

Die vorstehenden Formeln gelten für rechtsgängige Wicklungen. Für linksgängige Wicklungen gehen die Formeln für die Schritte y''' und y^{IV} über in

$$y''' = u\left(\frac{N}{t} - 1\right) + 1 + \frac{(n+1)\,N - t}{p}\,u \tag{66 a}$$

und

$$y^{IV} = u\left(\frac{N}{t} - 1\right) + 1 - \frac{nN + t}{p}\,u. \tag{67 a}$$

Die Schaltung ist also nach folgendem Plane auszuführen:

$(u\,t-1)$ Schritte
- $(t-1)$ Schritte mit y'
- 1 Schritt mit y''
- $(t-1)$ Schritte mit y'
- 1 Schritt mit y''
- $(t-1)$ Schritte mit y'
- $\vdots$
- $(t-1)$ Schritte mit y'

1 Schritt mit y'''

$(u\,t-1)$ Schritte
- $(t-1)$ Schritte mit y'
- 1 Schritt mit y''
- $(t-1)$ Schritte mit y'
- 1 Schritt mit y''
- $(t-1)$ Schritte mit y'
- $\vdots$
- $(t-1)$ Schritte mit y'

1 Schritt mit y'''

- $(t-1)$ Schritte mit y'
- 1 Schritt mit y''
- $(t-1)$ Schritte mit y'
- $\vdots$
- $(t-1)$ Schritte mit y'

1 Schritt mit y'''

$\vdots$

$(t-1)$ Schritte mit y'

$(k-1)$ Schritte

1 Schritt mit y^{IV} (künstlicher Schluß)

Für $u = 1$ gehen die Formeln (64), (66), (67), (66 a) und (67 a) über in die Formeln (61), (62), (63), (62 a) und (63 a). Die Formel (65) verliert ihre Bedeutung.

Ist jedoch neben $u = 1$ auch $t = 1$, so wird neben Formel (65) auch Formel (64) bedeutungslos, die Schritte y''' und y^{IV} gehen über in

$$y = \frac{n\,k \pm 1}{p},$$

und wir haben eine gewöhnliche, in sich geschlossene Wellenwicklung mit zwei parallelen Zweigen vor uns.

Auf die vorhin geschilderte Art ist das Beispiel in Abb. 100 entworfen worden. Es betrifft eine Wellenwicklung mit $k = 48$ Spulen in $N = 24$ Nuten, also mit $2\,u = 4$ Spulenseiten in einer Nut, für $2\,p = 6$ Pole und zwei parallele Zweige. Der größte Teiler, den Nuten- und Polpaarzahl gemeinsam haben, ist $t = 3$. Da hier t gleich der Polpaarzahl p ist, sind die beiden Wicklungsschritte y'' und y''' einander gleich und die Wicklung wird nur mit den beiden Schritten

$$y' = u\,\frac{N}{t} = 2 \cdot \frac{24}{3} = 16$$

und

$$y'' = y''' = u\,\frac{N}{t} + 1 = 17$$

entworfen. Der Schritt des künstlichen Schlusses ist

$$y^{IV} = u\left(\frac{N}{t} - 1\right) + 1 - \frac{(n + 1)\,N - t}{p}\,u =$$

$$= 2\left(\frac{24}{3} - 1\right) + 1 - \frac{(n + 1)\,24 - 3}{3}\,2 = 1.$$

Die Angaben für das Beispiel in Abb. 101 lauten: $k = 20$, $N = 10$, $u = 2$, $2\,p = 4$, $2\,a = 2$, $t = 2$. Auf $(t - 1) = 1$ Schritt mit

$$y' = u\,\frac{N}{t} = 2\,\frac{10}{2} = 10$$

folgt ein Schritt mit

$$y'' = u\,\frac{N}{t} + 1 = 10 + 1 = 11$$

u. s. w. abwechselnd, bis $(u\,t - 1) = 2 \cdot 2 - 1 = 3$ Schritte gemacht sind. Dann ist ein Schritt mit

$$y''' = u\left(\frac{N}{t} - 1\right) + 1 + \frac{n\,N + t}{p}\,u = 2\,(5 - 1) + 1 + \frac{n\,10 + 2}{2}\,2 = 11 \quad (n = 0)$$

zu gehen, auf den wieder drei Schritte mit $y' = 10$, $y'' = 11$ und $y' = 10$ folgen, die wieder ein Schritt mit $y''' = 11$ ablöst u. s. f., bis schließlich die Wicklung durch den Schritt

$$y^{IV} = u\left(\frac{N}{t} - 1\right) + 1 - \frac{(n + 1)\,N - t}{p}\,u =$$

$$= 2\,(5 - 1) + 1 - \frac{(n + 1)\,10 - 2}{2}\,2 = 1 \quad (n = 0)$$

geschlossen wird.

γ) *Ableitung als Wicklung mit veränderlichen Zeiger- und Gesamtstrahlensprungzahlen*

Die in Abb. 106 gezeichnete künstlich geschlossene Wellenwicklung mit 28 Spulen in 14 Nuten für 8 Pole und zwei parallele Zweige ist im Abschnitt II D 5 als Beispiel für eine Wicklung mit veränderlichen Zeiger- und Gesamtstrahlensprungzahlen entworfen worden, ohne daß Formeln für die Wicklungsschritte aufgestellt wurden.

b) Entwurf von künstlich geschlossenen Wellenwicklungen als Wicklungen mit verringerter Spulenzahl

α) *Grundgedanke*

Die Aufgabe, eine Wellenwicklung mit k Spulen für $2\,p$ Pole und mit zwei parallelen Zweigen auszulegen, sei nicht lösbar, weil die Formel

$$y = \frac{n\,k \pm 1}{p}$$

für den resultierenden Wicklungsschritt mit den gegebenen Werten für k und p nicht erfüllt werden kann. Für die Spulenzahl $(k + 1)$ beispielsweise aber könnte eine solche Wellenwicklung entworfen werden. Wir ermitteln dann diese Wellenwicklung mit $(k + 1)$ Spulen und nehmen jedoch die überzählige Spule heraus. Die Wicklung schließt sich dann nicht selbst und wir müssen sie künstlich schließen. Mit anderen Worten: wir ersetzen die herausgenommene Spule durch eine Verbindungsleitung.

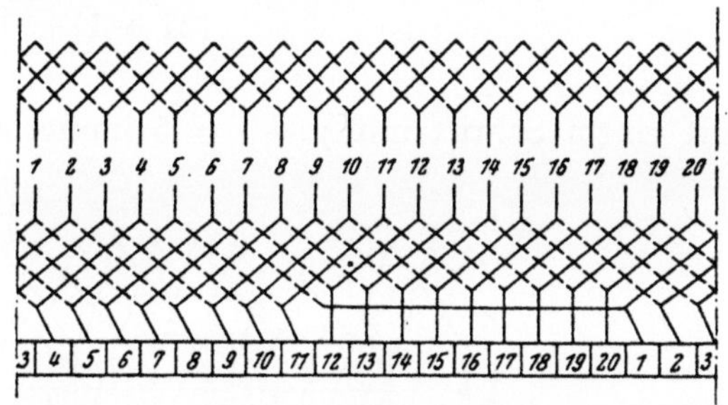

Abb. 128. Vierpolige, künstlich geschlossene, linksgängige Wellenwicklung mit 20 Spulen in 20 Nuten für 2 parallele Zweige

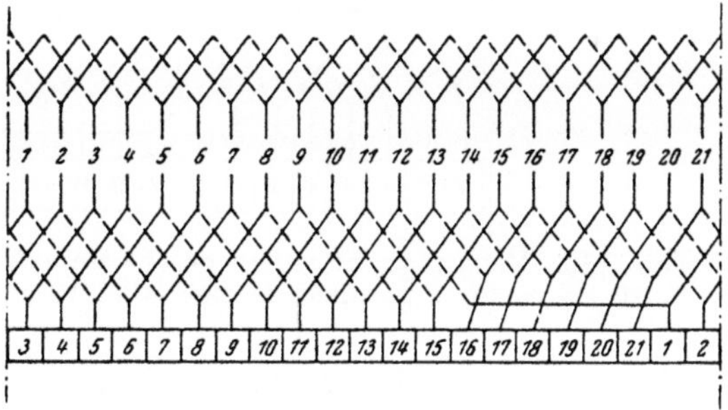

Abb. 129. Sechspolige, künstlich geschlossene Wellenwicklung mit 21 Spulen in 21 Nuten für 2 parallele Zweige

β) *Vorgang beim Entwurf von künstlich geschlossenen Wellenwicklungen*

Gegeben sind: Nutenzahl N, Spulenseitenzahl je Nut $2\,u$, Stegzahl $k = N\,u$, Polzahl $2\,p$, Zahl der parallelen Ankerzweige $2\,a = 2$. Wir berechnen den resultierenden Wicklungsschritt y mit einer um 1 vermehrten Stegzahl $(k + 1)$:

$$y = \frac{n\,(k + 1) \pm 1}{p}.$$

Dann führen wir abwechselnd $(p - 1)$ resultierende Schritte mit y und einen Schritt mit $(y - 1)$ aus. Jeder p-te resultierende Schritt wird also um eins verkürzt.

$$\gamma)\ \textit{Beispiele}$$

In Abb. 128 ist eine vierpolige, künstlich geschlossene, linksgängige Wellenwicklung mit $k = 20$ Spulen in $N = 20$ Nuten ($u = 1$) für zwei parallele Zweige gezeichnet. Sie wurde mit dem resultierenden Wicklungsschritte

$$y = \frac{n\,(k+1) - 1}{p} = \frac{n \cdot 21 - 1}{2} = 10 \quad (n = 1)$$

entworfen, indem abwechselnd die Schritte $y = 10$ und $y - 1 = 9$ ausgeführt wurden.

Abb. 129 zeigt die in Abb. 98 dargestellte sechspolige, künstlich geschlossene Wellenwicklung mit 21 Spulen in 21 Nuten für zwei parallele Zweige, diesmal aber nach dem vorstehenden Entwurfsverfahren ausgelegt. Hier wechseln je zwei Schritte mit

$$y = \frac{(21 + 1) - 1}{3} = 7$$

mit einem Schritt mit $y - 1 = 6$ immerfort ab.

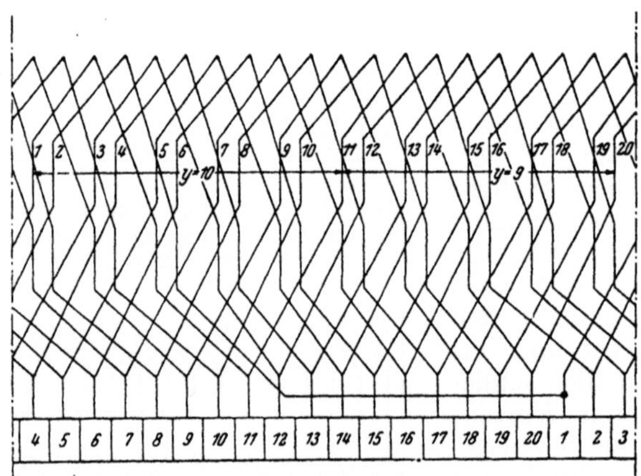

Abb. 130. Vierpolige, künstlich geschlossene Wellenwicklung mit 20 Spulen in 10 Nuten für 2 parallele Zweige ($y = 10$ und 9, $y_1 = 4$, $y_2 = 6$ und 5)

Entwirft man die in Abb. 102 gezeichnete vierpolige, künstlich geschlossene Wellenwicklung mit 20 Spulen in 10 Nuten für zwei parallele Zweige nach dem hier geschilderten Verfahren, so entsteht eine Wicklung nach Abb. 130.

c) Vor- und Nachteile der künstlich geschlossenen Wellenwicklungen

Da eine künstlich geschlossene Wellenwicklung alle gleichmäßig am Ankerumfang verteilten Spulen umfaßt, schließt sich das Spannungsvieleck solcher Wicklungen und es gibt hier nicht wie bei den Wellenwicklungen mit blinden Spulen Ausgleichsströme in der Wicklung. Als Nachteil muß gewertet werden, daß hier die von den Bürsten kurzgeschlossenen Wicklungsteile nicht gleichwertig sind.

d) Beispiel für die Ausführung einer künstlich geschlossenen Wellenwicklung

Für eine vierpolige Gleichstrommaschine mit 12/18,4 kW bei 900/1040 U/min und 90 V soll der Anker mit $N = 43$ Nuten mit einer Wellenwicklung mit $2\,a = 2$ parallelen Zweigen belegt werden, und zwar so, daß je $2\,u = 4$ Stäbe in jeder Nut liegen.

Die Formel für den resultierenden Wicklungsschritt kann für diese Werte nicht erfüllt werden:

$$y = \frac{43 \cdot 2 \pm 1}{2}.$$

Wir entwerfen daher die Wicklung mit $u\,N + 1 = 87$ Spulen, für die sich ein Wicklungsschritt

$$y = \frac{87 - 1}{2} = 43$$

ergibt. Abwechselnd werden nun die Wicklungsschritte $y = 43$ und $y - 1 = 42$ gegangen. Zum Unterschied von den Beispielen in den Abb. 128, 129 und 130 fügen wir den zusätzlichen Steg in den Stromwender ein, um den wir die Spulenzahl vermehrt haben, um den Wicklungsschritt y berechnen zu können. Auf diese Weise entsteht Abb. 131. Der künstliche Schluß der Wicklung verbindet den Oberstab der Spule 11 über den Steg 11 mit dem Unterstab der Spule 12 über den Steg 55.

Abb. 132 zeigt Einzelheiten der Ausführung dieser Wicklung. In Abb. 132 a ist der normale Anschluß der Stäbe mit Hilfe der Fahnen an die Stege 54 und 56 dargestellt. Die Fahne, die mit dem Stege 55 verbunden ist, muß einerseits die Schaltverbindungen des künstlichen Schlusses aufnehmen und andererseits den Unterstab der Spule 12. Über dem Unterstab liegt ein Füllstück in der Stärke des Ankerstabes. Die Fahne für den Steg 11 in Abb. 132 b umschließt den Oberstab der Spule 11 und die Schaltverbindungen des Wicklungsschlusses. Wie der künstliche Schluß untergebracht ist, sehen wir in

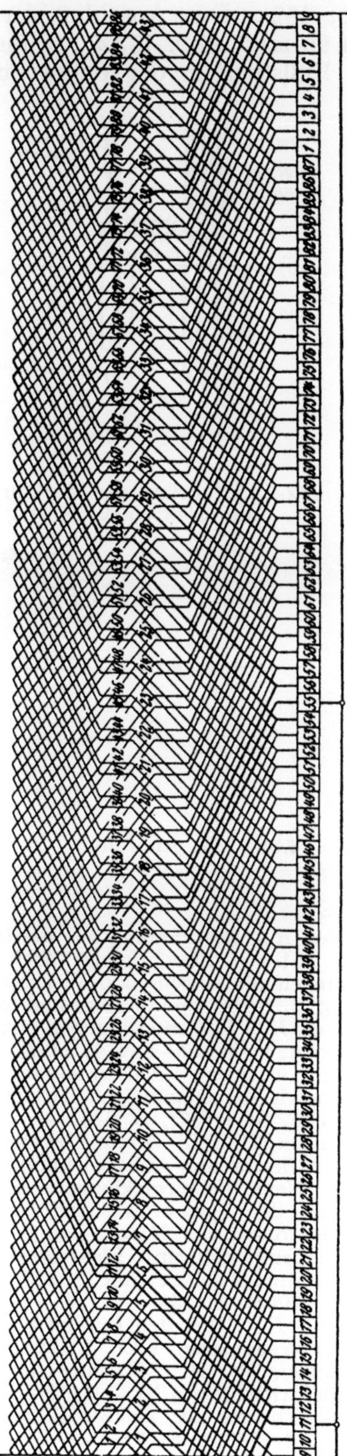

Abb. 131. Vierpolige, künstlich geschlossene Wellenwicklung mit 86 Spulen in 43 Nuten für 2 parallele Zweige (AEG, Berlin)

Abb. 132 *c*. Den Anschluß der Kurzschlußverbindungen an die Stege 11 und 55 zeigt Abb. 132 *d*. Schließlich entnehmen wir noch Abb. 133, wie das Füllstück in der Fahne zum Stege 55 ausgebildet ist.

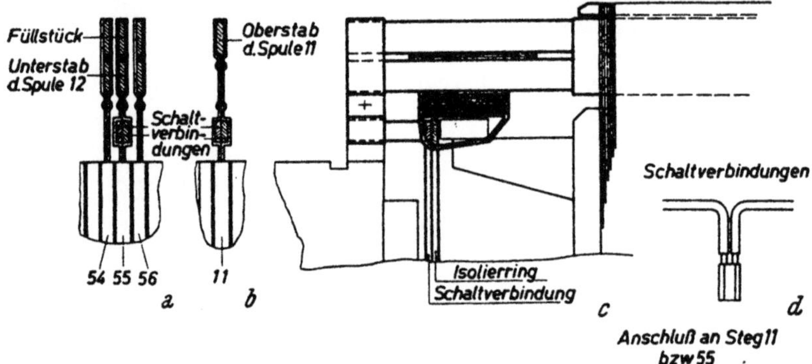

Abb. 132. Ausführung der Wicklung nach Abb. 131 für eine Gleichstrommaschine mit 12/18,4 kW bei 900/1040 U/min und 90 V (AEG, Berlin)

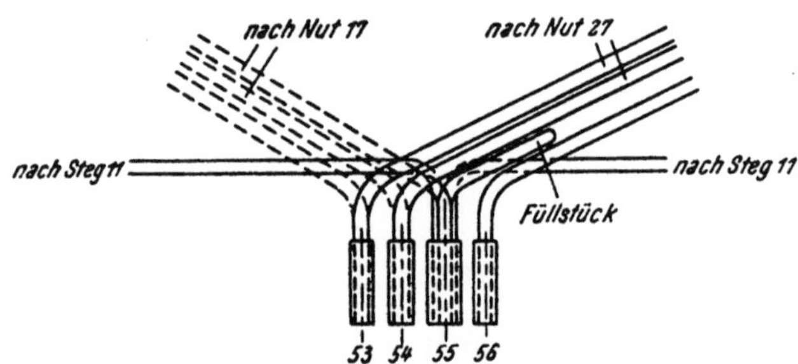

Abb. 133. Anordnung des Füllstückes der Wicklung nach Abb. 132

Schrifttum

Richter, R.: Bestimmung der Breite der Wendezone. Arch. Elektrotechn. **2** (1914), S. 451. — Berichtigung. Arch. Elektrotechn. **6** (1918), S. 406. — Ankerwicklungen für Gleich- und Wechselstrommaschinen. Berlin: Julius Springer, 1920.

Roe, A. C.: Halbblinde Stege und tote Spulen. The Electric Journal **26** (1929), S. 89.

Sequenz, H.: Reihenwicklungen mit toten Spulen oder halbblinden Stegen. Elektrotechn. u. Masch.-Bau **47** (1929), S. 845. — Versuch einer allgemeinen Theorie der Gleichstrom-Ankerwicklungen. Arch. Elektrotechn. **27** (1933), S. 709. — Theorie der eingängigen Gleichstrom-Ankerwicklungen (I. Teil). Arch. Elektrotechn. **31** (1937), S. 524. — Theorie der eingängigen Gleichstrom-Ankerwicklungen (II. Teil). Arch. Elektrotechn. **33** (1939), S. 367. — Eine neue Ableitung der Gleichstrom-Ankerwicklungen. Elektrotechn. u. Masch.-Bau **51** (1933), S. 469. — Neue Wellenwicklungen. Elektrotechn. u. Masch.-Bau **52** (1934), S. 273. — Zahl der Spulen zwischen benachbarten Stegen einer Stromwenderwicklung. Elektrotechn. u. Masch.-Bau **59** (1941), S. 585. — Wicklungsfaktoren von Stromwenderwicklungen. Elektrotechn. u. Masch.-Bau **60** (1942), S. 445. — Das Spannungsvieleck von Stromwenderwicklungen. Elektrotechn. u. Masch.-Bau **61** (1943), S. 259.

Stumpp, E.: Über den Einfluß blinder Spulen bei Wellenwicklungen auf die Breite der Wendezone. Arch. Elektrotechn. **14** (1925), S. 594.

Tolwinski, W. A.: Theorie der Ankerwicklungen von Gleichstrommaschinen. Elektritschestwo Nr. 8 (1925), S. 467. — Gleichstrommaschinen. Leningrad 1929. — Theorie der Ankerwicklungen von Gleichstrommaschinen. Elektritschestwo Nr. 2 (1930), S. 92. — Systematik der Ankerwicklungen von Gleichstrommaschinen. Elektritschestwo Nr. 5 (1938), S. 49.

III. Symmetriebedingungen für Stromwenderwicklungen. Ausgleichsverbindungen und selbstausgleichende Stromwenderwicklungen

A. Symmetriebedingungen für Stromwenderwicklungen

1. Vollkommen symmetrische Stromwenderwicklungen

Wir haben schon im Abschnitt I B 3 *a* α bei der Besprechung des Spannungsvieleckes einer Stromwenderwicklung mit zwei parallelen Ankerzweigen in Abb. 7 darauf hingewiesen, daß im allgemeinen die Spannungen der durch die Bürsten parallelgeschalteten Zweige nicht gleich groß sind. Dieser Spannungsunterschied ruft einen Ausgleichsstrom hervor, der über die Bürsten fließt, die Bürsten also zusätzlich belastet. Wie muß man eine Wicklung auslegen, damit die Spannungen ihrer parallelgeschalteten Ankerzweige in jedem Augenblicke genau einander gleich sind? Nur eine solche Wicklung kann man als *vollkommen symmetrisch* bezeichnen.

2. Symmetriebedingungen

Offenbar müssen, damit die Spannungen aller parallelen Zweige einer Stromwenderwicklung in jedem Augenblicke gleich groß sind, zwei Bedingungen erfüllt sein. Erstens müssen sich die *a* Umgänge des Spannungsvieleckes dieser Wicklung decken, und zweitens muß das Spannungsvieleck bei jeder Lage der Zeitlinie durch die Bürsten in zwei genau gleichwertige Hälften zerlegt werden.

a) Spannungsvielecke mit sich deckenden Umläufen

Im Abschnitt II C 3 wurde bereits festgestellt, daß sich die *a* Umgänge des Spannungsvieleckes einer *p*-poligen Stromwenderwicklung mit N Nuten decken, wenn sowohl

$$\frac{N}{a} \quad \text{eine ganze Zahl,} \tag{24}$$

als auch

$$\frac{p}{a} \quad \text{eine ganze Zahl} \tag{25}$$

ist.

b) Zerlegung des Spannungsvieleckes in gleichwertige Hälften durch die Bürsten

Soll außerdem das Spannungsvieleck bei jeder Lage der Zeitlinie durch die Bürsten in zwei genau gleichwertige Hälften zerlegt werden, so muß die Zahl N/a der gleichartigen Teilvielecke jedes Umganges eine gerade Zahl oder es muß

$$\frac{N}{2\,a} \quad \text{eine ganze Zahl} \tag{68}$$

sein.

In Abb. 134 z. B. ist das Spannungsvieleck einer Wellenwicklung gezeichnet mit $k/a = 15$ Spulen in $N/a = 5$ Nuten für eine 4 a-polige Maschine. Hier liegen $u = 3$ Spulenseiten in einer Nut nebeneinander. Die Zahl der parallelen Ankerzweige ist 2 a. Die a Umläufe des Spannungsvieleckes decken sich, denn N/a und p/a sind ganze Zahlen. Die 2 a Umgänge des Stromwenders reduzieren sich hier auf zwei, weil wir in jedem dieser zwei Umgänge a Umläufe des Stromwenders zusammengelegt denken können. Jeder Umgang des Spannungsvieleckes besteht aus $N/a = 5$ Teilvielecken. Der resultierende Wicklungsschritt ist

$$y = \frac{n\,(k/a) \pm 1}{p/a} = \frac{n\,15 - 1}{2} = 7$$

$$(n = 1).$$

Man sieht aus Abb. 134 deutlich, daß bei der gezeichneten Lage des Spannungsvieleckes hinsichtlich der Zeitlinie oder der Bürstenverbindungslinie a Ankerzweige die Spannung $A'\,B'$ und die anderen die Spannung $C'\,D'$ aufweisen, daß also die Spannungen verschieden groß sind.

Ist jedoch $N/2\,a$ eine ganze Zahl wie im Beispiel der Abb. 135, so läßt sich nachprüfen, daß für diese Wicklung bei jeder Lage des Ankers zu den Bürsten die parallelen Zweige hinsichtlich Spannung und Widerstand einander gleichwertig sind, daß also diese Wicklung vollkommen symmetrisch ist. Abb. 135 stellt das Spannungsvieleck in Verbindung mit dem Stromwender dar für eine Wellenwicklung mit $k/a = 16$ Spulen in $N/a = 8$ Nuten. Jede Nut umschließt mithin $2\,u = 4$ Spulenseiten. Die Maschine ist 6 a-polig. Der resultierende Wicklungsschritt ist

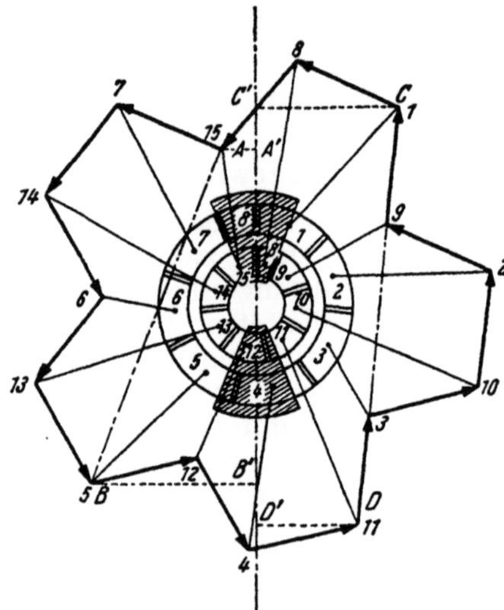

Abb. 134. Spannungsvieleck in Verbindung mit dem Stromwender einer Wellenwicklung mit $k/a = 15$ Spulen in $N/a = 5$ Nuten für 4 a Pole und 2 a parallele Zweige. $N/2\,a \neq$ ganze Zahl

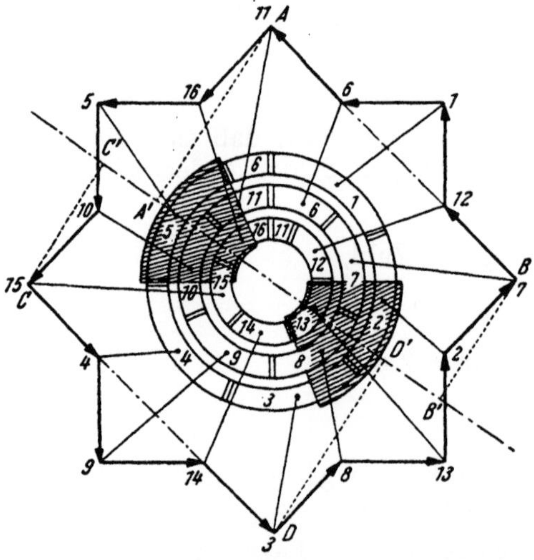

Abb. 135. Spannungsvieleck in Verbindung mit dem Stromwender einer Wellenwicklung mit $k/a = 16$ Spulen in $N/a = 8$ Nuten für 6 a Pole und 2 a parallele Zweige. $N/2\,a = 4 =$ ganze Zahl

$$y = \frac{n\,(k/a) \pm 1}{p/a} = \frac{n\,16 - 1}{3} = 5 \quad (n = 1).$$

3. Ergebnis

Für eine vollkommen symmetrische Stromwenderwicklung, bei der die Spannungen ihrer parallelgeschalteten Ankerzweige in jedem Augenblicke genau einander gleich sind, müssen die Nutenzahl N und die Polzahl $2\,p$ durch die Zahl $2\,a$ der parallelen Zweige ganzzahlig teilbar sein:

$$\boxed{\begin{aligned} \frac{N}{2\,a} &= \text{ganze Zahl,} \\[2mm] \frac{p}{a} &= \text{ganze Zahl.} \end{aligned}} \tag{69}$$

B. Die Stromwendungsschwankungen der Spannung von Gleichstromerzeugern

In jenen Fällen, in denen es auf die Reinheit der Spannung von Gleichstromerzeugern ankommt, also auf ein weitgehendes Freisein der Gleichspannung von Oberwellen, ist es wichtig, sich ein Bild von der durch den Stromwender und die Stromwendung hervorgerufenen Ungleichförmigkeit der Spannung zu machen.

Wir wollen uns vorerst darauf beschränken, Wicklungen zu untersuchen, bei denen die Spulen- und Stegzahl k gleich der Nutenzahl N ($u = 1$), die Zahl der Pole $2\,p$ gleich der Zahl der parallelen Ankerzweige $2\,a$ und die Stegzahl ganzzahlig durch die Paarzahl der Ankerzweige teilbar ist ($k/a = $ ganze Zahl).

1. Bürstenbreite < Stegteilung

a) $k/a = $ gerade Zahl

α) *Größe der Spannungsschwankungen*

Am einfachsten gestaltet sich die Aufgabe für eine vollkommen symmetrische Ankerwicklung ($k/2\,a = $ ganze Zahl), wenn wir eine Bürstenbreite b annehmen, die kleiner als eine Stegteilung t_k ist (Abb. 136). Der Höchstwert der Spannung tritt augenscheinlich dann auf, wenn die Bürstenmitten mit den Stegmitten zusammenfallen. Dieser Höchstwert ist dann gleich dem Durchmesser des Spannungsvieleckes, also $2\,R$, wenn R den Halbmesser bedeutet.

Den Kleinstwert der Spannung erhalten wir dagegen, wenn die Bürsten die in Abb. 136 gezeichnete Lage zum Anker haben, das heißt zu Beginn des Kurzschlusses der beiden Spulen, deren Spannungszeiger $A\,C$ und $D\,B$ sind. Die Spannung aller Ankerstromzweige ist dann dargestellt durch die Projektion der Vielecksehnen $\overline{A\,B}$ und $\overline{C\,D}$ auf die Bürstenverbindungslinie als Zeitlinie. Und diese Projektion ist am kleinsten, wenn der Winkel zwischen den Sehnen $\overline{A\,B}$ oder $\overline{C\,D}$ und der Bürstenverbindungslinie am größten ist; was aber bei der gezeichneten Bürstenstellung, wie man deutlich sieht, der Fall ist. Der Kleinstwert der Spannung wird mit

$$a = \frac{2\,\pi}{k/a},$$

$$\beta = \frac{1}{2}\left(\frac{k}{2\,a} - 1\right)\frac{2\,\pi}{k/a},$$

$$\gamma = \frac{2\,\pi}{k/a}\,\frac{(b-i)/2}{t_k}$$

und

$$\overline{A\,B} = 2\,R \sin\beta,$$

$$\overline{A'\,B'} = 2\,R \sin\beta \cos\gamma = 2\,R \cos\frac{\pi}{k/a}\cos\frac{\pi}{k/a}\frac{b-i}{t_k},$$

wenn i die Breite des Isolationssteges bedeutet.

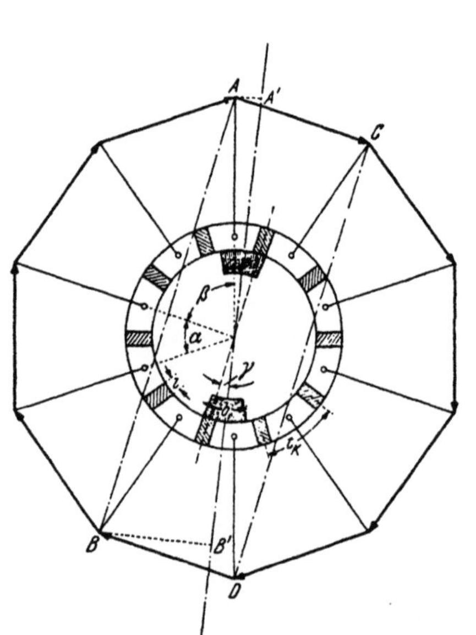

Abb. 136. Spannungsvieleck in Verbindung mit dem Stromwender einer vollkommen symmetrischen Wicklung ($k/a =$ gerade Zahl)

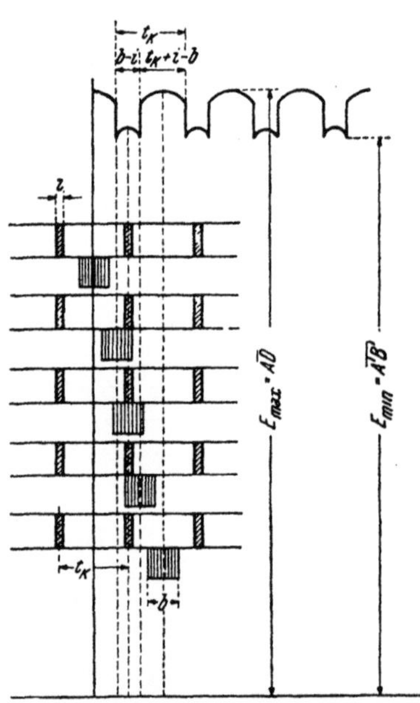

Abb. 137. Spannungsschwankungen, abgeleitet aus Abb. 136

Die Spannungsschwankung in Hundertteilen des Mittelwertes wird

$$\varepsilon\% = \pm\frac{2\,R - \overline{A'\,B'}}{2\,R + \overline{A'\,B'}}\,100\% = \pm\frac{1 - \cos\dfrac{\pi\,a}{k}\cos\dfrac{\pi\,a}{k}\dfrac{b-i}{t_k}}{1 + \cos\dfrac{\pi\,a}{k}\cos\dfrac{\pi\,a}{k}\dfrac{b-i}{t_k}}\cdot 100\%. \qquad (70)$$

Diese Spannungsschwankung nähert sich dem Höchstwert, wenn die Bürstenbreite b dem Werte $(t_k + i)$ zustrebt:

$$\varepsilon\% = \pm\frac{\operatorname{tg}^2\dfrac{\pi\,a}{k}}{2 + \operatorname{tg}^2\dfrac{\pi\,a}{k}}\,100\%. \qquad (71)$$

Wenn $\pi\,a/k$ entsprechend klein ist, so kann man für $\mathrm{tg}\,\pi\,a/k$ angenähert $\pi\,a/k$ setzen. Damit wird

$$\varepsilon\% = \pm\left(\frac{\pi^2\,a^2}{2\,k^2} - \left(\frac{\pi^2\,a^2}{2\,k^2}\right)^2 + \left(\frac{\pi^2\,a^2}{2\,k^2}\right)^3 - + \ldots\right)100\% \approx \frac{493}{(k/a)^2}\,\%. \tag{72}$$

Sollen die Spannungsschwankungen z. B. $\tfrac{1}{2}\%$ nicht überschreiten, so müssen bei geradzahligem k/a mindestens 31 Spulen in einem Ankerzweigpaar vorhanden sein.

β) Frequenz der Spannungsschwankungen

Zu beachten sind bei den Spannungsschwankungen aber nicht nur ihre Größe, sondern auch ihre Frequenz. In Abb. 137, die aus der Abb. 136 abgeleitet wurde, sind die Spannungsschwankungen dargestellt. Die Wellendauer ist

$$T = \frac{t_k}{v_k},$$

die Frequenz

$$f = \frac{v_k}{t_k} = k\,n, \tag{73}$$

wobei v_k die Umfangsgeschwindigkeit des Stromwenders und n die Drehzahl sind.

Setzen wir für v_k für Maschinen mittlerer Größe z. B. $10 \ldots 20$ m/s und für die Stromwenderteilung z. B. 7,5 mm, so wird die Frequenz der Spannungsschwankungen

$$f = \frac{10\,000 \ldots 20\,000}{7,5} = 1331 \ldots 2662\ \text{Hz}.$$

b) k/a = ungerade Zahl (Abb. 138)

α) Bürstenbreite < halbe Stegteilung

Der *Höchstwert* der Spannung tritt selbstverständlich bei der Bürstenstellung $B_1\,B_1$ auf und beträgt

$$\overline{A\,B} = 2\,R\sin\left(\frac{1}{2}\frac{2\,\pi}{k/a}\frac{k/a-1}{2}\right) = 2\,R\cos\frac{a\,\pi}{2\,k}.$$

Der *Kleinstwert* der Spannung ist der Mittelwert aus den Projektionen von $\overline{A\,B}$ und $\overline{A\,C}$ auf die Bürstenverbindungslinie $B_2\,B_2$ oder, wie man sich leicht überzeugen kann, die Projektion von $\overline{A\,D}$ auf die Bürstenverbindungslinie, mithin also mit

$$\gamma = \frac{2\,\pi}{k/a}\frac{(b-i)/2}{t_k},$$

$$\overline{A'\,D'} = 2\,R\cos^2\frac{a\,\pi}{2\,k}\cos\frac{a\,\pi}{k}\frac{b-i}{t_k}.$$

Die Spannungsschwankungen in Hundertteilen vom Mittelwert werden damit

$$\varepsilon\% = \pm\frac{1 - \cos\dfrac{a\,\pi}{2\,k}\cos\dfrac{a\,\pi}{k}\dfrac{b-i}{t_k}}{1 + \cos\dfrac{a\,\pi}{2\,k}\cos\dfrac{a\,\pi}{k}\dfrac{b-i}{t_k}}100\%. \tag{74}$$

Bei Annäherung der Bürstenbreite an $(t_k/2 + i)$ nähern sich die Spannungsschwankungen einem Höchstwerte

$$\varepsilon\% = \pm \frac{1 - \cos^2\dfrac{a\,\pi}{2\,k}}{1 + \cos^2\dfrac{a\,\pi}{2\,k}}\,100\% \approx \frac{123}{\left(\dfrac{k}{a}\right)^2}\%. \tag{75}$$

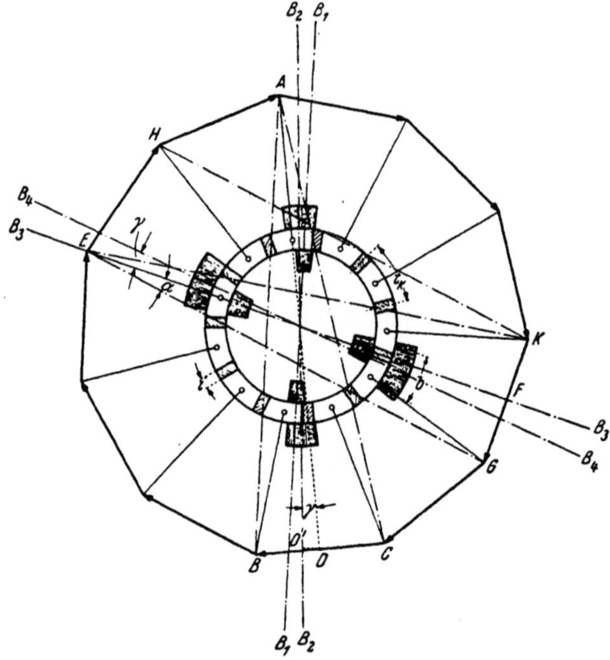

Abb. 138. Spannungsvieleck in Verbindung mit dem Stromwender einer Wicklung mit ungeradzahligem k/a

β) *Bürstenbreite > halbe Stegteilung*

Hier ist der *Höchstwert* der Spannung (Abb. 138)

$$\overline{EF} = 2\,R\cos^2\frac{a\,\pi}{2\,k}$$

bei der Bürstenstellung $B_3\,B_3$ und der *Kleinstwert*

$$\frac{\overline{EG}\cos(a-\gamma) + \overline{HK}\cos(a-\gamma)}{2}$$

bei der Bürstenstellung $B_4\,B_4$; mit $a = \dfrac{a\,\pi}{2\,k}$ also

$$2\,R\cos\frac{a\,\pi}{2\,k}\cos\frac{a\,\pi}{k}\cos\frac{a\,\pi}{k}\frac{2\,b - t_k - 2\,i}{2\,t_k}.$$

Die Spannungsschwankungen in Hundertteilen vom Mittelwert sind

$$\varepsilon\% = \pm \frac{\cos\dfrac{a\,\pi}{2\,k} - \cos\dfrac{a\,\pi}{k}\cos\dfrac{a\,\pi}{k}\dfrac{2\,b - t_k - 2\,i}{2\,t_k}}{\cos\dfrac{a\,\pi}{2\,k} + \cos\dfrac{a\,\pi}{k}\cos\dfrac{a\,\pi}{k}\dfrac{2\,b - t_k - 2\,i}{2\,t_k}}\,100\%. \tag{76}$$

Dem Höchstwert streben die Spannungsschwankungen zu, wenn sich die Bürstenbreite dem Werte $(t_k + i)$ nähert. Er beträgt

$$\varepsilon\% = \pm \frac{1 - \cos\dfrac{a\,\pi}{k}}{1 + \cos\dfrac{a\,\pi}{k}} \cdot 100\% = \pm \operatorname{tg}^2\frac{a\,\pi}{2\,k}\,100\% \approx \frac{247}{\left(\dfrac{k}{a}\right)^2}\,\%. \tag{77}$$

Die Spannungsschwankungen streben bei Annäherung der Bürstenbreite b an den Wert $(t_k + i)$ bei ungeradzahligem k/a einem Höchstwert zu, der nur halb so groß ist, als wenn k/a gerade wäre.

γ) Frequenz der Spannungsschwankungen

Aus den Abb. 139 und 140 ist zu erkennen, daß die Frequenz der Spannungsschwankungen bei einem ungeradzahligen k/a doppelt so groß ist als bei geradzahligem k/a:

$$f = \frac{2\,v_k}{t_k} = 2\,k\,n. \tag{78}$$

Mit den mittleren Werten für v_k von 10 bis 20 m/s und für t_k von 7,5 mm wird die Frequenz

$$f = 2662 \ldots 5324 \text{ Hz.}$$

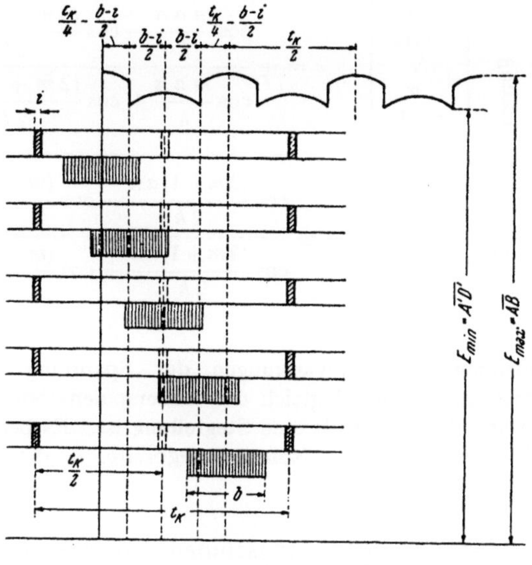

In den Abb. 139 und 140 sind die Spannungsschwankungen im Verhältnis zum Mittelwerte der Spannung vergrößert gezeichnet worden.

Abb. 139. Spannungsschwankungen, abgeleitet aus Abb. 138 für $b < t_k/2$

Sollen die Spannungsschwankungen bei einer Bürstenbreite, die gleich der halben Stegteilung ist, $\tfrac{1}{2}\%$ nicht überschreiten, so müssen in einem Ankerzweigpaar mindestens 16 Spulen vorhanden sein. Ist die Breite einer Bürste gleich einer Stegteilung, dann muß man mindestens 22 Spulen in einem Paar der Ankerzweige ausführen, damit der Ungleichförmigkeitsgrad der Spannung nicht größer als $\tfrac{1}{2}\%$ wird.

2. Bürstenbreite > Stegteilung

$$b = \left(m + \frac{1}{n}\right) t_k.$$

Auf die vorhin beschriebene Art lassen sich auch für eine Bürstenbreite, die größer als eine Stegteilung ist, Formeln für die Spannungsschwankungen ableiten.   Sie sind in nachstehender Tabelle zusammengestellt.

Tabelle 11. *Spannungsschwankungen*

$\dfrac{k}{a}$ = gerade	$\varepsilon = \pm \dfrac{\cos \dfrac{m\,a\,\pi}{k} - \cos \dfrac{(m+1)\,a\,\pi}{k} \cdot \cos \dfrac{a\,\pi}{k} \dfrac{t_k - n\,i}{n\,t_k}}{\cos \dfrac{m\,a\,\pi}{k} + \cos \dfrac{(m+1)\,a\,\pi}{k} \cdot \cos \dfrac{a\,\pi}{k} \dfrac{t_k - n\,i}{n\,t_k}} \cdot 100\%$	(79)

$\dfrac{k}{a}$ = ungeradzahlig	$\dfrac{1}{n} t_k < \dfrac{1}{2} t_k$	$\varepsilon = \pm \dfrac{\cos \dfrac{m\,a\,\pi}{k} - \cos \dfrac{(2m+1)\,a\,\pi}{2k} \cos \dfrac{a\,\pi}{k} \dfrac{t_k - n\,i}{n\,t_k}}{\cos \dfrac{m\,a\,\pi}{k} + \cos \dfrac{(2m+1)\,a\,\pi}{2k} \cos \dfrac{a\,\pi}{k} \dfrac{t_k - n\,i}{n\,t_k}} \cdot 100\%$	(80)
	$\dfrac{1}{n} t_k > \dfrac{1}{2} t_k$	$\varepsilon = \pm \dfrac{\cos \dfrac{(2m+1)\,a\,\pi}{2k} - \cos \dfrac{(m+1)\,a\,\pi}{k} \cos \dfrac{a\,\pi}{k} \dfrac{2t_k - n\,t_k - 2n\,i}{2n\,t_k}}{\cos \dfrac{(2m+1)\,a\,\pi}{2k} + \cos \dfrac{(m+1)\,a\,\pi}{k} \cos \dfrac{a\,\pi}{k} \dfrac{2t_k - n\,t_k - 2n\,i}{2n\,t_k}} \cdot 100\%$	(81)

Stromwendungsschwankungen der Spannung von Gleichstromerzeugern, deren Ankernutenzahl N gleich der Ankerspulen- oder Stegzahl k ist, für eine Bürstenbreite, die größer als eine Stegteilung ist. Es bedeuten: $2\,a$ die Zahl der parallelen Ankerzweige, i die Isolationsstegbreite, t_k die Stegteilung, b die Bürstenbreite $[b = (m + 1/n)\,t_k]$

Bei Gleichstrommaschinen mittlerer Größe ist das Verhältnis Nutenzahl zu Polzahl gewöhnlich 12 bis 16.   Da in der bisher durchgeführten Untersuchung die Stegzahl gleich der Nutenzahl angenommen wurde, so kann geschrieben werden

$$\frac{k}{a} = 24 \ldots 32,$$

wenn Wicklungen vorausgesetzt werden, die ebenso viele Ankerzweige wie Pole haben.   Die Bürstenbreite beträgt im Durchschnitt bei Maschinen mittlerer Größe etwa 2 bis 3 Stromwenderteilungen; damit wird

$$m = 2 \text{ oder } 3.$$

Die Breite der Isolationsstege ist gewöhnlich 0,6 bis 0,8 mm.   Die Stromwenderteilung liegt bei etwa 7,5 mm.

Wählt man z. B. die Stegteilung 7,5 mm, die Isolationsstegbreite 0,7 mm, die Bürstenbreite 20 mm, das ist $m = 2$ und $n = 3/2$, so erhält

man für die Spannungsschwankungen bei einem $k/a = 24$ Spulen je Ankerzweigpaar

$$\varepsilon = \pm 2{,}36\%.$$

Für dieselben Verhältnisse und ein ungerades k/a von 25 Spulen je Ankerzweigpaar werden die Spannungsschwankungen

$$\varepsilon = \pm 1{,}14\%,$$

also nur etwa die Hälfte derjenigen, die bei einem nächstliegenden geradzahligen k/a auftreten.

Führt man die Rechnung für ein
ungerades k/a von 31 Spulen in einem
Ankerzweigpaar durch, so werden die
Spannungsschwankungen

$$\varepsilon = \pm 0{,}725\%,$$

während für das nächstliegende gerade
k/a von 32 Spulen auf ein Paar der
Ankerzweige die Spannungsschwankungen wieder etwa doppelt so groß,
nämlich

$$\varepsilon = \pm 1{,}32\%$$

werden.

Aus diesen Rechnungen erkennt
man auch, daß für die gewöhnlichen
Verhältnisse von Spulenzahl zu Ankerzweigpaarzahl die Spannungsschwankungen größer als $\frac{1}{2}\%$ sind.
Sollen sie kleiner als $\frac{1}{2}\%$ sein, so
muß ein Ankerzweigpaar mindestens
39 Spulen enthalten. Diese Zahl gilt
für ein ungeradzahliges k/a. Sollen
dagegen bei einem geradzahligen k/a

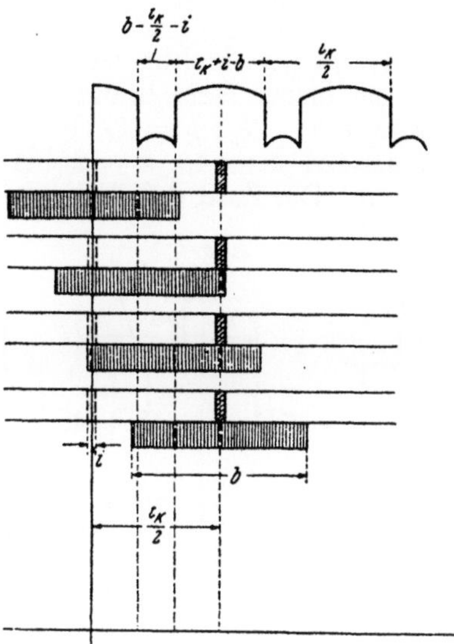

Abb. 140. Spannungsschwankungen,
abgeleitet aus Abb. 138 für $b > t_k/2$

die Spannungsschwankungen kleiner als $\frac{1}{2}\%$ sein, so müssen in einem
Paar der Ankerzweige mindestens 52 Spulen vorhanden sein. Bei diesen
Zahlen sind die im vorstehenden angegebenen Mittelwerte für m, n, Isola-
tionsbreite i und Stromwenderteilung t_k vorausgesetzt.

Auch hier zeigt sich wieder, daß die Frequenz der Spannungsschwankungen bei einem ungeradzahligen k/a doppelt so groß ist wie bei
einem geradzahligen k/a.

3. Wicklungen mit mehr als zwei Spulenseiten in einer Nut ($u > 1$)

Es wäre langweilig, auch für jene Wicklungen Formeln für die Stromwendungsschwankungen der Spannung ableiten zu wollen, bei denen in
einer Nut mehr als zwei Spulenseiten eingebettet sind. Wir haben ja bei
der Besprechung der Spannungsvielecke von Zweischichtwicklungen mit
$2\,u$ Spulenseiten in jeder der N Nuten des Ankers gesehen, daß jedes
Spannungsvieleck aus N Teilvielecken besteht, deren jedes sich aus u Spannungszeigern zusammensetzt. Die Teilvielecke aber können entweder
gleichartige Ecken besitzen, die nur nach außen oder nur nach innen gerichtet sind oder ungleichartige Ecken aufweisen, die nach außen oder
nach innen ragen.

Eine Untersuchung von Wicklungen mit a sich deckenden Umläufen des Spannungsvieleckes, für die also N/a und p/a ganze Zahlen sind, und bei denen außerdem die u Spannungszeiger eines Teilvieleckes phasengleich sind, führt zu Formeln für die Stromwendungsschwankungen der Spannung, denen man folgendes entnehmen kann.

Bei Gleichstrommaschinen mittlerer Größe ergeben sich unter den genannten Voraussetzungen die Spannungsschwankungen zu

$$\varepsilon \approx \pm \frac{1}{3}\,\%,$$

wenn N/a geradzahlig ist und wenn die Bürstenbreite kleiner als $u\,t_k$ ist. Die bei dieser Berechnung angenommenen Werte sind die bereits früher erwähnten: $N/2\,p = 12$ bis 16, $t_k = 7{,}5$ mm, $i = 0{,}6$ bis $0{,}8$ mm, $k/2\,p = 24$ bis 54, $u = 2$ bis 4, $b = (m + 1/n)\,t_k = (2$ bis $3)\,t_k = 10$ bis 25 mm. Die Zahl der Ankerzweige ist gleich der Polzahl ($2\,a = 2\,p$).

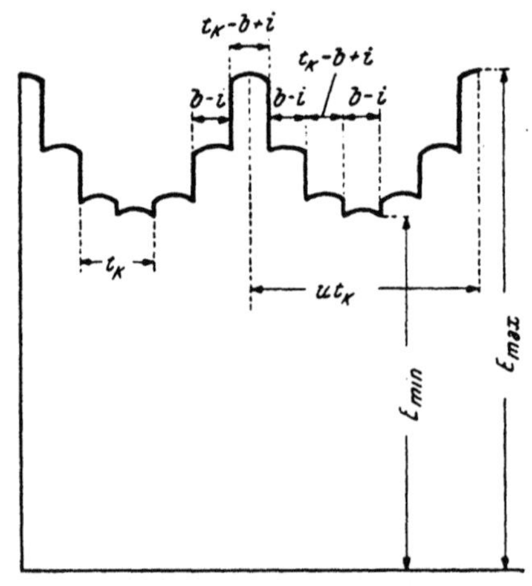

Abb. 141. Spannungsschwankungen für ein geradzahliges N/a

Wird ein ungeradzahliges N/a gewählt, so ist der Ungleichförmigkeitsgrad der Spannung für den Fall, daß die Bürstenbreite kleiner ist als $1/2\,u\,t_k$

$$\varepsilon \approx \pm \frac{1}{10}\,\%;$$

ist dagegen die Bürste breiter als $1/2\,u\,t_k$, aber schmäler als $u\,t_k$, so betragen die Spannungsschwankungen

$$\varepsilon \approx \pm \frac{1}{6}\,\%.$$

Bei Bürsten, die breiter sind als der Wert $u\,t_k$ angibt, sind die Spannungsschwankungen bei einem geradzahligen N/a fast $\pm\,1\%$ des Mittelwertes. Sollen diese Spannungsschwankungen kleiner als $\frac{1}{2}\%$ sein, so müssen in einem Paar von Ankerzweigen mindestens 40 Nuten vorgesehen sein, wenn die vorausgesetzten mittleren Verhältnisse angenommen werden.

Mit einem ungeradzahligen N/a werden die Spannungsschwankungen ungefähr $1/3\%$ des Mittelwertes, wenn die Bürsten breiter sind als $u\,t_k$ und wenn $\dfrac{u\,t_k}{n}$ kleiner ist als $\dfrac{u\,t_k}{2}$. $\left[\text{Bürstenbreite } b = \left(m + \dfrac{1}{n}\right)u\,t_k\right]$. Ist aber $u\,t_k/n$ größer als $u\,t_k/2$, so nähert sich der Ungleichförmigkeitsgrad der Spannung dem Werte $3/4\%$. Sollen auch in diesem Falle die Spannungsschwankungen kleiner als $1/2\%$ des Mittelwertes sein, so muß ein Paar von Ankerzweigen mindestens 39 Nuten enthalten.

Die Frequenz der Stromwendungsschwankungen der Spannung ist nach Abb. 141

$$f = \frac{v_k}{u\,t_k} = N\,n, \tag{82}$$

wenn in der Wicklung auf ein Paar der Ankerzweige eine *gerade Zahl* von Nuten entfällt. Diesen Spannungsschwankungen, die darauf zurückzuführen sind, daß die k Ankerspulen in N Nuten zusammengedrängt sind, überlagern sich die Schwankungen mit der Frequenz

$$f = \frac{v_k}{t_k} = k\,n, \tag{73}$$

die ihre Ursache in der Verteilung der k Spulen haben. Da N/a eine gerade Zahl ist, muß es auch $k/a = u\,N/a$ sein.

Die Frequenz der Spannungsschwankungen bei einer *ungeraden Zahl* von Nuten in einem Paar von Ankerzweigen ist nach Abb. 142 und 143

$$f = \frac{2\,v_k}{u\,t_k} = 2\,N\,n. \tag{83}$$

In Abb. 142 überlagern sich diesen Nutenschwankungen Spulenschwankungen mit der Frequenz

$$f = k\,n,$$

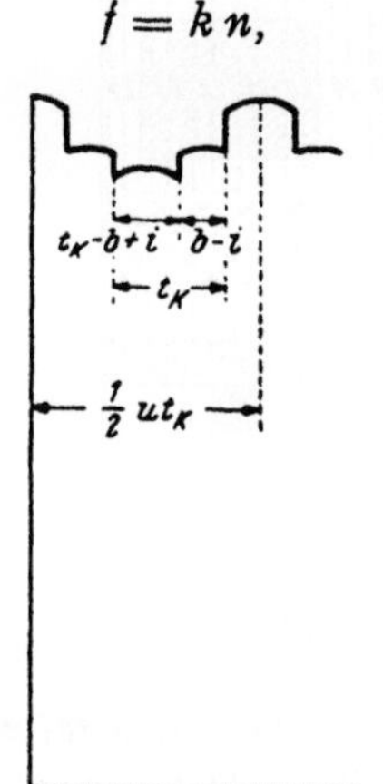

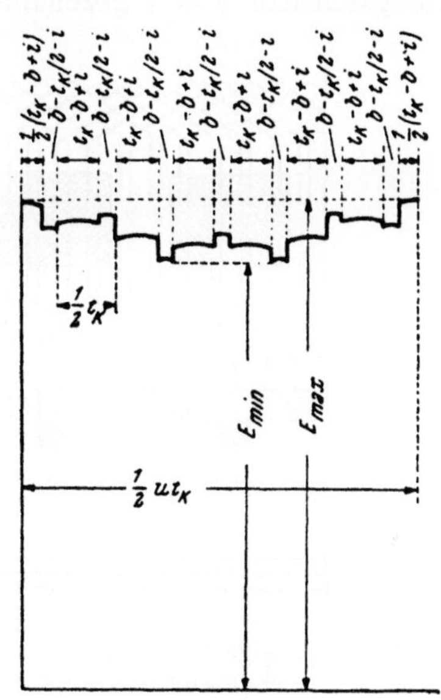

Abb. 142. Spannungsschwankungen für ein ungeradzahliges N/a, wenn u gerade ist

Abb. 143. Spannungsschwankungen für ein ungeradzahliges N/a, wenn u ungerade ist

weil in diesem Beispiel die Zahl u der in einer Nut nebeneinander liegenden Spulenseiten gerade angenommen ist, so daß $k/a = u\,N/a$ wieder eine gerade Zahl ist.

Ist jedoch außer N/a auch noch u eine ungerade Zahl, wie in Abb. 143, so errechnet sich die Frequenz der Nutenschwankungen nach der Formel (83) und die Frequenz der Spulenschwankungen nach der Formel

$$f = 2\,k\,n, \tag{78}$$

weil in diesem Falle auch $k/a = u\,N/a$ eine ungerade Zahl ist.

In den Beispielen, die die Abb. 141, 142 und 143 darstellen, ist die Bürstenbreite kleiner als eine Stegteilung vorausgesetzt.

C. Ausgleichsverbindungen

1. Ausgleichsverbindungen bei Schleifenwicklungen

a) Schleifenwicklungen mit $a = p$

Es können, trotzdem eine Wicklung vollkommen symmetrisch nach den Vorschriften des Abschnittes III A ausgelegt ist, die Spannungen ihrer parallelgeschalteten Ankerzweige ungleich groß werden. Die Gründe dafür können bei den gebräuchlichen Schleifenwicklungen mit einer Paarzahl der parallelen Ankerzweige, die gleich der Polpaarzahl ist ($a = p$), folgende sein:

In Abb. 144 ist eine Schleifenwicklung mit $k = 24$ Spulen in $N = 24$ Nuten für $2\,p = 4$ Pole und $2\,a = 4$ parallele Zweige mit dem resultierenden Wicklungsschritte $y = 1$ gezeichnet. Die Pole und Bürsten sind einge-

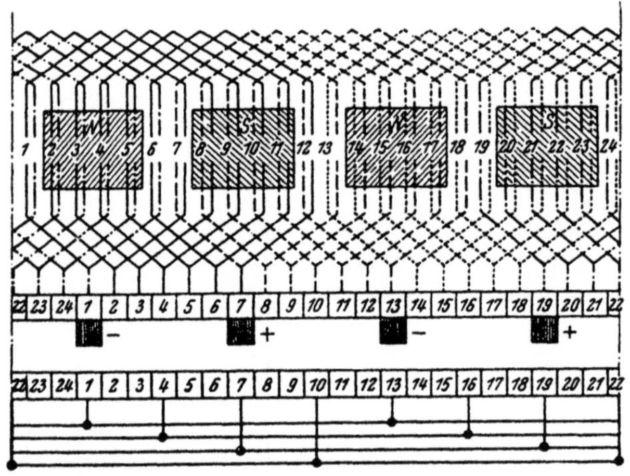

Abb. 144. Eingängige Schleifenwicklung mit 24 Spulen in 24 Nuten für 4 Pole und 4 parallele Zweige mit Ausgleichsverbindungen

tragen. Außerdem sind die vier parallelen Zweige des Ankers durch verschiedene Stricharten hervorgehoben. Wir erkennen, daß sich jeder Ankerzweig über zwei benachbarte Pole oder über ein Polpaar erstreckt. Die Spannungen der einzelnen parallelen Zweige sind somit proportional der Summe der Flüsse je zweier benachbarter Pole. Sind diese Summen der Flüsse verschieden groß, weil z. B. der Anker ausmittig gelagert ist oder die Feldmagnete ungenau ausgeführt sind, weist mit anderen Worten die Maschine magnetische Unsymmetrien auf, so werden die Spannungen der einzelnen parallelgeschalteten Ankerzweige ungleich groß sein. In der Ankerwicklung fließt dann ein Ausgleichsstrom, der die Bürsten belastet und gegebenenfalls Anlaß zu einem Bürstenfeuer geben kann.

Wir können Abhilfe schaffen dadurch, daß wir Punkte der Stromwenderwicklung miteinander verbinden, die phasengleich sein sollen. Wie wir solche Punkte in der Wicklung finden, werden wir sofort besprechen. Da die Spannung zwischen den phasengleich-sein-sollenden Wicklungspunkten bei magnetischen Unsymmetrien nicht Null ist, treten in den *Ausgleichsverbindungen*, wie wir die künstlichen Verbindungen phasengleicher Punkte der Wicklung nennen, Ströme auf, die auf die magnetischen Unsymmetrien zurückwirken und die Unterschiede in den Polflüssen verkleinern.

b) Phasengleiche Punkte der Stromwenderwicklung

Damit wir je a phasengleiche Ecken im Spannungsvieleck einer Stromwenderwicklung und damit je a phasengleiche Wicklungspunkte bekommen, müssen sich die a Umgänge des Vieleckes decken, was, wie wir schon wissen, nur der Fall ist, wenn N/a und p/a ganze Zahlen sind.

Nennen wir die Zahl der Spulen oder Stromwenderstege, die zwischen phasengleichen Spulen oder Stegen liegen, den Verbindungsschritt y_v, so ergibt sich dieser aus der Überlegung, daß wir im Spannungsvieleck einen ganzen Umgang mit k/a Seiten (die den Spulen entsprechen) oder Ecken (die den Stegen des Stromwenders entsprechen) machen müssen, um von einer Seite oder Ecke zu einer phasengleichen zu kommen. Somit wird der Verbindungsschritt

$$y_v = \frac{k}{a}. \qquad (84)$$

Die Zahl der möglichen Ausgleichsverbindungen ist gleich der Zahl der phasengleichen Seiten oder Ecken eines Spannungsvieleckes, also gleich k/a. Doch werden, wie wir noch später ausführen werden, nicht alle k/a Ausgleichsverbindungen eingebaut.

Damit diese a phasengleichen Punkte in einer Wicklung auftreten können, müssen die Bedingungen erfüllt sein:

$$\frac{N}{a} = \text{ganz}, \qquad (85\,a)$$

$$\frac{p}{a} = \text{ganz}. \qquad (85\,b)$$

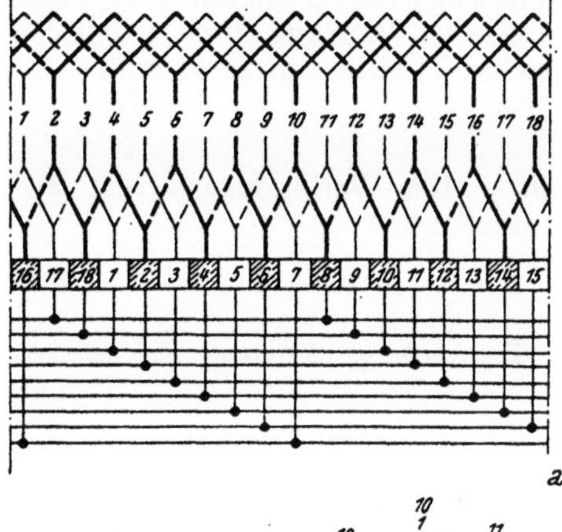

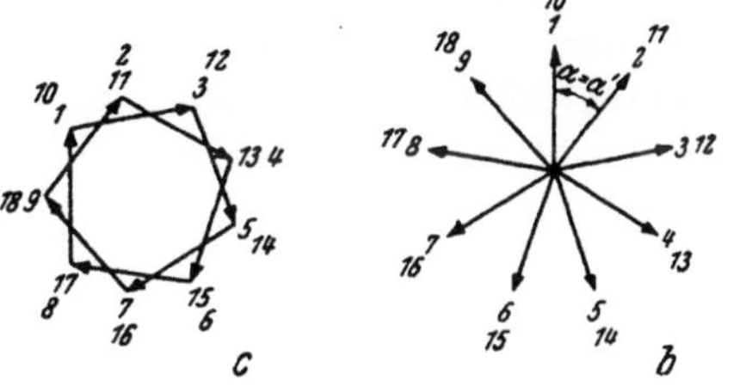

Abb. 145. Zweifach geschlossene, zweigängige Schleifenwicklung mit 18 Spulen in 18 Nuten für 4 Pole und 8 parallele Zweige. Verbindungsschritt $y_v = k/p = 9$ ist ungeradzahlig. *a)* Schaltplan, *b)* Spulenstern, *c)* Spannungsvieleck

c) Schleifenwicklungen mit $a = 2\,p$

α) *Notwendigkeit von Ausgleichsverbindungen*

Die Ausgleichsverbindungen bei Schleifenwicklungen, deren Paarzahl der parallelen Ankerzweige gleich der Polzahl ist, dienen einem doppelten Zweck: einerseits sollen sie wieder magnetische Unsymmetrien in der Maschine ausgleichen, und andererseits sollen sie die Spannung gleichmäßig am Stromwender verteilen. Zum Beispiel soll die Spannung zwischen den Stromwenderstegen 1 und 3 der in Abb. 145 *a* dargestellten zweifach geschlossenen, vierpoligen Schleifenwicklung mit acht parallelen Zweigen durch den dazwischen liegenden Steg 2 in zwei gleiche Teile geteilt werden. Dies geschieht durch die Ausgleichsleitung, die den Steg 2 mit dem Steg 11 verbindet, der nach dem Spulenstern in Abb. 145 *b* oder dem Spannungsvielecke in Abb. 145 *c* mit dem Stege 2 phasengleich ist. Und zwar gehört der Steg 2 dem einen Wicklungsgang der zweifach geschlossenen Schleifenwicklung an und die beiden Stege 1 und 3, deren Spannungsunterschied in zwei gleiche Hälften durch den Steg 2 zerlegt werden soll, gehören zum zweiten Wicklungsgange.

β) Phasengleiche Punkte und Verbindungsschritt

Bei den Schleifenwicklungen mit einer Ankerzweigzahl, die doppelt so groß ist wie die Zahl der Pole, läßt sich die Bedingung, daß p/a ganzzahlig sein muß, nicht erfüllen. In diesem Falle begnügt man sich mit p phasengleichen Punkten, statt deren a, und verbindet je p phasengleiche Punkte der Wicklung durch Ausgleichsverbindungen. Damit diese p phasengleichen Punkte auftreten, muß

$$\frac{N}{p} = \text{ganzzahlig} \tag{86}$$

sein. Der Verbindungsschritt zwischen phasengleichen Wicklungspunkten ist

$$y_v = \frac{k}{p}. \tag{87}$$

γ) Zweifach geschlossene Schleifenwicklungen mit ungeradzahligem Verbindungsschritt

Ist der Verbindungsschritt $y_v = k/p$ bei einer zweifach geschlossenen Schleifenwicklung mit $a = 2\,p$ und $y = 2$ eine ungerade Zahl, so hängen an einer Ausgleichsleitung phasengleiche Wicklungspunkte, die zu verschiedenen Teilwicklungen oder Wicklungsgängen gehören. Eine solche Wicklung sehen wir in Abb. 145. Hier handelt es sich um eine zweifach geschlossene Schleifenwicklung mit 18 Spulen in 18 Nuten für 4 Pole und 8 parallele Ankerzweige. Der resultierende Wicklungsschritt ist $y = 2$. Die Bedingung (86) ist erfüllt, denn $N/p = 18/2$ ist eine ganze Zahl. Der Verbindungsschritt $y_v = k/p = 18/2 = 9$ ist ungeradzahlig; er verbindet phasengleiche Punkte miteinander, die verschiedenen Wicklungsgängen entnommen sind, wie z. B. die Stege 1 und 10 oder 2 und 11, 3 und 12 u. s. w. In diesem Beispiel wurden alle Stromwenderstege an Ausgleichsverbindungen angeschlossen. Diese Verbindungen gleichen hier nicht nur die Unterschiede in den Polflüssen aus, sondern verteilen auch die Spannung gleichmäßig über den Stromwender.

δ) Zweifach geschlossene Schleifenwicklungen mit geradzahligem Verbindungsschritt

Bei einer zweifach geschlossenen Schleifenwicklung mit einer doppelt so großen Zahl von parallelgeschalteten Ankerzweigen als Pole und mit einem geradzahligen Verbindungsschritt $y_v = k/p$ verbindet eine Ausgleichsleitung nur Stege miteinander, die ein und demselben Wicklungsgange angehören. Man führt im allgemeinen solche Wicklungen so aus, daß die Ausgleichsverbindungen der einen Teilwicklung auf der Stromwenderseite und die der zweiten Teilwicklung auf der anderen Seite der

Ankerwicklung liegen. Verbindungsleitungen, die zwischen Ankereisen und Welle durchgeführt werden, verbinden dann die beiden Teilwicklungen miteinander. Abb. 146 zeigt eine solche Wicklung mit $k = 20$ Spulen in $N = 20$ Nuten für $p = 2$ Polpaare und $2\,a = 8$ parallele Zweige. Der Verbindungsschritt ist $y_v = k/p = 20/2 = 10$. Wie man sich leicht überzeugen kann, liegt hier zwischen je zwei benachbarten Stegen des Stromwenders durchgehend ein Stab, also eine halbe Ankerspule.

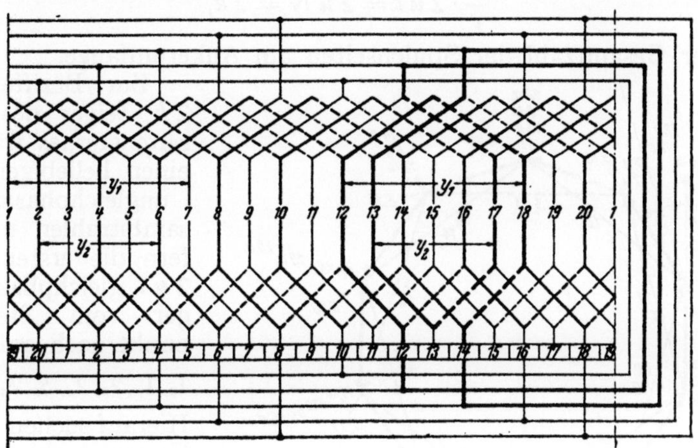

Abb. 146. Zweigängige, zweifach geschlossene Schleifenwicklung mit 20 Spulen in 20 Nuten für 4 Pole und 8 parallele Zweige. Verbindungsschritt $y_v = k/p = 10$ ist geradzahlig

In der Praxis werden die Schleifenwicklungen mit $a = 2\,p$ meist als Stabwicklungen ausgeführt, also mit einer Windung in jeder Ankerspule.

Wir fragen uns nun, welche Bedingungen erfüllt werden müssen, damit wir, so wie es Abb. 146 zeigt, durch Verbindungsleitungen die Halbierungspunkte an den Wicklungsköpfen der Spulen der einen Teilwicklung mit den gegenüberliegenden Stegen der anderen Teilwicklung verbinden können. Oder mit anderen Worten: wann sind die Anzapfpunkte an den Wicklungsköpfen der Spulen des einen Wicklungsganges phasengleich mit den gegenüberliegenden Stegen des zweiten Wicklungsganges?

Wir zeichnen in Abb. 147 den Stern der Stabspannungen oder Spulenseitenspannungen der in Abb. 146 entworfenen Wicklung. Er besteht aus N/t ungleichphasigen Gesamtstrahlen wie der Spulenstern, wenn t wieder den größten Teiler darstellt, den die Nutenzahl N des Ankers und die Polpaarzahl p der Maschine gemeinsam haben. Diese N/t ungleichphasigen Gesamtstrahlen sind um den Winkel

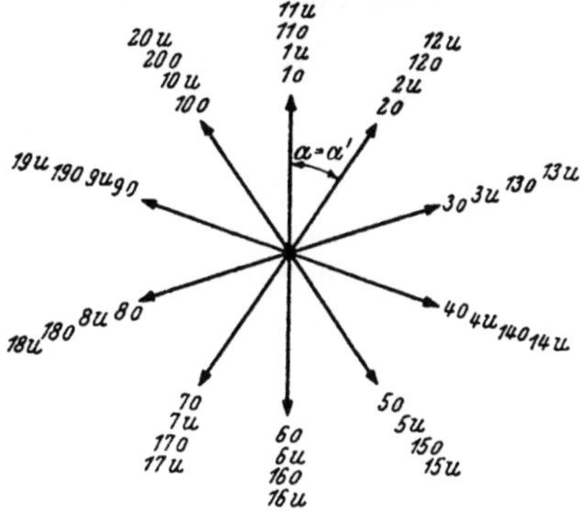

Abb. 147. Spulenseitenstern der zweifach geschlossenen Schleifenwicklung in Abb. 146

$$\alpha' = \frac{t}{N}\,360^0$$

gegeneinander verdreht. Jeder der N/t ungleichphasigen Gesamtstrahlen setzt sich aus $2\,u\,t$ gleichphasigen Zeigern zusammen, da einerseits je t Nuten gleichphasig sind und andererseits in jeder Nut $2\,u$ Spulenseiten liegen. Die Gesamtzahl der Zeiger des Stab- oder Spulenseitensternes ist somit

$$\frac{N}{t} \cdot 2\,u\,t = 2\,u\,N = 2\,k,$$

gleich der Gesamtzahl der Spulenseiten am Ankerumfange.

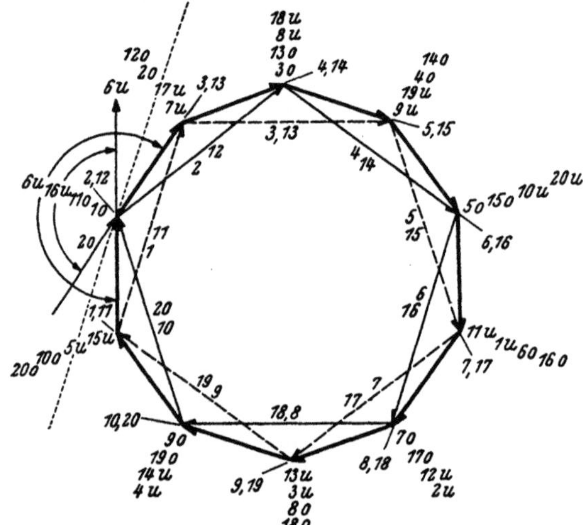

Abb. 148. Spannungsvielecke der Spulenseitenspannungen und Spulenspannungen der Schleifenwicklung in Abb. 146

Zur Bezifferung der $2\,k$ Zeiger des Spulenseitensternes wählen wir einen beliebigen der N/t ungleichphasigen Gesamtstrahlen und beziffern die ersten $2\,u$ der $2\,u\,t$ gleichphasigen Zeiger vom Sternmittelpunkt nach außen mit

$$1_o, 1_u, 2_o, 2_u, 3_o, 3_u \ldots u_o, u_u.$$

Hierauf suchen wir jenen Gesamtstrahl, der um den Winkel

$$\alpha = \frac{p}{N}\,360^0 = \frac{p}{t}\,\alpha'$$

gegen den soeben bezifferten Gesamtstrahl rechts- oder linksherum im Spulenseitenstern verdreht ist und beziffern die ersten $2\,u$ seiner $2\,u\,t$ gleichphasigen Zeiger vom Sternmittelpunkt nach außen mit

$$(u+1)_o, \quad (u+1)_u, \quad (u+2)_o, \quad (u+2)_u, \quad (u+3)_o, \quad (u+3)_u, \ldots 2\,u_o, \quad 2\,u_u,$$
$$\text{u. s. w.}$$

Mit $1_o, 2_o, 3_o$ u. s. w. werden die oberschichtigen Spulenseiten in den Nuten und mit $1_u, 2_u, 3_u$ u. s. w. die unterschichtigen Spulenseiten bezeichnet.

Nach dieser Vorschrift ist der Stab- oder Spulenseitenstern in Abb. 147 gezeichnet und beziffert worden. Aus diesem Spulenseitenstern bauen wir das Spannungsvieleck der Wicklung in Abb. 148 auf. Die zwanzig Spulen sind nach ihren oberschichtigen Spulenseiten beziffert zu denken. Der Spannungszeiger der Spule 1 mit der oberschichtigen Spulenseite in Nut 1 setzt sich aus den Zeigern für die Spannung der oberschichtigen Spulenseite 1_o und der unterschichtigen Spulenseite $(1 + y_1)_u = (1 + 6)_u = 7_u$ zusammen. Der Spannungszeiger der Spule 2 (oberschichtige Spulenseite in Nut 2) ist die geometrische Summe der Zeiger 2_o und $(2 + y_1)_u = (2 + 6)_u = 8_u$; u. s. f. Wir haben die Spannungszeiger der Spulen des in Abb. 146 schwach ausgezogenen Wicklungsganges in Abb. 148 gestrichelt gezeichnet und die Zeiger der Spulen des in Abb. 146 stark nachgezogenen Wicklungsganges in Abb. 148 voll gezeichnet. Jeder der beiden getrennten Wicklungsgänge besitzt ein eigenes Spannungsvieleck. Das Vieleck der Spannungszeiger der einzelnen Spulenseiten umhüllt die Spannungsvielecke der beiden Teilwicklungen und ist in Abb. 148 stark ausgezogen. Die Ecken der Spannungsvielecke entsprechen den Stromwenderstegen. Und zwar hängen am Steg 1 die Spulen mit den oberschichtigen Spulenseiten in den Nuten 19 und 1; deshalb muß die Ecke des Spannungsvieleckes in Abb. 148 die durch die beiden Zeiger 19 und 1 gebildet wird, mit 1 beziffert werden; sie gehört zum Steg 1. Zum Steg 2 sind in der Wicklung die Spulen 20 und 2 geführt; dem Steg 2 entspricht daher im Spannungsvieleck jene Ecke, die die beiden Zeiger 20 und 2 miteinander bilden.

Aus den Vielecken der Spulenspannungen und Spulenseitenspannungen in Abb. 148 können wir herauslesen, ob die den Stromwenderstegen gegenüberliegenden Anzapfpunkte des zweiten Wicklungsganges in Abb. 146 mit diesen Stromwenderstegen des ersten Wicklungsganges phasengleich sind. Das Potential des mit dem Stege 2 z. B. durch eine Verbindungsleitung verbundenen Anzapfpunktes, der in Abb. 146 diesem Stege gegenüber liegt, wird durch den Eckpunkt versinnbildet, den die Spannungszeiger der oberschichtigen Spulenseite 1_o und der unterschichtigen Spulenseite 7_u miteinander bilden. Dieser Eckpunkt entspricht aber auch dem Stromwendersteg 2. Tatsächlich haben somit dieser Anzapfpunkt und dieser Steg gleiches Potential: sie können miteinander verbunden werden. Das gleiche gilt für die anderen Anzapfpunkte des einen Wicklungsganges und für die Stromwenderstege des anderen Wicklungsganges.

Damit aber diese geschilderten Verhältnisse eintreten, muß offenbar folgendes gelten. Das Potential des mit dem Steg 2 verbundenen Anzapfpunktes wird durch die Spannungszeiger der Spulenseiten 1_o und 7_u aufgebaut, die um den ersten Teilschritt $y_1 = 6$ auseinander liegen. Ebenso schaffen die beiden Spannungszeiger der Spulenseiten 2_o und 6_u das Potential des Steges 2. Diese Spulenseiten 2_o und 6_u sind um den zweiten Teilschritt $y_2 = 4$ voneinander entfernt. Sollen nun der durch die Spulenseiten 1_o und 7_u gebildete Anzapfpunkt und der mit den Spulenseiten 2_o und 6_u verbundene Steg 2 gleiches Potential aufweisen, so muß nach Abb. 148 der Phasenwinkel zwischen den Zeigern 1_o und 7_u um den gleichen Betrag größer als 180° sein, um den der Phasenwinkel zwischen den Zeigern 2_o und 6_u kleiner als 180° ist. Dies bedingt, daß der eine Teilschritt y_1 um ebenso viel größer als eine Polteilung sein muß, als der andere Teilschritt y_2 kleiner als eine Polteilung ist:

$$y_1 - \frac{k}{2p} = \frac{k}{2p} - y_2. \tag{88}$$

Da außerdem für eine Schleifenwicklung mit $a = 2p$ die Gleichung für den resultierenden Schritt besteht

$$y = y_1 - y_2 = \pm 2, \tag{89}$$

so finden wir für die beiden Teilschritte die Formeln

$$y_1 = \frac{k}{2p} \pm 1,$$

$$y_2 = \frac{k}{2p} \mp 1. \tag{90}$$

In dem Beispiel der Abb. 146, 147 und 148 sind: $k/2\,p = 20/4 = 5$, $y_1 = 5 + 1 = 6$, $y_2 = 5 - 1 = 4$. Die vorstehende Bedingung (90) ist erfüllt, wenn $k/2\,p$ eine ganze Zahl oder k/p, das ist aber der Verbindungsschritt y_v, eine gerade Zahl ist, was wir vorausgesetzt haben.

Die für Wicklungen mit $u = 1$ Spulenseite in jeder Nutenschichte gültigen Bedingungen (90) ergeben sich auch aus der Überlegung, daß in den Windungen der Wicklung, die durch Ausgleichsverbindungen parallelgeschaltet sind, kein Ausgleichsstrom fließen darf, daß also die in diesen Windungen induzierten Spannungen größen- und phasengleich sein müssen. In Abb. 146 sind zwei solche durch Ausgleichsleitungen gegeneinandergeschaltete Windungen durch besonders stark ausgezogene Linien deutlich gemacht. Man sieht sofort, daß die Spannungen dieser beiden gegeneinandergeschalteten Windungen nur dann gleiche Größe und Phase haben, wenn der Teilschritt y_1 um den gleichen Betrag größer als eine Polteilung ist wie der Teilschritt y_2 kleiner als sie ist. Diese letzte Bedingung, nämlich gleiche Größe und Phase der Spannungen der durch Ausgleichsverbindungen parallelgeschalteten Windungen, führt dazu, daß für den Fall mehrerer Spulenseiten in einer Nut ($u > 1$), diese *Zahl u der in einer Nut nebeneinander liegenden Spulenseiten eine gerade Zahl sein muß*. Weiters muß man Treppenwicklungen anwenden, wie Abb. 149 zeigt, die eine gewöhnliche, ungeteilte Wicklung mit $u = 2$ in einer Nut nebeneinander liegenden Spulenseiten darstellt. Die Spannungen in den stark ausgezogenen Windungen

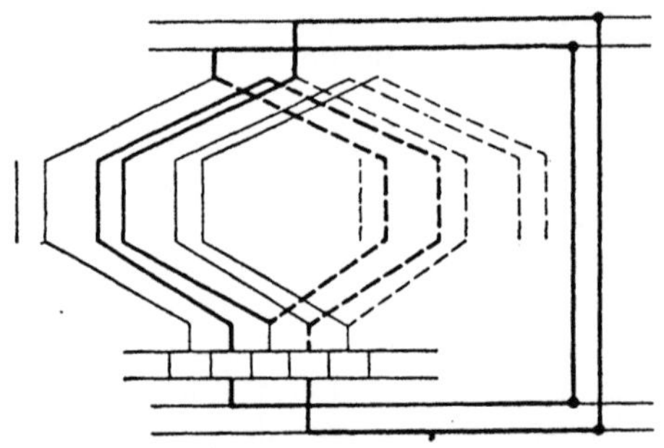

Abb. 149. Zweifach geschlossene Schleifenwicklung mit $a = 2\,p$ als gewöhnliche, ungeteilte Wicklung mit $u = 2$ in einer Nut nebeneinander liegenden Spulenseiten mit Ausgleichsverbindungen

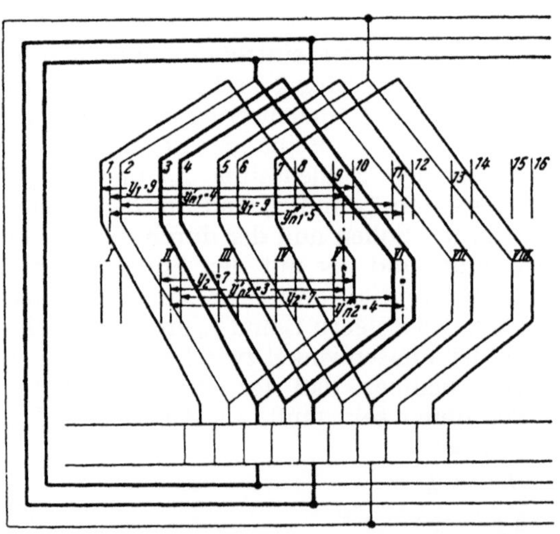

Abb. 150. Zweigängige, zweifach geschlossene Schleifenwicklung als Treppenwicklung mit zwei in einer Nut nebeneinander liegenden Spulenseiten mit Ausgleichsverbindungen

sollen der Größe und Phase nach gleich sein. Für die linken in einer Nut eingebetteten Leiter trifft dies zu, aber nicht für die rechten, in verschiedenen Nuten liegenden Leiter, die den Induktionsfluß eines Zahnes umschließen. Wir müssen also die beiden rechten betrachteten Leiter der Unterschichte so verschieben, daß sie in einer und derselben Nut zu liegen kommen, das heißt wir müssen Zuflucht zu einer Treppenwicklung nehmen, was in Abb. 150 geschehen ist. Die zwei parallelgeschalteten Windungen sind mit ihren Ausgleichsverbindungen wieder stark nachgezogen. Wir haben es hier mit einer Treppenwicklung zu tun, da je $y_1/u = 9/2 = 4\frac{1}{2}$ ist. Die Nutenschritte sind für den stärker ausgezogenen Wicklungsgang

$$y_{n_1}' = 4 \quad \text{und} \quad y_{n_2}' = 3$$

und für die dünner gezeichnete Teilwicklung

$$y_{n_1}'' = 5 \quad \text{und} \quad y_{n_2}'' = 4.$$

Die parallelgeschalteten Windungen weisen die gleiche Weite $y_{n_1}' = y_{n_1}'' = 4$ auf.

Wir entnehmen den Abb. 146 und 150, daß, wenn einerseits der Verbindungsschritt $y_v = k/p$ eine gerade Zahl ist, und wenn andererseits die volle Zahl der Ausgleichsverbindungen ausgeführt wird, zwischen je zwei benachbarten Stromwenderstegen nur eine halbe Ankerspule oder nur ein in Nuten eingebetteter Leiter liegt, wodurch die Stromwendung wesentlich erleichtert wird.

ε) *Überblick über die Ausgleichsverbindungen bei Schleifenwicklungen mit $a = 2\,p$*

Bei Schleifenwicklungen mit einer Zahl von parallelen Ankerzweigen, die doppelt so groß ist wie die Polzahl, also *bei zweigängigen Schleifenwicklungen* ist der resultierende Wicklungsschritt

$$y = \pm 2.$$

Daher muß die zweigängige Wicklung für eine ungerade Spulenzahl k einfach geschlossen sein, während sie bei einer geraden Spulenzahl in zwei

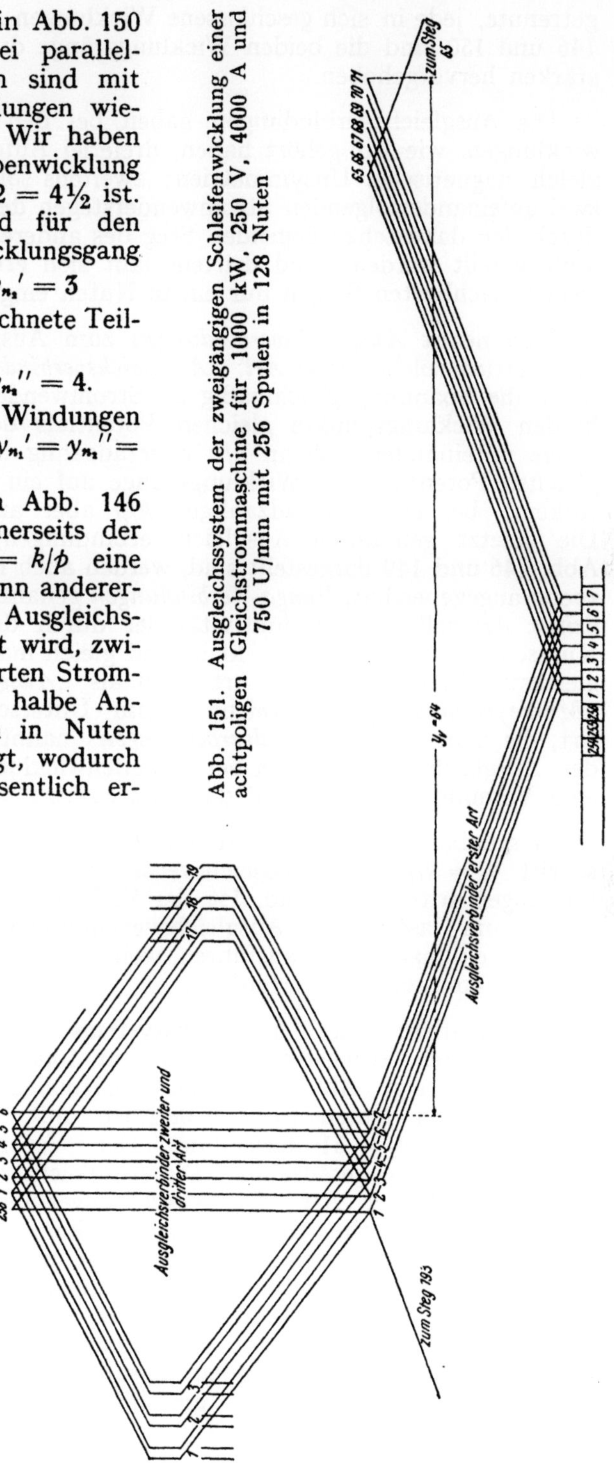

Abb. 151. Ausgleichssystem der zweigängigen Schleifenwicklung einer achtpoligen Gleichstrommaschine für 1000 kW, 250 V, 4000 A und 750 U/min mit 256 Spulen in 128 Nuten

getrennte, jede in sich geschlossene Wicklungen zerfällt. In den Abb. 145, 146 und 150 sind die beiden Wicklungsgänge durch verschiedene Strichstärken hervorgehoben.

Die Ausgleichsverbindungen haben bei den zweigängigen Schleifenwicklungen, wie wir gehört haben, dreierlei Aufgaben: erstens den Ausgleich magnetischer Unsymmetrien; zweitens soll die Spannung zwischen zwei aufeinanderfolgenden Stromwenderstegen des einen Wicklungsganges durch den dazwischen liegenden Steg des anderen Ganges in zwei gleiche Teile geteilt werden; und drittens läßt sich erreichen, daß zwischen je zwei benachbarten Stegen nur ein in Nuten eingebetteter Leiter liegt.

Man nennt *Ausgleichsverbindungen* zum Ausgleich magnetischer Unsymmetrien solche *erster Art*. *Ausgleichsverbindungen zweiter Art* dienen dazu, die Spannung gleichmäßig an Stromwender zu verteilen. Sie verbinden Wicklungspunkte gleichen Potentials der einzelnen Wicklungsgänge miteinander. Wenn k/p ungeradzahlig ist, so liegen die Punkte gleichen Potentials der Wicklungsgänge auf ein und derselben Seite des Ankers; bei einem geradzahligen k/p aber auf verschiedenen Seiten. Die zuletzt genannten Ausgleichsverbindungen, wie solche durch die Abb. 146 und 149 dargestellt sind, werden auch nach Prof. *Punga*, der sie zuerst angegeben hat, *Punga-Verbindungen* genannt. *Ausgleichsverbindungen dritter Art* sollen die Induktivität der durch die Bürsten geschaffenen Kurzschlußkreise möglichst klein und gleich machen. Man hat die Ausgleichsverbindungen erster Art auch als „*Ausgleichsverbindungen*" oder „*Mordeyverbindungen*" bezeichnet zum Unterschied von jenen zweiter Art, die man „*Äquipotentialverbindungen*" nannte. *Mordey* war der erste, der Ausgleichsverbindungen bei Schleifenwicklungen ausführte und damit eine Verminderung der Zahl der Bürstensätze bezweckte.

Wir haben schon betont, daß bei einem geradzahligen Verbindungsschritt $y_v = k/p$ die Ausgleichsverbindungen zweiter Art auch Verbindungen dritter Art sind. Ist der Verbindungsschritt y_v eine ungerade Zahl, dann lassen sich Ausgleichsverbindungen dritter Art bei Zweischichtwicklungen nicht ausführen, weil solche Verbindungen Wicklungen mit Durchmesserspulen erfordern.

Den Aufbau eines Ausgleichssystems der zweigängigen Schleifenwicklung einer Gleichstrommaschine für 1000 kW, 250 V, 4000 A und 750 U/min zeigt Abb. 151. Die achtpolige Wicklung besitzt 256 Spulen in 128 Nuten ($u = 2$) und ist mit den Wicklungsschritten $y_1 = 33$ und $y_2 = 31$ ausgeführt. Der Verbindungsschritt ist $y_v = $ $=256/4=64$, also geradzahlig. Die Ausgleichsverbinder zweiter Art sind auch solche dritter Art. Die Ausgleichsverbinder erster Art sind auf der Stromwenderseite angeordnet. Man kann die Ausgleichsverbindungen, die die Anzapfungen am Wickelkopf mit den Stromwenderstegen verbinden, zu p Leiterbündeln zusammenfassen und in p Messingrohren unterhalb des Blechpaketes im Anker unterbringen und mit Klammern befestigen. Durch die bifilare Anordnung dieser Ausgleichsverbinder, die zu Leiterbündeln zusammengelegt sind und durch die dämpfende Wirkung des sie umschließenden Messingrohres wird die Gesamtinduktivität praktisch Null.

ζ) *Degenerierte Schleifenwicklungen*

In Abb. 124 ist eine zweigängige, zweifach geschlossene Schleifenwicklung mit 48 Spulen in 24 Nuten für 6 Pole gezeichnet. Abb. 152 *a* zeigt den Spulenstern und Abb. 152 *b* das Spannungsvieleck mit dem Stromwender dieser Wicklung. Wir entnehmen diesen Abbildungen, daß in den Spulen 1 und 2, 3 und 4, 5 und 6, 7 und 8, u. s. w. kurz in allen Spulen, die in ein und denselben Nuten nebeneinander liegen, phasen- und größengleiche Spannungen auftreten, so daß man sie durch je eine einzige Spule ersetzen kann. Außerdem weisen nach Abb. 152 *b* die nebeneinander liegenden Stege 1 und 2, 3 und 4, 5 und 6, u. s. w. das gleiche Potential auf,

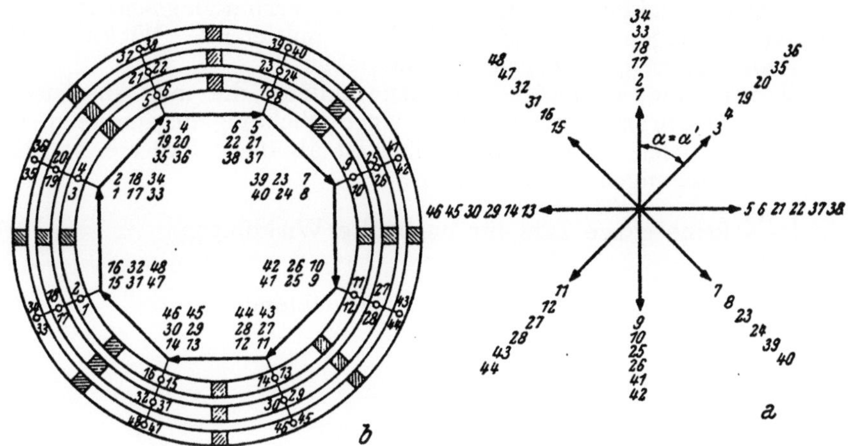

Abb. 152. Spulenstern *a*) und Spannungsvieleck in Verbindung mit dem Stromwender *b*) der zweigängigen, zweifach geschlossenen Schleifenwicklung in Abb. 124

so daß auch sie zusammengelegt werden können. Dann geht aber die zweigängige Schleifenwicklung mit $a = 2\,p$ Paaren von Ankerzweigen in eine eingängige Schleifenwicklung mit $2\,a = 2\,p$ parallelen Ankerzweigen über, das heißt sie degeneriert zu einer eingängigen Wicklung. Aus diesem Grunde hat man solche Wicklungen „*degenerierte Schleifenwicklungen*" genannt.

Die Spulen solcher degenerierter Schleifenwicklungen sind also Teilspulen, in die die Spulen der zugrunde liegenden eingängigen Schleifenwicklung aufgespalten sind und die Stromwenderstege Teilstege der eingängigen Wicklung. Eine degenerierte Wicklung bietet gegenüber einer eingängigen Schleifenwicklung keine besonderen Vorteile.

Welchen Bedingungen muß eine mehrgängige Schleifenwicklung mit $2\,a = m\,2\,p$ Ankerzweigen genügen, damit sie nicht zu einer eingängigen Schleifenwicklung degeneriert?

Wie aus Abb. 66 und Tab. 1 folgt, setzt sich jeder der N/t ungleichphasigen Gesamtstrahlen des Spulensternes einer Zweischichtwicklung mit $k = u\,N$ Spulen in N Nuten aus $u\,t$ gleichphasigen Zeigern zusammen. (In Abb. 152 *b* sind dies bei $t = 3$ und $u = 2$ insgesamt $u\,t = 2 \cdot 3 = 6$

Zeiger.) Ist nun die Zahl a der Umgänge des Spannungsvieleckes dieser Wicklung ganzzahlig in der Zahl $u\,t$ enthalten, so besteht zweifellos die Gefahr einer degenerierten Wicklung. Diese Überlegung bezieht sich auf ungeteilte Wicklungen. Bei Treppenwicklungen darf offenbar $u\,t/2\,a$ keine ganze Zahl sein, wenn degenerierte Wicklungen vermieden werden sollen.

Damit Ausgleichsverbindungen ausgeführt werden können, muß natürlich nach Gl. (86)

$$\frac{N}{p} = \text{eine ganze Zahl}$$

sein. Doch dürfen für mehrgängige Schleifenwicklungen, die nicht zu degenerierten Wicklungen werden sollen, der Verbindungsschritt der Ausgleichsverbindungen $y_v = k/p$ und der resultierende Wicklungsschritt $y = \pm\,a/p$ keinen gemeinsamen Teiler haben.

Soll also eine m-gängige Schleifenwicklung, die mit Ausgleichsverbindungen auszurüsten ist, nicht zu einer Wicklung degenerieren, deren Zahl der parallelen Ankerzweige kleiner ist als die geforderte, so müssen folgende Bedingungen erfüllt werden:

1.
$$\frac{u\,t}{a} \text{ keine ganze Zahl für ungeteilte Wicklungen,} \tag{91 a}$$

$$\frac{u\,t}{2\,a} \text{ keine ganze Zahl für Treppenwicklungen.} \tag{91 b}$$

2.
$$\frac{N}{p} \text{ ganze Zahl.} \tag{86}$$

3.
$$y_v = \frac{k}{p} \text{ und}$$

$$y = \pm\,\frac{a}{p} = \pm\,m \text{ dürfen keinen gemeinsamen Teiler haben.} \tag{92}$$

Die in Abb. 124 dargestellte Wicklung mit $k = 48$ Spulen in $N = 24$ Nuten ist für $2\,p = 6$ Pole ausgelegt und soll $2\,a = 12$ parallele Ankerzweige besitzen. Die Zahl der in einer Nut nebeneinander liegenden Spulenseiten ist $u = 2$ und der Teiler, den Nuten- und Polpaarzahl gemeinsam haben ist $t = 3$. Die Wicklung ist keine Treppenwicklung. $N/p = 8$ ist eine ganze Zahl. Da $\dfrac{u\,t}{a} = \dfrac{2 \cdot 3}{6}$ eine ganze Zahl ist und $y_v = \dfrac{k}{p} = 16$ und $y = +\,a/p = 2$ den gemeinsamen Teiler 2 haben, erscheinen die Bedingungen (91 a) und (92) nicht erfüllt: Die Wicklung degeneriert zu einer eingängigen Schleifenwicklung.

Wir wollen nun die zweigängige, sechspolige Schleifenwicklung mit $k = 42$ Spulen in $N = 21$ Nuten untersuchen, deren Wicklungsbild in Abb. 56 zu sehen ist. Hier sind: $u = 2$, $t = 3$, $a = 6$, $y_v = k/p = 14$, $y = 2$. Die Wicklung ist eine Treppenwicklung. Die Bedingung (91 b) ist erfüllt, denn $\dfrac{u\,t}{2\,a} = \dfrac{2 \cdot 3}{2 \cdot 6} = \dfrac{1}{2}$ ist keine ganze Zahl. $\dfrac{N}{p} = \dfrac{21}{3} = 7$ ist eine Primzahl. Die Bedingung (92) bleibt bei dieser Wicklung unberücksichtigt, da die Wicklung aus zwei in sich geschlossenen Wicklungsgängen besteht, die wir durch Ausgleichsverbindungen zweiter Art miteinander verbinden. Die Wicklung degeneriert somit nicht zu einer eingängigen Wicklung, wie auch aus dem Spannungsvieleck mit dem Stromwender in Abb. 153 *b* hervorgeht. Die Ausgleichsverbinder zweiter Art verbinden Punkte gleichen Potentials, die auf verschiedenen Seiten des Ankers liegen. Zum Beispiel wird der Stromwendersteg 1 mit dem Kopf der Spule 42 verbunden, die durch die Spulenseiten 42_o und 7_u gebildet wird. Diese Punkte weisen gleiches Potential auf, wie ein Blick auf Abb. 153 *b* lehrt. Vom Steg 3 führt eine Ausgleichsverbindung zum Kopf der Spule 2 mit den Spulenseiten 2_o und 9_u; u. s. w. Unzulässig wäre eine Verbindung z. B. zwischen Steg 2 und dem Kopf der Spule 1, denn der Steg 2 hat nicht das gleiche Potential wie der aus den Spulenseiten 1_o und 8_u gebildete Kopf der Spule 1. Das entnimmt man ohne weiters wieder der Abb. 153 *b*.

d) Schleifenwicklungen mit $a > 2\,p$

Wir entwerfen eine viergängige Schleifenwicklung für 4 Pole, also mit $2\,a = 16$ parallelen Ankerzweigen. In $N = 42$ Nuten liegen $k = 42$ Spulen, so daß $u = 1$ ist. Der resultierende Wicklungsschritt ergibt sich zu $y = +\,a/p = 8/2 = 4$ (Abb. 154). Die Nutenzahl und Polpaarzahl haben den Teiler $t = 2$ gemeinsam. Nun prüfen wir die Wicklung, ob sie zu einer Wicklung mit weniger parallelen Ankerzweigen als geplant degeneriert. $\dfrac{u\,t}{a} = \dfrac{1 \cdot 2}{8} = \dfrac{1}{4}$, das heißt Bedingung (91 a) ist erfüllt; ebenso Bedingung (86), denn $N/p = 21$ ist eine ganze Zahl. Auch der Verbindungsschritt $y_v = k/p = 21$ hat mit dem resultierenden Wicklungsschritte $y = 4$ außer 1 keinen gemeinsamen Teiler. Somit haben wir es nicht mit einer degenerierten Wicklung zu tun. Die Wicklung ist zweifach geschlossen, da $k = 42$ und $y = 4$ den Teiler 2 gemeinsam haben. Die Stege gleichen Potentials liegen um den Verbindungsschritt $y_v = 21$ auseinander und im Durchmesser am Stromwender einander gegenüber.

Wenn nur eine der drei Bedingungen (91), (86) und (92) nicht erfüllt ist, dann degeneriert die Schleifenwicklung. Dies ist der Fall bei einer vierpoligen Schleifenwicklung mit $2\,a = 16$ Ankerzweigen, wenn sie mit 38 Spulen in 19 Nuten als ungeteilte Wicklung ausgeführt wird, so daß $u = 2$ Spulenseiten in jeder Nutenschichte nebeneinander liegen. Die Wicklung erfüllt wohl die Bedingung (91 a), denn $\dfrac{u\,t}{a} = \dfrac{2 \cdot 1}{8} = \dfrac{1}{4}$, ist also ein Bruch. Die Nutenzahl und Polpaarzahl sind teilerfremd. Auch die Bedingung (92) ist erfüllt, denn der Verbindungsschritt $y_v = \dfrac{k}{p} = \dfrac{38}{2} = 19$ und der resultierende Wicklungsschritt $y = 4$ haben ebenfalls außer 1 keinen gemeinsamen Teiler. Nur die zweite Bedingung bleibt unerfüllt, weil $N/p = 19/2 = 9,5$ keine ganze Zahl ist. Wie wir in Abb. 155 *b* sehen, können die beiden Umgänge des Spannungsvieleckes zu einem einzigen Umgang vereinigt werden; das bedeutet, daß die beiden in sich geschlossenen Wicklungen, aus denen sich diese Wicklung zusammensetzt, und die in Abb. 155 *c* durch verschiedene Strichstärken gekennzeichnet sind, durch eine einfach geschlossene, zweigängige Schleifenwicklung ersetzt werden können. Denn auch je zwei benachbarte Stromwenderstege,

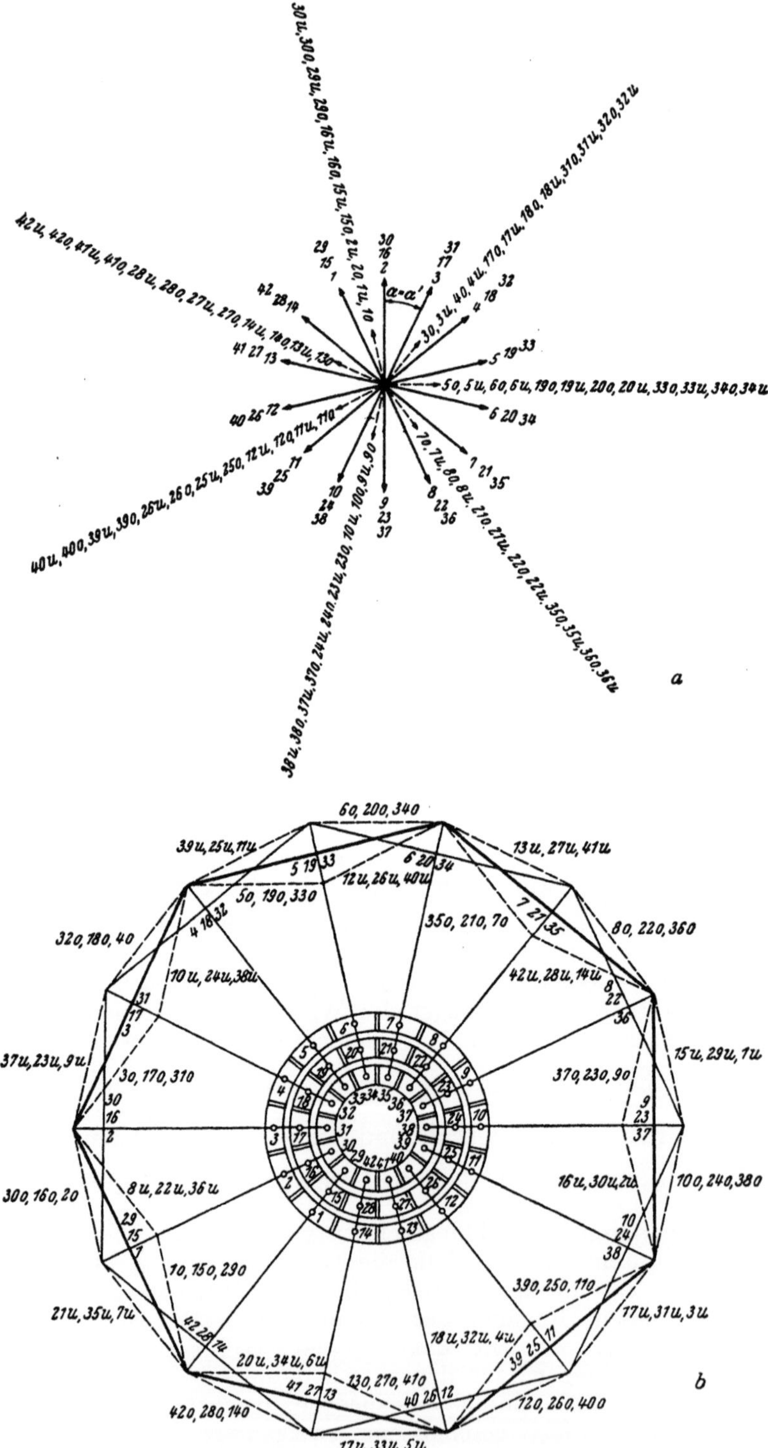

Abb. 153. Spulenstern *a*) und Spannungsvieleck in Verbindung mit dem Stromwender *b*) der zweigängigen, zweifach geschlossenen Schleifen-Treppenwicklung in Abb. 56

z. B. 1 und 2, 3 und 4, 5 und 6 u. s. w. haben ja auch nach Abb. 155 *b*
gleiches Potential. Die viergängige Schleifenwicklung ist also zu einer
zweigängigen Wicklung degeneriert.

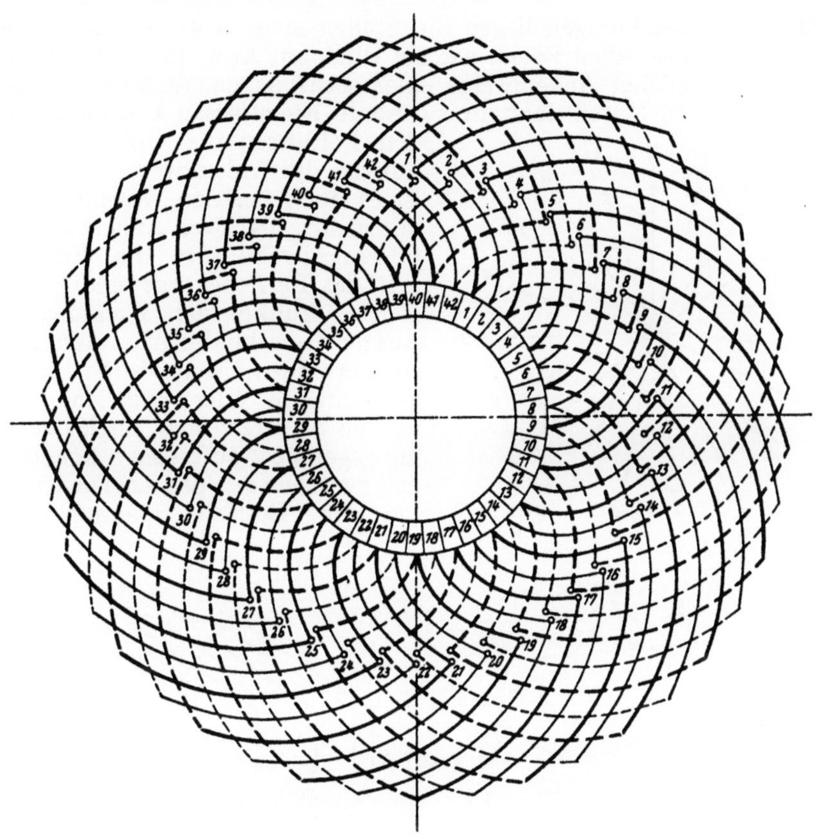

Abb. 154. Viergängige, zweifach geschlossene Schleifenwicklung mit 42 Spulen in
42 Nuten für 4 Pole

Ein letztes Beispiel veranschaulicht Abb. 156. Sie stellt eine vierpolige Schleifenwicklung mit $2\,a = 12$ Ankerzweigen dar. In 52 Nuten
sind 52 Spulen eingebettet ($u = 1$). Die Nuten- und Polpaarzahl haben
den gemeinsamen Teiler 2. Der resultierende Wicklungsschritt ist
$y = + a/p = 3$, der Verbindungsschritt der Ausgleichsverbindungen
$y_v = k/p = 26$; beide sind teilerfremd [Bedingung (92)]. $\dfrac{u\,t}{a} = \dfrac{1 \cdot 2}{6} = \dfrac{1}{3}$

ist ein Bruch [Bedingung (91 a)]. Auch $N/p = 26$ ist eine ganze Zahl
[Bedingung (86)]. Diese Wicklung degeneriert nicht. Sie ist einfach geschlossen und kann mit Ausgleichsverbindungen erster Art ausgerüstet
werden, die auch als Ausgleichsverbindungen zweiter Art wirken.

2. Ausgleichsverbindungen bei Wellenwicklungen

a) Ausgleichsverbindungen bewirken gleichmäßige Spannungsverteilung am Stromwender

Bei Wellenwicklungen liegen die Spulen eines Ankerzweiges ungefähr gleichmäßig unter allen Polen, wie ein Blick auf Abb. 157 lehrt, das einen der sechs parallelen Ankerzweige einer sechspoligen Wellenwicklung mit 18 Spulen in 18 Nuten darstellt. Deshalb beeinflussen Ungleichheiten in den Polflüssen die Größe der Spannungen der Ankerzweige nicht. Doch ist es auch bei den Wellenwicklungen mit mehr als zwei Ankerzweigen erfahrungsgemäß für die Funkenfreiheit des Betriebes notwendig, phasengleiche Punkte der Wicklung durch Ausgleichsverbindungen miteinander zu verbinden, weil durch ungleiche Widerstände oder ungleiche Ströme in den Ankerzweigen ungleiche Spannungsgefälle auftreten können, so daß zwischen den phasengleichen Punkten im Betrieb Spannungen ent-

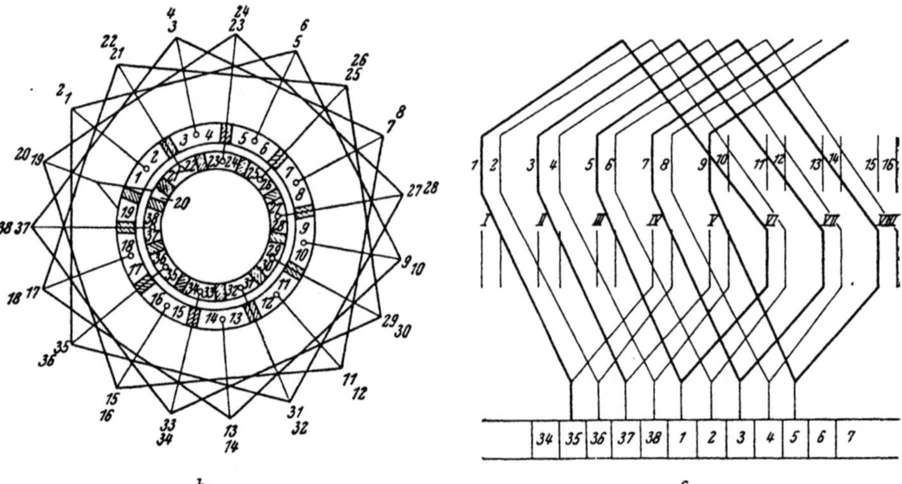

Abb. 155. Viergängige, ungeteilte, zweifach geschlossene Schleifenwicklung mit 38 Spulen in 19 Nuten für 4 Pole. a) Spulenstern, b) Spannungsvieleck in Verbindung mit dem Stromwender, c) Schaltplan

stehen und die gleichmäßige Spannungsverteilung am Stromwender gestört wird. Nach einem Umgang der Wicklung um den Anker, der z. B. in Abb. 158 stark nachgezogen ist, kommt man zu einem Steg des Stromwenders (Steg 31 in Abb. 158) der vom Ausgangssteg (1) um a Stege entfernt ist (in Abb. 158 um zwei Stege, weil hier $a = 2$ ist). Bei gleichmäßiger Verteilung der Spannung am Stromwender müßten die $(a - 1)$ Stege,

die zwischen Anfangs- und Endsteg eines Wicklungsumganges liegen, die
Spannung zwischen Anfangs- und Endsteg in genau a gleiche Teile teilen.
Ist diese Spannungsverteilung jedoch gestört, so kann die Spannung
zwischen benachbarten Stegen größer werden, als es der gleichmäßigen

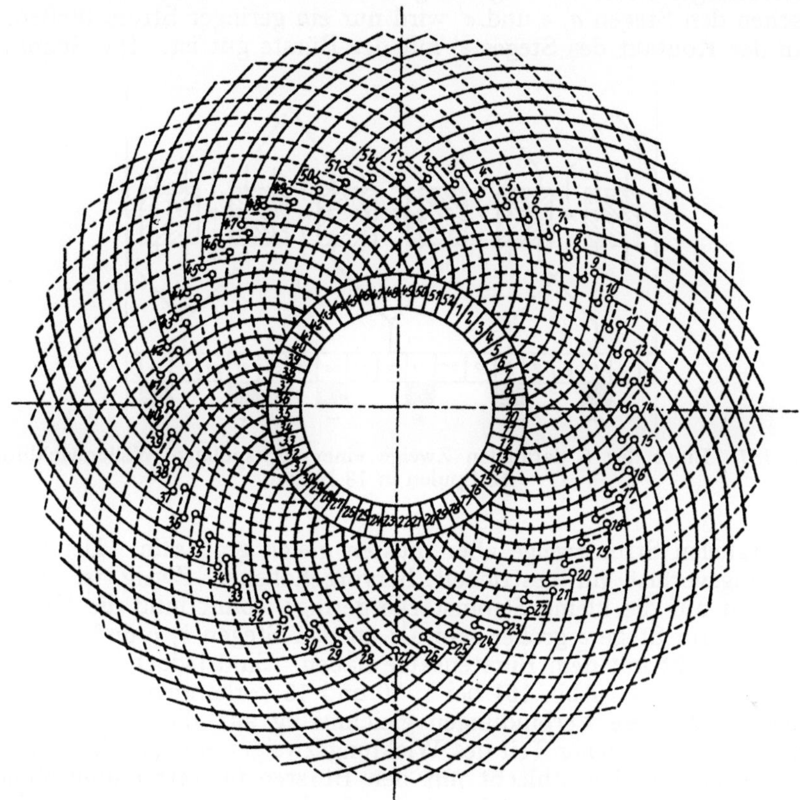

Abb. 156. Dreigängige, einfach geschlossene Schleifenwicklung mit 52 Spulen in
52 Nuten für 4 Pole

Spannungsverteilung entspricht und dadurch die Gefahr eines Rund-
feuers verursacht werden. In Abb. 158 bauen die Spulen mit den oberschichtigen Spulenseiten in den Nuten 6, 11, 16, 21, 26 und 31 die Spannung
zwischen den Stegen 1 und 31 auf. Soll daher der dazwischenliegende
Steg 32 diese Spannung (vgl. Abb. 159) in genau zwei gleiche Teile aufteilen, so werden wir ihn mit dem gleichphasigen Steg 16 verbinden. Wie
wir aus Abb. 158 erkennen, liegen zwischen Steg 1 und 16 und Steg 16
und 31 je drei Spulen, so daß tatsächlich durch den Steg 16 die aus sechs
Spulen aufgebaute Spannung zwischen den Stegen 31 und 1 in zwei gleiche
Teile zerlegt wird.

b) Ausgleichsverbindungen beeinflussen die Übergangsspannung von schlecht aufsitzenden Bürsten

Eine andere Anschauung erklärt die Notwendigkeit von Ausgleichsverbindungen von Wellenwicklungen folgendermaßen: In Abb. 160 sind
durch die vier waagrechten Striche vier Zweige einer Wellenwicklung an-

gedeutet und die Verbindungen mit jenen Stromwenderstegen gezeichnet,
auf denen zwei Bürstensätze entgegengesetzter Polarität schleifen. Sitzen
nun die Bürsten auf den Stegen *a*, *e* und *f* schlecht auf, dann wird der
Strom, der von den sechs Stegen *a* bis *f* in die Wicklung fließen muß, die
gestrichelt gezeichneten Wege möglichst vermeiden; das heißt im Zweig
zwischen den Stegen *a*, *e* und *e'* wird nur ein geringer Strom fließen, auch
wenn der Kontakt des Steges *e'* mit der Bürste gut ist. Die Spannungen

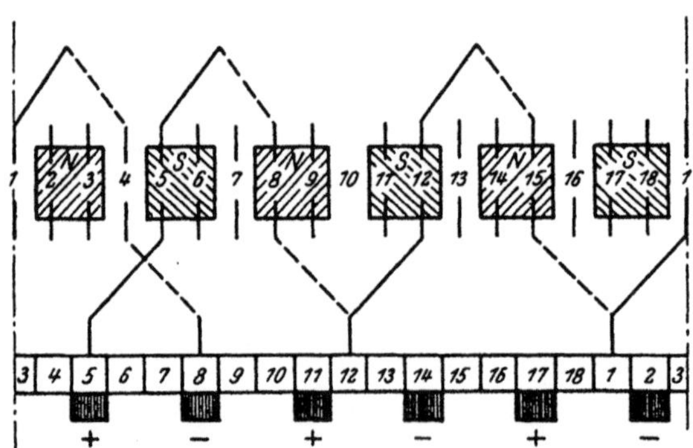

Abb. 157. Einer der 6 parallelen Zweige einer sechspoligen Wellenwicklung mit
18 Spulen in 18 Nuten

der parallelen Stromzweige aber müssen gleich groß sein. Der Ohmsche
Spannungsverlust im gestrichelt hervorgehobenen Zweig ist aber mit
Rücksicht auf die kleine Stromstärke gering; somit muß die Übergangsspannung am Stege *e* größer sein als an den Stegen *b*, *c* und *d*, die einen
guten Kontakt mit dem Bürstensatze haben. Sind jedoch die Ausgleichsverbindungen nach Abb. 161 bei 5, 10 und 15 vorhanden, so wird sich der
Strom durch diese Verbindungen gleichmäßig auf alle parallelen Zweige
verteilen und nur jener Teil des Wicklungszweiges einen geringeren Strom
führen, der von den schlecht mit den Bürsten in Verbindung stehenden
Stegen *a* und *e* bis zur nächsten Ausgleichsverbindung (5 in Abb. 161)
reicht. Dadurch wird der Betrag, um den die Übergangsspannung bei *e*
größer wird als bei *b*, *c* und *d* geringer als in dem Falle, wo Ausgleichsverbindungen fehlen. Während also bei Wicklungen ohne Ausgleichsverbindungen eine hohe Übergangsspannung bei schlecht aufsitzenden Bürsten
den Stromübergang erzwingen muß, wird bei Wicklungen mit Ausgleichsverbindungen diese Übergangsspannung so klein, daß die schlecht aufliegenden Stellen der Bürsten stromlos bleiben.

c) Wellenwicklungen mit Ausgleichsverbindungen

Für das Auftreten von *a* phasengleichen Punkten in der Wicklung
müssen wieder die Bedingungen erfüllt sein:

$$\frac{N}{a} = \text{ganze Zahl} \qquad\qquad (85\,\text{a})$$

und

$$\frac{p}{a} = \text{ganze Zahl.} \qquad\qquad (85\,\text{b})$$

Diese Bedingungen schränken natürlich die Ausführbarkeit der Wellenwicklungen mit Ausgleichsverbindungen noch mehr ein als es die Formel für den resultierenden Wicklungsschritt schon von vornherein tut:

$$y = \frac{n\,N\,u \pm a}{p}.$$

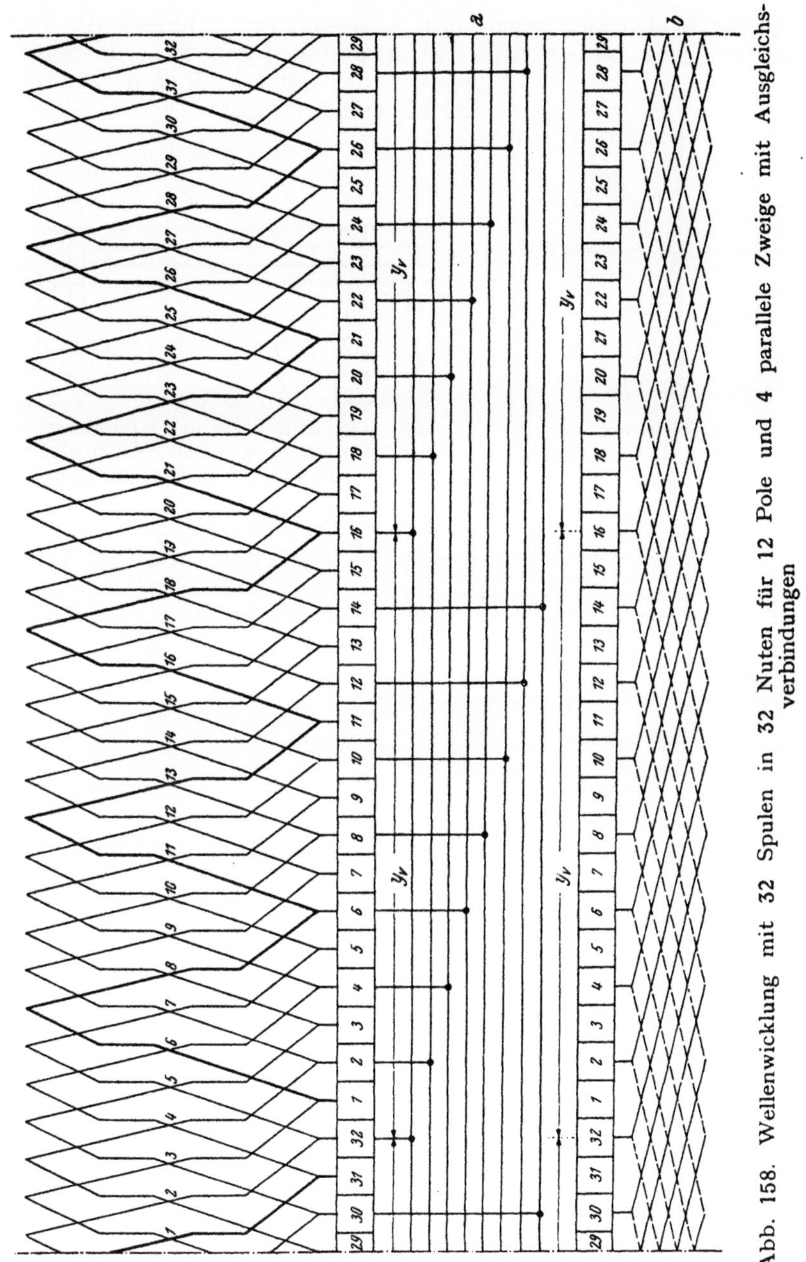

Abb. 158. Wellenwicklung mit 32 Spulen in 32 Nuten für 12 Pole und 4 parallele Zweige mit Ausgleichsverbindungen

3. Zahl der Spulen zwischen benachbarten Stegen einer Stromwenderwicklung mit Ausgleichsverbindungen

a) Wellenwicklungen

α) Zahl der Spulen zwischen benachbarten Stegen soll gleich p/a sein

Um bei Wellenwicklungen mit Ausgleichsverbindungen die Zahl der Spulen zwischen benachbarten Stromwenderstegen zu ermitteln, gehen wir von der Formel für den resultierenden Wicklungsschritt aus

$$y = \frac{n\,k \pm a}{p}. \tag{14}$$

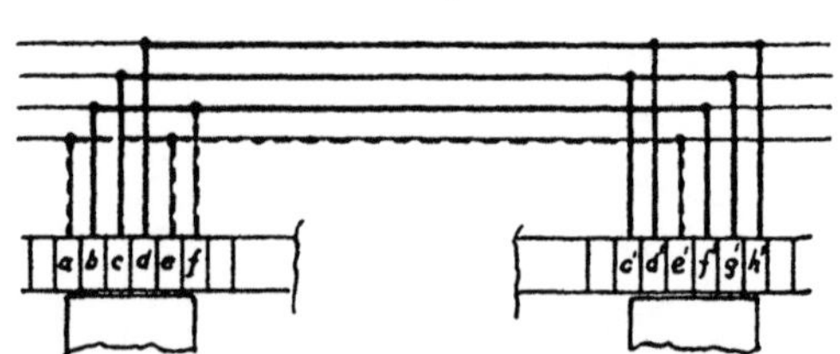

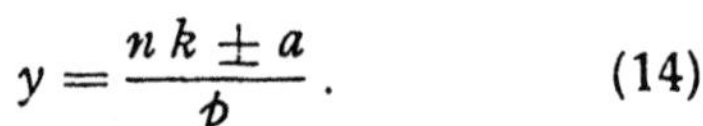

Abb. 159. Spulenstern der in Abb. 158 dargestellten Wellenwicklung

Abb. 160. Sinnbildliche Darstellung von vier parallelen Zweigen einer Wellenwicklung mit Wenderverbindungen und Bürsten

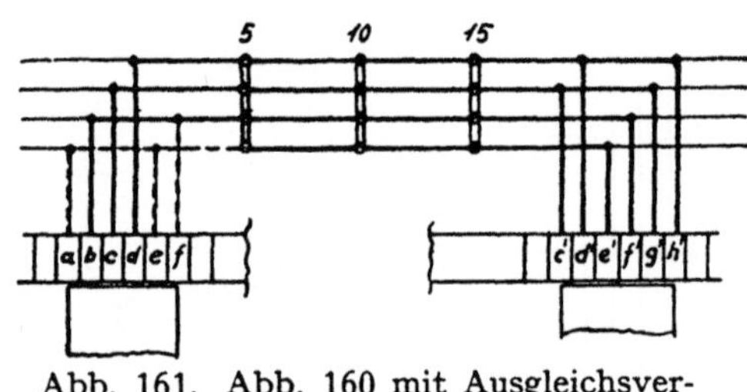

Abb. 161. Abb. 160 mit Ausgleichsverbindungen

Die Bedingungen für das Auftreten phasengleicher Punkte im Spannungsvieleck einer Stromwenderwicklung lauten, daß

$$\frac{N}{a} \text{ und damit } \frac{k}{a} \text{ ganze Zahlen} \tag{85 a}$$

und

$$\frac{p}{a} \text{ ganzzahlig} \tag{85 b}$$

sein müssen. Somit geht die Formel für den resultierenden Wicklungsschritt über in

$$y = \frac{n\,\dfrac{k}{a} \pm 1}{\dfrac{p}{a}}$$

oder

$$\frac{p}{a}\,y = n\,\frac{k}{a} \pm 1. \tag{93}$$

Diese Beziehung gilt allgemein für alle Stromwenderwicklungen mit Ausgleichsverbindungen. Sie besagt, daß zwischen einem Ausgangssteg, der mit einer Ausgleichsverbindung verbunden ist und bei rechtsgängigen Wicklungen dem rechts vom Ausgangsstege benachbarten Stege p/a Spulen (entsprechend den p/a resultierenden Wicklungsschritten y) liegen; dies ist in Abb. 162 deutlich zu sehen. Wir haben hier eine einfach geschlossene, rechtsgängige Wellenwicklung mit $k = 18$ Spulen in $N = 18$ Nuten für $p = 3$ Polpaare und $a = 3$ parallele Ankerzweigpaare und dem Wicklungsschritte $y = 7$ $(n = 1)$ vor uns, die mit einer einzigen Ausgleichsverbindung ausgerüstet ist.   Da hier $p = a$ und $n = 1$ ist, so ergibt die Formel (93)

$$7 = 1 \cdot \frac{18}{3} + 1.$$

Der Verbindungsschritt zwischen gleichphasigen Stegen errechnet sich zu

$$y_v = \frac{k}{a} = 6.$$

Zwischen dem Ausgangsstege 1, der gleichphasig ist mit den Stegen 7 und 13, und dem rechts von ihm liegenden Stege 2 liegt tatsächlich nur $p/a = 1$ Spule, nämlich die Spule zwischen dem Steg 13, der dem Steg 1 entspricht und dem Steg 2.

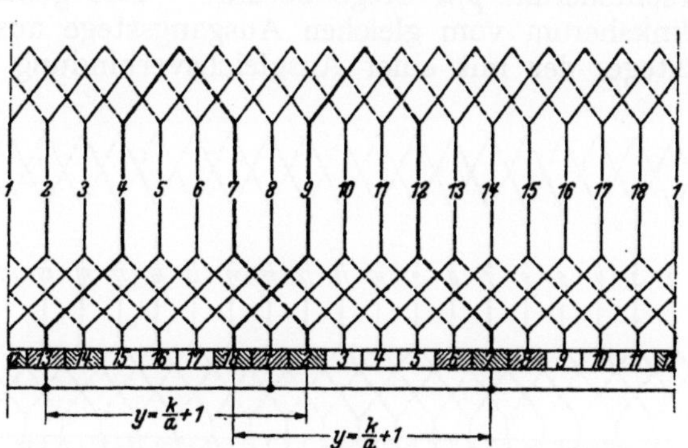

Abb. 162. Dreigängige, einfach geschlossene, rechtsgängige Wellenwicklung mit 18 Spulen in 18 Nuten für 6 Pole mit einer Ausgleichsverbindung $(y = 7)$

Das gleiche gilt für die Ausgangsstege 7 und 13 und die ihnen rechts benachbarten Stege 8 und 14. Da man aber auch die Wicklung verkehrt durchlaufen kann, so lassen sich dieselben Überlegungen auch auf die Ausgangsstege 1, 7 und 13 und die links von ihnen liegenden Stromwenderstege 18, 6 und 12 ausdehnen. Zum Beispiel liegt zwischen dem Ausgangsstege 1 und dem Stege 18 nur eine Spule, nämlich die Spule zwischen dem Stege 7, der gleiches Potential wie der Steg 1 hat und dem Stege 18.

Bei linksgängigen Wicklungen ist in Gl. (93) das Minuszeichen einzusetzen. Wir können dann die Aussage der Formel (93) so fassen: Zwischen einem Ausgangsstege, der an eine Ausgleichsverbindung angeschlossen ist und dem links von ihm liegenden Stege besitzt die Wicklung p/a Spulen.

In Abb. 163 ist eine einfach geschlossene, linksgängige Wellenwicklung mit $k = 32$ Spulen in $N = 32$ Nuten für $p = 6$ Polpaare und $2\,a = 4$ parallele Zweige gezeichnet. Der Wicklungsschritt ist $y = 5$ $(n = 1)$ und der Verbindungsschritt der Ausgleichsverbindungen ist $y_v = k/a = 16$. Nach Formel (93) liegen $p/a = 3$ Spulen zwischen folgenden Stegen: 1 und 2, 6 und 7, 11 und 12, 16 und 17, 17 und 18, 22 und 23, 27 und 28, 32 und 1. Und zwar durchlaufen wir z. B. vom Stege 1 aus bis zum Stege 16 drei Spulen; das heißt es liegen drei Spulen zwischen dem Stegpaar 16 und 1 = 17. Zwischen Steg 1 und Steg 11 sind zwei Spulen hintereinandergeschaltet; zwischen Steg 17, der gleiches Potential wie der Steg 1 hat, und dem Stege 12 liegt eine Spule; somit befinden sich auch zwischen den Stegen 11 und 12 drei Spulen in Hintereinanderschaltung. Zwischen Steg 1 und Steg 6 liegt eine Spule; zwischen Steg 17 und Steg 7 aber reihen sich zwei Spulen aneinander; also ist auch die Zahl der Spulen zwischen den Stegen 6 und 7 gleich drei, da die Stege 1 und 17 durch die Ausgleichsverbindung zusammengeschlossen sind.

Man überzeugt sich leicht, daß allgemein durch eine einzige Ausgleichsverbindung mit a Punkten gleichen Potentials $(a + p)$ Stegpaare auftreten, zwischen denen p/a Spulen liegen. Gehen wir nämlich von einem beliebigen Stege aus, so bezeichnet die erste Spule rechtsherum einen Steg, die zweite Spule einen zweiten Steg und die p/a-te Spule einen p/a-ten Steg; insgesamt also werden beim Durchlaufen der p/a in Reihe liegenden Spulen rechtsherum p/a Stege berührt. Das gleiche gilt beim Durchwandern linksherum vom gleichen Ausgangsstege aus. Somit gehören zu einem Stege, der mit einer Ausgleichsverbindung verbunden ist, $2\,p/a$ Stege.

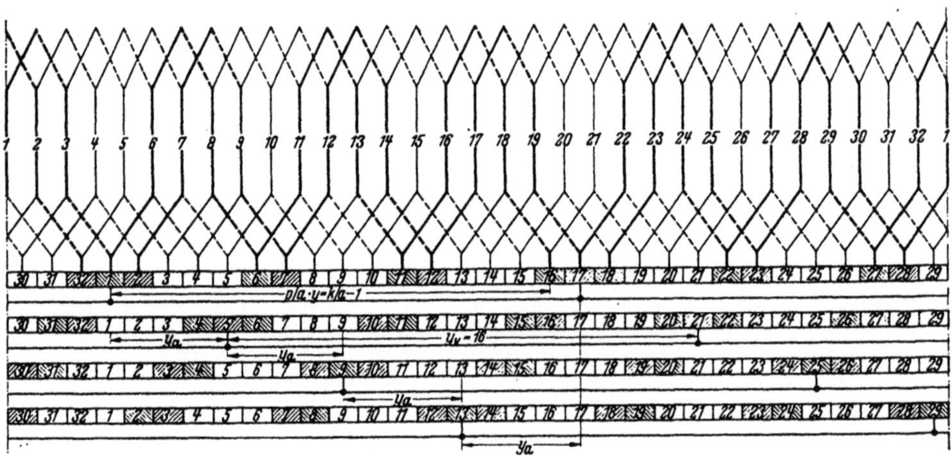

Abb. 163. Zweigängige, einfach geschlossene, linksgängige Wellenwicklung mit 32 Spulen in 32 Nuten für 12 Pole mit 4 Ausgleichsverbindungen ($y = 5$)

Wir haben aber a Stege gleichen Potentials an einer Ausgleichsverbindung. Zu diesen a Stegen gehören also nach dem soeben geschilderten Vorgange $a \cdot 2\,p/a = 2\,p$ Stege. Nun müssen wir noch die a äquipotentiellen Stege selbst dazuzählen. Ihr Beitrag zu den Stegen, zwischen denen p/a Spulen liegen, zählt jedoch doppelt, da sie mit den ihnen links und rechts benachbarten Stegen je ein Stegpaar bilden. Somit erhalten wir ($2\,a + 2\,p$) Stege oder ($a + p$) Stegpaare, die je p/a Spulen einschließen. In Abb. 163 sind dies $a + p = 2 + 6 = 8$ Stegpaare, die durch Schraffen gekennzeichnet sind.

Damit nun zwischen allen k Stegen des Stromwenders nur je p/a Spulen liegen, muß der Stromwender mindestens $\dfrac{k}{a + p}$ Ausgleichsverbindungen erhalten. In Abb. 163 ist $\dfrac{k}{a + p} = \dfrac{32}{2 + 6} = 4$, eine ganze Zahl. Man sieht in dieser Abbildung, daß mit vier Ausgleichsverbindungen tatsächlich die Forderung nach $p/a = 6/2 = 3$ Spulen zwischen allen 32 Stegen erfüllt werden kann. Der Schritt zwischen benachbarten Anschlußstegen der einzelnen Ausgleichsverbindungen ist

$$y_v = \frac{\dfrac{k}{a}}{\dfrac{k}{a + p}} = 1 + \frac{p}{a},$$

im Beispiel der Abb. 163 also $1 + 3 = 4$.

Soll also bei einer Stromwenderwicklung die kleinste Zahl der Spulen zwischen je zwei benachbarten Stromwenderstegen durchgehend gleich p/a sein, so müssen mindestens

$$Z_a \geqq \frac{k}{a+p} \tag{94}$$

Ausgleichsverbindungen ausgeführt werden.

β) *Zahl der Spulen zwischen beliebigen Stegen*

Wicklungen mit einer Ausgleichsverbindung. Berechnungsvorschrift. Wir haben bisher nur jene Stegpaare betrachtet, zwischen denen nach Formel (93) p/a Spulen der Stromwenderwicklung liegen. Wie berechnen wir aber die Spulenzahl zwischen beliebigen Stegpaaren, z. B. zwischen dem Stege, der um x Stege von einem an eine Ausgleichsverbindung angeschlossenen Stege entfernt ist und seinem Nachbarsteg, der somit um $(x + 1)$ Stege von dem an eine Ausgleichsverbindung angeschlossenen Stege absteht?

Vervielfachen wir die Formel (93) mit x, so erhalten wir

$$x \frac{p}{a}\, y = x\, n\, \frac{k}{a} \pm x. \tag{95}$$

Diese Gl. (95) besagt, daß zwischen einem Ausgangsstege, der mit einer Ausgleichsverbindung verbunden ist und einem Stege, der um x Stege von diesem Ausgangsstege entfernt ist, $x\, p/a$ Spulen liegen, entsprechend den $x\, p/a$ resultierenden Wicklungsschritten y in Gl. (95). Ebenso schließen der gleiche Ausgangssteg und ein Steg, der um $(x + 1)$ Stege von ihm absteht, $(x + 1)\, p/a$ Spulen der Wicklung ein, da ja gilt

$$(x + 1)\frac{p}{a}\, y = (x + 1)\, n\, \frac{k}{a} \pm (x + 1). \tag{96}$$

Somit ist die Zahl der Spulen zwischen den Stegen, die um x und $(x + 1)$ Stege von einem an eine Ausgleichsverbindung angeschlossenen Stege entfernt sind, die Summe der nach Gl. (95) und (96) errechneten Spulenzahlen, also z. B. $(2\, x + 1)\, p/a$.

Wir betrachten z. B. Abb. 163. Zwischen dem an eine Ausgleichsverbindung angeschlossenen Stege 1, der mit dem Steg 17 gleichphasig ist und dem Stege 2 liegen $1 \cdot p/a = 3$ Spulen; zwischen dem Stege 1 und dem Stege 3 sind $2\, p/a = 2 \cdot 3 = 6$ Spulen eingeschlossen: somit umfassen die Stege 2 und 3 insgesamt $3 + 6 = 9$ Spulen.

Sind die Spulenzahlen

$$x \frac{p}{a} > \frac{1}{2} \frac{k}{a}$$

oder

$$(x + 1)\frac{p}{a} > \frac{1}{2} \frac{k}{a},$$

so findet man die kleinste Spulenzahl zwischen dem an eine Ausgleichsverbindung angeschlossenen Ausgangsstege und den von ihm um x oder $(x + 1)$ Stege entfernt liegenden Stegen, indem man von k/a Spulen die Spulenzahl $x\, p/a$ oder $(x + 1)\, p/a$ abzieht:

$$\frac{k}{a} - x \frac{p}{a}$$

oder

$$\frac{k}{a} - (x + 1)\frac{p}{a}.$$

Bei der Stromwenderwicklung in Abb. 163 sind z. B. für den Fall, daß nur die Ausgleichsverbindung Steg 1 — Steg 17 ausgeführt ist, zwischen einem an die Ausgleichsverbindung angeschlossenen Stege und dem Stege 4

$$\frac{k}{a} - x\frac{p}{a} = 16 - 3 \cdot 3 = 7$$

Spulen, da hier

$$x\frac{p}{a} > \frac{1}{2}\frac{k}{a}$$

ist. Ebenso ist z. B. die Spulenzahl zwischen dem an die Ausgleichsverbindung angeschlossenen Steg und dem Stege 5

$$\frac{k}{a} - (x + 1)\frac{p}{a} = 16 - 4 \cdot 3 = 4$$

Spulen, da auch in diesem Falle

$$(x + 1)\frac{p}{a} > \frac{1}{2}\frac{k}{a}$$

ist. Somit ergeben sich zwischen den Stegen 4 und 5 insgesamt $7 + 4 = 11$ Spulen.

Ist

$$x\frac{p}{a} > \frac{k}{a}$$

oder

$$(x + 1)\frac{p}{a} > \frac{k}{a}$$

so findet man die kleinste Spulenzahl zwischen dem an eine Ausgleichsverbindung angeschlossenen Stege und den Stegen, die um x, bzw. $(x + 1)$ Stege davon entfernt sind, indem man rechnet

$$x\frac{p}{a} - \frac{k}{a}$$

oder

$$(x + 1)\frac{p}{a} - \frac{k}{a}.$$

Dies gilt z. B. für die Stege 7 und 8 in Abb. 163.

Sind jedoch

$$x\frac{p}{a} > \frac{3}{2}\frac{k}{a}$$

oder

$$(x + 1)\frac{p}{a} > \frac{3}{2}\frac{k}{a},$$

so errechnen sich die Spulenzahlen aus den Ausdrücken

$$2\frac{k}{a} - x\frac{p}{a}$$

oder

$$2\frac{k}{a} - (x+1)\frac{p}{a}.$$

Als Beispiel nehme man die Stege 10 und 11 in Abb. 163.

Für den Fall, daß

$$x\frac{p}{a} > 2\frac{k}{a}$$

oder

$$(x+1)\frac{p}{a} > 2\frac{k}{a}.$$

ist, sind die Spulenzahlen aus

$$x\frac{p}{a} - 2\frac{k}{a}$$

oder

$$(x+1)\frac{p}{a} - 2\frac{k}{a}$$

zu ermitteln. Dieser Fall liegt z. B. bei den Stegen 12 und 13 in Abb. 163 vor.

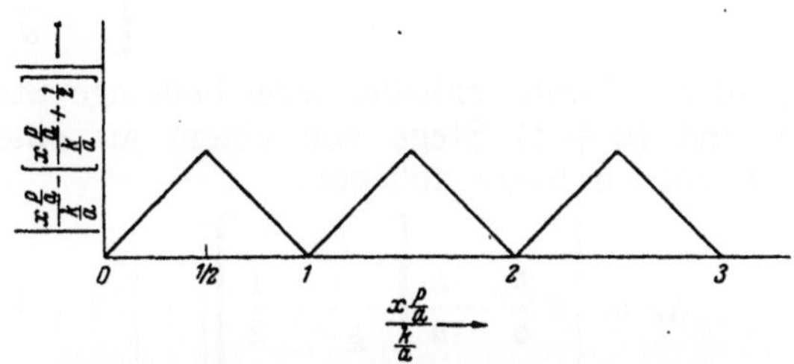

Abb. 164. Zur Ableitung der Gl. (97)

Aus den bisherigen Aufschreibungen ist wohl das Gesetz für die Berechnung der Spulen zwischen einem beliebigen Stege des Stromwenders und einem an eine Ausgleichsleitung angeschlossenen Stege zu erkennen. Damit kann dann auch die Zahl der Spulen zwischen zwei beliebigen Stegen des Stromwenders berechnet werden, wenn die Wicklung mit einer Ausgleichsverbindung ausgerüstet ist.

Formel. Wie kann man nun diese Berechnungsvorschrift in eine einzige Formel fassen? Es handelt sich um eine Funktion, die in den Abschnitten

$$0 \ldots \quad \frac{1}{2}\frac{k}{a} \ldots \quad \frac{k}{a} \ldots \quad \frac{3}{2}\frac{k}{a} \ldots \quad 2\frac{k}{a} \ldots \quad \frac{5}{2}\frac{k}{a} \text{ u. s. w.}$$

die Werte $\quad x\frac{p}{a} \quad \left(\frac{k}{a} - x\frac{p}{a}\right) \quad \left(x\frac{p}{a} - \frac{k}{a}\right) \quad \left(2\frac{k}{a} - x\frac{p}{a}\right) \quad \left(x\frac{p}{a} - 2\frac{k}{a}\right) \quad$ u. s. w.

annimmt. Trennt man den Faktor k/a ab, so läßt sich die Funktion als Zickzacklinie darstellen, wie Abb. 164 zeigt. Bedient man sich der Bezeichnung $[z]$ für die größte ganze Zahl in z, so kann die Funktion angeschrieben werden als

$$\left| \frac{x\frac{p}{a}}{\frac{k}{a}} - \left[\frac{x\frac{p}{a}}{\frac{k}{a}} + \frac{1}{2} \right] \right|.$$

Damit ergibt sich also die Zahl der Spulen zwischen einem an eine Ausgleichsverbindung angeschlossenen Stege und einem von diesem um x Stege abstehenden Stege zu

$$\frac{k}{a}\left|\frac{x\frac{p}{a}}{\frac{k}{a}} - \left[\frac{x\frac{p}{a}}{\frac{k}{a}} + \frac{1}{2}\right]\right| = \left|x\frac{p}{a} - \frac{k}{a}\left[\frac{x\frac{p}{a}}{\frac{k}{a}} + \frac{1}{2}\right]\right|. \tag{97}$$

Zwischen dem an eine Ausgleichsverbindung angeschlossenen Stege und einem um $(x + 1)$ Stege von ihm entfernten Stege liegen dann

$$\left|(x+1)\frac{p}{a} - \frac{k}{a}\left[\frac{(x+1)\frac{p}{a}}{\frac{k}{a}} + \frac{1}{2}\right]\right| \tag{98}$$

Spulen. Somit schließen zwei beliebige Stege des Stromwenders, die um x und $(x + 1)$ Stege von einem an eine Ausgleichsverbindung ange-schlossenen Stege abliegen,

$$k_K = \left|x\frac{p}{a} - \frac{k}{a}\left[\frac{x\frac{p}{a}}{\frac{k}{a}} + \frac{1}{2}\right]\right| + \left|(x+1)\frac{p}{a} - \frac{k}{a}\left[\frac{(x+1)\frac{p}{a}}{\frac{k}{a}} + \frac{1}{2}\right]\right| \tag{99}$$

Spulen ein.

Nach Formel (99) soll z. B. die Zahl der Spulen zwischen den Stegen 6 und 7 im Beispiel der Abb. 163 berechnet werden. Hier ist $x = 5$ und $x + 1 = 6$. Der Verbindungsschritt ist $y_v = k/a = 16$; der Quotient $p/a = 3$. Somit ergibt Formel (99)

$$k_K = \left|5\cdot3 - 16\left[\frac{5\cdot3}{16} + \frac{1}{2}\right]\right| + \left|6\cdot3 - 16\left[\frac{6\cdot3}{16} + \frac{1}{2}\right]\right| =$$
$$= |15 - 16\cdot1| + |18 - 16\cdot1| = 1 + 2 = 3$$

Spulen.

Wicklungen mit mehreren Ausgleichsverbindungen.. Sind mehr als eine Ausgleichsverbindung vorhanden, dann muß man mit Hilfe von Formel (99) die kleinste Spulenzahl zwischen zwei benachbarten Stegen des Stromwenders suchen, indem man als Ausgangsstege die verschiedenen an Ausgleichsverbindungen angeschlossenen Stege nimmt. Zum Beispiel ist die Spulenzahl zwischen den soeben betrachteten Stegen 6 und 7 in Abb. 163 für die Ausgangsstege 5 und 21, die an die zweite Ausgleichs-verbindung angeschlossen sind, nach Formel (99)

$$\left|1\cdot3 - 16\left[\frac{1\cdot3}{16} + \frac{1}{2}\right]\right| + \left|2\cdot3 - 16\left[\frac{2\cdot3}{16} + \frac{1}{2}\right]\right| = 3 + 6 = 9,$$

weil hier $x = 1$ und $x + 1 = 2$ ist. Für die Ausgangsstege 9 und 25, die mit der dritten Ausgleichsverbindung verbunden sind, errechnet man nach Formel (99) zwischen den Stegen 6 und 7 insgesamt 13 Spulen. Und für die Ausgangsstege 13 und 29 der vierten Ausgleichsverbindung ergeben sich 7 Spulen zwischen den Stegen 6 und 7 in Abb. 163. Ohne Ausgleichs-verbindungen würden nach Formel (53)

$$k_K = \frac{v\,k \pm 1}{y} = \frac{2\cdot32 + 1}{5} = 13$$

Spulen zwischen zwei benachbarten Stegen durchgehend liegen. In Abb. 165 ist über dem Stromwender die kleinste Zahl der Spulen aufgetragen, die zwischen je zwei benachbarten Stegen sich befinden, wenn die Wicklung mit bloß einer, mit zwei, drei oder vier Ausgleichsverbindungen ausgerüstet ist.

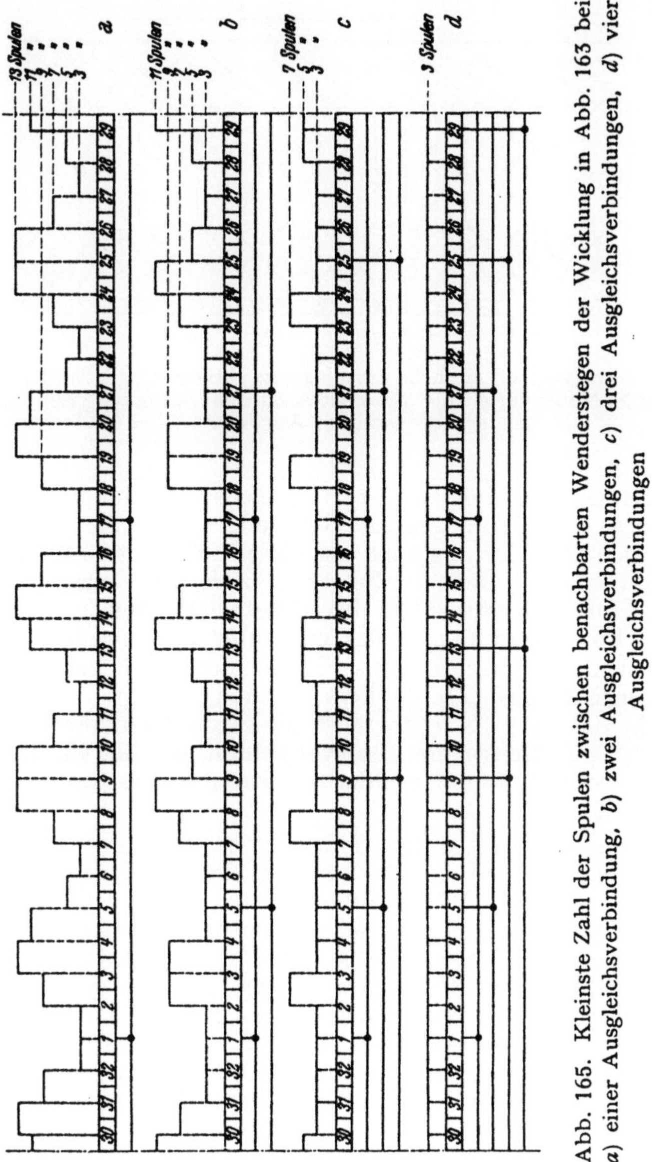

Abb. 165. Kleinste Zahl der Spulen zwischen benachbarten Wenderstegen der Wicklung in Abb. 163 bei a) einer Ausgleichsverbindung, b) zwei Ausgleichsverbindungen, c) drei Ausgleichsverbindungen, d) vier Ausgleichsverbindungen

Sonderfälle. Wenn einer der zwei benachbarten Stege, zwischen denen die Zahl der Spulen zu ermitteln ist, mit einer Ausgleichsverbindung verbunden ist, so haben wir für den einen Steg $x = 0$ und für den anderen, benachbarten Steg $x = 1$ zu setzen. Die Formel (99) liefert in diesem

Falle $k_K = p/a$ Spulen. Auch zwischen zwei benachbarten Stegen, die einerseits um $v_1\,y$ Stege und andererseits um $(p/a - v_1)\,y$ Stege von gleichphasigen Ausgangsstegen, die mit einer Ausgleichsleitung verbunden sind, entfernt sind, liegen z. B. nach Abb. 163 je p/a Spulen. y stellt dabei den resultierenden Wicklungsschritt dar.

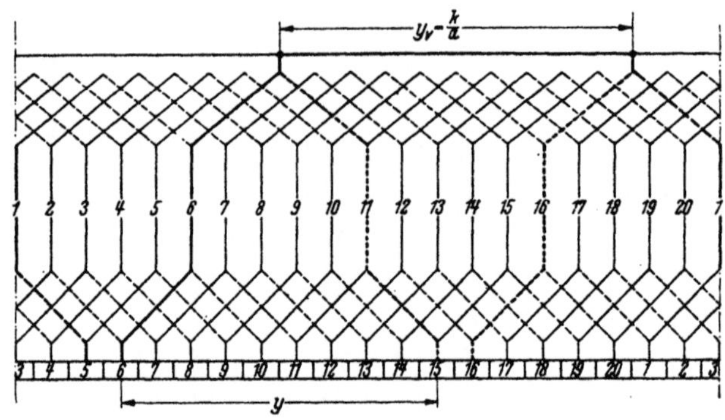

Abb. 166. Zweigängige, einfach geschlossene, linksgängige Wellenwicklung mit 20 Spulen in 20 Nuten für 4 Pole mit einer Ausgleichsverbindung auf der dem Stromwender abgewandten Ankerseite ($y = 9$)

Sind bei Stabwicklungen die Ausgleichsverbindungen auf der dem Stromwender gegenüberliegenden Stirnseite des Ankers angeordnet, so kann man sich die Wicklung auch auf dieser Seite mit einem Stromwender verbunden denken. Die Windungszahl zwischen benachbarten Stegen dieses gedachten Stromwenders berechnet sich dann nach Formel (93) oder (99). Von diesen Stegen des gedachten Stromwenders führen zwei Spulenseiten zu den benachbarten Stegen des wirklichen Stromwenders, zwischen denen die gesuchte Zahl der Windungen liegt. Somit ist die nach Formel (93) oder (99) berechnete Windungszahl entsprechend den zwei zusätzlichen Spulenseiten um 1 zu vermehren, um die wirkliche Zahl der Windungen zwischen zwei benachbarten Stromwenderstegen zu bekommen (vgl. Abb. 166).

Bei diesen Wicklungen ist vielleicht ein Sonderfall bemerkenswert. Ist nämlich $p/a = 1$ und $n = 1$, liegt also eine Wellenwicklung für $p = a$ Polpaare vor, wie Abb. 166 eine darstellt, so gibt es $a = p$ Paare von je zwei benachbarten Stegen auf dem Stromwender, zwischen denen bloß die zwei Spulenseiten liegen, die zu den Punkten gleichen Potentials auf der gegenüberliegenden Ankerseite führen, die durch eine Ausgleichsverbindung miteinander verbunden sind. Nach Formel (93) oder (99) müssen zwischen einem Ausgangsstege, der mit einem Punkte der Ausgleichsverbindung über einen Stab verbunden ist und einem benachbarten Stege zwei, nämlich $(p/a + 1)$ Spulen liegen. Dies ist auch in Abb. 166 der Fall: die Stege 4 und 5, 6 und 7, 14 und 15, 16 und 17 umschließen je zwei Spulen. Die Stege 5 und 6, und 15 und 16 aber schließen bloß eine Spule, besser zwei Spulenseiten, ein. Für eine solche Wicklung muß gelten:

$$y_v \pm y = v\,\frac{k}{a} \pm 1$$

oder

$$\frac{k}{a} \pm \frac{n\,k \pm a}{p} = v\,\frac{k}{a} \pm 1$$

Da $n = 1$ und $p/a = 1$ sind, so ergibt sich

$$\frac{k}{a} \pm \frac{k}{a} \pm 1 = v\,\frac{k}{a} \pm 1.$$

Die Pluszeichen vor den Einsern auf beiden Seiten der vorstehenden Gleichung gehören bei ein und derselben Wicklung zusammen und auch die Minuszeichen. Somit bleibt die Gleichung bestehen

$$\frac{k}{a} \pm \frac{k}{a} = v\,\frac{k}{a}.$$

v kann hier nur die Werte 0 und 2 annehmen.

Bisher wurde nur von einfach geschlossenen Wellenwicklungen gesprochen. Bei mehrfach geschlossenen Wellenwicklungen verbinden die Ausgleichsverbindungen stets die verschiedenen Gänge miteinander. Die Zahl der getrennten in sich geschlossenen Wicklungsgänge ist gleich dem größten gemeinsamen Teiler g von a und dem resultierenden Wicklungsschritte y. Nach der Formel für den resultierenden Wicklungsschritt muß diesen größten Teiler g aber auch das Produkt $n\,k$ enthalten. Gl. (93) jedoch lautet:

$$\frac{p}{a}\,y = n\,\frac{k}{a} \pm 1. \tag{93}$$

Nach ihr kann der Teiler g, der in y steckt, nicht auch in $n\,k/a = n\,y_v$ enthalten sein; oder die Zahl der Schließungen g kann kein Teiler des Verbindungsschrittes y_v sein. Aus diesem Grunde verbindet eine Ausgleichsverbindung immer die g getrennten, in sich geschlossenen Wicklungsgänge miteinander.

Auf die mehrfach geschlossenen Wellenwicklungen mit Ausgleichsverbindungen können die gleichen Überlegungen angewandt und für sie die gleichen Formeln verwendet werden wie bei den einfach geschlossenen.

b) Schleifenwicklungen

Bei den Schleifenwicklungen mit $2\,a = 2\,p$ liegt zwischen benachbarten Stromwenderstegen stets eine Spule. Bei den Schleifenwicklungen mit $2\,a > 2\,p$ wollen wir uns auf jene mit $2\,a = 4\,p$ beschränken.

α) *Einfach geschlossene Schleifenwicklungen mit* $a = 2\,p$

Wir betrachten zuerst eine einfach geschlossene Schleifenwicklung mit $a = 2\,p$ parallelen Ankerzweigpaaren. In Abb. 167 ist eine solche für $k = 21$ Spulen in $N = 21$ Nuten und für $p = 3$ Polpaare dargestellt. Die Zahl der Spulen zwischen einem Ausgangsstege, der an eine Ausgleichsverbindung angeschlossen ist und einem um x Stege von diesem Ausgangsstege abstehenden Stege ist offenbar gleich

$$\frac{v\,\dfrac{k}{p} \pm x}{y}.$$

v ist in diesem Falle entweder Null oder Eins und ist so zu wählen, daß die Formel die kleinste positive Zahl ergibt. Weiters ist das Minuszeichen im Zähler zu verwenden bei $v = 1$ und das Pluszeichen bei $v = 0$. Die

Zahl der Spulen zwischen dem gleichen Ausgangsstege und einem um
$(x + 1)$ Stege entfernten Steg findet man aus

$$\frac{v' \dfrac{k}{p} \pm (x + 1)}{y},$$

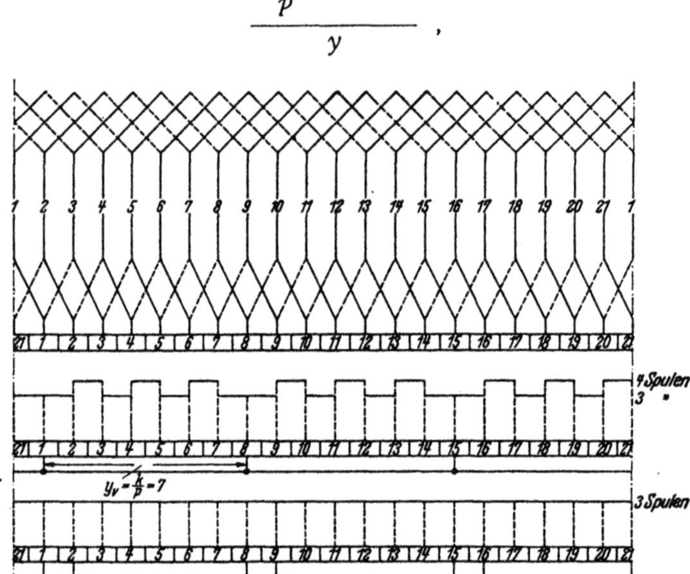

Abb. 167. Zweigängige, einfach geschlossene, rechtsgängige Schleifenwicklung mit
21 Spulen in 21 Nuten für 6 Pole ($y = 2$)

wenn für v' und die Vorzeichen im Zähler die gleichen Voraussetzungen
gemacht werden wie vorhin. Somit berechnen wir die kleinste Zahl der
Spulen zwischen einem Stege, der um x Stege von einem an eine Ausgleichsverbindung angeschlossenen Stege absteht, und seinem Nachbar-
stege, der dann um $(x + 1)$ Stege vom gleichen Ausgangsstege entfernt ist,
nach der Gleichung:

$$k_K = \frac{v \dfrac{k}{p} \pm x}{y} + \frac{v' \dfrac{k}{p} \pm (x + 1)}{y}. \tag{100}$$

Ordnen wir z. B. in der Wicklung nach Abb. 167 eine Ausgleichsverbindung an, die die Stege 1, 8 und 15 miteinander verbindet. Dann können
wir die kleinste Spulenzahl zwischen den Stegen 4 und 5 nach Formel (100)
ermitteln, wenn wir für $x = 3$ setzen. Es wird

$$k_K = \frac{v\,7 \pm 3}{2} + \frac{v'\,7 \pm 4}{2} = 2 + 2 = 4,$$

mit $v = 1$ und $v' = 0$. Auf diese Weise wurde die Zahl der Spulen zwischen
je zwei benachbarten Stegen berechnet und über dem Stromwender mit
der einen Ausgleichsverbindung aufgetragen. Wir sehen, daß die kleinste
Zahl der Spulen zwischen zwei benachbarten Stegen abwechselnd drei
und vier ist.

Rüstet man die Wicklung mit einer zweiten Ausgleichsverbindung aus, die z. B. die Stromwenderstege 2, 9 und 16 miteinander verbindet, so wird dadurch die Zahl der Spulen zwischen je zwei benachbarten Stegen durchgehend gleich drei. Nehmen wir z. B. als Ausgangssteg den an die zweite Ausgleichsverbindung angeschlossenen Steg 2, so ist die Formel (100) für die Stege 4 und 5 für $x = 2$ zu setzen und wir bekommen

$$k_K = \frac{v\,7 \pm 2}{2} + \frac{v'\,7 \pm 3}{2} = 1 + 2 = 3$$

Spulen $(v = 0$ und $v' = 1)$.

β) Mehrfach geschlossene Schleifenwicklungen mit $a = 2\,p$

Bei den mehrfach geschlossenen Schleifenwicklungen mit $a > p$ parallelen Ankerzweigpaaren haben wir zwei Fälle zu unterscheiden: ob der Verbindungsschritt $y_v = k/p$ teilerfremd ist mit der Zahl g der Schließungen oder nicht. Auf die zweifach geschlossenen Schleifenwicklungen mit $a = 2\,p$ übertragen, heißt dies: ob der Verbindungsschritt $y_v = k/p$ ungerade oder gerade ist.

Verbindungsschritt $y_v = k/p$ ungeradzahlig. Untersuchen wir zuerst den Fall, daß der Verbindungsschritt $y_v = k/p$ ungeradzahlig ist. Hier verbinden die Ausgleichsverbindungen die zwei getrennten Wicklungsgänge miteinander. Eine solche Wicklung können wir ebenso behandeln wie eine einfach geschlossene Schleifenwicklung mit $a = 2\,p$.

Mit einer einzigen Ausgleichsverbindung wird z. B. in der Wicklung in Abb. 145 die Zahl der Spulen zwischen je zwei benachbarten Stegen entweder 5 oder 4. Berechnen wir z. B. die kleinste Zahl der Spulen zwischen den Stegen 4 und 5 nach Gl. (100), wenn nur die Ausgleichsverbindung da ist, die die Stege 17 und 8 miteinander verbindet. Für x haben wir 5 zu setzen. Damit wird

$$k_K = \frac{v\,9 \pm 5}{2} + \frac{v'\,9 \pm 6}{2} = 2 + 3 = 5 \;\; (v' = 1,\; v = 0).$$

Mit einer zweiten Ausgleichsleitung, die die Stege 18 und 9 zusammenschließt, wird die Zahl der Spulen zwischen je zwei benachbarten Stegen überall die gleiche, nämlich 4.

Verbindungsschritt $y_v = k/p$ geradzahlig. Bei einer zweifach geschlossenen Schleifenwicklung mit $a = 2\,p$ Ankerzweigpaaren und mit einem geradzahligen Verbindungsschritt $y_v = k/p$ verbindet eine Ausgleichsleitung nur Stege miteinander, die ein und demselben Wicklungsgange angehören. Wie man sich z. B. an Hand der Abb. 146 leicht überzeugen kann, liegt hier zwischen je zwei benachbarten Stegen des Stromwenders durchgehend ein Stab, also eine halbe Ankerspule, wenn wie in Abb. 146 für jede Teilwicklung alle Ausgleichsverbindungen ausgeführt werden und die entsprechenden Verbindungsleitungen durch den Hohlraum zwischen Welle und Ankerblechpaket hindurchgeführt werden. Wir haben schon früher darauf hingewiesen.

c) Zusammenfassung

Tabelle 12. *Zusammenstellung der Formeln für die Berechnung der kleinsten Zahl k_K von Spulen einer Stromwenderwicklung mit Ausgleichsverbindungen, die zwischen je zwei benachbarten Stegen des Stromwenders liegen*

Ein- und mehrfach geschlossene Wellenwicklungen $n \gtreqless 1,\ a > 1$	$k_K = \dfrac{p}{a}$, wenn mindestens $Z_a \geqq \dfrac{k}{a + p}$ Ausgleichsverbindungen ausgeführt werden *
Ein- und zweifach geschlossene Schleifenwicklungen $n = 0,\ a = 2p$ $y_v = \dfrac{k}{p} = $ ungerade	$k_K = \dfrac{k/p - 1}{2}$, wenn mindestens zwei Ausgleichsverbindungen ausgeführt werden, die an benachbarte Stege angeschlossen sind *
Zweifach geschlossene Schleifenwicklung $n = 0,\ a = 2p$ $y_v = \dfrac{k}{p} = $ gerade	$k_K = \dfrac{1}{2}$, wenn alle Ausgleichsverbindungen der beiden Teilwicklungen auf verschiedenen Seiten der Ankerwicklung ausgeführt und durch Verbindungsleitungen miteinander verbunden sind (Abb. 146)

$k = $ Spulen- und Stegzahl, $p = $ Polpaarzahl, $a = $ Paarzahl der parallelgeschalteten Ankerzweige, $y = $ resultierender Wicklungsschritt $= \dfrac{n\,k \pm a}{p}$, $y_v = $ Verbindungsschritt der Ausgleichsverbindungen.

Tabelle 13. *Zusammenstellung der Formeln für die Berechnung der kleinsten Zahl k_K von Spulen einer Stromwenderwicklung mit Ausgleichsverbindungen, wenn die in Tab. 12 unter * angeführte Zahl der Ausgleichsverbindungen nicht ausgeführt ist. $k_K = $ Zahl der Spulen zwischen zwei beliebigen benachbarten Stegen des Stromwenders, die um x und $(x + 1)$ Stege von einem an eine Ausgleichsverbindung angeschlossenen Steg entfernt liegen. Und zwar findet man die kleinste Zahl k_K, wenn man als Ausgangsstege die verschiedenen an Ausgleichsverbindungen gelegten Stege nimmt*

Ein- und mehrfach geschlossene Wellenwicklungen $n \gtreqless 1,\ a > 1$	$k_K = \left| x\dfrac{p}{a} - \dfrac{k}{a}\left[\dfrac{x\dfrac{p}{a}}{\dfrac{k}{a}} + \dfrac{1}{2} \right] \right| + \left| (x + 1)\dfrac{p}{a} - \dfrac{k}{a}\left[\dfrac{(x + 1)\dfrac{p}{a}}{\dfrac{k}{a}} + \dfrac{1}{2} \right] \right|$ $[z] = $ größte ganze Zahl in z
Ein- und zweifach geschlossene Schleifenwicklungen $n = 0,\ a = 2p$ $y_v = \dfrac{k}{p} = $ ungerade	$k_K = \dfrac{v\dfrac{k}{p} \pm x}{2} + \dfrac{v'\dfrac{k}{p} \pm (x + 1)}{2}$ v und $v' = \begin{cases} 0 \dots \text{Pluszeichen in den Zählern} \\ 1 \dots \text{Minuszeichen in den Zählern} \end{cases}$ v und v' so wählen, daß die beiden Summanden die kleinsten positiven, ganzen Zahlen ergeben

$k = $ Spulen- und Stegzahl, $p = $ Polpaarzahl, $a = $ Paarzahl der Ankerzweige, $y_v = $ Verbindungsschritt der Ausgleichsverbindungen.

d) Zahl der „wirksamen" Spulen zwischen benachbarten Stegen einer Stromwenderwicklung mit Ausgleichsverbindungen

Auch bei den Stromwenderwicklungen mit Ausgleichsverbindungen errechnen wir die Zahl k_{Kw} der „wirksamen" Spulen zwischen benachbarten Stegen, indem wir die soeben in den vorstehenden Abschnitten ermittelte Zahl k_K der Spulen zwischen diesen benachbarten Stromwenderstegen mit dem Wicklungsfaktor ξ für diesen Spulenzug multiplizieren:

$$k_{Kw} = k_K \, \xi. \tag{101}$$

Für den Wicklungsfaktor ξ lassen sich die im Abschnitt II E abgeleiteten Formeln sinngemäß anwenden.

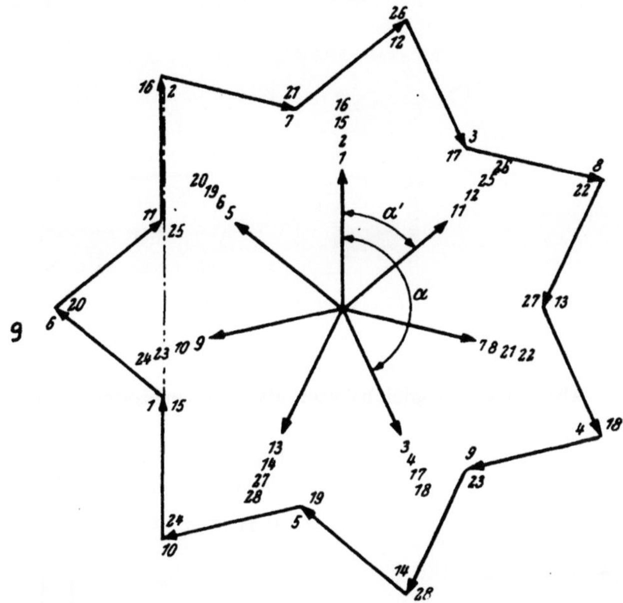

Abb. 168. Spulenstern und Spannungsvieleck einer einfach geschlossenen, rechtsgängigen Wellenwicklung mit 28 Spulen in 14 Nuten für 12 Pole und 4 parallele Zweige

Dies soll an folgendem Beispiel gezeigt werden. Eine einfach geschlossene, rechtsgängige Wellenwicklung mit $k = 28$ Spulen in $N = 14$ Nuten $(u = 2)$ für $2\,p = 12$ Pole und $2\,a = 4$ parallele Ankerzweige sei mit Ausgleichsverbindungen ausgerüstet. Und zwar sollen mindestens

$$\frac{k}{a + p} = \frac{28}{2 + 6} = \frac{28}{8},$$

also mindestens vier Ausgleichsverbindungen vorgesehen werden. Dann ist die kleinste Zahl der Spulen zwischen je zwei benachbarten Stegen durchgehend gleich $k_K = p/a$, also $k_K = 3$. Der resultierende Wicklungsschritt dieser Wicklung ist

$$y = \frac{28 + 2}{6} = 5.$$

Der größte gemeinsame Teiler von Nuten und Polpaarzahl ist $t = 2$. Die Gln. (32), (34), (36) und (38) liefern:

$$\alpha_{1,6} = \left(\frac{m\,14}{6} - \left[\frac{5}{2}\right]\right)\frac{6}{2}\,\alpha' = \left(\frac{m\,14}{6} - 2\right)3\,\alpha' = \frac{m\,14-12}{6}\,3\,\alpha' = \alpha' \quad (m = 1),$$

$$\alpha_{1,11} = \left(\frac{m\,14}{6} - \left[\frac{10}{2}\right]\right)3\,\alpha' = \left(\frac{m\,14}{6} - 5\right)3\,\alpha' = \frac{m\,14-30}{6}\,3\,\alpha' = -\alpha' \quad (m = 2),$$

$$\alpha_{1,16} = \left(\frac{m\,14}{6} - \left[\frac{15}{2}\right]\right)3\,\alpha' = \left(\frac{m\,14}{6} - 7\right)3\,\alpha' = \frac{m\,14-42}{6}\,3\,\alpha' = 0 \quad (m = 3).$$

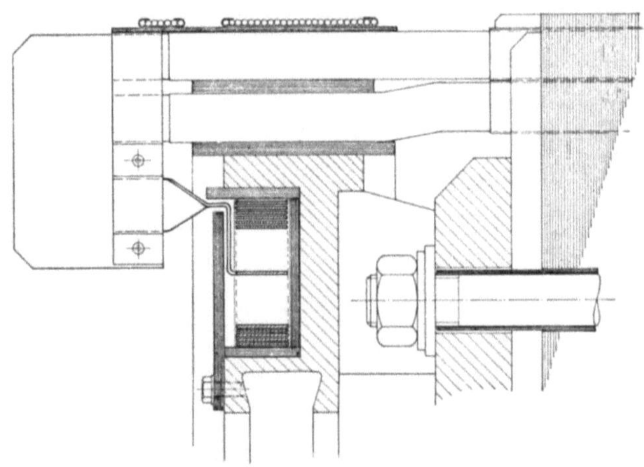

Abb. 169. Ausgleichsleiter als Ringverbinder (Elin)

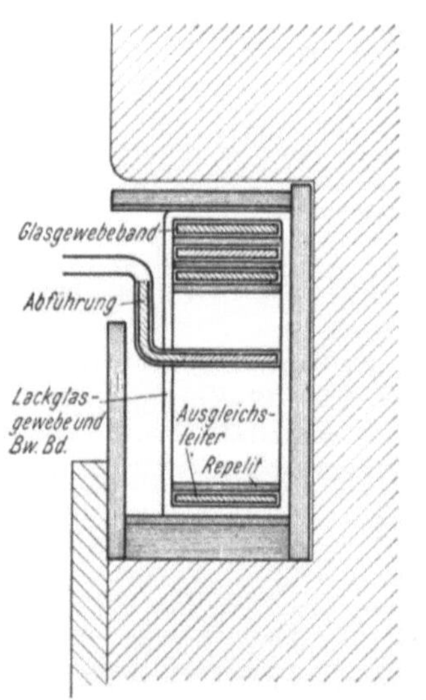

Da diese Phasenwinkel eine arithmetische Reihe bilden:

$$\alpha_{1,11} = -\alpha', \quad \alpha_{1,16} = 0, \quad \alpha_{1,6} = \alpha',$$

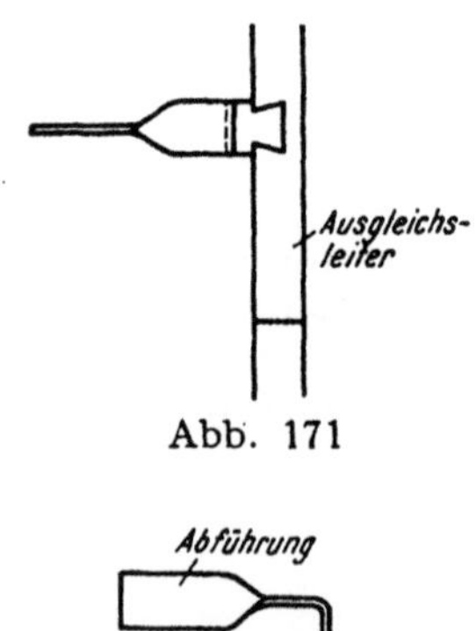

Abb. 171

Abb. 170. Ausgleichsleitungen bei einer Gleichstrommaschine (Siemens-Schuckert, Wien)

Abb. 171 und 172. Ausgleichsleiter und Abführung bei der Anordnung nach Abb. 170 (Siemens-Schuckert, Wien)

so kann der Wicklungsfaktor für den Wicklungszug, der aus den $k_K = 3$ Spulen 6, 11 und 16 besteht, nach Formel (39) berechnet werden zu

$$\xi = \frac{\sin k_K \dfrac{\beta}{2}}{k_K \sin \dfrac{\beta}{2}} = \frac{\sin 3 \dfrac{\alpha'}{2}}{3 \sin \dfrac{\alpha'}{2}} = 0{,}75$$

Das Anfangsglied der arithmetischen Reihe der Phasenwinkel ist $\beta = -\alpha'$. Der Winkel α' ist nämlich $\alpha' = (t/N)\,360^0 = (2/14)\,360^0 = 51^0\,26'$. Mit diesem Wicklungsfaktor wird die Zahl der „wirksamen" Spulen

$$k_{Kw} = k_K\,\xi = 0{,}75 \cdot 3 = 2{,}25.$$

Der gleiche Wert für ξ errechnet sich aus Formel (48 b). Hier ist für $\beta = \alpha'$ zu setzen, für $\pi\,a/N = \alpha'/2$, für $b = 1$ und für $c = 1$. Für δ ergibt sich $\delta = \pi - - 2\,\alpha'$; somit ist $\delta + + (u-1)\,\beta = \pi - 2\,\alpha' + \alpha' = = \pi - \alpha' < \pi$. In Abb. 168 sind der Spulenstern und das Spannungsvieleck dieser Wicklung gezeichnet.

Abb. 173. Stromwender mit einer Anzahl Ausgleichsverbindungen (Maschinenfabrik Oerlikon)

4. Ausführung der Ausgleichsverbindungen

a) Ausführungsarten der Ausgleichsverbindungen

Die Ausgleichsverbindungen können als *Ringleitungen* ausgebildet werden, wie sie in den Abb. 144, 145, 146, 149, 150, 158 a, 162, 163, 165, 166 und 167 angedeutet sind. Ausführungen solcher Ausgleichsleitungen zeigen die Abb. 169, 170, 171 und 172. Auch die Ausgleichsverbindungen am Stromwender in Abb. 173 liegen als Ringe nebeneinander.

Ausgleichsverbindungen in Form von *Querverbindungen*, z. B. Bügel- und Gabelverbindungen, haben wir bei den Zeichnungen in Abb. 151 und 158 b vorausgesetzt. Solche Ausgleichsverbindungen sehen wir in den Abb. 174 und 175. In Abb. 174 ist eine Schleifenwicklung als Treppenwicklung mit Ausgleichsverbindungen dargestellt. Hier sind 444 Spulen in 148 Nuten eingebettet, so daß drei Spulenseiten in jeder Nutenschichte nebeneinander liegen. Der Nutenschritt ist $18^1/_3$, der erste Teilschritt 55, der zweite Teilschritt -54 und der resultierende Wicklungsschritt 1. Der Verbindungsschritt der Ausgleichsverbindungen ist 111.

Die Ausgleichsverbindungen können unmittelbar *an den Stromwender* angeschlossen werden, wie die nächsten Abbildungen zeigen. In Abb. 176 ist beim Stromwender eines Leonardgenerators für 1100 kW die Aus-

gleichswicklung in Form von Querverbindungen eingelegt; in Abb. 177
ist der Anker mit den eingebetteten Unterstäben angebaut; und in Abb. 178
ist der fertige Anker zu sehen. Die Abb. 179 *a* und *b* zeigen die Anordnungen von Ausgleichsverbindungen in der Gestalt von Stirnverbindungen
an den Stromwendern von läufergespeisten Drehstrom-Nebenschluß-
Wendermaschinen mittlerer und kleiner
Leistung. Auch in Abb. 180 sind die Ausgleichsverbindungen einer Gleichstrommaschine für 1000 kW, 1000 U/min und 600 V
an den Wenderfahnen angebracht. Der

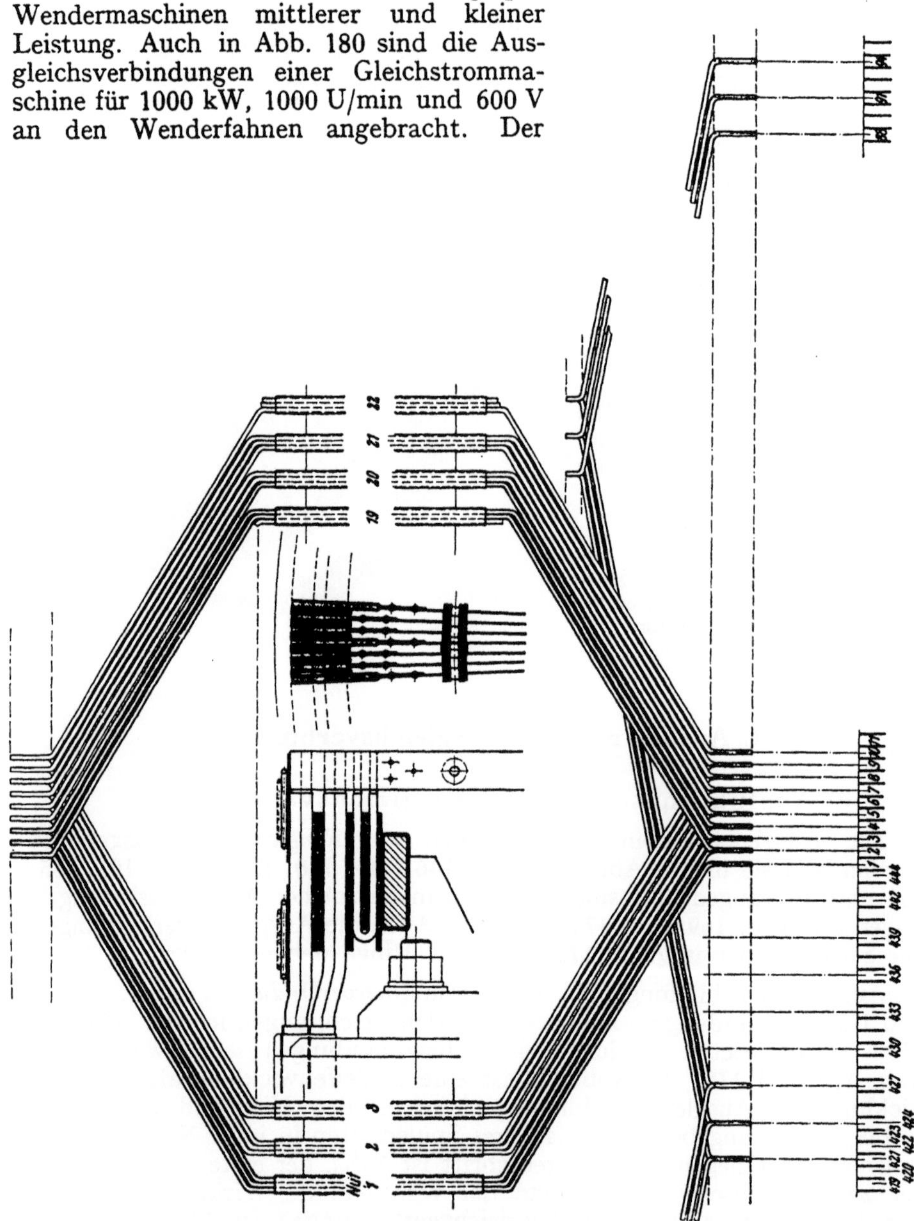

Abb. 174. Achtpolige Schleifen-Treppenwicklung mit 444 Spulen in 148 Nuten einer
Gleichstrommaschine für 1200 V und 1500 U/min Schleuderdrehzahl mit Ausgleichsverbindungen (Elin)

Anker hat 129 Nuten, der Wender 387 Stege. Die Ankerwicklung ist eine Treppenwicklung mit den Nutenschritten 21, 21 und 22. Der Verbindungsschritt der Ausgleichsverbindungen ist 129. Der Stromwender in

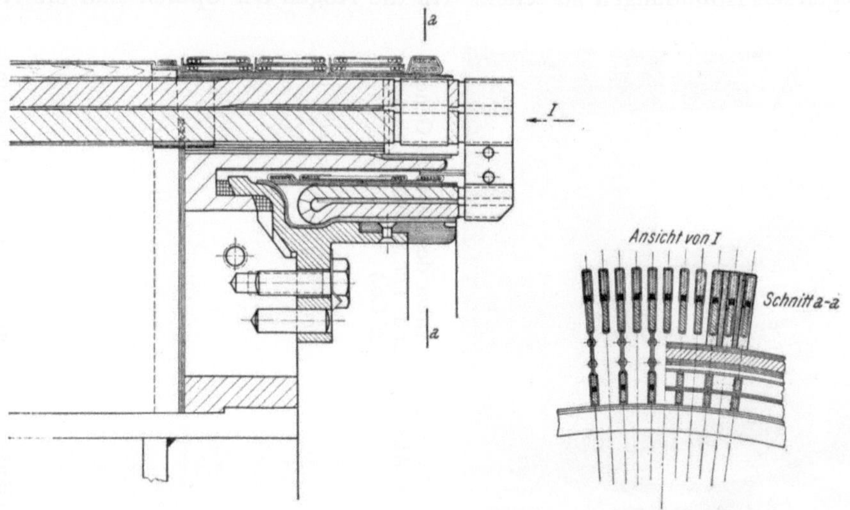

Abb. 175. Ausgleichsverbindungen bei einem Bahnmotor (Elin)

Abb. 181 hat nur wenig Ausgleichsverbindungen, die wie Stirnverbindungen in einer Ebene senkrecht zur Achse des Ankers liegen. In den folgenden Abb. 182, 183, 184 und 185 bilden die Ausgleichsverbindungen einen Zylinder, dessen Achse die Ankerachse ist. Und zwar gehören die Abb. 182 a und 182 b zu einem Bahngenerator. In Abb. 182 a ist erst ein Teil der Ausgleichsverbindungen eingelegt. Hier wird jeder dritte Steg an einen Ausgleichsleiter angeschlossen. In Abb. 182 b sind sowohl die Ausgleichswicklung als auch die Ankerwicklung fertiggestellt und mit vorläufigen Bandagen versehen, die später entfernt werden, wenn die Keile eingesetzt werden. Deutlich sieht man in Abb. 183 die Ausgleichswicklung am Stromwender eines Bahnmotors. Jeder dritte Steg des Stromwenders ist zu einer Ausgleichsverbindung geführt. Auch Abb. 184 stellt den Anker eines Bahnmotors für 1500 V mit Ausgleichs-

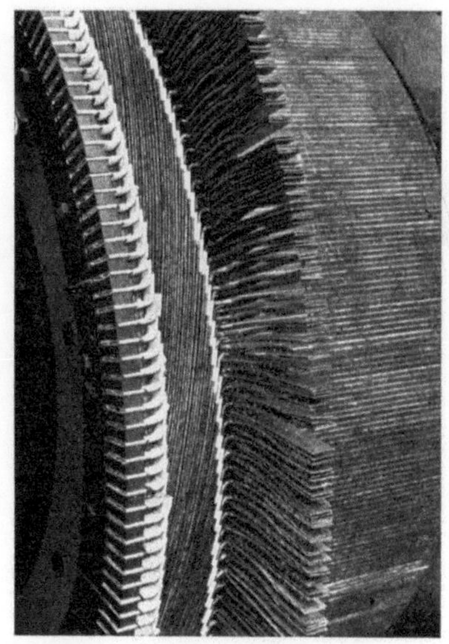

Abb. 176. Ausgleichswicklung eines *Leonard*-Generators mit 1100 kW (Garbe, Lahmeyer & Co.).

verbindungen dar. Die Abb. 185 zeigt, wie über der isolierten Ausgleichswicklung die Ankerwicklung eingelegt wird. In Abb. 186 sind wie in Abb. 151 die Ausgleicher zwischen die Ankerwicklung und die Stromwenderstege geschaltet. Hier müssen natürlich alle Ankerspulen zu Ausgleichsverbindungen geführt werden.

Ausgleichsverbindungen *auf der Antriebseite des Ankers* sind in den folgenden Abbildungen zu sehen. An die Augen der Spulen sind die Aus-

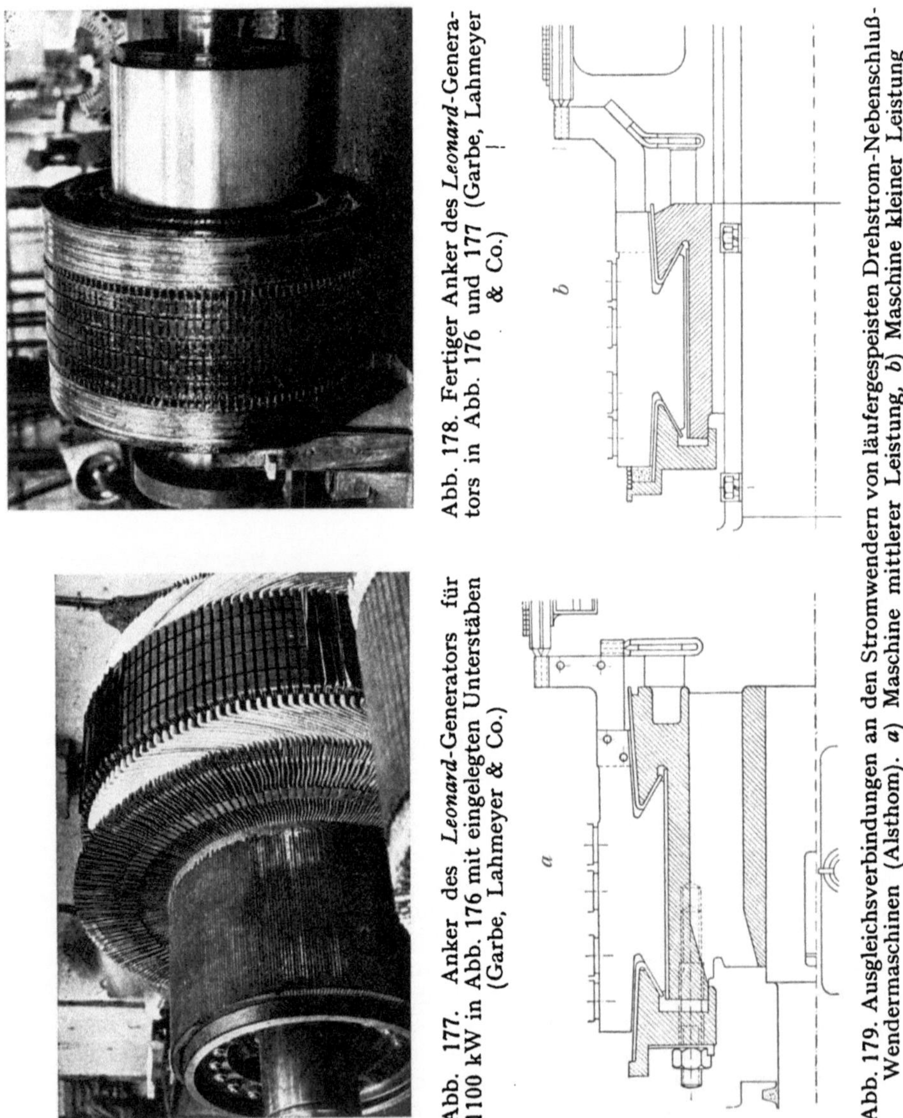

Abb. 177. Anker des *Leonard*-Generators für 1100 kW in Abb. 176 mit eingelegten Unterstäben (Garbe, Lahmeyer & Co.)

Abb. 178. Fertiger Anker des *Leonard*-Generators in Abb. 176 und 177 (Garbe, Lahmeyer & Co.)

Abb. 179. Ausgleichsverbindungen an den Stromwendern von läufergespeisten Drehstrom-Nebenschluß-Wendermaschinen (Alsthom). *a)* Maschine mittlerer Leistung, *b)* Maschine kleiner Leistung

gleicher in Abb. 187 angeschlossen, ebenso in Abb. 188. Eine Ankerspule für einen solchen Anschluß ist in Abb. 189 vorbereitet. Verwendet man für die Ankerwicklung Stäbe, wie in den Abb. 190, 191 und 192, so kann man die offenen Enden der Ankerspulen mit den Ausgleichern durch Zwingen verbinden, wodurch eine gute Belüftung erzielt wird. Diese Art der Anordnung ist auch in den Abb. 174 und 175 dargestellt. Bei der

Ankerwicklung in Abb. 193 liegen fünf Stäbe in jeder Nutenschichte nebeneinander und jede Nut ist an Ausgleichsverbindungen durch eine Zwinge angeschlossen. Einen ähnlichen Aufbau zeigt die Ausgleichswicklung der Schleifen-Treppenwicklung eines Bahnmotors in Abb. 58.

Schließlich soll noch die Abb. 194 eine Ausführung von Punga-Verbindungen bringen, die durch den Anker eines Drehstrom-Nebenschluß-Wendermotors hindurchgeführt sind. Diesen Anker mit eingelegter Drehstromwicklung und in fertigem Zustande stellen die Abb. 195 und 196 dar.

b) Zahl der Ausgleichsverbindungen

α) *Schleifenwicklungen*

Schleifenwicklungen mit $a = p$. Die durch die magnetischen Unsymmetrien hervorgerufenen Ausgleichsströme in der Wicklung werden ganz unterdrückt, wenn die volle Zahl k/a von Ausgleichsverbindungen angeordnet wird. Eine Verringerung erfahren aber diese Ausgleichsströme schon durch zwei Ausgleichsleitungen, die je a phasengleiche Wicklungspunkte miteinander verbinden. Im allgemeinen genügt es, je Nut eine Ausgleichsverbindung vorzusehen.

Schleifenwicklungen mit $a = 2p$. Während bei Ausgleichsverbindungen zum Ausgleich ungleicher Polflüsse, wie erwähnt wurde, schon mit zwei Ausgleichsleitergruppen eine günstige Wirkung erzielt werden kann,

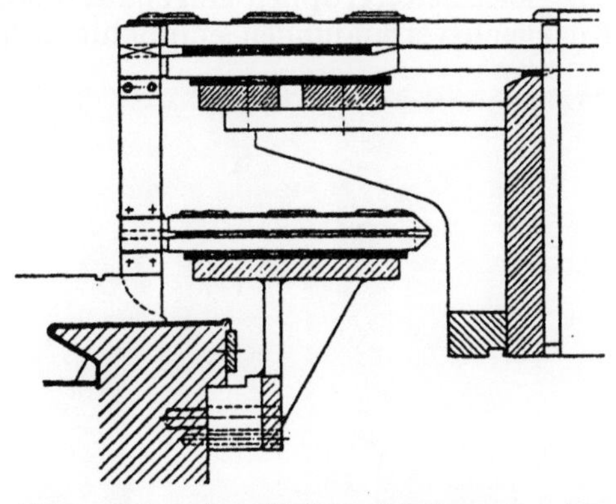

Abb. 180. Ausgleichsverbindungen einer Gleichstrommaschine für 1000 kW, 1000 U/min und 600 V (AEG, Berlin)

Abb. 181. Stromwender mit wenigen Ausgleichsverbindungen (Maschinenfabrik Oerlikon)

müssen bei Ausgleichsverbindungen zur gleichmäßigen Verteilung der Spannung über den Stromwender möglichst viele Gruppen phasengleicher Wicklungspunkte durch Ausgleichsverbindungen miteinander verbunden werden.

Soll nun gar bei zweifach geschlossenen Schleifenwicklungen mit geradzahligem k/p stets nur ein Stab oder eine Spulenseite zwischen je zwei benachbarten Stromwenderstegen mit Rücksicht auf die Stromwendung liegen, dann muß man alle Ausgleichsverbindungen vorsehen, die möglich sind.

β) *Wellenwicklungen*

Wenn bei ein- und mehrfach geschlossenen Wellenwicklungen mit $a > 1$ zwischen je zwei Nachbarstegen des Stromwenders immer nur p/a Spulen eingeschlossen sein sollen, dann müssen mindestens $k/(a + p)$ Ausgleichsleitergruppen eingebaut werden. Eine möglichst große Zahl von Ausgleichsverbindungen empfiehlt sich ja auch im Hinblick auf das über die Ausgleichsverbindungen zur gleichmäßigen Spannungsverteilung am Stromwender Gesagte.

Will man aber verhindern, daß die Ausgleichsverbindungen bei den Wellenwicklungen gegebenenfalls auch Ungleichheiten der Polflüsse ausgleichen, da ja solche magnetische Unsymmetrien bei Wellenwicklungen keine Rolle spielen, so muß man Gruppen von je p oder einem Vielfachen von p hintereinandergeschalteter Spulen durch Ausgleichsverbindungen parallelschalten, das heißt man muß nur jede a-te, jede $2\,a$-te oder jede $3\,a$-te u. s. w. Spule an Ausgleichsverbindungen anschließen. Selbstverständlich muß der Verbindungsschritt $y_v = k/a$ durch a ganzzahlig teilbar sein; also

$$\frac{k}{a^2} \text{ eine ganze Zahl}$$

sein.

Abb. 182 *a*. Teilweise eingelegte Ausgleichsverbindungen im Anker eines Traktionsgenerators, bei denen jeder dritte Steg angeschlossen ist (Westinghouse)

c) Querschnitt der Ausgleichsverbindungen

Der Querschnitt der Ausgleichsverbindungen kann etwa gleich dem Ankerleiterquerschnitt oder kleiner gewählt werden.

Abb. 182 *b*. Anker des Generators in Abb. 182*a* mit Ausgleichsverbindungen und Ankerwicklung. Die Bandage wird nach der Abkühlung des Ankers entfernt und durch Keile ersetzt (Westinghouse)

d) Ausgleichsverbindungen mit Kondensatoren

Es ist vorgeschlagen worden, um die Stromwendung zu verbessern, Kondensatoren in den Ankerkreis einzuschalten. Werden die Kondensatoren in die Ausgleichsverbindungen der Ankerwicklung verlegt, und auf Resonanz mit der schädlichen Oberwelle abgestimmt, so werden die Schwingungen hoher Periodenzahl, die in den durch die Ausgleichsleitungen geschlossenen Stromkreisen auftreten, gedämpft, während die normalen

Abb. 183. Ausgleichsverbindungen hinter dem Stromwender eines Bahnmotors (Westinghouse)

Abb. 184. Ausgleichsverbindungen bei einem Bahnmotor für 1500 V (ASEA)

Schwingungen nur unwesentlich beeinflußt werden. Da es sich um hohe Frequenzen handelt, genügen geringe Kapazitäten, so daß die Kondensatoren klein ausfallen und bequem unterzubringen sind. Sie

Abb. 185. Einlegen der Ankerwicklung über die isolierte Ausgleichswicklung bei einem Bahnmotor (Westinghouse)

können z. B. als Wickelkondensatoren in den Radstern des Ankers eingebaut werden.[1]

---

[1] Elektrotechn. u. Masch.-Bau **44** (1926), S. 466 (Patentbericht).

D. Selbstausgleichende Stromwenderwicklungen

Als selbstausgleichende Stromwenderwicklungen bezeichnen wir solche Stromwenderwicklungen, die aus zwei Teilwicklungen bestehen, die an den gleichen Stromwender angeschlossen sind und Ausgleichsverbindungen überflüssig machen.

Abb. 186. Anordnung von Ausgleichsverbindungen zwischen Ankerwicklung und Stromwenderstegen (Westinghouse)

1. Bedingungen für selbstausgleichende Ankerwicklungen

Wir wollen ganz allgemein auf einem Anker einer Gleichstrommaschine zwei Wicklungen aufbringen und so mit den Stromwenderstegen verbinden, daß Ausgleichsverbindungen überflüssig sind, so daß der Baustoff dafür, der ja tot mitgeschleppt werden muß, erspart wird.

Die Bedingungen, die die beiden Stromwenderwicklungen erfüllen müssen, um Ausgleichsverbindungen unnötig zu machen, sind die im nachfolgenden beschriebenen zwei.

Abb. 187. Anordnung der Ausgleichsverbindungen an den Augen der Ankerspulen (Westinghouse)

Abb. 188. Fertig gewickelter Anker mit Ausgleichsverbindungen auf der Antriebseite (Westinghouse)

a) Kennzeichnung der beiden Ankerwicklungen

Erstens sollen die Ausgleichsverbindungen, die Punkte gleichen Potentials miteinander verbinden, durch Spulengruppen ersetzt werden, die aus je zwei Spulen bestehen. Die eine Spule jeder solchen Spulengruppe gehört der einen Ankerwicklung an, die andere Spule der zweiten Wicklung.

Der Schritt y_v zwischen zwei phasengleichen Punkten einer Ankerwicklung beträgt für den Fall, daß $a > p$ ist,

$$y_v = \frac{k}{p}, \qquad (87)$$

und für $a < p$

$$y_v = \frac{k}{a}. \qquad (84)$$

Außerdem müssen die Bedingungen erfüllt sein, daß für $a > p$

$$\frac{N}{p} = \text{ganzzahlig} \qquad (86)$$

ist, und für $a < p$

$$\frac{N}{a} \text{ und } \frac{p}{a} \qquad (85\ a\ und\ b)$$

ganze Zahlen sind.

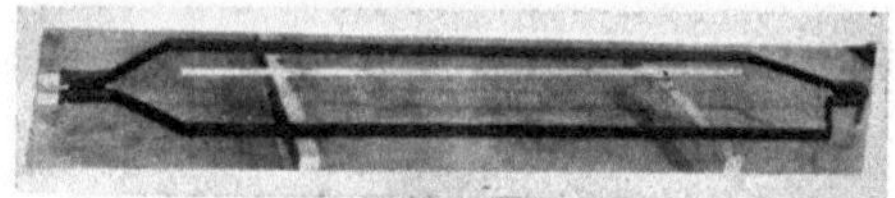

Abb. 189. Ankerspule für den Anschluß von Ausgleichsverbindungen an dem Auge der Spule (Westinghouse)

Abb. 190. Einlegen der unterschichtigen Ankerstäbe in den Anker eines Bahnmotors für 590 kW, 1180 U/min, 463 V, 16²/₃ Hz. Die Ausgleichswicklung ist bereits angebracht (Elin)

Abb. 191. Herstellung der Verbindungen zwischen Anker- und Ausgleichswicklung beim Bahnmotor der Abb. 190 (Elin)

Bezeichnen wir den resultierenden Wicklungsschritt der ersten Ankerwicklung mit y_1 und den der zweiten mit y_2, so gilt

$$y_1 = \frac{n_1\,k \pm a}{p}, \quad (102)$$

$$y_2 = \frac{n_2\,k \pm a}{p} \quad (103)$$

und

$$y_1 \pm y_2 = y_v. \quad (104)$$

Abb. 192. Fertiger Anker des Bahnmotors der Abb. 190 und 191 (Elin)

In Abb. 197 ist eine einfach geschlossene, eingängige Schleifenwicklung mit 32 Spulen in 32 Nuten für 8 Pole mit Ausgleichsverbindungen (erster Art) dargestellt. Die Stege gleichen Potentials sind um je $y_v = {} = 32/4 = 8$ Stromwenderstege voneinander entfernt.

Aus der Zeichnung erkennt man nun, daß die Stege 1 und 9 statt durch den ersten Ausgleichsring auch durch eine Spulengruppe, in der sich die Spannungen gegenseitig aufheben, miteinander verbunden werden können.

Abb. 193. Ausgleichsverbindungen unter der Ankerwicklung auf der vom Stromwender abgewandten Seite (Alsthom)

Abb. 194. Punga-Verbindungen am Anker eines Drehstrom-NebenschlußWendermotors (Maschinenfabrik Oerlikon)

Eine solche Spulengruppe wird gebildet durch die Schleifenwicklungsspule zwischen den Stromwenderstegen 1 und 2 und durch eine Wellenwicklungsspule zwischen den Stromwenderstegen 2 und 9. Das gleiche wird für die Verbindung der Stromwenderstege 9 und 17, 17 und 25, 25 und 1 durchgeführt. Diese Spulengruppen sind in Abb. 197 stark aus-

gezogen worden. In Abb. 198 sind alle $k/p = 8$ Ausgleichsringe ersetzt durch Gruppen von Schleifen- und Wellenwicklungsspulen. Auf diese Weise entsteht neben der für sich geschlossenen Schleifenwicklung noch eine einfach geschlossene Wellenwicklung, die ebensoviel Ankerstromzweige aufweist wie die Schlei-
fenwicklung. Der Anker hat daher insgesamt $4\,p = 16$ Anker-stromzweige. Wie man aus Abb. 198 ersehen kann, liegen die Ober- und Unterschichten je einer Wellen- und Schleifenwicklungs-spule in den gleichen zwei Nuten. Die Wellenwicklungsspule muß nun wohl von der Schleifen-wicklungsspule isoliert sein; doch können beide gemeinsam einge-bandelt werden, so daß sie eine Wicklungseinheit bilden. Die eigenartige Form dieser Wick-lungseinheit, die in Abb. 199 her-ausgezeichnet ist, hat der ganzen Wicklungsart den Namen „*Frosch-beinwicklung*" gegeben.

Abb. 200 zeigt eine Frosch-beinwicklungs-Spule für den An-ker eines sechspoligen Gleich-stromerzeugers für 100 kW, 250 V und 1200 U/min.

Die Froschbeinwicklung ist eine Zweischichtwicklung. Nur besteht jede Schicht aus zwei übereinanderliegenden Spulen-seiten, so daß in einer Nut, wie man in Abb. 199 sehen kann, vier Spulenseiten überein-anderliegen. Die Seiten der Wel-lenwicklungsspulen nehmen den äußersten und innersten Platz in der Nut ein, die Seiten der Schleifenwicklungsspule die bei-den Mittelplätze.

Abb. 195. Anker des Drehstrom-Neben-schluß-Wendermotors der Abb. 194 mit ein-gelegter Drehstromwicklung, die mit provi-sorischen Holzkeilen abgestützt ist (Ma-schinenfabrik Oerlikon)

Abb. 196. Fertiger Anker des Drehstrom-Nebenschluß-Wendermotors der Abb. 194 und 195 (Maschinenfabrik Oerlikon)

Abb. 198 zeigt deutlich, daß in der Froschbeinwicklung sowohl die Schleifenwicklung als auch die Wellenwicklung vollkommen ausgeglichen sind, denn jeder Steg ist mit seinen phasengleichen Stegen verbunden wie durch Ausgleichsverbindungen.

Abb. 201 ist ein Lichtbild eines Teiles einer Froschbeinwicklung, der aus einer vollständigen Spule mit den Enden A, B, C und D und aus Teilen zweier anderer Spulen besteht, die in den gleichen Nuten liegen.

In den Gln. (102) und (103) kennzeichnen die Zahlen n_1 und n_2 die Art der Wicklungen.

Beide Ankerwicklungen sind an die gleichen k Stromwenderstege angeschlossen, haben also die gleiche Stegzahl k. Außerdem müssen sich ihre Spannungsvielecke decken, was bei gleicher Stegzahl k nur der Fall ist, wenn auch die Zahl der parallelen Ankerzweige $2\,a$ in jeder Wicklung dieselbe ist.

Ist die Zahl der parallelen Ankerzweige $2\,a$ gleich oder größer als die Polzahl $2\,p$, so ergeben die Gln. (87), (102), (103) und (104)

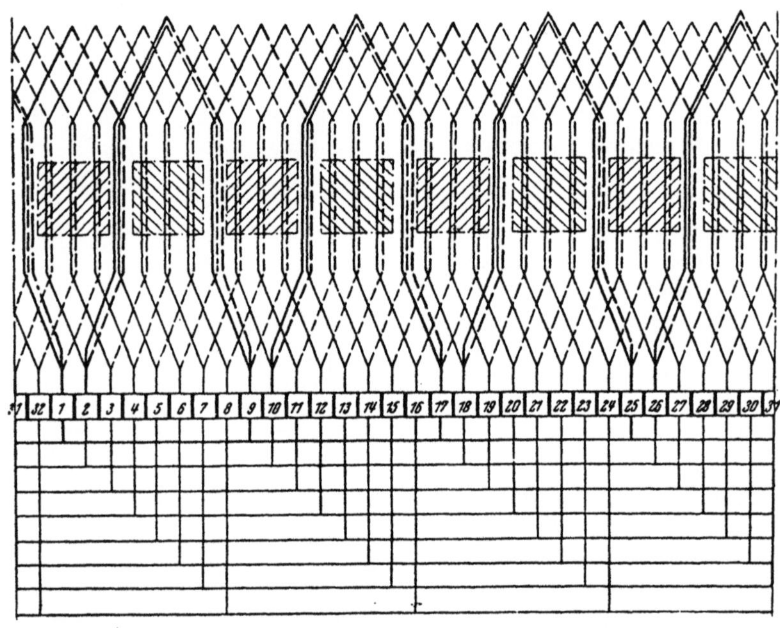

Abb. 197. Schleifenwicklung mit Ausgleichsverbindungen. Der erste Ausgleichsring ist durch Gruppen von Schleifen- und Wellenwicklungsspulen ersetzt

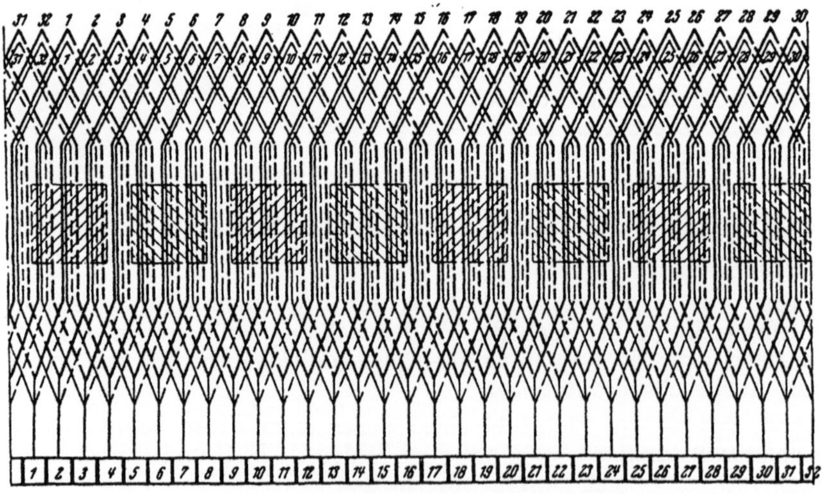

Abb. 198. Schleifenwicklung, bei der alle Ausgleichsverbindungen durch Gruppen von Schleifen- und Wellenwicklungsspulen ersetzt sind

$$k\,(n_1 \pm n_2) \pm 2\,a = k \tag{105}$$

oder
$$k\,(n_1 \pm n_2) = k, \tag{106}$$

je nach den Vorzeichen. Aus diesen Gleichungen folgt

$$n_1 \pm n_2 = 1 \mp \frac{2\,a}{k} \tag{107}$$

oder
$$n_1 \pm n_2 = 1. \tag{108}$$

Da n_1 und n_2 ganze Zahlen sind und weil die Spulenzahl k wohl immer größer ist als die Zahl der parallelen Ankerzweige a, kommt nur Gl. (108) in Betracht. *Dies bedeutet, daß, wenn die zwei Ankerwicklungen beide rechtsgängig oder beide linksgängig sind, die Differenz der Wicklungsschritte $(y_1 - y_2)$ dem Verbindungsschritte y_v gleich sein muß.*

Soll die Summe der Wicklungsschritte $(y_1 + y_2)$ den Verbindungsschritt y_v ergeben, so muß die eine der beiden Ankerwicklungen rechtsgängig und die andere linksgängig sein. Dem Pluszeichen in Gl. (108) entspricht die Summe der Wicklungsschritte, dem Minuszeichen die Differenz.

Für den Fall, daß $a < p$ ist, liefern die Gln. (84), (102), (103) und (104) die Beziehungen

$$k\,(n_1 \pm n_2) \pm 2\,a = k \cdot \frac{p}{a} \tag{109}$$

oder

$$k\,(n_1 \pm n_2) = k \cdot \frac{p}{a} \tag{110}$$

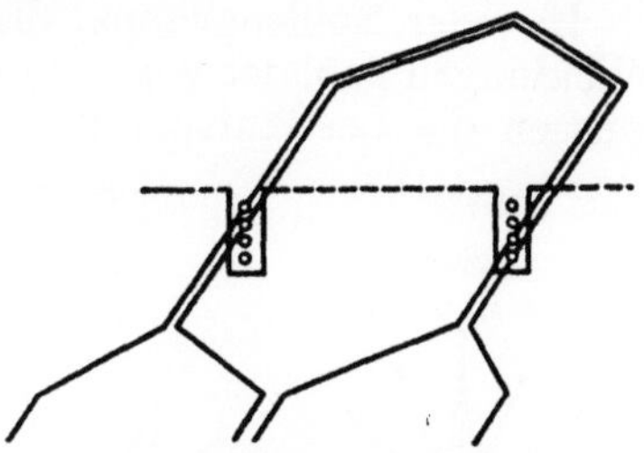

Abb. 199. Wicklungseinheit einer Froschbeinwicklung

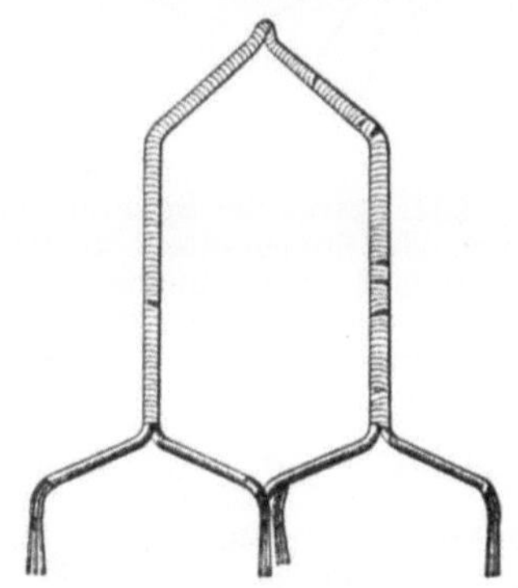

Abb. 200. Froschbeinwicklungs-Einheit für den Anker eines sechspoligen Gleichstromgenerators für 100 kW, 250 V und 1200 U/min (Allis-Chalmers)

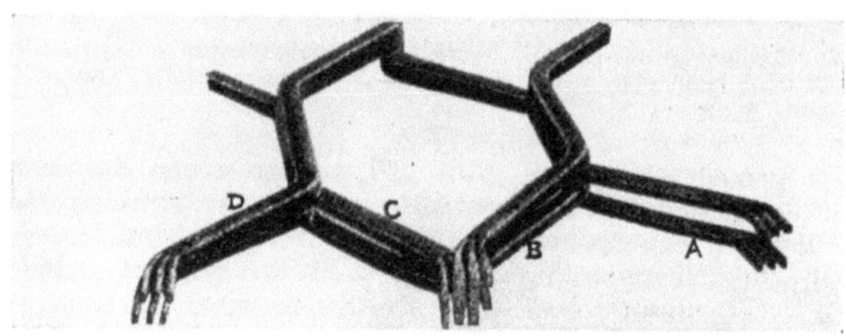

Abb. 201. Wicklungseinheit einer Froschbeinwicklung (Allis-Chalmers)

Die gleichen Überlegungen wie bei der Besprechung des Falles $a \geqq p$ führen zur Erkenntnis, daß wir bloß die Gl. (110) zu untersuchen haben. Diese Gleichung läßt sich auch schreiben

$$n_1 \pm n_2 = \frac{p}{a}. \tag{111}$$

p/a ist immer eine ganze Zahl.

b) Spulenweiten

Die zweite Bedingung, die die beiden Wicklungen erfüllen müssen, um Ausgleichsverbindungen unnötig zu machen, ist die folgende.

In jeder Spulengruppe, die aus zwei Spulen der beiden verschiedenen Wicklungen gebildet wird und die eine Ausgleichsverbindung ersetzen soll, müssen die Leerlaufspannungen einander aufheben.

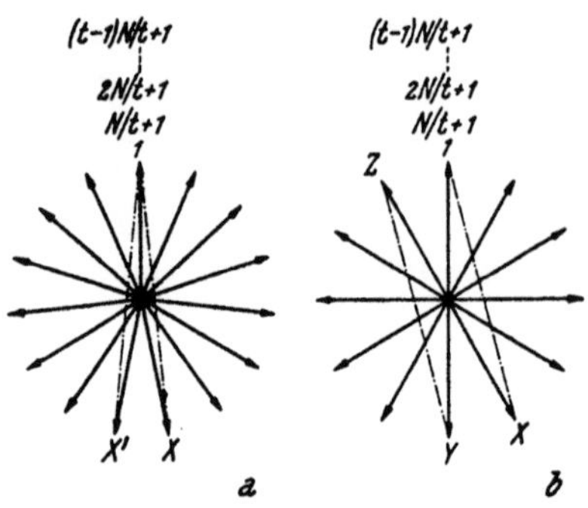

Abb. 202. Sterne der Spannungen der Spulen oder Spulenseiten. *a*) mit einer ungeraden Zahl von ungleichphasigen Strahlen, *b*) mit einer geraden Zahl von ungleichphasigen Strahlen

In Abb. 202 sehen wir einen Stern der Spulenspannungen oder Spannungen der Spulenseiten. Beschränken wir uns auf den Fall, daß für jede der beiden Ankerwicklungen nur zwei Spulenseiten in jeder Nut vorgesehen sind, also $2\,u = 2$ ist, so trägt der zuerst mit „1" bezifferte Spannungszeiger nach Tab. 12 in W III A 3 noch die in Abb. 202 eingetragenen Bezifferungen:

$$N/t + 1, \quad 2\,N/t + 1, \ldots (t-1)\,N/t + 1.$$

Die Bezeichnung der Spulen kann auch für die Spulenseiten oder Nuten gelten. t ist der größte gemeinsame Teiler, den die Nutenzahl N und Pol-

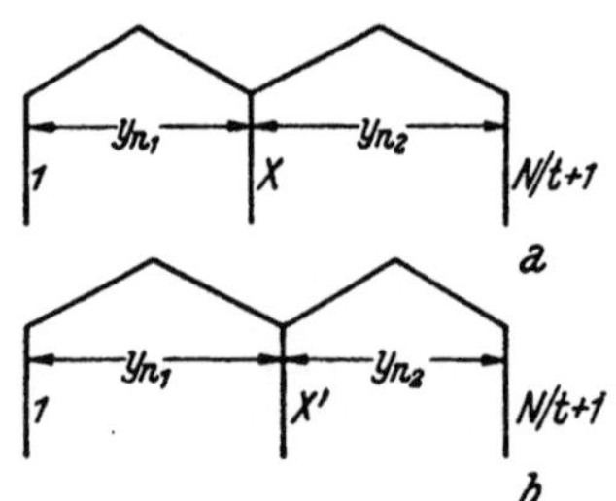

Abb. 203. Spulenweiten der beiden Wicklungen nach Abb. 202 *a*

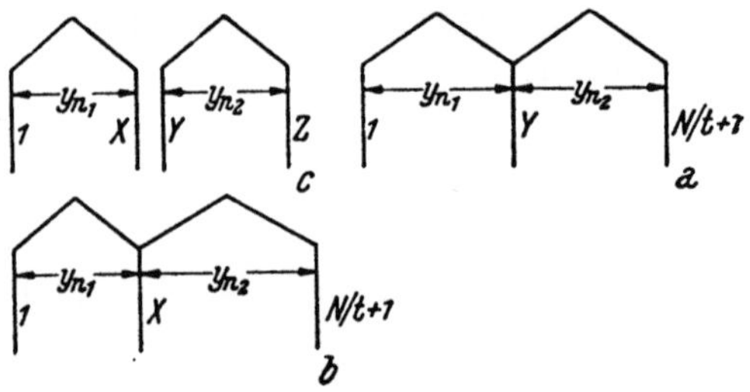

Abb. 204. Spulenweiten der beiden Wicklungen nach Abb. 202 *b*

paarzahl p gemeinsam haben. Abb. 202 *a* zeigt einen Spannungszeigerstern mit ungerader Zahl N/t von ungleichphasigen Strahlen, Abb. 202 *b* einen solchen mit einer geraden Zahl N/t. Ist N/t ungerade, so kann die Spulenweite y_{n1} der ersten Wicklung gewählt werden wie es beliebt (zum Beispiel 1 … X), immer muß dann die Spulenweite y_{n2} so angenommen werden, daß wir zum Strahl mit der Bezifferung $N/t + 1$ zurückkehren (zum Beispiel X … $N/t + 1$) (vgl. Abb. 203 *a* und *b*). Dann sind die Leerlaufspannungen, die in den beiden Spulen induziert werden, der Größe nach gleich, der Phase nach entgegengesetzt, so daß sie sich aufheben. Die Spulenweiten ergeben somit in der Summe N/t:

$$y_{n1} + y_{n2} = N/t. \tag{112}$$

Ist aber N/t geradzahlig, so können die Spulenweiten ebenfalls so gewählt werden wie im vorigen Beispiel, nämlich so, daß ihre Summe N/t ergibt. Doch ist es hier auch möglich, Spulenweiten auszulegen, die einander gleich und kleiner sind als eine Polteilung, also Sehnenspulen anzunehmen, wie Abb. 202 zeigt. In Abb. 204 a, b und c sind einige Möglichkeiten für die Wahl der Spulenweiten zusammengestellt; und zwar sind in Abb. 204 a beide Spulen Durchmesserspulen, in Abb. 204 c Sehnenspulen mit gleicher Weite.

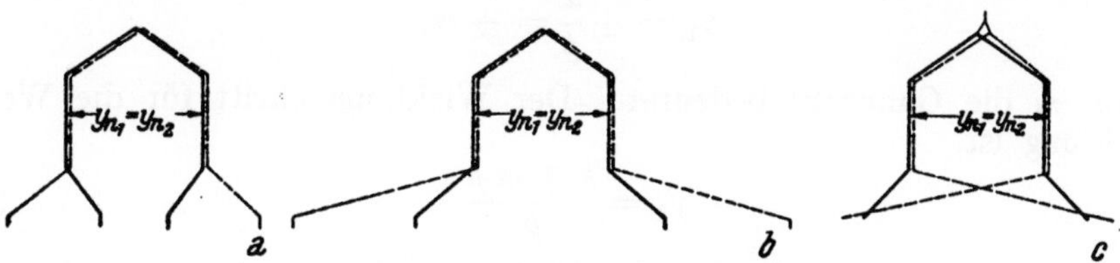

Abb. 205. Formen von Froschbeinwicklungs-Spulengruppen mit einer Windung je Spule

Haben die Spulen der beiden Ankerwicklungen, die zu einer selbstausgleichenden Wicklung vereinigt werden sollen, gleiche Weite, ist also $y_{n1} = y_{n2}$, so kann je eine Spule der einen Wicklung mit je einer Spule der zweiten Wicklung zu einer Wicklungseinheit vereinigt werden, die nach ihrem Aussehen, wie wir gehört haben, „Froschbeinwicklungsspule" genannt wird. Abb. 205 a, b, c zeigt einige Formen von solchen Froschbeinspulen. In Abb. 205 a besteht die selbstausgleichende Wicklung aus einer Schleifen- und Wellenwicklung. Abb. 205 b stellt eine Froschbeinspule dar für den Fall, daß sich die selbstausgleichende Wicklung aus zwei Wellenwicklungen zusammensetzt. Die Froschbeinspule nach Abb. 205 c wird mit ihren Spulenköpfen an den Stromwender angeschlossen und die Schaltung der Spulen auf der Antriebsseite vorgenommen.

Die beiden Spulen, die eine Wicklungseinheit zu bilden haben, können aber nur dann gleiche Weiten oder Nutenschritte besitzen und außerdem als Summe der in ihnen induzierten Leerlaufspannungen Null ergeben, wenn der Stern der Spulenspannungen eine gerade Zahl von ungleichphasigen Strahlen besitzt, wie ein Vergleich der Abb. 202 a und b lehrt. Somit heißt die Bedingung dafür, daß die beiden Spulen der zwei Wicklungen einer selbstausgleichenden Ankerwicklung als Wicklungseinheit eine Froschbeinspule bilden:

$$\frac{N}{t} = \text{gerade Zahl.}$$

Ist aber N/t geradzahlig, dann ist es auch die Nutenzahl N und mit ihr die Stegzahl k. Daher lassen sich Froschbeinwicklungen nur für gerade Stegzahlen k ausführen.

2. Beispiele

a) Wicklungen für $a \geqq p$ mit $n_1 = 0$ und $n_2 = 1$

Wenn $a \geqq p$ ist, gilt also Gl. (108). Setzen wir darin $n_1 = 0$, so muß bei Berücksichtigung des positiven Vorzeichens $n_2 = 1$ sein. Das heißt, daß die eine der beiden Ankerwicklungen eine Schleifenwicklung und die andere eine Wellenwicklung ist. Die eine Wicklung muß rechtsgängig, die andere linksgängig sein; oder, was dasselbe bedeutet: beide Wicklungen müssen entweder gekreuzte oder ungekreuzte Wicklungen sein.

Denn rechtsgängige Schleifenwicklungen und linksgängige Wellenwicklungen sind ungekreuzte Wicklungen, linksgängige Schleifen- und rechtsgängige Wellenwicklungen gekreuzte Wicklungen.

Der resultierende Wicklungsschritt für die Schleifenwicklung ist allgemein

$$y_1 = \pm \frac{a}{p} = \pm m, \tag{17}$$

wenn m die Gangzahl bedeutet. Der Wicklungsschritt für die Wellenwicklung ist

$$y_2 = \frac{k \mp m\,p}{p}, \tag{113}$$

da hier $a = m\,p$ ist. Die Gesamtzahl der parallelen Ankerzweige ist somit

$$4\,a = 4\,m\,p.$$

Sollen bei einer solchen Wicklung die ausgleichenden Schleifen-Wellenwicklungs-Spulengruppen Stromwenderstege miteinander verbinden, die um den Verbindungsschritt

$$y_v = \frac{k}{p} \tag{87}$$

auseinander liegen und die außerdem den verschiedenen Teilwicklungen einer *m-gängigen, m-fach geschlossenen Schleifenwicklung* angehören, so darf der Verbindungsschritt y_v durch die Gangzahl m nicht teilbar sein; es muß also gelten

$$\frac{k}{m\,p} = g + \frac{z}{m}, \tag{114}$$

wo g eine ganze Zahl ist und z/m einen echten Bruch bedeutet. Diese Gleichung geht über in

$$k = p\,(m\,g + z). \tag{115}$$

Da die Schleifenwicklung m-fach geschlossen ist, so muß k durch m ganzzahlig teilbar sein. Dies ist nur möglich, wenn nach Gl. (87)

$$p = m\,x \tag{116}$$

ist, wobei x eine beliebige ganze Zahl darstellt. Für eine zweigängige, zweifach geschlossene Schleifenwicklung zum Beispiel muß die Maschine mindestens $2\,p = 4$ Pole haben, für eine dreigängige dreifach geschlossene Wicklung mindestens $2\,p = 6$ Pole u. s. w.

Der Wicklungsschritt y_2 für die Wellenwicklung kann nach Gl. (113) auch geschrieben werden

$$y_2 = \frac{k}{p} \mp m = y_v \mp m.$$

Mit Rücksicht auf Gl. (114) kann y_2 nicht durch m ganzzahlig teilbar sein; das heißt, daß die Wellenwicklung nicht m-fach geschlossen ist wie die Schleifenwicklung.

Ist die Spulen- oder Stegzahl der Schleifenwicklung durch die Gangzahl m nicht ganzzahlig teilbar, so ist die Wicklung einfach geschlossen. Für solche Wicklungen gilt selbstverständlich ebenfalls die Gl. (114).

Legen wir also der Froschbeinwicklung eine m-gängige, m-fach geschlossene Schleifenwicklung zugrunde, so müssen folgende Beziehungen erfüllt werden:

$$k = m\,x'$$
$$p = m\,x$$

und $\qquad\qquad\qquad\qquad\qquad\qquad\qquad\qquad$ (117)

$$\frac{k}{m\,p} = g + \frac{z}{m},$$

wobei x, x', g und z ganze Zahlen bedeuten, $z < m$ ist und x'/x ganzzahlig, nämlich gleich y_v ist.

Abb. 206. Selbstausgleichende Wenderwicklung (Froschbeinwicklung) mit 42 Nuten und Stegen für 6 Pole, bestehend aus einer dreigängigen, dreifach geschlossenen, rechtsgängigen Schleifenwicklung und einer einfach geschlossenen, linksgängigen Wellenwicklung mit 18 parallelen Zweigen

In Abb. 206 ist eine Ankerwicklung dargestellt, die einerseits aus einer dreigängigen, dreifachgeschlossenen Schleifenwicklung besteht und andererseits aus einer Wellenwicklung. Die Stegzahl ist $k = 42$, die Polzahl $2\,p = 6$. Da die Schleifen- und Wellenwicklung je $2\,p\,m = 18$ parallele Zweige enthält, ist die Gesamtzahl der Ankerzweige $4\,p\,m = 36$. Die Wicklungsschritte sind:

$$y_1 = y_s = + m = 3,$$

$$y_2 = y_w = \frac{k - m\,p}{p} = \frac{42 - 3 \cdot 3}{3} = 11.$$

Die Wellenwicklung ist linksgängig und einfach geschlossen. Die Bedingungen der Gl. (117) sind erfüllt, wie man sich leicht überzeugen kann. In Abb. 206 ist die Wellenwicklung stark voll ausgezogen, während die drei Teilwicklungen der Schleifenwicklung durch dünne volle, gestrichelte und Strich-Punkt-Linien unterschieden sind. Die Nutenschritte der beiden Wicklungen sind einander gleich

$$y_{n1} = y_{n2} = \frac{N}{2\,p} = \frac{42}{6} = 7.$$

Die Spulen sind Durchmesserspulen. Die Gl. (112) ist erfüllt, da hier der größte gemeinsame Teiler von Nuten- und Polpaarzahl $t = 3$ ist. Je eine Schleifen- und Wellenwicklungsspule sind zu einer Froschbeinwicklungsspule vereinigt. Die Wicklung setzt sich aus insgesamt 42 solcher Froschbeinwicklungsspulen zusammen. Diese Zahl ist gleich der Stegzahl.

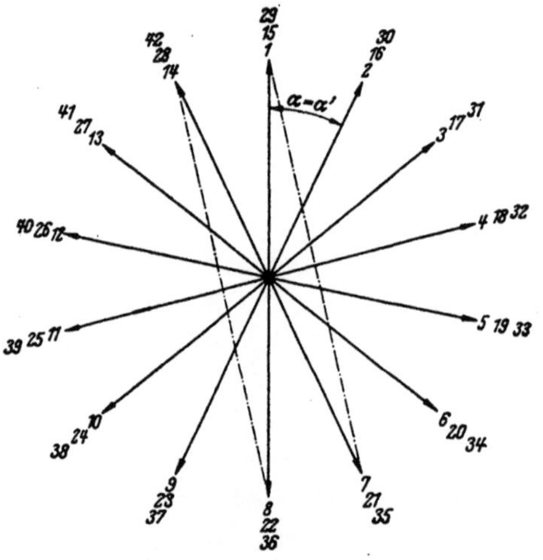

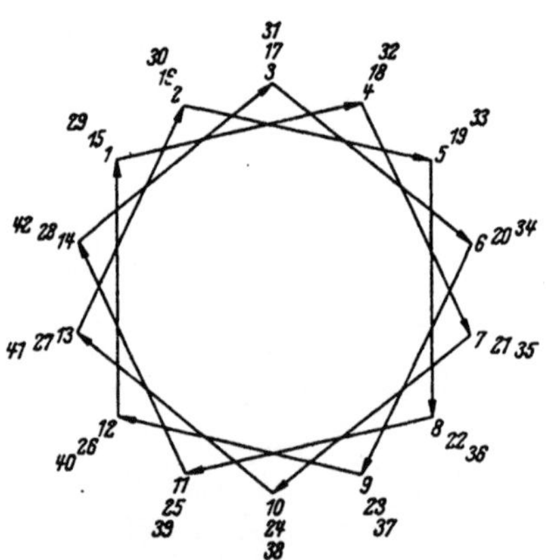

Abb. 207. Spulenstern der Wicklung in Abb. 206

Abb. 208. Spannungsvieleck der Wicklung in Abb. 206

In diesem Beispiel sind nur je zwei Seiten von Froschbeinspulen in einer Nut eingebettet. Ist die Zahl der Froschbeinspulenseiten je Nut allgemein $2\,u$, so gilt

$$\frac{k}{p\,m} = \frac{N\,u}{p\,m} = g + \frac{z}{m}, \tag{118}$$

da ja $k = u\,N$ ist. N/p und g sind ganze Zahlen und z/m ist ein echter Bruch. Daher darf u/m keine ganze Zahl sein. Zum Beispiel kann für eine Wicklung mit $m = 2$ die Zahl der in einer Nut nebeneinander liegenden Froschbein-Spulenseiten u nur 1, 3, 5, 7 … sein und für $m = 3$ nur $u = 1, 2, 4, 5, 7 …$ betragen.[1]

Abb. 207 zeigt den Stern der Spulenspannungen für die in Abb. 206 gezeichnete Wicklung. Und zwar gilt dieser Stern sowohl für die Schleifen- als auch für die Wellenwicklung. Abb. 208 stellt das Spannungsvieleck dar für diese Wicklungen.

---

[1] Vgl. V C 2 e γ und V C 3 d β.

In Abb. 209 ist eine Spulengruppe herausgezeichnet, die aus einer Schleifen- und Wellenwicklungsspule besteht und eine Ausgleichsverbindung ersetzen soll. Außerdem ist die Wicklungseinheit angedeutet, die eine Schleifenwicklungsspule umfaßt und eine Wellenwicklungsspule, und die als Froschbeinwicklungsspule angesehen werden kann.

Die gleiche Wicklung kann auch mit Sehnenspulen angeführt werden, wie Abb. 210 andeutet. Beide Spulenspannungen sind wieder gleich groß und in der Phase entgegengesetzt, wie man aus Abb. 207 entnehmen kann.

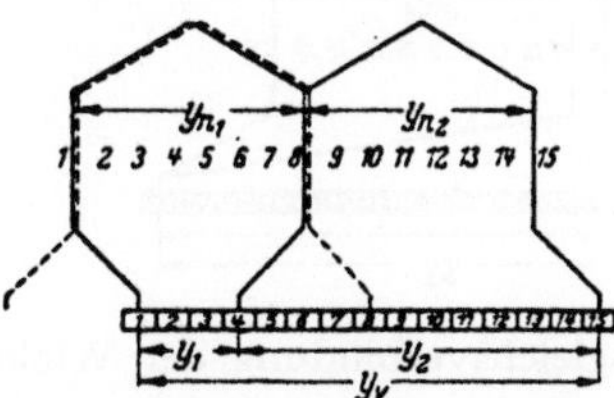

Abb. 209. Spulengruppe zum Ersatz einer Ausgleichsverbindung der Wicklung in Abb. 206 (Durchmesserspulen) und Wicklungseinheit (Froschbeinspule)

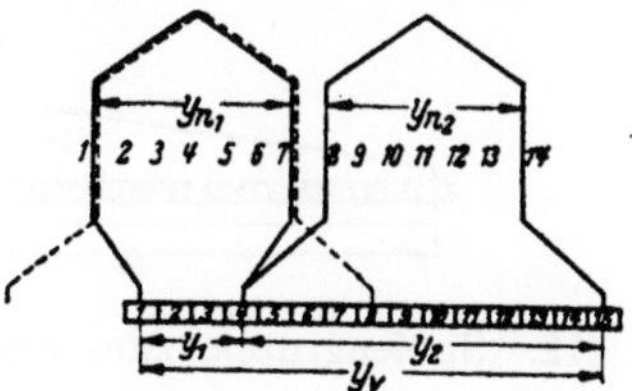

Abb. 210. Spulengruppe zum Ersatz einer Ausgleichsverbindung der Wicklung in Abb. 206 (Sehnenspulen) und Wicklungseinheit (Froschbeinspule)

b) Wicklungen für $a \gtreqqless p$ mit $n_1 > 1$ und $n_2 \gtreqqless 1$

Auch für solche Wicklungen gilt Gl. (108), und zwar in der Form

$$n_1 - n_2 = 1; \qquad \text{(108 a)}$$

die Wicklungsschritte y_1 und y_2 sind in den Gln. (102) und (103) angegeben. Da k/p nach Gl. (87) eine ganze Zahl ist, so muß auch a/p ganzzahlig sein.

Wir betrachten ein Beispiel: zwei Wellenwicklungen sollen sich gegenseitig ausgleichen. Für die eine Wicklung ist $n_1 = 2$; für die zweite Wicklung ist $n_2 = 1$. Gl. (108 a) ist also erfüllt. Der Anker besitzt $N = 57$ Nuten, der Stromwender $k = 57$ Stege. Die Maschine hat $2\,p = 6$ Pole.

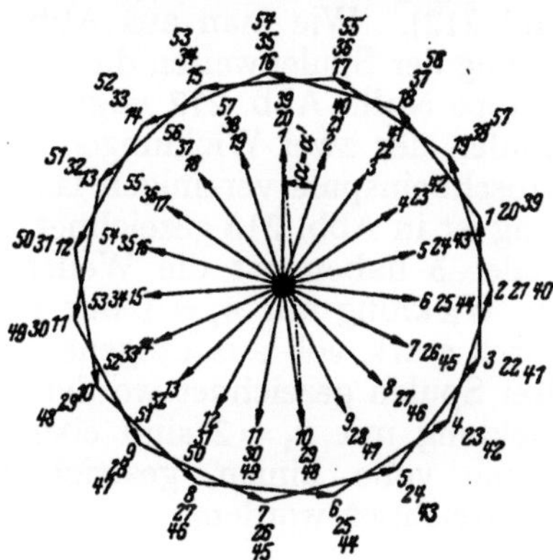

Abb. 211. Spulenstern und Spannungsvieleck einer selbstausgleichenden Wenderwicklung mit 57 Nuten und Stegen für 6 Pole und insgesamt 24 parallele Ankerzweige

Jede Wellenwicklung soll $2\,a = 12$ Ankerzweige bilden. Der Verbindungsschritt der Ausgleichsverbindungen ist $y_v = k/p = 57/3 = 19$. Mit Rücksicht auf Gl. (108 a) muß die Differenz der Wicklungsschritte $(y_1 - y_2)$ dem Verbindungsschritt y_v gleich sein, so daß beide Wellenwicklungen entweder rechts- oder linksgängig sind. Daraus folgt für die Wicklungsschritte:

$$y_1 = \frac{n_1\,k - a}{p} = \frac{2 \cdot 57 - 6}{3} = 36,$$

$$y_2 = \frac{n_2\,k - a}{p} = \frac{57 - 6}{3} = 17,$$

wenn wir linksgängige Wicklungen annehmen.

In Abb. 211 sind der Stern der Spulenspannungen und die Spannungs-vielecke für diese Wicklungen gezeichnet; in Abb. 212 ist eine Spulen-gruppe dargestellt, die eine Ausgleichsverbindung ersetzen soll, und die zum Unterschied von den in den Abb. 209 und 210 behandelten Fällen aus zwei Wellenwicklungsspulen besteht. Die eine entstammt einer Wellen-wicklung mit $n_1 = 2$, die andere Spule einer Wellenwicklung mit $n_2 = 1$.

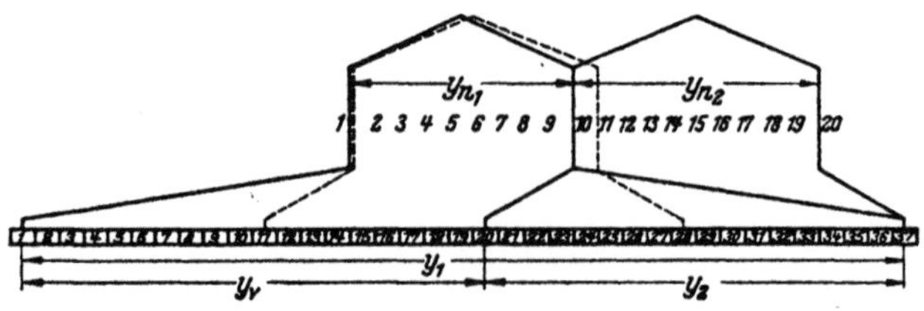

Abb. 212. Spulengruppe zum Ersatz einer Ausgleichsverbindung der Wicklung in Abb. 211

Die Weite der Spulen der Wellenwicklung mit $n_1 = 2$, also der Nuten-schritt, ist $y_{n1} = 9$; die Weite der Spulen der Wellenwicklung mit $n_2 = 1$ ist dagegen $y_{n2} = N/p - y_{n1} = 57/3 - 9 = 10$ (vgl. die Abb. 211 und 212). Wie man aus Abb. 211 entnehmen kann, ist bei dieser Aus-legung der Spulenweiten die Summe der Leerlaufspannungen in der Spulen-gruppe Null. Abb. 212 zeigt auch, daß sich hier, weil $y_{n1} \neq y_{n2}$, die beiden Spulen der zwei Wicklungen nicht mehr zu einer Wicklungseinheit einer Froschbeinspule vereinigen lassen. Ein Teil des Schaltbildes dieser Wick-lung ist in Abb. 213 gezeichnet. Da $y_1 = 36$ und $k = 57$ den gemeinsamen Teiler 3 haben, ist die Wellenwicklung mit $n_1 = 2$ dreifach geschlossen; die Wicklung mit $n_2 = 1$ nur einfach. Die zuletzt genannte Wicklung ist durch stark voll ausgezogene Kurven hervorgehoben; und zwar sind nur drei Spulen gezeichnet worden. Von den drei Teilwicklungen der Wellen-wicklung mit $n_1 = 2$ sind ebenfalls je drei Spulen angegeben und durch dünne volle Linien, gestrichelte oder durch Strich-Punkt-Kurven ge-kennzeichnet worden.

c) Wicklungen für $a < p$

Diese Wicklungen unterscheiden sich nicht von den Wicklungen mit $a > p$. Nur muß für sie die Bedingung der Gl. (111)

$$n_1 \pm n_2 = \frac{p}{a} \tag{111}$$

erfüllt werden, wo p/a eine ganze Zahl ist. Auch hier gilt, daß die Differenz der Wicklungsschritte $(y_1 - y_2)$ gleich dem Verbindungsschritt y_v ist, wenn beide Ankerwicklungen rechtsgängig oder beide linksgängig sind. Damit die Summe der Wicklungsschritte gleich dem Verbindungsschritt wird, muß die eine der Ankerwicklungen rechts- und die andere links-gängig sein.

Für eine Wicklung mit $2p = 8$ Polen und $N = 30$ Nuten ergibt sich für den Fall, daß jede Wicklung $2a = 4$ Zweige bilden soll, daß zum Beispiel diese Wicklungen mit $n = 1$ ausgeführt werden können, denn mit $n_1 = 1$ und $n_2 = 1$ ist die Gl. (111) befriedigt, da $p/a = 2$ ist. Die Wick-lungsschritte sind

$$y_1 = \frac{N-a}{p} = \frac{30-2}{4} = 7,$$

$$y_2 = \frac{N+a}{p} = \frac{30+2}{4} = 8.$$

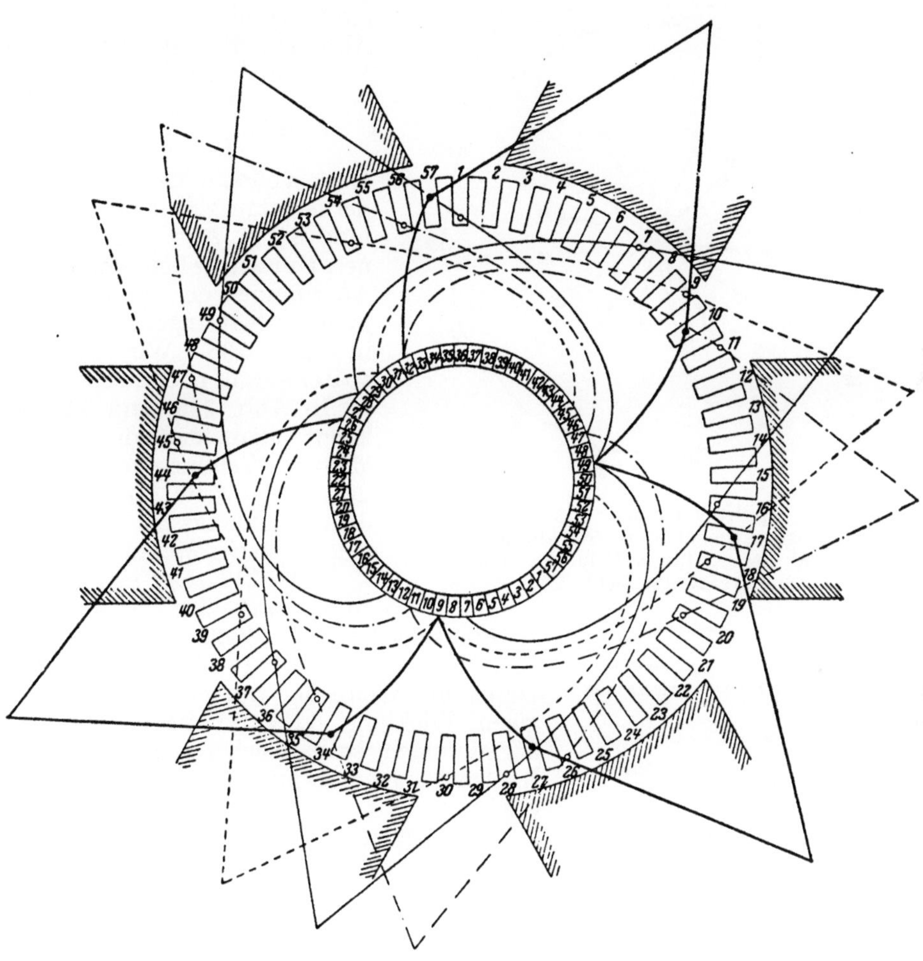

Abb. 213. Selbstausgleichende Wenderwicklung mit 57 Nuten und Stegen für 6 Pole, bestehend aus einer dreifach geschlossenen, linksgängigen Wellenwicklung ($n = 2$) und einer einfach geschlossenen, linksgängigen Wellenwicklung ($n = 1$) mit je 12 parallelen Ankerzweigen

Der Stern der Spulenspannungen und das Spannungsvieleck sind in Abb. 214 gezeichnet. Die selbstausgleichende Wicklung besteht aus einer einfach geschlossenen linksgängigen Wicklung mit $n = 1$ und einer zweifach geschlossenen rechtsgängigen Wicklung mit $n = 1$. Bei der zuletzt genannten Wicklung haben die Stegzahl $k = 30$ und der resultierende Wicklungsschritt $y_2 = 8$ den gemeinsamen Teiler 2.

Wählt man nach Abb. 214 die Weite der Spulen der linksgängigen Wicklung $y_{n1} = 4$, so muß nach Gl. (112) die Spulenweite der rechtsgängigen Wicklung $y_{n2} = N/t - y_{n1} = 30/2 - 4 = 11$ angenommen werden. Mit den soeben ermittelten Spulenweiten $y_{n1} = 4$ und $y_{n2} = 11$ und den Wicklungsschritten $y_1 = 7$ und $y_2 = 8$ ergibt sich die Spulengruppe zum Ersatz einer Ausgleichsverbindung, wie sie in Abb. 215 dargestellt ist. Der Verbindungsschritt ist

$$y_v = \frac{k}{a} = \frac{30}{2} = 15.$$

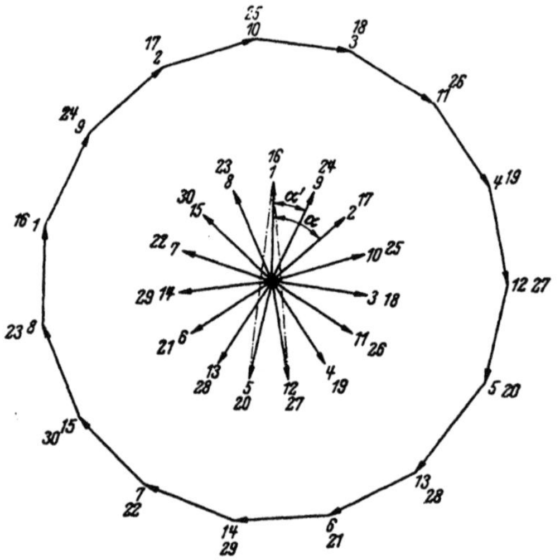

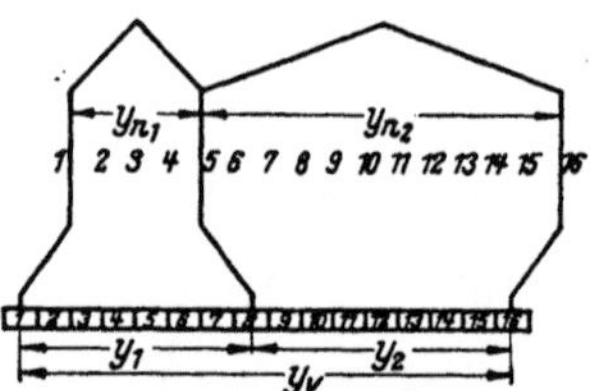

Abb. 214. Spulenstern und Spannungsvieleck einer selbstausgleichenden Wicklung mit 30 Nuten und Stegen für 8 Pole und insgesamt 8 Ankerzweige (Abb. 216)

Abb. 215. Spulengruppe zum Ersatz einer Ausgleichsverbindung der Wicklung in Abb. 214 und 216

Das vollständige Schaltbild der selbstausgleichenden Wicklung ist in Abb. 216 gezeichnet. Nur wurde hier eine andere Anordnung der Spulenseiten in jeder Nut angenommen wie in Abb. 206. Wir kommen später darauf noch zu sprechen.

In Abb. 215 und 216 erkennt man, daß die rechtsgängige Wicklung mit $n = 1$, der Spulenweite $y_{n2} = 11$ und dem Wicklungsschritt $y_2 = 8$ eine Schleifenwicklung ist.

Abb. 217 zeigt eine andere Anordnung der Spulen der selbstausgleichenden Wicklung mit dem Spulenspannungsstern in Abb. 214. Hier wurde die Weite der Spulen der linksgängigen Wicklung $y_{n1} = 11$ nach Abb. 214 angenommen, so daß sich für die Weite der Spulen der rechtsgängigen Wicklung $y_{n2} = 4$ ergibt.

Die selbstausgleichende Ankerwicklung mit dem Spulenspannungsstern und dem Spannungsvieleck in Abb. 214 läßt sich auch noch folgendermaßen ausführen: Wir nehmen als erste Wicklung eine einfach geschlossene rechtsgängige Wicklung mit $n = 3$ und $2a = 4$ Ankerzweigen. Ihr Wicklungsschritt ist

$$y_1 = \frac{3 \cdot 30 + 2}{4} = 23.$$

Wenn wir für diese Wicklung eine Spulenweite von $y_{n1} = 11$ vorsehen, so wird diese Wicklung eine Wellenwicklung, weil $y_1 > y_{n1}$ ist. Die zweite Wicklung bleibt eine zweifach geschlossene rechtsgängige Wellenwicklung mit $n = 1$, dem Wicklungsschritt $y_2 = 8$ und dem Nutenschritt $y_{n2} = 4$. Da beide Wicklungen gleichgängig sind, muß der Verbindungsschritt $y_v = 15$ gleich der Differenz der beiden Wicklungsschritte sein:

$$y_v = y_1 - y_2 = 23 - 8 = 15.$$

In Abb. 218 ist die Spulengruppe gezeichnet, die eine Ausgleichsverbindung ersetzen soll. Die Zahlen $n_1 = 3$ und $n_2 = 1$ erfüllen die Bedingung (111), denn $n_1 - n_2 = 3 - 1 = p/a = 2$.

Abb. 216. Selbstausgleichende Wenderwicklung mit 30 Nuten und Stegen für 8 Pole, bestehend aus einer einfach geschlossenen, linksgängigen Wellenwicklung ($n = 1$) und einer zweifach geschlossenen, rechtsgängigen Schleifenwicklung ($n = 1$) mit je 4 parallelen Zweigen

3. Anordnung der Spulenseiten von selbstausgleichenden Wicklungen in einer Nut

In Abb. 219 a ist eine Froschbeinspule der selbstausgleichenden Ankerwicklungen, die in Abb. 197 und 206 dargestellt sind, herausgezeichnet (vgl. Abb. 199). Diese Anordnung hat den Nachteil, daß zwischen je zwei übereinanderliegenden Spulenseiten in der Nut fast die volle Spannung herrscht, wie man sich durch einen Blick z. B. auf Abb. 206 klar machen kann. Die Stromwenderstege, zu denen die vier Spulenseiten einer Nut führen, liegen nämlich um fast eine Polteilung auseinander. Somit wird man diese Art der Einbettung in die Nuten nur bei Maschinen vornehmen, die für verhältnismäßig geringe Spannungen gebaut sind.

Es wird empfohlen, die Stäbe nach Abb. 219 b einzulegen. Hier haben die Spulenseiten 1 und 2 sowie die Spulenseiten 3 und 4 das gleiche Potential. Nur zwischen den Stäben 2 und 3 besteht fast die volle Spannung. Das gleiche gilt für die Anordnung der Spulenseiten nach Abb. 219 c.

Man kann aber auch die selbstausgleichende Wicklung so in die Nuten einbetten, daß man zuerst die eine Wicklung als Zweischichtwicklung einlegt und dann die zweite Wicklung darauflegt, wie es Abb. 219 d andeutet. Hier liegt die Schleifenwicklung am Nutengrunde und darüber die Wellenwicklung. Bei dieser Anordnung herrscht zwischen den Spulenseiten 1 und 2 sowie 3 und 4 fast die volle Maschinenspannung. Diese Wicklungsart kann man anwenden, wenn die Spulenweiten der beiden Wicklungen ungleich groß sind.

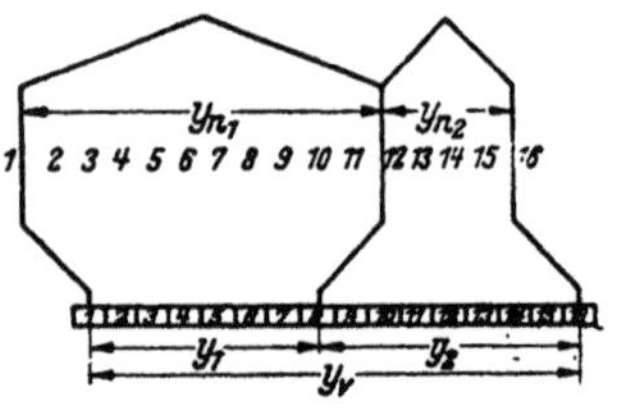

Abb. 217. Spulengruppe zum Ersatz einer Ausgleichsverbindung der Wicklung in Abb. 214

Die Wicklung in Abb. 213 wird man wohl am besten so herstellen, daß man einen fertig gebogenen und vorbereiteten Stab der dünn ausgezogenen Wicklung auf den Nutengrund legt. Auf diese Stäbe kommt dann die gesamte stark ausgezogene Wicklung; und auf diese hernach die zweiten Einzelstäbe der dünn ausgezogenen Wicklung, die also an der Nutöffnung liegen. Die Einzelstäbe am Nutengrunde und an der Nutöffnung werden dann zur Wicklung auf der Antriebsseite verbunden.

Für den Fall, daß mehrere Spulenseiten in jeder Nut nebeneinander liegen, daß also $u > 1$ ist, ändert sich natürlich grundsätzlich nichts in der Anordnung der Spulenseiten in den Nuten. Wählt man zum Beispiel mit Rücksicht auf eine gute Stromwendung eine Treppen-

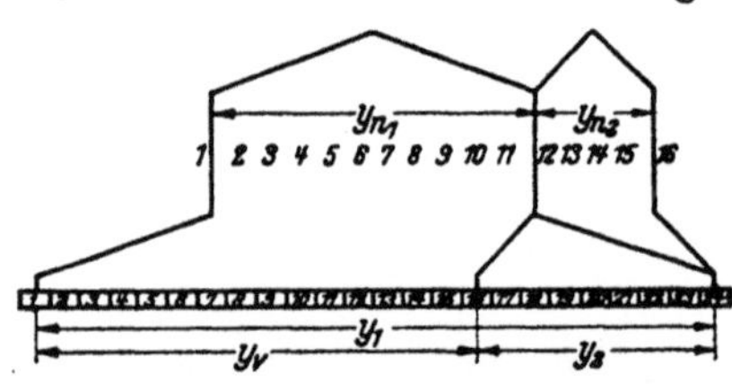

Abb. 218. Abänderung der selbstausgleichenden Wicklung in Abb. 214 und 216, bestehend aus einer einfach geschlossenen, rechtsgängigen Wellenwicklung ($n = 3$) mit 4 parallelen Zweigen und einer zweifach geschlossenen, rechtsgängigen Wellenwicklung ($n = 1$) mit 4 Zweigen. Spulengruppe zum Ersatz einer Ausgleichsverbindung

wicklung, so kann diese bei $u = 3$ nebeneinander liegenden Spulenseiten nach Abb. 219 c so ausgeführt werden, wie Abb. 219 e zeigt.

4. Froschbeinwicklung mit Anschluß des Stromwenders an die Spulenköpfe der Froschbeinspulen

Die selbstausgleichende Wicklung, die in Abb. 216 dargestellt ist, erfüllt nicht die Bedingungen, die für die Ausführung als Froschbeinwicklung aufgestellt wurden. Die Nutenschritte mußten ungleich sein, weil hier N/t keine gerade Zahl ist.

Doch läßt sich auch in einem solchen Falle die Wicklung aus Froschbeinspulen aufbauen. Betrachtet man nämlich die Wicklung so, als ob die Anschlüsse an den Stromwender die Spulenköpfe auf der Antriebsseite wären, so erkennt man, daß die Spulen der beiden Wicklungen gleiche Weite haben. Man kann daher diese selbstausgleichende Wicklung als Froschbeinwicklung ausbilden. Die Spulenweiten oder Nutenschritte sind

$$y'_{n1} = y'_{n2} = 3.$$

Die Stromwenderfahnen müssen dann an die Spulenköpfe angeschlossen werden, während die Schaltung der Spulen auf der Antriebsseite vorgenommen wird. Selbstverständlich ist hier eine Stabwicklung mit nur einer Windung je Spule vorausgesetzt.

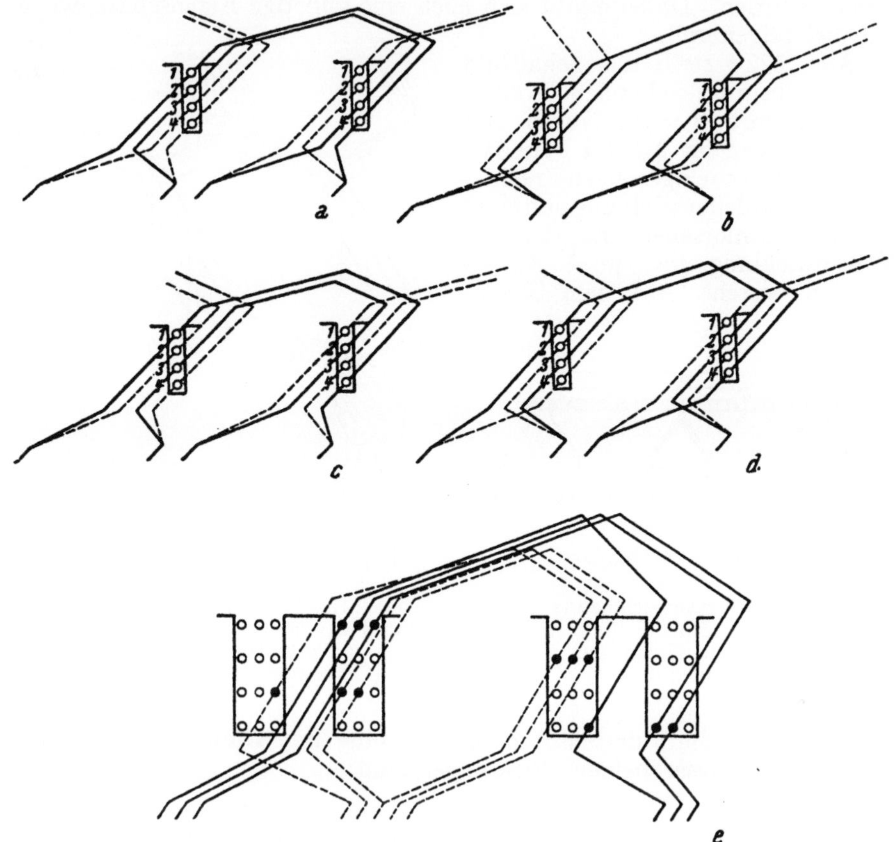

Abb. 219. Anordnung der Spulenseiten in den Nuten von selbstausgleichenden Wicklungen. *a*) Anordnung nach Abb. 206, *b*) und *c*) Anordnung, bei der die Spulenseiten 1 und 2 sowie 3 und 4 gleiches Potential besitzen, *d*) Anordnung, bei der eine Wicklung am Nutengrunde und die andere darüber liegt, *e*) Anordnung bei $u = 3$ nebeneinander liegenden Spulenseiten als Treppenwicklung

Die Anordnung der Spulenseiten in jeder Nut geschieht, wie sie Abb. 216 zeigt, und wie sie grundsätzlich auch in Abb. 219 *c* gekennzeichnet ist.

Von den Froschbeinspulen, die für diese Wicklungsart notwendig sind, ist eine in Abb. 220 herausgezeichnet.

Abb. 221 zeigt ein Ausführungsbeispiel, bei dem eine Wicklungseinheit aus zwei Wellenwicklungsspulen und aus zwei Schleifenwicklungsspulen besteht[1] ($u = 2$). Man sieht hier deutlich den Anschluß der Spulenköpfe an die Stromwenderstege und die Spulenschaltung auf der Antriebsseite.

---

[1] Českomoravská-Kolben-Daněk Company Limited, Improvements in Commutator Windings for Dynamo-electric Machines, Patent Specification 444,025.

5. Selbstausgleichende Ankerwicklungen für Drehstrom-Kommutatormaschinen

Die im vorstehenden geschilderten selbstausgleichenden Ankerwicklungen können mit Vorteil auch bei Drehstrom-Wendermaschinen verwendet werden. Dabei ergibt sich noch eine günstige Eigenschaft, wie ein Beispiel zeigen soll.

Abb. 222 b stellt das Schaltbild einer selbstausgleichenden Ankerwicklung mit $N = 24$ Nuten und $k = 24$ Stegen für $2\,p = 4$ Pole dar, die aus einer eingängigen rechtsgängigen Schleifenwicklung und einer einfach geschlossenen linksgängigen Wellenwicklung mit je 4 Ankerzweigen besteht. Auf dem Strom-

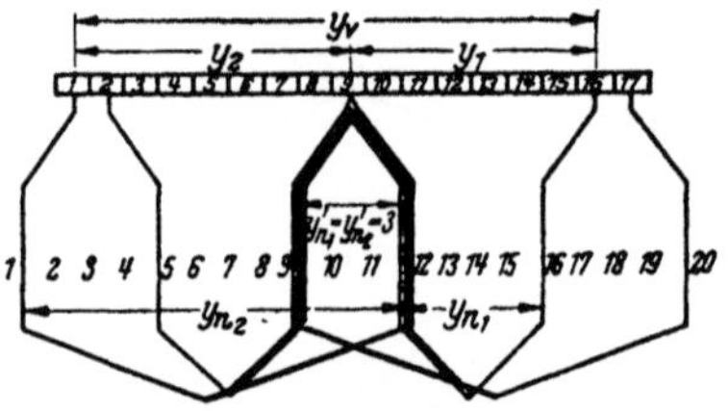

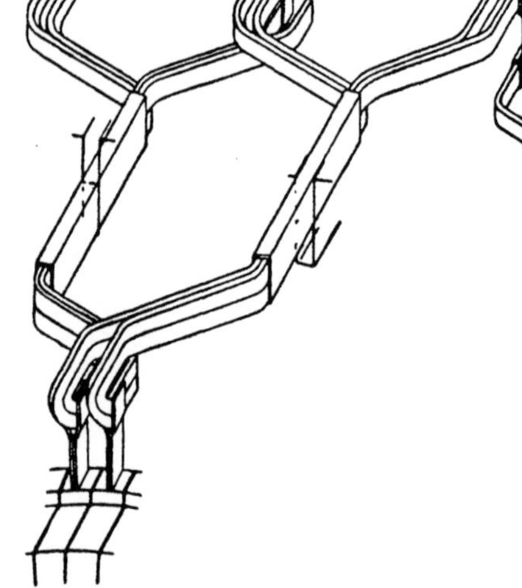

Abb. 220. Selbstausgleichende Wicklung in Abb. 213 als Froschbeinwicklung ausgeführt. Form der Froschbeinspulen

Abb. 221. Froschbeinwicklung mit Anschluß der Spulenköpfe an die Wenderstege und Schaltung auf der Antriebsseite (Českomoravská-Kolben-Danék)

wender sitzen die Bürstensätze zur Speisung mit Drehstrom. Die Wicklungsschritte dieser beiden Wicklungen sind:

$$y_1 = y_s = 1; \qquad y_2 = y_w = \frac{k - a}{p} = \frac{24 - 2}{2} = 11.$$

Der Verbindungsschritt ist $y_v = k/p = 12 = y_1 + y_2$. Die Spulen sind Durchmesserspulen mit einer Weite $y_{n1} = y_{n2} = N/2\,p = 6$ (vgl. den Stern der Spulenspannungen in Abb. 222 a). Die Spulenseiten sind in den Nuten nach Abb. 219 b angeordnet.

Die Zuordnung der Spulenseiten zu den drei Wicklungssträngen ist aus Abb. 222 b zu entnehmen, aber der Deutlichkeit halber noch einmal in Abb. 222 c zusammengestellt. Das Durchflutungsvieleck dieser selbstausgleichenden Wicklung ist in Abb. 222 d gezeichnet; jenes der Schleifen- und Wellenwicklung allein ist in Abb. 222 e zu sehen. Wir erhalten in beiden Fällen regelmäßige Sechsecke. Hier bildet also mit Rücksicht auf das Durchflutungsvieleck die selbstausgleichende Wicklung keinen Vorteil vor den einzelnen Schleifen- und Wellenwicklungen, aus denen sie sich zusammensetzt.

Verkürzen wir aber zum Beispiel aus Gründen der besseren Stromwendung den Nutenschritt der Spulen um eine Nutteilung, in diesem Fall also um 30⁰, so bekommen wir eine Zuordnung der Spulenseiten zu den drei Wicklungssträngen, wie sie aus Abb. 222 *f* entnommen werden kann. Hier bildet das Durchflutungsvieleck der selbstausgleichenden Wicklung ein Zwölfeck (Abb. 222 *g*), während die Schleifen- und Wellenwicklung für sich allein als Durchflutungsvielecke Dreiecke aufweisen mit abgestutzten Ecken (Abb. 222 *h* und *i*). Die Felderregerkurve der selbstausgleichenden Wicklung kommt somit einer Sinuskurve viel näher als die Felderregerkurven der Schleifen- oder Wellenwicklung allein.

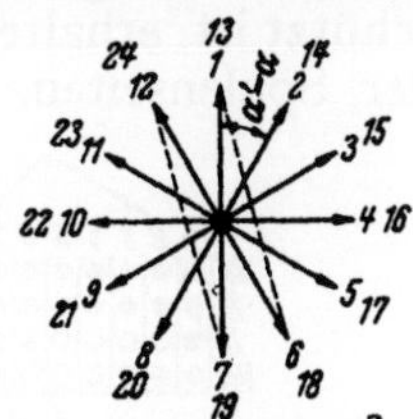

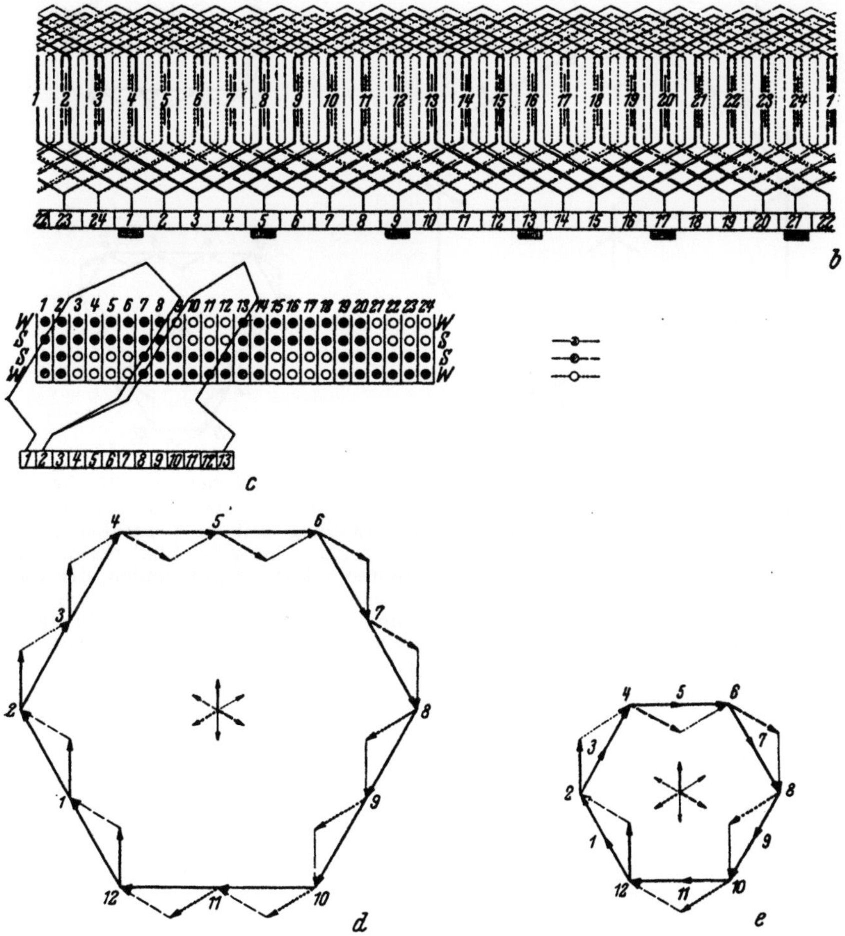

Abb. 222. Selbstausgleichende Wenderwicklung mit 24 Nuten und 24 Stegen für 4 Pole, bestehend aus einer eingängigen, rechtsgängigen Schleifenwicklung und einer einfach geschlossenen, linksgängigen Wellenwicklung mit je 4 parallelen Ankerzweigen, für eine Drehstrom-Wendermaschine *a*) Stern der Spulenspannungen, *b*) Schaltbild der Wicklung, *c*) Zuordnung der Spulenseiten zu den drei Wicklungssträngen bei der in *b*) dargestellten Durchmesserwicklung, *d*) Durchflutungsvieleck der in *b*) gezeichneten Durchmesserwicklung, *e*) Durchflutungsvieleck der Schleifen- oder Wellenwicklung allein, die zusammen die selbstausgleichende Wicklung bilden,

6. Sonderausführungen von selbstausgleichenden Ankerwicklungen.

Eine bemerkenswerte Sonderausführung der selbstausgleichenden Ankerwicklungen, die Brown, Boveri & Cie mit DRP Nr. 304 465 geschützt ist, erhalten wir auf folgende Weise.[1] Wir führen bei der Anordnung der Spulenseiten, wie sie Abb. 219 a darstellt und wie sie noch einmal

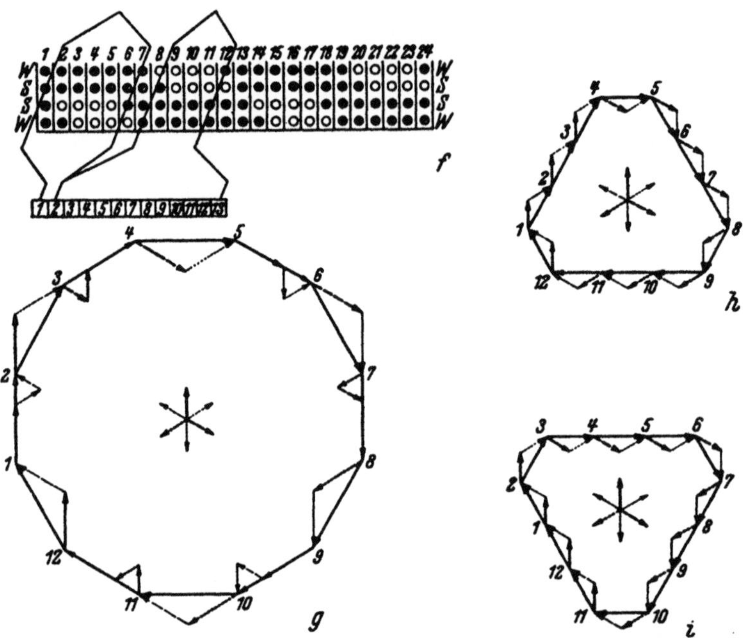

Abb. 222. Selbstausgleichende Wenderwicklung mit 24 Nuten und 24 Stegen für 4 Pole, bestehend aus einer eingängigen, rechtsgängigen Schleifenwicklung und einer einfach geschlossenen, linksgängigen Wellenwicklung mit je 4 parallelen Ankerzweigen, für eine Drehstrom-Wendermaschine. f) Zuordnung der Spulenseiten zu den drei Wicklungssträngen bei der in b) dargestellten Wicklung mit Spulen, die um eine Nutteilung gesehnt sind, g) Durchflutungsvieleck der durch f) gekennzeichneten selbstausgleichenden Wicklung, h) Durchflutungsvieleck der Schleifenwicklung allein bei Sehnenspulen, i) Durchflutungsvieleck der Wellenwicklung allein bei Sehnenspulen

in Abb. 223 a wiedergegeben ist, die Unterstäbe der Schleifen- und Wellenwicklungsspulen zu einem einzigen Stromwendersteg. Abb. 223 b deutet dies an. Dann muß nach Gl. (104) zwischen den Stegen, an die die Oberstäbe der Schleifen- und Wellenwicklungsspulen angeschlossen sind, der Verbindungsschritt y_v liegen. Diese Stege haben also gleiches Potential. Mit Rücksicht darauf, daß sowohl die beiden Unterstäbe der Schleifen- und Wellenwicklungsspulen in der Nut rechts in Abb. 223 b als auch die Oberstäbe in der Nut links gleiches Potential besitzen, kann man die Unter- und Oberstäbe zu gemeinsamen Stäben zusammenfassen, so daß eine Wicklungseinheit entsteht, wie sie in Abb. 223 c gezeichnet ist. Hier wird nur der gemeinsame Oberstab geteilt und auseinander gebogen. Selbstverständlich ist die Ausladung der Wicklung wenigstens auf einer Seite des Ankereisens größer als bei den gewöhnlichen Wicklungen.

---

[1] Brown, Boveri & Cie in Baden, Schweiz, Wicklung für Kommutatoranker. Kaiserliches Patentamt, Patentschrift Nr. 304 465.

Man kann noch einen Schritt weitergehen und den ungeteilten Stab völlig gerade lassen. Auf diese Weise entsteht die Anordnung nach Abb. 223 *d*. Hier weist die Wicklung auf beiden Seiten des Ankereisens größere Ausladungen auf. Abb. 223 *e* zeigt einen Teil eines Schaltbildes einer solchen Wicklung. Die Schleifenwicklung ist voll gezeichnet, die Wellenwicklung gestrichelt.

In Abb. 224 ist eine selbstausgleichende Ankerwicklung in der soeben hergeleiteten Sonderausführung für $N = 24$ Nuten und $k = 24$ Stege für $2\,p = 4$ Pole dargestellt. Sie besteht aus einer rechtsgängigen Schleifenwicklung und aus einer rechtsgängigen Wellenwicklung ($n = 1$) mit je $2\,a = 4$ Ankerzweigen. Der Schritt der Wellenwicklung ist

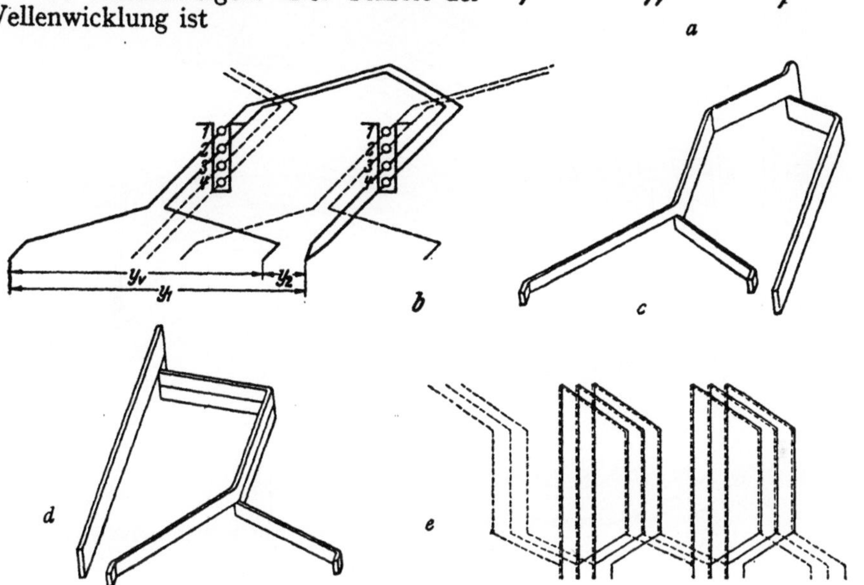

Abb. 223. *a*) Anordnung der Spulenseiten nach Abb. 219 *a*, *b*) Sonderausführung der selbstausgleichenden Wenderwicklung nach DRP Nr. 304 465, *c*) Wicklungseinheit der Sonderausführung, *d*) Wicklungseinheit mit einem geraden Stabe, *e*) Schaltbild der Sonderausführung mit einem geraden Stabe

$$y_1 = y_w = \frac{k + a}{p} = \frac{24 + 2}{2} = 13;$$

der Schritt der Schleifenwicklung ist $y_2 = y_s = +\,1$. Für den Verbindungsschritt gilt

$$y_v = y_1 - y_2 = 13 - 1 = 12 = \frac{k}{p} = \frac{24}{2}.$$

In der Wahl der Nutenschritte oder Spulenweiten ist man ganz frei, da hier Gl. (112) nicht erfüllt werden muß. Es wurden Sehnenspulen angenommen mit $y_{n1} = y_{n2} = 5$. Die Schleifenwicklung ist im Schaltbild

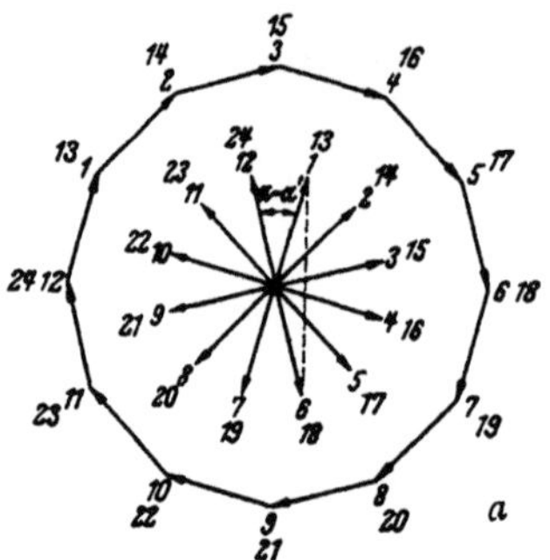

(Abb. 224 *b*) voll ausgezogen, die Wellenwicklung gestrichelt gezeichnet. Abb. 224 *c* zeigt eine Spulengruppe zum Ersatz einer Ausgleichsverbindung.

Eine Ausführung einer solchen Wicklung ist in Abb. 225 *a* zu sehen. Der ungeteilte gerade Stab liegt am Nutengrunde. Am Ende desselben sind der mittlere und der obere Stab von je halbem Querschnitte angelötet. Die dazu gehörige Nut stellt Abb. 225 *b* dar.

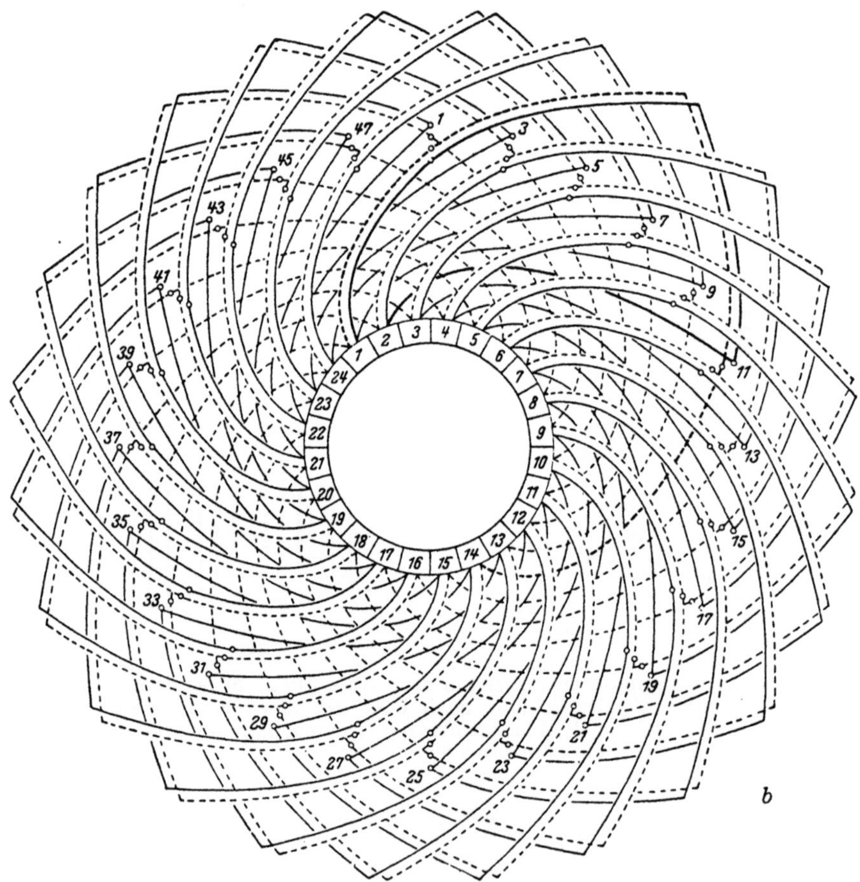

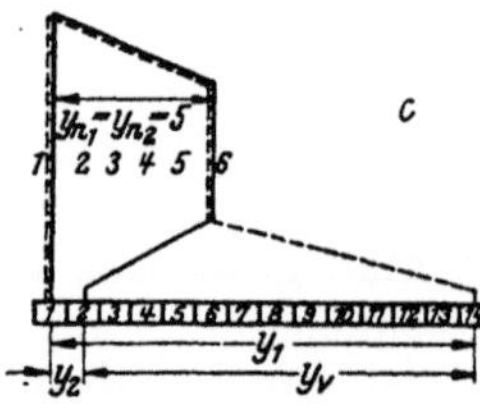

Abb. 224. Selbstausgleichende Wenderwicklung nach DRP Nr. 304 465 mit 24 Nuten und 24 Stegen für 4 Pole, bestehend aus einer eingängigen, einfach geschlossenen, rechtsgängigen Schleifenwicklung und einer einfach geschlossenen, rechtsgängigen Wellenwicklung mit je 4 parallelen Ankerzweigen. *a*) Spulenstern und Spannungsvieleck, *b*) Schaltbild der Wicklung, *c*) Spulengruppe zum Ersatz einer Ausgleichsverbindung

Die ASEA führt oft Froschbeinwicklungen mit Ausgleichsverbindungen aus. Eine solche Wicklungsanordnung ist deutlich in Abb 226 zu sehen.

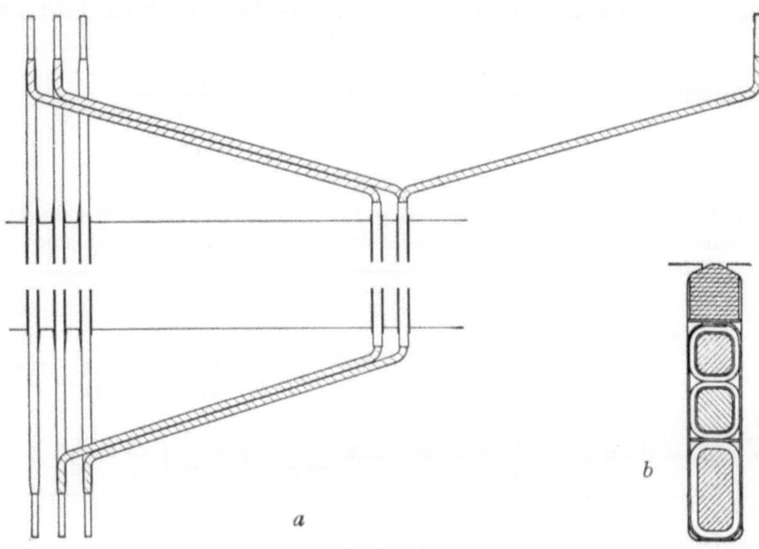

Abb. 225 *a*. Ausführung der Sonderwicklung nach DRP Nr. 304 465 (Brown-Boveri)
Abb. 225 *b*. Ankernut für die Sonderwicklung in Abb. 225 *a* (Brown-Boveri)

7. Zusammenfassung

In Tab. 14 sind die wichtigsten Formeln für die gewöhnlichen selbstausgleichenden Ankerwicklungen zusammengestellt und in Tab. 15 die Spulenweiten oder Nutenschritte. Um die Benutzung dieser Tabellen zu erleichtern, sei noch einmal die Bedeutung der Formelzeichen wiederholt. Es stellen dar: y_1 und y_2 die resultierenden Wicklungsschritte der beiden zu einer selbstausgleichenden Ankerwicklung vereinigten

Abb. 226. Froschbeinwicklung mit Ausgleichsverbindung (ASEA)

Teilwicklungen; n_1 und n_2 die Zahlen, die diese Wicklungen kennzeichnen; k die Stegzahl des gemeinsamen Stromwenders oder die Spulenzahl einer Teilwicklung; a die Paarzahl der parallelen Stromzweige einer Teilwicklung, so daß die Gesamtzahl der parallelen Zweige der selbstausgleichenden Wicklung $4a$ ist; p die Polpaarzahl; y_v den Verbindungsschritt der Ausgleichsverbindungen; $2u$ die Zahl der Spulenseiten einer Teilwicklung je Nut; N die Nutenzahl; t den größten Teiler, den Nuten- und Polpaarzahl gemeinsam haben; y_{n1} und y_{n2} die Spulenweiten oder Nutenschritte der Teilwicklungen.

Tabelle 14. *Zusammenstellung der wichtigsten Formeln über selbstausgleichende Ankerwicklungen*

Wicklungsschritte der beiden Ankerwicklungen:

$$y_1 = \frac{n_1 k \pm a}{p},$$

$$y_2 = \frac{n_2 k \pm a}{p}.$$

Verbindungsschritt: $y_v = y_1 \pm y_2$; $y_v = y_1 - y_2$, wenn beide Wicklungen gleichgängig sind; $y_v = y_1 + y_2$, wenn beide Wicklungen ungleichgängig sind.

$a \gtreqqless p$ $y_v = \dfrac{k}{p}$ $n_1 \pm n_2 = 1$	$n_1 = 0$ $n_2 = 1$	Wicklungen ungleichgängig, $y_1 = \pm \dfrac{a}{p} = \pm m$, $y_2 = \dfrac{k \mp mp}{p}$ $\quad k = m x'$, $p = m x$ $2u > 2$: $\dfrac{u}{m}$ keine ganze Zahl; $\dfrac{k}{mp} = g + \dfrac{z}{m}$	$x, x', g, z =$ ganze Zahlen $z < m$ $\dfrac{x'}{x} = y_v$
	$n_1 > 1$ $n_2 \geqq 1$	Wicklungen gleichgängig, $\quad y_1 = \dfrac{n_1 k \pm a}{p}$, $\quad y_2 = \dfrac{n_2 k \pm a}{p}$, $\quad \dfrac{a}{p}$ ganzzahlig	
$a \lesseqqgtr p$ $y_v = \dfrac{k}{a}$ $n_1 \pm n_2 = \dfrac{p}{a}$		Wicklungen gleichgängig, wenn $n_1 - n_2 = \dfrac{p}{a}$ Wicklungen ungleichgängig, wenn $n_1 + n_2 = \dfrac{p}{a}$	

Tabelle 15. *Spulenweiten (Nutenschritte) bei selbstausgleichenden Ankerwicklungen*

$N/t =$ ungeradzahlig	$N/t =$ geradzahlig	
$y_{n1} + y_{n2} = \dfrac{N}{t}$	$y_{n1} = y_{n2}$ (Froschbeinwicklung)	mit Durchmesserspulen: $y_{n1} = y_{n2} = \dfrac{N}{2t}$ mit Sehnenspulen
$y_{n1} \neq y_{n2}$ im allgemeinen keine Froschbeinwicklung	$y_{n1} \neq y_{n2}$ (im allgemeinen keine Froschbeinwicklung): $$y_{n1} + y_{n2} = \frac{N}{t}$$	

Froschbeinwicklungen, das sind selbstausgleichende Ankerwicklungen, bei denen sich zwei Spulen der beiden Teilwicklungen so zu einer Wicklungseinheit vereinigen lassen, daß die Drähte zu den Stromwenderfahnen wie Froschschenkel sich spreizen, sind nur möglich, wenn die Spulenweiten bei beiden Teilwicklungen gleich sind. Das ist im allgemeinen nur dann der Fall, wenn N/t geradzahlig oder $N/2\,t$ ganzzahlig ist. Ist diese Voraussetzung erfüllt, können die Froschbeinspulen Durchmesserspulen oder gesehnte Spulen sein.

Auch für den Fall, daß N/t ungeradzahlig ist, läßt sich die Wicklung aus Froschbeinspulen aufbauen. Doch müssen hier die Spulenköpfe an den Stromwender angeschlossen und die Schaltung der Spulen auf der Antriebsseite vorgenommen werden.

Marius Latour in Paris ließ schon im Jahre 1910 einen Kommutatoranker mit mehreren auf dieselben Stege geschalteten Wicklungen patentieren. Die zwei oder mehreren Wicklungen können alle von gleicher Art, also Schleifen- oder Wellenwicklungen, oder aber auch von verschiedener Art sein. In der Patentschrift wird hervorgehoben, daß die Verbindung einer Schleifenwicklung und einer Reihenwicklung den Vorteil hat, daß die Ausgleichsverbindungen erspart werden. Somit ist *Latour* der erste, der selbstausgleichende Stromwenderwicklungen angegeben hat. Aus diesem Grunde nennt man solche Wicklungen auch *Latour*sche Wicklungen.

Schrifttum

A. Symmetriebedingungen für Stromwenderwicklungen

Arnold, E. und *la Cour, J. L.:* Die Gleichstrommaschine, Bd. 1, S. 31—33. 3. Aufl. Berlin: Julius Springer, 1919.

Sequenz, H.: Die Symmetriebedingungen für Gleichstromankerwicklungen. ETZ **49** (1928), S. 1217. — Briefwechsel mit Dr.-Ing. E. h. *J. L. la Cour* über die Symmetriebedingungen für Gleichstromankerwicklungen. ETZ **49** (1928), S. 1660.

B. Stromwendungsschwankungen der Spannung von Gleichstromerzeugern

Arnold, E. und *la Cour, J. L.:* Die Gleichstrommaschine, 1. Bd., S. 200. 3. Aufl. Berlin: Julius Springer, 1919.

Sequenz, H.: Die Stromwendungsschwankungen der Spannung von Gleichstromerzeugern. 1. Teil. ETZ **50** (1929), S. 1221: 2. Teil. (Wicklungen mit mehr als zwei Spulenseiten in einer Nut.) ETZ **50** (1929), S. 1775 und 1807.

C. Ausgleichsverbindungen

Arnold, E. und *la Cour, J. L.:* Die Gleichstrommaschine, 1. Bd., 3. Aufl. Berlin: Julius Springer, 1919.

Kucera, J.: Vinutí s několika paralelními větvemi na proud stejnosměrný. Elektrotechnický Obzor **37** (1948), S. 20. — Enroulements parallèles multiples à courant continu. Revue Générale de l'Electricité **60** (1951), S. 33.

Linville, T. M. and *Strang, D. P.:* Current in equalizer connections of d. c. machine armature windings. Trans. Amer. Inst. Electr. Engrs. **69** (Pt. II, 1950), S. 1219.

Markow, W. A.: Die zweigängige Schleifenwicklung für Gleichstrommaschinen. Elektritschestwo (1940), S. 18. — Rundschaubericht: Elektrotechn. u. Masch.-Bau **61** (1943), S. 81.

Punga, F.: Zweifachparallelwicklung mit Äquipotentialverbindungen. Elektrotechn. u. Masch.-Bau **29** (1911), S. 6.

Richter, R.: Ankerwicklungen für Gleich- und Wechselstrommaschinen. Berlin: Julius Springer, 1920.

D. Selbstausgleichende Stromwenderwicklungen

Dwight, H. B. and *Haltmaier, R. G.:* Rules for designing frog-leg windings of d. c. machines. Trans. Amer. Inst. Electr. Engrs. **70** (Pt. I, 1951), S. 707.

Faye-Hansen, K.: Latour-eller froskebenviklinger og andre kommutator-viklinger med flere parallelle stromveger enn poler. E. T. T. Elektroteknisk Tidsskrift Oslo **56** (1943), S. 37. — Kommutatorviklinger med flere paralelle strömveier enn poler. Teknisk Tidskrift **73** (1943), E 80. — Latour- oder Froschbeinwicklungen und andere Kommutatorwicklungen mit mehreren parallelen Ankerstromzweigen als Polen. Rundschaubericht. Elektrotechn. u. Masch.-Bau **61** (1943), S. 301. — Briefwechsel mit *H. Schack-Nielsen* und *H. Sequenz*. Elektrotechn. u. Masch.-Bau **61** (1943), S. 303.

Latour, Marius: Kommutatoranker mit mehreren auf dieselben Stege geschalteten Wicklungen. Kaiserliches Patentamt. Patentschrift Nr. 243 863. Patentiert im Deutschen Reiche vom 9. November 1910 ab.

Novák, K.: Latour's Winding. Elektrotechnický Obzor **25** (1936), S. 147. — Vinutí induktů se schepností vyrovnávací (Ankerwicklungen mit Ausgleichswirkung). Elektrotechnický Obzor **26** (1937), S. 595.

Powell, W. H. and *Albrecht, G. M.:* Direct Current Armature Windings for Multi-Polor Generators and Motors—Frogleg Windings. Iron and Steel Engineer **2** (1925), S. 345.

Schack-Nielsen, H.: Die Latoursche- oder Froschbeinwicklung. Elektrotechn. u. Masch.-Bau **60** (1942), S. 342.

Sequenz, H.: Die „Froschbeinwicklung". ETZ **52** (1931), S. 995. — Briefwechsel mit *A. Lewitus* und *W. Kauders.* ETZ **54** (1933), S. 535. — Selbstausgleichende Stromwenderwicklungen. Elektrotechn. u. Masch.-Bau **62** (1944), S. 108.

Siskind, C. S.: Direct-Current Armature Windings. New York: Mc Graw-Hill Book Company. 1949.

Patentschriften: Allis Chalmers Manufacturing Company in Milwaukee, Wisc., Vielpolige Dynamomaschine mit auf demselben Ankerkern liegender Schleifen- und Wellenwicklung. Reichspatentamt, Patentschrift Nr. 553 643; *Andrew Allison,* Improvements in Armature Windings for Dynamo Electric Machines, Patent Specification 426 340; *Českomoravská-Kolben-Daněk Company Limited,* Improvements in Commutator Windings for Dynamo-electric Machines, Patent Specification 444 025; *William H. Powell,* Allis Chalmers Manufacturing Company, of Milwaukee, Wisconsin, Dynamo-electric Machine and Winding therefore, United States Patent Office, 1 628 611; 1 628 612; 1 628 613; 1 641 644.

IV. Mit Wechselstrom gespeiste, angezapfte und aufgeschnittene Stromwenderwicklungen

A. Mit Wechselstrom gespeiste Stromwenderwicklungen

1. Speisung einer Stromwenderwicklung über beliebig viele Bürsten

a) Bürstenströme und Ströme in den Ankerabteilungen

Ableitung der Größe der Ströme in den Ankerabteilungen aus den Stärken der Bürstenströme

Auf dem Stromwender einer Stromwenderwicklung schleifen nach Abb. 227 n Bürsten: B_I, B_{II} ... B_n, die die Ankerwicklung in n Abteilungen zerlegen. Und zwar stellt in Abb. 227 ein zwischen zwei benachbarten Bürsten liegendes Stück des Kreises alle Leiter dar, die man zu durchwandern hat, wenn man von einer dieser Bürsten zur nächsten gelangen will. Diese n Ankerwicklungs-Abteilungen können ungleich groß sein, wie es ja in Abb. 227 der Fall ist.

Die Ströme, die durch die Bürsten B_I bis B_n in die Wicklung fließen oder aus ihr herauskommen, bezeichnen wir mit $\mathfrak{J}_I$, $\mathfrak{J}_{II}$ ... $\mathfrak{J}_n$. Die Ströme in den Ankerabteilungen sind mit $\mathfrak{J}_{I\,II}$, $\mathfrak{J}_{II\,III}$, ...$\mathfrak{J}_{nI}$ beschriftet. Unter $\mathfrak{J}_n$ und $\mathfrak{J}_{(n-1)n}$ verstehen wir die Stromzeiger.

Wir setzen voraus, daß für die Bürstenströme $\mathfrak{J}_n$ und für die inneren Ströme $\mathfrak{J}_{(n-1)n}$ in den Ankerwicklungsabteilungen die Gleichungen gelten:

$$\sum_{I}^{n} \mathfrak{J}_n = 0 \qquad (119)$$

und

$$\sum_{I}^{n} \mathfrak{J}_{(n-1)n} = 0. \qquad (120)$$

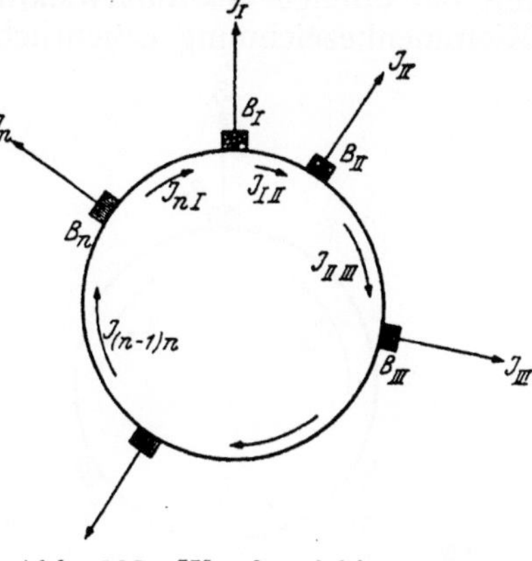

Abb. 227. Wenderwicklung mit n Bürsten auf dem Stromwender

Aus Abb. 227 können wir weiters folgende Beziehungen herauslesen:

$$\left.\begin{aligned}
\mathfrak{J}_I &= \mathfrak{J}_{nI} - \mathfrak{J}_{I\,II} \\
\mathfrak{J}_{II} &= \mathfrak{J}_{I\,II} - \mathfrak{J}_{II\,III} \\
\mathfrak{J}_{III} &= \mathfrak{J}_{II\,III} - \mathfrak{J}_{III\,IV} \\
&\ \vdots \\
\mathfrak{J}_{n-1} &= \mathfrak{J}_{(n-2)(n-1)} - \mathfrak{J}_{(n-1)n} \\
\mathfrak{J}_n &= \mathfrak{J}_{(n-1)n} - \mathfrak{J}_{nI}\,.
\end{aligned}\right\} \qquad (121)$$

Aus den Gln. (121) folgt:

$$\begin{aligned}
\mathfrak{J}_{nI} - \mathfrak{J}_{I\,II} &= \mathfrak{J}_I \\
\mathfrak{J}_{nI} - \mathfrak{J}_{II\,III} &= \mathfrak{J}_I + \mathfrak{J}_{II} \\
\mathfrak{J}_{nI} - \mathfrak{J}_{III\,IV} &= \mathfrak{J}_I + \mathfrak{J}_{II} + \mathfrak{J}_{III} \\
&\ \vdots \\
\mathfrak{J}_{nI} - \mathfrak{J}_{(n-1)n} &= \mathfrak{J}_I + \mathfrak{J}_{II} + \mathfrak{J}_{III} + \cdots + \mathfrak{J}_{n-1} \\
\mathfrak{J}_{nI} - \mathfrak{J}_{nI} &= \mathfrak{J}_I + \mathfrak{J}_{II} + \mathfrak{J}_{III} + \cdots + \mathfrak{J}_{n-1} + \mathfrak{J}_n.
\end{aligned}$$

Das sind insgesamt n Gleichungen. Wir addieren sie und berücksichtigen dabei unsere beiden Voraussetzungen (119) und (120) und erhalten dann

$$n\,\mathfrak{J}_{nI} - 0 = n\,\mathfrak{J}_I + (n-1)\,\mathfrak{J}_{II} + (n-2)\,\mathfrak{J}_{III} + \cdots + 2\,\mathfrak{J}_{n-1} + \mathfrak{J}_n$$

oder

$$\boxed{\ \mathfrak{J}_{nI} = \mathfrak{J}_I + \frac{n-1}{n}\,\mathfrak{J}_{II} + \frac{n-2}{n}\,\mathfrak{J}_{III} + \cdots + \frac{2}{n}\,\mathfrak{J}_{n-1} + \frac{1}{n}\,\mathfrak{J}_n.\ } \qquad (122)$$

b) Beispiele

α) Dreiphasig mit Dreibürstensatz gespeiste Stromwenderwicklung

Abb. 228 deutet eine dreiphasig gespeiste Stromwenderwicklung an. In Abb. 229 bilden die drei Bürstenströme $\mathfrak{J}_I$, $\mathfrak{J}_{II}$ und $\mathfrak{J}_{III}$ ein gleichseitiges Dreieck ABC. Aus Gl. (122) finden wir für den Strom $\mathfrak{J}_{III\,I}$

$$\mathfrak{J}_{III\,I} = \mathfrak{J}_I + \frac{2}{3}\,\mathfrak{J}_{II} + \frac{1}{3}\,\mathfrak{J}_{III}. \qquad (123)$$

In diesem Beispiele ist ja $n = 3$.

Der Zeiger $\mathfrak{J}_{III\,I}$ ist dann die Schlußlinie des Zeigerzuges $\mathfrak{J}_I$, $2/3\,\mathfrak{J}_{II}$ und $1/3\,\mathfrak{J}_{III}$ ($ABDM$) in Abb. 229. Der Zeigerzug $ABDM$ hat uns zum Mittelpunkt des Dreieckes geführt, wie man sieht. Die Zeiger $\overline{BM}$ und $\overline{CM}$ stellen dann die Ankerabteilungsströme $\mathfrak{J}_{I\,II}$ und $\mathfrak{J}_{II\,III}$ dar.

β) Stromwenderwicklung mit Drehstrom-Doppelbürstensatz (Sechsbürstensatz)

Bürsten in Durchmesserstellung. Einen Anker mit Drehstrom-Doppelbürstensatz zeigt Abb. 230 a. Die Schaltungsweise in Verbindung mit der offenen Sekundärwicklung eines Transformators ist wohl aus der Klemmenbezeichnung ersichtlich.

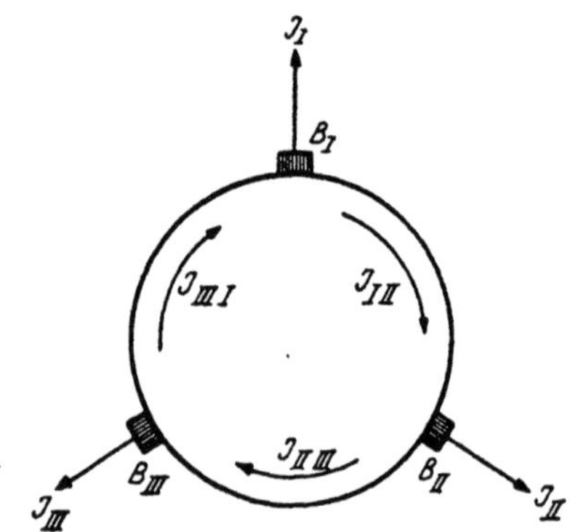

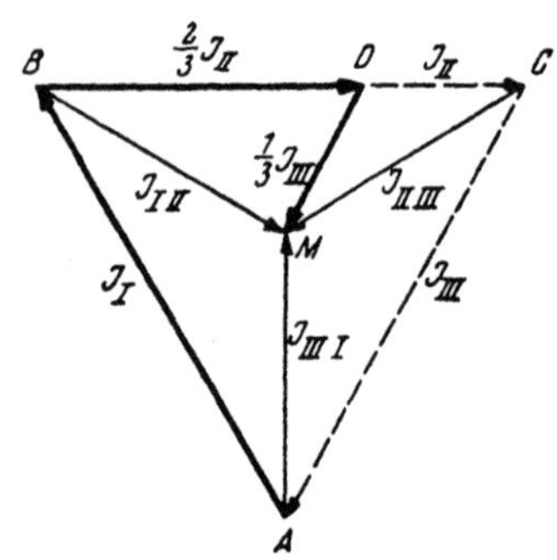

Abb. 228. Dreiphasig mit Dreibürstensatz gespeiste Wenderwicklung

Abb. 229. Bürstenströme und Ströme
in den Ankerabteilungen

· Die Bürstenströme und die Ströme in den einzelnen Ankerwicklungsabteilungen sind in Abb. 230 b eingetragen und in Abb. 230 c ist nach Gl. (122) der Strom $\mathfrak{J}_{VI,I}$ konstruiert worden. Für $\mathfrak{J}_{VI,I}$ ergibt sich nämlich

$$\mathfrak{J}_{VI,I} = \mathfrak{J}_I + \frac{5}{6}\mathfrak{J}_{II} + \frac{4}{6}\mathfrak{J}_{III} + \frac{3}{6}\mathfrak{J}_{IV} + \frac{2}{6}\mathfrak{J}_V + \frac{1}{6}\mathfrak{J}_{VI}. \tag{124}$$

Die Ankerabteilungsströme $\mathfrak{J}_{VI,I}$ bis $\mathfrak{J}_{V,VI}$ sind aus Symmetriegründen gleich groß und symmetrisch um den Winkel $2\,\pi/6$ in der Phase gegeneinander versetzt.

Bürsten in Sehnenstellung. Nach Gl. (122) kann sich an der Verteilung der Ströme in den Ankerabteilungen für den Fall, daß die zusammengehörigen Bürsten nicht mehr wie in Abb. 230 a einen Winkel von 180⁰ einschließen, sondern eine beliebige Stellung zueinander haben, nichts ändern (Abb. 231). Eine Verdrehung eines Bürstensatzes mit drei Bürsten X, Y, Z hat also auf die Verteilung der Ströme in den Ankerwicklungsabteilungen keinen Einfluß.

Dies gilt jedoch nur so lange, als der Winkel $\alpha > 120^0$. Bei $\alpha = 120^0$ kommt die Bürste Y mit der Bürste W, Z mit U und X mit V in unmittelbare Verbindung (Abb. 231), das heißt die Transformatorwicklung ist nicht mehr offen, sondern in Dreieck geschaltet und der Sechsbürstensatz verhält sich wie ein Dreibürstensatz. Ist nun gar $\alpha < 120^0$, so stellen sich stromlose Ankerzonen ein; der Strom tritt bei einer Bürste ein und fließt auf dem nächsten Wege zur zugehörigen zweiten Bürste wieder heraus.

γ) Stromwenderwicklung mit Doppel-Sehnenbürsten

Bei einem Repulsionsmotor mit doppeltem Bürstensatz kommt eine Ankerspeisung vor, wie sie in Abb. 232 gezeigt ist. Hier gelten folgende Beziehungen zwischen den Strömen:

$$\mathfrak{J}_I = \mathfrak{J}_{II} = -\mathfrak{J}_{III} = -\mathfrak{J}_{IV}.$$

Nach Gl. (122) wird dann

$$\mathfrak{J}_{IV,I} = \mathfrak{J}_I + \frac{3}{4}\mathfrak{J}_{II} + \frac{2}{4}\mathfrak{J}_{III} + \frac{1}{4}\mathfrak{J}_{IV} = \mathfrak{J}_I.$$

Welcher Strom fließt aber in der Ankerabteilung links von der Bürste B_{II}? Wir ändern, um ihn ermitteln zu können, die Beschriftungen der Ströme und Bürsten so, daß die Bürste B_{II} statt des Zeigers II den Zeiger I bekommt. Diese neuen Zeiger der Bezeichnungen sind eingeklammert.

Nun gilt:

$$\mathfrak{J}_I = \mathfrak{J}_{IV} = -\mathfrak{J}_{III} = -\mathfrak{J}_{II}.$$

Gl. (122) geht damit über in

$$\mathfrak{J}_{IV,I} = \mathfrak{J}_I - \frac{3}{4}\mathfrak{J}_I - \frac{2}{4}\mathfrak{J}_I + \frac{1}{4}\mathfrak{J}_I = 0.$$

Die Ankerabteilung links von der Bürste $B_{II(I)}$ ist also stromlos. Das gleiche gilt von der Abteilung zwischen den Bürsten $B_{III(II)}$ und $B_{IV(III)}$. Nur die Ankerabteilungen zwischen den Bürsten $B_{I(IV)}$ und $B_{IV(III)}$ einerseits und den Bürsten $B_{II(I)}$ und $B_{III(II)}$ andererseits führen die Ströme $\mathfrak{J}_I = \mathfrak{J}_{II}$.

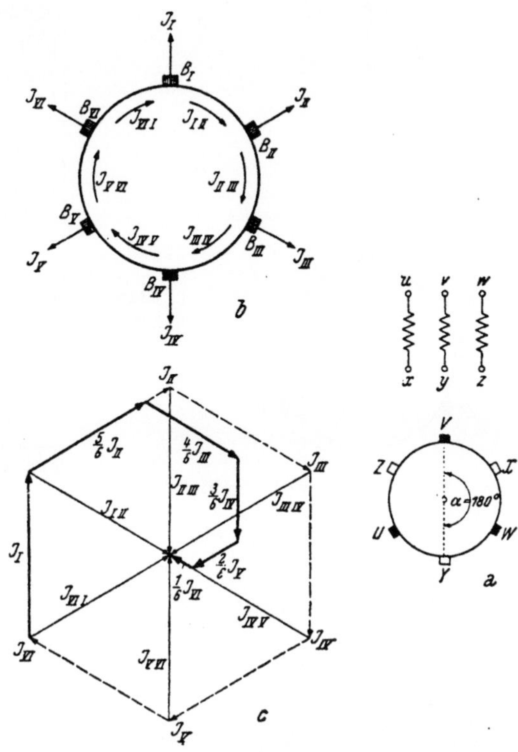

Abb. 230. Anker mit Drehstrom-Doppelbürstensatz in Durchmesserstellung. *a*) Drehstrom-Doppelbürstensatz in Durchmesserstellung, *b*) Bürstenströme und Ströme in den Ankerabteilungen, *c*) Konstruktion von $J_{VI,I}$ aus J_I, $J_{II} \ldots J_{VI}$

2. Stromverteilung in ein- und dreiphasig gespeisten Stromwenderwicklungen

a) Einphasig gespeiste Stromwenderwicklungen

α) *Durchmesserwicklung*

Bürsten in Durchmesserstellung. In Abb. 233 *a* haben wir eine zweipolige Schleifenwicklung mit 16 Spulen in 16 Nuten gezeichnet, die durch die beiden Bürsten gespeist wird. Die Spulenweite ist einer Polteilung gleich: wir haben es also mit *Durchmesserspulen* zu tun. Der Strom soll in einem bestimmten Augenblicke durch die schraffierte Bürste in die Wicklung eintreten und durch die leer gezeichnete Bürste wieder die Wicklung verlassen. Die beiden Zweige, in die die Ankerwicklung zerfällt, sind durch verschiedene Strichstärken gekennzeichnet. Die Bürsten haben einen Abstand voneinander, der gleich einer Polteilung ist: sie befinden sich in *Durchmesserstellung*.

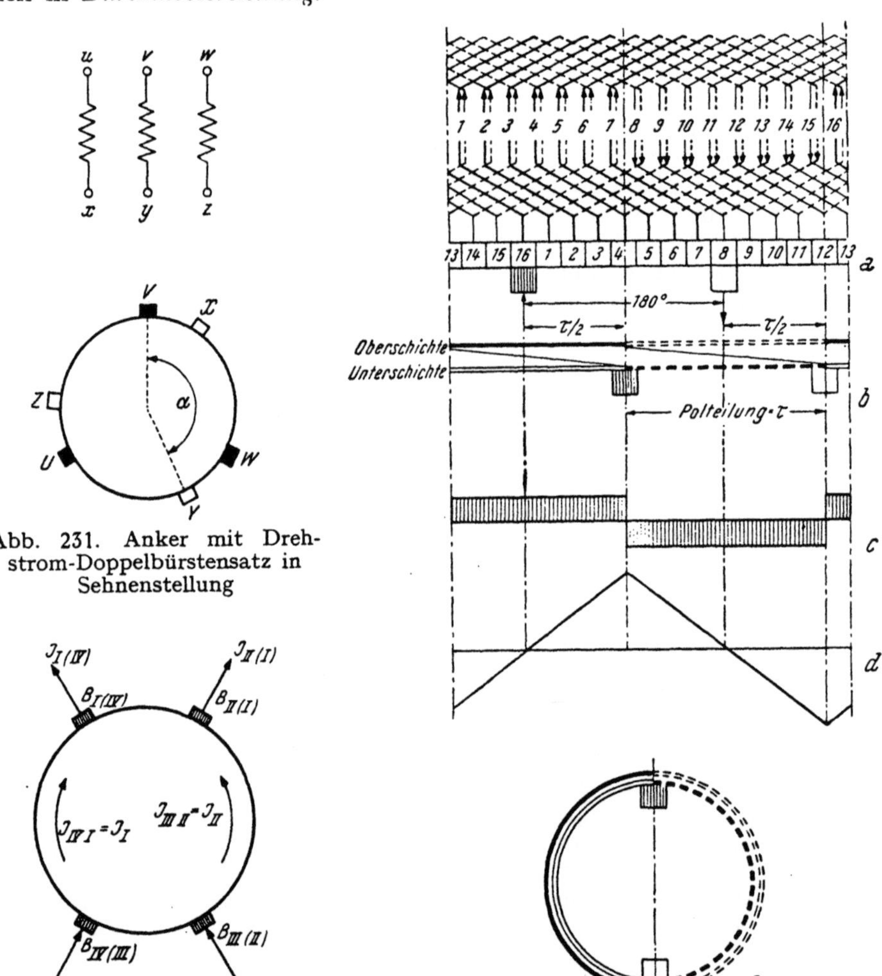

Abb. 231. Anker mit Drehstrom-Doppelbürstensatz in Sehnenstellung

Abb. 232. Ankerspeisung mit Doppelbürstensatz bei einem Repulsionsmotor

Abb. 233. Stromverteilung einer einphasig gespeisten Wenderwicklung mit Durchmesserspulen und Bürsten in Durchmesserstellung. *a*) Schaltplan, *b*) Bild der Stromverteilung, *c*) Resultierender Strombelag. *d*) Erregerkurve des Ankerfeldes. *e*) Stromverteilung im Kreisbild

Wir haben die Stromverteilung in Ober- und Unterschichte unter das Wicklungsbild gezeichnet. Dabei ist die Stromrichtung vom Stromwender fort durch voll ausgezogene Linien gekennzeichnet, und die Stromrichtung zu den Stegen durch gestrichelte Linien. Die Bürsten haben wir um eine halbe Polteilung nach rechts verschoben und unter die Stromverteilungslinien der Unterschichten eingetragen. Abb. 233 *c* zeigt den resultierenden Strombelag des Ankers, wie er sich aus der Stromverteilung in Abb. 233 *b* ergibt. Die Erregerkurve des Ankerfeldes ist in Abb. 233 *d* gezeichnet.

Schließlich ist noch die Stromverteilung der Deutlichkeit wegen in das Kreisbild (Abb. 233 e) übertragen.

Bürsten in Sehnenstellung. Verschieben wir z. B. die leer gezeichnete Bürste in Abb. 233 a um einen Winkel α nach links zur schraffierten Bürste hin, so nehmen die beiden Bürsten keine Durchmesserstellung, sondern eine *Sehnenstellung* ein. Für diesen Fall ist in Abb. 234 b die Stromverteilung eingetragen. Wie man sieht, entstehen vier Stromzonen am Ankerumfang: in einer Zone addieren sich die Strombeläge der Ober- und Unterschichten der beiden Wicklungszweige; in der nächsten subtrahieren sich die Strombeläge der Ober- und Unterschichten eines und desselben Zweiges, so daß sich ein resultierender Strombelag Null ergibt; in der folgenden Stromzone addieren sich die Strombeläge der Ober- und Unterschichten der zwei parallelen Ankerzweige; und in der vierten Zone heben sich die Strombeläge der Ober- und Unterschichten des gleichen Zweiges wieder auf. Der resultierende Strombelag ist in Abb. 234 c darunter gezeichnet. Aus ihm entsteht die Feld-Erregerkurve in Abb. 234 d. Das Kreisbild 234 e zeigt noch einmal die Stromverteilung in den Ober- und Unterschichten der beiden Wicklungszweige.

Wenn man die beiden Bürsten in Abb. 233 e im entgegengesetzten Sinne aus der senkrechten Mittellinie verschiebt wie in Abb. 234 e, so entsteht Abb. 235.

Doppel-Sehnenbürsten. Ordnen wir auf dem Stromwender zwei Sätze von Bürsten in Sehnenstellung, also *Doppel-Sehnenbürsten* nach Abb. 236 an, so überlagern sich die Strombeläge nach

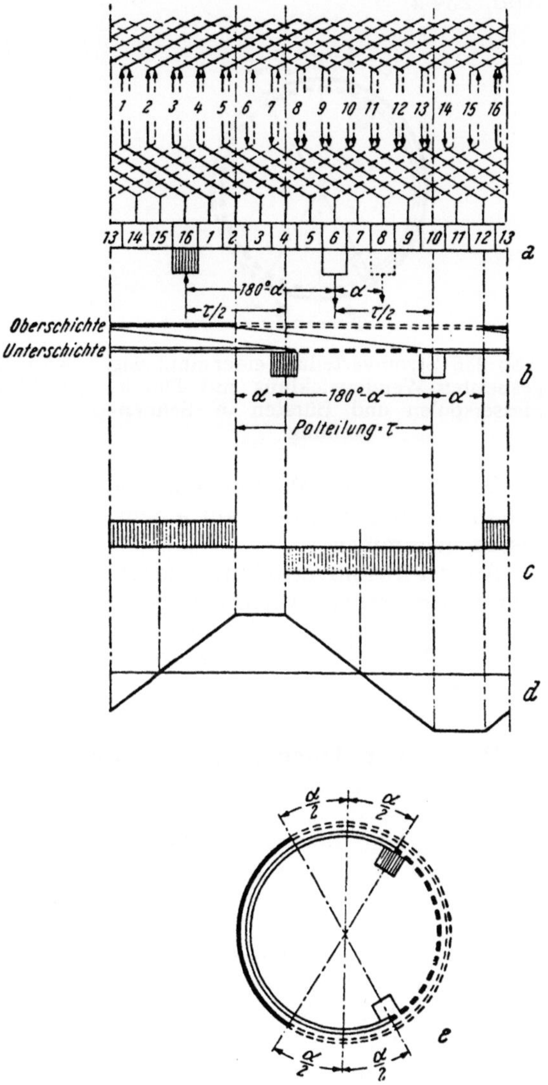

Abb. 234. Stromverteilung einer einphasig gespeisten Wenderwicklung mit Durchmesserspulen und Bürsten in Sehnenstellung. a) Schaltplan, b) Bild der Stromverteilung, c) Resultierender Strombelag, d) Erregerkurven des Feldes, e) Stromverteilung im Kreisbild

Abb. 234 e und 235 und wir erhalten die in Abb. 236 dargestellte Stromverteilung. Man erkennt, daß die Leiter der Wicklung, die in der Bürstenverschiebungszone liegen, keinen Strom führen. Der resultierende Strombelag einer solchen Wicklung mit Doppel-Sehnenbürsten ist der gleiche
wie in Abb. 234 c und auch die Feld-Erregerkurve ist gleich jener in
Abb. 234 d.

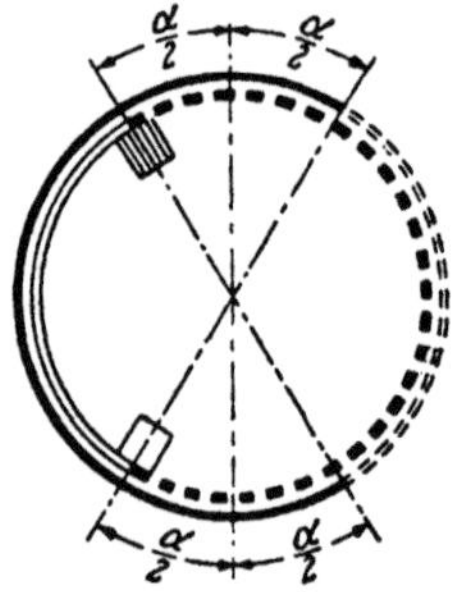

Abb. 235. Stromverteilung einer einphasig
gespeisten Wenderwicklung mit Durchmesserspulen und Bürsten in Sehnenstellung

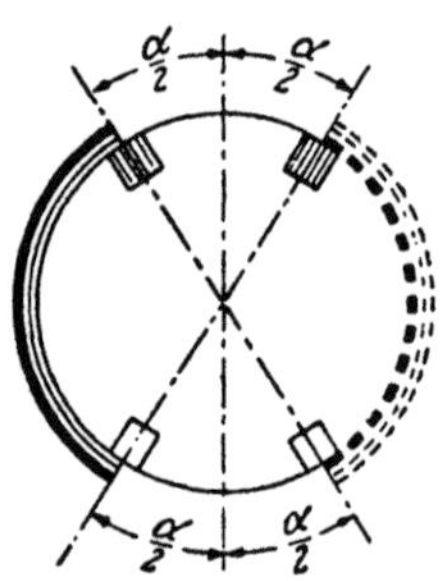

Abb. 236. Stromverteilung einer Wenderwicklung mit Durchmesserspulen und
Doppel-Sehnenbürsten

Wir haben diese Wicklung mit Doppel-Sehnenbürsten schon in IV A 1 b γ
behandelt und sind dort auf einem anderen Wege zu den gleichen Ergebnissen gekommen.

An der Stromverteilung ändert sich nichts, wenn die Wicklung nicht
von außen gespeist wird, sondern, wie es bei den Repulsionsmotoren der
Fall ist, die Bürsten jedes Satzes kurzgeschlossen werden. Die durch die
Bürsten fließenden Ströme werden in der Stromwenderwicklung induziert.

β) Sehnenwicklung

Bürsten in Durchmesserstellung. Die gleiche Schleifenwicklung wie
in den Abb. 233 und 234, aber mit einer Schrittverkürzung um zwei Nutteilungen, ist in Abb. 237 a entworfen. Auf dem Stromwender sitzen
Bürsten in Durchmesserstellung. Vergleichen wir diese Abb. 237 a mit der
Abb. 233 a, so finden wir, daß sich der Strombelag in der Oberschichte
um den halben Betrag der Schrittverkürzung nach rechts verschoben hat,
während der Strombelag der Unterschichte um diesen Betrag nach links
gewandert ist. Wir haben in Abb. 237 den Betrag, um den die Spulenweite vermindert wurde, mit dem Winkel γ bezeichnet.

Der resultierende Strombelag ist in Abb. 237 c dargestellt; er ist der
gleiche wie für eine einphasig gespeiste Stromwenderwicklung mit Durchmesserspulen und Bürsten in Sehnenstellung, wenn $\alpha = \gamma$ ist. Deshalb
ist auch die Feld-Erregerkurve dieselbe.

Bürsten in Sehnenstellung. In Abb. 238 ist die Stromverteilung
in einer Stromwenderwicklung mit Sehnenspulen gezeichnet, wenn auf dem
Stromwender Bürsten in Sehnenstellung sitzen. Und zwar können wir
diese Stromverteilung leicht aus Abb. 234 e einerseits und Abb. 237 e
andererseits herleiten. Die Winkel der Bürstenverschiebung und der Verkürzung der Spulenweite seien wieder α und γ. Bei einer Verschiebung
der schraffierten Bürste aus der senkrechten Mittellinie um $\alpha/2$ in Abb. 234 e

weicht der schwarz gezeichnete, voll ausgezogene oberschichtige Strombelag um $a/2$ nach links zurück. Haben wir Sehnenspulen, so zieht sich nach Abb. 237 e dieser Strombelag um $\gamma/2$ gegenüber der senkrechten Mittellinie nach rechts vorwärts. Ist nun $\gamma > a$, so liegt der Beginn des schwarz und voll gezeichneten, oberschichtigen Strombelages um den Winkel $1/2\,(\gamma - a)$ nach rechts aus der senkrechten Mittellinie verschoben.

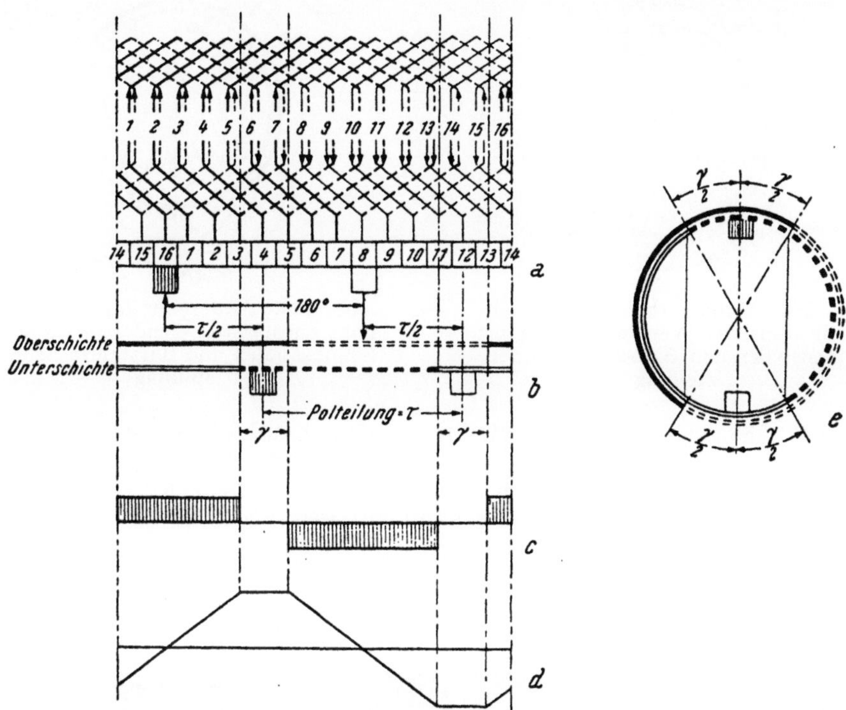

Abb. 237. Stromverteilung einer einphasig gespeisten Wenderwicklung mit Sehnenspulen und Bürsten in Durchmesserstellung. *a*) Schaltplan, *b*) Stromverteilung, *c*) Resultierender Strombelag, *d*) Feld-Erregerkurve, *e*) Stromverteilung im Kreisbild

Das Ende dieses Strombelages ist mit Rücksicht auf die Sehnenbürsten um $a/2$ nach links aus der Mittellinie gerückt (Abb. 234 e) und mit Rücksicht auf die Sehnenspulen um $\gamma/2$ im gleichen Sinne verschoben (Abb. 237 e), so daß die Gesamtverschiebung nach links $1/2\,(\gamma + a)$ beträgt.

Ebenso ist der Anfang des schwarz gestrichelt ausgezogenen unterschichtigen Strombelages im Hinblick auf die Sehnenstellung der Bürsten um $a/2$ aus der senkrechten Mittellage nach rechts gerückt (Abb. 234 e) und mit Bezug auf die Sehnung der Spulen um $\gamma/2$ nach links verschoben (Abb. 237 e), was eine Gesamtverrückung nach links um $1/2\,(\gamma - a)$ ergibt. Das Ende dieses Strombelages weicht nach Abb. 234 e (Sehnenstellung der Bürsten) um $a/2$ nach rechts ab und um $\gamma/2$ ebenfalls nach rechts nach Abb. 237 e (Sehnenspulen). Die Gesamtabweichung nach rechts ist dann $1/2\,(\gamma + a)$.

Nun lassen sich auch sofort die mit zwei Strichen gekennzeichneten Strombeläge eintragen. Während bei den Wicklungen mit Durchmesserspulen die ober- und unterschichtigen Strombeläge eines und desselben

Wicklungszweiges im Durchmesser einander gegenüber liegen (Abb. 233 *e*, 234 *e*, 235, 236), sind die Verbindungslinien der zusammengehörigen Endpunkte der ober- und unterschichtigen Strombeläge des gleichen Zweiges bei Wicklungen mit Sehnenspulen Sehnen in den Kreisbildern 237 *e* und 238.

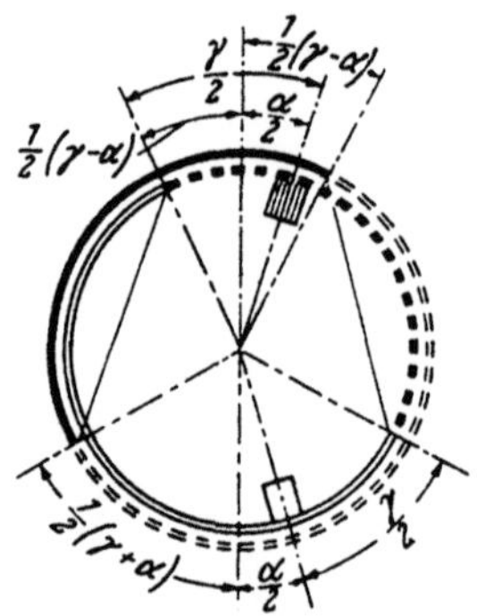

Abb. 238. Stromverteilung einer einphasig gespeisten Wenderwicklung mit Sehnenspulen und Bürsten in Sehnenstellung

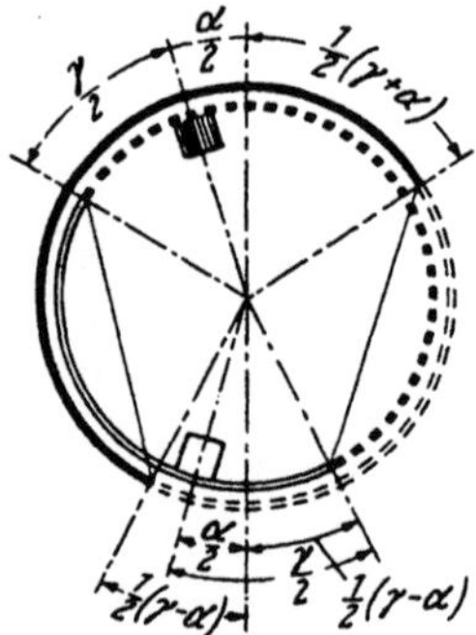

Abb. 239. Stromverteilung einer einphasig gespeisten Wenderwicklung mit Sehnenspulen und Bürsten in Sehnenstellung

Abb. 239 zeigt die Stromverteilung in einer einphasig gespeisten Stromwenderwicklung mit Sehnenspulen und aus der senkrechten Mittellinie nach der entgegengesetzten Richtung wie in Abb. 238 verschobenen Bürsten. Diese Stromverteilung kann aus den Abb. 235 und 237 abgeleitet werden.

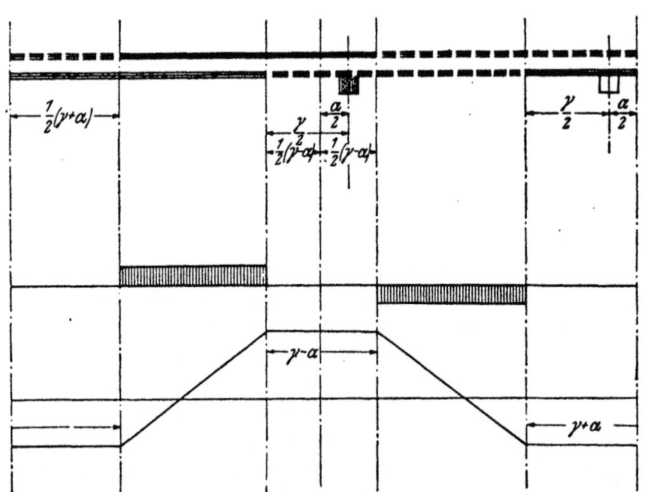

Abb. 240. Ableitung der Felderregerkurve aus der Stromverteilung einer einphasig gespeisten Wenderwicklung mit Sehnenspulen und Bürsten in Sehnenstellung nach Abb. 238

Die Feld-Erregerkurven für solche Wicklungen sind nicht mehr symmetrisch zur Abszissenachse. Für eine Schaltung nach Abb. 238 ist Abb. 240 die Erregerkurve. Bei ihrer Ableitung hat man darauf zu achten, daß die Flächen, deren Begrenzungslinie die Felderregerkurve ist, ober-

und unterhalb der Abszissenachse einander gleich sind, denn der Induktionsfluß, der in den Ankermantel eintritt, muß ja gleich jenem sein, der aus ihm wieder austritt.

Doppel-Sehnenbürsten. Legen wir auf den Stromwender einer Wicklung mit Sehnenspulen einen Doppelbürstensatz in Sehnenstellung, so ergibt sich aus der Überlagerung der Strombeläge nach den Abb. 238 und 239 die Stromverteilung in Abb. 241. Hier haben wir acht verschiedene Zonen der Stromverteilung. Die Feld-Erregerkurve für diese Wicklung ist in Abb. 242 zu sehen.

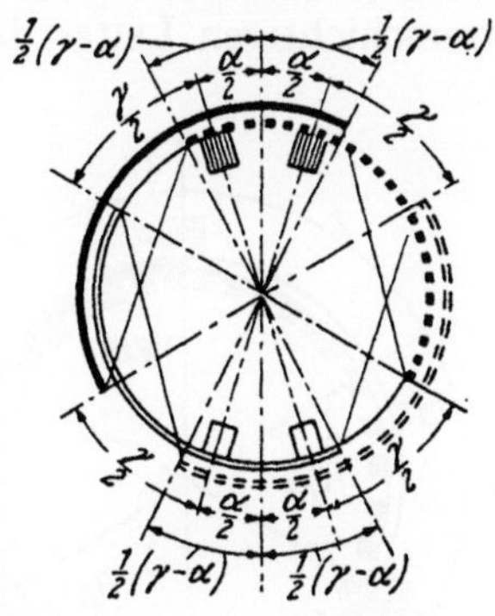

Abb. 241. Stromverteilung einer Wenderwicklung mit Sehnenspulen und Doppel-Sehnenbürsten

b) Dreiphasig gespeiste Stromwenderwicklungen

α) *Speisung mit Dreibürstensatz*

Durchmesserwicklung. Man spricht von einem *Dreibürstensatz*, wenn auf dem Stromwender bei dreiphasiger Speisung drei Bürsten je Polpaar sitzen, die in der Phase um 120^0 gegeneinander verschoben sind.

Die Stromverteilung in den Ankerabteilungen einer über einen Dreibürstensatz gespeisten Stromwenderwicklung haben wir an Hand der Abb. 228 und 229 bereits besprochen. Wir haben uns nur vor Augen zu

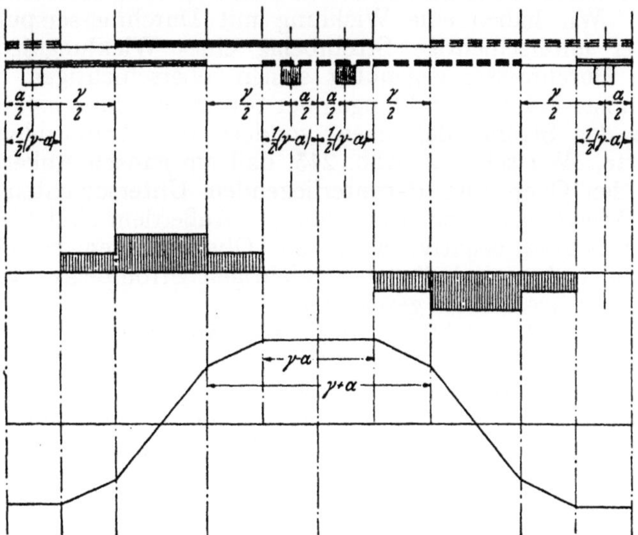

Abb. 242. Ableitung der Felderregerkurve aus der Stromverteilung einer Wenderwicklung mit Sehnenspulen und Doppel-Sehnenbürsten nach Abb. 241

halten, daß die zu einer Ankerabteilung gehörigen Leiter abwechselnd in den Ober- und Unterschichten der Nuten liegen und als solche, je nachdem es sich um Durchmesser- oder Sehnenspulen handelt, um 180^0 oder um weniger oder mehr als 180^0 in der Phase gegeneinander verschoben sind. Der für eine Ankerabteilung ermittelte Strom fließt aus diesem Grunde nicht bloß auf der einen Ankerseite, wo die sich zu dieser Ankerwicklungsabteilung gehörigen oberschichtigen Leiter befinden, sondern auch auf der mehr oder weniger gegenüberliegenden Ankerseite, wo die unterschichtigen Leiter der betrachteten Ankerabteilung eingebettet sind.

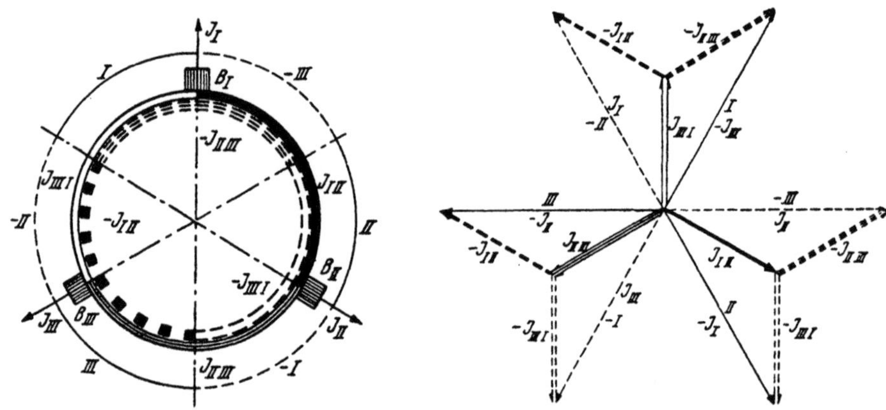

Abb. 243. Stromverteilung einer mit einem Dreibürstensatz dreiphasig gespeisten Wenderwicklung mit Durchmesserspulen

Abb. 244. Ströme in den Wicklungssträngen und resultierender Strombelag

Auf diese Weise haben wir aus den Abb. 228 und 229 die Abb. 243 und 244 entwickelt. Wir haben eine Wicklung mit Durchmesserspulen vorausgesetzt: der unterschichtige Strombelag eines Wicklungsstranges liegt deshalb im Durchmesser gegenüber seinem oberschichtigen Strombelag. Zu beachten ist, daß die Abbildungen der Stromverteilung nicht die Augenblickswerte der Ströme darstellen, sondern die Amplituden oder die Effektivwerte. Wir sehen in Abb. 243, daß am ganzen Ankerumfang die Ströme in den Ober- und darunterliegenden Unterschichten stets verschiedenen Wicklungssträngen angehören. Außerdem sind die Ströme in den Unterschichten negativ, wenn die Oberschichten positive Ströme führen. Wie früher sind die oberschichtigen Strombeläge voll und die unterschichtigen gestrichelt gezeichnet.

Der resultierende effektive Strombelag am Ankerumfang ist durch die äußeren Kreisbogen in Abb. 243 angedeutet. Die Phasenlage dieses resultierenden Strombelages ergibt sich aus Abb. 244. Ein Vergleich der Abb. 244 mit der Abb. 229 beweist, daß der resultierende Strombelag phasengleich mit den Bürstenströmen ist. Man kann daher diese über einen Dreibürstensatz gespeiste Stromwenderwicklung mit Durchmesserspulen ersetzen durch eine gewöhnliche Wechselstrom-Spulenwicklung, die von den Bürstenströmen gespeist wird. Die Spulenseiten jedes Wicklungsstranges dieser Ersatzwicklung nehmen ein Drittel der Polteilung ein. Damit diese Wechselstrom-Ersatzwicklung und die Stromwenderwicklung den gleichen Strombelag ergeben, muß die Gesamtzahl der hintereinandergeschalteten Ankerleiter der drei Stränge der Wechselstromwicklung gleich sein der Zahl der in einem der $2\,a$ parallelgeschalteten Zweige in Reihe liegenden Ankerleiter der Stromwenderwicklung als Gleichstrom-Ankerwicklung.

Sehnenwicklung. Wir können die Stromverteilung einer über einen Dreibürstensatz dreiphasig gespeisten Stromwenderwicklung mit *Sehnenspulen* aus jener einer Durchmesserwicklung ableiten, wenn wir uns erinnern, daß sich der Strombelag der Oberschichte um den Winkel $\gamma/2$ im Uhrzeigersinne verschiebt, während der Strombelag der Unterschichte im entgegengesetzten Sinne um $\gamma/2$ sich verrückt, wenn mit γ die Verkürzung der Spulenweite bezeichnet wird. In Abb. 245 ist

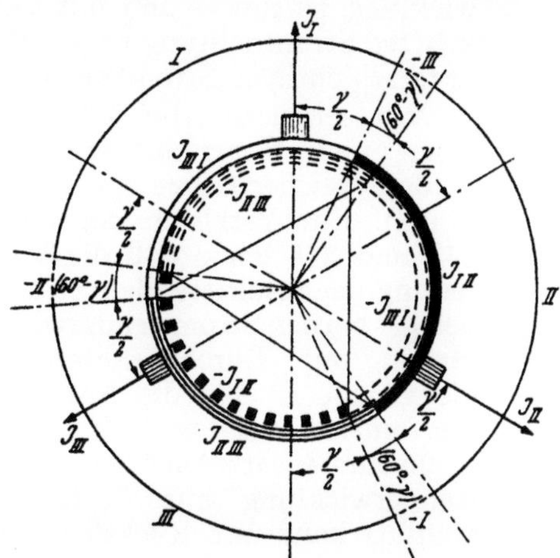

Abb. 245. Stromverteilung einer mit einem Dreibürstensatz dreiphasig gespeisten Wenderwicklung mit Sehnenspulen

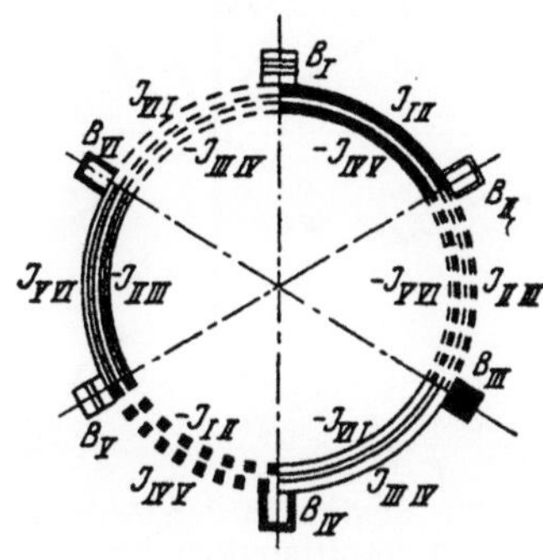

Abb. 246. Stromverteilung einer mit einem Sechsbürstensatz dreiphasig gespeisten Wenderwicklung mit Durchmesserspulen

die Stromverteilung einer solchen Wicklung mit Sehnenspulen aus der Abb. 243 hergeleitet worden. Der resultierende Strombelag, der durch die äußeren Kreisbogen dargestellt wird, hat wie im Falle einer Wicklung mit Durchmesserspulen (Abb. 243) die Phase der Bürstenströme. Doch läßt sich mit Rücksicht auf diesen Strombelag die Stromwenderwicklung nicht mehr durch eine gewöhnliche Wechselstrom-Spulenwicklung ersetzen, weil der positive Strombelag eines Wicklungsstranges nicht gleich dem negativen ist, wie aus Abb. 245 folgt.

Im allgemeinen wird man bei dreiphasiger Speisung über einen Dreibürstensatz Stromwenderwicklungen mit Sehnenspulen nicht verwenden. Das von ihr erregte Drehfeld ist unregelmäßig.

β) Speisung mit Sechsbürstensatz

Bürsten in Durchmesserstellung. Durchmesserwicklung. In Abb. 230 *b* und *c* haben wir die Ströme in den Ankerabteilungen und die Bürstenströme für eine Stromwenderwicklung untersucht, die dreiphasig über einen Sechsbürstensatz in Durchmesserstellung gespeist wird. Daraus ist für eine Wicklung mit Durchmesserspulen Abb. 246 entwickelt worden.

Nehmen wir willkürlich den Strom $J_{I\,II}$ in der Oberschichte der Ankerabteilung zwischen den Bürsten B_I und B_{II} (Abb. 230 *b* und Abb. 246) als vom Stromwender fort gerichtet an und zeichnen wir daher diesen oberschichtigen Strombelag voll schwarz ein, so müssen wir wohl den Strom $J_{IV\,V}$ in der Oberschichte der Ankerabteilung zwischen den Bürsten B_{IV} und B_V, der in Gegenphase zum Strom $J_{I\,II}$ ist, als zu den Stromwenderstegen hin gerichtet ansehen, und wir haben dann diese Oberschichte schwarz gestrichelt auszufüllen. Es wechselt also, wie wir sehen, stets ein voll- und ein gestrichelt gezeichneter Strombelag in den Oberschichten des Ankerumfanges miteinander ab. Wir können dann die Oberschichten in Abb. 246 mit Hilfe der Abb. 230 c und 247 eintragen. Im Durchmesser gegenüber — wir haben es ja mit einer Durchmesserwicklung zu tun — und mit verkehrter Stromrichtung liegen die unterschichtigen Strombeläge.

Wir sehen in Abb. 246, daß Ober- und Unterschichte stets Ströme gleicher Größe und Phase führen. Ein Vergleich der Abb. 243 und 246 lehrt, daß die Verteilung des resultierenden Strombelages bei den Stromwenderwicklungen mit Durchmesserspulen die gleiche ist für die Speisung mit einem Drei- wie für einen Sechsbürstensatz. Auch die Stromwenderwicklung mit Sechsbürstensatz kann mit Rücksicht auf den resultierenden Strombelag ersetzt werden durch eine gewöhnliche Wechselstromspulenwicklung. Doch muß hier die Gesamtzahl aller hintereinandergeschalteten Leiter der drei Stränge der Ersatz-Wechselstromwicklung doppelt so groß sein wie die Zahl der in Reihe liegenden Leiter in einem der 2 a parallelgeschalteten Zweige der vorliegenden Stromwenderwicklung als Gleichstrom-Ankerwicklung.

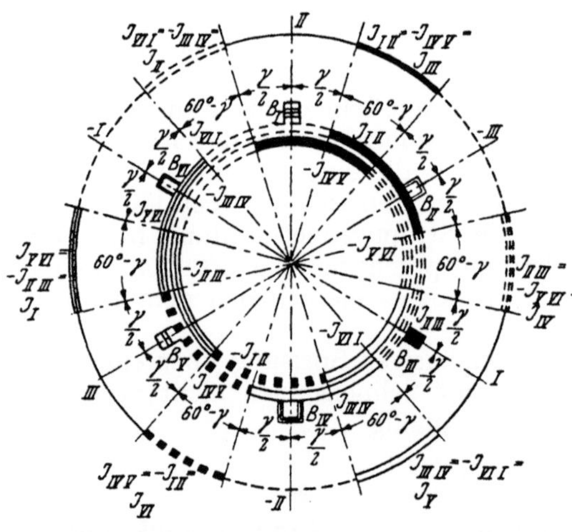

Abb. 247. Ströme in den Ankerabteilungen und resultierender Strombelag

Abb. 248. Stromverteilung einer mit einem Sechsbürstensatz in Durchmesserstellung dreiphasig gespeisten Wenderwicklung mit Sehnenspulen

Sehnenwicklung. Genau so wie wir die Stromverteilung einer mit einem Dreibürstensatz dreiphasig gespeisten Stromwenderwicklung mit Sehnenspulen (Abb. 245) abgeleitet haben aus der Stromverteilung einer Durchmesserwicklung (Abb. 243), entwickeln wir die Stromverteilung einer mit einem Sechsbürstensatz dreiphasig gespeisten Stromwenderwicklung mit Sehnenspulen (Abb. 248) aus jener einer Durchmesserwicklung (Abb. 246). Wir halten uns nur vor Augen, daß sich der Strombelag der Oberschichten um den Winkel $\gamma/2$ im Uhrzeigersinne und der Strombelag der Unterschichten um den gleichen Winkel im entgegengesetzten Sinne verschieben, wenn γ die Verkürzung der Spulenweite darstellt.

Auf dem äußersten Kreis in Abb. 248 ist wieder der resultierende Strombelag gezeichnet, der zwölf verschiedene Phasen aufweist, wovon man sich an Hand der Abb. 247 leicht überzeugen kann. Während die resultierenden Strombeläge in den Zonen $(60^0 - \gamma)$ die Phase der Bürstenströme haben, sind die in den Zonen γ um 30^0 in der Phase gegen die Bürstenströme verschoben (vgl. Abb. 247).

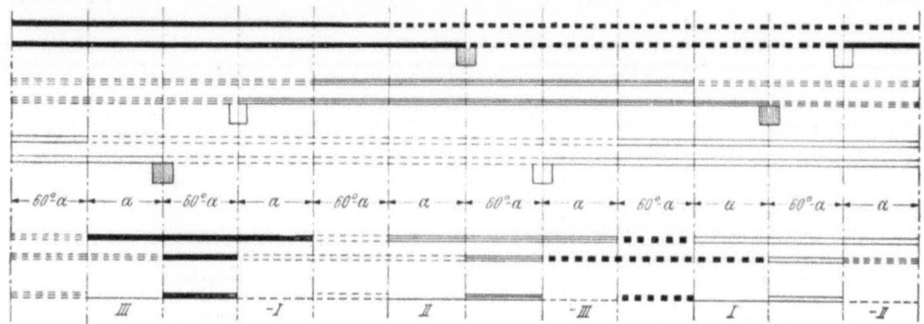

Abb. 249. Stromverteilung einer mit einem Sechsbürstensatz in Sehnenstellung dreiphasig gespeisten Wenderwicklung mit Durchmesserspulen

Bürsten in Sehnenstellung. Durchmesserwicklung. Bei der Ermittlung der Stromverteilung einer Stromwenderwicklung, die mit einem Sechsbürstensatz in Sehnenstellung dreiphasig gespeist wird, verwenden wir ein anderes Verfahren. Es ist doch bei der Speisung mit einem Sechsbürstensatz so, daß jedem der drei Ströme des Dreiphasensystems eine Bürste für den Eintritt in die Wicklung und eine für den Austritt zur Verfügung steht. Jeder Strom kann also unbeeinflußt von den anderen die Wicklung durchfließen, wie bei der einphasigen Speisung und wir können das dort bereits Erforschte hier anwenden. In jedem Ankerleiter überlagern sich natürlich dann drei Ströme verschiedener Phase.

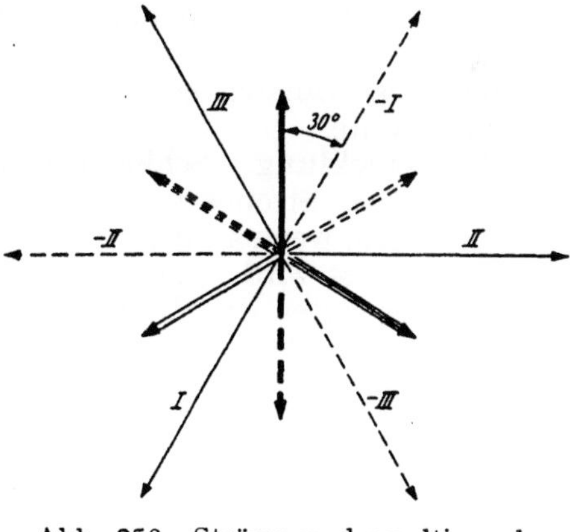

Aus Abb. 234e entnehmen wir am besten, daß sich bei einer einphasig gespeisten Stromwenderwicklung mit Durchmesserspulen

Abb. 250. Ströme und resultierender Strombelag

und Bürsten in Sehnenstellung der voll gezeichnete oberschichtige Strombelag links um je den Winkel α von jeder Bürste entfernt und damit verkürzt, während der durch zwei Striche gekennzeichnete unterschichtige Strombelag links sich bis zu den Bürsten ausdehnt. Der gestrichelt und voll gezeichnete unterschichtige Strombelag rechts reicht von Bürste zu Bürste, der zweifach gestrichelte, oberschichtige Strombelag rechts um je α über jede Bürste hinaus.

Wenden wir diese Erkenntnis auf jedes zusammengehörige Bürstenpaar des Sechsbürstensatzes in Abb. 249 an, so erhalten wir die angegebene Stromverteilung in den drei zuerst gezeichneten Doppelringen für jeden der drei unabhängig voneinander betrachteten Ströme, deren Amplitudendiagramm in Abb. 250 dargestellt ist. Der vierte Doppelring gibt die resultierenden Strombeläge in den Unter- und Oberschichten an, die durch die Überlagerung der Strombeläge der ersten drei Doppelringe

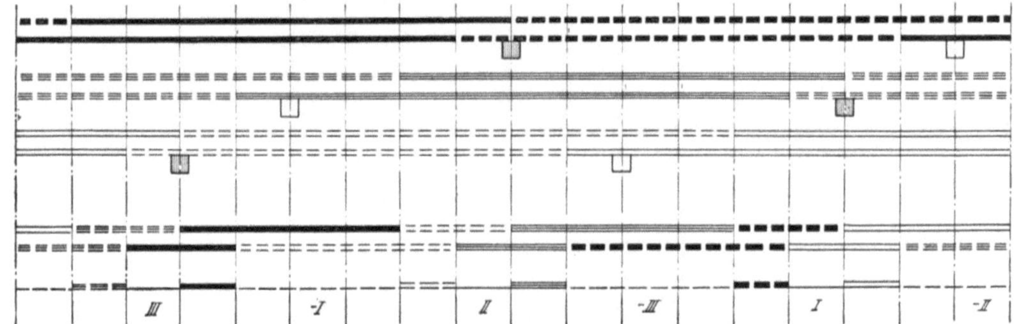

Abb. 251. Stromverteilung einer mit einem Sechsbürstensatz in Sehnenstellung dreiphasig gespeisten Wenderwicklung mit Sehnenspulen

entstehen. Bei der Ermittlung dieser resultierenden Strombeläge ist Abb. 250 zu beachten. Der resultierende Strombelag aus Ober- und Unterschichte wird schließlich durch den fünften Ring dargestellt. Halten wir die Abb. 248 und 249 gegeneinander, so erkennen wir, daß der resultierende Strombelag einer Stromwenderwicklung mit Sehnenspulen und einem Sechsbürstensatz in Durchmesserstellung der gleiche ist wie der einer Wicklung mit Durchmesserspulen und einem Sechsbürstensatz in Sehnenstellung. Der Bürstenverschiebungszone a entspricht die Verkürzung γ der Spulenweite.

Sehnenwicklung. Schließlich ist auf die gleiche Weise die Stromverteilung einer Stromwenderwicklung mit Sehnenspulen in Abb. 251 ermittelt worden, wenn sie dreiphasig mit einem Sechsbürstensatz in Sehnenstellung gespeist wird. Maßgebend für den Entwurf der Stromverteilung in jedem der ersten drei Doppelringe ist Abb. 248. Wir haben eine Verkürzung der Spulenweite von $\gamma = 40^0$ gewählt und eine Bürstenverschiebungszone von $a = 20^0$.

B. Angezapfte und aufgeschnittene Stromwenderwicklungen

1. Angezapfte Stromwenderwicklungen

a) Verwendung von angezapften Stromwenderwicklungen

Bei einem *Einankerumformer* zapfen wir die Ankerwicklung einer gewöhnlichen Gleichstrommaschine m-phasig an und führen die Anzapfpunkte über Schleifringe heraus. In den Abb. 252 *a* und *b* sind Schaltbilder für Einankerumformer wiedergegeben. In Abb. 252 *b* ist die Stromwenderwicklung dreiphasig angezapft und über drei Schleifringe an die

Sekundärseite des Transformators gelegt. Abb. 252 *a* zeigt einen Einankerumformer mit sechsphasiger Anzapfung und sechs Schleifringen und seinen Anschluß an ein Dreiphasennetz.

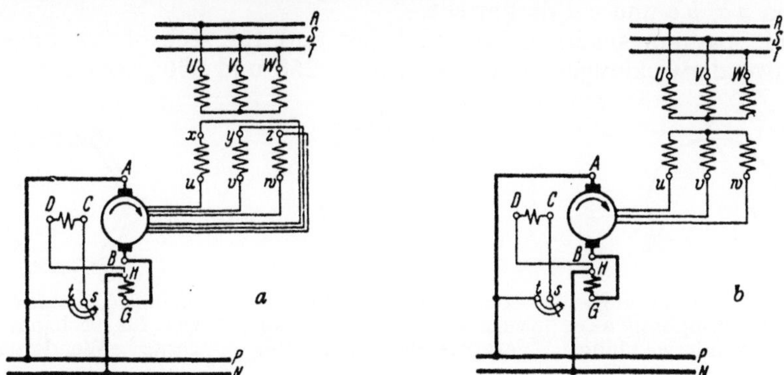

Abb. 252. Schaltbilder für einen sechsphasigen (*a*) und einen dreiphasigen (*b*) Einankerumformer

Auch bei *Gleichstrom-Dreileitermaschinen* zapft man die Stromwenderwicklung so an, daß wir ihr entweder einphasigen Wechselstrom entnehmen können, den wir wie in Abb. 253 über Schleifringe einer Drosselspule zuführen oder Drehstrom, der dann über drei Schleifringe zu drei in Stern geschalteten Drosselspulen geleitet wird.

b) Symmetrisch angezapfte Stromwenderwicklungen

α) *Schritt zwischen den Anzapfpunkten und Anzapfbedingungen*

Stromwenderwicklungen mit zwei Spulenseiten je Nut ($u = 1$). Für den Fall, daß die anzuzapfende Stromwenderwicklung in jeder Nut nur zwei übereinanderliegende Spulenseiten eingebettet hat, also $u = 1$ ist, daß außerdem die Zahl k/a der Spulen in jedem Ankerzweigpaar eine ganze Zahl ist und endlich die Zahl p/a der Polpaare je Ankerzweigpaar ganz ist, erhalten wir bekanntlich als Spannungsvieleck dieser Wicklung ein regelmäßiges k/a-Eck mit a sich deckenden Umläufen. In Abb. 254 ist ein solches Spannungsvieleck gezeichnet, das ohne weiteres durch den umschriebenen Kreis ersetzt gedacht werden kann.

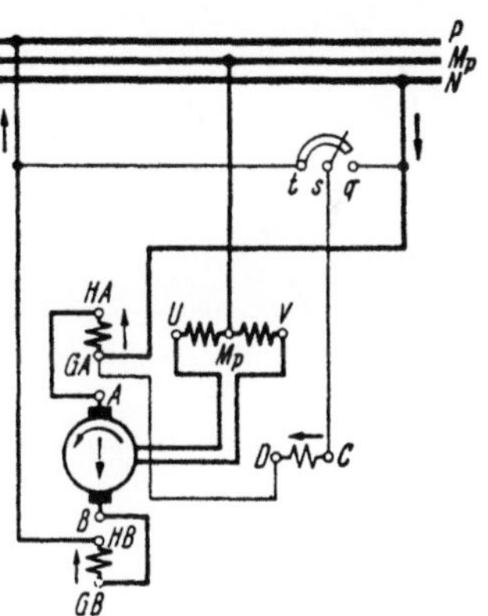

Abb. 253. Schaltbild eines Dreileitergenerators mit Drosselspule

Soll dieser Stromwenderwicklung z. B. Drehstrom entnommen werden, so muß sie in drei mal *a* Punkten *a*, *b*, *c* angezapft werden, die um 120° in der Phase gegeneinander verschoben sind. Jeder Punkt *a*, *b* oder *c* in Abb. 254 stellt, wie soeben erwähnt wurde, *a* Punkte gleichen Potentials dar. Die *a* Punkte gleichen Potentials, die in Abb. 254 mit *a* bezeichnet sind, werden zu einem Schleifring geführt, der dann auch gleichzeitig eine Ausgleichsverbindung darstellt. Ebenso leitet man die *a* Punkte, die mit *b* in Abb. 254 beschriftet sind, zu einem zweiten Schleifring und schließlich die a Punkte c zu einem dritten Schleifring. Die Wechselspannungen zwischen den Anzapfpunkten werden nach Größe und Phase durch die Sehnen $a\,b$, $b\,c$ und $c\,a$ dargestellt.

Die Spannungsvielecke für einphasig und für sechsphasig angezapfte Stromwenderwicklungen sind in den Abb. 255 und 256 gezeichnet.

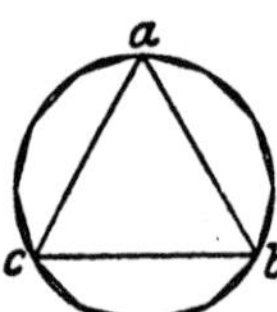

Abb. 254. Spannungs-
vieleck für dreiphasig angezapfte Wenderwicklung

Abb. 255. Spannungs-
vieleck für einphasig an-
gezapfte Wenderwicklung

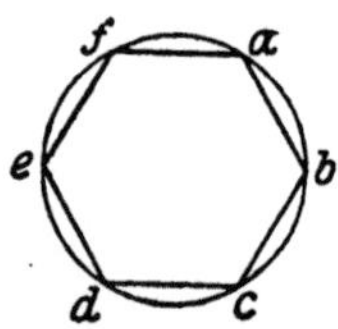

Abb. 256. Spannungsviel-
eck für sechsphasig an-
gezapfte Wenderwicklung

Bezeichnen wir die Strangzahl der gewünschten Anzapfung mit m, so liegen zwischen je zwei benachbarten Anzapfungen k/ma hinterein-andergeschaltete Spulen. Somit ist also der Schritt von einem bis zum nächsten Anzapfpunkt in der Wicklung

$$y_a = \frac{k}{m\,a} \qquad (125)$$

hintereinandergeschal-tete Spulen. Für ein-phasige Anzapfung ist $m = 2$ zu setzen.

Zerfällt die Strom-wenderwicklung in $2\,a$ parallelgeschaltete An-kerzweige, so sind in jedem der m Stränge der angezapften Wicklung a Zweige parallelgeschaltet, da ja das Spannungsviel-eck a Umgänge hat. Die m Stränge sind bei einer angezapften Stromwen-derwicklung im *Ring* ge-schaltet, wie aus den Abb. 254 und 256 her-vorgeht.

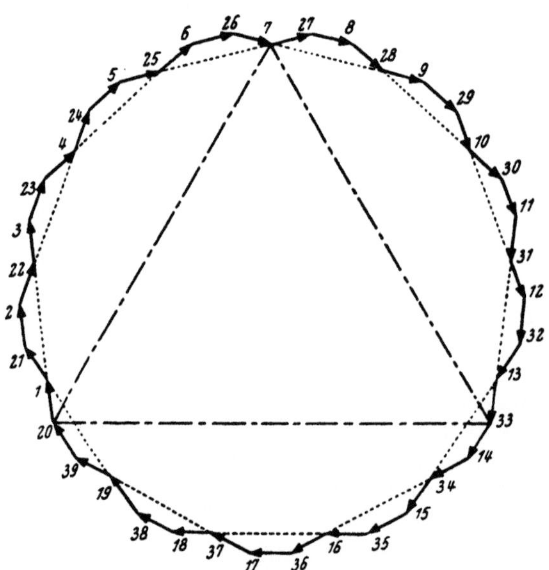

Abb. 257. Spannungsvieleck einer rechtsgängigen
Wellenwicklung mit 39 Spulen in 13 Nuten für 4 Pole
und 2 parallele Ankerzweige mit Anzapfungen für
Drehstrom

Für die m-phasige Anzapfung einer Stromwenderwicklung mit $u = 1$ gelten mithin die Bedingungen

$$\frac{k}{a} = \text{ganze Zahl,} \qquad (126)$$

$$\frac{p}{a} = \text{ganze Zahl,} \qquad (127)$$

und die Schrittformel ist

$$y_a = \frac{k}{m\,a}.\qquad(125)$$

Stromwenderwicklungen mit mehr als zwei Spulenseiten in einer Nut ($u > 1$). Sollen die a Umgänge des Spannungsvieleckes einer Stromwenderwicklung mit mehr als zwei Spulenseiten in jeder Nut ($u > 1$) sich decken, so müssen

$$\frac{N}{a} \quad \text{und} \quad \frac{p}{a} \text{ ganze Zahlen}$$

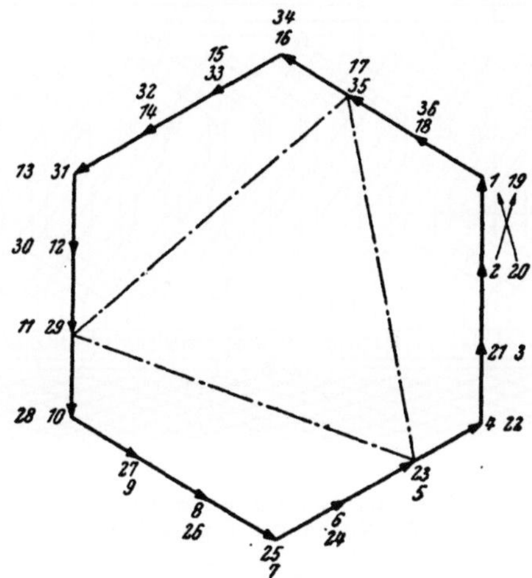

Abb. 258. Spannungsvieleck einer linksgängigen Wellenwicklung mit 36 Spulen in 12 Nuten für 4 Pole und 4 parallele Ankerzweige mit Anzapfungen für Drehstrom

sein, wie wir wissen. Damit durch Anzapfungen dieser Stromwenderwicklung eine symmetrische m-strängige Wicklung entsteht, muß überdies auch

$$\frac{N}{a\,m} \text{ eine ganze Zahl}$$

sein, wie ein Blick auf die Abb. 257 und 258 lehrt. Abb. 257 ist das Spannungsvieleck der in Abb. 75 bereits behandelten rechtsgängigen Wellenwicklung mit $k = 39$ Spulen in $N = 13$ Nuten ($u = 3$) für $2\,p = 4$ Pole und $2\,a = 2$ parallele Ankerzweige. Der resultierende Wicklungsschritt ist $y = 20$. N/a und p/a sind ganze Zahlen. $N/a\,m = 13/(1 \cdot 3)$ ist jedoch keine ganze Zahl; deshalb ist eine Anzapfung für eine symmetrische Drehstromwicklung nicht möglich. Die Spannungen der drei Stränge sind nicht genau gleich groß und ihre Phasenverschiebung gegeneinander ist nicht genau $360^\circ/m$. Bei der linksgängigen Wellenwicklung in Abb. 258 mit $k = 36$ Spulen in $N = 12$ Nuten ($u = 3$) für $2\,p = 4$ Pole und $2\,a = 4$ parallele Ankerzweige und dem resultierenden Wicklungsschritt $y = 17$ (vgl. Abb. 72) ist neben $p/a = 1$ auch $N/a\,m = 2$ eine ganze Zahl, so daß eine symmetrische Anzapfung möglich ist, wie Abb. 258 zeigt.

Für eine symmetrische m-phasige Anzapfung einer Stromwenderwicklung mit $u > 1$ müssen also die Bedingungen erfüllt werden:

$$\frac{N}{a\,m} = \text{ganze Zahl},\qquad(128)$$

$$\frac{p}{a} = \text{ganze Zahl}.\qquad(127)$$

Die Formel für den Schritt zwischen zwei aufeinanderfolgenden Anzapfpunkten bleibt die gleiche wie bei den Stromwenderwicklungen mit $u = 1$:

$$y_a = \frac{k}{a\,m}.\qquad(125)$$

β) *Beispiel*

Dreiphasig angezapfte Schleifenwicklung. Eine sechspolige Schleifenwicklung mit $p = a = 3$ parallelen Ankerzweigpaaren und $k = 54$ Spulen in $N = 27$ Nuten ($u = 2$) soll sowohl mit Ausgleichsverbindungen ausgerüstet, als auch dreiphasig angezapft werden. Die Wicklungsschritte sind $y_1 = 8$, $y_2 = 9$, $y = -1$.

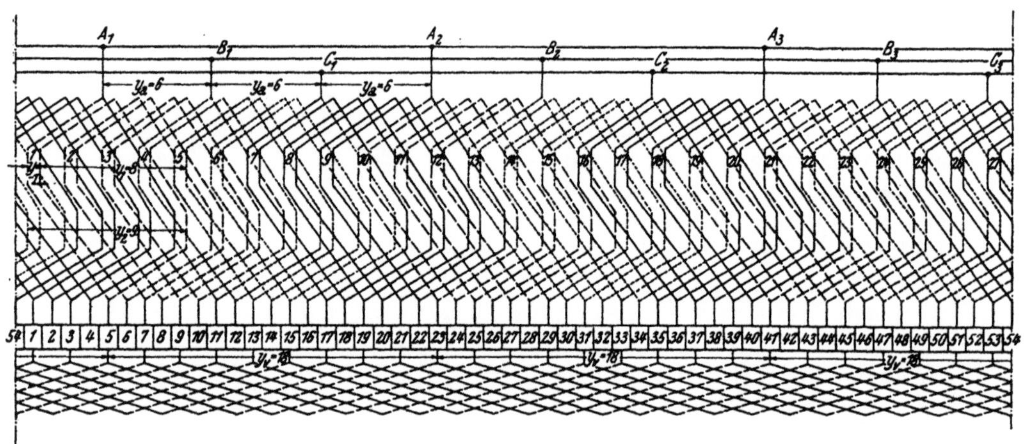

Abb. 259. Dreiphasig angezapfte, sechspolige Schleifenwicklung mit 54 Spulen in 27 Nuten für 6 parallele Ankerzweige mit Ausgleichsverbindungen

Die Bedingungen für Ausgleichsverbindungen und für die Anzapfung sind erfüllt, denn

$$\frac{N}{a\,m} = \frac{27}{3 \cdot 3} = 3$$

und

$$\frac{p}{a} = \frac{3}{3} = 1$$

sind ganze Zahlen. Der Verbindungsschritt y_v für die Ausgleichsverbindungen ist

$$y_v = \frac{k}{a} = \frac{54}{3} = 18$$

und der Schritt von einem Anzapfpunkt der Wicklung zum benachbarten ist

$$y_a = \frac{k}{m\,a} = \frac{54}{3 \cdot 3} = 6$$

Spulen oder $2\,y_a = 2 \cdot 6 = 12$ Spulenseiten.

Abb. 259 zeigt diese Wicklung mit den Ausgleichsverbindungen am Stromwender und den Anzapfpunkten auf der dem Stromwender abgewandten Stirnseite des Ankers. Die Anzapfpunkte A_1, A_2 und A_3 sind zu einem Schleifring geführt, die Punkte B_1, B_2 und B_3 zum zweiten, und die Anzapfpunkte C_1, C_2 und C_3 zum dritten Schleifring. Man sieht, daß die Schleifringe zugleich Ausgleichsverbindungen sind, da

$$m\,y_a = \frac{k}{a} = y_v.$$

ist.

c) Unsymmetrisch angezapfte Stromwenderwicklungen

Die Bedingungen für das Auftreten von je a phasengleichen Punkten in der Stromwenderwicklung, nämlich daß N/a und p/a ganze Zahlen sein müssen, muß man wohl einhalten. Jedoch kann man auf die Bedingung, daß $N/a\,m$ ganzzahlig sein muß, verzichten, wenn man eine Ungleichheit der Strangspannungen einerseits und eine Ungenauigkeit in der Phasenverschiebung der Strangspannungen gegeneinander andererseits in Kauf nimmt (vgl. Abb. 257).

Ja, man kann sogar so weit gehen und auf einen ganzzahligen Schritt $y_a = k/m\,a$ verzichten. In einem solchen Falle werden die Wicklungszweige zwischen zwei Anzapfpunkten eine Spule mehr oder weniger erhalten als die Wicklungszweige zwischen den anderen Anzapfpunkten. Ist die Gesamtzahl der Spulen groß genug, so wird der Einfluß auf Größe und Phasenlage der Strangspannungen nur gering sein.

d) Stromwenderwicklungen mit Anzapfungen auf beiden Stirnseiten des Ankers

Bei Stabwicklungen (mit einer Windung je Ankerspule) können die Anzapfungen auf beiden Stirnseiten des Ankers liegen. Wir haben uns daher zuerst um die Phasenlage dieser Anzapfpunkte zu kümmern.

α) Das Spulenseiten-Spannungsvieleck

Wenn bisher im allgemeinen von Spannungsvielecken die Rede war, so haben wir stets darunter jenes Vieleck verstanden, das entsteht, wenn wir die Zeiger der Spannungen der einzelnen k Ankerspulen so aneinanderfügen, wie die den Spannungszeigern entsprechenden Spulen mit dem resultierenden Schritte y im Schaltplan aneinandergereiht sind. Dieses Spannungsvieleck ist also ein *Spulen-Spannungsvieleck*. Die Spannungszeiger haben wir bei der Konstruktion dieses Spannungsvieleckes einem Spulensterne entnommen.

Jede Ankerspule besteht aus zwei Spulenseiten, so daß sich die Spannung einer Spule aus den Spannungen ihrer beiden Spulenseiten zusammensetzt. Wir können die Spannungszeiger der insgesamt $2\,k$ am Ankerumfang in den Nuten liegenden Spulenseiten in einem *Spulenseitensterne* vereinigen und aus diesem Spulenseitenstern ein Spulenseiten-Spannungsvieleck ableiten, indem wir die Spannungszeiger der $2\,k$ Spulenseiten so aneinanderfügen, wie die zu ihnen gehörigen Spulenseiten die Wicklung nach dem Schaltplan aufbauen.

Der Spulenseitenstern. Wir haben schon bei der Besprechung der Ausgleichsverbindungen für zweifach geschlossene Schleifenwicklungen mit geradzahligem Verbindungsschritt den Vorgang bei der Aufstellung des Spulenseitensternes besprochen und können uns hier auf eine Wiederholung beschränken.

Der Spulenseitenstern setzt sich aus N/t ungleichphasigen Gesamtstrahlen zusammen, die um den Winkel

$$\alpha' = \frac{t}{N}\,360^0$$

gegeneinander verdreht sind und die aus je

$$2\,u\,t$$

gleichphasigen Zeigern bestehen. Bei der Bezifferung dieser $N/t \cdot 2\,u\,t =$ $= 2\,u\,N = 2\,k$ Zeiger, die den $2\,k$ Spulenseiten entsprechen, geht man so vor. Wir wählen einen beliebigen der N/t ungleichphasigen Gesamtstrahlen und schreiben zu den ersten $2\,u$ der $2\,u\,t$ gleichphasigen Zeiger in diesem Gesamtstrahle vom Sternmittelpunkt nach außen die Ziffern

$$1_o,\ 1_u,\ 2_o,\ 2_u,\ 3_o,\ 3_u,\ \ldots\ u_o,\ u_u.$$

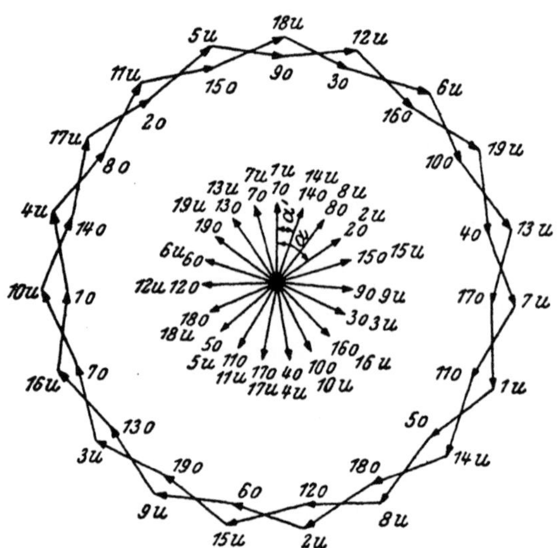

Abb. 260. Spulenseitenstern und Spulenseiten-Spannungsvieleck einer rechtsgängigen Wellenwicklung mit 19 Spulen in 19 Nuten für 6 Pole und 4 parallele Ankerzweige ($y_1 = 3$, $y = 7$)

Dann beziffern wir die ersten $2\,u$ der $2\,u\,t$ gleichphasigen Zeiger jenes Gesamtstrahles, der um den Winkel

$$\alpha = \frac{p}{N}\,360^0 = \frac{p}{t}\,\alpha'$$

gegen den soeben bezifferten Gesamtstrahl rechts- oder linksherum im Spulenseitenstern verdreht ist, vom Sternmittelpunkt nach außen mit

$$(u+1)_o,\quad (u+1)_u,\quad (u+2)_o,$$
$$(u+2)_u,\quad (u+3)_o,$$
$$(u+3)_u,\ \ldots\ 2\,u_o,\quad 2\,u_u$$
u. s. w.

Dabei kennzeichnen $1_o, 2_o, 3_o$ u. s. f. die oberschichtigen und $1_u, 2_u, 3_u, \ldots$ die unterschichtigen Spulenseiten in den Nuten.

Aufbau des Spulenseiten-Spannungsvieleckes. Wir fügen nun an den Zeiger mit der Bezifferung 1_o den Zeiger $(1 + y_1)_u$ an, auf den der Zeiger $(1 + y)_o$ folgt; an ihn schließt sich der Zeiger $(1 + y + y_1)_u$; daran reihen sich die Zeiger $(1 + 2\,y)_o$, $(1 + 2\,y + y_1)_u$, $(1 + 3\,y)_o$, $(1 + 3\,y + y_1)_u$, $(1 + 4\,y)_o$, $(1 + 4\,y + y_1)_u$, $\ldots$ Das Spulenseiten-Spannungsvieleck macht ebenso wie das Spulen-Spannungsvieleck a Umgänge.

Beispiel. Wir entwerfen als Beispiel das Spulenseiten-Spannungsvieleck einer rechtsgängigen Wellenwicklung mit $k = 19$ Spulen und $N = 19$ Nuten ($u = 1$) für $2\,p = 6$ Pole und $2\,a = 4$ parallele Ankerzweige. Den ersten Teilschritt wählen wir zu $y_1 = 3$; der resultierende Wicklungsschritt ist

$$y = \frac{19 + 2}{3} = 7.$$

Nuten- und Polpaarzahl sind teilerfremd ($t = 1$). Abb. 260 zeigt den auf die geschilderte Weise aufgebauten Spulenseitenstern und das daraus abgeleitete Spulenseiten-Spannungsvieleck.

Eigenschaften des Spulenseiten-Spannungsvieleckes. Das Spulen-Spannungsvieleck und das Spulenseiten-Spannungsvieleck haben die gleiche Zahl von Umgängen, nämlich a.

Das Spulenseiten-Spannungsvieleck weist doppelt so viele Ecken auf als das Spulen-Spannungsvieleck.

Weiters entnehmen wir der Abb. 260 folgendes. Die Punkte 9_o und 18_u, 3_o und 12_u, 16_o und 6_u, 10_o und 19_u u. s. w. sind wohl phasengleich, haben aber nicht gleiches Potential. Der Potentialunterschied ist jedoch klein im Vergleich zur Spannung zwischen benachbarten Ecken des Spannungsvieleckes. Ist nun a, die Zahl der Umgänge des Spannungsvieleckes, eine gerade Zahl, dann liegt eine Ecke eines aus den beiden Spulenseiten-Spannungszeigern bestehenden Zeigerpaares einer Ankerspule (z. B. 8_o in Abb. 260) stets genau über oder unter einer Ecke, die einem Stromwendersteg entspricht (z. B. 17_u in Abb. 260). Die Ecke aber (z. B. 8_o) die durch die beiden Zeiger der Spulenseitenspannungen einer Spule gebildet wird, entspricht einem Anzapfpunkt auf der dem Stromwender abgewandten Ankerstirnseite. Die Zahl der Gruppen von je a *phasengleichen* Wicklungspunkten ist dann bei einem *geradzahligen* a im Spulenseiten-Spannungsvieleck doppelt so groß wie beim Spulen-Spannungsvieleck. Diese Überlegung gilt für Wicklungen, bei denen nur $2\,u = 2$ Spulenseiten in einer Nut übereinander eingebettet sind. Auf solche Wicklungen beschränken wir uns hier.

Damit die vorgetragenen Verhältnisse eintreten, muß einerseits

$$\frac{2\,k}{a} \text{ eine ganze Zahl}$$

und auch

$$\frac{2\,p}{a} \text{ eine ganze Zahl}$$

sein, so daß wir also im Spulenseiten-Spannungsvieleck die doppelte Zahl von Gruppen von je a phasengleichen Punkten in der Wicklung erhalten, wie beim Spulen-Spannungsvieleck, wenn folgende Bedingungen erfüllt werden:

$$a = \text{geradzahlig}, \tag{129}$$

$$\frac{2\,k}{a} = \text{ganze Zahl}, \tag{130}$$

$$\frac{2\,p}{a} = \text{ganze Zahl}. \tag{131}$$

Dies gilt für Wicklungen mit $u = 1$.

Soll der z. B. zwischen den phasengleichen Punkten 9_o und 18_u, 3_o und 12_u, 16_o und 6_u u. s. w. in Abb. 260 vorhandene Potentialunterschied Null werden, so muß bei Stromwenderwicklungen mit $u = 1$ gelten:

$$y_1 = y_2 \tag{132}$$

oder

$$\frac{k}{2\,p} - y_1 = y_2 - \frac{k}{2\,p}, \tag{133}$$

worauf wir schon im Abschnitt IV C 1 c δ hingewiesen haben.

β) *Zahl der Spulenseiten zwischen zwei benachbarten Anzapfpunkten*

Bei Stromwenderwicklungen mit Anzapfungen auf beiden Stirnseiten des Ankers liegen zwischen zwei benachbarten Anzapfpunkten

$$y_{as} = \frac{2\,k}{a\,m} \tag{134}$$

hintereinandergeschaltete Spulenseiten.

γ) Beispiel

Im allgemeinen wird man mit Rücksicht auf die Herstellung Wicklungen wählen, bei denen nur wenig Stellen anzuzapfen sind, also Wicklungen mit geringer Zahl der parallelen Ankerzweige. In Abb. 261 z. B. ist eine vierpolige, linksgängige Wellenwicklung mit 27 Spulen in 27 Nuten für 2 parallele Zweige an sechs Schleifringe angeschlossen. Zwischen je zwei Anschlußpunkten liegen

$$y_{as} = \frac{2 \cdot 27}{1 \cdot 6} = 9$$

Spulenseiten oder Stäbe. Diese Anschlußpunkte befinden sich auf beiden Stirnseiten des Ankers.

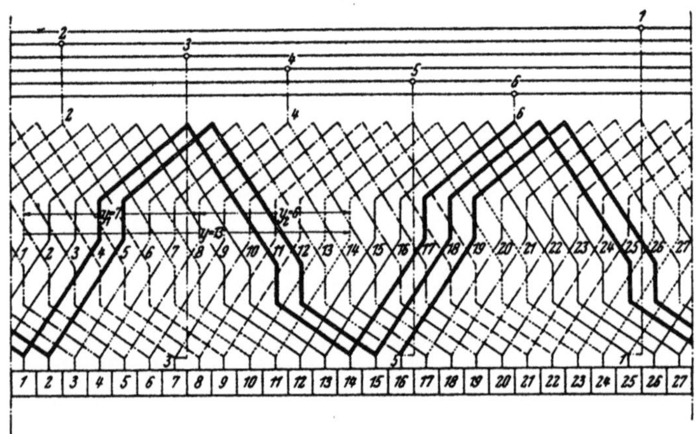

Abb. 261. Vierpolige, linksgängige Wellenwicklung mit 27 Spulen in 27 Nuten für 2 parallele Zweige mit Anschluß an sechs Schleifringe

e) Künstlich geschlossene Wellenwicklungen

Auch die künstlich geschlossenen Wellenwicklungen eignen sich als angezapfte Stromwenderwicklungen.

In Abb. 262 ist eine künstlich geschlossene Wellenwicklung mit 24 Spulen in 24 Nuten für 6 Pole und 2 parallele Ankerzweige für drei Schleifringe angezapft. Der resultierende Wicklungsschritt ist errechnet zu $y = \dfrac{(24 + 1) - 1}{3} = 8$. Es werden abwechselnd $p - 1 = 2$ Schritte mit $y = 8$ und ein resultierender Wicklungsschritt mit $y = 7$ ausgeführt.

Dem Spannungsvieleck in Abb. 263 entnehmen wir, daß die Anzapfung unsymmetrisch ist, obwohl k/a, p/a und $k/m\,a$ ganze Zahlen sind. Aber das Spannungsvieleck ist nicht ein 24-Eck, sondern entartet zu einem Achteck, das sich nicht in drei gleichartige Teile zerlegen läßt.

f) Schlußbemerkung

Aus dem über angezapfte Stromwenderwicklungen Gesagten, geht hervor, daß man sich stets Rechenschaft darüber geben muß, ob denn die a Punkte eines a-fachen Anzapfpunktes auch wirklich gleiches Potential haben, was hier wesentlich ist, da die Schleifringe, die a Punkte eines

a-fachen Anzapfpunktes miteinander verbinden und als Ausgleichsverbindungen wirken. Außerdem müssen die Spannungen der a parallelen Zweige eines Wicklungsstranges der Phase und Größe nach gleich sein.

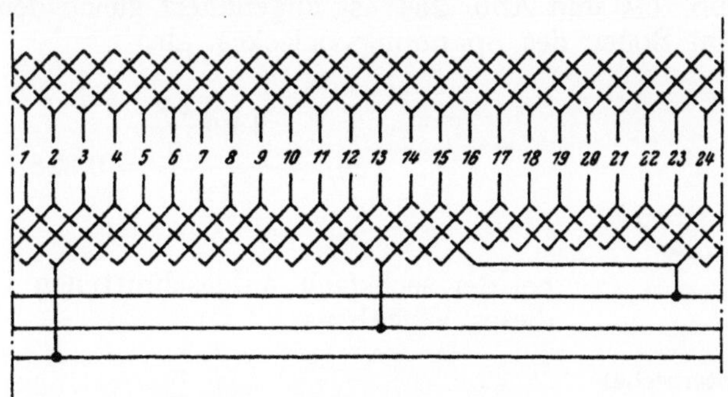

Abb. 262. Künstlich geschlossene Wellenwicklung mit 24 Spulen in 24 Nuten für 6 Pole und 2 parallele Zweige mit Anzapfungen für drei Schleifringe

Für eine vollkommen symmetrische Anzapfung sollen auch die Spannungen der m Stränge gleich groß und in der Phase um $360°/m$ gegeneinander verschoben sein. Eine Unsymmetrie in dieser Beziehung wird umso kleiner, je mehr Spulen die Wicklung besitzt und in je mehr Nuten diese Spulen eingebettet sind.

Auf alle Fälle empfiehlt es sich, das Spannungsvieleck der anzuzapfenden Wicklung zu Rate zu ziehen.

2. Aufgeschnittene Stromwenderwicklungen

a) Dreifach aufgeschnittene Stromwenderwicklungen

Schneiden wir die Stromwenderwicklung, deren Spannungsvieleck in Abb. 254 gezeichnet ist, in den Punkten a, b und c auf, so können wir die drei Wicklungsstränge statt in Dreieck in Stern schalten, wie Abb. 264 zeigt. Jeder Strang umfaßt a parallele Zweige.

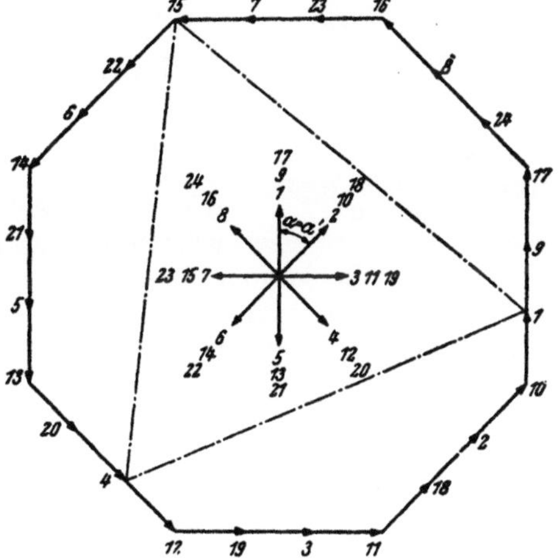

Abb. 263. Spulenstern und Spannungsvieleck der künstlich geschlossenen Wellenwicklung in Abb. 262

b) Sechsfach aufgeschnittene Stromwenderwicklungen

Besser ausgenützt als die dreifach aufgeschnittenen Wicklungen sind die sechsfach aufgeschnittenen, die man erhält, wenn man die Wicklung an den sechs a-fachen Punkten a, b, c, d, e und f in Abb. 256 aufschneidet. Über die Schaltung dieser sechs Teilwicklungen werden wir später sprechen.

α) *Vergleich der Ausnützung einer dreifach und einer sechsfach aufgeschnittenen Stromwenderwicklung*

Der Wicklungsfaktor eines Stranges einer dreifach aufgeschnittenen Wicklung (Abb. 254 und Abb. 264) ist angenähert gleich dem Verhältnis der Sehne zum Bogen des Spannungsvieleckes, also

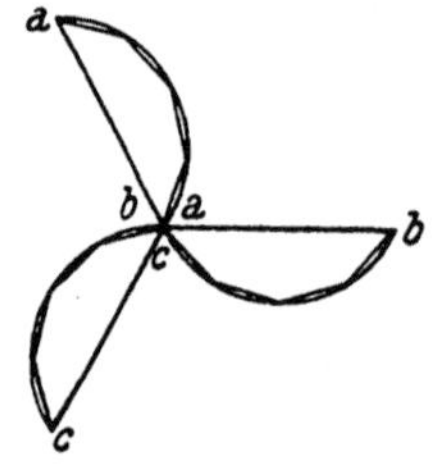

Abb. 264. Zur Sternschaltung der drei Wicklungsstränge einer in drei Punkten aufgeschnittenen Wenderwicklung

$$\xi_{III} = \frac{2 \sin \dfrac{2\pi}{6}}{\dfrac{2\pi}{3}} = 0{,}826;$$

bei der sechsfach aufgeschnittenen Wicklung ist dieses Verhältnis

$$\xi_{VI} = \frac{2 \sin \dfrac{\pi}{6}}{\dfrac{\pi}{3}} = 0{,}955.$$

Die bessere Ausnützung der sechsfach aufgeschnittenen Stromwenderwicklung ist also augenfällig.

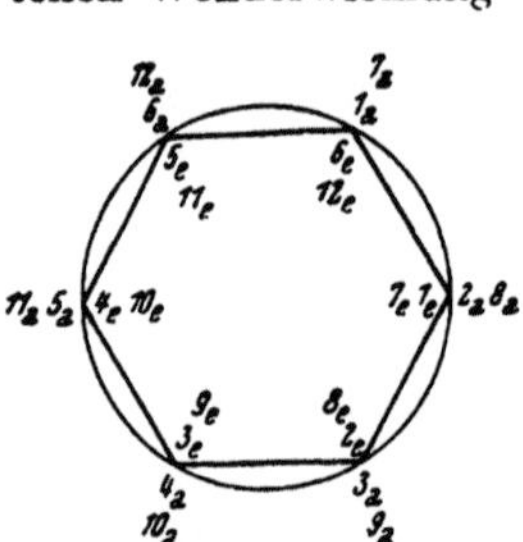

Abb. 265. Spannungsvieleck einer sechsfach aufgeschnittenen Wenderwicklung

β) *Schaltungen der sechsfach aufgeschnittenen Stromwenderwicklungen*

Dreieckschaltung der Stränge, Reihenschaltung der Wicklungsteile und Zweige. In Abb. 265 haben wir Abb. 256 wiederholt; doch haben wir die 6 *a* Wicklungsteile, die wir durch das sechsfache Aufschneiden der Wicklung erhalten, mit $1_a \ldots 1_e$, $2_a \ldots 2_e$, $3_a \ldots 3_e$ u. s. w. bezeichnet. Wir können nun die Wicklungsteile und Zweige $1_a \ldots 1_e$, $4_e \ldots 4_a$, $7_a \ldots 7_e$, $10_e \ldots 10_a$ u. s. w. alle zu einem Wicklungsstrange hintereinanderschalten, wie es in Abb. 266 für eine Stromwenderwicklung mit $a = 2$ geschehen ist, bei der das Spannungsvieleck in Abb. 265 $a = 2$ Umgänge macht. Der Schaltplan der drei Wicklungsstränge für eine sechsfach aufgeschnittene Stromwenderwicklung mit 2 *a* parallelen Zweigen ist bei Hintereinanderschaltung der Wicklungsteile und Zweige der folgende:

Strang I: $A \; 1_a \ldots \overset{\frown}{1_e \; 4_e} \ldots \overset{\frown}{4_a \; 7_a} \ldots \overset{\frown}{7_e \; 10_e} \ldots 10_a \ldots$
$\ldots [(2a-1)3+1]_e \ldots [(2a-1)3+1]_a E,$

Strang II: $E \; 2_a \ldots \overset{\frown}{2_e \; 5_e} \ldots \overset{\frown}{5_a \; 8_a} \ldots \overset{\frown}{8_e \; 11_e} \ldots 11_a \ldots$
$\ldots [(2a-1)3+2]_e \ldots [(2a-1)3+2]_a A,$

Strang III: $A \; 3_a \ldots \overset{\frown}{3_e \; 6_e} \ldots \overset{\frown}{6_a \; 9_a} \ldots \overset{\frown}{9_e \; 12_e} \ldots 12_a \ldots$
$\ldots [(2a-1)3+3]_e \ldots [(2a-1)3+3]_a E.$

Der Buchstabe A bedeutet den Anfang und E das Ende eines Stranges.

In Abb. 266 haben wir die Stränge in Dreieck geschaltet, also 1_a mit 2_a, 11_a mit 12_a und 3_a mit 10_a verbunden.

Dreieckschaltung der Stränge, Reihenschaltung der Wicklungsteile und Parallelschaltung der Zweige. In Abb. 267 haben wir in jedem der drei in Dreieck geschalteten Stränge die beiden Wicklungsteile in Reihe, aber die a Zweige jedes Wicklungsteiles parallelgeschaltet. Der Schaltplan ist aus Abb. 267 ohne weiteres herauszulesen:

$$\text{Strang } I: A \left.\begin{cases} 1_a \ldots 1_e\ \overbrace{4_e} \ldots 4_a \\ 7_a \ldots 7_e\ \overbrace{10_e} \ldots 10_a \end{cases}\right\} E$$

$$\text{Strang } II: E \left.\begin{cases} 2_a \ldots 2_e\ \overbrace{5_e} \ldots 5_a \\ 8_a \ldots 8_e\ \overbrace{11_e} \ldots 11_a \end{cases}\right\} A$$

$$\text{Strang } III: A \left.\begin{cases} 3_a \ldots 3_e\ \overbrace{6_e} \ldots 6_a \\ 9_a \ldots 9_e\ \overbrace{12_e} \ldots 12_a \end{cases}\right\} E$$

Dreieckschaltung der Stränge, Parallelschaltung der Wicklungsteile und Zweige. Schließlich kann man bei Beibehaltung der Dreieckschaltung der Stränge sowohl die beiden Wicklungsteile jedes Stranges parallelschalten als auch die Parallelschaltung der a Zweige in jedem Wicklungsteil bestehen lassen. Es ergibt sich dann Abb. 268 und folgender Schaltplan:

$$\text{Strang } I: A \left.\begin{cases} 1_a \ldots\ 1_e \\ 4_e \ldots\ 4_a \\ 7_a \ldots\ 7_e \\ 10_e \ldots 10_a \end{cases}\right\} E$$

$$\text{Strang } II: E \left.\begin{cases} 2_a \ldots\ 2_e \\ 5_e \ldots\ 5_a \\ 8_a \ldots\ 8_e \\ 11_e \ldots 11_a \end{cases}\right\} A$$

$$\text{Strang } III: A \left.\begin{cases} 3_a \ldots\ 3_e \\ 6_e \ldots\ 6_a \\ 9_a \ldots\ 9_e \\ 12_e \ldots 12_a \end{cases}\right\} E$$

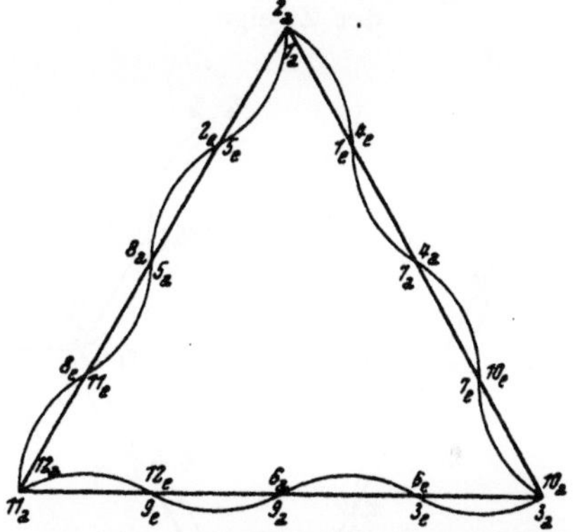

Abb. 266. Spannungsdiagramm einer sechsfach aufgeschnittenen, dreiphasigen Wicklung mit Dreieckschaltung der Stränge, Reihenschaltung der Wicklungsteile und Zweige

Sternschaltung der Stränge, Reihen- oder Parallelschaltung der Wicklungsteile und Zweige. Statt der Dreieckschaltung der Stränge können wir sie auch in Stern schalten, wie in Abb. 269 angedeutet ist. Die Wicklungsteile und Zweige können dabei wieder entweder in Reihe oder parallelgeschaltet werden.

Vereinigte Dreieck- und Sternschaltung der Stränge. Man kann auch die Dreieck- mit der Sternschaltung der Stränge vereinigen und erhält dann eine Schaltung nach Abb. 270. Hier ist es möglich, der Wicklung zwei verschiedene Spannungen zu entnehmen: eine höhere an den Punkten 7_a, 9_a und 11_a und eine niedrige an den Verkettungspunkten.

γ) Schritt zwischen zwei Schnittpunkten

Die Bedingungen, die eine Stromwenderwicklung erfüllen muß, damit aus ihr durch sechsfaches Aufschneiden eine symmetrische Drehstromwicklung entsteht, sind die gleichen wie für eine sechsphasig angezapfte Wicklung:

$$\frac{N}{6\,a} \quad \text{und} \quad \frac{p}{a} \quad \text{müssen ganze Zahlen sein.} \tag{135}$$

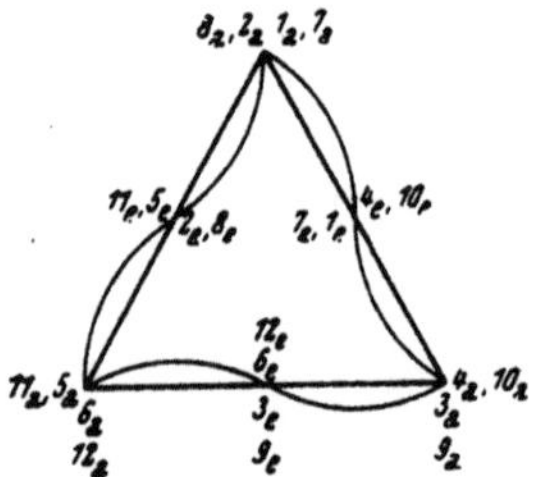

Abb. 267. Spannungsdiagramm einer sechsfach aufgeschnittenen, dreiphasigen Wicklung mit Dreieckschaltung der Stränge, Reihenschaltung der Wicklungsteile und Parallelschaltung der Zweige

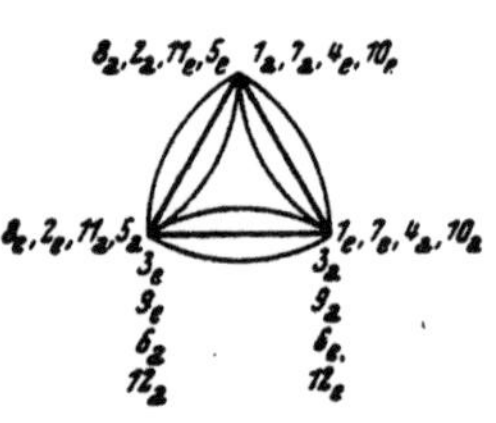

Abb. 268. Spannungsdiagramm einer sechsfach aufgeschnittenen, dreiphasigen Wicklung mit Dreieckschaltung der Stränge, Parallelschaltung der Wicklungsteile und Zweige

Der Schritt von einem Schnittpunkt zum nächsten ist

$$y_s = \frac{k}{6\,a} \tag{136}$$

hintereinandergeschaltete Spulen.

Bei Reihenschaltung der Wicklungszweige kann man eine Unsymmetrie insoferne zulassen, als man z. B. den Wicklungszweigen $a \ldots b$, $c \ldots d$ und $e \ldots f$ in Abb. 256 eine Spule mehr gibt als den übrigen. In einem solchen Falle muß bei Wicklungen mit $u=1$ nicht $\dfrac{k}{6\,a}$, sondern nur $\dfrac{k}{3\,a}$ eine ganze Zahl sein, und man hat abwechselnd die Schritte

$$y_{s1} = \frac{k}{6\,a} + \frac{1}{2} \quad \text{und}$$

$$y_{s2} = \frac{k}{6\,a} - \frac{1}{2} \tag{137}$$

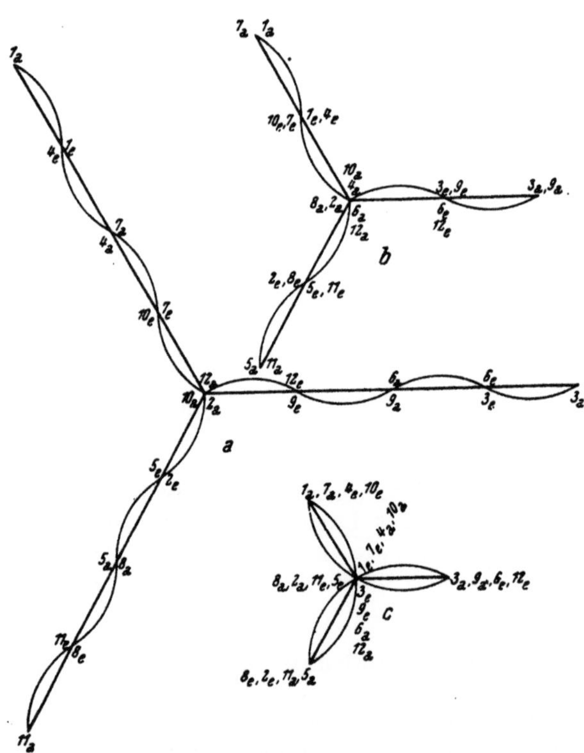

Abb. 269. Spannungsdiagramme einer sechsfach aufgeschnittenen, dreiphasigen Wicklung mit Sternschaltung der Stränge. a) Reihenschaltung der Wicklungsteile und Zweige, b) Reihenschaltung der Wicklungsteile und Parallelschaltung der Zweige, c) Parallelschaltung der Wicklungsteile und Zweige

auszuführen, um zu den Schnittpunkten der Wicklung zu kommen.

Auch künstlich geschlossene Wicklungen können als aufgeschnittene Stromwenderwicklungen verwendet werden.

δ) Beispiele

In Abb. 271 ist eine vierpolige Schleifenwicklung mit 24 Spulen in 24 Nuten für 4 parallele Ankerzweige sechsfach aufgeschnitten. Abb. 271 *a* stellt das Wicklungsbild und Abb. 271 *b* den Spulenstern und das Spannungsvieleck dieser Wicklung dar. Für Reihenschaltung aller Wicklungsteile und Zweige jedes Stranges ergibt sich folgender Schaltplan:

Strang I: A 1_a ... $\overline{1_e\ 4_e}$ ... 4_a $\overline{7_a\ 7_e}$ ... $\overline{7_e\ 10_e}$ ... 10_a E,

Strang II: E 2_a ... $\overline{2_e\ 5_e}$ ... 5_a $\overline{8_a\ 8_e}$ ... $\overline{8_e\ 11_e}$ ... 11_a A,

Strang III· A 3_a ... $\overline{3_e\ 6_e}$ ... 6_a $\overline{9_a\ 9_e}$ ... $\overline{9_e\ 12_e}$ ... 12_a E.

Die Stränge können wir entweder in Stern nach Abb. 269 *a* oder in Dreieck nach Abb. 266 schalten.

Eine unsymmetrisch sechsfach aufgeschnittene Wellenwicklung mit 37 Spulen in 37 Nuten für 6 Pole und zwei parallele Zweige zeigt Abb. 272. Der resultierende Wicklungsschritt ist $y = 12$. Diese Stabwicklung wird so in sechs Wicklungsteile aufgelöst, daß vier Wicklungsteile je 12 Stäbe erhalten (1_a ... 1_e, 2_a ... 2_e, 3_a ... 3_e, 4_a ... 4_e) und zwei Wicklungsteile je 13 Stäbe bekommen (5_a ... 5_e, 6_a ... 6_e). Die Schaltung ist nach folgendem Plane ausgeführt:

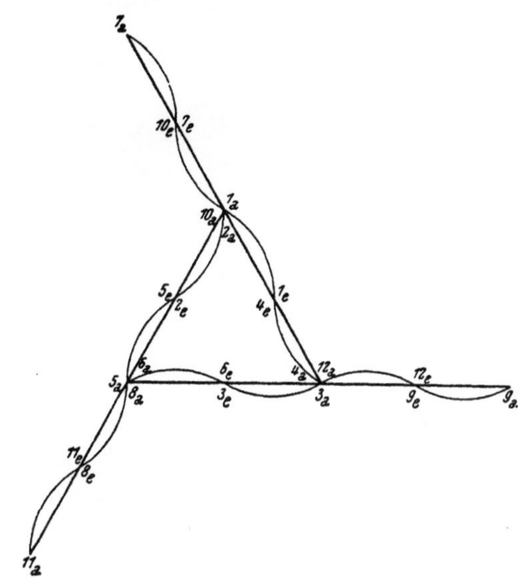

Abb. 270. Vereinigte Stern- und Dreieckschaltung der Stränge einer sechsfach aufgeschnittenen Wenderwicklung

Strang I: A 1_a ... $\overline{1_e\ 4_e}$ ... 4_a E,

Strang II: E 2_a ... $\overline{2_e\ 5_e}$ ... 5_a A,

Strang III: A 3_a ... $\overline{3_e\ 6_e}$ ... 6_a E.

Auf diese Weise umfaßt der Strang I insgesamt 24 Stäbe und die Stränge II und III je 25 Stäbe. Die Schnittpunkte liegen nicht alle auf der gleichen Stirnseite des Ankers.

ε) Verwendung der aufgeschnittenen Stromwenderwicklungen

Vor allem die sechsphasig aufgeschnittenen Stromwenderwicklungen eignen sich als Läuferwicklungen für Induktionsmotoren.

3. Vereinigung von angezapften und aufgeschnittenen Stromwenderwicklungen

a) Bei Dreileiter-Gleichstrommaschinen

α) Aufbau, Wirkungsweise und Spannungsdiagramm der Ankerwicklungen

Will man bei den Gleichstrom-Dreileitermaschinen die Drosselspulen vermeiden, so kann man im Anker zwei Wicklungen unterbringen, von denen die eine an den Stromwender angeschlossen ist, während die andere

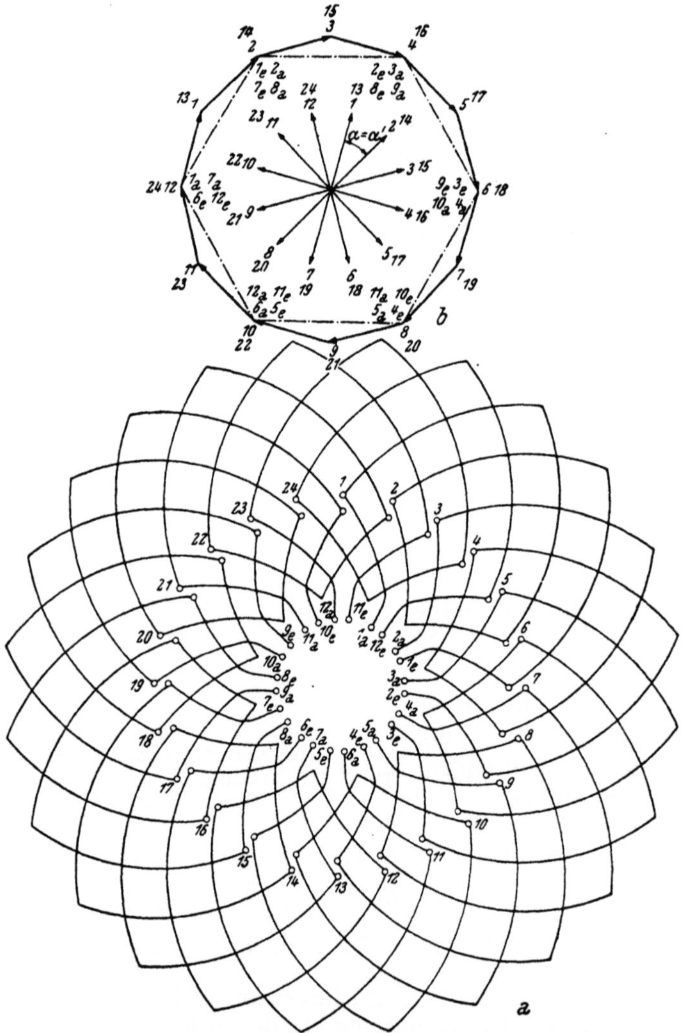

Abb. 271. Sechsfach aufgeschnittene, vierpolige Schleifenwicklung mit 24 Spulen in 24 Nuten für 4 parallele Zweige. *a*) Schaltbild, *b*) Spulenstern und Spannungsvieleck

aufgeschnitten und in Stern geschaltet wird. Die Wicklungsenden der aufgeschnittenen Stromwenderwicklung werden mit Anzapfpunkten der geschlossenen, an den Stromwender geschalteten Wicklung verbunden.

Der Sternpunkt der aufgeschnittenen Wicklung führt über einen Schleifring zum Nulleiter des Dreileitersystems und teilt die an den Bürsten abzunehmende Spannung der geschlossenen Wicklung in zwei gleiche Teile.

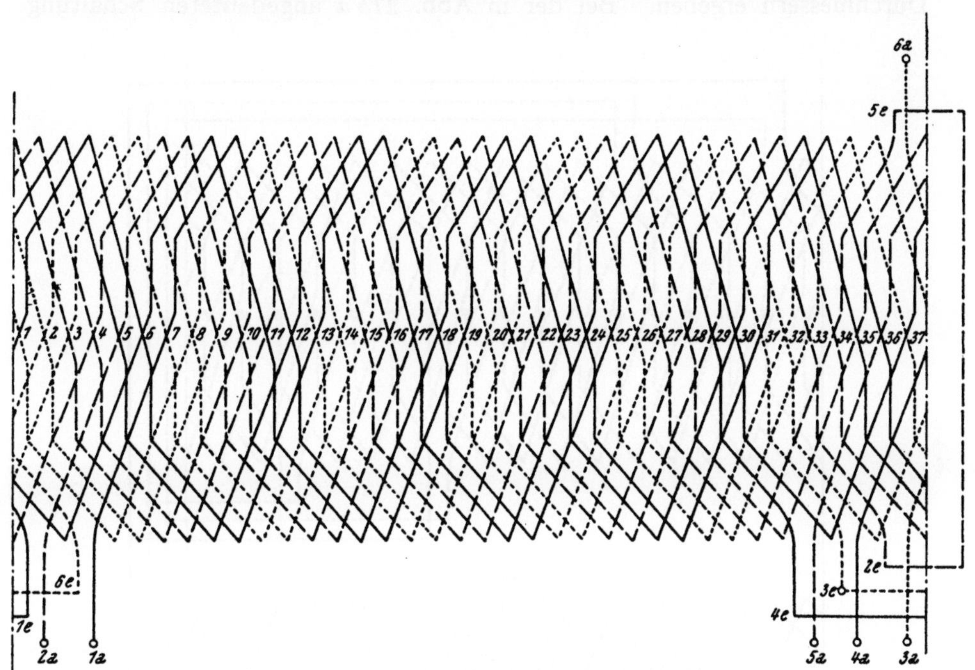

Abb. 272. Unsymmetrisch sechsfach aufgeschnittene Wellenwicklung mit 37 Spulen in 37 Nuten für 6 Pole und 2 parallele Zweige

Die Spannungsdiagramme der beiden Wicklungen solcher Dreileiter-Gleichstrommaschinen sind in Abb. 273 zu sehen. Und zwar besitzt die Maschine nach Abb. 273 *a* eine einphasige Ausgleichswicklung, jene nach Abb. 273 *b* eine dreiphasige und schließlich die nach Abb. 273 *c* eine sechsphasige Ausgleichswicklung.

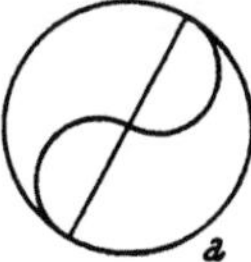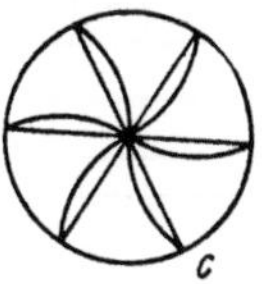

Abb. 273. Spannungsdiagramme der beiden Ankerwicklungen von Gleichstrom-Dreileitermaschinen, von denen die eine an den Stromwender angeschlossen und die andere aufgeschnitten und in Stern geschaltet ist. *a*) Wenderwicklung mit einphasiger Ausgleichswicklung, *b*) Wenderwicklung mit dreiphasiger Ausgleichswicklung, *c*) Wenderwicklung mit sechsphasiger Ausgleichswicklung

β) Windungszahlen und Querschnitte der beiden Wicklungen

Sowohl bei der Ankerwicklung nach Abb. 273 *c*, bei der die nicht an den Stromwender angeschlossene Wicklung sechsfach aufgeschnitten ist, als auch bei der Wicklung nach Abb. 273 *b*, wo die nicht mit dem Strom-

wender verbundene Wicklung an drei Punkten aufgeschnitten und an drei
weiteren Punkten angezapft ist, müssen beide Wicklungen, die aufgeschnittene und die geschlossene, Spannungsvielecke mit gleich großen
Durchmessern ergeben.   Bei der in Abb. 273 a angedeuteten Schaltung

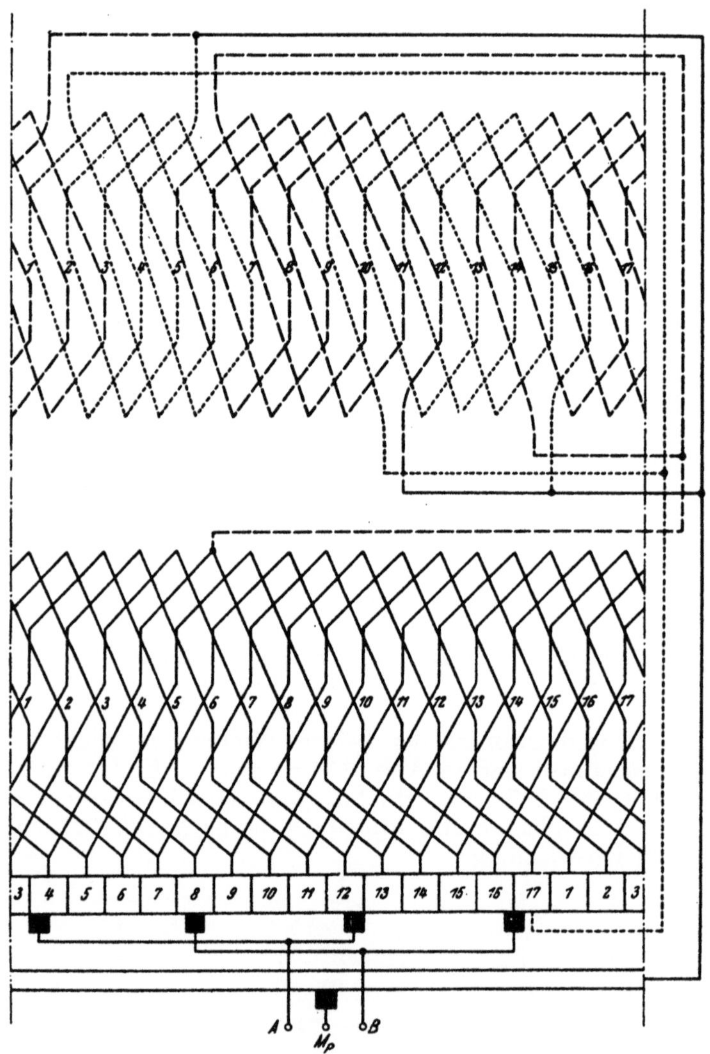

Abb. 274. Ankerwicklungen einer vierpoligen Gleichstrom-Dreileitermaschine: an
zwei Punkten angezapfte, mit dem Stromwender verbundene Wellenwicklung mit
2 parallelen Zweigen, und in vier Punkten aufgeschnittene Schleifenwicklung mit
4 parallelen Zweigen als Ausgleichswicklung

hat das Spannungsvieleck der an zwei Punkten aufgeschnittenen Wicklung
nur den halben Durchmesser wie jenes der geschlossenen Wicklung.

Der Querschnitt der Leiter der aufgeschnittenen Wicklung kann im
allgemeinen kleiner sein, als bei der geschlossenen Wicklung.

γ) *Beispiel*

In Abb. 274 sind in den 17 Nuten des Ankers einer vierpoligen Gleichstrommaschine sowohl eine an zwei Punkten angezapfte Wellenwicklung
mit zwei parallelen Zweigen untergebracht als auch eine in vier Punkten
aufgeschnittene Schleifenwicklung mit vier parallelen Ankerzweigen.

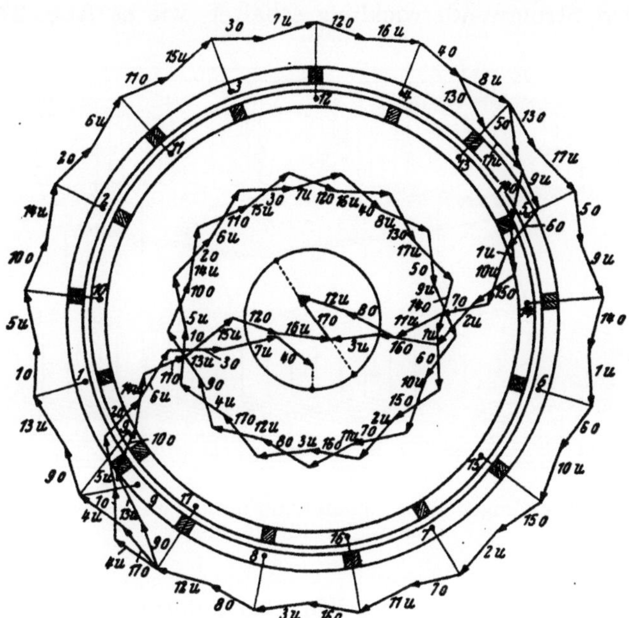

Abb. 275. Spulenseiten-Spannungsvielecke der beiden Ankerwicklungen in Abb. 274

Abb. 275 zeigt die Spulenseiten-Spannungsvielecke der beiden Ankerwicklungen. Der Durchmesser des Spannungsvieleckes der Wellenwicklung ist doppelt so groß als jener der Schleifenwicklung, da die Schleifenwicklung bei gleicher Spulen- und Win-
dungszahl die doppelte Zahl von parallelen
Zweigen hat wie die Wellenwicklung. Je
zwei Zweige der vierfach aufgeschnittenen
Schleifenwicklung sind über die Anzapfpunkte der Wellenwicklung einerseits und
über einen Schleifring andererseits parallelgeschaltet. Leider haben die vier mit dem
Schleifringe verbundenen Punkte der Schleifenwicklung nicht alle gleiches Potential,
wie aus Abb. 275 hervorgeht, was einen
Nachteil dieses Beispieles darstellt. Der
Mittelleiter Mp des Dreileiternetzes liegt am
Schleifringe. Man kann den Schleifring unmittelbar auf den Stromwender legen, wenn
man ihn z. B. mit Mikanit gegen die Stromwenderstege isoliert.

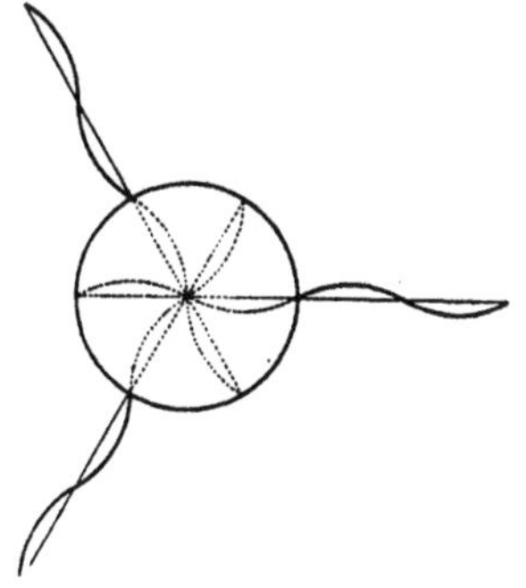

Abb. 276. Sechsfach aufge-
schnittene Wenderwicklung in
Reihe mit einer geschlossenen
Stromwenderwicklung

b) Bei Einanker-Umformern

Wenn die Netzspannung, an der ein Einankerumformer wechselstromseitig liegt, von der Wechselspannung der geschlossenen Stromwenderwicklung abweicht, so muß ein Transformator vorgeschaltet werden. Diesen Transformator kann man ersparen, wenn man im Anker eine zweite Wicklung vorsieht, diese sechsfach aufschneidet und so in Reihe mit der geschlossenen Stromwenderwicklung schaltet, wie es Abb. 276 zeigt.

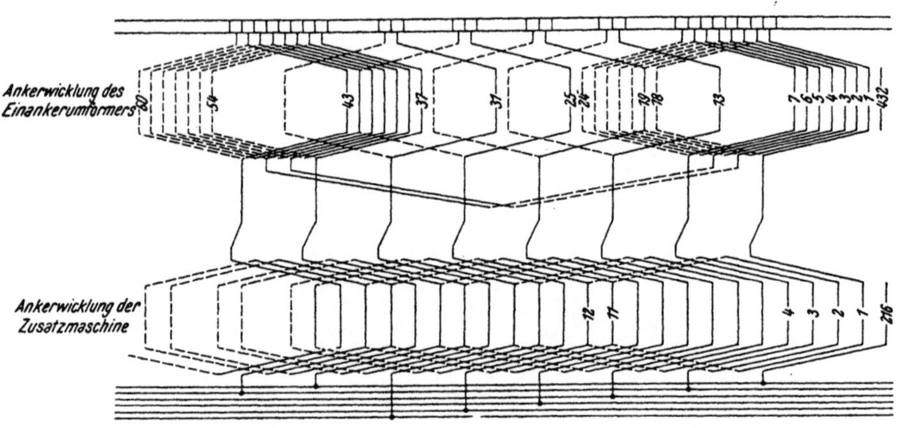

Abb. 277. Ankerwicklungen eines Einankerumformers und einer synchronen Zusatzmaschine für 24 Pole

Zur Spannungsregelung eines Einankerumformers baut man mitunter eine synchrone Zusatzmaschine mit dem Umformer so zusammen, daß die beiden Anker auf der gleichen Welle sitzen. Die Ankerwicklungen sind hintereinandergeschaltet. Die Polzahlen beider Maschinen sind gleich. Die synchrone Zusatzmaschine wird von der Gleichstromseite des Umformers erregt. Durch die Änderung der Erregung der synchronen Zusatzmaschine wird die dem Einankerumformer zugeführte Wechselspannung vergrößert oder vermindert und dadurch die abgegebene Gleichspannung geregelt.

In Abb. 277 sind die Ankerwicklungen eines Einankerumformers und seiner zusätzlichen Synchronmaschine für 24 Pole gezeichnet. Die Ankerwicklung des Einankerumformers ist eine eingängige Schleifenwicklung mit 432 Spulen in ebensoviel Nuten, die mit Ausgleichsverbindungen ausgerüstet ist. Der Anker der synchronen Zusatzmaschine trägt ebenfalls eine eingängige Schleifenwicklung mit 216 Spulen in 216 Nuten. Diese Wicklung ist sechsphasig aufgeschnitten; ihre unverketteten Wicklungsteile sind einerseits an die sechs Schleifringe angeschlossen und andererseits mit den Anzapfpunkten der sechsphasig angezapften Ankerwicklung des Einankerumformers verbunden. Da die Anschlüsse an die Schleifringe und an die Anzapfpunkte der Umformerwicklung auf verschiedenen Seiten des Zusatzmaschinen-Ankers liegen, die Zahl der Spulen aber ganzzahlig durch das Produkt aus der Paarzahl der Ankerzweige und der Strangzahl teilbar ist, muß bei jedem Schnittpunkt eine Spulenseite weggenommen werden.

Schrifttum

Arnold, E.: Die Wicklungen der Wechselstrommaschinen. 2. Aufl. Berlin: Julius Springer, 1912.
Barrère, M.: Commutatrices et convertisseurs rotatifs. Paris: J.-B. Baillière et fils. 1931.
Mazzocchi, Manlio: Avvolgimenti delle machine elettriche a corrente continua ed alternata. Quinta edizione. Milano: Ulrico Hoepli. 1938.
Richter, R.: Ankerwicklungen für Gleich- und Wechselstrommaschinen. Berlin: Julius Springer. 1920.

V. Ankerwicklungen und Stromwendung

Bei allen Stromwendermaschinen, ob sie mit Gleich- oder mit Wechselstrom betrieben werden, bildet der funkenfreie Lauf eine wesentliche Sorge. Man hat daher zwei Fragen aufzuwerfen: wie hat man erstens die bisher beschriebenen Ankerwicklungen auszulegen, damit ein Feuer der Bürsten vermieden wird: oder wie hat man zweitens die Ankerwicklungen abzuändern, um Funken möglichst zu unterdrücken.

A. Ungeteilte Wicklungen und Wicklungen mit gespaltenen Wicklungseinheiten und Spulen und unterteilten Spulen

1. Ungeteilte Wicklungen

a) Wicklungen mit zwei übereinanderliegenden Spulenseiten in jeder Nut ($u = 1$)

Bei *Schleifenwicklungen*, deren Spulenzahl gleich der Nutenzahl ist, empfiehlt es sich mit Rücksicht auf die *Stromwendespannung* einerseits und auf die Induktivität der Ankerspule in dem Augenblick, wo bei der Stromwendung der durch die Bürste geschaffene Kurzschlußkreis unterbrochen wird (*Endinduktivität*)[1] andererseits, ein ungeradzahliges Verhältnis von Stegzahl k zur Polpaarzahl p zu wählen:

$$\frac{k}{p} = \text{ungerade.} \tag{138}$$

Außerdem soll man die Spulenweite ein wenig kleiner als die Polteilung machen.

Die Wicklungen mit nur zwei in einer Nut übereinanderliegenden Spulenseiten eignen sich vor allem für wendepollose Maschinen.

b) Wicklungen mit mehr als zwei Spulenseiten in einer Nut ($u > 1$)

α) Schleifenwicklungen

Auch bei den *Schleifenwicklungen* mit mehr als zwei Spulenseiten in einer Nut ($u > 1$) zieht man es im allgemeinen vor, das Verhältnis

$$\frac{k}{p} = \text{ungerade} \tag{138}$$

---

[1] *Richter, R.:* Ankerwicklungen für Gleich- und Wechselstrommaschinen, S. 115.
— Elektrische Maschinen. Erster Band. S. 468.

anzunehmen. Soll die Wicklung mit Ausgleichsverbindungen ausgerüstet werden, so muß nach Gl. (86)

$$\frac{N}{p} = \text{eine ganze Zahl} \tag{86}$$

sein. Die Bedingungen (138) und (86) sind nur erfüllbar, wenn

$$u \text{ eine ungerade Zahl} \tag{139}$$

ist, denn $k = u\,N$.

Nach der Theorie von *L. Dreyfus*[1] ermöglichen die Wicklungen mit mehreren in einer Nut nebeneinander liegenden Spulenseiten sowohl bei einer ungeraden als auch bei einer geraden Zahl von Nuten je Polpaar die leichteste Regelung des Wendepolfeldes. Im allgemeinen ist eine Verkürzung der Spulenweite um etwa eine Nutteilung vorteilhaft; nur in bestimmten Fällen wirkt sie sich durch die Verbreiterung der Wendezone ungünstig aus.

β) *Wellenwicklungen*

Die *Wellenwicklungen* mit bloß *zwei Ankerzweigen*, also die *Reihenwicklungen*, verlangen bei Maschinen mit einer ungeraden Polpaarzahl Wendefelder, die verhältnismäßig einfach einzustellen sind. Haben die Maschinen jedoch eine gerade Zahl von Polpaaren, so ist nach *Mauduit* und *Lamboeuf* bei nur zwei Bürstenreihen das Wendefeld überbestimmt, was mit einer geradlinigen Stromwendung unvereinbar ist.[2] Sitzen jedoch $2\,p$ Bürstensätze auf dem Stromwender, so erlauben die Reihenwicklungen eine Regelung des Wendefeldes, die wohl weniger günstig ist als bei den Schleifenwicklungen, aber immerhin ausführbar ist.

Bei den *Wellenwicklungen* mit einer Zahl von Ankerzweigen, die größer ist als zwei und kleiner ist als die Polzahl (*Reihenparallelwicklungen mit* $a < p$) führt die Untersuchung des Wendefeldes zu ähnlichen Ergebnissen wie bei den Reihenwicklungen.

Bei den *Reihenparallelwicklungen, deren Ankerzweigzahl gleich der Polzahl ist* ($a = p$), unterscheiden wir a-fach geschlossene und einfach geschlossene. Außerdem beschränken wir uns auf solche Wicklungen, bei denen mit Rücksicht auf die Ausgleichsverbindungen

$$\frac{p}{a} = \text{ganze Zahl} \tag{85 b}$$

ist.

Um $a = p$ getrennte, in sich geschlossene Teilwicklungen zu bekommen, müssen die Spulenzahl k und der resultierende Wicklungsschritt

$$y = \frac{k \pm p}{p} = \frac{k}{p} \pm 1 \tag{140}$$

den gemeinsamen Teiler p haben, was voraussetzt, daß für gerade Polpaarzahlen k/p ungeradzahlig sein muß. Für ungerade Polpaarzahlen kann k/p sowohl eine gerade als auch eine ungerade Zahl sein.

---

[1] *Dreyfus, L.*: Die Stromwendung großer Gleichstrommaschinen. Berlin: Verlag von Julius Springer. 1929.

[2] *Mauduit, A.* et *C. Lamboeuf*: La Dynamo. Paris: Librairie J.-B. Baillière et fils. 1936.

Es zeigt sich, daß in Maschinen mit einer durch vier teilbaren Polzahl, also mit geraden Polpaarzahlen, die Reihenparallelwicklungen, die $a = p$-fach geschlossen sind, in bezug auf die Stromwendung gleichwertig sind solchen Schleifenwicklungen, deren Spulenzahl k/p je Polpaar eine ungerade Zahl ist.

Damit eine Reihenparallelwicklung mit $a = p$ Ankerzweigpaaren einfach geschlossen ist, müssen k und y teilerfremd sein. Das ist nach Formel (140) der Fall, wenn k/p und k entweder beide gerade oder beide ungerade Zahlen sind. Daraus folgt, daß für gerade Polpaarzahlen p das Verhältnis k/p geradzahlig sein muß. Für ungerade Polpaarzahlen kann k/p geradzahlig oder ungeradzahlig sein.

Eine einfach geschlossene Reihenparallelwicklung mit $a = p$ Ankerzweigpaaren kommt einer Schleifenwicklung gleich, deren Spulenzahl k/p je Polpaar gerade ist.

Die Reihenparallelwicklungen, deren Ankerzweigzahl gleich der Polzahl ist, haben mit Rücksicht auf die Stromwendung die gleichen Eigenschaften wie die Schleifenwicklungen mit den gleichen Nuten- und Spulenzahlen und den gleichen Spulenweiten.

2. Wicklungen mit gespaltenen Wicklungseinheiten (Treppenwicklungen)

Für Maschinen ohne Wendepole verwendet man häufig Wicklungen mit gespaltenen Wicklungseinheiten (Wicklungselementen) oder Treppenwicklungen mit 2, 3 oder 4 in der Nut nebeneinander liegenden Spulenseiten.

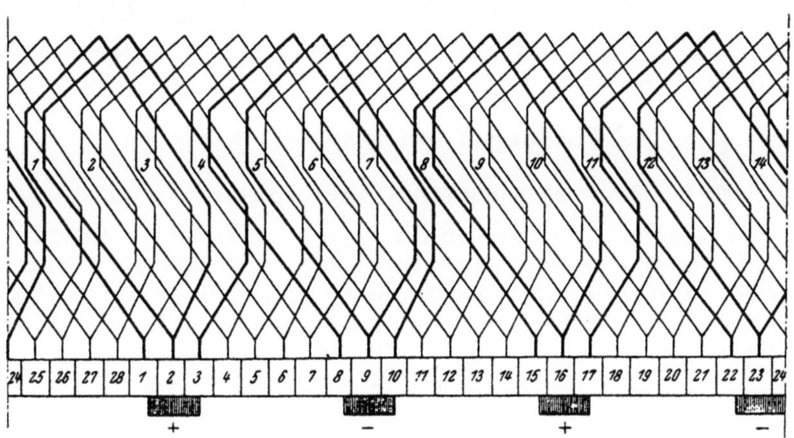

Abb. 278. Schleifen-Treppenwicklung mit 28 Spulen in 14 Nuten für 4 Pole und 4 parallele Zweige

Da bei den Treppenwicklungen die Abweichungen der Nutinduktivität vom Mittelwert geringer sind als bei den ungeteilten Wicklungen, so erscheinen auch die Unterschiede der Stromwendespannung gemildert. Außerdem sind auch die Unterschiede in der Endinduktivität kleiner. Führt man eine Treppenwicklung mit $u = 2$ in jeder Nut nebeneinander liegenden Spulenseiten so aus, daß bei einer ungeraden Zahl N/p von Nuten je Polpaar die Weite der einen Spule um eine halbe Nutteilung kleiner und die Weite der langen Spule um eine halbe Nutteilung größer

als eine Polteilung ist, so weisen alle Spulen die gleiche Endinduktivität auf.
Wie wir in Abb. 278 sehen, ergeben sich bei einer Schleifenwicklung mit
28 Spulen in 14 Nuten für 4 Pole und 4 Ankerzweige lauter gleichwertige
Kurzschlußkreise, die stark nachgezogen sind. Die Polteilung beträgt
$N/2\,p = 14/4 = 3\tfrac{1}{2}$ Nutteilungen. Der Nutenschritt der kurzen Spule
umfaßt 3 Nutteilungen, jener der langen Spule 4 Nutteilungen. $N/p =
= 14/2 = 7$ ist eine ungerade Zahl.

Auch nach *L. Dreyfus* bieten die Treppenwicklungen mit einer ungeraden Zahl von Nuten je Polpaar gute Bedingungen für die Stromwendung. Treppenwicklungen mit einer geraden Nutenzahl je Polpaar
sind weniger günstig und sind deshalb vor allem bei großen Maschinen zu
vermeiden.

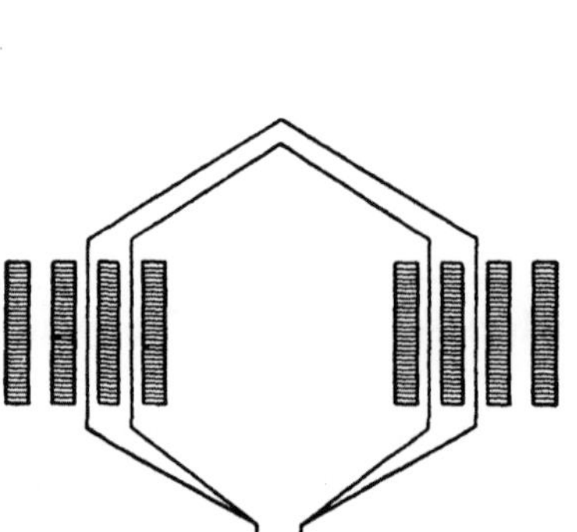

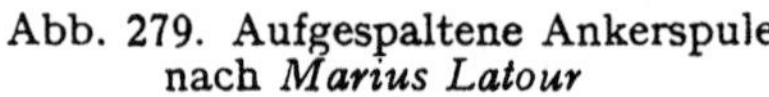

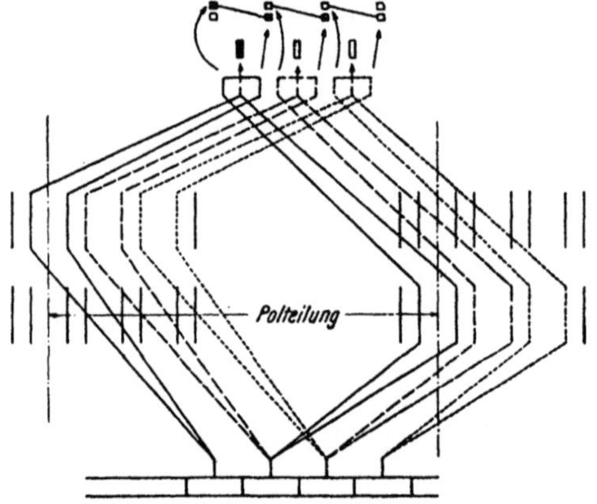

Abb. 279. Aufgespaltene Ankerspule
nach *Marius Latour*

Abb. 280. Teil einer Schleifenwicklung mit
gespaltenen Spulen

3. Wicklungen mit gespaltenen Spulen

a) Aufgespaltene Spulen

Schon *Marius Latour* wies in der bereits erwähnten Patentschrift vom
Jahre 1910, in der eine selbstausgleichende Stromwenderwicklung beschrieben wurde, auf eine Ankerwicklung mit in je zwei Teilspulen aufgespaltenen Spulen hin und betonte, daß durch diese Maßnahme die
Stromwendung erleichtert wird, weil die Stromwendespannung kleiner
wird. Abb. 279 gibt die Zeichnung aus der Patentschrift wieder.

Abb. 280 zeigt eine Ausführung einer Schleifenwicklung mit gespaltenen
Spulen. Die beiden Teilspulen jeder Ankerspule haben, wie wir sehen,
ungleiche Weiten. In Abb. 280 ist die Weite der einen Teilspule um ebensoviel größer als die Weite der anderen Teilspule kleiner als eine Polteilung ist. Aus diesem Grunde sind die in den beiden Teilspulen induzierten Spannungen gleich groß und die Teilspulen können auf die gleichen
Stromwenderstege parallelgeschaltet werden.

In jeder Nutenschichte liegen die Spulenseiten je einer kurzen und
langen Teilspule nebeneinander, die zu verschiedenen aufgespaltenen
Spulen gehören.

Durch diese Wicklungsanordnung, bei der jede Spule in zwei parallelgeschaltete Teilspulen aufgespalten wird, die in zwei verschiedenen Paaren
von Nuten eingebettet sind, wird die Induktivität der Spulen verringert

und die Stromwendespannung herabgesetzt. Die dadurch erleichterte Stromwendung erlaubt es in vielen Fällen, auf Wendepole zu verzichten.

Die ungleiche Aufteilung des Stromes auf die beiden Teilspulen jeder Ankerspule erhöht jedoch nicht unwesentlich die Stromwärmeverluste in der Ankerwicklung, wodurch der Wirkungsgrad der Maschine verkleinert wird. Diese Verminderung liegt in den meisten Fällen in der Größenordnung von 0,5 von Hundert.

Die Löthülsen auf der dem Stromwender abgewendeten Seite sind in Abb. 280 angedeutet. Eine Wicklung mit aufgespaltenen Spulen sehen wir in Abb. 392.

b) Wicklungen mit ungeteilten und gespaltenen Spulen

Es lassen sich auch ungeteilte und gespaltene Spulen zu einer Wicklung vereinigen. In Abb. 281 enthält jede Nutenschichte zwei Spulenseiten:

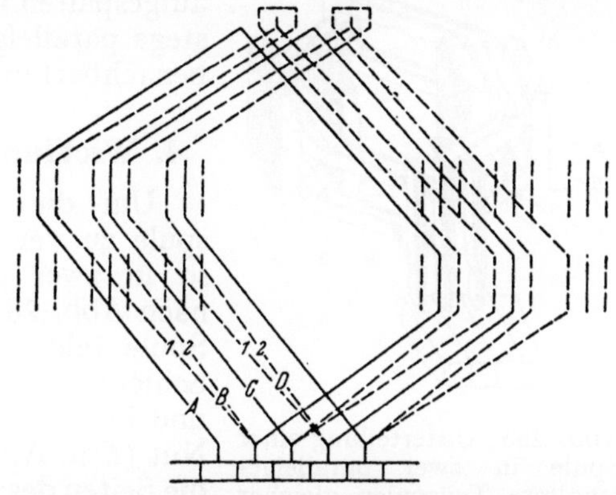

Abb. 281. Teil einer Schleifenwicklung mit ungeteilten und gespaltenen Spulen

die Spulenseite in der Mitte der Nut, die voll gezeichnet ist, bleibt ungeteilt, während die zweite Spulenseite in zwei Hälften aufgespalten ist und diese Teil-Spulenseiten, die gestrichelt dargestellt sind, an die Nut-

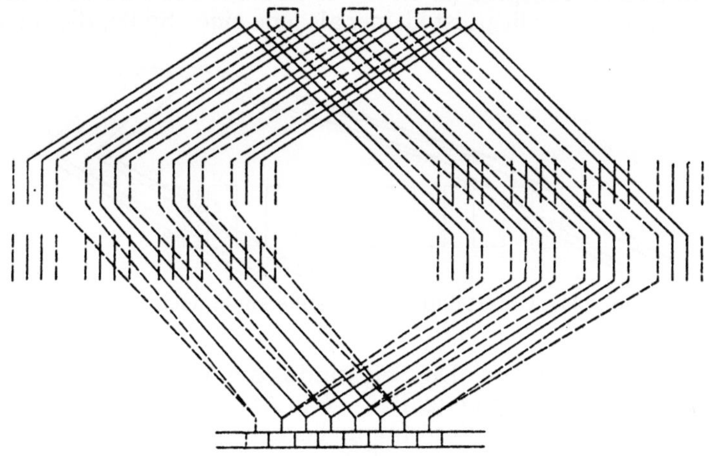

Abb. 282. Teil einer Schleifenwicklung mit ungeteilten und gespaltenen Spulen

flanken gelegt werden. Die Schaltung der Schleifenwicklung, die doppelt so viele Vollspulen und Stromwenderstege als Nuten enthält, ist Abb. 281 zu entnehmen. Wir sehen, daß z. B. die Spulen A und C ungeteilt bleiben, während die Spulen B und D in die Teilspulen 1 und 2 gespalten sind. Die Teilspulen 1 und 2 sind auf die gleichen Stromwenderstege parallelgeschaltet und liegen in benachbarten Nutenpaaren.

In Abb. 282 umfaßt jede Nutenschichte zwei ungeteilte Spulenseiten, die in der Mitte liegen, und zwei halbe Spulenseiten, die an den Nutwänden eingebettet sind. Die ungeteilten Spulen sind wieder voll gezeichnet und die Teilspulen gestrichelt. Die Zahl der Vollspulen oder Stromwenderstege ist dreimal so groß wie die Nutenzahl. Zu beachten ist wieder, daß die beiden Teilspulen, in die eine Vollspule aufgespalten ist, auf die gleichen Stromwenderstege parallelgeschaltet sind und in zueinander benachbarten Nutenpaaren zu liegen kommen.

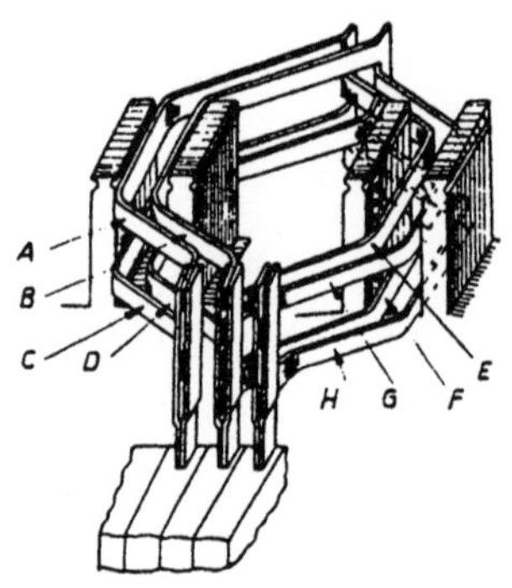

Abb. 283. Unterteilung einer Spule in zwei parallelgeschaltete Teilspulen gleicher Weite

4. Wicklungen mit unterteilten Spulen

Um die Selbstinduktivität einer Ankerspule zu verkleinern, hat man auch die Spule so in zwei parallele Zweige unterteilt, daß nach Abb. 283 und 284 der eine Zweig eine Spule bildet, deren Seiten in der obersten Schichte der einen Nut (A in Abb. 283 und 284) und in der zweitobersten Schichte der anderen Nut (E in Abb. 283 und 284) liegen, während die Seiten des zweiten Zweiges in die dritte und vierte Schichte der gleichen Nuten (C und F in Abb. 283 und 284) eingebettet sind. Beide Teilspulen sind parallelgeschaltet und haben in Abb. 283 und 284 die gleiche Weite, sind also z. B. Durchmesserspulen.

Der Witz dieser Spulenunterteilung besteht in folgendem. Die Selbstinduktivität einer Teilspule (z. B. $A—E$ in Abb. 283 und 284), die in den oberen Nutenschichten liegt, ist kleiner als jene einer Spule, die die doppelte

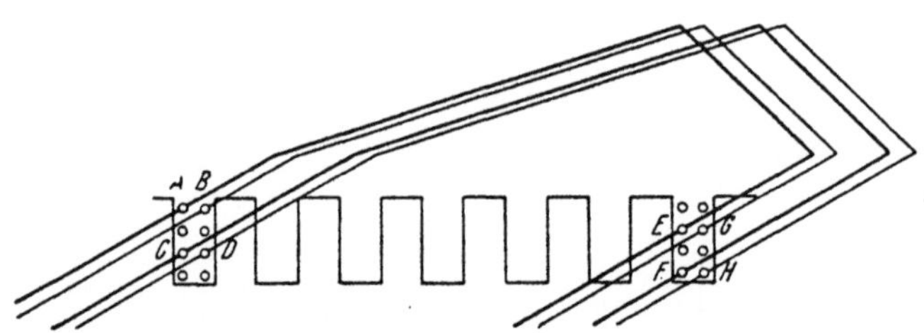

Abb. 284. Unterteilung einer Ankerspule nach Abb. 283

Höhe in der Nut einnimmt. Die Selbstinduktivität der tiefer eingebetteten, parallelgeschalteten Teilspule (z. B. $C—F$ in Abb. 283 und 284) ist wohl größer als die der näher an der Nutöffnung liegenden Teilspule, doch kann die Selbstinduktivität der beiden parallelgeschalteten Teilspulen nicht größer sein als jene der oben gelagerten Teilspule allein.

In Abb. 283 und 284 sind die beiden Halbspulen, in die jede Ankerspule unterteilt wurde, Durchmesserspulen, wie schon gesagt wurde. Man kann aber auch die Unterteilung jeder Ankerspule in zwei Halbspulen so vornehmen, daß z. B. die in den oberen Nutenschichten liegende Teilspule eine Weite erhält, die um den gleichen Betrag größer als eine Polteilung ist, als die Weite der in die unteren Nutenschichten eingebetteten Halbspule kleiner als eine Polteilung ist. Eine solche Anordnung zeigt Abb. 285.

B. Ankerwicklungen für Stromwendermaschinen für einphasigen Wechselstrom

Bisher haben wir uns bei der Besprechung der Ankerwicklungen im Zusammenhang mit dem funkenfreien Lauf der Maschinen im wesentlichen um die *Stromwendespannung* gekümmert, die in den von den Bürsten kurzgeschlossenen Ankerspulen durch die Stromwendung erzeugt wird. Diese Stromwendespannung hat bei den *Gleichstrommaschinen* einen maßgebenden Einfluß auf die Stromwendung.

Bei den Stromwendermaschinen für ein- und mehrphasigen Wechselstrom treten zu der Stromwendespannung in den kurzgeschlossenen Ankerspulen noch andere Spannungen, so daß wir auch auf diese Rücksicht nehmen müssen.

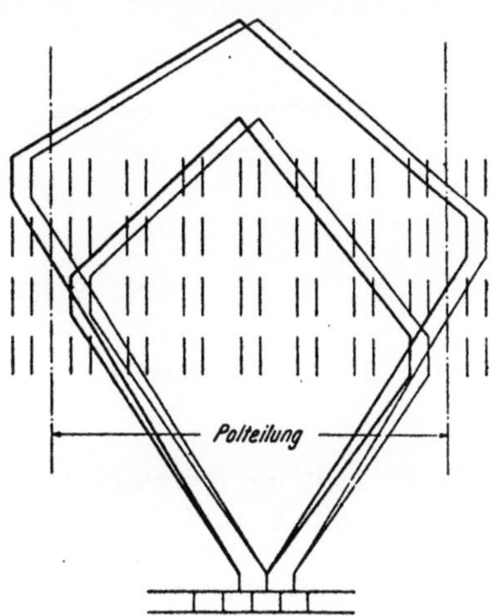

Abb. 285. Unterteilung einer Ankerspule in zwei parallelgeschaltete Teilspulen ungleicher Weite

1. Spannungen in den kurzgeschlossenen Ankerspulen

Neben der Stromwendespannung e_w beeinflußt bei den Stromwendermaschinen für einphasigen Wechselstrom vor allem die *Spannung e_t der Transformation in den kurzgeschlossenen Spulen* oder die *Spannung der Ruhe* das Bürstenfeuer.

In den von den Bürsten kurzgeschlossenen Ankerspulen induziert der pulsierende Erregerfluß eine Spannung der Transformation. Die kurzgeschlossenen Spulen sind ja nichts anderes als eine Sekundärwicklung eines Transformators. Seine Primärwicklung ist die Erregerwicklung der Maschine. Diese Spannung der Transformation ruft Kurzschlußströme hervor, die über die Bürsten fließen. Steht der Anker still, so können die Kurzschlußströme die Bürsten gefährden, weil die Bürsten stets auf den gleichen Stegen des Stromwenders sitzen und ihre Schleifflächen nicht durch andere, kältere Stromwenderstege abgekühlt werden können.

2. Widerstandsverbindungen zwischen Wicklung und Stromwender

Um die durch die Spannung der Transformation in den von den Bürsten kurzgeschlossenen Ankerspulen herrührenden Kurzschlußströme beim Anlauf zu vermindern, hat man künstliche Widerstände zwischen die Ankerwicklung und den Stromwender eingefügt. Abb. 286 zeigt eine Ausführung solcher Widerstände, wie sie früher von Brown-Boveri gebaut wurden.

Seinerzeit rüstete die Westinghouse Co. ihre Motoren mit Widerstandsleitern aus Neusilber nach Abb. 287 aus. Die Anordnung der Ankerleiter und Widerstandsleiter in der Nut ist in Abb. 288 zu sehen.

Und die Siemens-Schuckert-Werke vereinigten nach einem Vorschlage von Prof. *Richter* die Widerstandsverbindungen zu einer offenen Zusatzwicklung. Die vom Hauptstrom durchflossenen Widerstandsleiter sollen an der Bildung des Drehmomentes teilnehmen. Der Grundgedanke geht aus Abb. 289 hervor. Die voll ausgezogene Wicklung ist ein Teil der Hauptwicklung, in diesem Beispiel einer Schleifenwicklung eines zweipoligen Motors. Die gestrichelt gezeichnete Spule $a - x - b$ der Hauptwicklung

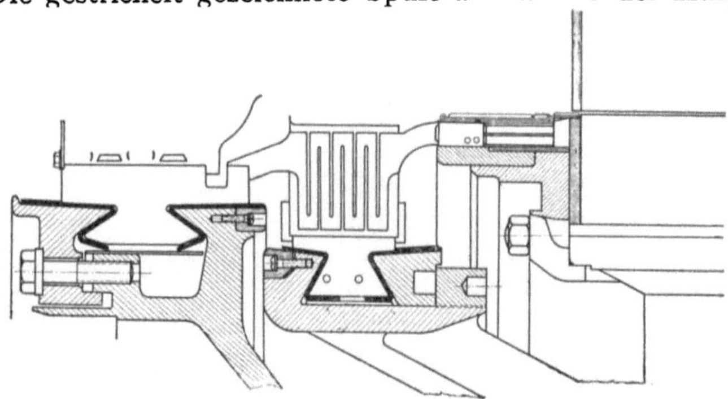

Abb. 286. Widerstandsverbindungen zwischen Ankerwicklung und Stromwender
(Brown-Boveri)

befindet sich im Kurzschluß. Deshalb müssen die Punkte a und b mit jenen Stegen k_a und k_b des Stromwenders verbunden werden, auf denen in dem betrachteten Augenblicke die Bürsten schleifen.. Diese strichpunktiert gezeichneten Verbindungen bilden eine offene Zusatzwicklung, die mit der Hauptwicklung in Reihe geschaltet ist. Der Motorstrom fließt von der positiven Bürste über die Stege k_a und k_b durch die Leiter v_a und v_b der Zusatzwicklung zu den Punkten a und b und von hier aus in die parallelen Zweige der Hauptwicklung. Dieser Stromverlauf ist durch große Pfeile angedeutet. Damit nun die Leiter der Zusatzwicklung wirksame Ankerleiter sind, die mit dem Erregerfluß ein Drehmoment bilden, das in dem gleichen Sinne wirkt, wie das der

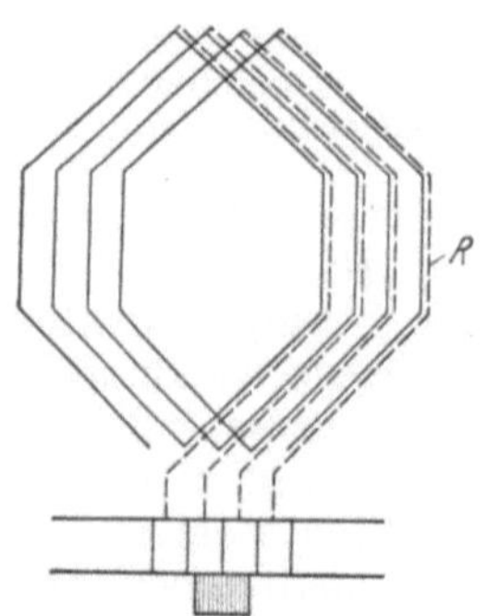

Abb. 287. Verbindung der Ankerspulen mit den Wenderstegen durch Widerstandsleiter (Westinghouse)

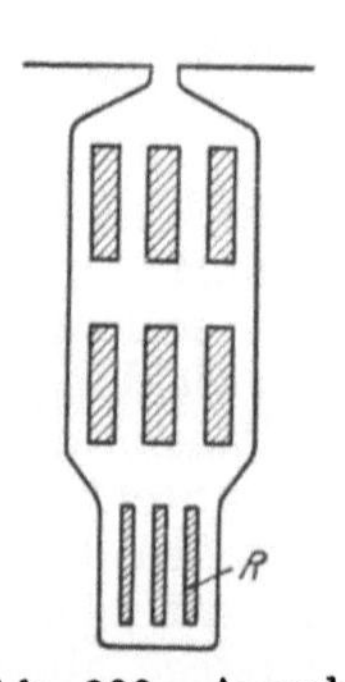

Abb. 288. Anordnung der Ankerleiter und Widerstandsleiter in der Nut bei der Ausführung nach Abb. 287

Hauptwicklung, so müssen sie in den Nuten des Ankers so eingebettet werden, daß sie, wenn sie vom Strom durchflossen werden, unter den Polen liegen.

Der Verlauf des Kurzschlußstromes, der von der Spannung der Transformation in der kurzgeschlossenen Hauptwicklungsspule hervorgerufen wird, ist in Abb. 289 durch kleine Pfeile angegeben: der Kurzschlußstrom fließt vom Punkt a über die Spule v_a, den Steg k_a, die Bürste, den Steg k_b, die Spule v_b zum Punkte b und durch die Spule $b - x - a$ zum Ausgangspunkte a zurück. Dieser Kurzschlußstrom wird durch den Widerstand der eingeschalteten Zusatzspule verringert.

Einen Teil eines vollständigen Schaltbildes einer vierpoligen Wellenwicklung mit zwei parallelen Zweigen ($a = 1$) mit einer Zusatzwicklung zeigt Abb. 290. Die Hauptwicklung ist dünn gezeichnet, die Zusatzwicklung dick nachgezogen. Die Wicklung baut sich aus Einheiten nach Abb. 291 auf.

Für die Zusatzwicklungen wurde kein Widerstandsdraht verwendet, sondern sie wurden aus Kupfer hergestellt. Um den erforderlichen Widerstand der Zusatzspulen zu erreichen, mußte man diese Spulen mit vielen Windungen eines Drahtes mit kleinem Querschnitte ausführen. Die Zusatzwicklung war in den Nuten über der eigentlichen Ankerwicklung eingebettet.

Bei *Drehstrom-Wendermaschinen* werden Widerstandsverbindungen zwischen der Ankerwicklung und dem Stromwender noch heute verwendet und aus Neusilber hergestellt. Ihr Widerstand ist etwa zwanzig Mal so groß wie der einer Ankerspule. Mit diesem Hilfsmittel

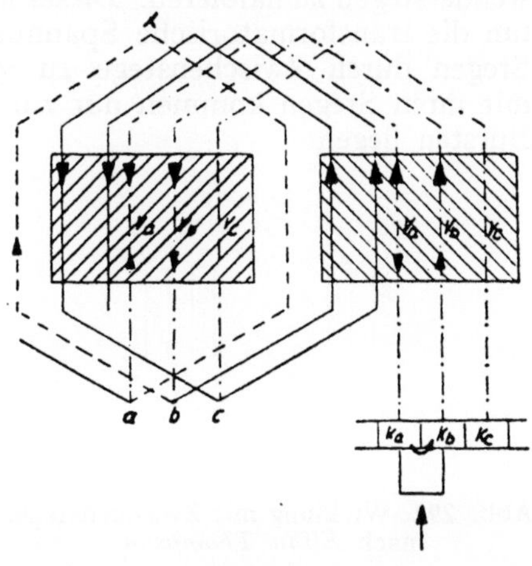

Abb. 289. Grundgedanke der Widerstandsverbindungen nach Prof. *Richter* (Siemens-Schuckert)

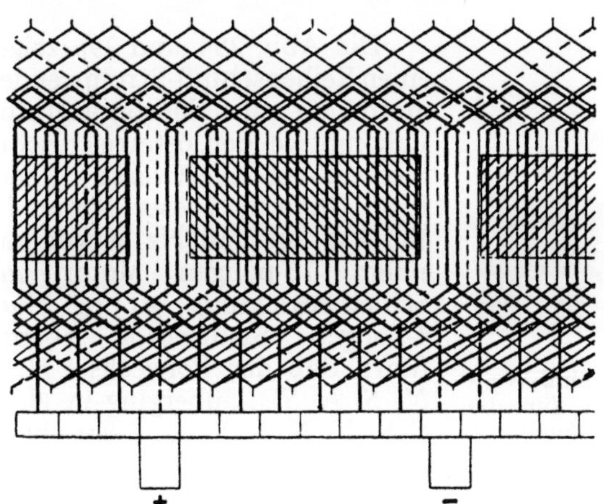

Abb. 290. Teil des Schaltbildes einer vierpoligen Wellenwicklung mit zwei parallelen Zweigen mit einer Zusatzwicklung

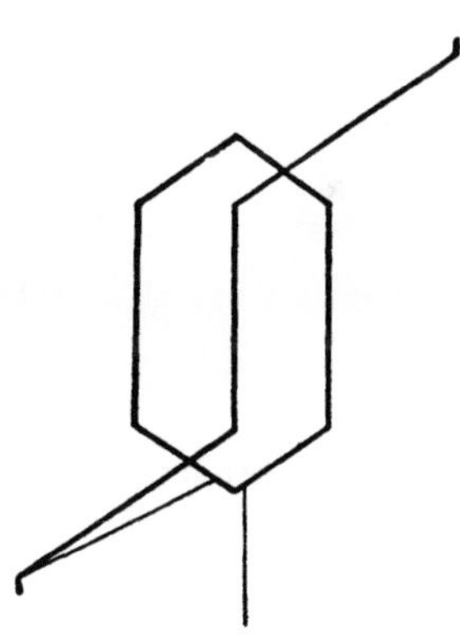

Abb. 291. Wicklungseinheit der Wicklung nach Abb. 290

können noch Spannungen der Transformation von 2,6 V und darüber beherrscht werden. Selbstverständlich erhöhen sie den Widerstand für den Hauptstrom und rufen beträchtliche zusätzliche Verluste hervor.

3. Wicklungen mit Zwischenverbindungen

Schon *Elihu Thompson* hat seinerzeit vorgeschlagen, die auf der Rückseite gelegenen Mittelpunkte einer Windung an Zwischenstege nach Abb. 292 anzuschließen, um die Spannung zwischen benachbarten Stromwenderstegen zu halbieren. Dieses Mittel hat man auch zu Hilfe genommen, um die transformatorische Spannung zwischen zwei aufeinanderfolgenden Stegen durch Zwischenstege zu verkleinern. Diese Zwischenverbinder mit ihren Stegen kommen nur zur Wirkung, wenn diese Stege unter den Bürsten liegen.

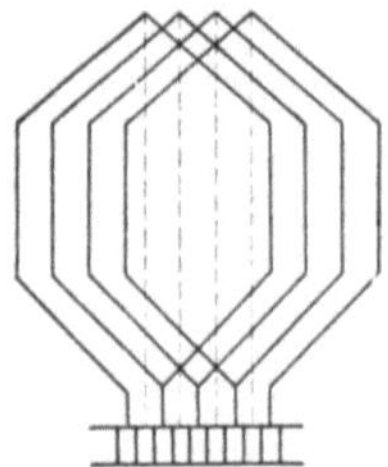

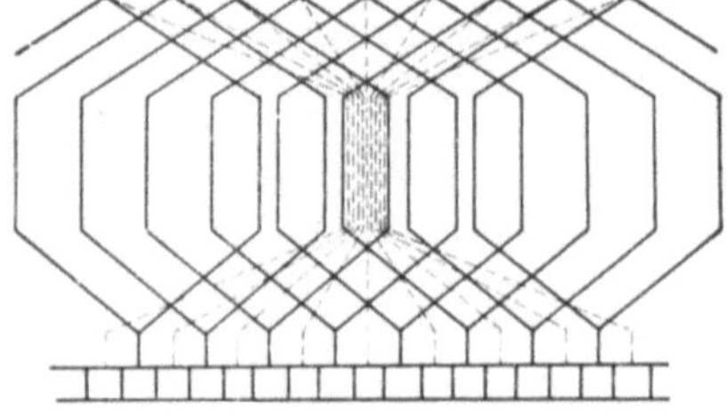

Abb. 292. Wicklung mit Zwischenstegen nach *Elihu Thompson*

Abb. 293. Wicklung mit Zwischenstegen nach *Pohl*

Leider haben die Zwischenverbindungen eine große Selbstinduktion. Um diesem Übelstand abzuhelfen, ordnete *Pohl* die zusätzlichen Verbindungen nach Abb. 293 an.

Abb. 294. Anker eines Reihenschluß-Wendermotors mit den Verbindern für die Zwischenstege (nach Prof. *Grabner*)

Die Abb. 294 und 295 zeigen einen Reihenschluß-Stromwendermotor für eine Motorgenerator-Lokomotive der österreichischen Siemens-Schuckertwerke nach Prof. *Grabner*. Dieser Motor für 300 kW und 50 Hz wurde aus einem 16-poligen Motor mit Schleifenwicklung so in einen 8-poligen Spaltmotor übergeführt, daß der Polwechsel $N, S, N, S, N, S \ldots$ überging in $N, N, S, S, N, N, S, S, \ldots$ Die halbe Zahl der Wendepole wurde weggelassen. Auf diese Weise entstanden zwischen den Spaltpolen $N, N, S, S, N, N, S, S, \ldots$ Pollücken, also feldfreie Zonen. Diesen achtpoligen Spaltmotor rüstete man mit einer achtpoligen Schleifenwicklung aus, die die gleiche Leiterzahl wie jene des ursprünglichen Motors hatte, so daß man die doppelte Bürstenspannung erhielt. Die Lücke zwischen benachbarten gleichnamigen Spaltpolen ermöglichte es nun, die Verbinder für die Zwischenstege des Stromwenders nicht zwischen Ankereisen und Ankerwelle hindurch zu ziehen, sondern an der Nutöffnung anzubringen. Trotz der doppelten Ankerspannung wurde bei dieser Ausführung nur die gleiche transformatorische Spannung zwischen zwei benachbarten Stromwenderstegen induziert wie beim 16-poligen Ausgangsmotor. Die Lücken leisteten für die achsiale Belüftung der Ankeroberfläche und des Stromwenders gute Dienste. Die Stromwendung befriedigte auf dem Prüfstande durchaus. Die soeben beschriebene Anordnung ist nur für Reihenschlußmotoren für 50 Hz zweckentsprechend.

Man hat in die Zwischenverbindungen auch Widerstände gelegt, um die Kurzschlußströme herabzusetzen. Bei der Bauart der *Bergmann-Elektrizitäts-Werke A.G.* lagen die Zwischenverbindungen unter der Hauptwicklung. In die Zwischenverbinder waren Streifen aus Neusilber oder Kruppin eingefügt. Diese Widerstandsstreifen sind natürlich schlecht gekühlt, weil sie am Nutengrunde liegen.

Eine bessere Kühlung gewährleistete eine Ausführung der *Siemens-Schuckert-Werke*, bei der die Widerstände unmittelbar an die Spulenköpfe angeschlossen waren und außerhalb der Nuten lagen. Kupferleiter mit kleinen Querschnitten verbanden die Widerstände mit den Zwischenstegen im Stromwender. Diese Leiter waren über den Spulenseiten der Hauptwicklung angeordnet.

Man hat auch vorgeschlagen, die Zwischenverbindungen so zu legen, daß sie in die feldschwachen Zonen von Ständernuten fallen, also von Erregerwicklungs- oder Kompensationswicklungsnuten.

Abb. 295.   Ständer des Versuchsmotors, dessen Anker Abb. 294 zeigt

Ein anderer Vorschlag ging dahin, die Zwischenverbindungen zwischen den Wicklungsköpfen und den zusätzlichen Stromwenderstegen teilweise in der Umfangsrichtung verlaufen zu lassen, wobei sie aus mehreren entgegengesetzt induzierten, um je eine Polteilung gegeneinander versetzten Leiterteilen gebildet werden. Die Zwischenverbindungen können aber auch aus wenigstens drei verschiedenphasig induzierten Nutenleitern zusammengesetzt sein. Dadurch wird zwar der Kupferwiderstand etwas höher, jedoch entfällt die Notwendigkeit, eisenfreie Zonen vorzusehen.

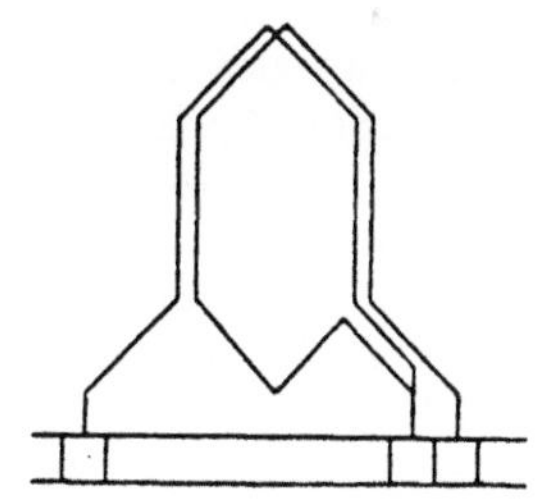

Abb. 296.   Anordnung einer Wellenwicklung mit Zwischenstegen

Die Anordnung einer Wellenwicklung mit Zwischenstegen zeigt Abb. 296. Jede Spule hat hier zwei Windungen. Nach einer Windung erfolgt der Anschluß an einen Zwischensteg.

4. Die zweigängige Schleifenwicklung bei Reihenschluß-Stromwendermotoren für Einphasenstrom von 50 Hz

Gegenwärtig werden weder Wicklungen mit Widerständen noch solche mit Zwischenstegen verwendet, sondern *bei Vollbahnmotoren für* $16^2/_3$ *Hz* ist die *eingängige Schleifenwicklung* mit Ausgleichsverbindungen die Regel, während die *einphasigen Stromwendermotoren für 50 Hz* mit *zweigängigen Schleifenwicklungen* versehen werden. Der Weg geht also auch hier, wie so oft in der Technik, von den komplizierten Bauarten zu den einfachen Konstruktionen.

Für einen einphasigen Reihenschlußmotor kann die Spannung E_d der Drehung durch die transformatorische Spannung E_t in den kurzgeschlossenen Spulen, die Netzfrequenz f, die Drehzahl n und die Stegzahl k des Stromwenders ausgedrückt werden mit Hilfe der Gleichung:

$$E_d = \frac{k\,n}{\pi\,f}\,E_t \qquad (141)$$

Diese Gleichung lehrt, daß die Spannung der Drehung bei $f = 50$ Hz nur ein Drittel jener bei $16^2/_3$ Hz ist, wenn die Stegzahl k und die Drehzahl n ungeändert bleiben und die transformatorische Spannung E_t durch die praktische Erfahrung begrenzt ist. Bei der gleichen Leistung steigt aber dann der Strom auf das dreifache. In Wirklichkeit ist die Spannung der Drehung eines Motors für $16^2/_3$ Hz etwa 400 V und jene eines Motors für 50 Hz ungefähr 180 V. Wir haben daher bei $16^2/_3$ Hz mit einem Strom von etwa 2,7 A/kW zu rechnen, und bei 50 Hz mit etwa 5,4 A/kW. Diese hohe Stromstärke stellt eine Hauptschwierigkeit beim Motor für 50 Hz dar.

Mit Rücksicht darauf suchte man die Lösung in der Verwendung von zwei Stromwendern. Man setzte z. B. die beiden Stromwender symmetrisch an die beiden Seiten des Ankers. Der Vorteil liegt hier darin, daß nicht eine Windung, sondern nur ein Leiter kommutiert wird. Um aber die verschieden große Streuung der Ober- und Unterschichte auszugleichen, muß man die Stäbe verdrillen. Nach einem anderen Vorschlage sollten die beiden Bürstensätze auf den zwei Hälften des in der Länge unterteilten Stromwenders voneinander isoliert und um eine Stegteilung versetzt werden. Ein dazwischen geschalteter, kleiner Spartransformator sollte den Gesamtstrom in zwei gleiche Teile zerlegen. Eine andere Lösung teilte auch das Ankereisen in zwei getrennte Hälften und rüstete jede Hälfte mit einer eingängigen Schleifenwicklung aus. Die beiden Ankerhälften sind hintereinandergeschaltet. Auch das Ständerblechpaket wird in zwei Hälften zerlegt. Wir haben es in diesem Falle mit einem Doppelmotor zu tun (Tandem-Bauart).[1]

Die neuen Einphasen-Triebmotoren für 50 Hz der Maschinenfabrik Oerlikon sind Einzelmotoren, die einen Stundenlauf mit 350 kW bestehen. Sie haben im Anker eine zweigängige Schleifenwicklung mit einem geradzahligen k/p, so daß die Punga-Verbindungen zwischen Ankereisen und Ankernabe hindurchgehen müssen.

Es wurde auch vorgeschlagen, die beiden Teilwicklungen, in die eine zweigängige Schleifenwicklung mit einer geraden Zahl von Spulen je Polpaar zerfällt, als Vierschichtwicklung so in die Ankernuten einzubetten, daß jede Ankernut vier übereinander angeordnete Leiter umschließt (vgl. VI B 5). Die Leiter an der Nutöffnung und am Untergrund gehören

---

[1] *Ohl, W.:* Die 50 Hz-Höllentalbahn-Lokomotive der AEG. Elektrische Bahnen 22 (1951) S. 253.

zu der einen Teilwicklung, die beiden inneren Leiter in den Nuten zum zweiten in sich geschlossenen Wicklungsgang. Die innere Teilwicklung wird somit von der äußeren umfaßt. Dies hat den Vorteil, daß die Streuspannungen der beiden Teilwicklungen praktisch gleich sind, und ebenso die Selbstinduktivitäten und Induktivitäten der gegenseitigen Induktion der einzelnen Windungen. Eine solche zweigängige, zweifach geschlossene Schleifenwicklung wird mit Punga-Verbindungen ausgerüstet. Im übrigen ermöglicht die zweigängige Schleifenwicklung auch eine schmale Wendepolbreite.

C. Ankerwicklungen für Drehfeld-Stromwendermaschinen

1. Spannungen in den von den Bürsten kurzgeschlossenen Ankerspulen

Bei einer Stromwenderwicklung in einem Drehfeld kommt ähnlich wie bei der einphasigen Maschine zu der *Stromwendespannung* E_w noch eine *Drehfeldspannung* E_D, die vom Drehfeld in den von den Bürsten kurzgeschlossenen Spulen der Stromwenderwicklung induziert wird. Und zwar betrachten wir zuerst die von der Grundwelle des Drehfeldes hervorgerufene Spannung, die wir mit E_{D1} bezeichnen. Das Drehfeld enthält aber außer der Grundwelle noch Oberwellen. Und auch diese Oberwellen der Feldkurve induzieren eine Spannung E_{Do}, so daß die resultierende Spannung E nach folgender Gleichung berechnet werden kann:

$$E = \sqrt{(\mathfrak{E}_w + \mathfrak{E}_{D1})^2 + E_{Do}^2}. \tag{142}$$

Die Stromwendespannung E_w und die Drehfeld-Grundwellenspannung E_{D1} können vektoriell zusammengesetzt werden, obwohl die Frequenzen dieser Spannungen verschieden sind. Denn die Stromwendespannung hat die Netzfrequenz f, während die Drehfeld-Grundwellenspannung die Schlupffrequenz $s\,f$ besitzt. Doch ist die Zeit, in der die Zusammensetzung dieser Spannungen erfolgt, kurz; nämlich gleich jener Zeit, während der die Ankerspule von der Bürste kurzgeschlossen wird. Im übrigen weist aber auch die Drehfeld-Grundwellenspannung die Netzfrequenz auf, wenn man sie auf die Bürste bezieht. Die Drehfeld-Oberwellenspannung darf nicht mit der Stromwendespannung und der Drehfeld-Grundwellenspannung vektoriell zusammengesetzt werden, weil jede Einzelschwingung dieser Spannung eine andere Frequenz hat, die von jener von E_w und E_{D1} verschieden ist.

2. Die Stromwendespannung

Die Stromwendespannung wird im allgemeinen durch Vergrößerung der Zahl der Bürsten und der Phasen verringert; denn damit verkleinert sich der zu kommutierende Strom.

a) Dreibürstenschaltung

Die Stromwendespannung ist bei der Dreibürstenschaltung für den gleichen Bürstenstrom unabhängig davon, ob eine Durchmesserwicklung oder eine Sehnenwicklung vorliegt; nur darf die Verkürzung der Spulenweite nicht gleich einem Drittel der Polteilung sein.

b) Sechsbürstenschaltung

Wenn wir eine Sechsbürstenschaltung mit Durchmesserstellung der Bürsten und mit einer Durchmesserwicklung ausführen, so erhalten wir für die Stromwendespannung praktisch den gleichen Wert wie bei der Dreibürstenschaltung.

Die Stromwendespannung läßt sich jedoch auf fast die Hälfte verkleinern, wenn bei der Sechsbürstenschaltung entweder eine Durchmesserwicklung mit Sehnenbürsten oder eine Sehnenwicklung mit Durchmesserbürsten oder eine Sehnenwicklung mit Sehnenbürsten vorgesehen wird. Voraussetzung ist dabei, daß die von den Bürsten kurzgeschlossenen Spulenseiten nicht in der gleichen Nut liegen, wie es z. B. bei einer Sechsbürstenschaltung mit Durchmesserbürsten und einer Sehnenwicklung mit $\gamma = 60^0$ der Fall ist.

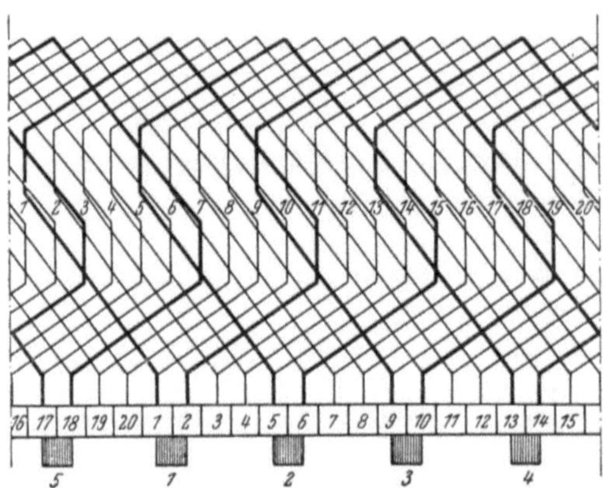

Abb. 297. Eingängige, zweipolige Schleifenwicklung mit 20 Durchmesser-Spulen in 20 Nuten, die über fünf Bürsten fünfphasig gespeist wird

c) Zwölfbürstenschaltung

Bei einer Zwölfbürstenschaltung mit Sehnenbürsten verringert sich die Stromwendespannung sogar auf fast ein Viertel des Wertes bei der Dreibürstenschaltung. Eine weitere Verkleinerung der Stromwendespannung wäre möglich, wenn man die Zahl der Bürstensätze und der Phasen noch mehr vergrößerte.

d) Selbstausgleichende Stromwenderwicklungen

Wenn bei einer selbstausgleichenden Stromwenderwicklung die Nutenzahl $N/2\,p$ je Pol eine ganze Zahl ist und die Nutenschritte $y_{n1} = y_{n2} = N/2\,p$ sind, so haben wir es mit einer Durchmesserwicklung zu tun, die sich auch hinsichtlich der Stromwendespannung wie eine gewöhnliche Durchmesserwicklung verhält. Ist jedoch N/p eine ungerade Zahl oder weichen die Nutenschritte y_{n1} und y_{n2} von $N/2\,p$ ab, so liegen Sehnenwicklungen vor, die mit Rücksicht auf die Stromwendespannung wie gewöhnliche Sehnenwicklungen wirken.

Schon früh hat man die Vorteile der selbstausgleichenden Stromwenderwicklungen für die Läufer von mehrphasigen Stromwendermotoren erkannt. Denn es gelingt mit ihrer Hilfe, die kommutierenden Leiter auf die verschiedenen Nuten am Ankerumfang zu verteilen.

e) Ein- und mehrfache Wicklungen mit einer großen Zahl von kommutierenden Nuten

Im allgemeinen gilt, daß bei Wicklungen mit einer ungeraden Zahl von Bürsten je Polpaar die Zahl der kommutierenden Nuten am Ankerumfang größer ist als bei solchen mit einer geraden Zahl von Bürsten je Polpaar, wie ein Vergleich der Abb. 297 und 299 lehrt. In Abb. 297

ist eine eingängige Schleifenwicklung mit 20 Spulen in 20 Nuten für 2 Pole gezeichnet. Die Spulen haben Durchmesserschritt. Die Wicklung ist über fünf gleich weit voneinander entfernte Bürsten fünfphasig gespeist. Die Verteilung der Bürsten auf dem Stromwender ist in Abb. 298 noch einmal wiederholt. Die fünf Verbindungslinien der Bürsten entsprechen den Ständerphasen. Die von den Bürsten kurzgeschlossenen Spulen sind stark ausgezogen. Wir sehen, daß zehn Nuten kommutierende Leiter umschließen.

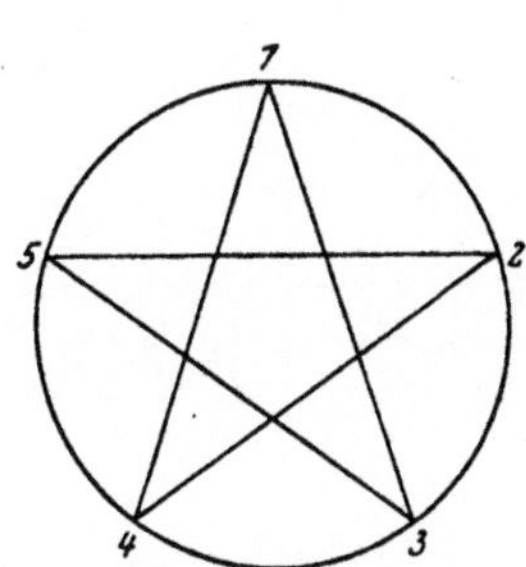

Abb. 298. Verteilung der Bürsten auf dem Stromwender der in Abb. 297 dargestellten Wicklung

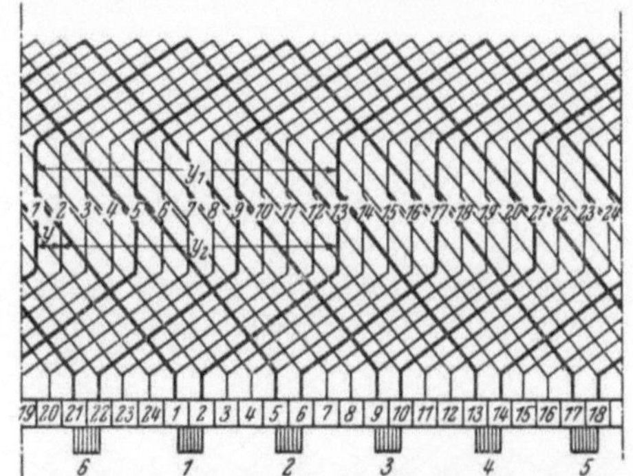

Abb. 299. Eingängige, zweipolige Schleifenwicklung mit 24 Durchmesserspulen in 24 Nuten, die über 6 regelmäßig auf dem Stromwender verteilte Bürsten gespeist wird

In Abb. 299 wird eine eingängige, zweipolige Schleifenwicklung mit 24 Durchmesserspulen in 24 Nuten durch sechs regelmäßig auf dem Stromwender verteilte Bürsten gespeist. Hier sind die kommutierenden Leiter bloß auf 6 Nuten zusammengedrängt. Durch eine Verkürzung der Spulenweite um eine Nutteilung läßt sich jedoch die Zahl der kommutierenden Nuten verdoppeln.

Um die Zahl der Nuten zu vergrößern, die kommutierende Leiter enthalten, führt man auch mehrfache Wicklungen aus, die nach der Art der selbstausgleichenden Wicklungen aus zwei auf den gleichen Stromwender parallelgeschalteten Wicklungen bestehen. Aus diesen Wicklungen lassen sich durch Weglassen von Spulen einfache Wicklungen ableiten. Gespeist werden die Wicklungen in Sechsbürstenschaltung mit Sehnenbürsten[1].

Wir untersuchen z. B. eine zweipolige Wicklung mit 24 Nuten, die aus einer eingängigen, ungekreuzten Schleifenwicklung und einer eingängigen, ungekreuzten Wellenwicklung mit je 24 Spulen besteht (Abb. 300). Die resultierenden Wicklungsschritte sind $y_1 = 1$ und $y_2 = 23$. Die Spulenweiten sind um eine Nutteilung verkürzt, umfassen also 11 Nutteilungen.[2]

In Abb. 300 haben wir auch die Ständerphasen eingezeichnet, wobei wir eine ständergespeiste Maschine voraussetzen. Die Bürsten 1, 3 und 5 sind um 120° am Stromwender gegeneinander verschoben und mit den Anfängen U, V und W der Stränge der Ständerwicklung verbunden;

---

[1] Tschechoslowakisches Patent P 5904—46 Ing. Dr. *Klímy z* 5/1246 (5054), USA-Patent 250 4537.

[2] Es braucht wohl nicht erwähnt zu werden, daß eine solche Verbindung einer Schleifenwicklung mit $a = p = 1$ mit einer Wellenwicklung nicht mehr als selbstausgleichende Wicklung anzusprechen ist, da hier nichts auszugleichen ist.

die Bürsten 4, 6 und 2 sind gegen die zugehörigen Bürsten 1, 3 und 5 um
je 150⁰ verschoben und an die Enden der Ständerstränge angeschlossen.

Solche Sechsbürstenschaltungen mit Sehnenbürsten sind von den
läufergespeisten Drehstrom-Nebenschluß-Wendermaschinen her bekannt.
Hier sitzen auf dem Stromwender zwei Dreibürstensätze, die axial hintereinander angeordnet sind und einzeln oder gemeinsam verdrehbar sind.

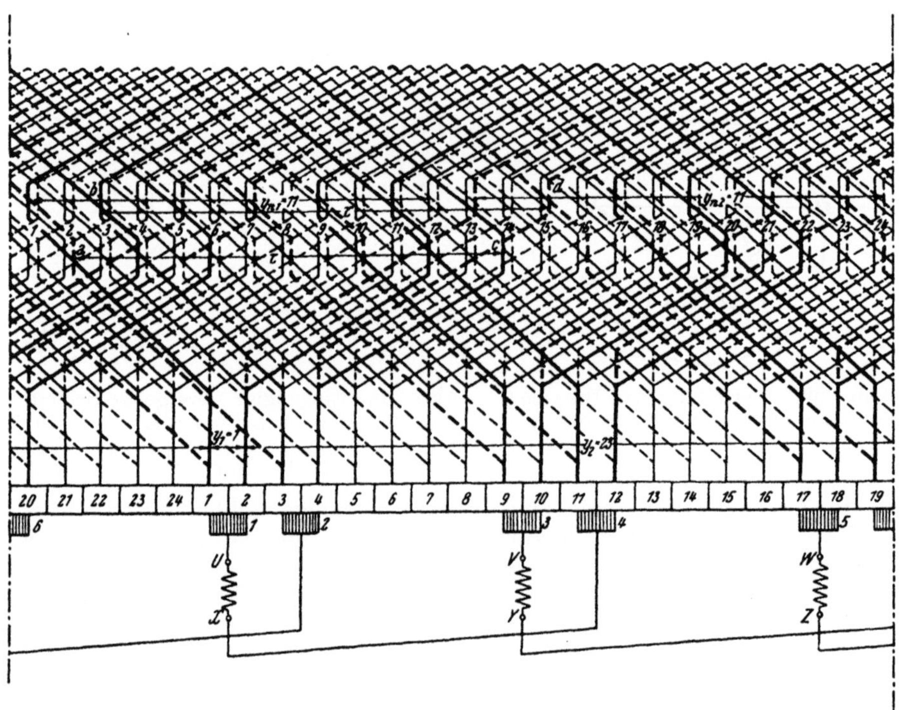

Abb. 300. Zweifache, zweipolige Wicklung mit 24 Nuten, die aus einer eingängigen,
ungekreuzten Wellenwicklung und einer eingängigen, ungekreuzten Schleifenwicklung mit 24 Spulen besteht und in Sechsbürstenschaltung mit Sehnenbürsten
gespeist wird

Der eine Bürstensatz ist mit den Anfängen der Sekundärwicklung verbunden, der andere mit den Enden. Die gleichmäßige Verdrehung der
beiden Bürstensätze in entgegengesetzter Richtung ändert die Größe der
Regelspannung. Somit erreicht man für einen bestimmten Betriebszustand
auch die in Abb. 300 gezeichnete Stellung der Bürsten. Bei der hier behandelten Anordnung stehen jedoch die Bürsten fest und sie dient dazu,
die Stromwendung bei Drehstrom-Wendermaschinen ohne Wendepole
zu verbessern, indem durch sie die Zahl der wendenden Nuten erhöht wird.
Das Hauptanwendungsgebiet dieser neuen Schaltung sind die ständergespeisten Drehstrom-Wendermaschinen, bei denen die Stromwendespannung besonders hoch ist. Die neue Anordnung läßt sich wohl auch auf
die läufergespeisten Drehstrom-Wendermaschinen übertragen, doch bereitet die richtige Austeilung der Ständerwicklung große Schwierigkeiten.

Die von den Bürsten kurzgeschlossenen Schleifenwicklungsspulen
sind durch starke, volle Linien hervorgehoben, die kurzgeschlossenen

Wellenwicklungsspulen stark gestrichelt. Wir sehen, daß die kommutierenden Leiter gleichmäßig auf alle 24 Nuten aufgeteilt sind.

Manchmal ist es notwendig, die Spulenweite noch stärker zu verkürzen. Zu beachten ist dabei, daß *nur um eine ungerade Zahl von Nutteilungen die Spulenweite verringert wird.* Dann ändert sich die Zahl der kommutierenden Nuten nicht.

Die Durchflutungsvielecke für die Schleifenwicklung und die Wellenwicklung in Abb. 300 allein weichen weitaus stärker von einem Kreis ab, als das Durchflutungsvieleck der Gesamtwicklung. Dies bedeutet, daß die Felderregerkurve der Gesamtwicklung oberwellenreiner als die der Einzelwicklungen ist, was für die Stromwendung vorteilhaft ist.

Bei den meisten Maschinen ist die Zahl der Stege je Nut $u > 1$, z. B. $u = 2, 3, .. 5$. Es lassen sich dann verschiedene Wicklungsanordnungen bei Sechsbürstenschaltung mit Sehnenbürsten ausführen.

Der Abb. 300 entnehmen wir, daß zu jeder Schleifenwicklungsspule eine Wellenwicklungsspule über die gleichen Stromwenderstege parallelgeschaltet ist. Die Spannungen der beiden Spulen sind gleich, denn die Seiten d und a der Wellenwicklungsspule sind um eine Polteilung von den Seiten b und c der Schleifenwicklungsspule entfernt. Wir können nun in der Wicklung abwechselnd eine Schleife und eine Welle fortlassen: dann erhalten wir eine Wicklung, die sich aus hintereinandergeschalteten Schleifen- und Wellenwicklungsspulen zusammensetzt. Natürlich ist die Zahl der parallelen Ankerzweige bei dieser abgeänderten Wicklung nur die Hälfte jener, die bei der ursprünglichen Wicklung auftritt. In Abb. 301 ist eine solche Wicklung mit 24 Nuten und 48 Stege für zwei Pole entworfen. Man kann dabei so vorgehen, daß man zuerst zu jeder Schleifenwicklungsspule eine Wellenwicklungsspule parallelschaltet und dann beim Durchschreiten der Wicklung abwechselnd eine Wellenspule und eine Schleifenspule ausläßt. Es ergibt sich dann folgender Wicklungsaufbau: Die Schleifenspule beginnt beim Steg 1 und endet beim Steg 2. Die nächste Schleifenspule ist weggenommen (sie ist dünn eingezeichnet); statt ihr bleibt die Wellenwicklungsspule, die vom Stege 2 ausgeht, nach links fortschreitet und beim Steg 3 endet. An sie fügt sich wieder eine Schleifenspule, die von einer Wellenspule gefolgt wird u. s. w. Bei einer solchen Wicklung sinkt die Zahl der kommutierenden Nuten von 24 auf 12. Wenn man aber die Bürsten um eine Stegteilung verbreitert, wie dies in Abb. 301 durch die leer gezeichneten Bürstenhälften angedeutet ist, so erhöht sich die Zahl der kommutierenden Nuten wieder auf 24.

Wir können aber auch zwei Schleifen und zwei Wellen abwechselnd in der Wicklung aufeinanderfolgen lassen. Dieser Fall ist in Abb. 302 dargestellt. Auch bei dieser Wicklung ist die Zahl der kommutierenden Nuten 12. Zum Unterschied gegen früher bewirkt aber eine Bürstenverbreiterung um einen Steg keine Erhöhung der Zahl der kommutierenden Nuten. Wir haben die von den schraffierten Bürsten kurzgeschlossenen Leiter durch kleine Kreise am Stab oben gekennzeichnet und die durch die Verbreiterung der Bürsten dazukommenden Leiter im Kurzschluß durch Ringeln unten am Stab.

Ein paar andere Wicklungsanordnungen zeigen die nächsten Beispiele, die alle für 24 Nuten, 48 Stege und 2 Pole entworfen sind und denen zweigängige Wicklungen $(m = a/p = 2)$ zugrunde gelegt sind. Da $u = 2$

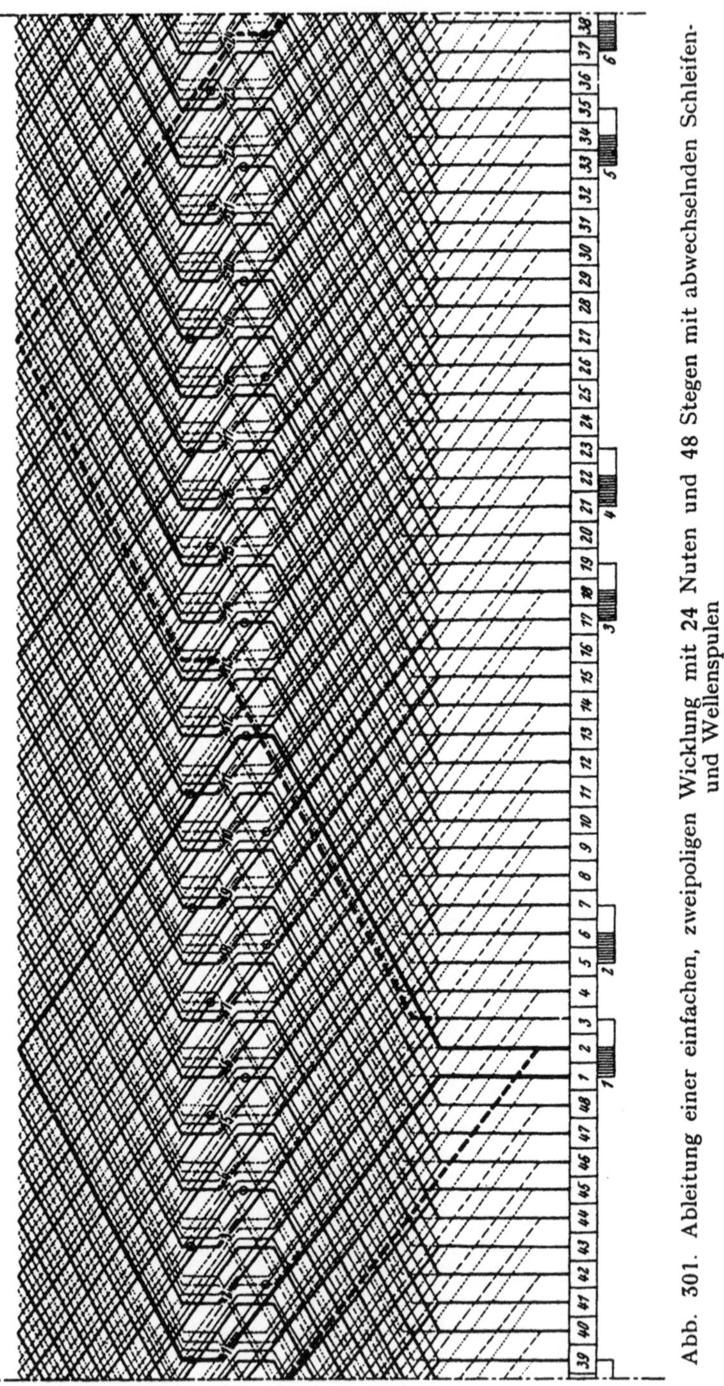

Abb. 301. Ableitung einer einfachen, zweipoligen Wicklung mit 24 Nuten und 48 Stegen mit abwechselnden Schleifen- und Wellenspulen

und $m = 2$ einen gemeinsamen Teiler 2 haben, so muß eine Teilwicklung eine Treppenwicklung sein.[1]

____
[1] Vgl. V C 3 d β.

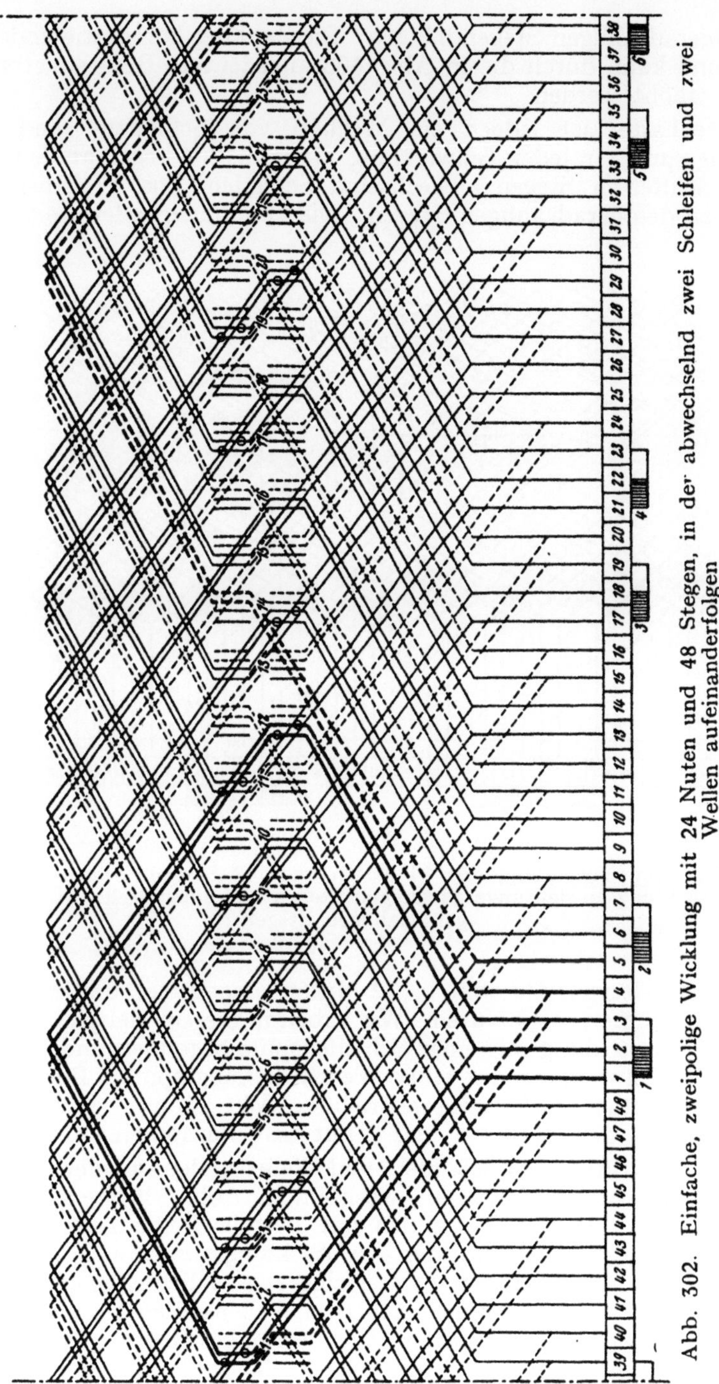

Abb. 302. Einfache, zweipolige Wicklung mit 24 Nuten und 48 Stegen, in der abwechselnd zwei Schleifen und zwei Wellen aufeinanderfolgen

Die beiden Teilwicklungen der Wicklung nach Abb. 303 bestehen einerseits nur aus Schleifenspulen und sind mit den ungeradzahligen Stromwenderstegen verbunden und andererseits nur aus Wellenspulen, die

an den geradzahligen Stegen hängen. Die Zahl der kommutierenden Nuten
ist 12 und kann durch die in Abb. 303 angedeutete Bürstenverbreiterung
auf 18 erhöht werden.

Vorteilhafter ist jedoch ein Wechsel von Schleifen- und Wellenwicklungsspulen in jeder Teilwicklung. In Abb. 304 liegen an den ungeradzahlig bezifferten Stegen abwechselnd Schleifen- und Wellenspulen und
ebenso an den geradzahligen Stegen. Die kommutierenden Leiter sind bei

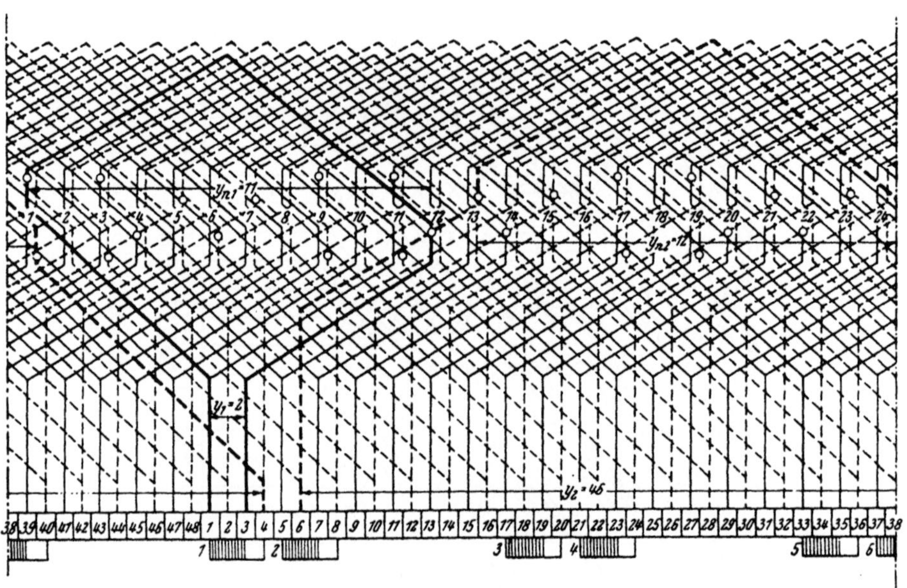

Abb. 303. Treppenwicklung mit 24 Nuten und 48 Stegen, bestehend aus einer
Schleifenwicklung an den ungeradzahligen Stegen und einer Wellenwicklung an den
geradzahligen Stegen

den unverbreiterten Bürsten in 12 Nuten eingebettet und bei den ver-
breiterten Bürsten in 18 Nuten. Wir haben in diesem Beispiel beim Steg 1
die erste Teilwicklung mit einer Schleifenspule begonnen und beim Steg 2
die zweite Teilwicklung mit einer Wellenwicklungsspule. Der eine Zweig
ist voll gezeichnet, der zweite gestrichelt. Wir könnten auch beide Teilwicklungen an den Stegen 1 und 2 mit Schleifenspulen anfangen lassen.

Während in Abb. 304 Schleifen- und Wellenspulen in jeder Teilwicklung
abwechselnd aufeinanderfolgen, wechseln in Abb. 305 stets zwei hintereinandergeschaltete Schleifenspulen mit zwei in Reihe liegenden Wellenspulen ab. Und zwar beginnt der eine Wicklungszug beim Steg 1 mit einer
Schleifenspule, der über den Steg 3 eine zweite Schleifenspule folgt, die
beim Steg 5 endigt. Nun reihen sich zwei Wellenspulen an u. s. w. Dieser
Wicklungszug ist voll ausgezogen. Die zweite, gestrichelt gezeichnete Teilwicklung beginnt beim Steg 2 mit einer Wellenspule, an die sich über den
Steg 4 eine zweite Wellenspule schließt, die an dem Stege 6 endet. Wir
könnten aber auch beide Wicklungszüge mit Schleifenspulen beginnen
und dann zwei Schleifenspulen und zwei Wellenspulen stets miteinander
abwechseln lassen.

f) Kommutierungswicklungen

Eine interessante Lösung der Aufgabe, die Stromwendespannung herabzusetzen, stellt die in Abb 306 angedeutete Verbindung der Hauptwicklung mit einer Kommutierungswicklung dar, wie sie z. B. bei ständergespeisten Drehstrom-Nebenschluß-Stromwendermotoren verwendet wird. Parallel zur Hauptwicklung W_H ist auf die gleichen Stromwenderstege eine Kommutierungswicklung W_K geschaltet, die in Abb. 306 aus zeichnerischen

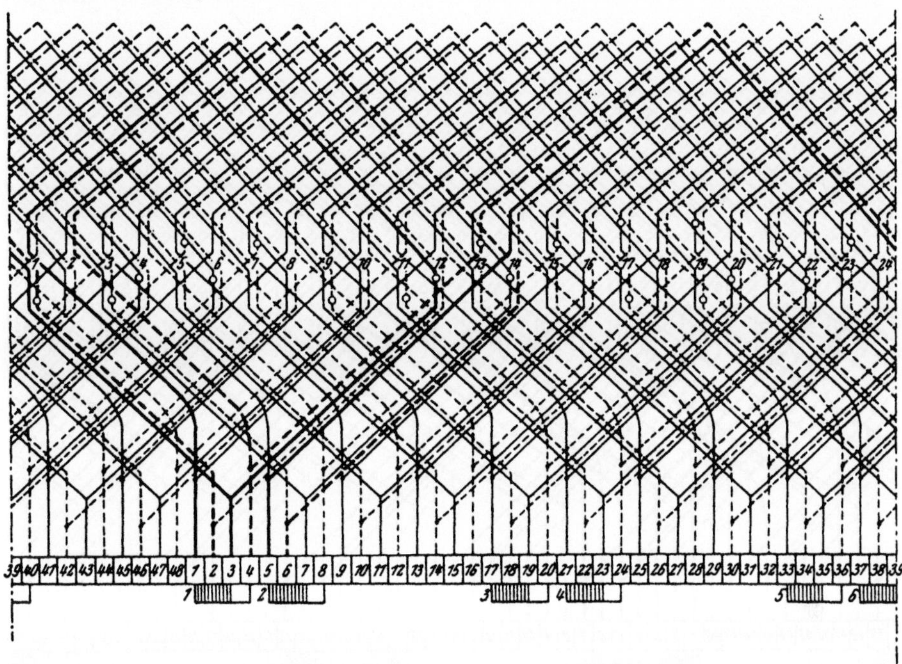

Abb. 304. Wicklung mit 24 Nuten und 48 Stegen. Sowohl an den ungeradzahligen als auch an den geradzahligen Stegen hängen Teilwicklungen mit abwechselnd aufeinanderfolgenden Schleifen- und Wellenspulen. Die eine Teilwicklung beginnt beim Steg 1 mit einer Schleifenspule, die zweite Teilwicklung bei Steg 2 mit einer Wellenspule

Gründen nach unten gezeichnet wurde. Diese Kommutierungswicklung hat eine Spulenweite, die gleich einem Drittel der Polteilung, der Spulenweite der Hauptwicklung, ist. Da somit der Spulenfaktor der Kommutierungswicklung 0,5 beträgt, muß die Windungszahl der Kommutierungswicklung doppelt so groß sein wie die der Hauptwicklung, um die gleiche Spannung zu erzeugen. Die Kommutierungswicklung wird am Grunde der abgetreppten Läufernuten untergebracht. Blechzwischenlagen trennen die Haupt- von der Kommutierungswicklung in den Nuten. Sie dienen dazu, dem Nutenstreufeld der Hilfswicklung einen Rückschluß zu ermöglichen. Die an die gleichen Stege angeschlossenen Spulen der Haupt- und der Kommutierungswicklung sind in verschiedenen Nuten eingebettet, wie aus Abb. 306 zu entnehmen ist.

Die Anordnung wirkt folgendermaßen. Die Windungsgruppen x_1 und x_2 der Kommutierungswicklung stellen die beiden Wicklungen eines

praktisch streuungslosen Transformators dar. Die Stromwendespannung in
der Hauptwicklungsspule a_2 wird auch der zu ihr parallelgeschalteten
Windungsgruppe x_1 aufgedrückt. Über den Transformator mit den Wicklungen x_1 und x_2 wird aber auch die Hauptwicklungsspule b_1 zur kommutierenden Spule a_2 parallelgeschaltet, so daß also der Streublindwiderstand
der Spule a_2 und jener der Spule b_1 parallelgeschaltet sind, wodurch der
Streublindwiderstand der kommutierenden Spule nahezu auf die Hälfte
vermindert wird. Die Spule b_2 liegt in der gleichen Nut wie die Spule b_1;

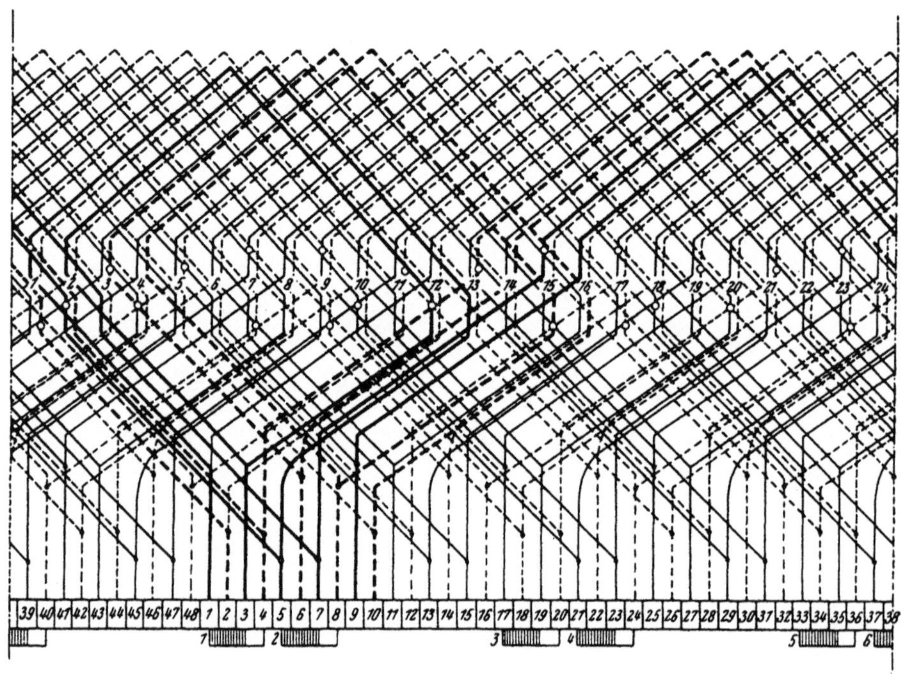

Abb. 305. Wicklung mit 24 Nuten und 48 Stegen. In den beiden Teilwicklungen an
den ungeradzahligen und geradzahligen Stegen wechseln stets zwei hintereinandergeschaltete Schleifenspulen mit zwei in Reihe liegenden Wellenspulen ab

somit besteht zwischen beiden eine transformatorische Verkettung. Diese
setzt sich über die nächsten Windungsgruppen der Kommutierungswicklung
fort, die in unserer Abbildung nicht mehr gezeichnet sind; das heißt, daß
auf diese Weise nach beiden Seiten des Ankers die Spulen der Hauptwicklung durch die als Transformatoren wirkenden Windungsgruppen
der Kommutierungswicklung parallelgeschaltet sind, wodurch der Blind-
widerstand der jeweils in der Stromwendung befindlichen Spule stark
verkleinert wird.

Die hier besprochene Verbindung einer Hauptwicklung mit einer
Kommutierungswicklung weist bereits auf die in V C 3 d behandelten
mehrgängigen Schleifen- und Wellenwicklungen mit Hilfswicklungen hin.

3. Die Drehfeld-Grundwellenspannung

a) Größe der Drehfeld-Grundwellenspannung

Die von der Grundwelle des Drehfeldes in jenem Teil der Stromwenderwicklung, der zwischen benachbarten Stegen liegt, induzierte Spannung kann nach der Formel berechnet werden:

$$E_{D1} = \sqrt{2}\,\pi\,k_{Kw}\,s\,f\,\Phi_1 \sin \frac{\pi}{2}\frac{W}{\tau}. \tag{143}$$

Hier bedeuten: k_{Kw} die Zahl der wirksamen Spulen zwischen benachbarten Stromwenderstegen; s die Schlüpfung, für die bei den läufergespeisten Maschinen $s = 1$ zu setzen ist; f die Frequenz, Φ_1 den Polfluß der Grundwelle des Drehfeldes; W die Spulenweite und τ die Polteilung.

b) Eingängige Schleifenwicklungen mit $a = p$ Ankerzweigpaaren

Für die eingängige Schleifenwicklung mit $a = p$ Ankerzweigpaaren und mit einer Windung je Ankerspule ergibt sich nach Gl. (143) für die Drehfeld-Grundwellenspannung

$$E_{D1} = \sqrt{2}\,\pi\,s\,f\,\Phi_1 \sin \frac{\pi}{2}\frac{W}{\tau}, \tag{144}$$

da die Zahl k_K der Spulen zwischen zwei benachbarten Stromwenderstegen eins ist und ebenso dann der Wicklungsfaktor ξ und damit $k_{Kw} = k_K\,\xi$.

Die Spannung E_{D1} ist also abhängig von dem die Spule durchsetzenden Induktionsfluß. Man erhält daher bei größeren Maschinen unzulässig hohe Werte für die Drehfeld-Grundwellenspannung.

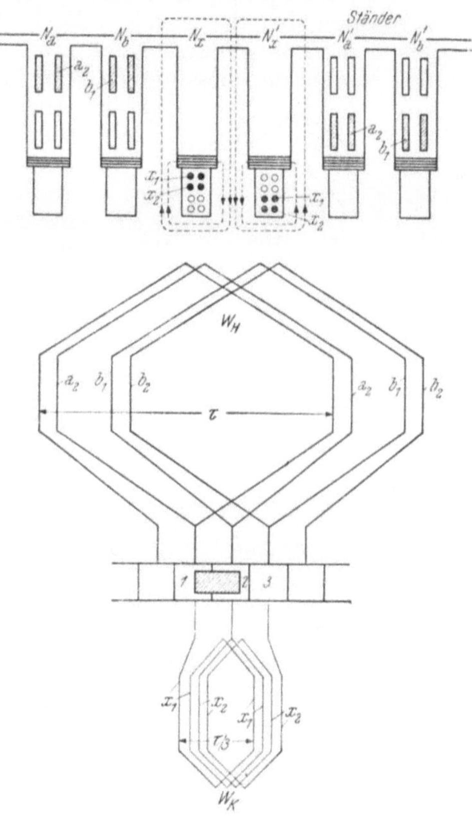

Abb. 306. Verbindung einer Haupt- mit einer Kommutierungswicklung

c) Zweigängige Schleifenwicklungen mit $a = 2\,p$ Ankerzweigpaaren

Bei einer zweifach geschlossenen Schleifenwicklung mit $a = 2\,p$ Ankerzweigpaaren und einem geradzahligen Verbindungsschritt y_v der Ausgleichsverbindungen ist $k_K = 1/2$, wenn alle Ausgleichsverbindungen der beiden Teilwicklungen auf verschiedenen Seiten der Ankerwicklung ausgeführt und durch Verbindungsleitungen miteinander verbunden sind.

Für eine gegebene zulässige Drehfeld-Grundwellenspannung kann theoretisch der Polfluß bei einer zweigängigen Schleifenwicklung doppelt so groß werden wie bei der eingängigen. Auf diese Weise ist eine entsprechende Vergrößerung der Polleistung der Maschine zu erzielen.

Ein Nachteil dieser Ausführung liegt in den durch den Anker hindurch zu führenden Verbindungsleitern.

d) Mehrgängige Schleifen- und Wellenwicklungen mit Hilfswicklungen

α) *Grundgedanke der mehrgängigen Schleifenwicklungen mit Hilfswicklungen*

Bei der zweigängigen Schleifenwicklung ($a = 2\,p$) kann man, wie wir gehört haben, bei der gleichen Drehfeldspannung zwischen benachbarten Stegen des Stromwenders einen zweimal so großen Induktionsfluß je Pol wählen wie bei der eingängigen Schleifenwicklung mit $a = p$ Zweigpaaren.

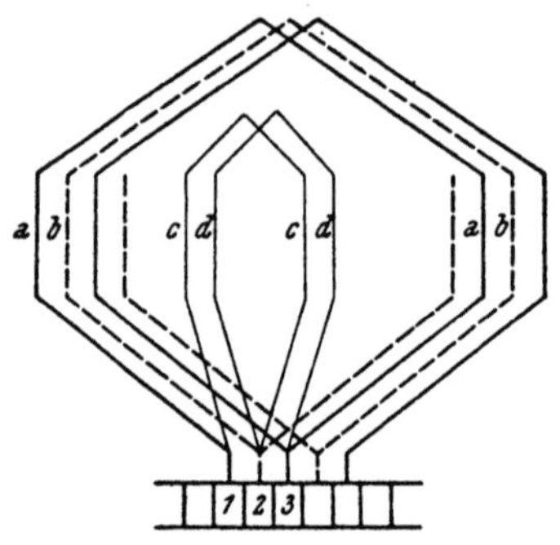

Abb. 307. Zweigängige Schleifenwicklung mit spannungsteilender Hilfswicklung

Allgemein müßte man dann bei einer mehrgängigen Schleifenwicklung mit $a = m\,p$ Zweigpaaren einen m-mal größeren Induktionsfluß je Pol zulassen können als bei der eingängigen Schleifenwicklung mit $a = p$. Doch hat man bei den Drehfeld-Wendermaschinen mit solchen mehrgängigen Schleifenwicklungen mit Rücksicht auf die Stromwendung keine guten Erfahrungen gemacht.

Man kann nun die mehrgängigen Schleifenwicklungen, insbesondere für läufergespeiste Drehstrom-Nebenschluß-Wendermotoren, mit einer Hilfswicklung ausrüsten, die einen stark verkürzten Schritt aufweist und mit je einer Windung zwei benachbarte Stege des Stromwenders verbindet.

In Abb. 307 ist z. B. eine zweigängige Schleifenwicklung angedeutet ($a = 2\,p$). Die eine Teilwicklung a ist voll ausgezogen gezeichnet, die zweite b gestrichelt nachgezogen. Die Windungen c und d der dünn gezeichneten Hilfswicklung verbinden die Stege 1 und 2, bzw. 2 und 3 miteinander. Nehmen wir an, daß die Hauptwicklung mit unverkürztem Windungsschritt ausgeführt ist, die Spulenweite der Hilfswicklung jedoch ein Drittel der Polteilung beträgt, dann ist die Drehfeldspannung einer Spule der Hilfswicklung mit Rücksicht auf den Spulenfaktor

$$\sin\frac{\pi}{2}\frac{1}{3} = \sin 30^0 = \frac{1}{2},$$

genau die Hälfte der Windungsspannung der Hauptwicklung. Die Spannung in den beiden hintereinandergeschalteten Windungen c und d der Hilfswicklung ist also ebenso groß wie die der an die gleichen Stromwendestege 1 und 3 angeschlossenen Windung a der Hauptwicklung. Die Windungen c und d der Hilfswicklung halbieren also tatsächlich die Spannung der Windung a der Hauptwicklung an den Stegen des Stromwenders.

Selbstverständlich kann auch die Hauptwicklung mit verkürztem Schritt ausgeführt werden. Es muß dann nur zwischen den Spulenwicklungsfaktoren von Haupt- und Hilfswicklung das richtige Verhältnis bestehen. Ist die Spulenweite bei einer zweigängigen Schleifenwicklung mit 33 Nuten je Polpaar $y_{nH} = 12$ Nutteilungen, so nimmt der Spulenwicklungsfaktor den Wert

$$\sin \frac{\pi}{2} \frac{y_{nH}}{N/2\,p} = \sin \pi \frac{12}{33} = 0,91$$

an. Man muß dann die Spulenweite der Hilfswicklung so wählen, daß der Spulenwicklungsfaktor die Hälfte von 0,91, also 0,455 wird; das heißt es besteht die Gleichung

$$\sin \frac{\pi}{2} \frac{y_{nh}}{N/2\,p} = \sin \pi \frac{y_{nh}}{33} = 0,455.$$

Diese Gleichung wird erfüllt durch $y_{nh} = 5$, da mit diesem Werte der Wicklungsfaktor 0,458 wird.

Solche Hilfswicklungen können nicht nur bei den zweigängigen Schleifenwicklungen mit $a = 2\,p$ Zweigpaaren, sondern auch bei drei-, vier- und allgemein m-gängigen Schleifenwicklungen eingebaut werden. Bei einer m-gängigen Schleifenwicklung mit $a = m\,p$ Zweigpaaren muß die Spannung einer Windung der Hilfswicklung $1/m$ der Windungsspannung der Hauptwicklung betragen, was durch eine entsprechende Schrittverkürzung der Hilfswicklung erreicht wird.

β) Ausführbarkeit der mehrgängigen Schleifenwicklungen mit Hilfswicklungen

Für die Ausführbarkeit der mehrgängigen Schleifenwicklungen mit $a = m\,p$ Zweigpaaren und einer spannungsteilenden Hilfswicklung lassen sich folgende Regeln aufstellen. Wir unterscheiden zweierlei Gruppen von mehrgängigen Schleifenwicklungen: solche, bei denen $m = a/p$ und die Stegzahl je Nut oder die Zahl der in einer Nutenschichte nebeneinander liegenden Spulenseiten $u = k/N$ teilerfremd sind, und jene, bei welchen $m = a/p$ und u einen gemeinsamen Teiler haben.

Mehrgängige Schleifenwicklungen mit teilerfremden $m = a/p$ und u. Für diese Wicklungen gilt folgendes.

Die Hauptwicklung wird als gewöhnliche, ungeteilte Wicklung, nicht als Treppenwicklung, ausgeführt.

Wenn $m = a/p$ eine gerade Zahl ist, muß $(y_{nH} - y_{nh})$ eine ungerade Zahl von Nutteilungen sein. y_{nH} ist der Nutenschritt der Hauptwicklung und y_{nh} jener der Hilfswicklung. Umgekehrt muß für ein ungeradzahliges $m = a/p$ der Unterschied der Nutenschritte $(y_{nH} - y_{nh})$ eine gerade Zahl sein. Die Spulenwicklungsfaktoren der Haupt- und Hilfswicklung sollen möglichst genau der Gleichung genügen:

$$\sin \frac{\pi}{2} \frac{y_{nh}}{N/2\,p} \sin m \frac{a}{2} = \sin \frac{\pi}{2} \frac{y_{nH}}{N/2\,p} \sin \frac{a}{2}. \tag{145}$$

a ist der Phasenwinkel zwischen benachbarten Nuten:

$$a = \frac{p}{N} 360^{0}. \tag{5}$$

Es läßt sich nämlich zeigen, daß die Spannung $E_{Spule\,H}$ einer Spule einer m-gängigen Hauptwicklung, für die m und u teilerfremd sind, die Summe der m um den Winkel a gegeneinander verschobenen Stegspannungen ist:

$$E_{Spule\,H} = 2\,E_{Leiter}\sin\frac{\pi}{2}\,\frac{y_{nH}}{N/2\,p} = m\,E_{Steg}\,\frac{\sin\dfrac{m\,a}{2}}{m\sin\dfrac{a}{2}}.\qquad\text{(146 a)}$$

Für eine verhältnismäßig große Nutenzahl und kleine Werte von m ($2 \leqq m \leqq 4$), wie sie gewöhnlich verwendet werden, wird

$$\frac{\sin\dfrac{m\,a}{2}}{m\sin\dfrac{a}{2}} = 0{,}98 - 0{,}995.$$

Z. B. errechnet sich für $m = 2$ und $N/2\,p = 15$ Nuten je Pol dieser Faktor zu 0,995 und für $m = 3$ und $N/2\,p = 12$ zu 0,978. Die Stegspannung E_{Steg} aber entspricht der Spannung einer Hilfswicklungsspule:

$$E_{Steg} = 2\,E_{Leiter}\sin\frac{\pi}{2}\,\frac{y_{nh}}{N/2\,p}.\qquad\text{(146 b)}$$

Aus den beiden Gln. (146 a) und (146 b) folgt Gl. (145).

Aus der Gl. (145) ergeben sich für das Verhältnis der Spulenwicklungsfaktoren der Haupt- und Hilfswicklung die Werte:

$$\left.\begin{aligned}
&2\cos\frac{a}{2} && \text{für } m = \frac{a}{p} = 2,\\[2ex]
&1 + 2\cos a && \text{für } m = \frac{a}{p} = 3\\[2ex]
\text{und }&2\left(\cos\frac{a}{2} + \cos 3\,\frac{a}{2}\right) && \text{für } m = \frac{a}{p} = 4.
\end{aligned}\right\}\qquad\text{(145 a)}$$

Es genügt im allgemeinen, wenn die Stegspannungen der Hauptwicklung mit $a = m\,p$ und der Hilfswicklung mit $a = p$ nur ungefähr gleich sind:

$$\left|\frac{\sin\dfrac{\pi}{2}\dfrac{y_{nH}}{N/2\,p}}{m\,\dfrac{\sin\dfrac{m\,a}{2}}{m\sin\dfrac{a}{2}}} - \sin\frac{\pi}{2}\frac{y_{nh}}{N/2\,p}\right| = 0 \text{ bis } 0{,}05.\qquad\text{(147)}$$

Z. B. ist nach *V. Klima* die Stromwendung eines Wendermotors für 85 kW und 3500 U/min mit $m = a/p = 3$ und $u = 4$ einwandfrei, obwohl sich die Stegspannungen der Haupt- und Hilfswicklung um 3% unterscheiden.

Mehrgängige Schleifenwicklungen mit einem gemeinsamen Teiler von $m = a/p$ und u. Man kann solche Wicklungen nur ausführen, wenn entweder $m = a/p = 2$ und $u = 2, 4, 6, \ldots$ oder $m = a/p = 2, 4, 6, \ldots$ und $u = 2$ sind. Da man in Wirklichkeit nur die Wicklungen mit $m = a/p = 2$ und $u = 2, 4, 6, \ldots$ ausführt, beschränken wir uns auf diese.

Die Hauptwicklung muß hier als Treppenwicklung ausgelegt werden.

Für $m = a/p = 2$ muß die Nutenzahl je Pol $N/2\,p$ gleich dem dreifachen Nutenschritt y_{nh} der Hilfswicklung sein:

$$\frac{N}{2\,p} = 3\,y_{nh}\,;\qquad\qquad\qquad (148)$$

das heißt die Nutenzahl je Pol muß ein Vielfaches von drei sein.

Der Nutenschritt y_{nH} der Hauptwicklung kann beliebig und unabhängig vom Nutenschritt y_{nh} der Hilfswicklung gewählt werden.

Wir werden an einigen Beispielen die Richtigkeit der soeben aufgestellten Regeln für die Ausführbarkeit von mehrgängigen Schleifenwicklungen mit Hilfswicklungen prüfen.

γ) Beispiele

Mehrgängige Schleifenwicklungen mit teilerfremden $m = a/p$ **und** u. **Zweigängige Schleifenwicklungen mit Hilfswicklung.** Wir stellen uns die Aufgabe, eine zweigängige Schleifenwicklung ($m = a/p = 2$) mit $u = 3$ Stegen je Nut zu entwerfen. In Abb. 308 ist die Lage der oberschichtigen Stäbe der beiden Teilwicklungen angegeben: die nichtschraffierten Stäbe gehören zur einen Teilwicklung, die schraffierten Stäbe zur anderen Teilwicklung der Hauptwicklung. Ein Teil des Spannungsvieleckes dieser Wicklung ist in Abb. 309 gezeichnet. A_1, A_2, A_3, ... sind die Zeiger der Windungsspannungen der nichtschraffierten Teilwicklung und B_1, B_2, B_3, ... jene der schraffierten Teilwicklung. Die Eckpunkte der beiden Spannungsvielecke, des voll und des gestrichelt gezeichneten, stellen die Stege des Stromwenders dar. Nach Abb. 307 müssen die Spannungen

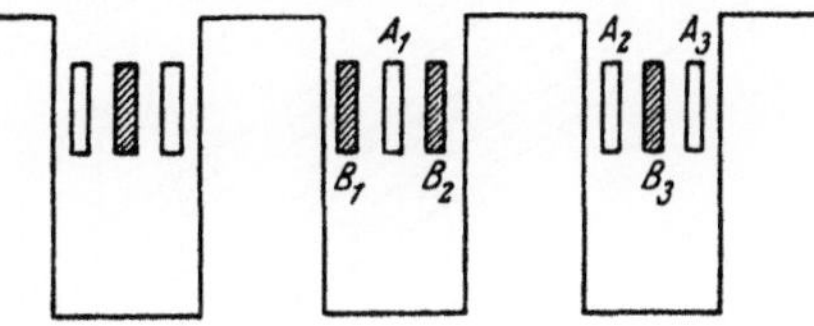

Abb. 308. Lage der oberschichtigen Stäbe der beiden Teilwicklungen in den Nuten einer zweigängigen Schleifenwicklung mit drei Stegen je Nut

der Windungen der· Hilfswicklung gleich den Spannungen zwischen den einzelnen benachbarten Stromwenderstegen sein. Aus diesem Grunde sind H_1, H_2, H_3, ... in Abb. 309 die Zeiger der Windungsspannungen der Hilfswicklung.

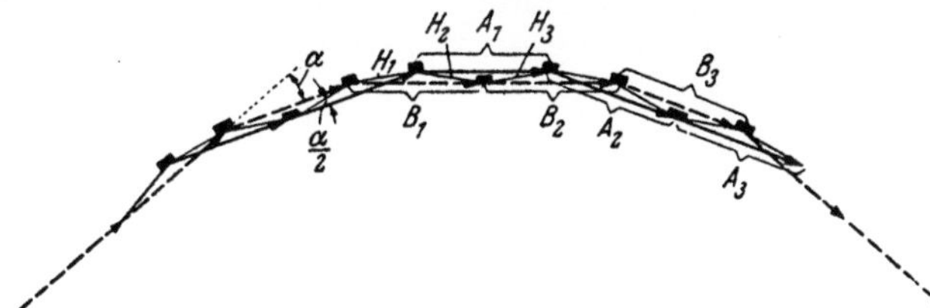

Abb. 309. Teil der Spannungsvielecke der Teilwicklungen der Wicklung mit der Hilfswicklung in Abb. 308

Die Spulenweiten der Haupt- und Hilfswicklung sind so anzunehmen, daß die ihnen entsprechenden Spulenwicklungsfaktoren sich verhalten wie die Zeiger A und H in Abb. 309, das heißt praktisch wie 2 : 1. Wenn wir den Phasenwinkel zwischen zwei benachbarten Nuten mit α bezeichnen, so muß nach Abb. 309 dieses Verhältnis der Spulenwicklungsfaktoren

$$2\cos\frac{\alpha}{2}$$

sein.

Auch die Schaltung der Windungen ist Abb. 309 zu entnehmen. Zum Beispiel müssen die beiden Windungen H_1 und H_2, die parallel zur Windung B_1 der Hauptwicklung liegen, gegeneinander um eine Nutteilung verschoben sein und gegen B_1 um eine halbe Nutteilung vor-, bzw. rückverschoben sein. Die letzte Forderung kann nur erfüllt werden, wenn der Unterschied der Nutenschritte der Haupt- und Hilfswicklung

$$y_{nH} - y_{nh} = \text{eine ungerade Zahl von Nutteilungen}$$

ist.

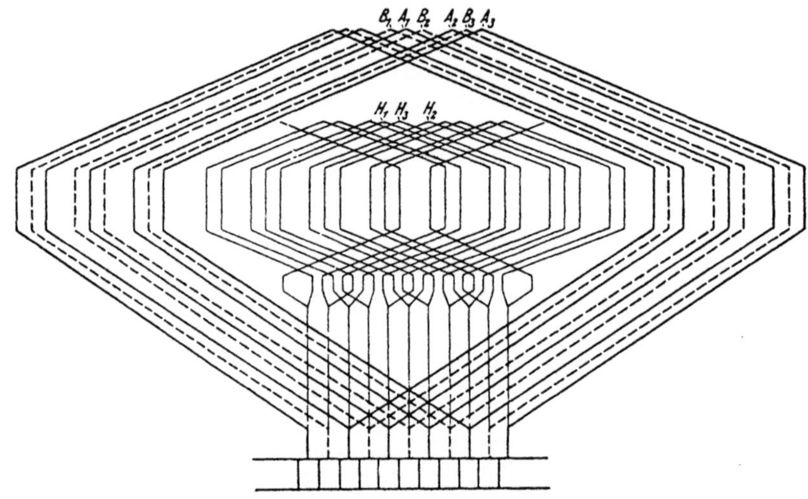

Abb. 310. Zweigängige Schleifenwicklung mit drei Stegen je Nut und 12 Nuten je Pol mit Hilfswicklung

Ein Beispiel einer zweigängigen Schleifenwicklung $(m = a/p = 2)$ mit $u = 3$ Stegen je Nut ist in Abb. 310 gezeichnet für 12 Nuten je Pol. Der Nutenschritt der Hauptwicklung ist $y_{nH} = 11$, so daß der Spulenwicklungsfaktor dieser Wicklung sich errechnet zu

$$\sin \frac{\pi}{2} \frac{y_{nH}}{N/2\,p} = \sin \frac{\pi}{2} \frac{11}{12} = 0{,}991.$$

Mit dem Nutenschritte der Hilfswicklung $y_{nh} = 4$ ergibt sich der Spulenwicklungsfaktor dieser Wicklung zu

$$\sin \frac{\pi}{2} \frac{y_{nh}}{N/2\,p} = \sin \frac{\pi}{2} \frac{4}{12} = 0{,}5.$$

Das vorhin aus Abb. 309 ermittelte Verhältnis der Spulenwicklungsfaktoren der Haupt- und Hilfswicklung soll sein

$$2 \cos \frac{\alpha}{2} = 2 \cos \frac{p}{2\,N} 360^0 = 2 \cos 7{,}5^0 = 2 \cdot 0{,}991.$$

Somit ist diese Forderung bei unserer Wicklung genau erfüllt.

Die folgende Tabelle gibt einen Überblick über weitere Möglichkeiten für zweigängige Schleifenwicklungen $(m = a/p = 2)$ mit $u = 3$ Stegen je Nut:

Tabelle 16. *Zweigängige Schleifenwicklungen mit drei Stegen je Nut mit Hilfs-wicklungen*

$m = \dfrac{a}{p}$	u	$N/2\,p$	y_{nH}	Spulenwicklungs-faktor (Hauptw.)	y_{nh}	Spulenwicklungs-faktor (Hilfsw.)
		15	14	0,995	5	0,5
			9	0,809	4	0,407
2	3	16½	12	0,91	5	0,458
		18	17	0,996	6	0,5

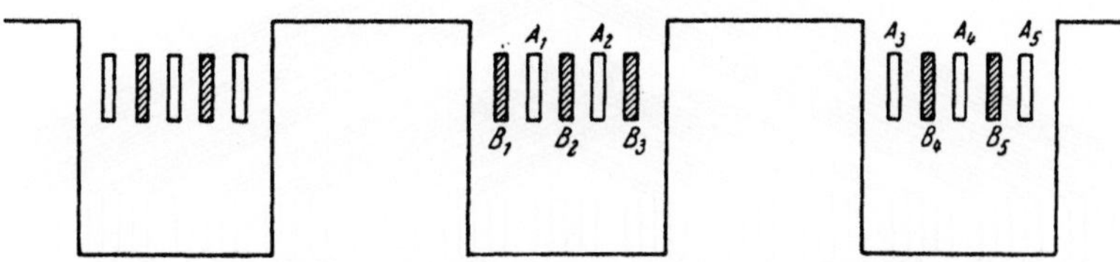

Abb. 311. Lage der oberschichtigen Stäbe der beiden Teilwicklungen in den Nuten einer zweigängigen Schleifenwicklung mit 5 Stegen je Nut

Für eine zweigängige Schleifenwicklung $(m = a/p = 2)$ mit $u = 5$ Stromwenderstegen je Nut bestehen die gleichen Ausführungsmöglich-keiten wie für $m = 2$ und $u = 3$. Abb. 311 zeigt die Lage der ober-schichtigen Stäbe der beiden Teilwicklungen der Hauptwicklung in den Nuten; Abb. 312 die Spannungsvielecke der Wicklung mit der Hilfs-wicklung und Abb. 313 ein Beispiel mit 16½ Nuten je Pol und den Nuten-schritten $y_{nH} = 12$ und $y_{nh} = 5$.

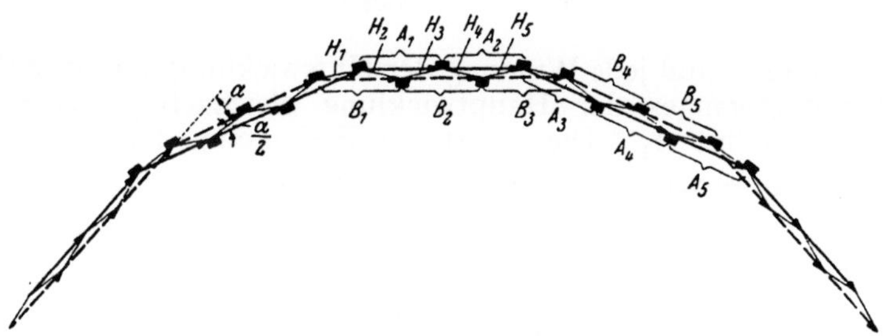

Abb. 312. Teil der Spannungsvielecke der Teilwicklungen der Wicklung in Abb. 311 mit der Hilfswicklung

Dreigängige Schleifenwicklungen mit Hilfswicklung. Für eine dreigängige Schleifenwicklung $(m = a/p = 3)$ mit $u = 2$ Stegen je Nut zeigt Abb. 314 die Lage der oberschichtigen Stäbe der drei Wick-lungsgänge in aufeinanderfolgenden Nuten. Diese Stäbe sind mit A_1, A_2, A_3, ..., bzw. B_1, B_2, B_3, ..., bzw. C_1, C_2, C_3, ... beschriftet.

In Abb. 315 sind die Spannungsvielecke der drei Wicklungsgänge ge-zeichnet und durch verschiedene Stricharten voneinander unterschieden. Die Verbindungslinien der Eckpunkte der Spannungsvielecke stellen die Zeiger H_1, H_2, H_3, ... der Windungsspannungen der Hilfswicklung dar. Aus Abb. 315 lesen wir zweierlei heraus: erstens muß die Windungsspannung der Hilfswicklung angenähert ein Drittel der Windungsspannung der Hauptwicklung sein oder genauer, das Verhältnis der Spulenwicklungsfaktoren von Haupt- und Hilfswicklung muß

$$1 + 2 \cos \alpha$$

betragen, wenn α wieder der Phasenwinkel zwischen benachbarten Nuten, also

$$\alpha = \frac{p}{N} \, 360^0$$

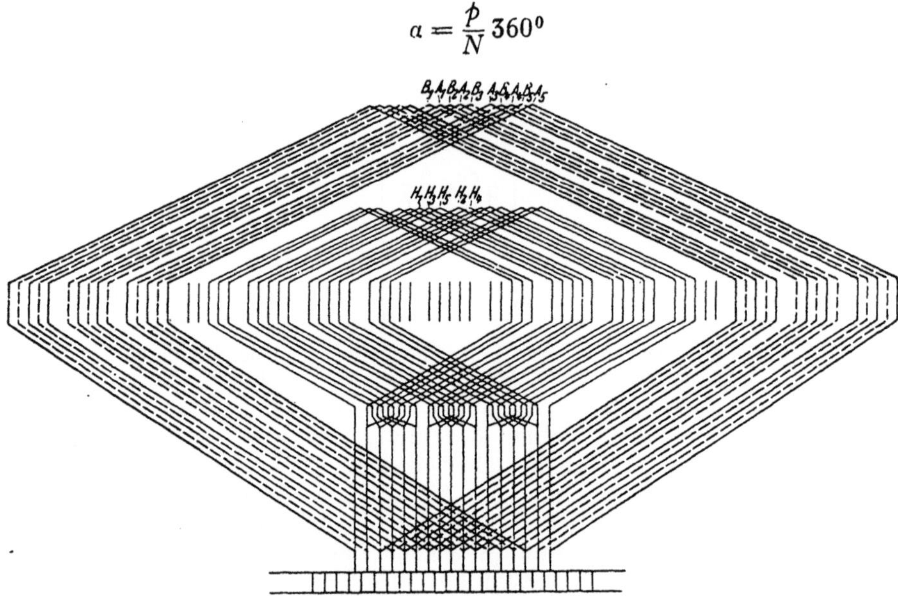

Abb. 313. Zweigängige Schleifenwicklung mit 5 Stegen je Nut und 16½ Nuten je Pol mit Hilfswicklung

ist. Und zweitens muß jede Windung der Hilfswicklung mit einer Windung eines Wicklungsganges der Hauptwicklung gleichachsig liegen, z. B. H_1 gleichphasig mit A_1. Dies führt zur Bedingung, daß

$$y_{nH} - y_{nh} = \text{eine ungerade Zahl von Nutteilungen}$$

sein muß.

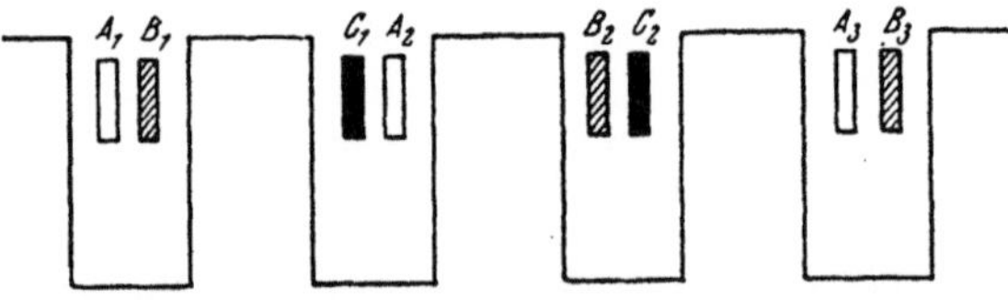

Abb. 314. Lage der oberschichtigen Stäbe der drei Wicklungsgänge in den Nuten einer dreigängigen Schleifenwicklung mit 2 Stegen je Nut

Es ergibt sich also schon die bei der Besprechung der Ausführbarkeit der mehrgängigen Schleifenwicklungen mit Hilfswicklung angeführte Regel, daß, wenn $m = a/p$ eine gerade Zahl ist, $(y_{nH} - y_{nh})$ eine ungerade Zahl sein muß und umgekehrt.

Eine dreigängige Schleifenwicklung ($m = a/p = 3$) mit $u = 2$ Stegen je Nut und mit 15 Nuten je Pol ist mit den Nutenschritten $y_{nH} = 11$ und

$y_{nh} = 3$ in Abb. 316 entworfen. Die Spulenwicklungsfaktoren der Haupt-
und Hilfswicklung sind 0,914, bzw. 0,309.

Viergängige Schleifenwicklungen mit Hilfswicklung. Die Lage
der oberschichtigen Stäbe einer viergängigen Schleifenwicklung ($m = a/p = 4$)
mit drei Stegen je Nut in den aufeinanderfolgenden Nuten führt uns
Abb. 317 vor Augen. Ein Teil der
Spannungsvielecke der vier Wicklungsgänge ist mit verschiedenen Stricharten in Abb. 318 gezeichnet. Wieder
lehrt uns Abb. 318 zweierlei: das Verhältnis der Spulenwicklungsfaktoren
von Haupt- und Hilfswicklung muß

$$2 \left(\cos \frac{a}{2} + \cos 3 \frac{a}{2} \right)$$

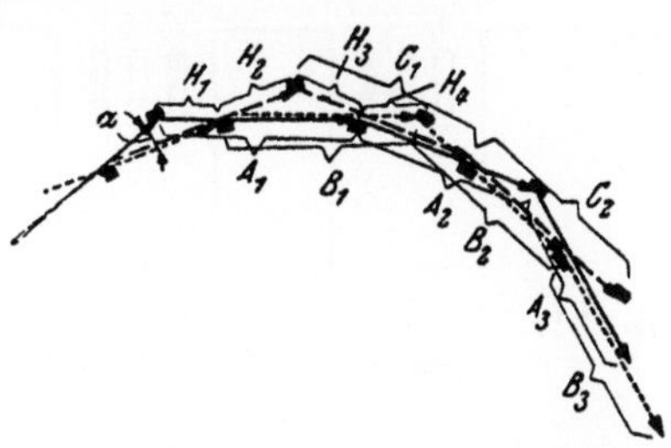

Abb. 315. Teil der Spannungsvielecke
der drei Wicklungsgänge der Wicklung
in Abb. 314 mit der Hilfswicklung

sein. Und weiters folgt für die Lage
der Windungen H_2, H_3, H_4 und H_5
der Hilfswicklung gegenüber der Windung A_2 der Hauptwicklung, die zu
ihnen parallelgeschaltet ist, daß H_2 gegen A_2 um eine halbe Nutteilung,
H_3 gegen A_2 um $1\frac{1}{2}$ Nutteilungen vorverschoben sein müssen, während
H_4 gegen A_2 um $1\frac{1}{2}$ Nutteilungen und H_5 um eine halbe Nutteilung rückverschoben angeordnet werden müssen.

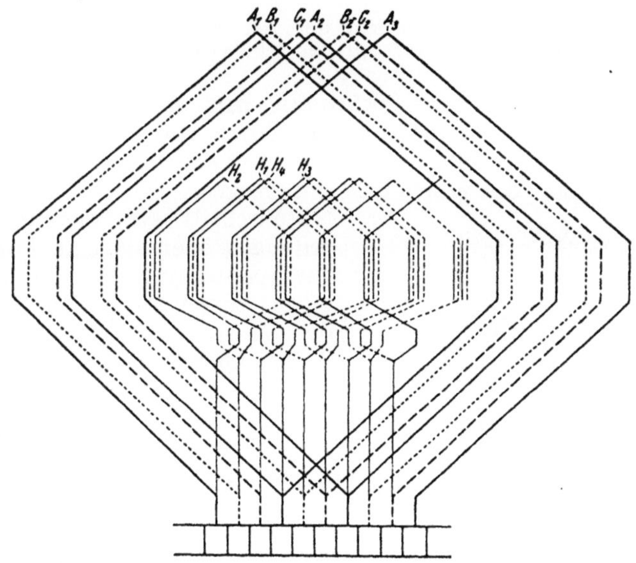

Abb. 316. Dreigängige Schleifenwicklung mit 2 Stegen je Nut und 15 Nuten je Pol
mit Hilfswicklung

Zum Beispiel könnte eine viergängige Schleifenwicklung mit Hilfswicklung mit 15 Nuten je Pol ausgeführt werden für $u = 3, 5$ oder 7 Stege
je Nut, wenn die Nutenschritte der Hauptwicklung und Hilfswicklung
$y_{nH} = 9$ und $y_{nh} = 2$ gewählt werden, was Spulenwicklungsfaktoren 0,809,
bzw. 0,208 bedingt.

Mehrgängige Schleifenwicklungen, bei denen $m = a/p$ **und** u
einen gemeinsamen Teiler haben. Wir beschränken uns hier auf die
Besprechung der zweigängigen Schleifenwicklungen mit $m = a/p = 2$
und mit $u = 2, 4, 6, \ldots$ Stegen je Nut. Die Wicklungen müssen als
Treppenwicklungen ausgeführt werden.

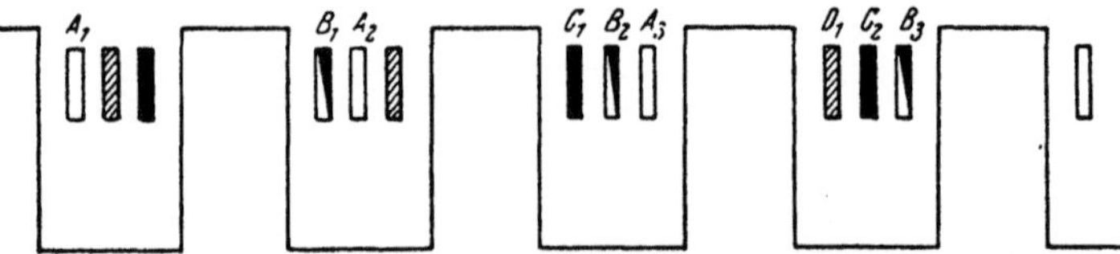

Abb. 317. Lage der oberschichtigen Stäbe der vier Wicklungsgänge in den Nuten
einer viergängigen Schleifenwicklung mit 3 Stegen je Nut

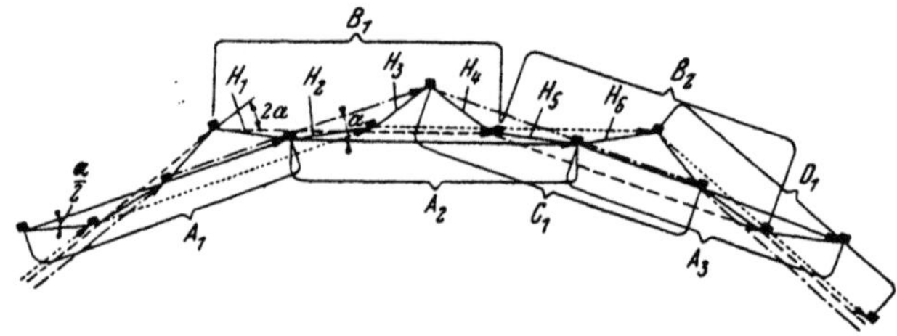

Abb. 318. Teil der Spannungsvielecke der vier Wicklungsgänge der Wicklung in
Abb. 317 mit der Hilfswicklung

Zweigängige Schleifenwicklungen mit $u = 2$ **Stegen je Nut.**
Eine solche Wicklung ist in Abb. 319 durch ein paar Windungen angedeutet. Die voll gezeichnete Teilwicklung hat einen Nutenschritt, der gleich
der Polteilung ist; die gestrichelt ausgezogene Teilwicklung weist einen
Nutenschritt auf, der um eine Nut-
teilung größer als eine Polteilung ist.
Im Spannungsvieleck dieser zweigängigen Schleifenwicklung in Abb. 320
decken sich die Vielecke der beiden
Teilwicklungen. Zu beachten sind nur

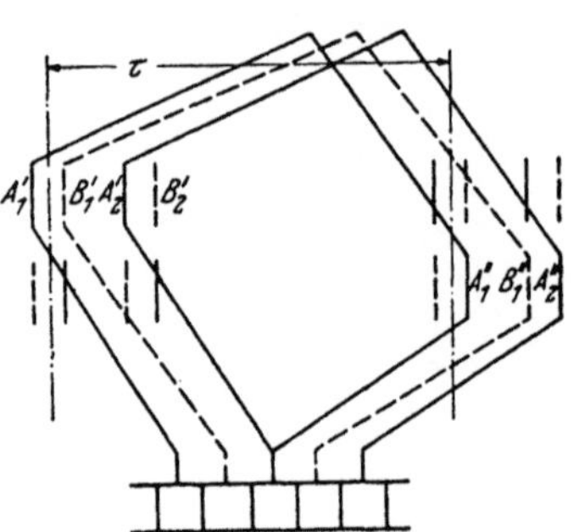

Abb. 319. Zweigängige Schleifen-
Treppenwicklung mit zwei Stegen
je Nut

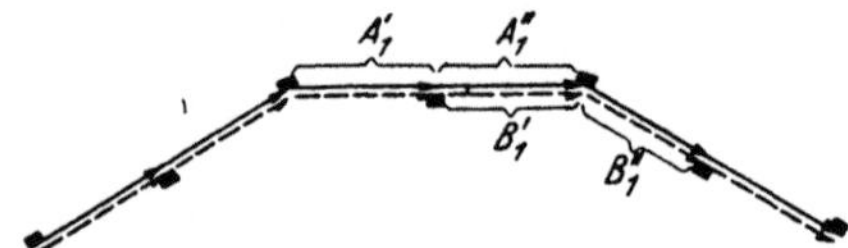

Abb. 320. Teil der Spannungsvielecke der
beiden Teilwicklungen der Wicklung in
Abb. 319

die den Stromwenderstegen entsprechenden Ecken des Spannungsviel-
ecks, die für den Wicklungsgang mit den mit A bezeichneten Windungen
mit den Ecken zusammenfallen, die die Spannungszeiger der Spulen A
miteinander bilden, während die Eckpunkte der Zeiger der Gesamtspannungen der Windungen B des zweiten Wicklungsganges in der Mitte der
Seiten des Spannungsvieleckes liegen.

Man sieht in Abb. 320 deutlich, daß die Windungsspannung der Hilfswicklung gleich der Spannung eines Stabes der Hauptwicklung sein muß. Dies ist der Fall, wenn der Nutenschritt der Hilfswicklung $y_{nh} = 1/3 \ (N/2\,p)$ ist. Und dies ist nur möglich, wenn die Nutenzahl je Pol durch drei ganzzahlig teilbar ist.

Ein Beispiel für $m = = a/p = 2$, $u = 2$ und 9 Nuten je Pol zeigt Abb. 321. Die Nutenschritte der Hauptwicklung sind $y_{nH} = 9$ und 10 und der Nutenschritt der Hilfswicklung ist $y_{nh} = 3$.

Verkürzt man die Nutenschritte der Hauptwicklung im vorigen Beispiel auf $y_{nH} = 7$ und 8, so entsteht eine Wicklung nach Abb. 322. Das dazugehörige Spannungsvieleck ist in Abb. 323 zu sehen. Die Spannungen der Windungen der Hilfswicklung fallen mit den Spannungen der Stäbe $B_1{}'$, $B_1{}''$, $B_2{}'$, $B_2{}''$, ... zusammen. Während der Nutenschritt der Hauptwicklung beliebig angenommen werden kann, muß der Nutenschritt der Hilfswicklung unabhängig davon gleich $1/3 \ (N/2\,p)$ sein.

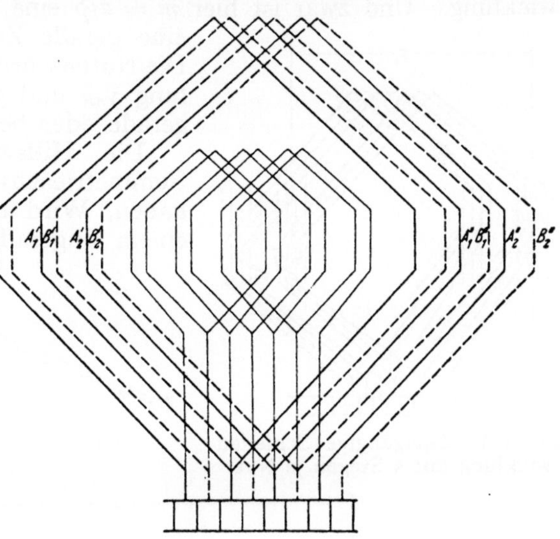

Abb. 321. Zweigängige Schleifen-Treppenwicklung mit 2 Stegen je Nut und 9 Nuten je Pol mit Hilfswicklung. Die Nutenschritte der Hauptwicklung sind 9 und 10

Zweigängige Schleifenwicklungen mit $u = 4$ Stegen je Nut.

Eine zweigängige Schleifenwicklung ($m = a/p = 2$) mit 4 Stegen je Nut zeigt Abb. 324 und das Spannungsvieleck Abb. 325. Die Zeiger der Windungsspannungen der Hilfswicklung decken sich mit den Zeigern der Stabspannungen der Hauptwicklung. Der Nutenschritt der Hilfswicklung muß wieder gleich $1/3 \ (N/2\,p)$ sein.

Auch diese Wicklung kann mit einer Schrittverkürzung in der Hauptwicklung ausgeführt werden, wie die Abb. 326 und 327 zeigen. Die Nutenzahl je Pol ist 9; Die Nutenschritte der Hauptwicklung sind $y_{nH} = 7$ und 8; der Nutenschritt der Hilfswicklung ist $y_{nh} = 3$.

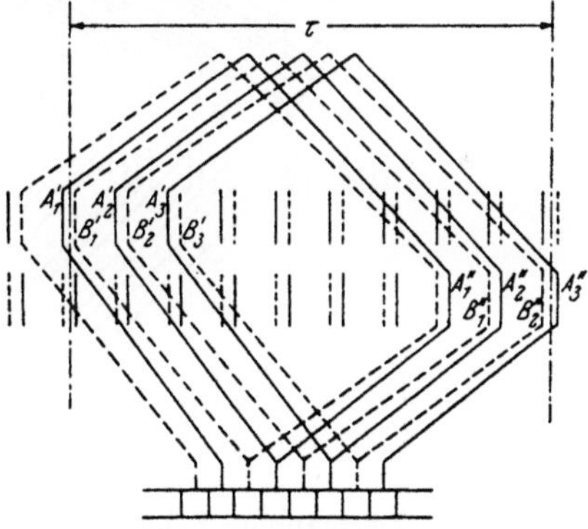

Abb. 322. Zweigängige Schleifen-Treppenwicklung mit 2 Stegen je Nut und 9 Nuten je Pol mit den Nutenschritten 7 und 8

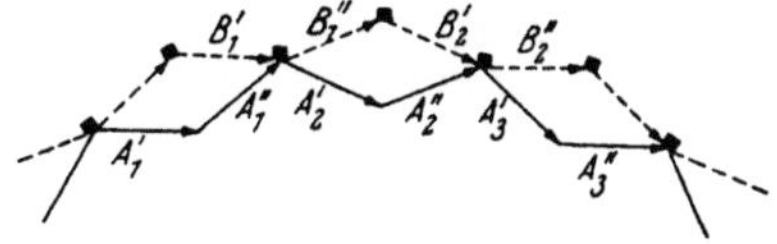

Abb. 323. Teil der Spannungsvielecke der Wicklung in Abb. 322

e) Mehrgängige Wellenwicklungen mit Hilfswicklungen

Abb. 328 a ist das Schaltbild einer m-gängigen Haupt-Wellenwicklung mit einer ganzen Zahl N/p von Nuten je Polpaar mit einer Hilfs-Schleifenwicklung. Und zwar ist hier $m = a/p$ eine ungerade Zahl und $u = k/N$ eine gerade Zahl. Beide sind teilerfremd. Die Nutenschritte der Haupt- und Hilfswicklung y_{nH} und y_{nh} sind entweder beide ungerade oder beide gerade Zahlen.

Die Hilfswicklung soll die gleichen Symmetrieachsen wie die Hauptwicklung haben. Wird nun die Hauptwicklung mit einem ungeraden Nutenschritt ausgeführt,

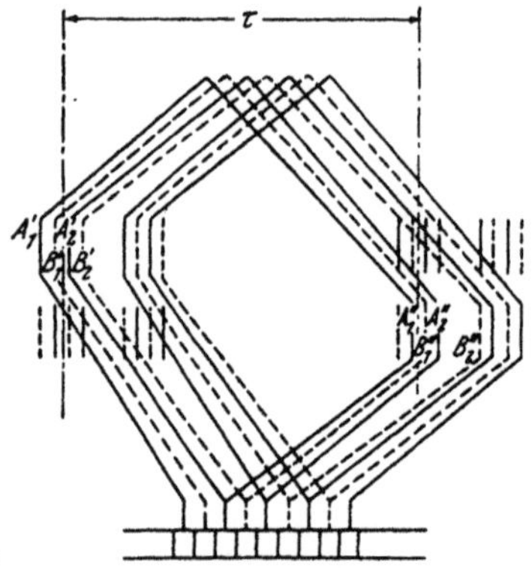

Abb. 324. Zweigängige Schleifenwicklung mit 4 Stegen je Nut

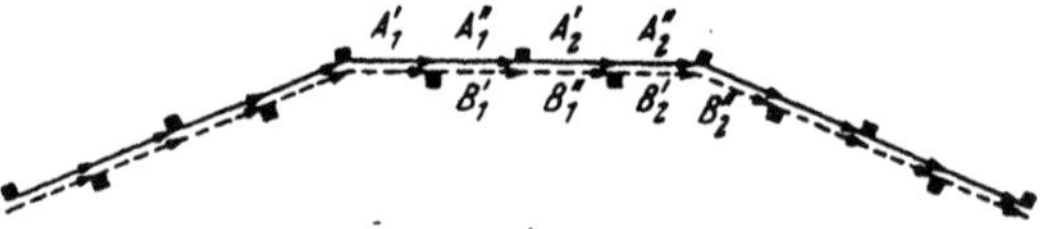

Abb. 325. Teil der Spannungsvielecke der Wicklung in Abb. 324

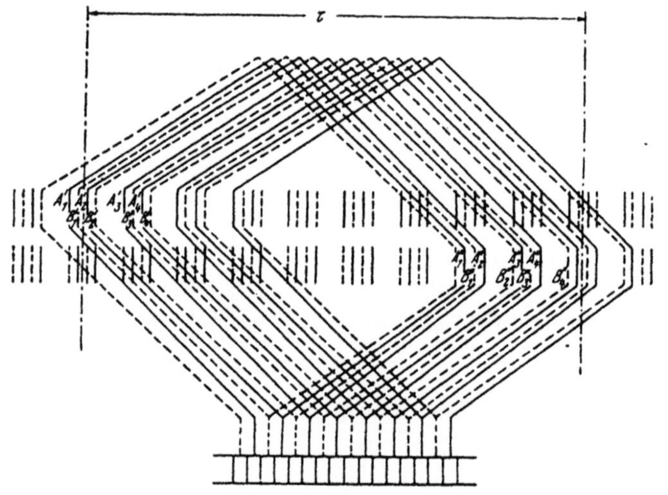

Abb. 326. Zweigängige Schleifenwicklung mit 4 Stegen je Nut und 9 Nuten je Pol mit den Nutenschritten 7 und 8

die Hilfswicklung jedoch mit einem geradzahligen Nutenschritt, oder umgekehrt, so liegt in der Mitte der Spule mit dem ungeraden Schritte ein Zahn und in der Hälfte der Spule mit dem geraden Schritte eine Nut. Man sieht dann zwei Hilfsspulen nach Abb. 328 b vor,

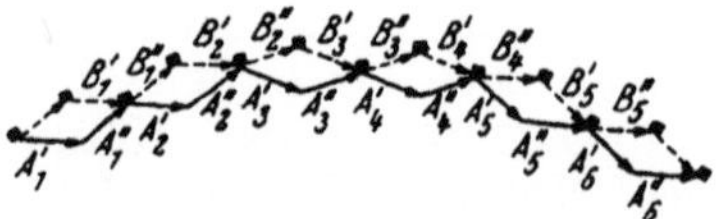

Abb. 327. Teil der Spannungsvielecke der Wicklung in Abb. 326

die entsprechend an den Stromwender anzuschließen sind. Für die Abb. 328 b gelten die gleichen Angaben wie für die Abb. 328 a; nur ist der Schritt der Hauptwellenwicklung ungerade und jener der Hilfs-Schleifenwicklung gerade oder umgekehrt.

In den Abb. 328 c und d ist die Stegzahl u je Nut eine ungerade Zahl, und besitzt mit der Zahl der parallelen Zweigpaare je Polpaar $m = a/p$ keinen Teiler außer 1. Vorausgesetzt wird bei Abb. 328 c, daß die Zahl

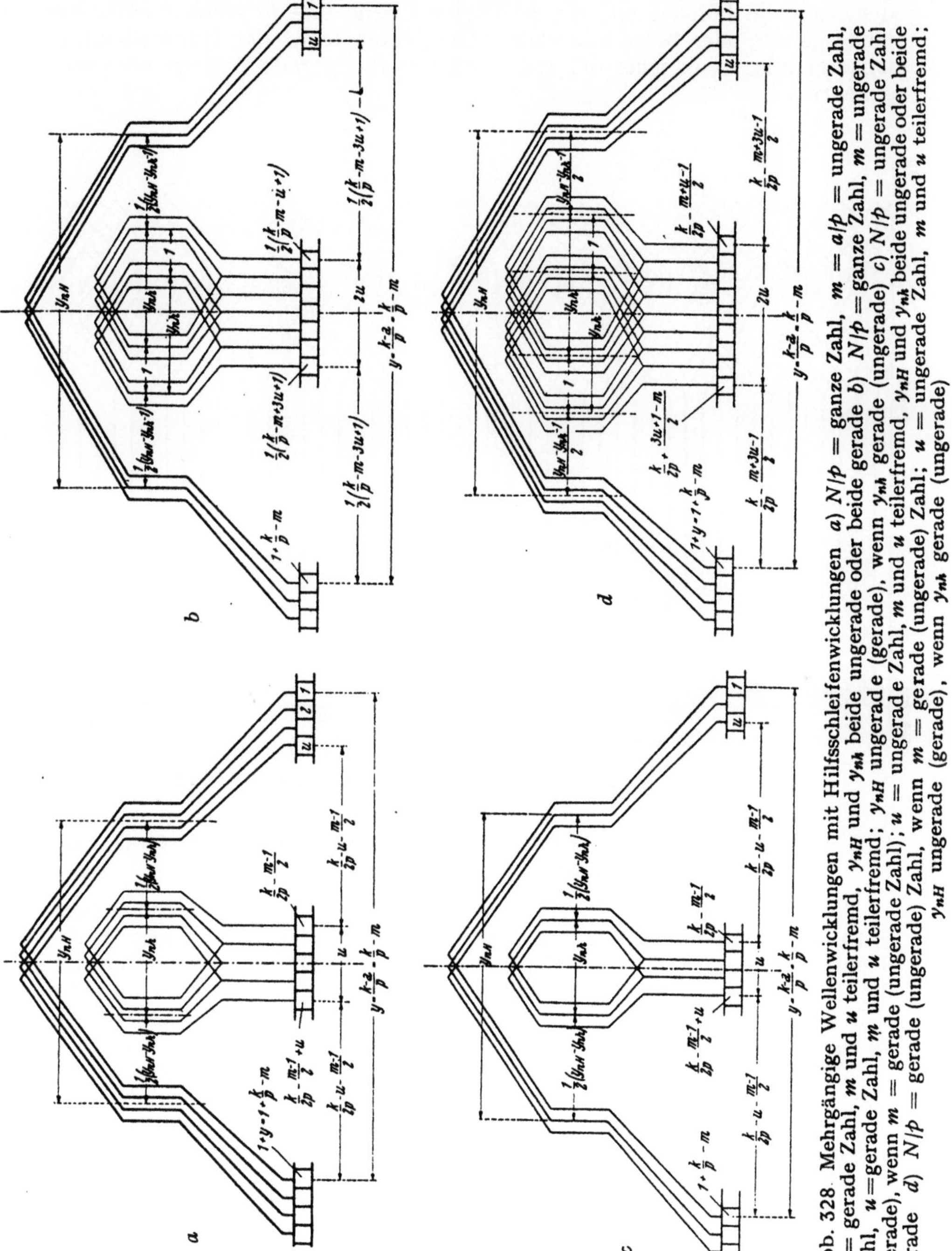

Abb. 328 Mehrgängige Wellenwicklungen mit Hilfsschleifenwicklungen a) N/p = ganze Zahl, $m = a/p$ = ungerade Zahl, u = gerade Zahl, m und u teilerfremd, y_{nH} und y_{nk} beide ungerade oder beide gerade b) N/p = ganze Zahl, m = ungerade Zahl, u = gerade Zahl, m und u teilerfremd; y_{nH} ungerade (gerade), wenn y_{nk} gerade (ungerade) c) N/p = ungerade Zahl (gerade), wenn m = gerade (ungerade Zahl); u = ungerade Zahl, m und u teilerfremd, y_{nH} und y_{nk} beide ungerade oder beide gerade d) N/p = gerade (ungerade) Zahl, wenn m = gerade (ungerade) Zahl; u = ungerade Zahl, m und u teilerfremd; y_{nH} ungerade (gerade), wenn y_{nk} gerade (ungerade)

der Nuten N/p je Polpaar ungerade oder gerade ist, wenn m gerade oder ungerade ist. Außerdem sind die Nutenschritte der Haupt-Wellenwicklung und der Hilfs-Schleifenwicklung entweder beide ungerade oder beide gerade Zahlen. In Abb. 328 d sind bei einem ungeradzahligen u die Zahlen der Nuten je Polpaar und der parallelen Zweigpaare je Polpaar entweder beide gerade oder beide ungerade. Der Nutenschritt der Hauptwicklung ist ungerade, wenn jener der Hilfswicklung eine gerade Zahl ist oder umgekehrt.

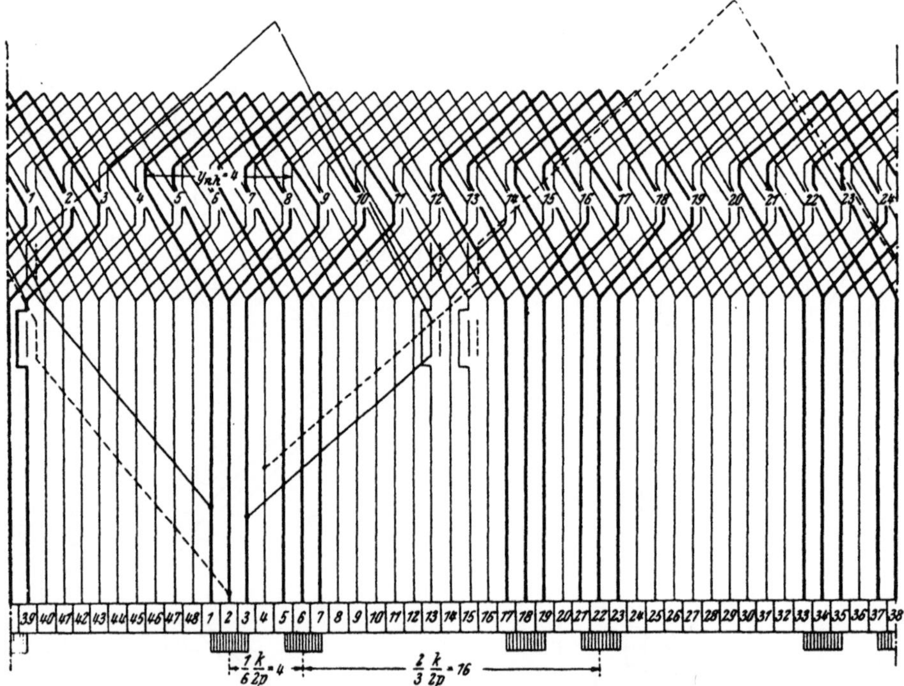

Abb. 329. Hilfsschleifenwicklung für die Wicklung in Abb. 304

f) Ein- und mehrfache Wicklungen mit Sechsbürstenschaltung und Sehnenbürsten mit Hilfswicklungen

Auch die in dem Abschn. V C 2 e beschriebenen Wicklungen mit Sechsbürstenschaltung und Sehnenbürsten lassen sich mit Hilfswicklungen ausrüsten. Zum Beispiel zeigt Abb. 329 die Hilfswicklung für die in Abb. 304 dargestellte Wicklung. Von der Hauptwicklung ist nur eine Schleifenwicklungsspule zwischen den Stegen 1 und 3 und eine Wellenspule zwischen den Stegen 2 und 4 gezeichnet. Der Nutenschritt der Hilfswicklung ist nach Gl. (148) $y_{nh} = 1/3\ (N/2\,p) = 24/6 = 4$ Nutteilungen. Die durch die Bürsten kurzgeschlossenen Spulen der Hilfswicklung sind im Schaltbilde stark nachgezogen. Wir sehen, daß die wendenden Leiter auf alle Nuten verteilt sind.

Ein zweites Beispiel veranschaulicht Abb. 330. Für eine achtpolige Maschine mit 96 Nuten im Anker und 384 Stromwenderstegen ist eine Ankerwicklung entworfen, in der Schleifen- und Wellenspulen abwechselnd aufeinanderfolgen. Die zugrunde liegende Schleifenwicklung ist zweigängig und zweifach geschlossen; ihre Spulenweite umfaßt 10 Nutteilungen; der resultierende Wicklungsschritt ist $y_1 = y_s = 2$. Sie ist ungestuft. Die Wellenwicklung ist ebenfalls zweigängig, zweifach geschlossen und eine Treppenwicklung, da ja $m = 2$ und $u = k/N = 4$ einen gemeinsamen Teiler haben. (Siehe V C 3 d β.) Ihre Spulen haben abwechselnd Weiten von 10 und 11 Nutteilungen. Der resultierende Wicklungsschritt ist $y_2 = y_w = 94$. Die Hauptwicklung setzt sich aus zwei Teilwicklungen zusammen. In jeder dieser Teilwicklungen wechseln Schleifen- und Wellenspulen fortlaufend miteinander ab, wie es bei der Wicklung in Abb. 304 der Fall ist. Nur haben wir dort am Steg 1 mit einer Schleifenspule und am Steg 2 mit einer Wellenspule die Wicklungszüge begonnen, während wir hier sowohl am Steg 1 als auch am Steg 2 die Teilwicklungen mit Schleifenspulen anfangen lassen.

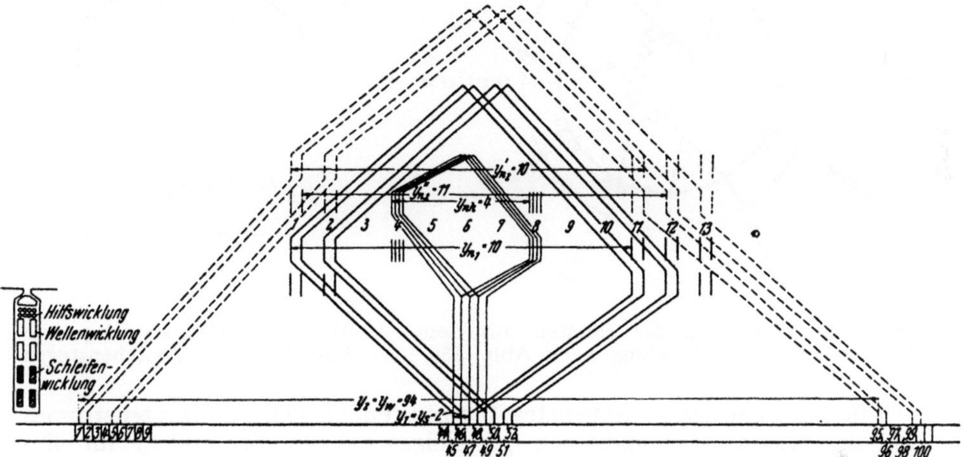

Abb. 330 und 331. Achtpolige Wicklung mit 96 Nuten und 384 Stegen, deren zwei Teilwicklungen abwechselnd aus Schleifen- und Wellenspulen bestehen, mit einer eingängigen Schleifenwicklung als Hilfswicklung, und Nut der Wicklung

Die Hilfswicklung ist eine eingängige Schleifenwicklung, deren Spulenweite $y_{nh} = 1/3\,(N/2\,p) = 96/24 = 4$ Nutteilungen beträgt. In der Nut liegt nach Abb. 331 am Grunde die Schleifenwicklung, darüber die Wellenwicklung und unter dem Keil die Hilfswicklung. Die Anordnung der Bürsten auf dem Stromwender entnehmen wir Abb. 332. Der Kreis stellt den auf 2 Pole bezogenen Stromwender dar, der also viermal umlaufen werden muß. Wir teilen den Kreis in 12 Teile; jeder Teil umfaßt 8 Stege, so daß die gesamte Stegzahl $12 \cdot 8 \cdot 4 = 384$ ist. Die Bürsten sind wieder so verteilt, wie wir es schon kennengelernt haben. Die mit 1, 3 und 5 bezeichneten Bürsten sind mit den Anfängen der Ständerwicklungsstränge und die Bürsten 4, 6 und 2 mit den Enden verbunden. Die über die Teilungspunkte des Kreises geschriebenen Zahlen geben die Stege an.

g) Wicklungen mit Zwischenstegen

Um die Drehfeld-Grundwellenspannung zwischen benachbarten Stromwenderstegen zu verringern, verwendet man auch Stromwenderwicklungen mit Zwischenstegen, wie sie bereits bei den Stromwendermaschinen für einphasigen Wechselstrom beschrieben wurden.

In Abb. 333 wird die Hilfswicklung zum Anschlusse der Zwischenstege benutzt. Eine Windung der stark gezeichneten Hauptwicklung liegt an den Stegen 1 und 2, und parallel dazu zwei in Reihe geschaltete Windungen der Hilfswicklung. Die Verbindung zwischen der ersten und zweiten Windung ist herausgeführt und an den Zwischensteg 1′ angeschlossen. Jede Windung der Hilfswicklung weist die Hälfte der Spannung der Hauptwindung auf; deshalb teilt der Zwischensteg die Spannung zwischen den Stegen der Hauptwindung in zwei praktisch gleiche Hälften.

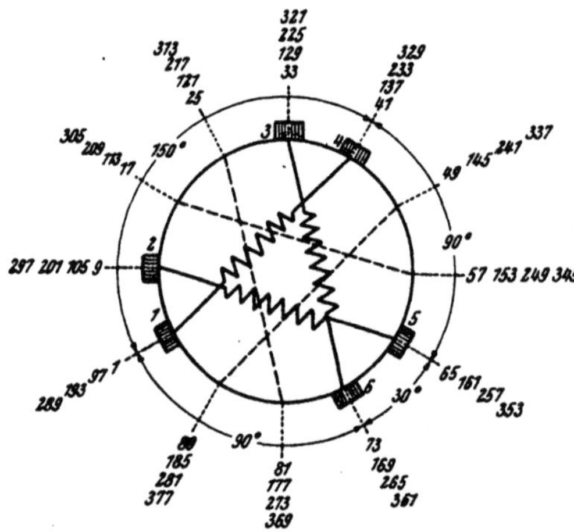
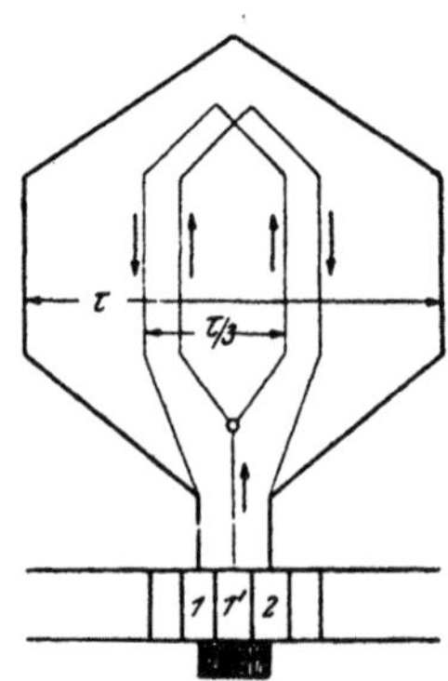

Abb. 332. Anordnung der Bürsten auf dem Stromwender der Wicklung nach Abb. 330

Abb. 333. Hilfswicklung zum Anschlusse von Zwischenstegen

Für den über den Zwischensteg 1′ eintretenden Teil des Bürstenstromes sind die beiden Hilfswindungen parallelgeschaltet. Sie stellen für ihn keinen induktiven Widerstand dar, weil sich die magnetischen Wirkungen der Teilströme aufheben, was leicht einzusehen ist, wenn man die Pfeile in Abb. 333 beachtet.

4. Der Einfluß der Oberwellen des Drehfeldes

a) Wicklungsoberwellen und Sättigungsoberwellen

Die Oberwellen des Drehfeldes können einerseits durch die Wicklungsverteilung und andererseits durch Sättigungserscheinungen hervorgerufen werden.

α) *Wicklungsoberwellen*

Bei *ständergespeisten* Drehstrom-Nebenschluß-Wendermotoren haben die Wicklungsoberfelder einen sehr ungünstigen Einfluß auf die Stromwendung, auch noch bei der Sechsbürstenschaltung.

Beim *läufergespeisten* Drehstrom-Nebenschluß-Wendermotor kann man von der Wirkung der Oberfelder, die von der Verteilung der Primärwicklung herrühren, praktisch absehen. Auch die Oberfelder der Sekundär- und der Regelwicklung wirken sich weniger aus. Außerdem kann man den Einfluß der Wicklungsoberfelder auf die Stromwendung dadurch fast vollkommen ausschalten, daß man die Phasenzahl der Sekundärwicklung vergrößert.

β) *Sättigungsoberwellen*

Das von der Grundwelle der Felderregerkurve erzeugte Drehfeld wird besonders durch die Zahnsättigung abgeflacht. Die auf diese Weise entstehenden Sättigungsoberwellen haben die Ordnungszahlen $v = 3, 5, 7, \ldots$

Die Sättigungsoberfelder, hauptsächlich die dritte Einzelwelle, können z. B. bei den läufergespeisten Drehstrom-Nebenschlußmotoren im Sekundärkreis Oberwellenströme hervorrufen, die einerseits zusätzliche Verluste verursachen und andererseits durch eine Vergrößerung der Strombelastung der Bürsten die Stromwendung verschlechtern. Eine weitere ungünstige Beeinflussung der Stromwendung entsteht durch die Drehfeld-Oberwellenspannungen, die von den Sättigungsoberwellen in den von den Bürsten kurzgeschlossenen Windungen der Regelwicklung erzeugt werden.

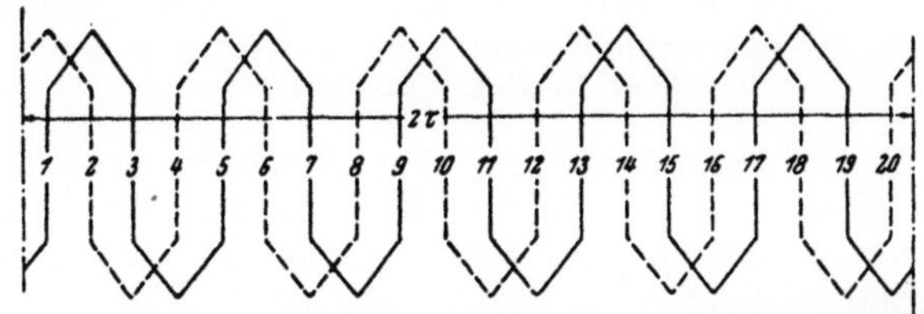

Abb. 334. Zweiphasige Dämpferwicklung für 10 Nuten je Pol zur Unterdrückung einer Wicklungsoberwelle fünfter Ordnung

Die Oberwellenströme kann man dadurch unterdrücken, daß man die Windungsschritte und die Zahnsättigung entsprechend wählt. Auch Drosselspulen hat man zur Abdämpfung der dritten Stromwelle eines sechsphasigen Sekundärkreises verwendet. (Schweiz. Patent Nr. 200 150.)

Nun zur Wirkung der Sättigungsoberwellen auf die Stromwendung. Um die von einer Sättigungsoberwelle dritter Ordnung in einer Stromwenderwicklungsspule induzierte Spannung auszulöschen, muß man eine Spulenweite vorsehen, die gleich 2/3 der Polteilung oder allgemein gleich $(1 \mp 1/3)\,\tau$ ist.

b) Kurzschlußwicklungen

Will man eine Oberwelle des Drehfeldes unterdrücken, so kann man entweder in den Ständer- oder in den Läufernuten kurzgeschlossene Mehrphasenwicklungen unterbringen, die für die Polzahl der zu unterdrückenden Oberwelle gewickelt sind und deren Stränge möglichst um $2/m_v$ der Polteilung der Oberwelle am Ankerumfang gegeneinander verschoben sind. m_v bedeutet die Strangzahl der Kurzschlußwicklung. Diese Dämpferwicklungen dürfen von der Grundwelle des Drehfeldes natürlich nicht induziert werden. Damit dies nicht geschieht, muß die Nutenzahl je Pol durch die Ordnungszahl v der abzudämpfenden Oberwelle teilbar sein:

$$m_v = \frac{N}{2\,p\,v} = \text{ganze Zahl} \geq 2. \tag{149}$$

Drei Beispiele sollen solche Dämpferwicklungen zeigen. In Abb. 334 ist eine zweiphasige Dämpferwicklung für $N/2\,p = 10$ Nuten je Pol gezeichnet, die eine Wicklungsoberwelle fünfter Ordnung unterdrücken soll. Nach Gl. (149) ist

$$m_5 = \frac{10}{5} = 2.$$

Abb. 335 stellt eine dreiphasige Kurzschlußwicklung dar, die ebenfalls eine fünfte Einzelwelle abzudämpfen hat. Die Nutenzahl in einer Polteilung ist hier $N/2\,p = 15$. Die beiden soeben beschriebenen Kurzschlußwicklungen können im Läufer untergebracht werden. Sie setzen auch die Induktivität der von den Bürsten kurzgeschlossenen Ankerspulen

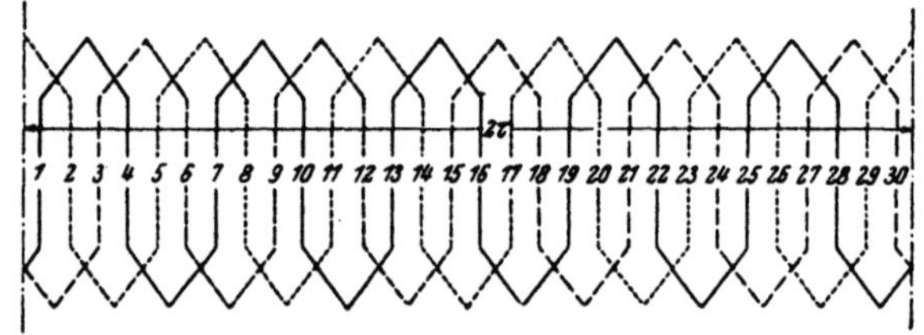

Abb. 335. Dreiphasige Kurzschlußwicklung für 15 Nuten je Pol zur Abdämpfung einer fünften Einzelwelle

herab. Ist z. B. die Hauptwicklung eine Durchmesserwicklung in Sechsbürstenschaltung, so kann durch eine Kurzschlußwicklung im Läufer die Induktivität der in Stromwendung befindlichen Läuferspule auf 80% verringert werden.

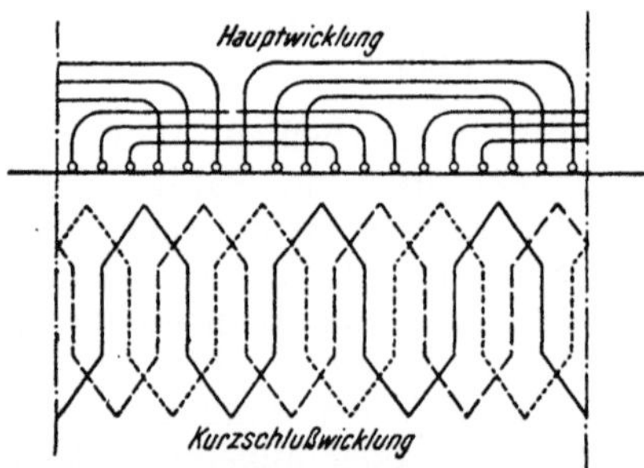

Abb. 336. Dreiphasen-Dreilochwicklung als Hauptwicklung und dreiphasige Einlochwicklung als Kurzschlußwicklung zur Unterdrückung einer Sättigungsoberwelle dritter Ordnung

Das dritte Beispiel betrifft die Unterdrückung einer Sättigungsoberwelle dritter Ordnung. In Abb. 336 ist eine Dreiphasen-Dreilochwicklung für einen Ständer angedeutet. Die darunter gezeichnete Kurzschlußwicklung ist eine dreiphasige Einlochwicklung. Für die dritte Sättigungswelle ergibt sich nach Gl. (149) die Beziehung:

$$m_3 = \frac{N}{2\,p\cdot 3} = q, \qquad (150)$$

das heißt die Strangzahl der Dämpferwicklung ist gleich der Nutenzahl je Pol und Wicklungsstrang der Hauptwicklung.

Bei den ständergespeisten Drehfeld-Stromwendermaschinen kann man im Läufer als Dämpferwicklung z. B. auch die in Abb. 337 dargestellte Kurzschlußwicklung mit einer Windung im Strang und mit stark verkürzter Spulenweite verwenden. Eine solche Dämpferwicklung verkleinert einerseits die Induktivität der von den Bürsten kurzgeschlossenen Ankerspulen und dämpft andererseits die Oberwellen des Drehfeldes zum Teil ab.

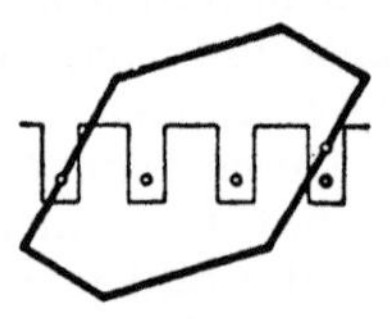

Abb. 337. Kurzschlußwicklung mit einer Windung im Strang

c) Hilfswicklungen

Wir haben bereits Hilfswicklungen kennengelernt, deren Spulen zu den Spulen der Hauptwicklung parallelgeschaltet sind: als Kommutierungswicklungen, bei den mehrgängigen Schleifenwicklungen zur Teilung der Spannung zwischen den Stegen, an denen die Enden der Spule der Hauptwicklung angeschlossen sind u. s. w.

Auch die aufgespaltenen Spulen in Abb. 279 und 280 sind die einfachste Form einer Verbindung einer Hauptspule und einer Hilfsspule. Dabei ist die Weite der Hilfsspule um ebensoviel größer als eine Polteilung als die Weite der Hauptspule kleiner als τ ist (Abb. 338). Da die Weiten und die Windungszahlen der parallelgeschalteten Spulen der Haupt- und Hilfswicklung so gewählt sind, daß die Grundwelle des Drehfeldes in beiden Spulen eine nach Größe und Phase gleiche Spannung induziert, so ist die von ihr in dem Kurzschlußkreis, den die beiden Spulen bilden, induzierte Spannung Null. Dafür dämpfen diese Kurzschlußkreise die Drehfeld-Oberwellenspannungen ab. Und zwar eignet sich die in Abb. 338 skizzierte Anordnung zur Abdämpfung von Oberwellen gerader Ordnungszahl. Solche Oberwellen enthält z. B. die Felderregerkurve von Sehnenwicklungen bei Dreibürstenschaltung oder Sechsbürstenschaltung mit Sehnenbürsten. Schon bei geringer Schrittverkürzung werden starke Oberfelder zweiter und vierter Ordnung ausgebildet.

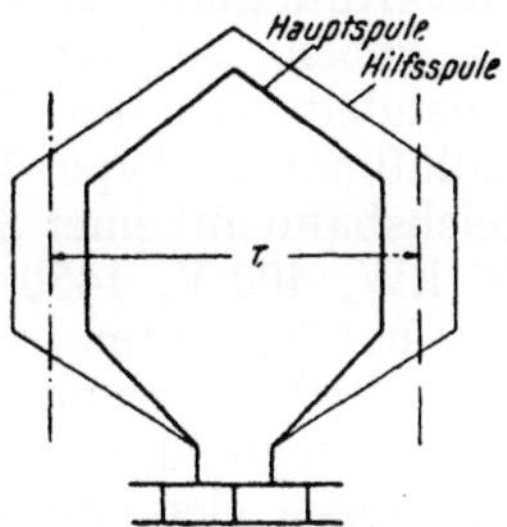

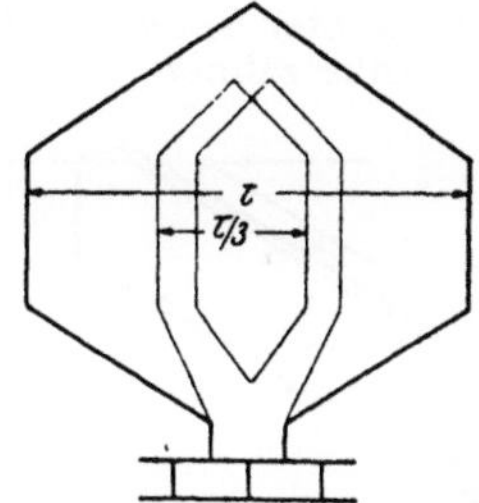

Abb. 338. Haupt- und Hilfsspule, deren Weiten um gleiche Beträge von einer Polteilung abweichen

Abb. 339. Haupt-Durchmesserspule und Hilfsspule mit einer Weite gleich 1/3 der Polteilung

In Abb. 339 ist eine Durchmesser-Hauptspule mit einer Sehnen-Hilfsspule mit einer Spulenweite gleich $\tau/3$ gezeichnet. Hier muß die Hilfsspule doppelt soviel Windungen wie die Hauptspule erhalten, damit die von der Grundwelle des Drehfeldes in beiden Spulen induzierten Spannungen gleich groß werden. Sowohl die Kurzschlußkreise, die durch die Parallelschaltung solcher Haupt- und Hilfsspulen nach Abb. 339 entstehen, als auch jene, die durch die Verbindung der Hilfswicklungen mit den mehrgängigen Schleifenwicklungen nach Abb. 307 geschaffen werden, dämpfen Oberwellen mehr oder weniger stark ab.

Und zwar empfiehlt sich die Anordnung nach Abb. 339 zur Dämpfung von Oberwellen ungerader Ordnungszahlen. Bei den Mehrfachparallelwicklungen mit Hilfswicklungen werden bei unverkürztem Schritt der Hauptwicklung die 2., 3., 4., 8., 9., ... Einzelwelle ausgezeichnet gedämpft, bei verkürztem Schritt auch die 5., 7., ... und in einem Sonderfalle auch die sechste Einzelwelle. Ein besonderer Vorteil ist die Vernichtung der Oberfelder ungerader Ordnungszahl, die durch Eisensättigung entstehen.

Die besprochenen Hilfswicklungen können als Dämpferwicklungen bei ständergespeisten und läufergespeisten Drehfeld-Stromwendermaschinen verwendet werden. Ihr Querschnitt ist bedeutend kleiner als jener der Hauptwicklung.

D. Dämpferwicklungen zur Verminderung der Stromwendespannung

1. Wirbelströme in massiven Ankerleitern

Es ist bekannt, daß die Wirbelströme in den massiven Ankerleitern von Stromwendermaschinen die Stromwendespannung vermindern. Dies leuchtet ein, wenn man überlegt, daß die Stromwendespannung zu durchschnittlich 70 von Hundert auf der Änderung des Nutenstreufeldes beruht. Am stärksten tritt dieser Einfluß bei hoch beanspruchten Maschinen auf, deren Ankerwicklungen hohe Stäbe haben, also z. B. bei Gleichstrommaschinen mit großem Regelbereich oder bei Einphasen-Reihenschlußmotoren für Vollbahnbetrieb.

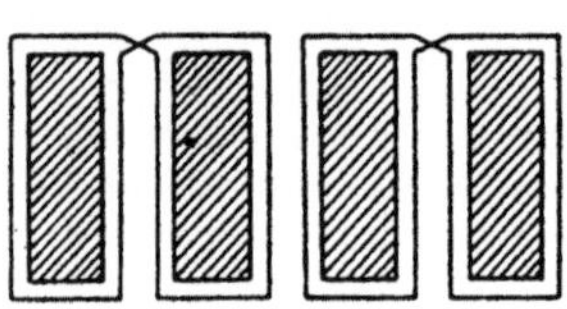

Abb. 340. Achter-Spulen auf den Ankerzähnen

Um einen Begriff von der Größenordnung der Verminderung der Stromwendespannung durch die Stromverdrängung in massiven Ankerleitern zu geben, sei ein Beispiel angeführt. Es handelt sich um den Einphasen-Reihenschlußmotor Type EM 402 der deutschen Reichsbahn mit einer Stundenleistung von 500 kW, 400 V, 1450 A, 1010 U/min. Der Motor hat 9,5 Nuten je Pol und eine getreppte Zweischichtwicklung mit einer Sehnung um eine Stegteilung. In jeder Schichte der Nut liegen vier Leiter nebeneinander, die eine Höhe von 14 mm und eine Breite von 2 mm haben. Bei diesem Motor ermäßigt die Wirbelstromdämpfung die Stromwendespannung um rund 0,8 V im Mittel, das sind etwa 10 von Hundert der ge-

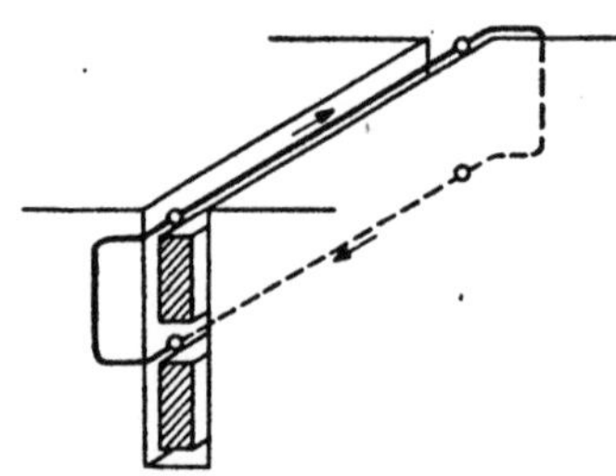

Abb. 341. Nutendämpfer mit ungesteuerter Erregung

samten Stromwendespannung einschließlich Zahnkopf- und Stirnstreuung. Die zeitliche Nacheilung der Wirbelströme verschiebt die Kurven der Stromwendespannung im gleichen Sinne, so daß die Verringerung derselben vor allem im Bereich der auflaufenden Bürstenkante sich auswirkt, während im Bereich der ablaufenden Bürstenkante die Verkleinerung der Stromwendespannung im allgemeinen geringer ist, ja unter bestimmten Voraussetzungen die Stromwendespannung mäßig erhöht werden kann. Es liegt nun der Gedanke nahe, besondere Dämpfungsanordnungen einzubauen, die die Stromwendung günstig zu beeinflussen haben.

2. Dämpferwicklungen auf den Zähnen

Die einfachste Art von Dämpferwicklungen besteht aus kurzgeschlossenen Spulen, die um die Ankerzähne gewickelt sind. Diese Spulen sind induktiv mit den Spulen der Hauptwicklung gekoppelt und übernehmen einen Teil der Energie der Stromwendung. Der Widerstand dieser Dämpferspulen ist natürlich durch die Verluste beschränkt. Bessere Ergebnisse erzielt man mit *Achter-Spulen*, wie sie in Abb. 340 dargestellt sind. Um jeden Zahn sind Drahtwindungen geschlungen. Die Spulen je zweier benachbarter Zähne sind gegeneinandergeschaltet, so daß sich die vom Hauptfluß in ihnen induzierten Spannungen weitgehend aufheben. Hier kann der Widerstand der Dämpferspulen beträchtlich geringer sein.

3. Nutendämpferwicklungen nach L. Dreyfus

Durch die Wirbelströme in den Nutenleitern selbst kann, wie wir gehört haben, die Stromwendespannung nicht wirksam genug vermindert werden. Bei größeren Leiterhöhen rufen nämlich die Wirbelströme in den kommutierenden Leitern so hohe zusätzliche Verluste hervor, daß die dadurch bedingte Erwärmung und Wirkungsgradverschlechterung im Gegenteil wieder eine Verkleinerung der effektiven Leiterhöhen erfordern. Es ist daher versucht worden, besondere Kurzschlußkreise in die Nuten zu legen und die Ströme in ihnen so zu steuern, daß die Stromwärmeverluste in bestimmten Grenzen bleiben. Solche Dämpferkreise mit künstlich geregelter Stromschwingung kann man als Kurzschlußkreise mit gesteuerter Erregung bezeichnen, zum Unterschied von den Nutendämpfern mit ungesteuerter Erregung, die wir zur Einführung zuerst kurz streifen.

Abb. 342. Konstruktive Ausführungen von Nutendämpfern mit ungesteuerter Erregung

a) Nutendämpferkreise mit ungesteuerter Erregung

Eine einfache Anordnung eines Nutendämpferkreises mit ungesteuerter Erregung besteht nach Abb. 341 bei einer Wicklung mit zwei Leitern je Nut aus einem Kurzschlußrahmen, der den oberen Leiter umschließt. Hin- und Rückleitung des Kurzschlußkreises haben die gleiche axiale Länge wie der Ankerkern und sind an den Stirnflächen durch Querverbindungen. kurzgeschlossen. Abb. 342 *a, b, c* und *d* zeigen Ausführungsmöglichkeiten. Bei allen Konstruktionen liegt der obere Leiter des Dämpferrahmens an der Nutöffnung, damit er einen möglichst großen Teil des Nutenstreufeldes umschließt. In Abb. 342 *b* ist der Dämpferstab unterteilt. Eine solche Anordnung, gegebenenfalls mit Verschränkung der Teilleiter, falls diese parallelgeschaltet werden sollen, eignet sich für große Maschinen. Der untere Dämpferstab kann entweder am Nutengrund wie in Abb. 342 *a* oder zwischen Ober- und Unterlage der Leiter wie in Abb. 342 *b* eingelegt werden. Er kann aber auch als Hochstab neben die Unterschichte (Abb. 342 *c*) oder neben Ober- und Unterschichte (Abb. 342 *d*) gebettet werden. Bei den beiden letzten Anordnungen empfiehlt es sich, den Querschnitt wegen der Wirbelstromverluste zu unterteilen und die Teilleiter zu verschränken. Den Nutendämpferrahmen nach Abb. 342 *d* führt man am besten mit mindestens zwei Windungen je Nut aus, wie es Abb. 343 zeigt.

Alle diese Nutendämpfer besitzen jedoch keine praktische Bedeutung, weil die Stromwärmeverluste im Dämpferrahmen zu groß ausfallen. Diese können aber auf erträgliche Werte herabgesetzt werden, wenn man die Schwingung des Dämpferstromes durch Aufdrücken einer Hilfsspannung günstig beeinflußt: wenn man die Erregung des Dämpferstromes steuert.

b) Nutendämpferkreise mit gesteuerter Erregung

Um nun dem Dämpferrahmen eine Steuerspannung aufdrücken zu können, müßte man ihn öffnen und in einen anderen Stromkreis einbauen, in dem die Steuerspannung erzeugt wird. Es wäre denkbar, die Steuerspannung mit Hilfe eines Kommutators dem Dämpferrahmen zuzuführen

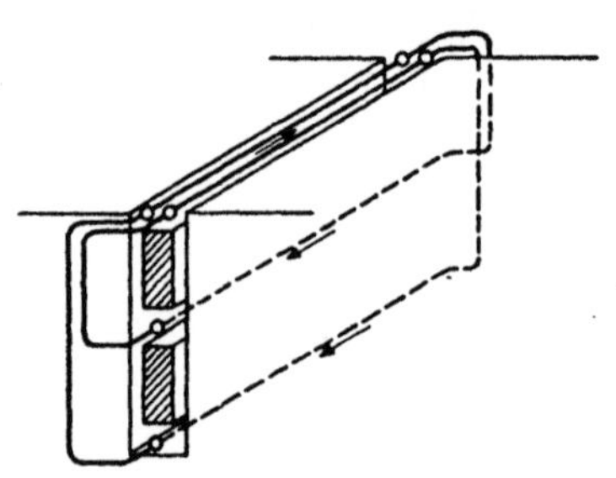

oder den Dämpferrahmen an einen Hilfsanker anzuschließen und in diesem die Steuerspannung durch ein ruhendes Polsystem zu erzeugen. Genügend einfache konstruktive Lösungen sind bisher nicht angegeben worden. Dafür wurde vorgeschlagen, die Steuerspannung aus der Stromwendespannung selbst abzuleiten.

Die einfachste Form eines solchen Nutendämpfers zeigt Abb. 344 a. Hier ist eine Wicklung mit zwei Leitern je Nut und eine Bürstenüberdeckung gleich drei Stegteilungen angenommen.

Abb. 343. Nutendämpfer mit ungesteuerter Erregung und zwei Windungen je Nut

Die Stromwendung in Nut 4 beginnt in demselben Augenblick, in dem die Stromwendung in Nut 1 beendet ist. Nun sind die beiden Kurzschlußrahmen in Nut 1 und 4 so hintereinandergeschaltet, daß durch die Stromwendung in beiden Nuten Spannungen entgegengesetzter Richtung hervorgerufen werden. Dadurch erreicht man,

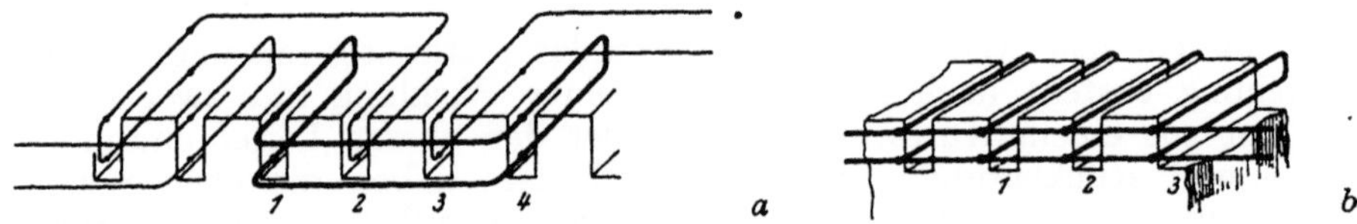

Abb. 344. Nutendämpfer mit gesteuerter Erregung.   a) einfachste Form,   b) verbesserte Form

daß der durch den Stromwendungsvorgang in Nut 1 erregte Dämpferstrom durch die darauffolgende Stromwendung der Leiter in Nut 4 gleichsam ausgeblasen wird. Diese Dämpferbauart hat aber folgende Nachteile: 1. Die dadurch erreichte Verminderung der Stromwendespannung ist nicht groß genug; 2. der in einer Nut (zum Beispiel Nut 1 in Abb. 344 a) induzierte Stromstoß pflanzt sich nur nach einer Seite fort (nur nach Nut 4 in Abb. 344 a); geschähe die Übertragung nach beiden Seiten, so wäre die Verminderung der Stromwendespannung erheblicher; 3. die Anordnung ist unsymmetrisch: die in Nut 1 und 4 kommutierenden Leiter arbeiten nicht unter gleichen Bedingungen; 4. der in der Nut 1 (in Abb. 344 a) induzierte Dämpferstrom steigt von Null aus an; könnte man es statt dessen erreichen, daß zu Beginn des Stromwendungsvorganges bereits ein negativer Vorstrom vorhanden wäre, so würde dieselbe Verminderung der Stromwendespannung mit wesentlich geringeren Stromwärmeverlusten erfolgen.

Aus dem Bestreben, diese Nachteile zu beheben, ist eine neue verbesserte Bauart entstanden, die Abb. 344 *b* zeigt. Hier sind die Dämpferrahmen aller Nuten durch Querverbindungen parallelgeschaltet, so daß sich der in einer Nut — zum Beispiel Nut 1 — induzierte Stromstoß mit umgekehrter Richtung auf alle Nuten zur rechten und linken Seite überträgt. Daß die Stärke des Dämpferstromes mit wachsendem Abstand von der Kommutierungszone rasch abnimmt, wird dadurch erreicht, daß die Querverbindungen zwischen benachbarten Nuten auf besondere Werte des Widerstandes oder besser der Induktivität abgeglichen sind. Da die ganze Anordnung vollkommen symmetrisch ist, sind die Dämpferströme aller Nuten gleich und nur um ein Vielfaches der Nutenperiode gegeneinander phasenverschoben. Außerdem ist durch die doppelseitige Wicklung erreicht worden, daß der Dämpferstrom mit negativem Vorstrom beginnt, was der Verminderung der zusätzlichen Verluste sehr zustatten kommt.

4. Nutendämpferspulen und Nutendämpfer nach C. Trettin

Die Induktivität einer Ankerwicklung, besonders ihrer in den Nuten eingebetteten Wicklungsteile, bestimmt die Grenze einer guten Stromwendung. Man kann nun die Selbstinduktion eines Nutenleiters durch Dämpfung vermindern, indem man eine kurzgeschlossene Dämpferwicklung in die Nuten des Ankers legt. Die magnetische Energie des Nutenleiters braucht sich dann nicht mehr allein in den Ohmschen Widerständen des Kurzschlußkreises, besonders in den Bürsten, zu entladen, sondern findet einen zweiten, weitaus harmloseren Weg, nämlich im nur induktiv gekoppelten Dämpferkreis.

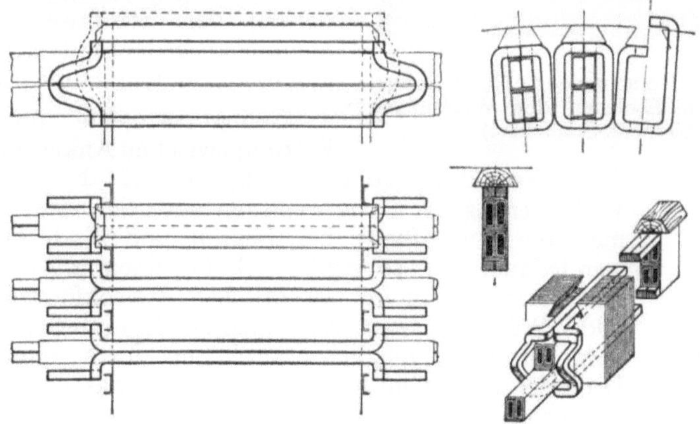

Abb. 345. Nutendämpferrahmen für einen Gleichstrommotor von 2200 kW, 500 V, 1000 U/min (Siemens-Schuckert)

Für die Bauform des Dämpfers ist folgendes zu beachten. Um die Streuung gering zu halten, muß der Dämpferkreis den die Nut durchsetzenden Querfluß, die Quelle der Selbstinduktion, möglichst eng und vollständig umfassen; das führt zu einer Spule, deren Ebene parallel zu den Nutenwandungen liegt und deren Windungen ober- und unterhalb der wirksamen, den Querfluß erzeugenden Ankerleiter untergebracht sind. Um die Verlustwärme im Dämpfer nicht zu groß werden zu lassen, muß er einen Mindestquerschnitt erhalten und durch feine Unterteilung in Drähte oder Bleche gegen zusätzliche Wirbelströme geschützt sein. Damit durch die Zutat der Dämpfer der Bau der Maschine, insbesondere die Wicklerarbeit, nicht wesentlich verteuert wird, müssen sie als fertige, geschlossene Spulen oder Rahmen so in die Nuten eingelegt werden können, daß das Einbringen der zweischichtigen Ankerwicklung nicht behindert wird. Abb. 345 zeigt Nutendämpfer für einen Gleichstrommotor von 2200 kW, 500 V, 1000 U/min. Die Dämpferspule besteht aus zwei gleichen Hälften, die, wie die gestrichelten Linien zeigen, an der Nutöffnung zunächst so weit abgebogen werden, daß die Ankerstäbe bequem eingelegt werden können. Dann werden die oberen Dämpferspulenseiten in die Nut hinuntergedrückt, so daß die Spulen die rechts unten skizzierte Form annehmen. An Abb. 346 sehen wir verschiedene Herstellungsstufen beim Einlegen der Wicklungen in den Anker.

Abb. 346. Verschiedene Herstellungsstufen beim Einlegen der Wicklungen (Siemens-Schuckert)

Ein Nachteil dieser soeben beschriebenen Dämpferspulen besteht darin, daß die Gesamtstreuung verhältnismäßig groß und die Verminderung der Stromwendespannung nicht sehr bedeutend ist; sie sinkt auf etwa 60 von Hundert.

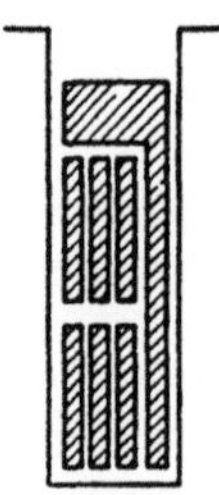

Abb. 347. Massiver Nutendämpfer

Gelingt es, eine innigere Verkettung zwischen Anker- und Nutendämpferwicklung zu erreichen, so muß dies eine weitere Verbesserung der Stromwendung nach sich ziehen. Zeichnet man die Nutenflüsse bei Beginn und Ende der Stromwendedauer auf, so ergibt sich bei linearer Änderung des Ankerstromes ein im wesentlichen dreieckförmiges Nutenfeld. Wünschenswert wäre nun ein Dämpferfeld von einer dem Nutenfeld möglichst ähnlichen Form, nämlich eines Dreiecks. Das Dämpfungsfeld der Nutendämpferspulen, wie sie vorhin erläutert wurden, ist aber im wesentlichen rechteckförmig. Die Form des Dämpferfeldes ist jedoch annähernd dreieckförmig, wenn der Dämpfer aus massivem Kupfer nach Abb. 347 hergestellt wird. Ein solcher massiver, aus Platte mit Kopf bestehender Nutendämpfer ist elektrisch und mechanisch dem aus Draht oder Blech gewickelten Rahmen merklich überlegen. Zum Beispiel wird die mittlere Stromwendespannung bei schnellaufenden großen Maschinen mit einer Nutenkeilstärke von etwa 8 mm auf ungefähr 40 von Hundert des ohne Dämpfung vorhandenen Wertes verkleinert. Wenn mithin die Funkengrenze nur von der Selbstinduktionsspannung und nicht noch von anderen Umständen, wie zum Beispiel von der Bürstenstromdichte, Stromwenderbeschaffenheit und dergleichen abhängig wäre, könnte sie auf den 1/0,4 = 2,5-fachen Wert erweitert werden. Ein weiterer Vorteil des massiven Dämpfers gegenüber dem gewickelten Dämpferrahmen ist seine billigere Herstellung und sein bequemeres Einlegen in den fertig gewickelten Anker. Abb. 348 zeigt einen fertig gewickelten Nutendämpferanker einer Gleichstrommaschine für 4000 kW Spitzenleistung und 600 U/min.

Abb. 348. Nutendämpferanker einer Gleichstrommaschine für 4000 kW Spitzenleistung und 600 U/min (Siemens-Schuckert)

Abb. 349. Teilbild eines großen Ankers mit Nutendämpfern (Siemens-Schuckert)

Die Nutendämpfer erlaubten oft, die gesamte Leistung in zwei statt in drei oder vier Maschinen unterzubringen. Abb. 349 ist ein Teilbild eines großen Ankers mit Nutendämpfern.

Zur Zeit scheint man wieder von den Nutendämpfern abgekommen zu sein.

E. Parallaktische Dynamomaschinen oder Paraldyne

1. Grundgedanke

Unter einer elektrischen Maschine mit *parallaktischem Ankersystem* (*parallaktische Dynamomaschine* oder *Paraldyne*) versteht man eine Stromwendermaschine mit zwei getrennten, in sich geschlossenen Ankerwicklungen, die an einen einzigen Stromwender angeschlossen sind. *Der Grundgedanke ist der, daß diese beiden Ankerstromkreise oder Wicklungen abwechselnd eingeschaltet werden.*

In Abb. 350 sind die beiden in sich geschlossenen Wicklungen durch verschiedene Stricharten gekennzeichnet. Auf dem Stromwender sitzen Bürsten, deren Breite kleiner als eine Stegbreite oder ihr gleich ist. Die aufeinanderfolgenden Stege des Stromwenders sind abwechselnd mit den Spulen der beiden getrennten Ankerwicklungen verbunden. Während nun bei den gewöhnlichen Stromwendermaschinen die Bürsten· Gruppen von Ankerspulen kurzschließen, ist dies hier nicht der Fall, wie ein Blick auf

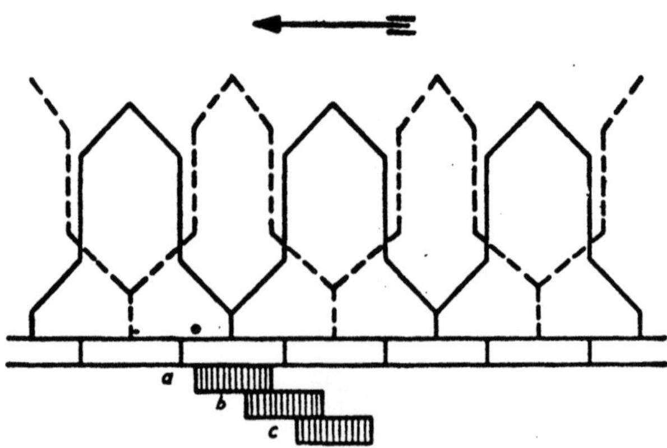

Abb. 350. Zyklische Paraldynamo mit zwei geschlossenen Wicklungen und einem Stromwender

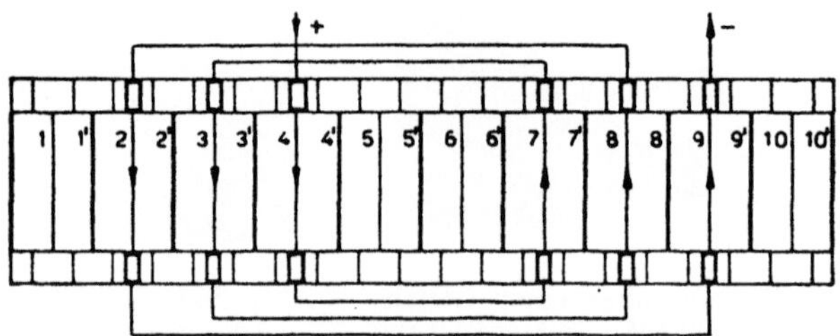

Abb. 351. Zyklische Paraldyne mit zwei offenen Wicklungen und zwei Stromwendern

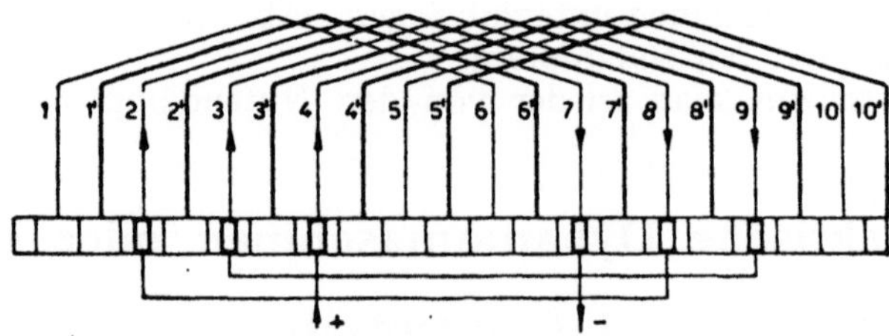

Abb. 352. Zyklische Paraldyne mit zwei offenen Wicklungen und einem Stromwender

Abb. 350 lehrt. Bei der Stellung *a* der Bürsten wird nur die voll ausgezogene Ankerwicklung vom Strom durchflossen. Bei der Stellung *b* führen beide Wicklungen Strom, und bei der Stellung *c* nur die gestrichelt gezeichnete Wicklung allein. Der Strom ist also von der ersten auf die zweite Wicklung übergeleitet worden, ohne daß dabei irgend welche Ankerspulen kurzgeschlossen werden.

2. Bauarten von parallaktischen Maschinen

Der Anker von parallaktischen Dynamomaschinen trägt z. B. zwei offene Wicklungen, die zu zwei Stromwendern geführt sind. Abb. 351

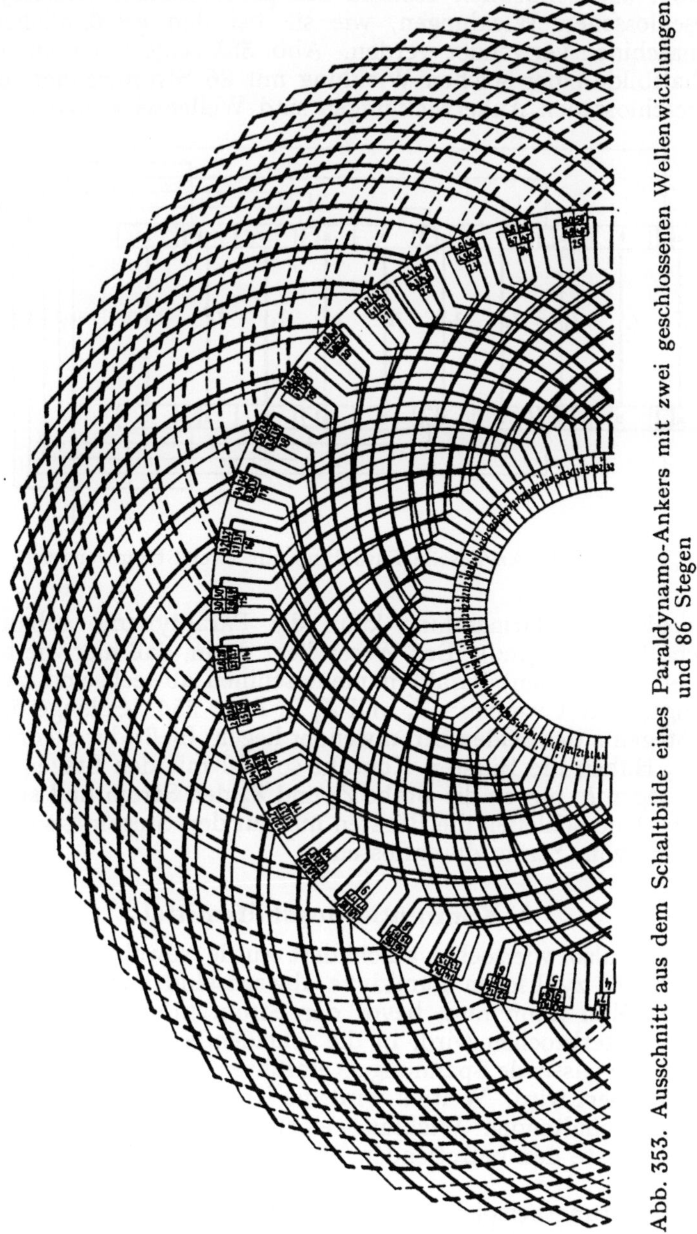

Abb. 353. Ausschnitt aus dem Schaltbilde eines Paraldynamo-Ankers mit zwei geschlossenen Wellenwicklungen und 86 Stegen

stellt einen solchen Anker für eine zweipolige Maschine dar. Die Leiter der einen Wicklung sind dünn, die der zweiten Wicklung stark gezeichnet. Die Leiter 1 und 1′ liegen in der gleichen Nut, ebenso die Leiter 2 und 2′,

18*

3 und 3′ u. s. w. Die Bürsten können in verschiedener Weise miteinander verbunden werden, so daß man verschiedene Spannungen abnehmen kann.

Der Anker nach Abb. 352 trägt zwei offene Wicklungen, die mit einem einzigen Stromwender verbunden sind.

In Abb. 350 schließlich bestand das parallaktische Ankersystem aus zwei geschlossenen Wicklungen, wie sie bei den gewöhnlichen Stromwendermaschinen verwendet werden. Abb. 353 zeigt einen Ausschnitt aus dem Schaltbilde einer solchen Wicklung mit 86 Stromwenderstegen. Die beiden geschlossenen Ankerwicklungen sind Wellenwicklungen.

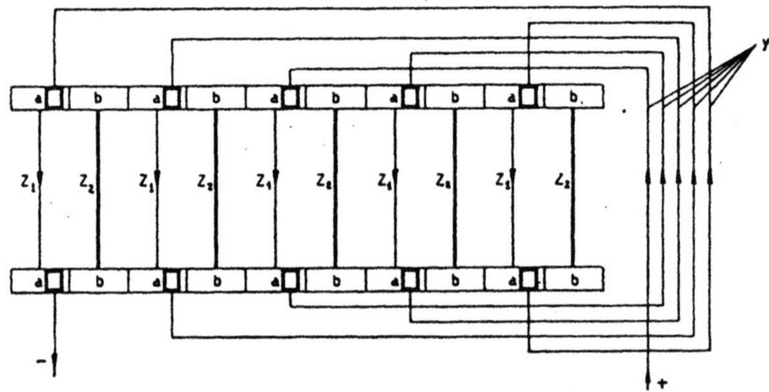

Abb. 354. Azyklische Paraldyne mit zwei Stromwendern

Auch als Unipolarmaschine kann die Paraldynamo gebaut werden (azyklische Paraldynamo). Das Wesen liegt darin, daß hier wie bei den gewöhnlichen (zyklischen) Paraldynamomaschinen abwechselnd zwei Stromkreise eingeschaltet werden: Z_1 und Z_2 in Abb. 354. Solange die Bürsten auf den Stegen a der beiden Stromwender liegen, fließt der Strom durch die Stäbe Z_1. Haben die Bürsten Kontakt sowohl mit den Stegen a als auch mit den Stegen b, führen die Stäbe Z_1 und Z_2 den Strom und sind parallelgeschaltet. Und schleifen die Bürsten nur auf den Stegen b, so werden nur die Stäbe Z_2 vom Strom durchflossen.

3. Kommutierungshilfsmittel

Es werden also, wie soeben geschildert wurde, sowohl in der azyklischen als auch in der zyklischen Paraldyne abwechselnd zwei Stromkreise eingeschaltet. Man kann nun, bevor der Strom in dem auszuschaltenden Stromkreis unterbrochen wird, in die scheidende Wicklung einen Widerstand oder eine passende Spannung so einführen, daß der zu unterbrechende Strom verkleinert wird. Weiters wird die Unterbrechung des Reststromes in der auszuschaltenden Wicklung einem anderen Organe zugewiesen, so daß die Bürste den betreffenden Stromwendersteg funkenfrei verlassen kann.

Ein Ausführungsbeispiel einer solchen Kommutierungsanordnung sehen wir in Abb. 355. Der Stromwender ist in zwei Verteilungs-Stromwender aufgelöst (1 und 2). Der mit 3 bezeichnete Schalter-Stromwender schaltet mit Hilfe der Bürsten $S_A′$ und $S_A″$ den Widerstand $R′$ oder gegebenenfalls die Hilfsspannung ein und der Unterbrecher-Stromwender 4 unterbricht zwischen den Bürsten $S_A{}'''$ und $S_A{}^{IV}$ den Strom. Die Schalter- und Unterbrecher-Stromwender sind Stromwender, bei denen die Stege abwechselnd in zwei voneinander isolierte Teile geteilt sind. Die Kondensatoren C beim Unterbrecher-Stromwender sollen die elektromagnetische Restenergie in elektrische Energie umwandeln.

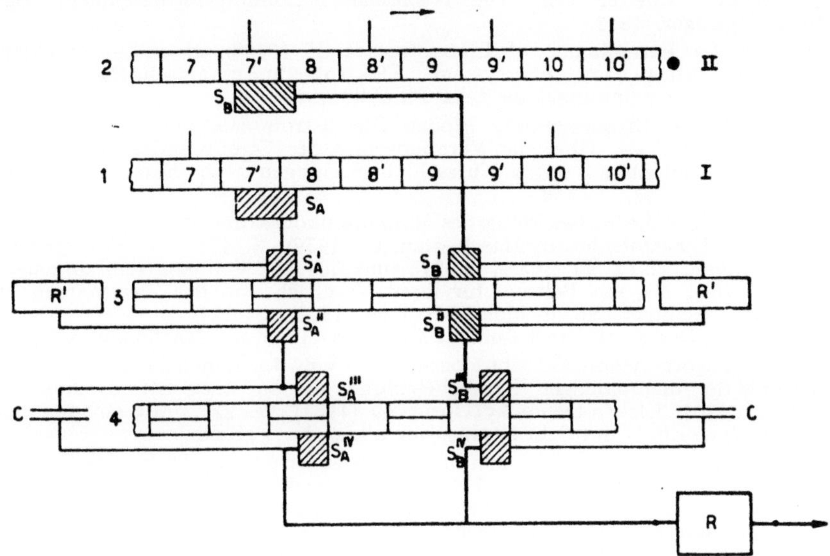

Abb. 355. Ausführungsbeispiel einer Kommutierungseinrichtung

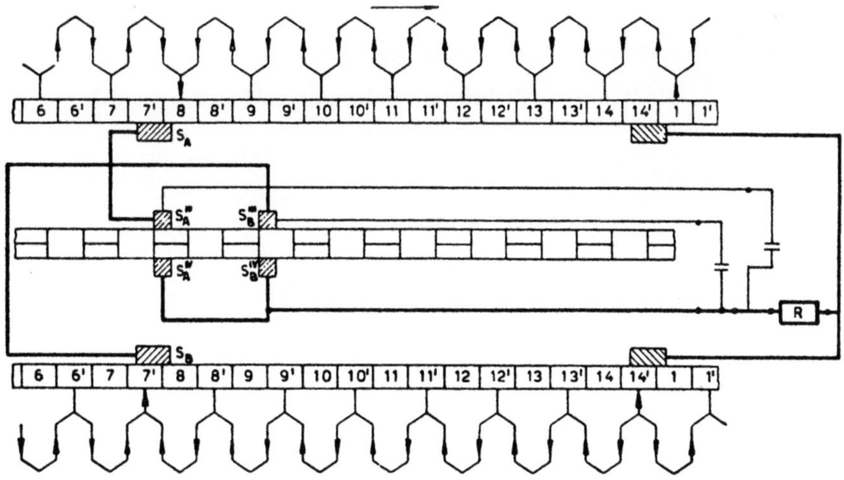

Abb. 356. Zweites Ausführungsbeispiel einer Kommutierungseinrichtung

Eine andere Anordnung zeigt Abb. 356. Dieses Verfahren empfiehlt sich dann, wenn der Strom ohne Schwierigkeiten durch den Unterbrecher-Stromwender unterbrochen werden kann.

Schrifttum

Adkins, B.: Auxiliary commutating windings in a. c. commutator machines. B. T. H. Activities **17** (1941) April, S. 25. — Engineering (1941), July, S. 26.

Adkins, B. and Gibbs, W. J.: Polyphase Commutator Machines. Cambridge: At the University Press. 1951

Arnold, E., la Cour, J. L. und *Fraenckel, A.:* Die asynchronen Wechselstrommaschinen. Zweiter Teil: Die Wechselstromkommutatormaschinen. Berlin: Julius Springer, 1912.

Astuni, E.: La Paraldinamo. L'Elettrotecnica **35** (1948), N. 4. — Elektrische Maschinen mit neuem Ankersystem. Elektrotechn: u. Masch.-Bau **67** (1950), S. 225. — La commutazione della Paraldinamo.

Dreyfus, L.: Die Stromwendung großer Gleichstrommaschinen. Berlin: Julius Springer, 1929. — Über die Verminderung der Stromwendespannung großer Kommutatormaschinen durch Kurzschlußwicklungen neuer Bauart. Arch. Elektrotechn. **26** (1932), S. 330.

Grabner, A.: Über die Entwicklung des Einphasenkollektormotors und seine Stromwendung. Elektrotechn. u. Masch.-Bau **57** (1939), S. 425. — Motorgenerator-Lokomotiven. ETZ **54** (1933), S. 273 und 301. — Vollbahntriebfahrzeuge für 50 und $16^2/_3$ Hz, ein Beitrag für ihren Vergleich und das Zweifrequenztriebfahrzeug. Elektrotechn. u. Masch.-Bau **69** (1952), S. 227.

Greenwood, L.: Design of Direct Current Machines. London: Macdonald & Co. 1949.

Klíma, V.: Theorie několikanásobně paralelního vinutí připojeného ke komutátoru. (Theorie der mehrgängigen Parallelwicklung, die an einen Stromwender angeschlossen ist.) Elektrotechnický Obzor **40** (1951), S. 22. (Mit einem umfangreichen Verzeichnis des Schrifttums, vor allem der Patente.)

Leyvraz, L. H.: Elektrische Traktion mit Einphasenstrom von 50 Hz. Bull. schweiz. elektrotechn. Ver. **41** (1950), S. 733. — Die Triebfahrzeuge für Einphasenstrom 50 Per./s, 20 kV, der Société Nationale des Chemins de Fer Français (SNCF). Bull. Oerlikon Nr. 285 (Sept.—Okt. 1950), S. 2078.

Leyvraz, P.: Le moteur de traction monophasé 50 Hz à grande puissance. Bull. Soc. franç. électr. **7/I** (1951), S. 538.

Leyvraz, L. H., Bodmer, C., Leyvraz, P., Peter, E.: Die Entwicklung und der heutige Stand der elektrischen Traktion mit Einphasenstrom 50 Per./s. Bull. Oerlikon Nr. 285 (Sept.—Okt. 1950), S. 2083.

Mauduit, A. et *Lamboeuf, C.:* La Dynamo. Paris: J.-B. Baillière et Fils. 1936.

Müller, P.: Die elektrischen Vollbahnen und das 50 Per-System. Berlin: Georg Siemens, 1948.

Novák, K.: Latour's Winding. Elektrotechnický Obzor **25** (1936), S. 147.

Patentbericht. Elektrotechn. u. Masch.-Bau **51** (1933), S. 380.

Prášil, J.: Komutátorové vinutí s nepravidelně rozdělenými kartáči na komutátoru. Elektrotechnický Obzor **39** (1950), S. 85 (Kommutatorwicklungen mit unregelmäßig auf dem Kommutator angeordneten Bürsten).

Rauhut, P.: Der rotorgespeiste Drehstrom-Nebenschluß-Kommutatormotor und seine neuere Entwicklung. Brown Boveri Mitteilungen **36** (1949), S. 112.

Richter, R.: Elektrische Maschinen. 5. Bd.: Stromwendermaschinen für ein- und mehrphasigen Wechselstrom. Regelsätze. Berlin—Göttingen—Heidelberg: Springer-Verlag, 1950. — Wechselstrom-Reihenschlußmotoren der Siemens-Schuckertwerke. ETZ **27** (1906), S. 537 u. 558.

Schrage, Hidde K.: Mehrfachparallelwicklungen für Drehfeld-Kommutatormaschinen. Bull. schweiz. elektrotech. Ver. **34** (1943), S. 138. — Die Oberfelder beim rotorgespeisten Drehstrom-Nebenschluß-Kommutatormotor. Elektrotechn. u. Masch.-Bau **65** (1948), S. 173 und 194.

Schwarz, B.: Die neuere Entwicklung des ständergespeisten Drehstrom-Nebenschluß-Kollektormotors. Elektrotechn. u. Masch.-Bau **53** (1935), S. 85.

Stix, R.: Verminderung der Stromwendespannung bei Kollektormaschinen durch die Wirbelströme in massiven Ankerleitern. Elektrotechn. u. Masch.-Bau **57** (1939), S. 171.

Trettin, C.: Stromwendung und Dämpfung bei Gleichstrommaschinen. Wiss. Veröff. a. d. Siemens-Konz. **12/2** (1933), S. 34. — Wirbelstromdämpfung des Nutenfeldes in Dynamoankern. Wiss. Veröff. a. d. Siemens-Konz. **15/1** (1936), S. 7.

VI. Zusätzliche Stromwärme in Stromwenderwicklungen

A. Berechnung der zusätzlichen Stromwärme in Stromwenderwicklungen

1. Zusätzliche Stromwärme in Stromwenderwicklungen

Man kann die in einer Stromwenderwicklung erzeugte gesamte Stromwärme in zwei Teile aufteilen. Der eine Anteil würde entstehen, wenn die Leiter ein reiner Gleichstrom durchflöße. Diese Stromwärmeleistung ist

$$Q_{WG} = J^2 R_g, \tag{151}$$

wenn J den effektiven Strom und R_g den Gleichwiderstand bedeuten. Hier hat man sich die Strömung gleichmäßig über die Querschnitte aller Leiter der Wicklung verteilt zu denken.

Es fließt aber sogar in den Leitern einer Gleichstrommaschine kein Gleichstrom, sondern ein Wechselstrom von ungefähr rechteckiger Kurvenform, dessen Frequenz $f = p\,n$, also dem Produkt aus Polpaarzahl p und Ankerdrehzahl n, gleich ist (Abb. 357). Der Strom in den Ankerleitern von Wechselstrom-Wendermaschinen ist von vornherein ein Wechselstrom, der aber ebenfalls wie bei den Gleichstrommaschinen gewendet wird (Abb. 358). Es kann die Drehzahlfrequenz $f = p\,n$ ein Vielfaches der Frequenz des Wechselstromes sein. Zum Beispiel ist bei einem Einphasen-Bahnmotor die Wechselstromfrequenz $16^2/_3$ Hz, die Drehzahlfrequenz jedoch 130 Hz, wenn die Höchstdrehzahl 1562 U/min beträgt und der Motor zehnpolig ist.

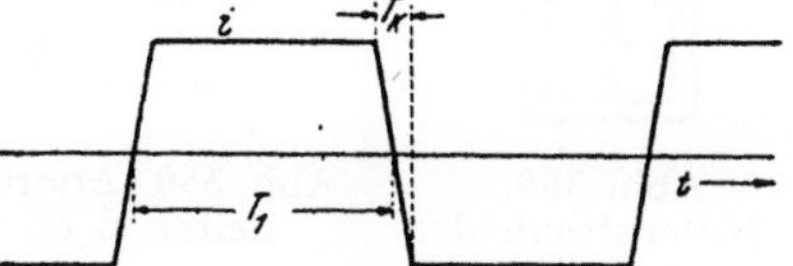

Abb. 357. Zeitlicher Verlauf des Stromes im Ankerleiter einer Gleichstrommaschine

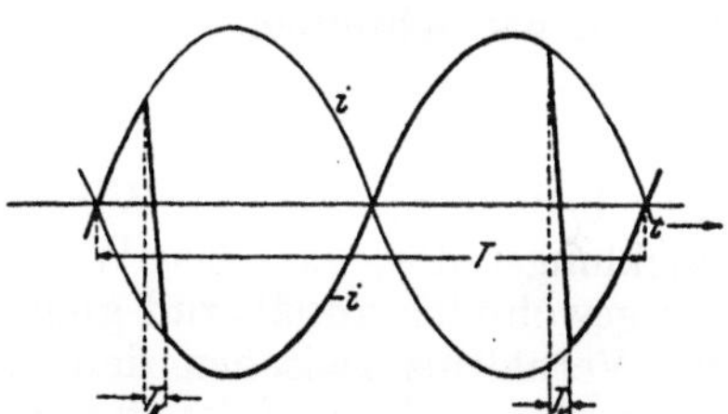

Abb. 358. Zeitlicher Verlauf des Stromes im Ankerleiter einer Wechselstrom-Wendermaschine

Die im Ankerkreis eingebetteten Leiter rufen, wenn sie vom Strom durchflossen werden, ein Nutenstreufeld nach Abb. 359 hervor, das also ein mit der Frequenz $f = p\,n$ pulsierendes Wechselfeld ist, und in den Leitern zusätzliche Ströme induziert. Diese überlagern sich den gewöhnlichen Leiterströmen und verursachen eine zusätzliche Stromwärme. Dies ist der zweite Anteil, in den wir uns die gesamte Stromwärme in der Stromwenderwicklung zerlegt gedacht haben. Wir werden sehen, daß die zusätzliche Stromwärme mitunter die gewöhnliche Stromwärme übertrifft.

Zu beachten ist, daß sich der Strom in den Stromwenderwicklungen nicht sinusförmig ändert, wie man in den Abb. 357 und 358 sieht, sondern Oberschwingungen enthält. Aus diesem Grunde ist die zusätzliche Stromwärme, die in den Stromwenderwicklungen auftritt, stets größer als jene in den Wechselstromwicklungen.

Bei den Stromwendermaschinen für Wechselstrom kommt natürlich zur zusätzlichen Stromwärme, die durch die Stromwendung hervorgerufen wird, noch eine solche durch den Wechselstrom der Netzfrequenz. Diese Stromwärme wird selbstverständlich durch die Drehzahl des Ankers nicht beeinflußt. Sie ist jedoch so gering, daß man keinen großen Fehler macht, wenn man sie nicht berücksichtigt.

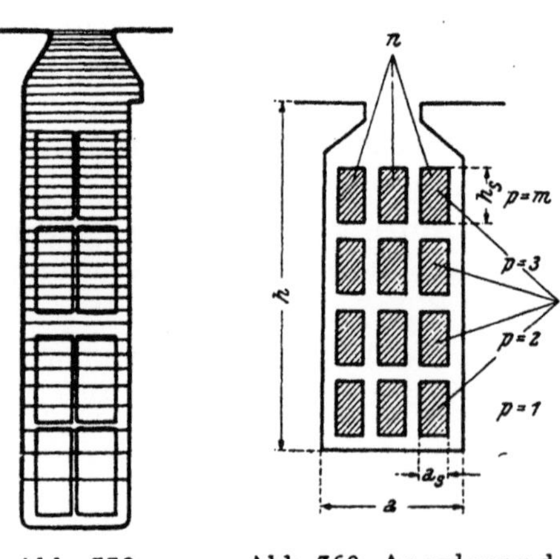

Abb. 359.
Nutenstreufeld

Abb. 360. Anordnung der
Leiter in einer Nut

Man nennt das Verhältnis der Stromwärmen bei Wechselstrom Q_W und Gleichstrom Q_{WG} das Widerstandsverhältnis k:

$$k = \frac{Q_W}{Q_{WG}}, \qquad (152)$$

weil man für die Stromwärme bei Wechselstrom

$$Q_W = J^2 R_w \qquad (153)$$

setzen kann, wobei R_w den durch die Wirbelströme erhöhten Wirkwiderstand der Wicklung bedeutet. Es ist dann

$$k = \frac{R_w}{R_g}. \qquad (154)$$

2. Formeln für die Berechnung der zusätzlichen Stromwärme

Für das Widerstandsverhältnis k einer gesamten Stromwenderwicklung können wir schreiben:

$$k = \frac{k_N + \lambda\, k_s}{1 + \lambda}. \qquad (155)$$

Hier bedeuten: k_N das Widerstandsverhältnis des in Nuten gebetteten Wicklungsteiles; k_s das Widerstandsverhältnis der Querverbindungen, das gewöhnlich annähernd gleich eins gesetzt werden kann; und $\lambda = l_s/l$ das Verhältnis zwischen den Leiterlängen außerhalb der Nut zu denen innerhalb der Nut. l_s ist die mittlere Länge einer Querverbindung, l die Ankerlänge. Für k_N läßt sich errechnen:

$$k_N \approx 1 + \frac{0{,}81\, m^2 - 0{,}17}{15{,}5\, \vartheta + 2\, \xi^2}\, \xi^4. \qquad (156)$$

m ist die Zahl der Leiterlagen (Abb. 360). ϑ ist das Verhältnis der Kurzschlußdauer T_k einer Leiterlage zur halben Grundperiode T_1 des Wechselstromes:

$$\vartheta = \frac{T_k}{T_1} = \frac{b + (u-1)\, t_k}{\tau\, D_k/D}. \qquad (157)$$

b stellt die Bürstenbreite dar, u die Zahl der in einer Nut nebeneinander liegenden Spulenseiten, t_k die Stromwenderteilung, τ die Polteilung, D_k den Stromwenderdurchmesser und D den Ankerdurchmesser. Die reduzierte Leiterhöhe ξ kann aus folgender Gleichung gewonnen werden:

$$\xi = 2\,\pi \sqrt{\frac{n\, a_s}{a}\, \frac{f}{\varrho \cdot 10^5}} \cdot h_s. \qquad (158)$$

n ist die Zahl der in einer Leiterlage nebeneinander liegenden Leiter, a_s die Leiterbreite, h_s seine Höhe, a die Nutbreite und ϱ der spezifische elektrische

Wirkwiderstand in Ω mm²/m. Für f ist die Drehzahlfrequenz des Ankers in Rechnung zu stellen: $f = p\,n$, wenn p die Polpaarzahl der Maschine und n die Drehzahl in der Sekunde bedeuten.

Aus diesen Formeln geht hervor, daß die zusätzliche Stromwärme mit steigender Drehzahl zunimmt und umso größer ist, je höher die Leiter sind.

3. Beispiel

Für den einphasigen Wechselstrom-Bahnmotor EKB 725 a der AEG, dessen Dauerleistung 490 kW bei 1090 U/min beträgt, zeigt Abb. 361 das Verlustschaubild. Wir sehen, daß die zusätzliche Stromwärme im Kupfer des Läufers 7,5 kW beträgt, während die Gleichstromwärme oder die Ohmschen Verluste in der Läuferwicklung nur 5,1 kW ausmachen. Es empfiehlt sich also, die zusätzliche Stromwärme zu vermindern, besonders, wenn man sich vor Augen hält, daß die Wärme der in den Nuten isoliert eingebetteten Leiter nur schwer abgeführt werden kann.

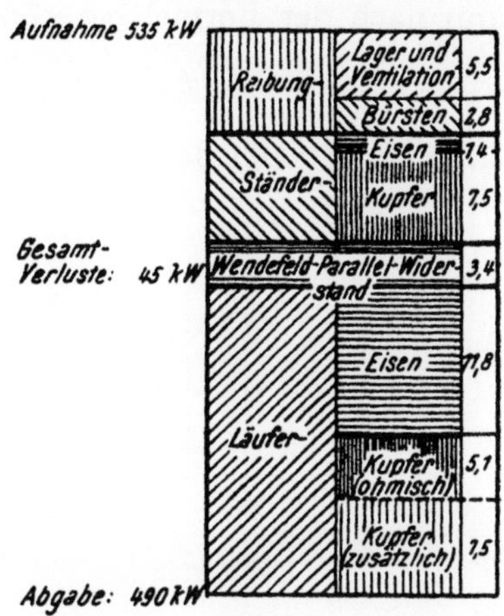

Abb. 361. Verlustschaubild des Bahnmotors EKB 725 a bei 490 kW und 1090 U/min (AEG)

B. Verminderung der zusätzlichen Stromwärme

1. Verkleinerung der Stabhöhe

Aus den Formeln (156) und (158) geht hervor, daß die zusätzliche Stromwärme herabgesetzt werden kann, wenn man die Höhe der Stäbe verkleinert. Bei der gleichen Stabbreite werden aber durch diese Maßnahme die Stabquerschnitte ebenfalls kleiner und deshalb nimmt die Gleichstromwärme zu. Es muß somit eine Leiterhöhe sich errechnen lassen, bei der die gesamte Stromwärme, das ist die Summe aus der Gleichstromwärme und der zusätzlichen Wärme, am kleinsten ist.

In Abb. 362 ist das Verhältnis der Gesamtstromwärme zur Gleichstromwärme bei der normalen Leiterhöhe von 0,95 cm des vorhin genannten Bahnmotors EKB 725 a für verschiedene Drehzahlen in Abhängigkeit von der Stabhöhe h_s aufgetragen. Die Höchstdrehzahl dieses Motors ist $n_{max} = 1562$ U/min. Wir sehen, daß es für jede Drehzahl eine bestimmte, günstigste Leiterhöhe gibt, für die die Gesamtstromwärme einen Kleinstwert annimmt.

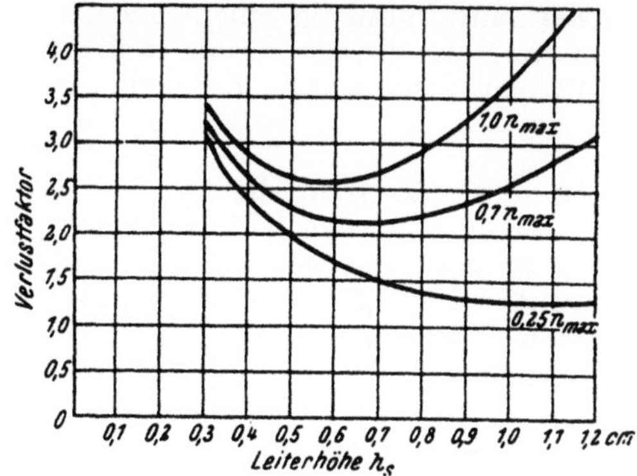

Abb. 362. Verhältnis der Gesamtstromwärme zur Gleichstromwärme bei der normalen Leiterhöhe (Verlustfaktor) des Ankers des Bahnmotors EKB 725 a in Abhängigkeit von der Stabhöhe für verschiedene Drehzahlen (AEG)

2. Verschieden hohe Leiter

a) Berechnung des Widerstandsverhältnisses für die einzelnen Leiterlagen innerhalb der Nut

Das Widerstandsverhältnis für die p-te Leiterlage innerhalb der Nut kann nach der Formel berechnet werden:

$$k_{Np} \approx 1 + \frac{0,65 + 2,42\, p\, (p-1)}{15,5\, \vartheta + 2\, \xi^2}\, \xi^4. \tag{159}$$

Für p ist je nach der Leiterlage 1, 2, 3, … m zu setzen.

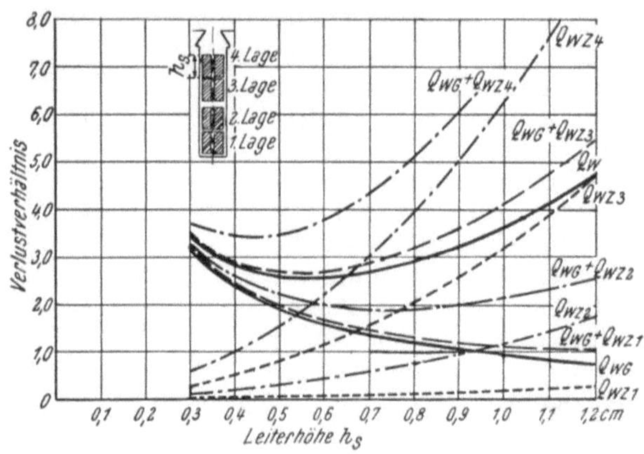

Abb. 363. Stromwärmeverluste in den einzelnen Leiterlagen der Ankernuten des Bahnmotors EKB 725 a (AEG)

Aus der Formel (159) folgt, daß das Widerstandsverhältnis umso größer wird, je näher der Leiter der Nutöffnung liegt. Dies leuchtet auch sofort ein, wenn man einen Blick auf Abb. 359 wirft. Man sieht, daß ein Leiter an der Nutöffnung in einem stärkeren Nutenstreufeld sich befindet, als einer am Nutengrunde. Daher muß ein solcher Leiter auch mehr durch eine zusätzliche Stromwärme belastet sein.

b) Beispiel

In Abb. 363 stellt die mit Q_{WG} bezeichnete, voll ausgezogene Kurve die Abhängigkeit der Gleichstromwärme Q_{WG} einer Leiterschichte in der Nut von der Leiterhöhe h_s dar, wobei die Gleichstromwärme bei einer Leiterhöhe von 9,5 mm als Bezugspunkt angenommen wurde, auf die alle anderen Stromwärmen bezogen werden. Der Verlustfaktor oder das Verlustverhältnis gibt an, das Wievielfache dieser Gleichstromwärme die anderen Stromwärmen sind. Für $h_s = 0,95$ cm ist der Verlustfaktor auf der Q_{WG}-Kurve aus diesem Grunde gleich eins. Das Beispiel betrifft wieder den Bahnmotor EKB 725 a.

Die Kurve der zusätzlichen Stromwärme der Leiterschichte am Nutengrunde (1. Lage) ist mit Q_{WZ1} beschriftet; jene, die zur zweiten Lage gehört, mit Q_{WZ2}; die Kurve der dritten Lage mit Q_{WZ3} und schließlich jene der vierten Lage mit Q_{WZ4}. Die Gesamtstromwärme Q_W der einzelnen Lagen ergeben sich als Summen aus der Gleichstromwärme Q_{WG} einer Lage und der in der betreffenden Lage ermittelten Zusatz-Stromwärme Q_{WZ}:

$$Q_{WG} + Q_{WZ1}, \quad Q_{WG} + Q_{WZ2}, \quad Q_{WG} + Q_{WZ3} \quad \text{und} \quad Q_{WG} + Q_{WZ4}.$$

Das Widerstandsverhältnis k_N für den in den Nuten eingebetteten Teil der gesamten Wicklung ist der Mittelwert der Widerstandsverhältnisse k_{Np} der Einzellagen:

$$k_N = \frac{1}{m} \sum_{p=1}^{m} k_{Np}. \tag{160}$$

Auf diese Weise wurde die Gesamtstromwärme Q_W der gesamten Nut als Mittelwert der Gesamtstromwärmen der einzelnen Lagen in Abb. 363 gefunden.

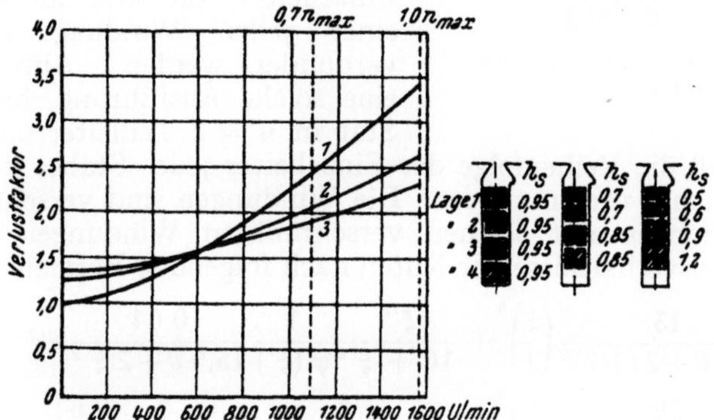

Abb. 364. Gesamtstromwärme im Anker des Bahnmotors EKB 725 a bei verschiedenen Leiteranordnungen in Abhängigkeit von der Drehzahl (AEG)

Aus dieser Abbildung geht hervor, daß es für jede der vier Schichten oder Lagen eine andere günstigste Leiterhöhe gibt.

c) Verschieden hohe Leiter in jeder Nutenschichte

Man kann nun tatsächlich in jeder Schichte der Nut den Leitern die günstigste Höhe geben, um die Gesamtstromwärme möglichst klein zu machen. Dies ist, um bei unserem Beispiel des Motors EKB 725 a zu bleiben, in Abb. 364 im Fall drei geschehen. Hier sind die Stabhöhen vom Nutengrunde aus 1,2 cm, 0,9 cm, 0,6 cm und 0,5 cm. Die mit 3 bezifferte Kurve gibt für diesen Fall die Gesamtstromwärme als Vielfaches der Gleichstromwärme in Abhängigkeit von der Drehzahl an.

Beim zweiten Versuch sind die beiden unteren Schichten mit Stabhöhen von 0,85 cm und die beiden oberen mit Leiterhöhen von 0,7 cm ausgeführt. Die Gesamtstromwärme zeigt für diesen Fall Kurve 2. Man sieht, daß der Gewinn der schwer herstellbaren Leiteranordnung 3 mit vier verschiedenen Leiterhöhen nicht so groß ist, daß die umständlichere Fertigung gerechtfertigt erscheint. Die Kurve 1 in Abb. 364 bezieht sich auf die normale Ausführung des Motors mit gleichen Leiterhöhen von 0,95 cm in allen vier Schichten.

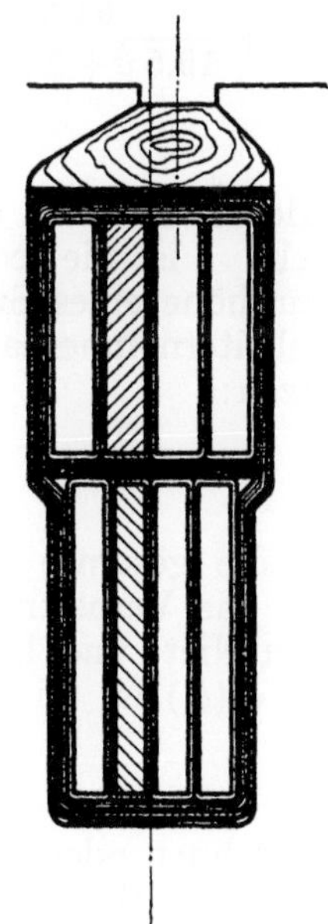
Abb. 365. Nut des Ankers eines Einphasen-Bahnmotors mit verschiedenen Leiterhöhen in der Ober- und Unterschichte (Elin)

Abb. 365 zeigt die Nut des Ankers eines Einphasen-Bahnmotors, bei
dem die Leiter in der Oberschichte niedriger bemessen sind als in der Unterschichte. Die Nut ist in ihrem oberen Teile mit Rücksicht auf die größere
Nutteilung breiter als unten.

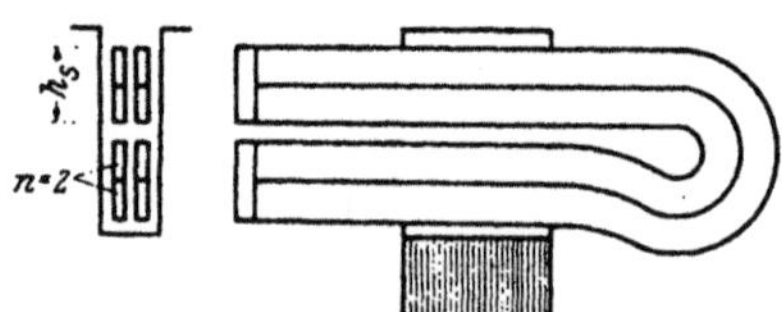

Abb. 366. Unterteilung in zwei
Teilleiter

3. Verschränkte Windungen

Eine einfache Art, die zusätzliche
Stromwärme zu verringern, besteht
in der Unterteilung eines Stabes in
Einzelleiter, die erst an den Enden
einer jeden Windung miteinander
verbunden werden. Abb. 366 zeigt
eine solche Ausführung, bei der jeder
Stab in $n = 2$ Teilleiter unterteilt ist.
Wir sehen, daß die Reihenfolge der Einzelleiter jedes Stabes in der Ober-
und Unterschichte vertauscht ist. Die Windungen sind verschränkt.

Für Wicklungen mit solchen verschränkten Windungen kann man
die Widerstandsverhältnisse der Nuten nach folgenden Formeln berechnen:

$$k_N \approx 1 + \frac{13}{15,5\,\vartheta + 2\,(\xi/2)^2}\left(\frac{\xi}{2}\right)^4 + \frac{\xi'^4}{16 + \xi'^4}\frac{1}{\varphi(\xi')}\frac{0,64}{15,5\,\vartheta + 2\,\xi'^2}\,\xi'^4 \quad \text{für} \quad n = 2,$$

$$k_N \approx 1 + \frac{29}{15,5\,\vartheta + 2\,(\xi/3)^2}\left(\frac{\xi}{3}\right)^4 + \frac{\xi'^4}{13 + 0,715\,\xi'^4}\frac{1}{\varphi(\xi')}\frac{0,64}{15,5\,\vartheta + 2\,\xi'^2}\,\xi'^4$$
$$\text{für} \quad n = 3,$$

$$k_N \approx 1 + \frac{51,6}{15,5\,\vartheta + 2\,(\xi/4)^2}\left(\frac{\xi}{4}\right)^4 + \frac{\xi'^4}{12,2 + 0,62\,\xi'^4}\frac{1}{\varphi(\xi')}\frac{0,64}{15,5\,\vartheta + 2\,\xi'^2}\,\xi'^4$$
$$\text{für} \quad n = 4.$$
$$(161)$$

n bedeutet die Zahl der Teilleiter eines Stabes. ϑ wird nach Gl. (157) ermittelt. ξ ist die reduzierte Leiterhöhe nach Gl. (158), wenn unter h_s die
Gesamthöhe eines Stabes einschließlich der Isolierschichten zwischen den
Einzelleitern innerhalb der Nut verstanden wird. Für ξ' haben wir einzusetzen:

$$\xi' = \sqrt{\frac{h_s - d}{h_s\,(1 + \lambda)}} \cdot \xi. \qquad (162)$$

d ist die gesamte Dicke der Isolierschichten zwischen den Teilleitern,
und λ das Verhältnis der Leiterlängen außerhalb der Nut, gerechnet bis
zu den Niet- und Lötverbindungen der Teilleiter, zu jenen innerhalb der
Nut. $\varphi(\xi')$ ist mit Hilfe der Formel

$$\varphi(\xi') = \xi'\,\frac{\mathfrak{Sin}\,2\,\xi' + \sin 2\,\xi'}{\mathfrak{Cof}\,2\,\xi' - \cos 2\,\xi'} \qquad (163)$$

zu berechnen oder aus Abb. 367 zu entnehmen.

Für ein Beispiel einer Zweischichtwicklung mit $2\,u = 6$ Stäben in
einer Nut, die alle die gleiche Höhe $h_s = 1,6$ cm haben, sei $\xi = 0,985 \cdot 1,6$,
$\lambda = 1$, $d = 0$ und somit $\xi' = 0,985 \cdot 1,6/\sqrt{2} = 1,114$. Mit $\vartheta = 0,142$
finden wir für $n = 1$ aus Gl. (156) $k_N = 3,64$, wenn wir $m = 2$ setzen.
Aus den Formeln (161) ergeben sich für $n = 2$, 3 und 4 Teilleiter, die in
Abb. 368 eingetragenen Werte. Die zusätzliche Stromwärme für den in
den Nuten eingebetteten Teil der Wicklung sinkt also mit wachsender

Zahl n der Einzelleiter; und zwar nähert sich das Widerstandsverhältnis dem Werte $k_N = 1{,}21$ für $n = \infty$. Das Widerstandsverhältnis k_s der Stirnverbindungen steigt mit zunehmender Teilleiterzahl von 1 bis 1,21 bei $n = \infty$; weicht also für die gebräuchliche Unterteilung der Stäbe nur wenig von eins ab.

Abb. 369 zeigt die zusätzliche Stromwärme in einem 16 mm hohen Ankerstab eines Lokomotivmotors und die Verringerung der Zusatzverluste durch Unterteilung des Stabes in zwei je 8 mm hohe Teilleiter.

4. Gitterstäbe

Wenn die einfache Unterteilung in Einzelleiter nicht mehr genügt, wie dies z. B. bei schnelllaufenden Gleichstrommaschinen oder Wechselstrombahnmotoren mitunter der Fall ist, so geht man zu Kunststäben über (Abb. 370). Hier ist der Stab in viele Einzelleiter unterteilt. Diese Teilleiter werden so zu einem Gitterstab verdrillt, daß mit jedem der parallelgeschalteten Einzelleiter der gleiche Nutenstreufluß verkettet ist. Die Verbindungen des Kunststabes mit dem Wickelkopf werden hart verlötet.

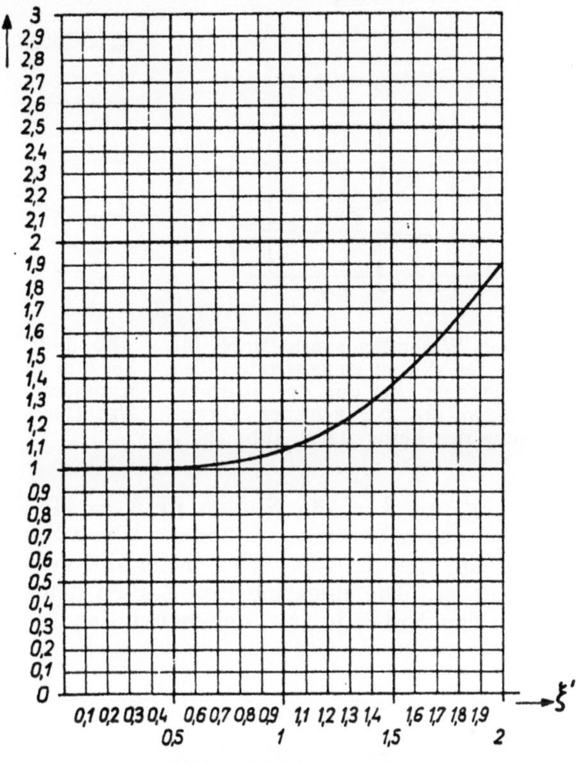

Abb. 367. Darstellung der Funktion $\varphi\,(\xi')$

Das Widerstandsverhältnis für den in Nuten eingebetteten Teil der Wicklung berechnet man nach Gl. (156). Für m ist die gesamte Zahl der in der Nut übereinander liegenden Teilleiter einzusetzen. Die reduzierte Leiterhöhe ξ ist mit der Höhe eines Teilleiters zu ermitteln.

Für das schon angeführte Beispiel einer Zweischichtwicklung mit $u = 3$ in einer Nut nebeneinander liegenden Stäben, die alle eine Höhe von 1,6 cm besitzen, ist in Abb. 371 die Wirkung der hier geschilderten Unterteilung in $n = 2$ und $n = 4$ Teilleiter auf das Widerstandsverhältnis k_N gezeigt.

5. Vierschichtwicklungen

Ein ähnliches Ergebnis wie es die Unterteilung der Leiter hinsichtlich der Verminderung der zusätzlichen Stromwärme zeitigt, erreicht man auch durch die *Vierschichtwicklung*. Hier sind nach Abb. 372 vier Leiter übereinander in der Nut eingebettet.

Ein Vorteil der Vierschichtwicklung ist auch die gute Ausnutzung des Nutenraumes. Die Vierschichtwicklung ergibt bei dem gleichen Ankerstrom viel kleinere Höchsttemperaturen und die aus dem Nutenraum abzuführenden Wärmeverluste sind kleiner als bei den Zweischichtwicklungen.

Abb. 373 soll lehren, wie man aus einer Zweischichtwicklung eine Vierschichtwicklung ableiten kann. Gegeben ist eine vierpolige Schleifen-

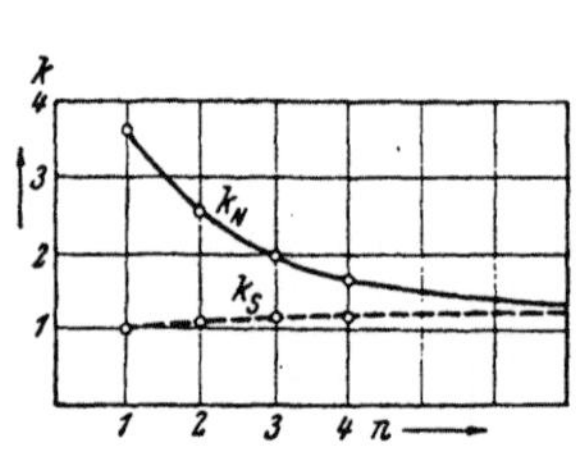

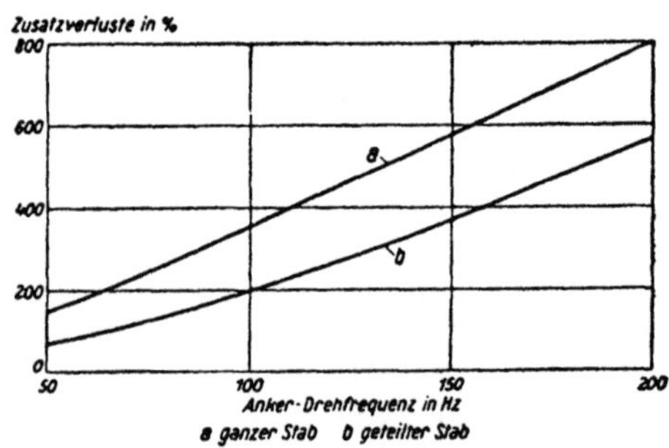

Abb. 368. Widerstandsverhältnisse für den in den Nuten eingebetteten Teil der Wicklung (k_N) und der Stirnverbindungen (k_s) bei n-facher Unterteilung der Leiter nach Abb. 366

Abb. 369. Zusätzliche Stromwärme in einem 16 mm hohen Ankerstab eines Lokomotivmotors (a) und die Verringerung durch Unterteilung in zwei 8 mm hohe Teilleiter (b)

wicklung mit $k = 246$ Spulen in $N = 41$ Nuten, so daß in jeder Nut $u = 6$ Stäbe nebeneinander liegen. Wir wählen eine Treppenwicklung nach dem Plan, der in Abb. 373 b unter die zweischichtig belegten Nuten gezeichnet ist. Die eingeringelten Zahlen deuten die Stege an. Ordnet man nun in den Nuten je zwei nebeneinander liegende Stäbe untereinander an,

Abb. 370. Gitterstab für die Ankerwicklung einer Stromwendermaschine

so entsteht die in Abb. 373 c gezeichnete Vierschichtwicklung. Der Schaltplan in Abb. 373 b gilt unverändert auch für die Vierschichtwicklung. In Abb. 373 d ist dieser Schaltplan wiederholt und dabei berücksichtigt, in welchen Schichten oder Lagen die Stäbe bei der Vierschichtwicklung liegen. Die Übertragung des Schaltplanes in die übliche Wicklungsdarstellung liefert Abb. 373 e.

Abb. 374 a zeigt eine Vierschichtwicklung für den Anker eines Vollbahnmotors mit 405 kW Dauerleistung bei 1070 U/min und $16^2/_3$ Hz [1]. Der Motor hat zehn Pole, der Läufer 155 Nuten und der Stromwender 310 Stege.

---

[1] Richter, R.: Elektrische Maschinen, 5. Bd., S. 261.

Um die Auslegung dieser Wicklung zu erleichtern, beziffern wir die Leiter in den Nuten so, wie es Abb. 374 *a* zeigt. Für die Nut 1 lautet diese Bezifferung: 3 — 1 — 4 — 2. Die Stäbe werden nun nach dem Plane der Abb. 374 *b* miteinander zur Wicklung verbunden. Wir sehen, daß stets zwei Stäbe der mittleren Nutenschichten *II* und *III* zu einer Spule zusammengeschlossen werden (z. B. 1 und 64) und abwechselnd dann je zwei Stäbe der äußersten Leiterschichten eine Spule bilden (z. B. 3 und 66). Die Verbindung zweier Spulen erfolgt über einen Stromwendersteg; z. B. ist die Spule 3—66 über den Steg 2 mit der Spule 1—64 hintereinandergeschaltet.

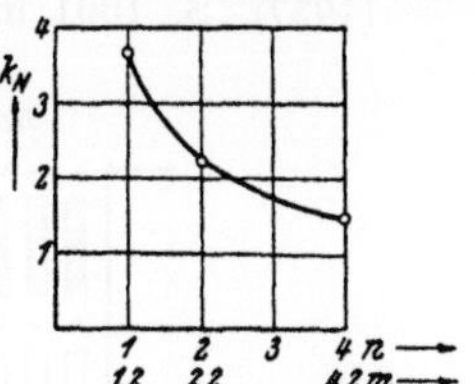

Abb. 371. Widerstandsverhältnis für den in den Nuten eingebetteten Teil des Gitterstabes (k_N) bei n-facher Unterteilung der Leiter. m ist die Gesamtzahl der in der Nut übereinanderliegenden Einzelleiter

Das Schaltbild einer Vierschichtwicklung mit zwei in jeder Nut nebeneinander liegenden Stäben des schon mehrfach angeführten Vollbahnmotors EKB 725 a der AEG ist in Abb. 375 angedeutet. Der Anker besitzt 95 Nuten und der Stromwender baut sich aus 380 Stegen auf. Die Bezifferung der Leiter in den Nuten ist in Abb. 376 angegeben, und der Plan für die Auslegung der Wicklung ist in Abb. 377 aufgestellt. Wieder werden abwechselnd Stäbe in den Außenlagen der Nuten und solche in den Mittellagen zu Spulen vereinigt und über die Stromwenderstege in Reihe geschaltet. Die Wicklung ist mit Ausgleichsverbindungen ausgestattet, auf die im Wicklungsbild der Abb. 375 durch Strich-Punkt-Kurven hingewiesen ist. Die Wicklungseinheiten dieser

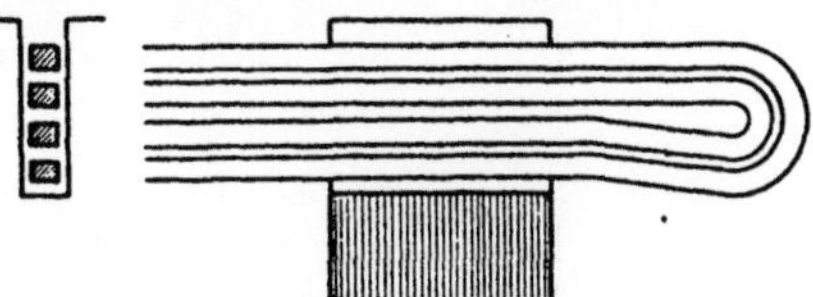

Abb. 372. Vierschichtwicklung

Wicklung und die Ausgleichsverbindungen zeigt Abb. 378. Den Schnitt durch den Anker stellt Abb. 379 dar und die Nut Abb. 380.

Schrifttum

Blaufuß, K.: Leistungssteigerung bei Wechselstrommotoren für Hauptbahnen (Neuere Studienarbeiten und Entwicklungen der AEG-Bahnfabrik). Elektrische Bahnen **20** (1944), S. 111.

Dreyfus, L.: Zusätzliche Kommutierungsverluste bei Gleichstrommaschinen. Elektrotechn. u. Masch.-Bau **32** (1914), S. 281. — Theorie der zusätzlichen Kommutierungsverluste von Gleichstrommaschinen. Arch. Elektrotechn. **3** (1915), S. 273. — Zusätzliche Kommutierungsverluste durch Stromverdrängung bei Einankerumformern. Arch. Elektrotechn. **4** (1915), S. 42. — Die Berechnung des Nutenquerfeldes in unbelasteten Dynamoankern. Arch. Elektrotechn. **6** (1917), S. 165. — Wirbelströme in massiven Ankerleitern bei Leerlauf. Arch. Elektrotechn. **6** (1918), S. 327.

Grabner, A.: Elektrodynamische Starkstrommaschinen. (Entwurf und Berechnung.) Zürich: S. Hirzel-Verlag, 1950.

Jasse, E.: Beitrag zur Frage der günstigsten Stabhöhe bei Stromverdrängung. Arch. Elektrotechn. **39** (1949), S. 323.

Kouskoff, G.: Méthode de calcul des impédances et des pertes dans les conducteurs logés dans une encoche de machine électrique. Application aux barres faiblement subdivisées. Rev. Gén. de l'Electricité **36** (1952), S. 29.

Praßler, —.: Wirbelströme in Nuten. Diss. Karlsruhe, 1949.

Richter, R.: Über zusätzliche Kupferverluste. Arch. Elektrotechn. **2** (1914), S. 518. — Über zusätzliche Stromwärme. II. Entwurf von Nutenwicklungen. Arch. Elektrotechn. **4** (1915), S. 1. — Über zusätzliche Stromwärme. III. Wicklungen mit unterteilten Leitern. Arch. Elektrotechn. **5** (1916), S. 1. — Elektrische Maschinen. 1. Bd. Allgemeine Berechnungselemente. Die Gleichstrommaschinen. Berlin: Julius Springer, 1924. — Elektrische Maschinen. 5. Bd. Stromwendermaschinen für ein- und mehrphasigen Wechselstrom. Regelsätze. Berlin, Göttingen, Heidelberg: Springer-Verlag, 1950.

Töfflinger, K.: Die neuere Entwicklung des Wechselstrombahnmotors. ETZ **58** (1937), S. 1001 und 1030.

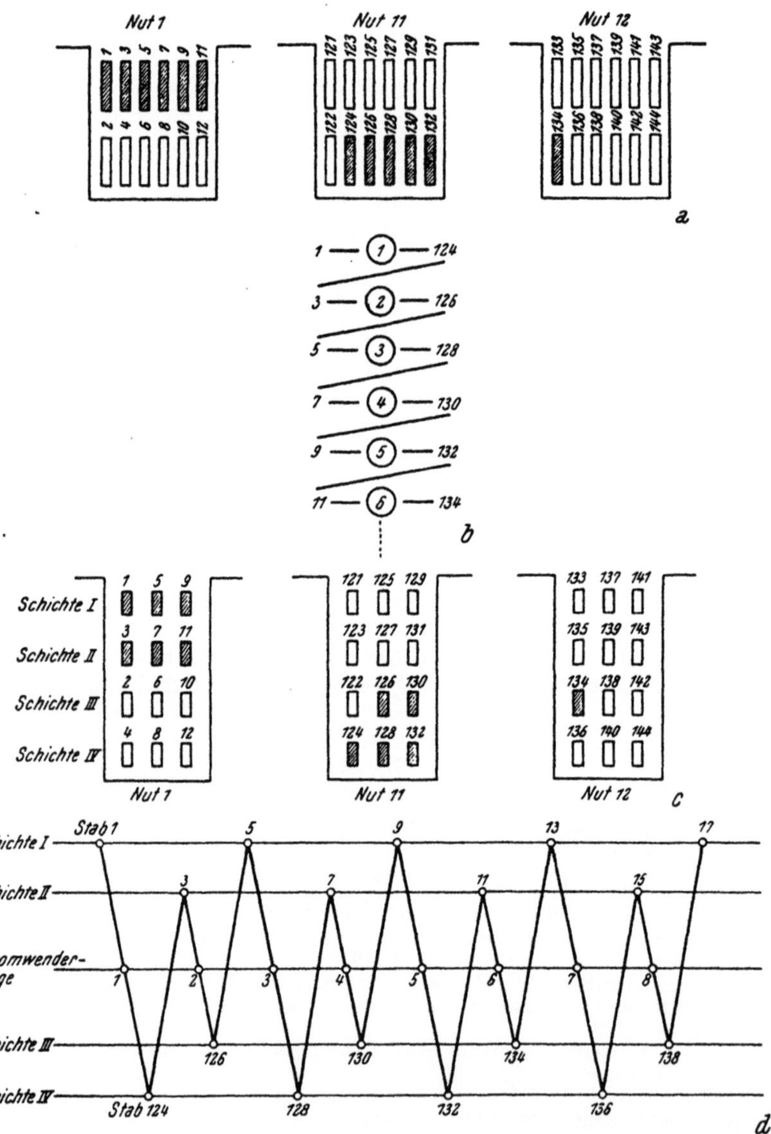

Abb. 373. Ableitung einer Vierschichtwicklung aus einer zweischichtigen Schleifen-Treppenwicklung mit 246 Spulen in 41 Nuten für 4 Pole (nach *A. Grabner*)
a) Zweischichtige Treppenwicklung, *b*) Schaltplan, *c*) Vierschichtwicklung, *d*) Schaltplan mit Angabe der Schichten,

VII. Sonderwicklungen

A. Ankerwicklungen mit zwei Stromwendern

1. Maschinen mit Doppelstromwendern

Maschinen für große Stromstärken machen Stromwender mit Stegen erforderlich, die eine beträchtliche axiale Länge haben. Um zu verhindern, daß sich diese langen Stege durch die Fliehkraft oder durch die Erwärmung ausbiegen, ordnet man isoliert aufgesetzte Schrumpfringe an, oder man teilt den Stromwender der Länge nach in zwei oder sogar drei Teile und verbindet die Stege durch Flügel, die zur Lüftung der Stromwender beitragen. Eine Gleichstrommaschine mit einem solchen Doppelstromwender zeigt Abb. 381. In Abb. 381 *a* sieht man den Anker mit dem Doppelstromwender eines Gleichstromgenerators mit 1000 kW Leistung für 100 V und 10 000 A bei 375 U/min.

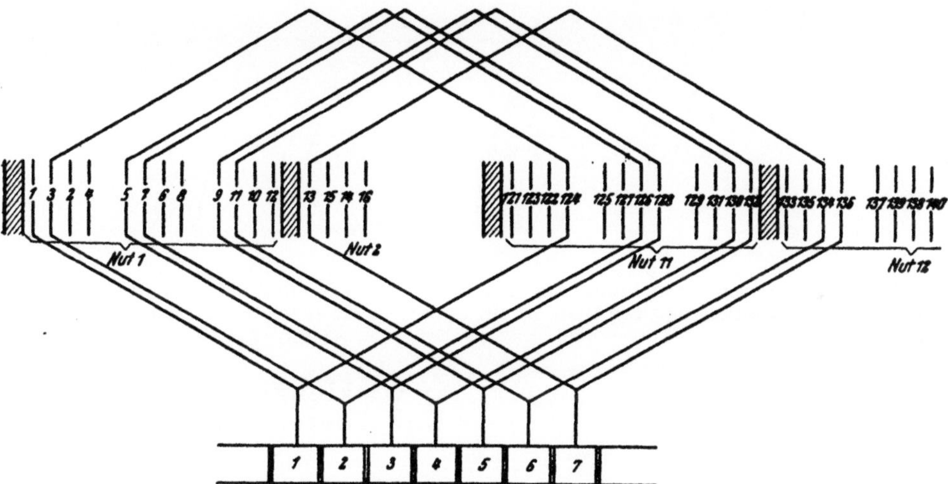

Abb. 373. *e*) Ableitung einer Vierschichtwicklung aus einer zweischichtigen Schleifen-Treppenwicklung mit 246 Spulen in 41 Nuten für 4 Pole
Wicklungsbild der Vierschichtwicklung

2. Maschinen mit einer Ankerwicklung und zwei Stromwendern

Statt des Doppelstromwenders auf der einen Ankerstirnseite kann man auch die eine Ankerwicklung mit zwei Stromwendern auf beiden Seiten des Ankers versehen. Eine solche Anordnung ist in Abb. 382 gezeichnet. Die vierpolige Schleifenwicklung mit 13 Spulen ist an zwei Stromwender mit je 13 Stegen angeschlossen.

Diese eine Ankerwicklung mit zwei Stromwendern bringt den Nachteil mit sich, daß die Stabilität der Verteilung der Strombelastung auf die beiden Stromwender unsicher ist. Es kann vorkommen, daß der eine Stromwender weniger belastet ist, während der andere eine größere Strombelastung aufnehmen muß. Man führt daher lieber zwei getrennte Ankerwicklungen aus, von denen jede zu einem Stromwender geführt wird.

3. Anker mit zwei Wicklungen und zwei Stromwendern

Grundsätzlich kann man die beiden Ankerwicklungen übereinander oder nebeneinander im Anker unterbringen.

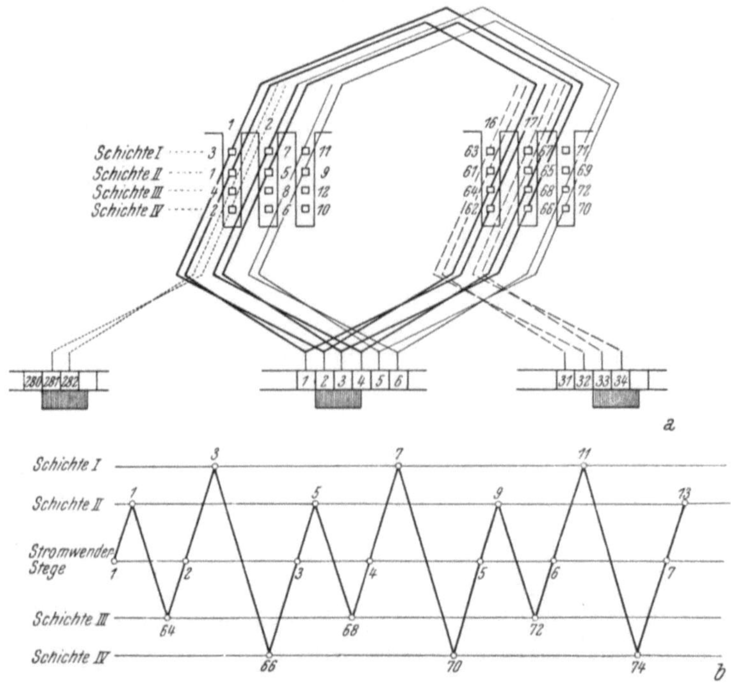

Abb. 374. Vierschichtwicklung für den Anker eines Vollbahnmotors mit 405 kW Dauerleistung bei 1070 U/min und 16²/₃ Hz (nach *R. Richter*)

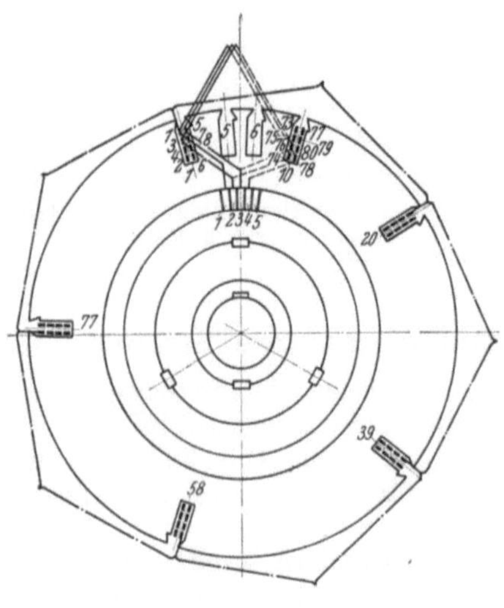

Abb. 375. Schaltbild der Vierschichtwicklung des Vollbahnmotors EKB 725 a (AEG)

a) Wicklungen mit vier in der Nut übereinander liegenden Stäben

Abb. 383 gibt zwei Möglichkeiten für die Lage der Stäbe in den Nuten von zwei *übereinander* eingebetteten Wicklungen an. Die Stäbe, die zu der einen Ankerwicklung gehören, sind im Querschnitt schraffiert, die der zweiten Wicklung leer. Bei einer solchen Anordnung der beiden Ankerwicklungen ist die Zahl der Nuten gleich der Zahl der Stege jedes Stromwenders. Man sieht leicht ein, daß die Induktivitäten der Spulen der beiden Wicklungen mit Rücksicht auf ihre Lage in den Nuten nicht gleich groß sind und daß deshalb die Stromwendungsbedingungen für beide Wicklungen nicht gleichartig sein können, was zu beträchtlichen Unzukömmlichkeiten führen kann.

b) Wicklungen mit zwei in der Nut übereinander liegenden Stäben

a) *Wicklungen mit ungleichen Spulenweiten*

Man kann die beiden Ankerwicklungen statt übereinander in den Nuten auch *nebeneinander* so in den Anker legen, daß die Nuten, die nur die

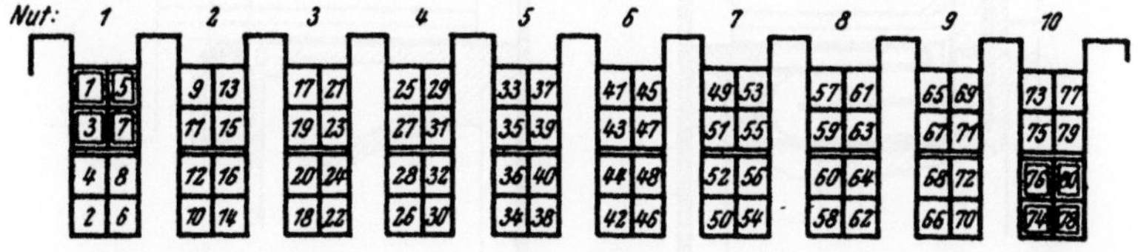

Abb. 376. Bezifferung der Leiter in den Ankernuten für die Vierschichtwicklung in Abb. 375 (AEG)

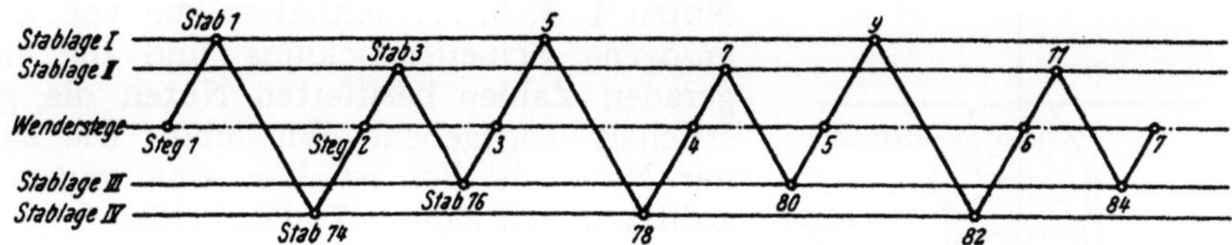

Abb. 377. Plan für die Auslegung der Vierschichtwicklung in Abb. 375 (AEG)

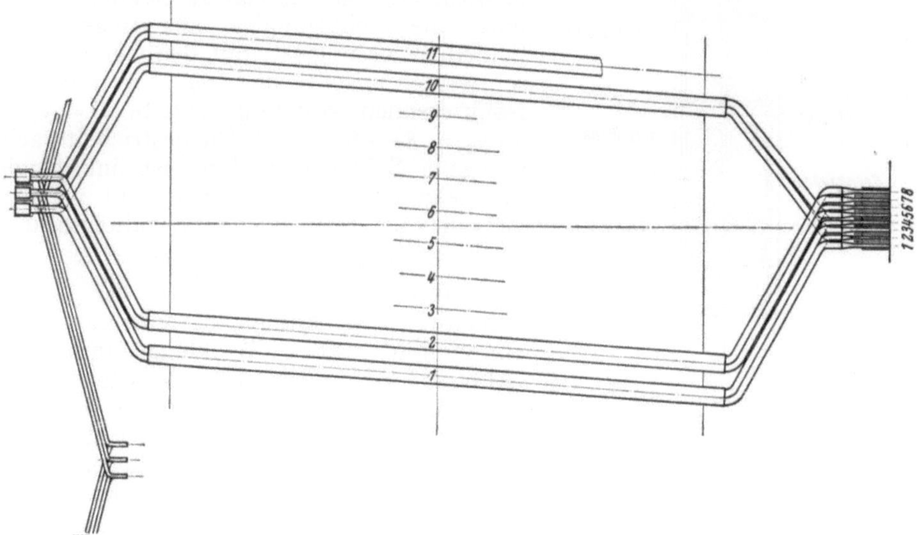

Abb. 378. Wicklungseinheiten und Ausgleichsverbindungen der Vierschichtwicklung in Abb. 375 (AEG)

eine Wicklung umschließen, mit jenen, in die die andere Wicklung eingebettet ist, am Ankerumfang miteinander abwechseln. Ein solches Beispiel stellt Abb. 384 dar. Der Anker der vierpoligen Maschine trägt in 28 Nuten zwei Schleifenwicklungen, die mit je einem Stromwender mit je 14 Stegen verbunden sind. Die Weite der Spulen der einen, voll ausgezogenen, Schleifenwicklung ist $y_1' = 8$ Nutteilungen und um ebensoviel größer als die Spulenweite $y_1'' = 6$ der zweiten, gestrichelt nachgezogenen Schleifenwicklung kleiner als eine Polteilung mit $\tau = 7$ Nutteilungen ist. Die

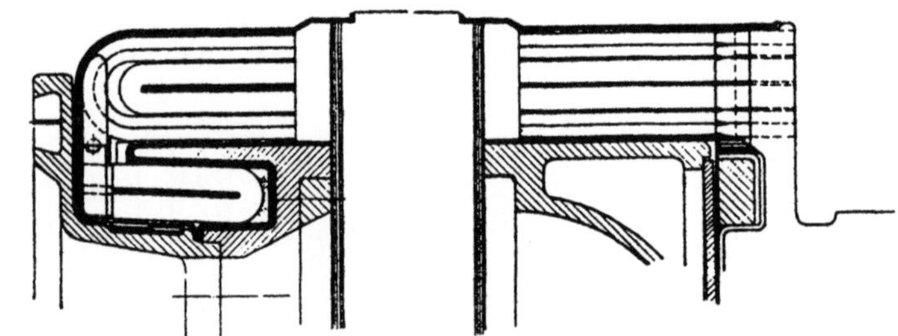

Abb. 379. Schnitt durch den Anker des Bahnmotors EKB 725 a (AEG)

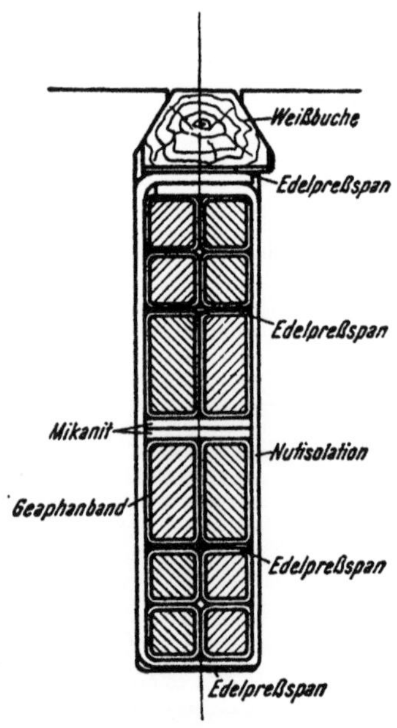

Abb. 380. Ankernut des Bahnmotors EKB 725 a (AEG)

Nuten 1, 3, 5, ... enthalten die voll ausgezogene Schleifenwicklung und die mit geraden Zahlen bezifferten Nuten die gestrichelt angegebene Wicklung. Die Zahl der Nuten je Pol ist hier eine ungerade Zahl, nämlich 28/4 = 7. Die beiden Spulenweiten $y_1' = 8$ und $y_1'' = 6$ sind gerade Zahlen. Weiters können wir aus Abb. 384 herauslesen, daß die voll gezeichnete Wicklung eine rechtsgängige oder ungekreuzte Schleifenwicklung ist, mit den beiden Teilschritten: $y_1' = 8$ und $y_2' = 6$ und dem resultierenden Wicklungsschritte $y' = y_1' - y_2' = 8 - 6 = + 2$. Die gestrichelt nachgezogene Schleifenwicklung ist linksgängig und gekreuzt. Ihre Teilschritte sind $y_1'' = 6$, $y_2'' = 8$; der resultierende Wicklungsschritt ist $y'' = y_1'' - y_2'' = 6 - 8 = - 2$.

Während, wie gesagt, bei der soeben behandelten Wicklung jede Nut nur Stäbe ein und derselben Wicklung umschließt (Abb. 385 a), kann man im Gegensatz dazu die beiden Wicklungen auch so auslegen, daß nach Abb. 385 b in jeder Nut der Ober- und Unterstab verschiedenen Wicklungen angehören. In diesem Falle müssen die Nutenschritte oder Spulenweiten der beiden Wicklungen ungerade Zahlen sein. Damit nun wieder die Weite der Spulen der einen Wicklung um ebensoviel größer als eine Polteilung sein kann, als die Spulenweite der zweiten Wicklung kleiner als eine Polteilung ist, muß die Zahl der Nuten je Pol gerade sein. Abb. 386 zeigt zwei vierpolige Schleifenwicklungen in 24 Nuten mit zwei Stromwendern mit je 12 Stegen. Die Polteilung umfaßt 24/4 = 6 Nutteilungen. Die Spulenweiten der beiden Wicklungen betragen $y_1' = 7$ und $y_1'' = 5$

Nutteilungen. Die voll ausgezogene Schleifenwicklung ist rechtsgängig und ungekreuzt; die gestrichelt gezeichnete linksgängig und gekreuzt.

In allen Fällen muß jede der beiden Wicklungen des Ankers Ausgleichsverbindungen erhalten.

Abb. 381. Anker einer Gleichstrommaschine mit Doppelstromwender (Alsthom)
Abb. 381 *a*. Anker mit einem Doppelstromwender eines Gleichstromgenerators mit 1000 kW Leistung für 100 bis 115 V und 10 000 bis 8700 A bei 375 U/min (Ansaldo-San Giorgio)

β) *Wicklungen mit gleichen Spulenweiten*

Bei den soeben besprochenen Ausführungen sind die Spulenweiten der beiden Wicklungen des Ankers, gesehen von ihrem Stromwender aus, ungleich groß. Will man aber die beiden Wicklungen mit gleich weiten Spulen ausbilden, so kann man die Schaltung nach Abb. 387 ausführen. Die Nutenzahl je Pol ist ungerade. Auch die Nutenschritte $y_1' = y_1'' = 13$ sind ungerade Zahlen. Jede Nut umschließt zwei Stäbe verschiedener Wicklungen. Die voll ausgezogene Wicklung ist eine ungekreuzte, rechtsgängige Schleifenwicklung, die gestrichelt gezeichnete eine gekreuzte, linksgängige Wicklung. Die durch eine geschlungene Klammer umschlossenen Verbindungen können sowohl nebeneinander als auch untereinander angeordnet werden.

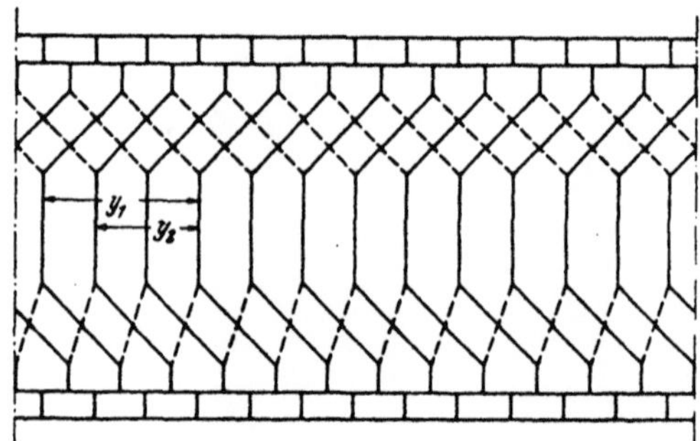

Abb. 382. Vierpolige Schleifenwicklung mit 13 Spulen, an zwei Stromwender mit je 13 Stegen angeschlossen

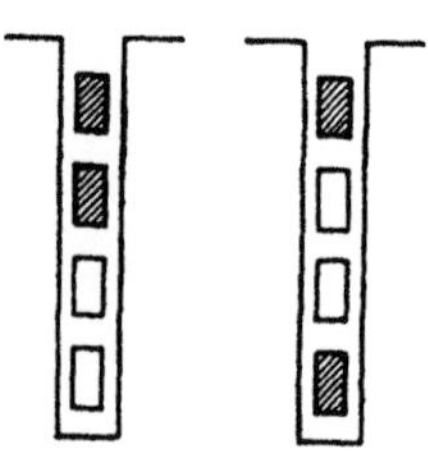

Abb. 383. Lage der Stäbe in den Nuten von zwei übereinander eingebetteten Wicklungen mit zwei Stromwendern

Eine andere Möglichkeit, die beiden Ankerwicklungen aus Spulen gleicher Weite aufzubauen, besteht darin, daß man von Schleifenwicklungen zu Reihenparallelwicklungen nach dem französischen Patente Nr. 607 262 übergeht. Und zwar wird jede der beiden Wellenwicklungen mit soviel parallelen Zweigen ausgelegt, als die Maschine Pole hat: $2\,a = 2\,p$. In jeder Nut liegen zwei Leiter übereinander, die verschiedenen Wicklungen angehören (Abb. 385 b).

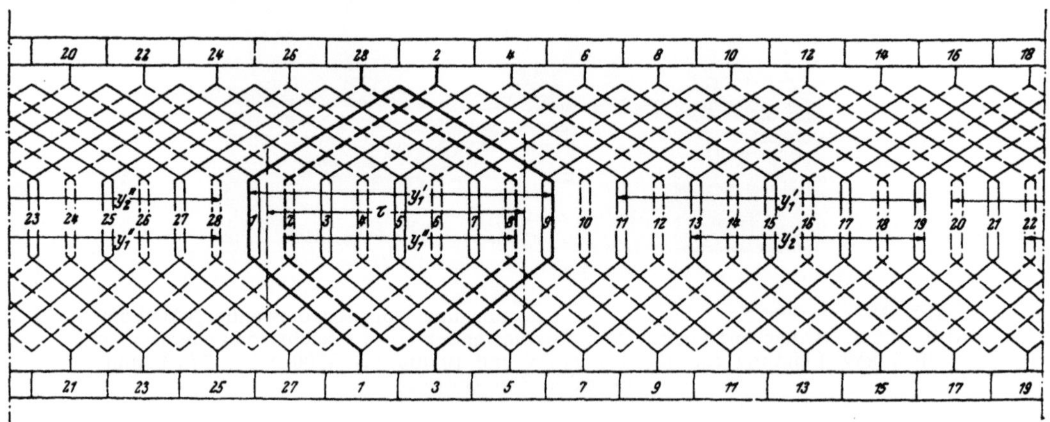

Abb. 384. Zwei vierpolige Schleifenwicklungen, mit je einem Stromwender mit 14 Stegen verbunden und in 28 Nuten nebeneinander gelegt. Geradzahlige Nutenschritte

Die beiden Teilschritte der Wellenwicklungen sollen gleich groß sein:

$$y_1' = y_2'. \tag{164}$$

Weiters müssen sie ungeradzahlig sein, damit die Stabfolge nach Abb. 385 b eingehalten werden kann. Diese Forderungen setzen nach der Gleichung

$$y_1' = y_2' = \frac{N/2 \pm a}{p} = \frac{N}{2p} \pm 1 \tag{165}$$

voraus, daß die Zahl $N/2\,p$ der Nuten je Pol eine gerade Zahl ist.

Abb. 388 ist das Schaltbild zweier ineinander geschachtelter Wellenwicklungen in $N = 24$ Nuten eines Ankers für eine vierpolige Maschine. Jede Wellenwicklung besitzt $a = p = 2$ Paare von parallelen Zweigen. Die Teilschritte der beiden Wicklungen sind nach Gl. (165)

$$y_1' = y_2' = \frac{12 \pm 2}{2} = 7 \text{ oder } 5,$$

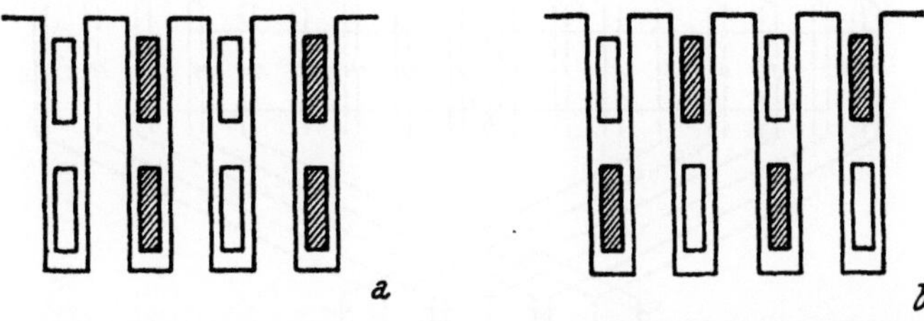

Abb. 385. Lage der Stäbe in den Nuten von zwei nebeneinander eingebetteten Wicklungen mit zwei Stromwendern

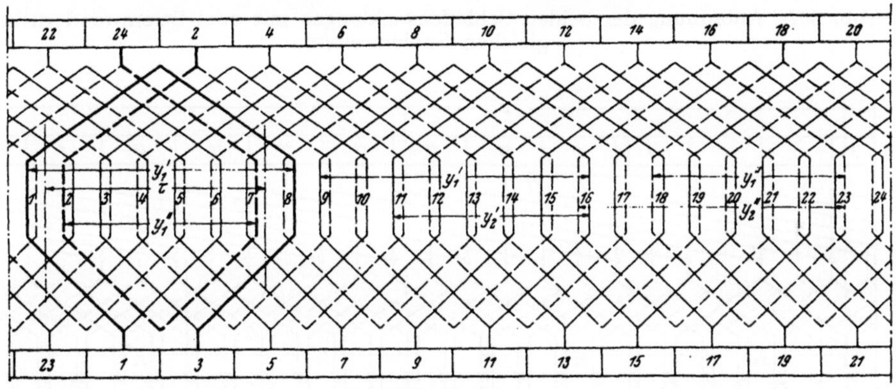

Abb. 386. Zwei vierpolige Schleifenwicklungen, mit je einem Stromwender mit 12 Stegen verbunden und in 24 Nuten nebeneinander gelegt. Ungeradzahlige Nutenschritte

zu 5 gewählt worden. Der Verbindungsschritt der Ausgleichsverbindungen jeder Wicklung ist

$$y_v = \frac{k}{a} = \frac{12}{2} = 6$$

Spulen einer Wicklung.

Die Bürsten, die auf den beiden Stromwendern gleichachsig sitzen, haben entgegengesetzte Polarität.

c) Wicklungen mit mehreren in der Nut nebeneinander liegenden Stäben

Wir haben bisher nur Wicklungen besprochen, bei denen in jeder Schichte einer Nut nur ein einziger Stab liegt. Man kann aber natürlich auch Wicklungen ausführen, die in jeder Nut mehrere nebeneinander eingebettete Leiter aufweisen. Die gebräuchlichsten Anordnungen entstehen, wenn man die in Abb. 385 *b* z. B. auf zwei benachbarte Nuten aufgeteilten Stäbe in einer Nut vereinigt.

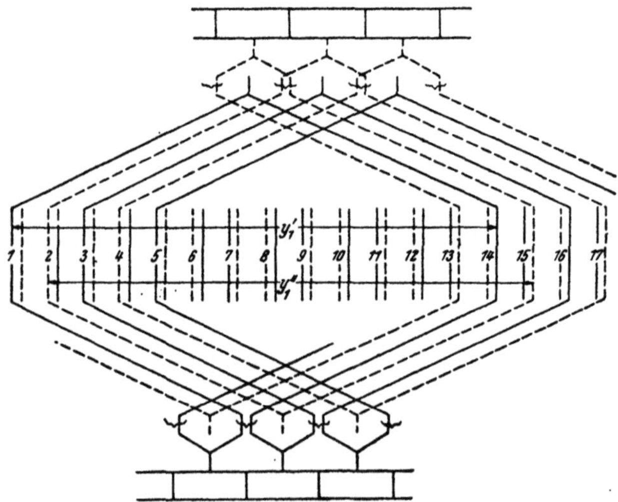

Abb. 387. Anordnung der beiden Schleifenwicklungen mit zwei Stromwendern mit gleichen Spulenweiten

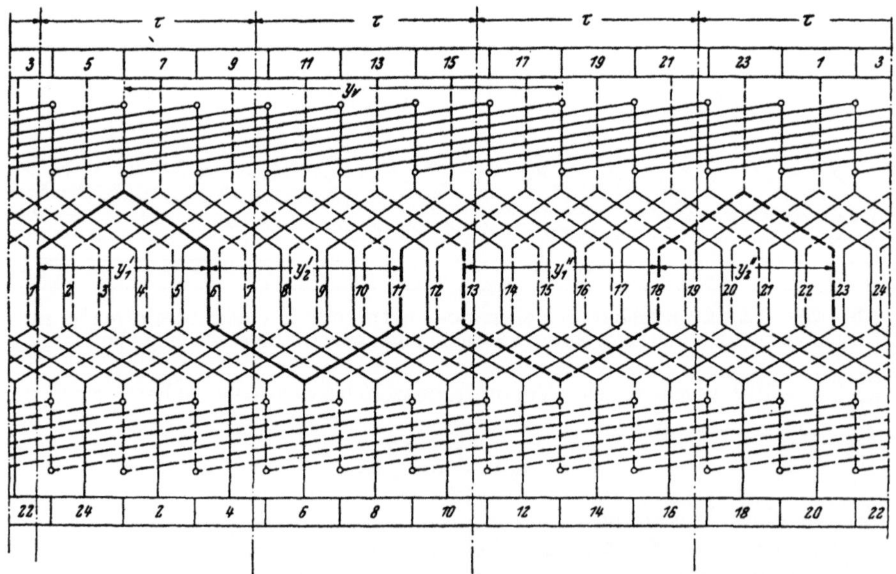

Abb. 388. Schaltbild zweier ineinander geschalteter Wellenwicklungen mit Spulen gleicher Weite in 24 Nuten einer vierpoligen Maschine mit zwei Stromwendern (Französisches Patent Nr. 607 262)

Eine solche Wicklungsausteilung stellt Abb. 389 dar. Die Angaben beziehen sich auf eine Gleichstrom-Hochstrom-Maschine für 840 kW, 4800 A und 500 U/min. Der Anker des zwölfpoligen Generators hat

174 Nuten, jeder Stromwender 174 Stege: Die Zahl der Stege ist gleich der Nutenzahl. Der Verbindungsschritt der Ausgleichsverbindungen ist

$$y_v = \frac{k}{a} = \frac{174}{6} = 29.$$

Beide Wicklungen haben den gleichen Nutenschritt: $y_n = 14$.

Drängt man die Stäbe von vier in Abb. 385 b aufeinanderfolgenden Nuten in einer Nut zusammen, so entsteht die Wicklungsanordnung in Abb. 390.

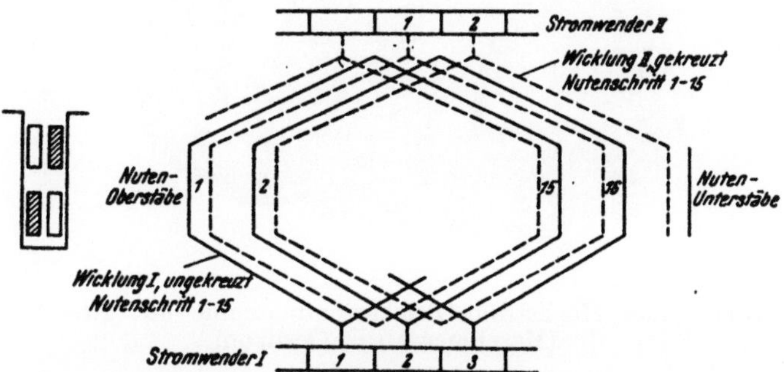

Abb. 389. Anordnung der beiden Schleifen-Wicklungen für zwei Stromwender mit zwei in einer Nut nebeneinander liegenden Stäben

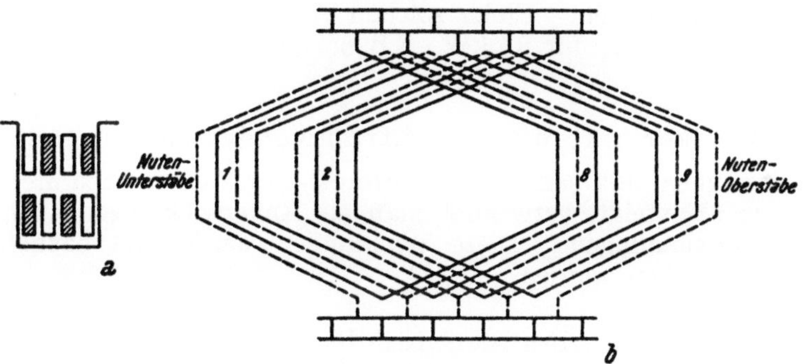

Abb. 390. Anordnung der beiden Schleifenwicklungen für zwei Stromwender mit vier in einer Nut nebeneinander liegenden Stäben

d) Ausführungsbeispiele

Eine Wicklung der zuletzt beschriebenen Art sehen wir in Abb. 391. Als Wicklung mit vier Spulenseiten in einer Nut nach Abb. 389 haben wir die in Abb. 392 und 393 dargestellte Wicklung anzusehen. Sie ist die Ankerwicklung einer achtpoligen Gleichstrommaschine für 1500 kW, 230 V und 900 U/min. Jede der 104 Ankernuten umschließt acht Stäbe d, h, c, g, b, f, a und e, von denen die Stäbe d, c, f und e zu einer gekreuzten Schleifenwicklung gehören, die in Abb. 394 voll ausgezogen und an den Stromwender II angeschlossen ist. Die Stäbe h, g, b und a jeder Nut bilden eine ungekreuzte Schleifenwicklung, die mit dem Stromwender I verbunden ist. Die Spulen der beiden Schleifenwicklungen sind aufgespaltet, wie man der Abb. 394 entnehmen kann. Der Nutenschritt $y_n = 14$ der einen Teilspule einer Ankerspule ist um eine Nutteilung größer als die Polteilung von $N/2\,p = 104/8 = 13$ Nutteilungen; der Nutenschritt $y_n = 12$ der zweiten Teilspule um ebensoviel kleiner. Die kurze Teilspule ist mit einem Auge gerollt, die lange durch eine Zwinge gebildet. Die 104 Stege jedes Stromwenders sind unterteilt. Die Ausgleichsverbindungen sind unmittelbar an den Stromwendern angeordnet. Der Verbindungsschritt beträgt $y_v = k/p = 104/4 = 26$ Stege.

Abb. 391. Anker einer Hochstrom-Gleichstrommaschine mit zwei Stromwendern
(Maschinenfabrik Oerlikon)

Doppelstromwendermotoren mit zwei Ankerwicklungen verwendet man auch in Oberleitungsomnibussen zum Hintereinander- und Parallelschalten der beiden Wicklungen. Einen solchen Anker zeigt Abb. 395. Dieser Obusmotor ist gebaut für 87 kW, KB 6o min, 1430 U/min, 600 V und 2×81 A.

e) Anker mit offenen Stromwenderwicklungen

In Maschinen mit sehr hohen Stromstärken, deren Spannung etwa 10 V nicht übersteigt, verwendet man als Ankerwicklungen auch offene Stromwenderwicklungen. Diese Wicklungen werden im nächsten Abschnitte besprochen werden.

f) Wicklungsanordnungen für Hochspannungsmaschinen

Bisher haben wir uns nur mit Wicklungen für Hochstrommaschinen beschäftigt. Man verwendet aber zwei Wicklungen in einem Anker mit zwei Stromwendern auch für Hochspannungsmaschinen.

Bei solchen Maschinen schaltet man die beiden Wicklungen des Ankers hintereinander, wie die Abb. 396, 397 und 398 zeigen.

Betrachten wir zuerst die Anordnung der Wicklungen nach Abb. 396. Die beiden Wicklungen I und II sind so in den Ankernuten übereinander eingebettet, wie es Abb. 396 b angibt. Der bequemeren Übersicht halber sind die Wicklungen getrennt voneinander in Abb. 396 a gezeichnet. Vom Stromwender aus gesehen, liegen bei beiden Wicklungen die Oberstäbe der Spulen links von ihren zugehörigen Unterstäben. Der Nachteil dieser Anordnung ist offenkundig der, daß zwischen den Stäben B und C, die in der Nut unmittelbar übereinander untergebracht sind, die gesamte Spannung der beiden hintereinandergeschalteten Wicklungen herrscht. Denn der Stab B ist in dem in der Abb. 396 a festgehaltenen Augenblicke mit der Plusklemme P des Ankers verbunden und der Stab C mit der

Minusklemme *N*. Kommen bei der Drehung des Ankers die Stäbe *B* und *C* mit den Bürsten *T* und *S* in Verbindung, so verringert sich der Spannungsunterschied auf Null. Die Isolation muß natürlich mit Rücksicht auf die doppelte Spannung *einer* Wicklung bemessen werden.

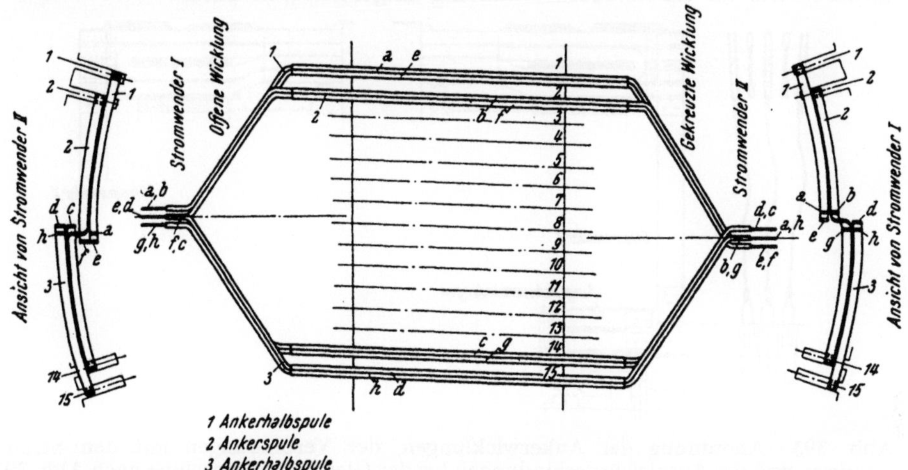

Abb. 392 *a*. Zwei Schleifenwicklungen mit gespaltenen Spulen im Anker einer achtpoligen Gleichstrommaschine für 1500 kW, 230 V und 900 U/min mit zwei Stromwendern (AEG, Berlin)

Damit die Spannung übereinander liegender Spulenseiten nicht größer als die Spannung *einer* Wicklung wird, kann man zwei Anordnungen wählen, die in den Abb. 397 und 398 gezeigt sind. Bei der in Abb. 397 dargestellten Austeilung ist nur die Wicklung *I* insoferne geändert, als nicht wie in Abb. 396 die Oberstäbe der Spulen links von ihren Unterstäben liegen, wenn man vom Stromwender auf die Wicklung blickt, sondern umgekehrt, die Oberstäbe rechts von den Unterstäben der Spulen in die Nuten eingebettet sind. Die Lage der Stäbe *C* und *D* der Wicklung *II* in den Nuten ist ungeändert geblieben; doch haben die Stäbe *A* und *B* der Wicklung *I* ihre Lage in den Nuten vertauscht. Die Spannung zwischen den jetzt in der Nut unmittelbar übereinander liegenden Leitern *A* und *C* kann höchstens gleich der Spannung einer Wicklung werden. (Englisches Patent Nr. 396 326.)

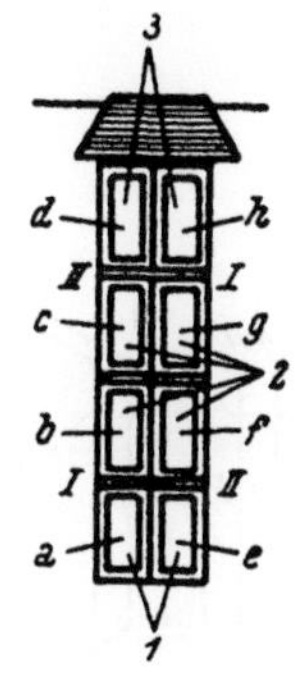

Abb. 392 *b*. Anordnung der Leiter in der Nut der Wicklungen in Abb. 392

Die zweite Möglichkeit ist in Abb. 398 gezeichnet. Hier hat man aus der ursprünglichen, rechtsgängigen und ungekreuzten Schleifenwicklung *I* eine linksgängige und gekreuzte gemacht. Dadurch kehrt sich die Polarität der Bürsten dieser Wicklung um. Auch hier herrscht zwischen den beiden in einer Nut übereinander untergebrachten Stäben *B* und *C* die Spannung einer Wicklung. Dies trifft auch zu, wenn die Leiter *B* und *C* in Verbindung mit den Bürsten *T* und *S* kommen.

B. Offene Stromwenderwicklungen

Alle offenen Stromwenderwicklungen haben gemeinsam, daß die einzelnen Windungen oder Stäbe einerseits an die Stromwenderstege und andererseits an einen Kurzschlußring angeschlossen sind.

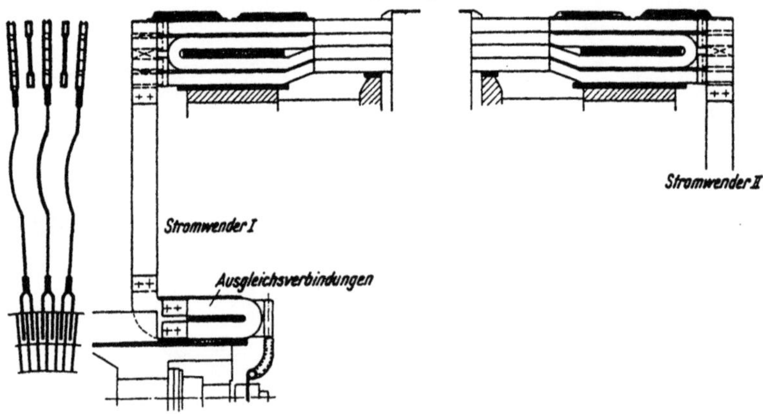

Abb. 393. Anordnung der Ankerwicklungen, der Verbindungen mit den Stromwendern, und der Ausgleichsverbindungen bei der Gleichstrommaschine nach Abb. 392 (AEG, Berlin)

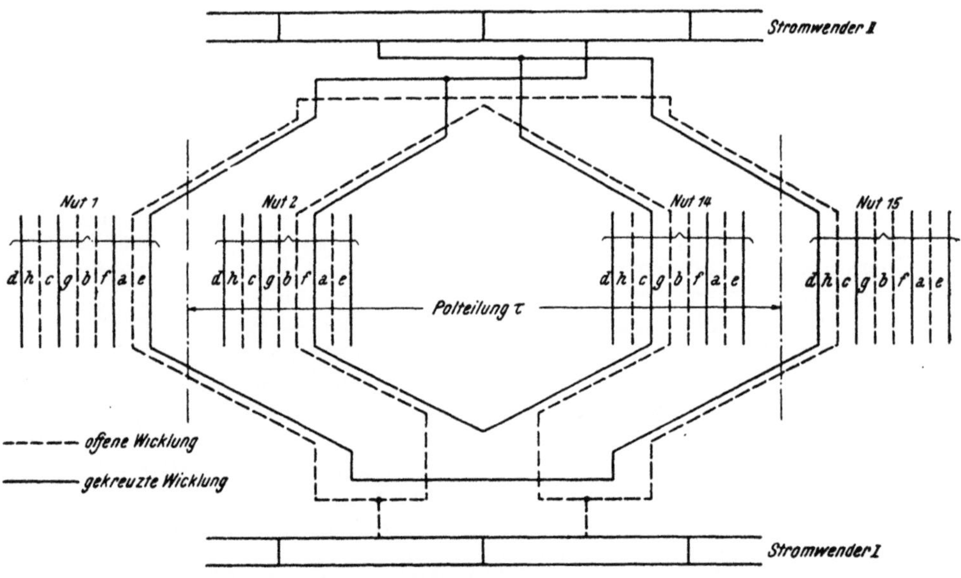

Abb. 394. Teilschaltbild der Wicklungen in Abb. 392

1. Offene Einschleifenwicklung

Bei der offenen Einschleifenwicklung nach Abb. 399 liegt zwischen einem Stege und dem Nullpunkt stets nur eine Windung, deren Weite W $180^\circ/\tau$ entweder 180° oder weniger betragen kann.

Die Spannung zwischen zwei benachbarten Stegen A und B des Stromwenders (Abb. 399), die von der Grundwelle eines Drehfeldes induziert wird, können wir auf folgende Weise ermitteln. Die Spannungen der Stäbe AC und BD in Abb. 399 werden in Abb. 400 durch die beiden Zeiger OB und OD dargestellt, die um den Phasenwinkel α gegeneinander ver-

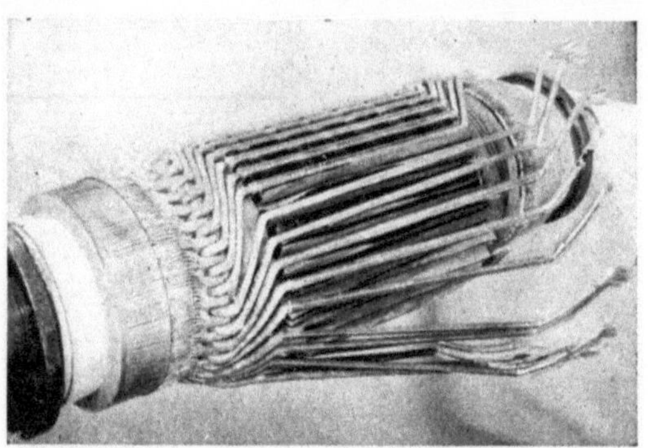

Abb. 395. Anker eines Obusmotors mit zwei Wicklungen und zwei Stromwendern (Siemens-Schuckert, Berlin)

dreht sind. Die Zeiger der Spannungen der Stäbe CE und DE in Abb. 399 sind um je $W\,180^0/\tau$ in der Phase gegen die Zeiger OB und OD der mit ihnen je eine Windung bildenden Stäbe AC und BD verschoben. Die Spannung zwischen den Stegen A und B setzt sich nun aus den Spannungszeigern der Stäbe AC, CE, ED und DB zusammen: an den Zeiger OB schließt sich unter dem Winkel $W\,180^0/\tau$ der Zeiger BE; an diesen fügen wir unter dem Winkel α den Zeiger EF, worauf der Zeiger FG folgt, der parallel OD zu zeichnen ist. Die Schlußlinie OG ist die gesuchte Spannung E_{D1} zwischen den Stegen A und B.

Diese Spannung ergibt sich zu

$$E_{D1} = \overline{OG} = \overline{DF} = 2\,\overline{BD}\sin 90^0\,\frac{W}{\tau} =$$

$$= 2\,\overline{AB}\sin\frac{\alpha}{2}\,\sin 90^0\,\frac{W}{\tau},$$

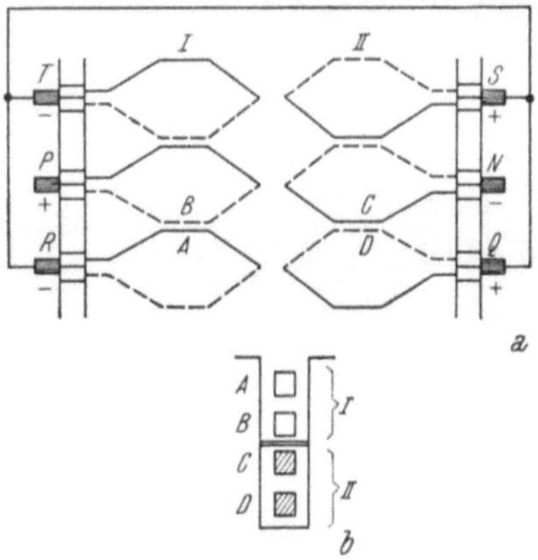

Abb. 396. Anordnung der beiden Wicklungen mit zwei Stromwendern für Hochspannungsmaschinen. Zwischen den Stäben B und C tritt die doppelte Spannung einer Wicklung auf

wovon man sich leicht überzeugen kann, wenn man überlegt, daß im Dreieck FDB, die Seiten $\overline{FB} = \overline{BD}$ sind, da die Dreiecke OBD und EBF kongruente Dreiecke sind, und daß $\overline{BD} = \overline{AB}\sin\alpha/2$ ist. Mit Rücksicht darauf, daß $\overline{AB}$ die Spannung einer Windung mit vollem Schritt bedeutet, also gleich

$$\sqrt{2}\,\pi\,s\,f\,\Phi_1 \tag{166}$$

zu setzen ist, wird die Drehfeld-Grundwellen-Spannung E_{D1} für die offene Einschleifenwicklung in Abb. 399

$$E_{D1} = 2\sqrt{2}\,\pi s f\,\Phi_1 \sin\frac{a}{2}\,\sin 90^0\,\frac{W}{\tau} = 2\sqrt{2}\,\pi s f\,\Phi_1 \sin\frac{p}{N}\,180^0 \sin 90^0\frac{W}{\tau}.$$

$$(167)$$

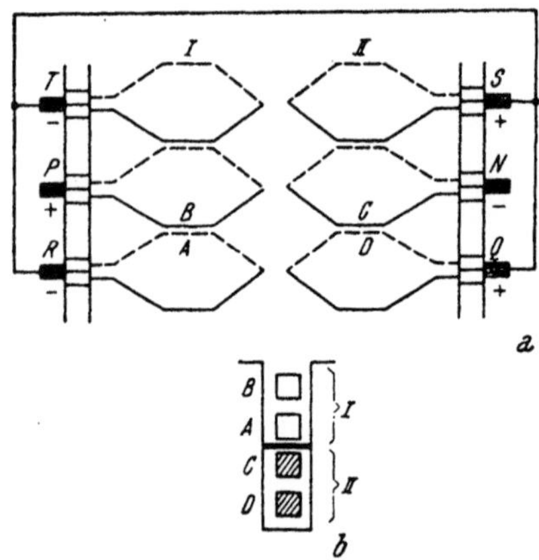

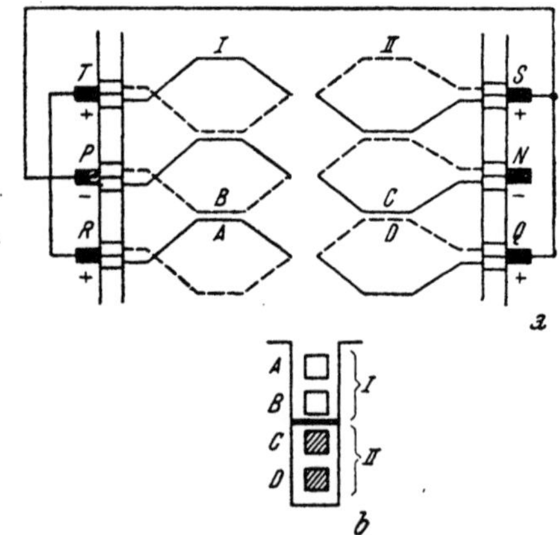

Abb. 397. Anordnung der beiden Wicklungen mit zwei Stromwendern für Hochspannungsmaschinen. Zwischen den Stäben A und C tritt höchstens die Spannung einer Wicklung auf (Englisches Patent Nr. 396 326)

Abb. 398. Anordnung der beiden Wicklungen mit zwei Stromwendern für Hochspannungsmaschinen. Zwischen den Stäben B und C tritt die Spannung einer Wicklung auf

Φ_1 bedeutet wieder den Polfluß der Grundwelle des Drehfeldes, s die Schlüpfung der Stromwenderwicklung gegen die Grundwelle des Drehfeldes, für die bei den läufergespeisten Maschinen $s = 1$ zu setzen ist, und f die Frequenz. Für den Phasenwinkel zwischen benachbarten Nuten haben wir nach Gl. (5)

$$a = \frac{p}{N}\,360^0$$

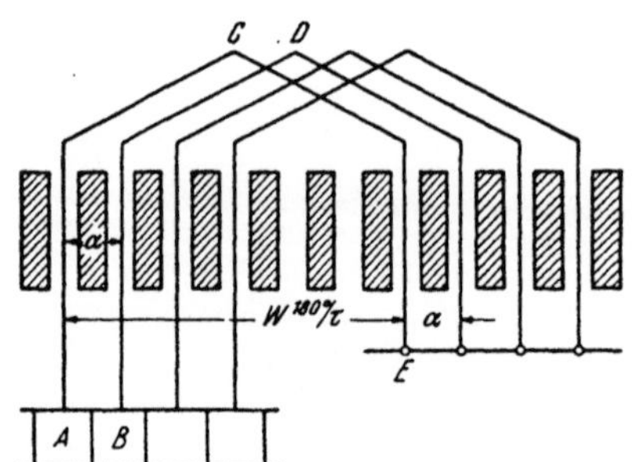

Abb. 399. Offene Einschleifenwicklung

geschrieben.

2. Offene Einschleifen-Treppenwicklung

Führt man eine offene Einschleifenwicklung mit zwei Leitern in jeder Nut aus, so muß man sie als Treppenwicklung ausbilden, damit die Spannungen zwischen den benachbarten Stegen einander gleich werden (Abb. 401).

Die Spannung zwischen den benachbarten Stegen A und B wird durch den Zeiger $\overline{BF}$ in Abb. 400 versinnbildlicht, da die Spannungen $\overline{OB}$ und $\overline{FG}$ hier phasen- und größengleich sind. Die Drehfeld-Grundwellenspannung zwischen benachbarten Stegen ist somit

$$E_{D1} = \sqrt{2}\,\pi s f\,\Phi_1 \sin\frac{a}{2} = \sqrt{2}\,\pi s f\,\Phi_1 \sin\frac{p}{N}\,180^0. \qquad (168)$$

3. Offene Einstabwicklungen

a) Mit vollem Induktionsfluß

Bei der offenen Einstabwicklung nach Abb. 402 wird die ganze Phasenspannung bei vollem Induktionsfluß nur durch einen einzigen Leiter erzeugt, der auf der einen Ankerseite mit einem Steg des Stromwenders und auf der anderen Seite mit dem Kurzschlußring verbunden ist. Diese Wicklung liefert eine Drehfeldspannung zwischen benachbarten Stegen von der Größe

$$E_{D1} = \sqrt{2}\,\pi\,s\,f\,\Phi_1 \sin \frac{\alpha}{2}. \qquad (169)$$

b) Mit Teil-Induktionsfluß

Bei der offenen Einstabwicklung nach Abb. 403 wird nur ein Teil des Induktionsflusses benutzt. In der Formel für die Drehfeldspannung ist daher für Φ_1 nur der entsprechende Teil des Induktionsflusses einzusetzen.

4. Verwendung der offenen Stromwenderwicklungen bei läufergespeisten, kompensierten Induktionsmaschinen

a) Kompensierte Induktionsmaschinen

Unter kompensierten Induktionsmaschinen versteht man Asynchronmotoren, die ihren Magnetisierungsstrom mit Hilfe einer Stromwenderwicklung selbst erzeugen, so daß ihr Leistungsfaktor

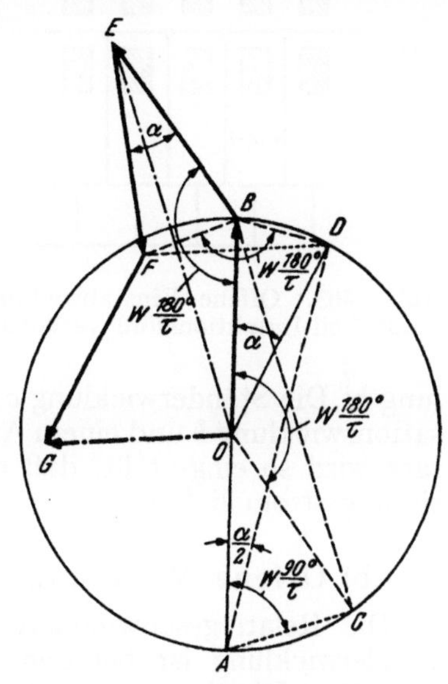

Abb. 400. Zur Ableitung der Spannung zwischen zwei benachbarten Stegen der offenen Einschleifenwicklung in Abb. 399, die von der Grundwelle eines Drehfeldes induziert wird

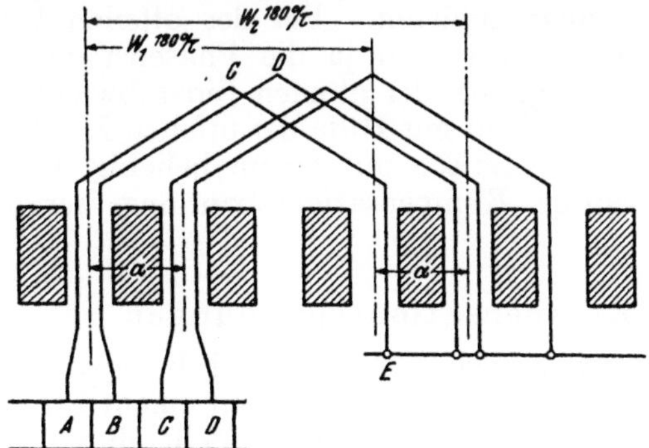

Abb. 401. Offene Einschleifen-Treppenwicklung

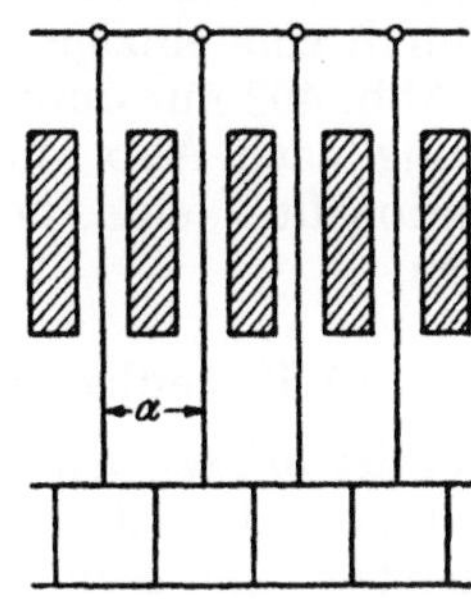

Abb. 402. Offene Einstabwicklung, mit vollem Induktionsfluß verkettet

$\cos \varphi \approx 1$ wird. Diese Maschinen werden heute kaum mehr gebaut. In der Zeit von der Mitte der zwanziger Jahre bis zur Mitte der dreißiger Jahre wurden sie aber selbst für kleine Leistungen ausgeführt. Hier sollen sie als Beispiel für die Anwendung der offenen Stromwenderwicklungen erwähnt werden.

Die kompensierten Induktionsmaschinen sind entweder ständergespeiste oder läufergespeiste. Ein Beispiel einer läufergespeisten, kompensierten Maschine ist in Abb. 404 zu sehen. In den Nuten des Läufers liegen die Läuferwicklung *a* als Primärwicklung und die Stromwenderwick-

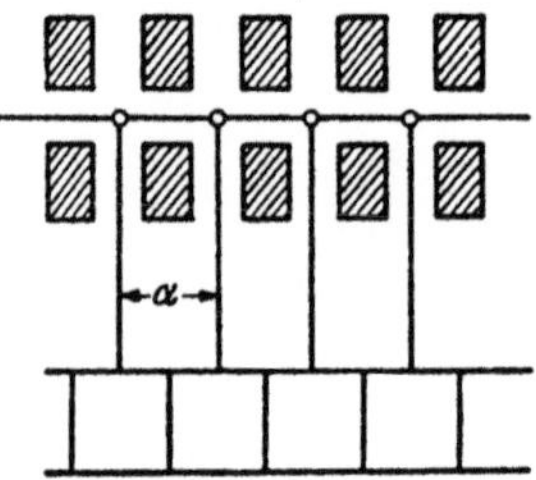

Abb. 403. Offene Einstabwicklung, mit Teil-Induktionsfluß verkettet

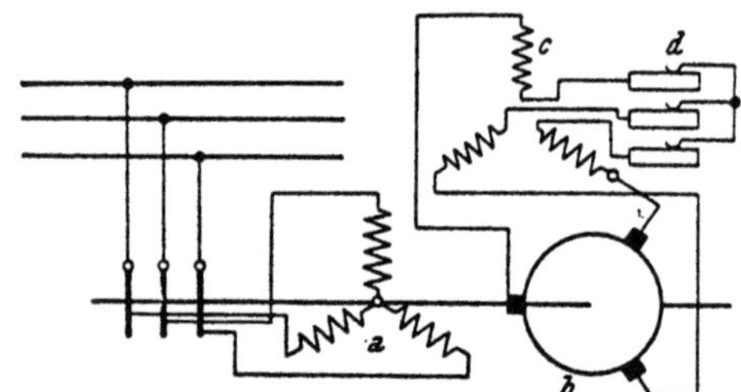

Abb. 404. Schaltbild eines läufergespeisten, kompensierten Induktionsmotors

lung *b*. Die Ständerwicklung *c* als Sekundärwicklung liegt mit der Kompensationswicklung *b* und einem Anlaßwiderstand *d* in Reihe. Der Dreibürstensatz wird so eingestellt, daß die Stromwenderwicklung nur den Magnetisierungsstrom liefert.

b) Offene Wicklungen als Kompensationswicklungen

Die Relativgeschwindigkeit zwischen dem Drehfeld und der Stromwenderwicklung ist bei den läufergespeisten Maschinen unveränderlich ($s = 1$). Die Kompensationsspannung beträgt nur einige Prozent der sekundären Stillstandspannung. Diese selbst ist durch die Ausführbarkeit der Ständerwicklung als Sekundärwicklung und des Anlassers in ihrer Höhe beschränkt. Es ergibt sich somit die Notwendigkeit, mit einem verhältnismäßig großen Induktionsfluß eine kleine Kompensationsspannung zu erzeugen. Hier haben sich, besonders für die größeren Polleistungen, die offenen Wicklungen als brauchbar erwiesen. Bei der offenen Einschleifenwicklung nach Abb. 399 und 401 wird ja die Phasenspannung nur durch eine einzige Windung erzeugt, bei der offenen Einstabwicklung nach Abb. 402 nur durch einen Leiter. Und mit Hilfe der offenen Einstabwicklung nach Abb. 403 läßt sich theoretisch mit einem beliebig hohen Induktionsfluß eine beliebig niedrige Kompensationsspannung hervorbringen.

c) Berechnung der Kompensationsspannungen

Bei der *offenen Einschleifenwicklung* nach Abb. 399 wird die Spannung einer Phase, das ist die Spannung einer Windung zwischen einem Stromwendersteg und dem Nullpunkt (Kurzschlußring) dargestellt durch die Summe der beiden Zeiger $\overline{OB}$ und $\overline{BE}$ in Abb. 400, also durch den Zeiger $\overline{OE}$. Denn der Zeiger $\overline{OB}$ entspricht der Spannung des Einzelleiters AC und der Zeiger $\overline{BE}$ jener des Stabes CE. Die Phasenspannung $\overline{OE}$ ist nach Abb. 400 gleich dem Zeiger $\overline{BC}$, dessen Größe sich aus dem Dreieck ABC ergibt zu:

$$E_{kph} = \sqrt{2}\,\pi\, f\, \Phi_1 \sin 90^0\, \frac{W}{\tau}. \tag{170}$$

Der Zeiger $\overline{AB}$ ist ja die Spannung einer Windung mit vollem Schritt. Beim Dreibürstensatz ist dann die Kompensationsspannung, also die Spannung zwischen zwei Bürstenbolzen, die verkettete Spannung der drei in Stern geschalteten Phasenspannungen und somit

$$E_k = E_{kph}\sqrt{3} = \sqrt{3}\,\sqrt{2}\,\pi\, f\, \Phi_1 \sin 90^0\, \frac{W}{\tau}. \tag{171}$$

Für $f = 50$ Hz und $W = \tau$ wird aus vorstehender Formel

$$E_k = 3{,}84\, \Phi_1\, 10^{-6}\,\text{V}. \tag{172}$$

Bei der *offenen Einschleifen-Treppenwicklung* ist zu beachten, daß die Phasenspannungen verschieden groß sind, je nachdem ob am Steg des Stromwenders eine kurze oder lange Windung hängt. Für den Steg A gilt die Gleichung:

$$E_{kph} = \sqrt{2}\,\pi\, f\, \Phi_1 \sin 90^0\, \frac{W_1}{\tau}. \tag{173}$$

und für den Steg B die Formel:

$$.E_{kph} = \sqrt{2}\,\pi\, f\, \Phi_1 \sin 90^0\, \frac{W_2}{\tau}. \tag{174}$$

Im allgemeinen kann man mit einem mittleren Winkel $90^0\, W/\tau$ rechnen. Die Kompensationsspannung E_k ist wieder

$$E_k = E_{kph}\sqrt{3}.$$

Wir sehen, daß die offenen Einschleifenwicklungen in Abb. 399 und 401 für die Kompensationsspannungen praktisch die gleichen Werte liefern. Die Treppenwicklung bietet aber den Vorteil, daß die Nutenzahl nur halb so groß ist.

Bei der *offenen Einstabwicklung* wird die Phasenspannung bloß durch einen Leiter erzeugt. In der Formel (171), die sich auf die in einer Windung mit zwei Leitern induzierte Spannung bezieht, hat man daher den Faktor $1/2$ dazuzusetzen. Die Kompensationsspannung wird deshalb:

$$E_k = \sqrt{3}\,\frac{\sqrt{2}}{2}\,\pi\, f\, \Phi_1. \tag{175}$$

Für $f = 50$ Hz wird daraus

$$E_k = 1{,}92\, \Phi_1\, 10^{-6}\,\text{V}. \tag{176}$$

Bei der *offenen Einstabwicklung mit Teil-Induktionsfluß* ist für Φ_1 natürlich nur der entsprechende Teilfluß in Rechnung zu stellen.

d) Stegspannungen

Die durch das Drehfeld zwischen je zwei benachbarten Stegen des Stromwenders hervorgerufene Spannung E_{D1} soll bei den offenen Wicklungen als Kompensationswicklungen in läufergespeisten kompensierten Drehstrom-Induktionsmotoren den Wert $0{,}8$ V nicht übersteigen. Mit

Hilfe der bereits abgeleiteten Formeln für E_{D1} lassen sich dann die Höchstwerte des Induktionsflusses Φ_1 für die verschiedenen Arten der offenen Wicklungen berechnen.

Sowohl in den Formeln für die Stegspannungen als auch für die Kompensationsspannungen ist vorausgesetzt, daß bei den offenen Einschleifenwicklungen zwischen Steg- und Nullpunkt (Kurzschlußring) nur eine Windung liegt. Hat eine Schleife jedoch w Windungen, so sind die Formelwerte mit w zu vervielfachen.

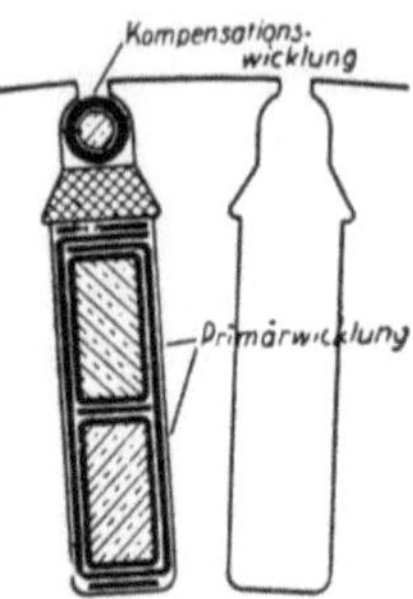

Abb. 405. Anordnung der Primär- und Kompensationswicklungen großer, kompensierter, läufergespeister Induktionsmotoren (Sachsenwerk)

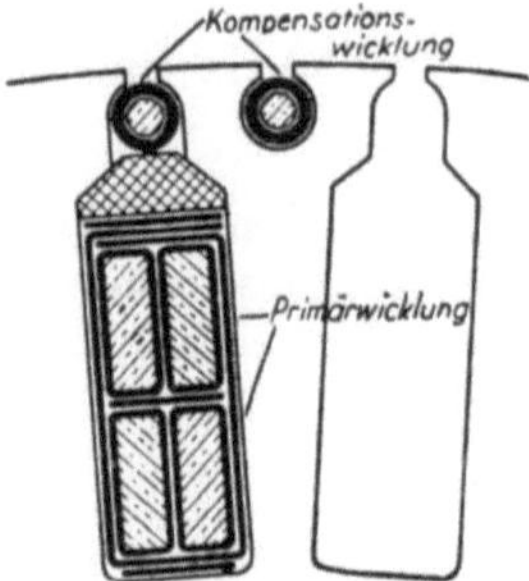

Abb. 406. Anordnung der Primär- und Kompensationswicklungen bei läufergespeisten, kompensierten Induktionsmotoren größerer Leistung (Sachsenwerk)

e) Ausführungsbeispiel

Die Abb. 405 und 406 zeigen Anordnungen der primären Läuferwicklung und der offenen Kompensationswicklung in den Läufernuten großer kompensierter Induktionsmotoren. Die Primärwicklung ist eine Trommelwicklung mit 2, 4 oder 6 Stäben in der Nut. Diese Stäbe werden durch einen besonderen Keil gehalten, damit sie sich nicht verlagern können.

Abb. 407. Läufer eines läufergespeisten, kompensierten Induktionsmotors großer Leistung mit der Wicklungsanordnung nach Abb. 406 (Sachsenwerk)

Der Leiter der Kompensationswicklung ist ein Runddraht und liegt in einem Pertinaxrohr an der Nutöffnung. Er ist an einem Ende mit einem Stromwendersteg verbunden. Am anderen Ende sind alle Drähte durch eine Bandage zusammengeschlossen. Um zu kleine Nutteilungen zu vermeiden, ordnet man zwischen den Hauptnuten noch Zwischennuten für die offene Wicklung an, wie in Abb. 406 zu sehen ist. Einen fertigen Läufer stellt Abb. 407 dar.

C. Sonderwicklungen für Frequenzwandler

Der letzte Abschnitt dieses Bandes sei alten Sonderwicklungen gewidmet, mit denen, soviel wir wissen, bisher nur die Anker von Frequenzwandlern für die Erregung von Drehstrom-Induktionsmotoren und Synchrongeneratoren ausgerüstet wurden. Ihr Studium bereitet jedoch ein besonderes ästhetisches Vergnügen. Stellen sie doch elegante und geistreiche Lösungen dar. Sie eignen sich daher vielleicht gut zum Abschluß der Behandlung des zweiten Teiles eines spröden Stoffes, als den wir die Wicklungen elektrischer Maschinen immerhin ansehen müssen.

Bevor wir uns diesen Wicklungen zuwenden, sollen ein paar Worte über Frequenzwandler als Erregermaschinen für Drehstrom-Induktionsmotoren gesagt werden.

1. Frequenzwandler als Erregermaschinen für Drehstrom-Induktionsmotoren

Wir haben im vorigen Abschnitt über kompensierte Induktionsmaschinen gesprochen und betont, daß man den Magnetisierungsstrom mit Hilfe einer Stromwenderwicklung erzeugen kann.

Eine solche kompensierte Induktionsmaschine läßt sich auffassen als die Vereinigung zweier getrennter Maschinen: des Drehstrom-Induktions-

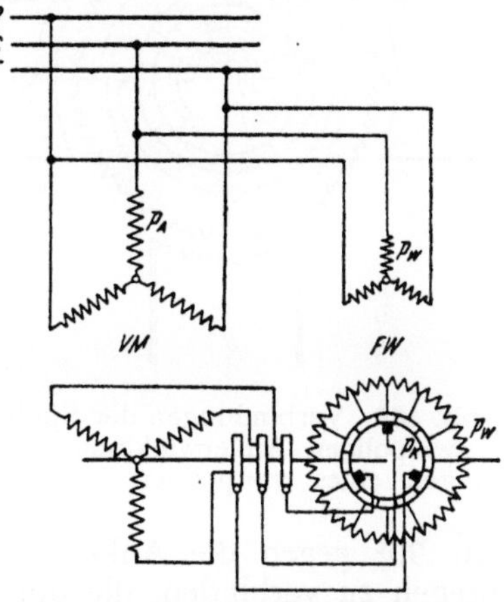

Abb. 408. Schaltbild eines Induktionsmotors mit einem Frequenzwandler

motors und einer Erregermaschine, in einem einzigen magnetischen Kreis. Abb. 408 ist das Schaltbild dieses Maschinensatzes. Die Hauptmaschine oder Vordermaschine *VM* ist ein gewöhnlicher Drehstrom-Schleifringankermotor; die Hintermaschine oder Erregermaschine ein Frequenzwandler *FW*. Aus diesem Schaltbilde läßt sich ein ständergespeister, kompensierter Induktionsmotor ableiten. Der Ständer des Frequenzwandlers hängt am Netz. Seine Wicklung ist z. B. beim Frequenzwandler nach *Maurice Leblanc* für $2\,p_w$ Pole ausgelegt. Der Läufer, der mit dem Hauptmotor gekuppelt ist, trägt eine Stromwenderwicklung für ebenfalls $2\,p_w$ Pole. Der Stromwender aber hat soviele Stege als $2\,p_k$ Polen, also einer anderen Polzahl entsprechen. Es erheben sich nun zwei Fragen: Wie sind die Verbindungen zwischen den Stegen des Stromwenders und den Spulen der Stromwenderwicklung beschaffen; und welche Vorteile bietet eine solche Anordnung der Wicklung?

2. Die Leblancschen Verbindungen zwischen Ankerwicklung und Stromwender

a) Anordnung der Verbindungen

Es möge zuerst die erste Frage beantwortet werden. Es seien z. B. die Verbindungen zwischen den Spulen einer zweipoligen Ankerwicklung $(2\,p_w = 2)$ mit den Stegen eines vierpoligen Stromwenders $(2\,p_k = 4)$ herzustellen. Sollen weiters z. B. $k_p = 4$ Spulen auf einen Pol kommen, so wird der Anker $2\,p_w \cdot k_p = 2 \cdot 4 = 8$ Spulen tragen müssen, während der Stromwender $2\,p_k \cdot k_p = 4 \cdot 4 = 16$ Stege erhalten muß. Die Zahl der Stromwenderstege ist also doppelt so groß als die Zahl der Spulen im Anker.

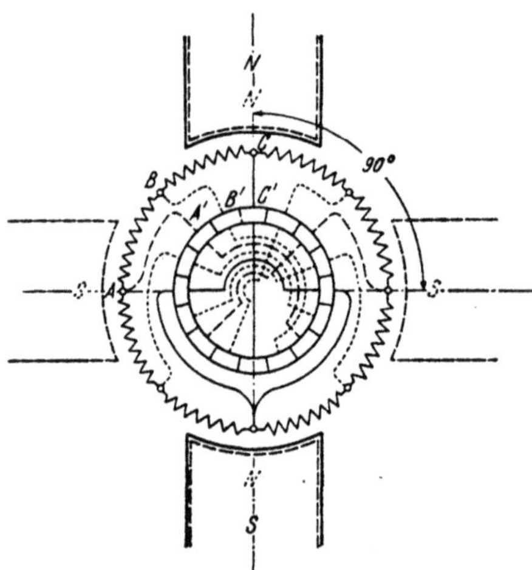

Abb. 409. Verbindungen der Spulen einer zweipoligen Ankerwicklung mit den Stegen eines vierpoligen Stromwenders

In Abb. 409 sind die 8 Ankerspulen und 16 Stege eingezeichnet. Die beiden Ankerwicklungspole sind vollausgezogen angedeutet, die vier Pole des Stromwenders gestrichelt.

Die Spulen des zweipoligen Ankers können selbstverständlich nur mit den äquipotentiellen Stegen des vierpoligen Stromwenders verbunden werden. Zum Beispiel darf man die Ankerspule unter der Nordpolmitte der Ankerpole mit den beiden Stromwenderstegen unter den Nordpolmitten der Stromwenderpole verbinden; dasselbe gilt für die Ankerspule unter der Mitte des Südpoles der Ankerpole; auch sie darf nur mit Stegen unter den Mitten der Südpole der Stromwenderpole verbunden werden. Die um 90⁰ gegen die Ankerpolmitten verschobenen Ankerspulen sind mit Stegen zu verbinden, die um 90⁰ gegen die Mitten der Stromwenderpole phasenverschoben sind. Diese Verbindungen sind gestrichelt gezeichnet. Schließlich müssen noch die um 45⁰ phasenverschobenen Ankerspulen mit den Stegen verbunden werden, die eine Phasenverschiebung von 45⁰ gegen die Mitten der Stromwenderpole aufweisen. Diese Verbindungen sind gepunktet gezeichnet. Nun sind die Verbindungen alle hergestellt. Man sieht leicht ein, daß jede Vereinigung von zwei beliebigen Polzahlen für Ankerwicklung und Stromwender auf diese Weise möglich ist.

b) Frequenzgleichung für den Frequenzwandler von *Leblanc*

Welche Vorteile bietet eine solche Wicklungsanordnung? Diese Vorteile erkennt man, wenn man das Gesetz ableitet, das die drei Polzahlen miteinander verbindet: nämlich die Polzahl $2\,p_A$ des Vordermotors, die Polzahl $2\,p_w$ der Ständer- und Ankerwicklung des Frequenzwandlers und die Polzahl $2\,p_k$ des Stromwenders des Frequenzwandlers.

Der Läufer des Vordermotors und des Frequenzwandlers haben, da sie ja miteinander gekuppelt sind, die gleiche Drehzahl, nämlich

$$\frac{f_1}{p_A}\,(1-s), \tag{177}$$

wenn mit f_1 die Netzfrequenz und mit s die Schlüpfung des Induktionsmotors bezeichnet werden.

Im Ständer des Frequenzwandlers entsteht ein Drehfeld, das mit

$$\pm\,\frac{f_1}{p_w} \tag{178}$$

umläuft. Das Plus-Zeichen bedeutet, daß das Feld im selben Sinne umläuft wie das Drehfeld im Vordermotor; das Minus-Zeichen bedeutet den
umgekehrten Drehsinn.

Denken wir uns nun den Anker des Frequenzwandlers mit einer gewöhnlichen Stromwenderwicklung versehen. Sollen die Bürsten Gleichstrom abnehmen, so müssen sie stets in den neutralen Zonen des Drehfeldes des Ständers bleiben, das heißt, sie müssen mit derselben Ge-
schwindigkeit und im selben Sinne umlaufen wie das Drehfeld selbst; also
mit

$$\pm \frac{f_1}{p_w}. \tag{178}$$

Sollen die Bürsten aber einen Strom abnehmen, der dieselbe Frequenz
wie der Läuferstrom des Induktionsmotors, also Schlupffrequenz hat, so
müssen sie mit

$$\pm \frac{f_1}{p_w}(1-s) \tag{179}$$

umlaufen.

Die Relativgeschwindigkeit der Bürsten gegen den Läufer des Frequenzwandlers ist der Unterschied zwischen der Bürstengeschwindigkeit und der
Läufergeschwindigkeit; mithin

$$\pm \frac{f_1}{p_w}(1-s) - \frac{f_1}{p_A}(1-s) = f_1(1-s)\left(\pm \frac{1}{p_w} - \frac{1}{p_A}\right). \tag{180}$$

Dies gilt für einen Anker mit einer gewöhnlichen Stromwenderwicklung.

Es läßt sich nun zeigen, daß man das gleiche Ergebnis auch mit feststehenden Bürsten erreichen kann, wenn man die *Leblanc*schen Verbindungen zwischen Ankerwicklung und Stromwender des Frequenzwandlers
anwendet.

Betrachten wir einen Anker mit den *Leblanc*schen Verbindungen, und
zwar den gezeichneten Anker, der eine zweipolige Wicklung trägt, die
mit einem vierpoligen Stromwender verbunden ist, so finden wir folgendes.
Bei einem gewöhnlichen Anker, dessen Wicklung ebenso viele Pole wie
der Stromwender, nämlich zwei, hat, muß, damit die Spulen auf dem Um-
fangsteil $A\,B\,C$ unter einer Bürste kommutieren, der Anker sich auch
tatsächlich gegen diese Bürste um einen Winkel drehen, der dem Bogen
$A\,B\,C$ entspricht. Dieser Winkel ist in der Zeichnung 90°. In der
*Leblanc*schen Maschine aber braucht der Anker nur um einen Winkel sich
gegen die Bürste zu drehen, der dem Bogen $A'\,B'\,C'$ entspricht, damit
dieselben Spulen wie früher unter dieser Bürste kommutieren. Dieser
Winkel ist aber jetzt nur 45°, wie aus der Zeichnung zu ersehen ist. Daraus
folgt, daß durch die *Leblanc*schen Verbindungen die Relativgeschwindigkeit des Ankers gegen die feststehenden Bürsten auf die Hälfte herabgesetzt worden ist. Allgemein kann gesagt werden, daß durch die *Leblanc*-
schen Verbindungen die Relativgeschwindigkeit des Läufers des Frequenzwandlers gegen die Bürsten im Verhältnis der Polzahl der Ankerwicklung
zur Polzahl des Stromwenders geändert wird; also im Verhältnis

$$\frac{p_w}{p_k}. \tag{181}$$

Umgekehrt kann man sagen, daß in einer Maschine mit gewöhnlichem
Anker die Relativgeschwindigkeit des Ankers gegen die Bürsten p_k/p_w mal
größer ist, als in der Maschine von *Leblanc*.

Man kann nun die *Leblanc*schen Verbindungen auch so ausführen, daß die Relativgeschwindigkeit des Ankers gegen die Bürsten in einer gewöhnlichen Maschine $(-p_k/p_w)$ mal so groß ist, als in der *Leblanc*schen Maschine. Man braucht in diesem Falle den Stromwender nur verkehrt an den Anker anzuschließen. Ein grundsätzliches Bild der Umkehr der Stromwenderverbindungen in einer *Leblanc*schen Maschine ist Abb. 410. Durchläuft man nämlich die Ankerspulen im Sinne des Pfeiles 1; geht man also von Spule 1 zu Spule 2, zu Spule 3 u. s. w., so durchläuft man den Stromwender im umgekehrten Sinne, im Sinne des Pfeiles 2.

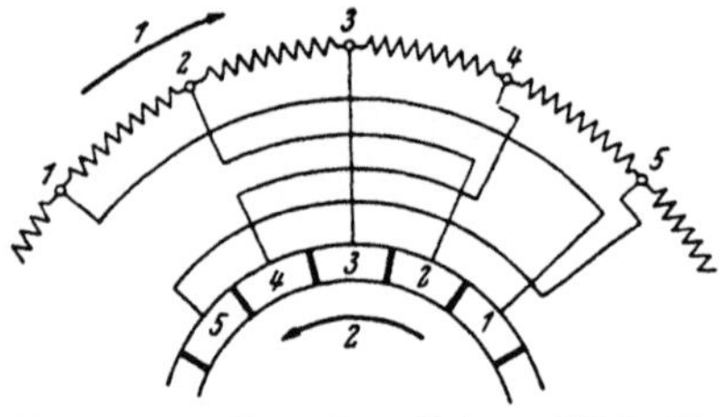

Die *tatsächliche* Relativgeschwindigkeit der Bürsten gegen den Anker des Frequenzwandlers ist gleich und entgegengesetzt der Relativgeschwindigkeit des Ankers gegen die Bürsten; also

Abb. 410. Grundsätzliches Bild für Umkehrverbindungen nach *Leblanc*

$$-\frac{f_1}{p_A}(1-s). \tag{177 a}$$

Die Relativgeschwindigkeit der Bürsten gegen den Anker in einer Maschine mit gewöhnlicher Ankerwicklung, die die *Leblanc*sche Maschine ersetzen soll, ist dann

$$\mp \frac{p_k}{p_w} \cdot \frac{f_1}{p_A}(1-s). \tag{182}$$

Das Minus-Zeichen gilt für *Leblanc*sche Verbindungen, die den Anker nicht verkehrt an den Stromwender anschließen; das Plus-Zeichen für Umkehrverbindungen.

Die Relativgeschwindigkeit der Bürsten gegen den Anker des Frequenzwandlers, die wir zuerst abgeleitet haben, war

$$f_1(1-s)\left(\pm\frac{1}{p_w}-\frac{1}{p_A}\right). \tag{180}$$

Beide Relativgeschwindigkeiten müssen einander gleich sein. Daraus folgt, wenn man gleich durch $f_1(1-s)$ kürzt,

$$\pm\frac{1}{p_w}-\frac{1}{p_A}=\mp\frac{p_k}{p_w}\cdot\frac{1}{p_A}. \tag{183}$$

Diese Gleichung, mit $p_w \cdot p_A$ vervielfacht, gibt schließlich das Gesetz, das die Polpaarzahlen p_A, p_w und p_k miteinander verbindet:

$$\boxed{\pm p_A - p_w = \mp p_k.} \tag{184}$$

$+$ bedeutet: Drehfeld im Frequenzwandler läuft im selben Sinne um wie das Drehfeld im Vordermotor.

$-$ bedeutet: Drehfeld im Frequenzwandler läuft im entgegengesetzten Sinne um wie das Drehfeld im Vordermotor.

$-$ bedeutet: gewöhnliche *Leblanc*sche Verbindungen.

$+$ bedeutet: Umkehrverbindungen.

Vervielfacht man diese Gleichung zwischen den Polzahlen mit der Zahl der Umdrehungen der beiden gekuppelten Läufer, also mit n, so ergibt sich:

$$\pm p_A\, n - p_w\, n = \mp p_k\, n. \tag{185}$$

Das erste Glied $p_A\, n$ stellt die Umdrehungsfrequenz des Läufers der Vordermaschine dar und kann als Unterschied zwischen der Netzfrequenz f_1 und der Läuferfrequenz f_2 angeschrieben werden:

$$p_A\, n = f_1 - f_2. \tag{186}$$

Das zweite Glied $p_w\, n$ ist die Umdrehungsfrequenz des Ankers des Frequenzwandlers und soll mit f_a bezeichnet werden. Dann geht die obige Gleichung über in:

$$\pm (f_1 - f_2) - f_a = \mp p_k\, n. \tag{187}$$

Wird die rechte Seite der Gleichung noch mit p_w/p_w vervielfacht, so wird daraus $\mp f_a\, p_k/p_w$. Wir bekommen dann die Frequenzgleichung

$$\pm (f_1 - f_2) = f_a\left(1 \mp \frac{p_k}{p_w}\right), \tag{188 a}$$

oder in anderer Form

$$\pm f_1 + f_a\left(\pm \frac{p_k}{p_w} - 1\right) = \pm f_2. \tag{188 b}$$

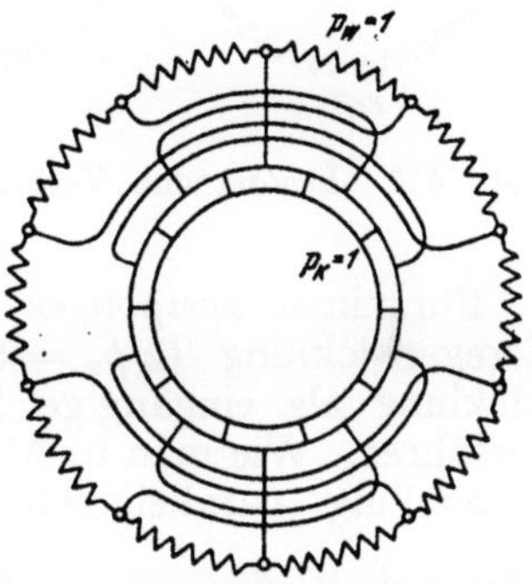

Bezeichnet man das Verhältnis der Polpaarzahl des Stromwenders des Frequenzwandlers zur Polpaarzahl der Ankerwicklung mit v, so lautet die Frequenzgleichung für den Frequenzwandler von *Leblanc*

$$\pm f_1 + f_a\,(v - 1) = \pm f_2. \tag{189}$$

Für gewöhnliche *Leblanc*sche Verbindungen ist das Verhältnis v positiv; für Umkehrverbindungen negativ.

Abb. 411. *Leblanc*sche Umkehrverbindungen für einen zweipoligen Anker mit zehn Spulen, die an einen zweipoligen Stromwender mit zehn Stegen angeschlossen sind

c) Beispiele für *Leblanc*sche Verbindungen

Da wir bei der Ableitung der Frequenzgleichung die Umkehrverbindungen nur grundsätzlich erwähnt haben, so soll zuerst ein Beispiel für solche Verbindungen gebracht werden. In Abb. 411 sind die *Leblanc*schen Umkehrverbindungen eingezeichnet für einen zweipoligen Anker mit zehn Spulen, die an einen zweipoligen Stromwender mit zehn Stegen angeschlossen werden.

Selbstverständlich können die Ausgleichsverbindungen sowohl der Ankerwicklung als auch des Stromwenders zur Vereinfachung der *Leblanc*schen Verbindungen herangezogen werden.

Das Verhältnis v kann eine positive oder negative ganze Zahl oder auch ein Bruch sein. In Abb. 412 sind die Verbindungen für $v = 2$, $v = -2$, $v = 1/2$ und $v = 3/2$ angedeutet.

d) $2\,p_w$-polige Stromwenderwicklung als Kurzschlußwicklung für $2\,p_A$ Pole

H. de Pistoye hat einen kompensierten Induktionsmotor angegeben, der genau nach dem Schaltbilde in Abb. 408 aufgebaut ist, bei dem aber der $2\,p_A$-polige Vordermotor mit dem $2\,p_w$-poligen Frequenzwandler in *einem* magnetischen Kreise vereinigt ist. Wir wollen auf diesen Motor nicht weiter eingehen, sondern nur auf die Möglichkeit hinweisen, die $2\,p_w$-polige Stromwenderwicklung des Frequenzwandlers unter Umständen so auszulegen, daß sie im $2\,p_A$-poligen Felde des Hauptmotors als Kurzschlußwicklung arbeitet, mit der der Motor anlaufen kann.

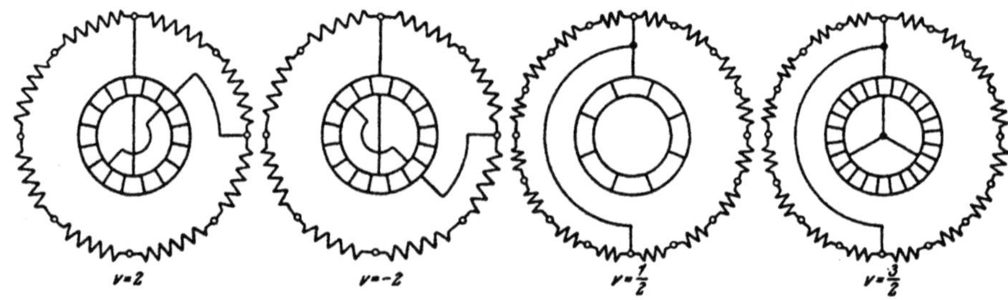

Abb. 412. *Leblanc*sche Verbindungen für $v = 2$, $v = -2$, $v = 1/2$ und $v = 3/2$

Für einen *zweipoligen Hauptmotor* ($2\,p_A = 2$) mit einer sechspoligen Erregerwicklung ($2\,p_w = 6$) kann man die sechspolige Stromwenderwicklung als eingängige Schleifenwicklung mit Ausgleichsverbindungen ausführen. Wie man in Abb. 413 sieht, sind die drei durch die Ausgleichsverbindung parallelgeschalteten Spulengruppen im zweipoligen Felde um 120° in der Phase gegeneinander verschoben und durch die Ausgleichsverbindung kurzgeschlossen.

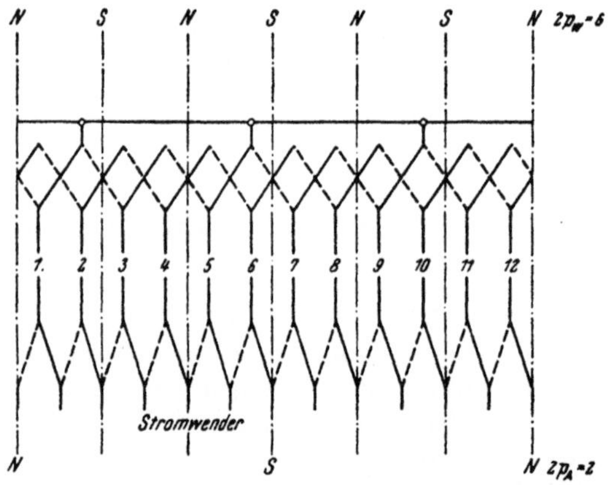

In einem *vierpoligen Motor* ($2\,p_A = 4$) mit einer achtpoligen Erregerwicklung ($2\,p_w = 8$) gibt eine eingängige Schleifenwicklung im Läufer, die mit Ausgleichsverbindungen ausgestattet ist, folgende Verhältnisse. Zwei durch eine Ausgleichsverbindung parallelgeschaltete Spulengruppen, die im achtpoligen Felde unter gleichnamigen Polen liegen, befinden sich im vierpoligen Felde unter ungleichnamigen Polen, so daß die vom Hauptfelde in ihnen induzierten Spannungen entgegengesetzte Phase haben. Die Ausgleichsverbindung aber schafft einen Kurzschluß.

Abb. 413. Sechspolige Schleifenwicklung mit Ausgleichsverbindungen als Kurzschlußwicklung für ein zweipoliges Feld

Sollen der *Vordermotor achtpolig* ($2\,p_A = 8$) und die Frequenzwandlerwicklungen vierpolig ($2\,p_w = 4$) sein, so empfiehlt es sich, im Läufer zwei vierpolige Stromwenderwicklungen unterzubringen, die nach Abb. 414 auf die gleichen Stege geschaltet sind. Die Spulen der einen Wicklung sind in ihrer Weite um den gleichen Betrag gegenüber einer Polteilung verkürzt als die Weite der Spulen der zweiten Wicklung verlängert ist. Auf diese Weise sind die Spannungen, die in je zwei parallelgeschalteten Spulen der beiden Wicklungen durch das vierpolige Feld induziert werden, einander gleich. Im achtpoligen Felde des Vordermotors aber stellen diese Spulen eine Kurzschlußwicklung dar, wie ein Blick auf Abb. 414 lehrt.

Allgemein sind solche Stromwenderwicklungen nicht ausführbar, wenn die Polzahl, für die sie Kurzschlußwicklungen sein sollen, ein ungerades Vielfaches ihrer eigenen Polzahl ist. Dies ist z. B. der Fall für die Polzahlen $2\,p_A = 6$ und $2\,p_w = 2$, für $2\,p_A = 10$ und $2\,p_w = 2$ oder für $2\,p_A = 12$ und $2\,p_w = 4$.

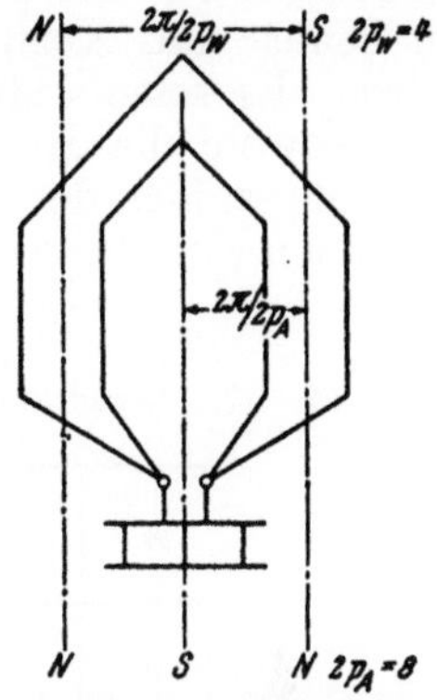

3. Sinus- und Kosinuswicklungen

a) Beschreibung der Stromwenderwicklung von *Boucherot*

Das gleiche wie *Leblanc* erreicht auch *Boucherot* mit seinem Frequenzwandler. Das Schaltbild ist dasselbe. Der Ständer trägt wie bei *Leblanc* eine gewöhnliche Drehstromwicklung für $2\,p_w$ Pole. Der Anker aber erhält zwei Wicklungen: eine „*Sinuswicklung*" und eine „*Kosinuswicklung*". Jede dieser beiden Wicklungen besteht aus Spulen mit einer Weite gleich einer Polteilung des Ankers, also gleich einem $1/2\,p_w$-tel des Ankerumfanges $2\,\pi$. Die Spulen können aber auch gesehnt sein.

Die Windungszahl der aufeinanderfolgenden Spulen ändert sich nach dem Sinusgesetz mit einer Periode von einem $1/p_A$-tel des Ankerumfanges. $2\,p_A$ ist dabei wieder die Polzahl der Vordermaschine, die durch den Frequenzwandler kompensiert werden soll. Zwei Spulen also, die um ein $1/p_A$-tel des Ankerumfanges auseinanderliegen, haben die gleiche Windungszahl. Die negativen Windungszahlen erhält man dadurch, daß man Anfang und Ende der betreffenden Spulen miteinander vertauscht.

Die Sinus- und Kosinuswicklung sind gegeneinander so verschoben, daß die Nullwerte der Windungszahlen der einen Wicklung und die Höchstwerte der Windungszahlen der anderen Wicklung um eine halbe Polteilung des Ankers des Frequenzwandlers auseinander liegen.

Der Anschluß der beiden Wicklungen an den Stromwender erfolgt derart, daß zwischen zwei aufeinanderfolgenden Stegen eine „Sinusspule" und eine „Kosinusspule" liegen, die hintereinandergeschaltet sind und um eine halbe Polteilung des Ankers gegeneinander verschoben sind (Abb. 415). Die Zahl der Stromwenderstege ist gleich der Spulenzahl der „Sinus"- oder „Kosinus"-Wicklung.

Um die Wicklungsanordnung auf dem Anker des Frequenzwandlers klarer vor Augen zu führen, sei ein Beispiel aufgezeichnet. Und zwar

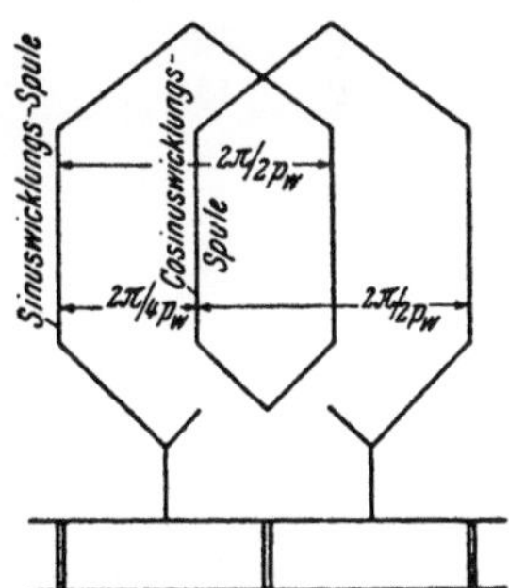

Abb. 414. Zwei auf die gleichen Stege geschaltete vierpolige Wenderwicklungen. Die Spulen der einen Wicklung sind in ihrer Weite um den gleichen Betrag gegenüber einer Polteilung verkürzt als die Weite der Spulen der zweiten Wicklung verlängert ist

Abb. 415. Sinus- und Kosinusspulen zwischen benachbarten Stromwenderstegen

seien der Einfachheit halber die Polzahl der Hauptmaschine und die Polzahl der Ständer- und Ankerwicklung des Frequenzwandlers gleich zwei; also

$$2\,p_A = 2\,p_w = 2.$$

Die Periode der Sinusfunktion, nach der die Windungszahlen der Spulen der Sinus- und Kosinuswicklung verteilt sind, ist dann der Ankerumfang selbst. Es seien weiters 16 Stromwenderstege angenommen. Es enthält dann sowohl die Sinus- als auch die Kosinuswicklung je 16 Spulen. Die Windungszahlen der 16 einzelnen Spulen jeder der beiden Ankerwicklungen errechnen sich dann nach folgender Tabelle:

Tabelle 17. *Windungszahlen der 16 Spulen der Sinus- und Kosinuswicklungen*

n	$\sin n\,\dfrac{360^0}{16}$	Windungszahlen der Spulen
0	0	0
1	$\sin 22^0\,30' = 0{,}38268$	4
2	$\sin 45^0\ \ \ = 0{,}70711$	7
3	$\sin 67^0\,30' = 0{,}92388$	9
4	$\sin 90^0\ \ \ = 1$	10
5		9
6		7
7		4
8		0
9		— 4
10		— 7
11		— 9
12		—10
13		— 9
14		— 7
15		— 4
16		0

Nun lassen sich z. B. die Spulen der Sinuswicklung aufzeichnen. Die Spulen der Kosinuswicklung liegen so, daß die Nullwerte der Windungszahlen der Spulen der einen Wicklung gegen die Höchstwerte der Windungszahlen der anderen Wicklung um eine halbe Polteilung des Frequenzwandlerankers, hier also um 90°, verschoben sind. Mithin lassen sich jetzt auch die Spulen der Kosinuswicklung eintragen. Die Schaltung der Spulen erfolgt nun derart, daß zwischen je zwei aufeinanderfolgenden Stromwenderstegen, z. B. 15 und 14, eine Spule der Sinuswicklung und eine Spule der Kosinuswicklung hintereinandergeschaltet werden. Diese beiden Spulen müssen um eine halbe Polteilung des Frequenzwandlerankers, hier um 90°, gegeneinander verschoben sein. Es wird also die Spule mit 0 Windungen der Sinuswicklung mit der Spule mit + 10 Windungen der Kosinuswicklung in Reihe geschaltet und diese Spulengruppe mit den Stegen 15 und 14 verbunden. Die Schaltung der Spulen des Frequenzwandlerankers ist in Abb. 416 durchgeführt.

b) Wirkungsweise

Die Wirkungsweise dieser beiden Ankerwicklungen kann folgendermaßen erklärt werden.

Zählen wir in Abb. 417 den Winkel φ von der Achse einer Kosinusspule an, die den Höchstwert w der Windungszahl hat, so ist für $\varphi = 0$ diese Kosinusspule mit w Windungen mit einer Sinusspule mit $w \sin p_A\, \varphi = 0$ Windungen in Reihe geschaltet und an zwei benachbarte Stromwenderstege angeschlossen. Es wurde ja schon betont, daß immer eine Kosinus-

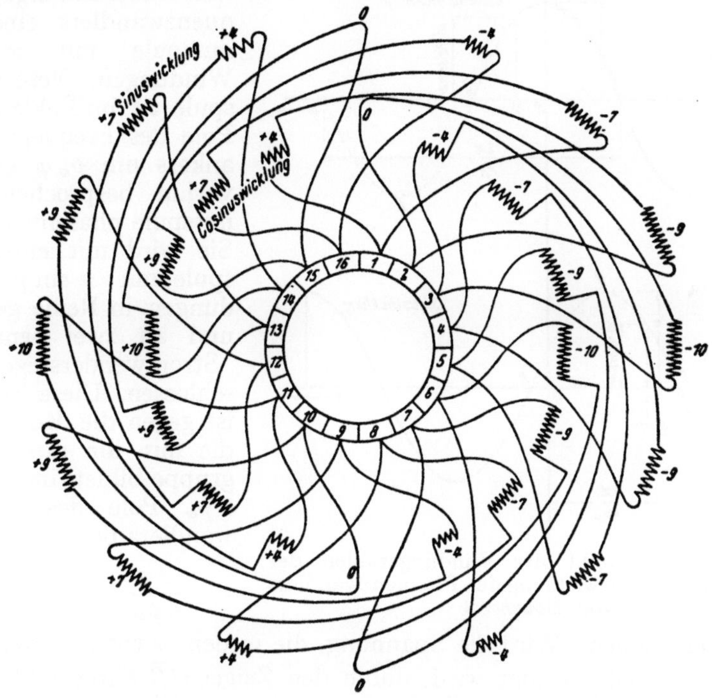

Abb. 416. Schaltung der Spulen eines zweipoligen Frequenzwandlerankers nach *Boucherot* für eine zweipolige Vordermaschine

und eine Sinusspule hintereinandergeschaltet werden, die um eine halbe Polteilung des Frequenzwandlerankers auseinander liegen; daß weiters aber die beiden Wicklungen gegeneinander so verschoben sind, daß die Höchstwerte der Windungszahlen der einen Wicklung und die Nullwerte der Windungszahlen der anderen Wicklung ebenfalls um eine halbe Polteilung des Frequenzwandlerankers auseinander liegen. Es entspricht also in der Zeichnung dem Punkte P in der Kosinuswicklungsdarstellung der Punkt P in der Darstellung der Sinuswicklung. Die halbe Polteilung des Frequenzwandlerankers entspricht $2\,\pi/4\,p_w$, wenn wie früher schon mit $2\,\pi$ der ganze Umfang des Frequenzwandlerankers bezeichnet wird.

Zu dem Punkte Q auf der Kosinuslinie der Kosinuswicklung gehört der Punkt Q auf der Sinuslinie der Sinuswicklung; zu dem Punkte R der Punkt R u. s. w. Die zusammengehörigen Stücke der Kosinuslinie der Kosinuswicklung und der Sinuslinie der Sinuswicklung sind durch verschiedene Stricharten gekennzeichnet.

Für $\varphi = 0$ wird also in der Kosinusspule eine Spannung erzeugt, die w Windungen entspricht; in der Sinusspule aber die Spannung Null. Der Zeiger, der die Spannung dieser Spulengruppe — Kosinusspule = Sinusspule — darstellen soll, sei in Abb. 418 mit OA bezeichnet. Dem Winkel $\varphi = 0$ entspricht also der Spannungszeiger OA, dessen Größe durch w Windungen gekennzeichnet ist.

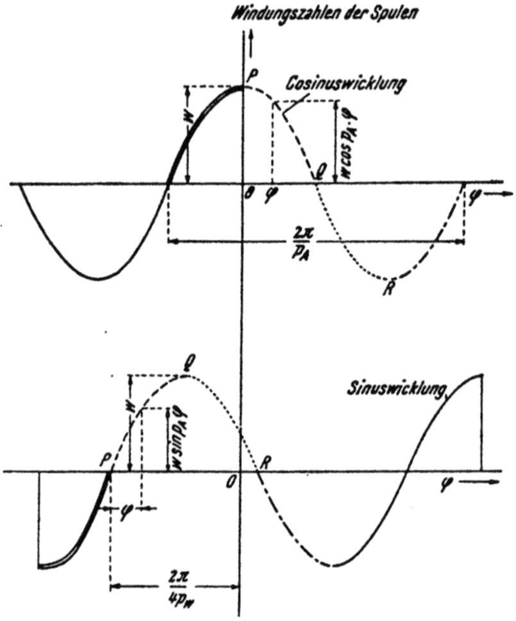

Beim Winkel φ liegt auf dem Ankerumfange des Frequenzwandlers eine Kosinusspule mit $w \cos p_A\, \varphi$ Windungen. Diese Kosinusspule ist im Felde der $2\,p_w$ Pole des Frequenzwandlerankers um $p_w\, \varphi$ gegen die vorhin besprochene Kosinusspule phasenverschoben. Sie wird mit einer Sinusspule mit $w \sin p_A\, \varphi$ Windungen in Reihe geschaltet und an zwei benachbarte Stromwenderstege angeschlossen. Diese Sinusspule ist gegen die Kosinusspule, die mit ihr diese Spulengruppe bildet, im Felde der $2\,p_w$ Pole des Frequenzwandlerankers um

$$\frac{2\,\pi}{4\,p_w} \cdot p_w = \frac{\pi}{2} = 90^0$$

Abb. 417. Schaubild der Windungszahlen der Sinus- und Kosinuswicklung des Frequenzwandlers von *Boucherot*

phasenverschoben. Wird die Spannung, die in den $w \cos p_A\, \varphi$ Windungen der Kosinusspule erzeugt wird, durch den Zeiger $\overline{OB}$ dargestellt, so muß der Zeiger der Spannung, die in den $w \sin p_A\, \varphi$ Windungen der Sinusspule hervorgerufen wird, auf dem Spannungszeiger $\overline{OB}$ der Kosinusspule senkrecht stehen und eine Größe $\overline{BC}$ haben, die den $w \sin p_A\, \varphi$ Windungen entspricht. Der Zeiger der Spannung der Spulengruppe — Kosinusspule … Sinusspule — ist dann OC. Seine Größe ist dieselbe wie beim Winkel $\varphi = 0$; sie entspricht w Windungen, da ja

$$\sqrt{(w \cos p_A\, \varphi)^2 + (w \sin p_A\, \varphi)^2} = w$$

ist.

Betrachten wir nun eine Kosinusspule, die gegen die frühere um den räumlichen Winkel $d\varphi$ verschoben ist, so wird sie erstens $w \cos p_A\,(\varphi + d\varphi)$ Windungen besitzen und zweitens mit einer Sinusspule in Reihe geschaltet sein, die $w \sin p_A\,(\varphi + d\varphi)$ Windungen hat. Nehmen wir nun noch an, daß *diese Spulen im selben Felde wie die vorhin betrachteten Spulen* lägen, so wird der Spannungszeiger $\overline{OD}$ dieser Spulengruppe von dem Spannungszeiger $\overline{OC}$ der vorigen Spulengruppe um einen Winkel ψ abweichen. Die Größe dieses Spannungszeigers $\overline{OD}$ entspricht wieder w Windungen, da wieder

$$\sqrt{[w \cos p_A (\varphi + d\varphi)]^2 + [w \sin p_A (\varphi + d\varphi)]^2} = w$$

ist.

Der Winkel ψ ist der Unterschied zwischen den Winkeln β und α, also

$$\psi = \beta - \alpha.$$

Da nun

$$\operatorname{tg} \alpha = \frac{w \sin p_A \varphi}{w \cos p_A \varphi},$$

also $\alpha = p_A \varphi$ ist; und

$$\operatorname{tg} \beta = \frac{w \sin p_A (\varphi + d\varphi)}{w \cos p_A (\varphi + d\varphi)},$$

also $\beta = p_A (\varphi + d\varphi)$ ist, so wird

$$\psi = p_A (\varphi + d\varphi) - p_A \varphi = p_A \, d\varphi.$$

Bei dieser Betrachtung machten wir die Voraussetzung, daß die Spulen mit

$$w \cos p_A (\varphi + d\varphi)$$

und

$$w \sin p_A (\varphi + d\varphi)$$

Windungen im selben Felde sich befinden wie die Spulen mit $w \cos p_A \varphi$ und $w \sin p_A \varphi$

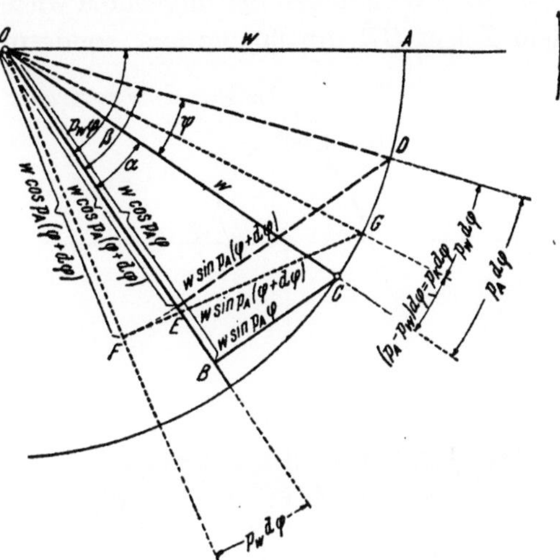

Abb. 418. Zur Wirkungsweise des Frequenzwandlers von *Boucherot*

Windungen. Diese Voraussetzung trifft aber nicht zu. Die Spulen mit $w \cos p_A (\varphi + d\varphi)$ und $w \sin p_A (\varphi + d\varphi)$ Windungen sind *räumlich* um $d\varphi$ Grade gegen die Spulen mit $w \cos p_w \varphi$ und $w \sin p_w \varphi$ Windungen verschoben; im Felde der $2 p_w$ Pole des Frequenzwandlerankers aber um $d\varphi \, p_w$. Mithin verschiebt sich das gestrichelt gezeichnete Dreieck $O \, E \, D$ um den Winkel $p_w \, d\varphi$ in die gepunktet gezeichnete Lage $O \, F \, G$. Der Zeiger der tatsächlich auftretenden Spannung der neuen Spulengruppe ist also $\overline{OG}$ und ist gegen den Zeiger $\overline{OD}$ um $p_w \, d\varphi$ phasenverschoben. Gegen den Zeiger $\overline{OC}$ der Spannung der Spulengruppe, die dem Winkel φ entspricht, ist der Zeiger $\overline{OG}$, der Spannung der Spulengruppe, die dem Winkel $(\varphi + d\varphi)$ entspricht, um

$$p_A \, d\varphi - p_w \, d\varphi = (p_A - p_w) \, d\varphi$$

phasenverschoben.

Die Spannungen, die in aufeinanderfolgenden Spulengruppen in einem gegebenen Augenblicke erzeugt werden, ändern sich also nach einem Sinusgesetze, das $(p_A - p_w)$ oder $(p_w - p_A)$ Polpaaren entspricht, je nachdem ob p_w kleiner oder größer als p_A ist. Die Potentialverteilung am Stromwender entspricht also ebenfalls

$$p_k = p_A - p_w \qquad \text{oder} \qquad p_k = p_w - p_A \tag{190}$$

Polpaaren.

Kehrt man die Verbindungen zwischen den Kosinus- und Sinusspulen um, so verschiebt sich das Schaubild der Spulenwindungszahlen der Sinuswicklung in Abb. 417 um eine halbe Periode und es entsteht Abb. 419.

In Abb. 420 stellt der Zeiger $\overline{OB}$ wieder die Spannung dar, die in den $w \cos p_A \varphi$ Windungen einer Kosinusspule induziert wird, die beim Winkel φ auf dem Ankerumfange des Frequenzwandlers liegt. Der Zeiger $\overline{BC}$ der Spannung, die in der mit dieser Kosinusspule verbundenen Sinusspule mit $w \sin p_A \varphi$ Windungen hervorgerufen wird, eilt jetzt nicht wie in Abb. 418 dem Zeiger $\overline{OB}$ um 90^0 voraus, sondern ist um 90^0 gegen $\overline{OB}$ verspätet,

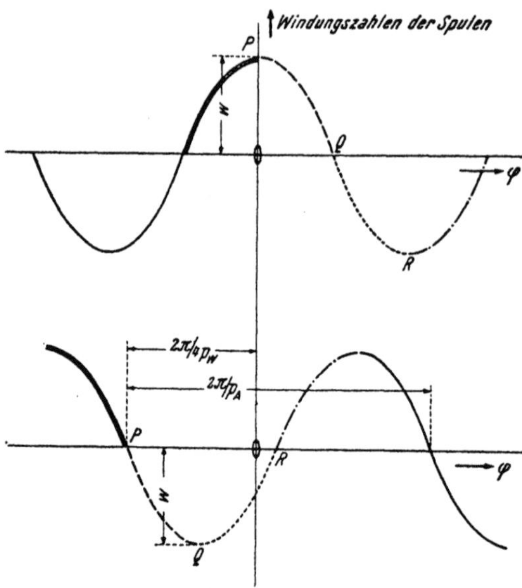

Abb. 419. Schaubild der Windungszahlen der Sinus- und Kosinuswicklung des Frequenzwandlers bei Umkehr der Verbindungen zwischen Kosinus- und Sinusspulen

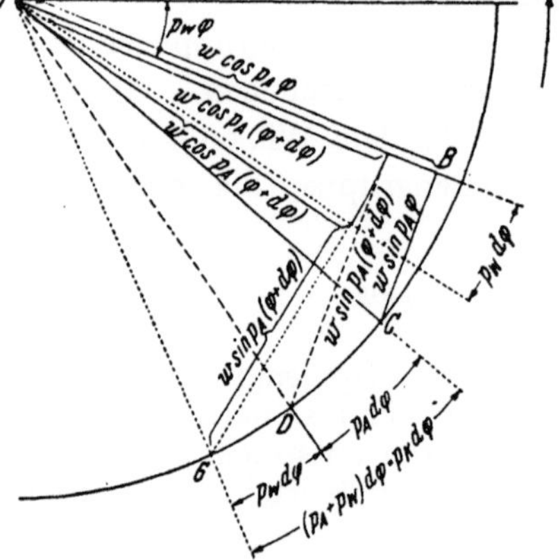

Abb. 420. Zur Ableitung der Gl. (191)

weil ja die Verbindung mit der Kosinusspule verkehrt ist (Abb. 420). Der Zeiger der Spannung der ganzen Spulengruppe ist nun $\overline{OC}$. Auch der Zeiger $\overline{OD}$ ist um $p_A\,d\varphi$ gegen den Zeiger $\overline{OC}$ verzögert und eilt nicht um diesen Winkel vor wie in Abb. 418. Der Zeiger $\overline{OG}$ verspätet sich in Abb. 420 so wie in Abb. 418 um $p_w\,d\varphi$ gegen den Zeiger $\overline{OD}$. Auf diese Weise ist der ganze Winkel GOC eine Phasenverspätung und hat die Größe $(p_A + p_w)\,d\varphi$. Die Potentialverteilung am Stromwender entspricht jetzt

$$p_k = p_a + p_w \qquad (191)$$

Polpaaren und nicht, wie im zuerst behandelten Falle

$$p_k = p_A - p_w,$$
$$\text{bzw.} \qquad\qquad\qquad (190)$$
$$p_k = p_w - p_a$$

Polpaaren.

Es wird also durch die *Boucherot*sche Wicklungsanordnung dasselbe erreicht, wie durch die *Leblanc*schen Verbindungen zwischen Ankerspulen und Stromwenderstegen.

Es gilt also auch für den Frequenzwandler von *Boucherot* das Frequenzgesetz

$$\pm f_1 \mp f_a (v - 1) = \pm f_2, \qquad (192)$$

wobei

$$v = \frac{p_k}{p_w} \qquad (193)$$

ist und

$$p_k = \pm p_A \pm p_w. \qquad (194)$$

c) Beispiel

Für einen Drehstromgenerator für $f_1 = 50\,\text{Hz}$ bei $n = 600\,\text{U/min}$ soll ein Erregerumformer mit $p_w = 2$ Polpaaren den Drehstrom in Gleichstrom umwandeln. Der Umformer sitzt auf der gleichen Welle wie der Läufer des Generators. Die Frequenzgleichung lautet somit:

$$\pm\, 50 \mp 20\,(v-1) = 0,$$

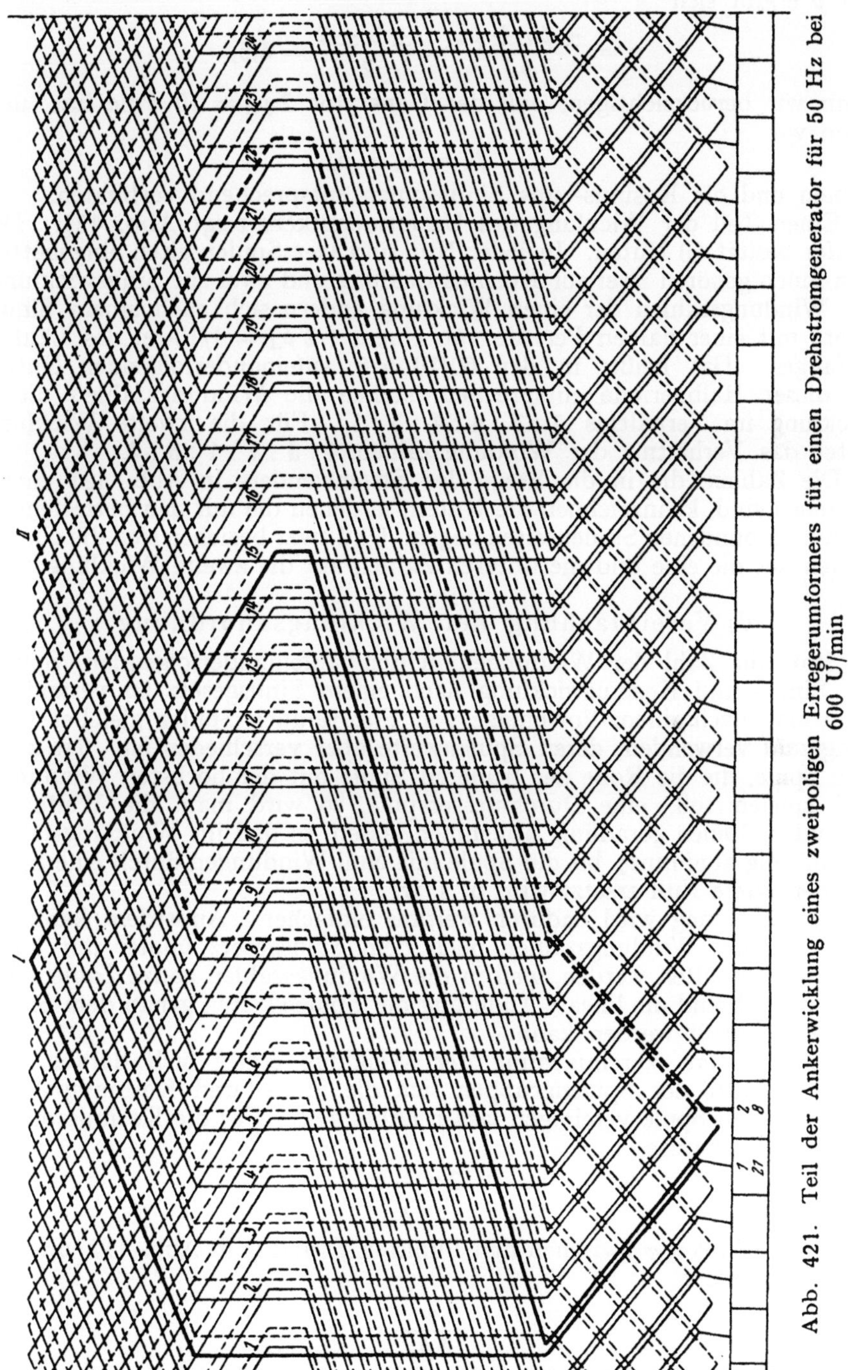

Abb. 421. Teil der Ankerwicklung eines zweipoligen Erregerumformers für einen Drehstromgenerator für 50 Hz bei 600 U/min

denn $f_1 = 50$, $f_2 = 0$ und die Umdrehungsfrequenz des Umformers ist

$$f_a = \frac{600 \cdot 2}{60} = 20\,\text{Hz}.$$

Für v ergibt sich

$$v = \frac{\pm p_A \pm p_w}{p_w} = \frac{\pm 5 \pm 2}{2} = 3,5,$$

wenn wir berücksichtigen, daß der Generator $2\,p_A = 10$ Pole hat und wenn wir

$$p_k = p_A + p_w$$

wählen und die Kosinus- uns Sinusspulen entsprechend verbinden.

Einen Teil der Wicklung des Umformerankers zeigt Abb. 421. Der Läufer besitzt 60 Nuten. In jeder Nut sind vier Spulenseiten eingebettet. Von ihnen gehören zwei zur Kosinuswicklung und zwei zur Sinuswicklung. Die Windungszahlen der einen Wicklung ändern sich nach einem Sinusgesetz mit einer halben Periode von einem $1/2\,p_A = 1/10$-tel des Läuferumfanges. Das heißt, in den $60/10 = 6$ aufeinanderfolgenden Nuten, die dieser Halbperiode entsprechen, stehen die Windungszahlen dieser Wicklung im Verhältnis $1:3:4:4:3:1$. Für die zweite Wicklung lautet das Verhältnis der Windungszahlen $4:3:1:1:3:4$.

Die Zahlen, die in die Stege des Stromwenders in Abb. 421 eingeschrieben sind, kennzeichnen die Nuten, in denen die mit den betreffenden Stegen verbundenen Spulenseiten liegen. Und zwar beziehen sich die oberen Zahlen auf die eine und die unteren Zahlen auf die zweite Wicklung.

d) Vereinfachung der Wicklungsanordnung

Statt die Zahl der Windungen in den aufeinanderfolgenden Spulen der Sinus- und Kosinuswicklung nach einem Sinusgesetz zu verändern, kann man nach einem Vorschlage von *Pistoye* auch Spulen gleicher Windungszahl verwenden, deren Spulenweite aber verschieden ist. Ist z. B. jene Spule, die die Rolle der früheren Spule mit der höchsten Windungszahl spielen soll, eine Durchmesserspule, so wird man die Weite der folgenden Spulen geradlinig abnehmen lassen, so daß ihr Wicklungsfaktor sinusförmig abnimmt; bis die Spule mit Null Windungen durch eine Spule mit der Weite Null ersetzt wird u. s. w.

Die Wicklung wird dadurch weitaus einfacher. Außerdem kann die Änderung der Windungszahlen nach dem Sinusgesetz immer nur angenähert eingehalten werden, weil ja die Windungszahlen ganze Zahlen sein müssen, während die lineare Änderung der Spulenweiten genau dem Sinusgesetz angepaßt werden kann.

Eine weitere Vereinfachung der Wicklung ergibt sich daraus, daß für die Hälfte der Spulengruppen sich die Sinus- und Kosinusspule zu einer einzigen Spule vereinigen lassen (Abb. 422). Für die Kosinusspule C ist die Spulenweite

$$\frac{2\pi - \varphi}{2\,p_w}$$

bei einem Winkel φ zwischen den Punkten P und Q in Abb. 417 und für die Sinusspule S

$$\frac{\varphi}{2\,p_w}.$$

Die Summe dieser beiden Schritte ist gleich der Polteilung des Frequenzwandlerankers, also ein Durchmesserschritt der die beiden Einzelspulen ersetzenden Gesamtspule. Denn die beiden Leiter $N\,P$ in Abb. 422 heben sich in ihrer Wirkung auf, so daß sie weggelassen werden können.

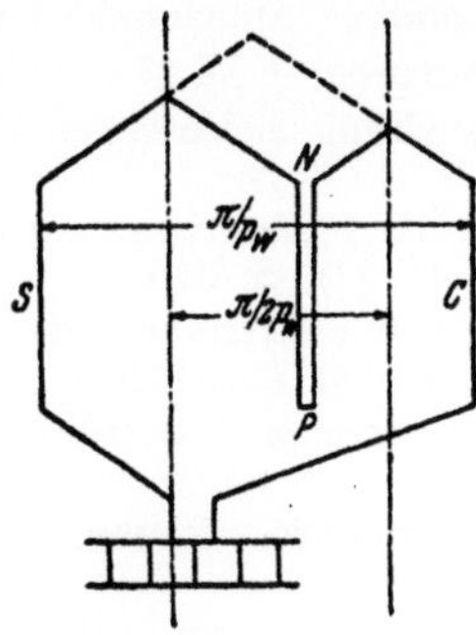

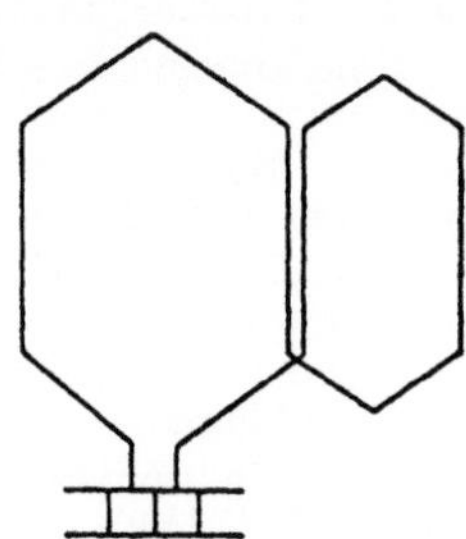

Abb. 422. Vereinigung der Sinus- und Kosinusspule zu einer Durchmesserspule

Abb. 423. Vereinigung der Sinus- und Kosinusspule bei anderen Spulengruppen

Für die andere Hälfte der Spulengruppen ist nach Abb. 423 eine solche Umwandlung der Sinus- und Kosinusspulen in eine Durchmesserspule nicht möglich.

4. Weitere Verallgemeinerung des Frequenzgesetzes

Bis jetzt wurde angenommen, daß die Bürsten auf dem Stromwender des Frequenzwandlers feststehen. Laufen aber auch sie mit irgend einer Drehzahl n_B um, so erweitert sich das Frequenzgesetz auf:

$$f_1 - v\,f_B + (v-1)\,f_a = f_2, \tag{195}$$

wobei

$$f_B = n_B \cdot p_w$$

die Umdrehungsfrequenz der Bürsten darstellt und

$$v = \frac{p_k}{p_w}$$

ist.

Weiters wurde bei der Herleitung der Frequenzgleichung am Beispiele der Frequenzwandler von *Leblanc* und *Boucherot* angenommen, daß die Netzfrequenz f_1 einer räumlich feststehenden Wicklung, der Ständerwicklung, zugeführt wird. Es ist nun aber der Fall denkbar, daß sich auch diese Wicklung dreht. Bezeichnet man die Drehzahl des Ständers mit n_{St} und die Umdrehungsfrequenz des Ständers des Frequenzwandlers mit

$$f_{St} = n_{St}\,p_w,$$

so erhält man die allgemeinste Form des Frequenzgesetzes. Sie lautet:

$$\boxed{f_1 + f_{St} - v\,f_B + (v-1)\,f_a = f_2.} \tag{196}$$

Wenn die Maschine keinen Stromwender besitzt, so ist $v = 0$ zu setzen.

Schrifttum

Arnold, E. und *la Cour, J. L.:* Die synchronen Wechselstrommaschinen. S. 388. Berlin: Julius Springer, 1904.

Boucherot, P.: Alternateur compoundé de 736 kilowatts. Système Boucherot. L'Industrie électrique. **9** (1900), S. 297.

Greenwood, L.: Design of Direct Current Machines. London: Macdonald & Co., 1949.

Hartwagner, L.: Fortschritte im Bau kompensierter Motoren. ETZ **49** (1928), S. 1253.

Jonas, J.: Eine allgemeinere Form der Frequenzgleichung elektrischer Maschinen. Elektrotechn. u. Masch.-Bau **43** (1925), S. 861.

Levi, Franco A.: Su di una modificazione dell' anello di Pacinotti atta a consentire la conversione di frequenza. L'Elettrotecnica **38** (1951), S. 310.

Mauduit, A. et *Lamboeuf, C.:* La Dynamo. Théorie et construction des machines électriques à courant continu. Paris: J.-B. Baillière et fils. 1936.

Mazzocchi, Manlio: Avvolgimenti delle macchine elettriche a corrente continua ed alternata. Milano: Ulrico Hoepli, 1938.

Pistoye, H. de: Un nouveau moteur asynchrone compensé. Revue. générale de l'Électricité **27** (1930), S. 15 und 57.

Nachweis der Abbildungen

Bilder aus folgenden Zeitschriftenaufsätzen und Büchern wurden für die angeführten Abbildungen dieses Bandes als Unterlagen teilweise verwendet oder übernommen oder von folgenden Herstellerwerken überlassen:

Adkins, B. and *Gibbs, W. J.*, Polyphase Commutator Machines: Abb. 340

AEG (Allgemeine Elektrizitäts-Gesellschaft), Berlin: Abb. 28, 60, 61a, b, 62, 131 ...133, 180, 375 ... 380, 392a, b, 393

Alsthom, Société Générale de Constructions Électriques & Mécaniques, Paris: Abb. 39, 40, 41b, 179a, b, 193, 381

Ansaldo-San Giorgio, Stabilimenti Elettromeccanici Riuniti: Abb. 33b, 41a, 381a

Arnold, E. und *la Cour, J. L.*, Die synchronen Wechselstrommaschinen: Abb. 421

Arnold, E., la Cour, J. L., und *Fraenckel, A.*, Die asynchronen Wechselstrommaschinen. Zweiter Teil: Die Wechselstromkommutatormaschinen: Abb. 287, 288

ASEA (Allmänna Svenska Elektriska Aktiebolaget) Västeras: Abb. 63a, b, c, 184, 226

Astuni, E., L'Elettrotecnica 35 (1948) N. 4: Abb. 353

— Elektrotechn. u. Masch.-Bau 67 (1950), S. 225: Abb. 351, 352, 354 ... 356

Barrère, M., Commutatrices et convertisseurs rotatifs: Abb. 277

Blaufuss, K., Elektrische Bahnen 20 (1944), S. 111: Abb. 359, 361 ... 364

Boucherot, P., L'Industrie électrique 9 (1900), S. 297: Abb. 416

Brown, Boveri & Cie, Baden: Abb. 223b, c, d, e, 225a, b, 286

Österreichische *Brown-Boveri-Werke* AG.: Abb. 53

Českomoravská-Kolben-Daněk, Company Limited, Improvements in Commutator Windings for Dynamo-electric Machines, Patent Specification 444.025: Abb. 221

Dreyfus, L., Arch. Elektrotechn. 26 (1932), S. 330: Abb. 341 ... 343, 344a, b

Elin AG. für elektrische Industrie Abb. 27, 32, 36, 38, 50, 51, 52, 59, 169, 174, 175, 190, 191, 192, 365

Garbe, Lahmeyer & Co., Aachen: Abb. 29a, b, 45, 176, 177, 178

Grabner, A., ETZ 54 (1933), S. 273 und 301: Abb. 294, 295

— Elektrodynamische Starkstrommaschinen: Abb. 373a, c, e

Greenwood, L., Design of direct current machines: Abb. 280 ... 284, 396 ... 398

Hartwagner, L., Sachsenwerk Mitteilungen (1928) H. 3, S. 3: Abb. 399 ... 403, 405 ... 407

Humburg, K., Elektrotechn. u. Masch.-Bau 58 (1940), S. 203: Abb. 160, 161

Klíma, V., Elektrotechnický Obzor 40 (1951), S. 22: Abb. 328a, b, c, d

Kucera, J., Elektrotechnický Obzor 37 (1948), S. 20: Abb. 56, 124, 154, 156

Levi, Franco A., L'Elettrotecnica 38 (1951), S. 310: Abb. 412

Markow, W. A., Elektritschestwo (1940): Abb. 151

Mauduit, A. et *Lamboeuf, H.*, La Dynamo: Abb. 388

Mazzocchi, Manlio, Avvolgimenti delle macchine elettriche a corrente continua ed alternata: Abb. 274, 296, 382

Nadon, John M. and *Gelmine, Bert J.* Industrial Electricity: Abb. 5

Maschinenfabrik *Oerlikon*, Zürich-Oerlikon: Abb. 34, 35, 43, 44, 65, 173, 181, 194, 195, 196, 391

Pistoye, H. de, Revue Générale de l'Électricité 27 (1930), S. 15 u. 57: Abb. 408, 414, 415, 417 ... 420, 422, 423

Powell, W. H. and *Albrecht, G, M.*, Iron and Steel Engineer 2 (1925), S. 345: Abb. 200, 201

Prášil, J., Elektrotechnický Obzor 39 (1950), S. 85: Abb. 297 ... 305, 329 ... 332

Punga, F., Elektrotechn. u. Masch.-Bau 29 (1911), S. 6: Abb. 292, 293

Richter, R., Ankerwicklungen für Gleich- und Wechselstrommaschinen: Abb. 146, 233e, 234e, 235, 236, 237e, 238, 239, 241, 243, 245, 248, 276

—, Elektrische Maschinen, 1. Bd.: Abb. 254 ... 256, 264, 267, 269b, c, 273, 367

— — 4. Bd.: Abb. 337

— — 5. Bd.: Abb. 334 ... 336, 372, 374

— ETZ 27 (1906), S. 537 und 558: Abb. 289 ... 291

Schenkel, M., Die Kommutatormaschinen für einphasigen und mehrphasigen Wechselstrom: Abb. 227 ... 229, 232

Schrage, Hidde K., Bull. schweiz. elektrotech. Ver. 34 (1934), S. 138: Abb. 307 ... 327

Schwarz, B., Elektrotechn. u. Masch.-Bau 53 (1935), S. 85: Abb. 306

Siemens-Schuckertwerke Aktiengesellschaft, Berlin: Abb. 30, 31, 37, 42, 57, 58, 395

— Aktiengesellschaft, Wien: Abb. 4, 46a, b, 170, 171, 172

Töfflinger, K., ETZ 58 (1937), S. 1001 und 1030: Abb. 369, 370

Trettin, C., Wiss. Veröff. a. d. Siemens-Konz. 12/2 (1933), S. 34: Abb. 345, 346

— Wiss. Veröff. Siemens-Werk 15/1 (1936), S. 7: Abb. 347, 348

— Siemens-Z. 22 (1942), S. 11: Abb. 349

Westinghouse Electric Corporation, East Pittsburg, Pa.: Abb. 33a, 182a, b, 183, 185, 186, 187, 188, 189

Namenverzeichnis

Sachverzeichnis

Monotypesatz und Druck von Berger & Schwarz, Zwettl, N.-Ö.

Die Wicklungen elektrischer Maschinen

Erster Band
Wechselstrom-Ankerwicklungen

Zweiter Band
Wenderwicklungen

Dritter Band
Wechselstrom-Sonderwicklungen

Vierter Band
Herstellung der Wicklungen